ENCYCLOPEDIE

MÉTHODIQUE,

O U

PAR ORDRE DE MATIÈRES,

PAR UNE SOCIÉTÉ DE GENS DE LETTRES, DE SAVANS ET D'ARTISTES.

Précédée d'un Vocabulaire universel *, servant de Table pour tout l'Ouvrage ; ornée des Portraits de* DIDEROT & de D'ALEMBERT *, premiers Editeurs de* l'Encyclopédie.

ENCYCLOPÉDIE
MÉTHODIQUE.

DICTIONNAIRE
DES
JEUX MATHÉMATIQUES,
CONTENANT

L'ANALYSE, *les Recherches, les Calculs, les Probabilités & les Tables numériques, publiés par plusieurs célèbres Mathématiciens, relativement aux Jeux de* HASARD *& de* COMBINAISONS;

ET SUITE DU
DICTIONNAIRE DES JEUX.

A PARIS,
Chez H. AGASSE, Imprimeur-Libraire, rue des Poitevins, n° 18.

AN VII.

AVERTISSEMENT.

APRÈS la publication, en 1792, du *Dictionnaire des Jeux*, plusieurs de nos Soufcripteurs ont témoigné le defir que ce Traité fût plus étendu & devînt plus complet :

1°. En faifant connoître, d'une manière particulière, les Problêmes, l'Analyfe, les Calculs & les Probabilités des *jeux mathématiques*;

2°. En raffemblant, dans un Recueil, nombre de ces petits *jeux familiers*, où l'on fe divertit franchement, fans retour de peine & de chagrin, où même l'on s'inftruit en s'amufant.

Nous fatisfaifons à-la-fois à de fi juftes demandes, par la publication de ce demi-volume divifé en deux parties, dont l'une eft confacrée aux *Jeux mathématiques*, & l'autre aux *Jeux familiers*.

De grands Mathématiciens, tels que les *Pafcal*, les *Fermat*, les *Montmort*, les *Moivre*, les *Bernoulli*, les *d'Alembert*, les *Euler*, & autres, ont plié leur génie & employé leur favoir à la recherche des calculs, des probabilités, & des chances fi nombreufes & fi variées que préfentent les jeux de *hafard* & de *combinaifons*. Dans les jeux même d'*adreffe* & d'*induftrie*, il y a un concours d'accidens & de circonftances fingulières qui n'ont point échappé à la fagacité & à l'efprit d'analyfe de ces illuftres favans.

Il eft fans doute curieux & utile de connoître quelle multitude effrayante de fuppofitions & de conditions, il faut concilier, avant de parvenir au but que l'on fe propofe dans les jeux de hafard. Ces tables de nombres, de calculs & de combinaifons doivent épouvanter le joueur le plus intré-

vj

pide, en lui montrant les dangers infinis, & prefque certains, auxquels il expofe fon repos & fa fortune, lorfqu'il s'engage dans l'immenfe laby-rinthe des hafards & des chances qui doivent tôt ou tard l'accabler. C'eft la meilleure leçon qu'on puiffe donner contre la paffion du jeu, & la plus capable d'en préferver les hommes raifonnables.

Les mêmes motifs nous ont engagé à faire quelques obfervations fur les préjugés fuperftitieux du *bonheur* & du *malheur* dans les jeux de hafard.

Ces raifons nous déterminent auffi à donner un avis falutaire aux joueurs crédules & confians, en leur découvrant, dans un article de ce Dictionnaire, fous le titre de *Combinaifons frauduleufes*, la plupart des préparations, des rufes & des pièges que de prétendus *grecs* ou *fripons* au jeu, favent imaginer, pour s'emparer fûrement de l'argent de leurs dupes.

Enfin, ceux qui fe plaifent aux jeux de pures combinaifons, trouveront dans ce Dictionnaire, les coups les plus brillans des *dames à la polonoife*, & d'autres jeux femblables; ils pourront encore y contempler la marche favante des *échecs*, que Philidor, le joueur le plus habile & le plus extra-ordinaire, a tracée dans fa *Méthode*. Nous la rapportons ici en entier, parce qu'il faut la fuivre & l'étudier dans tout fon enfemble; & que d'ailleurs, étant imprimée en pays étranger, elle eft devenue rare & difficile à rencontrer.

N. B. On trouvera dans la feconde partie de ce demi-volume, le *Dictionnaire de Jeux familiers*.

TABLE

DES JEUX MATHÉMATIQUES,

Traités par ordre alphabétique dans ce volume.

FIN DE LA TABLE DES JEUX MATHÉMATIQUES.

A

AVANTAGE.

Dans les jeux de hasard, un joueur a de l'*avantage* lorsqu'il y a plus à parier pour son gain que pour sa perte, c'est-à-dire lorsque son espérance surpasse sa mise. Pour éclaircir cette définition par un exemple très-simple, je suppose qu'un joueur A parie contre un autre B d'amener *deux* du premier coup avec un dez, & que la mise de chaque joueur soit d'un écu, il est évident que le joueur B a un grand avantage dans ce pari ; car le dez ayant six faces peut amener six chiffres différens, dont il n'y en a qu'un qui fasse gagner le joueur A. Ainsi, la mise totale étant deux écus, il y a cinq contre un à parier que le joueur B gagnera. Donc l'espérance de ce joueur est égale à $\frac{5}{6}$ de la mise totale, c'est-à-dire à $\frac{10}{6}$ d'écu, puisque la mise totale est deux écus. Or, $\frac{10}{6}$ d'écus valent un écu & deux tiers d'écu : donc puisque la mise du joueur B est d'un écu, son avantage, c'est à-dire l'excès de ce qu'il espère gagner sur la somme qu'il met au jeu est $\frac{2}{3}$ d'écu ; de façon que si le joueur A, après avoir fait le pari, vouloit renoncer au jeu, & n'osoit tenter la fortune, il faudrait qu'il rendît au joueur B son écu, & outre cela 2 liv., c'est-à-dire $\frac{2}{3}$ d'écu.

AVANTAGE, en terme de jeu, se dit d'un moyen d'égaliser la partie entre deux joueurs de force inégale. On donne la *main* au piquet ; le *pion* & le *trait*, aux échecs ; le *dez*, au trictrac.

Le même terme se prend dans un autre sens à la *paume*. Lorsque les deux joueurs ont *trente*, tous les deux au lieu de dire de celui qui gagne le *quinze* suivant, qu'il a *quarante-cinq*, on dit qu'il a l'*avantage*.

B

BARAÏCUS.

Baraïcus ; jeu de dez célèbre par les oracles qu'il rendoit dans un temple d'Hercule en Achaïe. Ceux qui venoient consulter les volontés de ce héros, après avoir fait leur prière dans le temple, prenoient quatre dez qu'ils jettoient ensuite au hasard. Les faces de ces dez étoient toutes empreintes de figures hiéroglyphiques ; on remarquoit bien les figures que les dez représentoient, et l'on alloit aussi-tôt en chercher l'interprétation sur un tableau exposé dans le temple, où la plupart de ces hiéroglyphes étoient appliqués. Cette interprétation étoit respectée comme un oracle, & regardée comme la réponse du dieu.

Si l'on examine en combien de façons quatre dez, à six faces chacun, peuvent être combinés, on trouvera par les tables de combinaisons rapportées dans ce Dictionnaire, que le nombre de ces combinaisons est 1296.

L'oracle *Baraïcus* auroit donc dû donner

autant de réponfes ou d'interprétations, mais il en avoit beaucoup moins ; ainfi il y avoit beaucoup de queftions qui reftoient indécifes & fans réponfes : il eût fallu compter jufqu'à 1296 pour fentir la fauffeté de l'oracle, or le peuple dévot ne fait pas compter fi loin ; & quand il le fauroit, il s'en feroit un fcrupule. Il aime mieux croire que le défaut des tables eft lui-même un oracle, & un refus du dieu qu'il eft lui-même venu confulter.

BASSETTE. (jeu de la)

A ce jeu, comme à celui du Pharaon, le banquier tient un jeu entier compofé de cinquante-deux cartes. Après qu'il les a mêlées, & que chaque joueur ou ponte a mis une certaine fomme fur une carte prife à volonté, le banquier tourne le jeu, mettant le deffous deffus, enforte qu'il voit la carte de deffous. Enfuite il tire toutes fes cartes deux à deux jufqu'à la fin du jeu, en commençant par la feconde. Voici les autres règles du jeu.

1°. La première carte eft pour le banquier, mais il ne prend que les deux tiers de la mife du ponte lorfqu'il amene fa carte, et cela s'appelle *facer*. La feconde eft entièrement pour le ponte, la troifième entièrement pour le banquier ; & ainfi de fuite alternativement. Il faut remarquer que lorfqu'une carte a gagné ou perdu, elle n'appartient plus au jeu, à moins qu'on ne la remette de nouveau. Ainfi, par exemple, la carte du ponte étant un roi, fi la première carte du jeu eft une dame, la feconde un roi, & la troifième auffi un roi, le banquier qui dit, en tirant les cartes, *roi a gagné*, *roi a perdu* (cela s'entend des pontes), perdra la mife du ponte, quoique naturellement le fecond roi l'eût fait gagner, fi la première carte de la taille n'eût point été un roi.

2°. Quand les pontes veulent prendre

une carte dans le cours du jeu, il faut que la taille foit baffe, c'eft à-dire que le banquier les tirant, comme j'ai dit, deux à deux, ait pofé la dernière taille ou couple de cartes fur le tapis, enforte que la carte qui refte découverte foit perdante pour les pontes. Alors fi un ponte prend une carte, la première carte que tirera le banquier fera nulle à l'égard de ce ponte, quoiqu'elle foit favorable aux autres joueurs ; fi elle vient la feconde, elle fera *facée*, c'eft-à-dire que le banquier prendra les $\frac{2}{3}$ de ce que ce ponte aura mis fur la carte : fi elle vient dans la fuite, elle fera en pur gain ou en pure perte pour le banquier, felon qu'elle viendra la première ou la feconde d'une taille.

3°. La dernière carte qui devrait être pour le ponte eft nulle.

Ier. CAS. « On fuppofe que le banquier ayant fix cartes entre les mains, le ponte en prenne une qui foit une fois dans ces fix cartes, c'eft-à-dire dans les cinq cartes couvertes. On demande quel eft le fort du banquier par rapport à cette carte du ponte. Par exemple, fi le ponte met un écu fur fa carte, on demande à quelle partie de l'écu peut s'évaluer l'avantage du banquier ».

Si l'on conçoit les cent vingt arrangemens différens que cinq cartes exprimées par les lettres a, b, c, d, f, peuvent recevoir, pofées fur cinq colonnes, de vingt-quatre arrangemens chacune ; on remarquera, 1°. que celle où la lettre a occupe la première place donne A au banquier ; 2°. que dans chacune des quatre autres colonnes la lettre a fe trouve fix fois à la troifième place, fix fois à la quatrième, & fix fois à la cinquième. Or, fi A défigne un écu valant foixante fous, Paul prenant une carte dans les conditions du préfent problème, feroit à Pierre le même avantage que s'il lui donnoit huit fous en pur don.

On peut encore confidérer la chofe

autrement, en prenant garde que de ces cinq colonnes, la première donnera 24 A ; la seconde, 24 × $\frac{1}{3}$ A ; la troisième 24 × 0 ; la quatrième, 24 × 2 A ; & la cinquième, 24 A.

IIe. cas. « L'on suppose que le banquier tenant six cartes, le ponte en prend une. Or, comme la carte du ponte se peut trouver, ou deux fois, ou trois fois, ou quatre fois dans ces six cartes, & que cela diversifie l'avantage du banquier, il est à propos de chercher quel est son fort dans toutes les variations de ce second cas. Commençons par examiner quel est son fort dans la supposition que la carte du ponte soit deux fois dans la main du banquier ».

Soient les cinq cartes couvertes du banquier, désignées par les lettres *a*, *b*, *c*, *d*, *f*, dont deux quelconques, par exemple, *a* & *f* expriment celle du ponte. On remarquera, 1°. que les cent vingt différens arrangemens possibles que les cinq cartes peuvent recevoir étant posés sur cinq colonnes de vingt-quatre arrangemens chacune, dont la première commence par *a*, la seconde par *b*, la troisième par *c*, &c., les deux colonnes qui commencent par *a* & par *f* donnent A au banquier, puisqu'elles sont indifférentes pour le banquier & pour le ponte. 2°. Que chacune des trois autres colonnes contient douze arrangemens qui donnent au banquier $\frac{1}{3}$ A ; ce sont ceux ou *a* & *f* sont à la deuxième place, & quatre arrangemens qui donnent 2 A au banquier, c'est-à-dire qui le font gagner. Cela se découvrira aisément par la table ci-jointe qui représente la seconde colonne qui est celle où *b* tient la première place.

bacdf bcadf bdacf bfadc
bacfd bcafd bdafc bfacd
badcf bcdaf bdcaf bfcad
badfc bcdfa bdcfa bfcda
bafcd bcfad bdfac bfdac
bafdc bcfda bdfca bfdca

Il est clair que la première & la dernière de ces quatre colonnes donnent $\frac{1}{3}$ A au banquier, & que chacune des deux autres contient deux arrangemens qui donnent 2 A au banquier ; ce sont ceux-ci *bcdaf*, *bcdfa*, *bdcaf*, *bdcfa*.

2°. Pour trouver quel est le fort du banquier lorsque la carte que prend le ponte est trois fois dans les cinq cartes du banquier, on observera que des cinq colonnes susdites il y en a trois qui donnent A au banquier, & deux qui contiennent chacune dix-huit arrangemens qui donnent $\frac{1}{3}$ A au banquier. Cela n'a pas besoin de preuves.

3°. Pour trouver quel est le fort du banquier lorsque la carte que prend le ponte est quatre fois dans les cinq cartes couvertes du banquier, on observera que des cinq colonnes susdites il y en a quatre qui donnent A au banquier, & une qui lui donne $\frac{2}{3}$ A.

IIIe. cas. « L'on suppose que le talon étant composé de huit cartes, dont la première est découverte, le ponte en prend une qui soit deux fois dans ces huit cartes. On demande quel est le fort du banquier par rapport à cette carte ».

Soient exprimées les sept cartes couvertes par les sept lettres *a*, *b*, *c*, *d*, *f*, *g*, *h*, dont deux, savoir *a* & *f*, désignent celle du ponte. Soit aussi comme ci-devant, S le fort cherché, & A la mise de Paul. Cela posé, on observera, 1°. que posant les cinq mille quarante arrangemens différens que les sept lettres peuvent recevoir sur sept colonnes de sept cents vingt arrangemens chacune, la colonne qui commence par *a* & celle qui commence par *f* donneront chacune A au banquier. 2°. Que si l'on conçoit chacune des cinq autres partagées de nouveau en six autres de cent vingt arrangemens chacune, les deux d'entre ces six, ou *a* & *f* occupent la seconde place donneront $\frac{1}{3}$ au banquier. 3°. Que les quatre autres colonnes d'entre ces six ont chacune quarante-huit arran-

gemens qui donnent 2 A au banquier.
Pour le voir aifément, il faut fuppofer
qu'une des cinq colonnes fubdivifée en
fix autres eft celle qui commence par *b*,
& confulter la table qui a fervi à la folution du cas précédent. On remarquera
d'abord que la première & la dernière
colonne de cette table étant variée autant
qu'il eft poffible avec les deux nouvelles
lettres *g* & *h*, *a* reftant à la feconde place,
elles fourniront chacune cent vingt arrangemens qui donneront $\frac{1}{3}$ A au banquier.
A l'égard des quatre autres colonnes de
cent vingt arrangemens chacune, dans
lefquelles les lettres *c*, *d*, *g*, *h* occupe-
roient la feconde place après *b*, il eft aifé
de voir qu'il fuffit d'en examiner une,
puifque toutes les quatre donnent le même
fort au banquier. Soit la colonne troifième de la table, celle qu'on veut examiner, il faut prendre garde que chacun
des quatre arrangemens *b c a d f*, *b c a f d*,
b c f d a étant variés avec les deux nouvelles
lettres *g* & *h*, autant qu'il eft poffible,
enforte néanmoins que *c* refte à la feconde
place, c'eft-à-dire immédiatement après *b*,
donnent fix nouveaux arrangemens qui
font gagner le banquier, & lui donnent
2 A. Par exemple *b c a d f* fournit ceux-ci:

b c g a d f h   *b c h a d f g*
b c g a d h f   *b c h a g f d*
b c g a h d f   *b c h a f g d*

Il eft ainfi des trois autres, puifque *g*
étant devant *a* ou *f* fe peut trouver en trois
différentes places, & que *h* étant devant *a*
ou *f* fe peut trouver en trois places différentes, *a* ou *f* reftant toujours à la quatrième.

On trouvera de même que les deux
arrangemens *b c d a f*, *b c d f a* étant variés autant que poffible avec *g* & *h*, enforte que *c* foit toujours à la feconde
place, fourniffent chacun douze arrangemens qui donnent 2 A au banquier; car
dans *b c d a f*, *g* & *h* peuvent s'arranger
en fix façons avec *d*, & en fix façons

différentes avec *f*, *a* reftant à la quatrième
place, & de même dans *b c d f a*, *g* & *h*
peuvent s'arranger en fix façons avec *d*,
& en fix façons différentes avec *a*, *f* reftant toujours à la quatrième place.

1°. Pour trouver quel eft le fort du
banquier, lorfque la carte que prend le
ponte eft trois fois dans les fept cartes
couvertes du banquier; foient exprimées
comme ci-devant les fept cartes du ban-
quier par les lettres *a*, *b*, *c*, *d*, *f*, *g*, *h*,
dont trois quelconques, par exemple,
a, *d*, *f*, défignent la carte du ponte. Cela
pofé, on obfervera, 1°. que pofant les
cinq mille quarante arrangemens différens
que les fept lettres peuvent recevoir fur
fept colonnes de fept cents vingt arrangemens chacune, les trois qui commencent
par les lettres *a*, *d*, *f* donnent A au banquier; ce qui eft évident.

2°. Que diftribuant chacune des quatre
autres en fept colonnes de cent vingt arrangemens chacune, les trois colonnes
d'entre ces fix, où les lettres *a*, *d*, *f* tien-
dront la feconde place, donnent $\frac{1}{3}$ A au
banquier.

3°. Que chacune des trois autres colonnes contiendra trente fix arrangemens
qui donneront 2 A au banquier. Pour
s'en affurer on peut confulter l'avant-
dernière table ci-deffus, et remarquer que
chacun des arrangemens de la feconde
colonne de la table, où *b* eft à la première place, & *c* à la feconde, ne peut,
par le mélange des deux nouvelles lettres
g & *h*, recevoir que fix arrangemens qui
donnent 2 A au banquier, les deux premières reftant à leur place. Ce qui paraîtra
évident, fi l'on confidère que dans les fix
arrangemens

b c a d f   *b c d a f*   *b c f a d*
b c a f d   *b c d f a*   *b c f d a*

g ou *h* étant devant l'une des trois lettres
a, *d*, *f*; *h* ou *g* peuvent s'arranger en trois
façons différentes avec les deux der-
nières.

Il eſt viſible qu'il en feroit de même des trois autres colonnes de cent vingt arrangemens où les deux premières lettres feroient *b d*, *b g*, *b h*.

4°. Pour trouver quel eſt le fort du banquier lorſque le talon étant compoſé de ſept cartes couvertes, le ponte en prend une qui eſt quatre fois dans ces ſept cartes, en obſervant, 1°. que concevant les cinq mille quarante arrangemens poſſibles de ſept cartes poſés ſur ſept colonnes de ſept cents vingt arrangemens chacune, dont l'une commence par *a*, la ſeconde par *b*, &c., comme ci-devant, il y en aura quatre de ces ſept qui donneront A au banquier.

2°. Que diſtribuant chacune des trois autres ſur ſix colonnes de cent vingt arrangemens chacune, quatre de ces ſix fourniront chacune cent vingt arrangemens qui donneront ⅓ A au banquier, & les deux autres vingt-quatre arrangemens chacune qui lui donneront 2 A.

Remarque I. A ce jeu comme à celui du Pharaon, le plus grand avantage du banquier eſt quand le ponte prend une carte qui n'a point paſſé, & ſon moindre avantage eſt quand le ponte en prend une qui a paſſé deux fois; ſon avantage eſt auſſi plus grand lorſque la carte du ponte a paſſé trois fois, que lorſqu'elle a paſſé ſeulement une fois.

Remarque II. Au jeu de la Baſſette, l'avantage du banquier eſt moindre qu'au jeu du Pharaon, ce que l'on reconnaîtra aiſément en comparant l'avantage du banquier au jeu de la Baſſette, lorſque tenant douze cartes le ponte en prend une qui s'y trouve ou une, ou deux, ou trois, ou quatre fois, avec ſon fort dans ce même cas au jeu du Pharaon.

L'on trouvera que le ponte mettant une piſtole ſur ſa carte à la Baſſette, l'avantage du banquier ſera 13 ſous 4 den. lorſque la carte du ponte ſera quatre fois dans les douze cartes du banquier; 12 ſous 1 den., lorſqu'elle y ſera une fois; 9 ſous 8 den., lorſqu'elle y ſera trois fois; & 7 ſous 3 d., lorſqu'elle y ſera deux fois; au lieu qu'au Pharaon l'avantage eſt 19 ſous 2 den. $\frac{10}{33}$ dans le premier cas; 16 ſous 8 deniers, dans le ſecond; 13 ſous 7 $\frac{7}{11}$ deniers, dans le troiſième; & 10 ſous 7 $\frac{1}{11}$ den., dans le quatrième; ce qui donne 3 liv. 1 den. d'avantage au banquier pour les quatre cas, au lieu qu'à la Baſſette, les quatre enſemble ne donnent que 2 liv. 2 ſ. 4 den.; ce qui n'eſt à-peu-près que les deux tiers de l'avantage du banquier au jeu du Pharaon.

Remarque III. Ce jeu eſt beaucoup moins en uſage que le Pharaon. Les cartes qui ne vont pas font perdre au jeu quelque choſe de ſa vivacité. D'ailleurs, il y a ſouvent des diſputes pour ſavoir ſi la carte du ponte va ou ne va pas. On ne peut remédier à ces inconvéniens qui ſont fondés ſur la nature du jeu, mais on pourroit rendre ce jeu plus égal en convenant que les cartes facées ne payaſſent que la moitié de la miſe du ponte, alors l'avantage du banquier ſeroit fort peu conſidérable; & ſi le banquier ne prenoit qu'un tiers pour les faces, ce jeu lui ſeroit déſavantageux.

La plupart des remarques qu'on a faites ſur le jeu du Pharaon peuvent avoir lieu à l'égard de celui-ci, & il ne ſera pas inutile de les conſulter.

BILLARD. (*Jeu de*)

Il eſt inutile de rappeler ici les règles du jeu de billard, dont le *Dictionnaire des Jeux* donne l'explication. Tout conſiſte dans ce jeu à reconnoître de quelle manière il faut frapper avec ſa bille celle de ſon adverſaire, afin de faire tomber celle-ci dans une des belouſes, en évitant de s'y perdre ſoi-même. Ce problème, comme preſque tous les autres propres au jeu de billard , reçoivent leur folution des deux principes fuivans :

1°. L'angle d'incidence de la bille contre une des bandes ou rebords du billard eft égal à l'angle de réflexion.

2°. Lorfqu'une bille en rencontre une autre , fi l'on tire une ligne droite entre leurs centres , laquelle conféquemment paffera par le point de contact, cette ligne fera la direction de la ligne frappée après le coup. Cela fuppofé, voici quelques-uns de ces problêmes que ce jeu préfente.

Fig. I. Les deux billes M N étant po-fées , la première vers la bande au haut du billard , & la feconde vers le milieu du bas; il faut frapper en o la bille M, enforte que celle-ci foit chaffée-dans la beloufe B de l'angle à droite du haut du billard.

Solution. Par le centre de la beloufe donnée & celui de la bille N , menez ou concevez une ligne droite, le point où elle coupera la furface de la bille M, du côté oppofé à la beloufe, fera celui où

il faudra la toucher pour lui donner la direction cherchée. En concevant donc la ligne ci-deffus prolongée d'un rayon de la bille, le point où elle fe terminera fera celui par lequel devra paffer la bille cho-quante. On fent aifément que c'eft en quoi confifte l'habileté dans ce jeu : il ne s'agit que de frapper la bille convenablement; mais s'il eft facile de voir ce qu'on doit faire, il ne l'eft pas autant de l'exécu-ter.

Fig. II. Il s'agit de *frapper une bille de bricole.* La bille M eft cachée ou prefque cachée derriere le fer, à l'égard de la bille N , en forte que cherchant à la toucher directement, il feroit impoffible de le faire, ou qu'il y auroit grand danger de rencon-trer le fer & de la manquer. Il faut alors chercher à toucher la bille de bricole ou par réflexion. Pour cela , concevez du point M fur la bande D C la perpendi-culaire M O prolongée en *m*, de forte que O *m* foit égale à O M , vifez à ce point *m* ; la bille N , après avoir touché la bande D C , ira choquer la bille M.

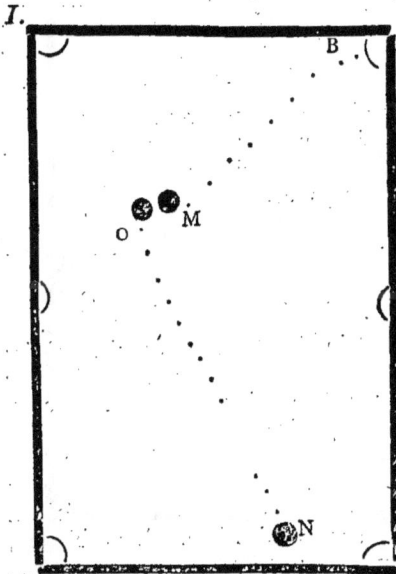

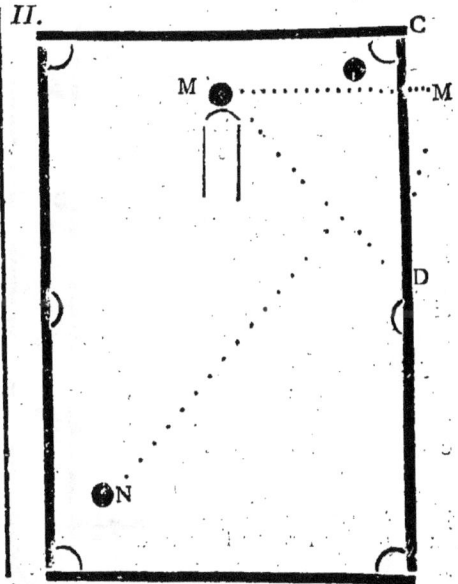

Fig. III. Si l'on vouloit *frapper la bille* M *par deux bricoles* ou après deux ré-flections, en voici la solution géométrique *fig. 3.* Du point M concevez sur la bande BC la perpendiculaire M O prolongée, en sorte que O *m* soit égale à O M du point *m* soit conçue sur la bande D C prolongée en *q*, la perpendiculaire *m* P prolongée en *q*, de sorte que *q* P soit égale à P *m* : la bille N dirigée à ce point *q* ira, après avoir frappé les bandes D C CB, choquer la bille M.

Fig. IV. Une bille venant d'en choquer une autre selon une direction quelconque, quelle est après ce choc la direction de la bille choquante ?

Il est important dans le jeu de billard de reconnoître quelle sera, après avoir tiré sur la bille de son adversaire, & l'avoir choquée obliquement, la direction de sa bille propre : car tout le monde sait qu'il ne suffit pas d'avoir touché la première,

ou de l'avoir poussée dans la belouse ; il faut ne pas y tomber soi-même.

Soit les billes M N dont la dernière va choquer la première, en la touchant au point O (*fig. IV*), par ce point O soit tirée la tangente O P, et par le centre *n* de la bille N arrivée au point de contact, soit menée ou conçue la parallèle *n* p à o P : la direction de la bille choquante sera, après le choc, la ligne *n* p. On iroit ici se perdre infailliblement, & c'est en effet ce qui arrive fréquemment dans cette position des billes. Les joueurs qui sem-blent avoir à faire à des novices dans ce jeu, leur donnent même souvent cet acquit captieux, qui les fait perdre dans une des belouses des coins. Il faut, dans ce cas, se bien garder de prendre la bille de son adversaire de moitié, suivant le terme du jeu, pour la faire à un des coins de l'autre bout du billard ; car en l'y faisant, on ne manque guères de se perdre soi-même dans l'autre coin.

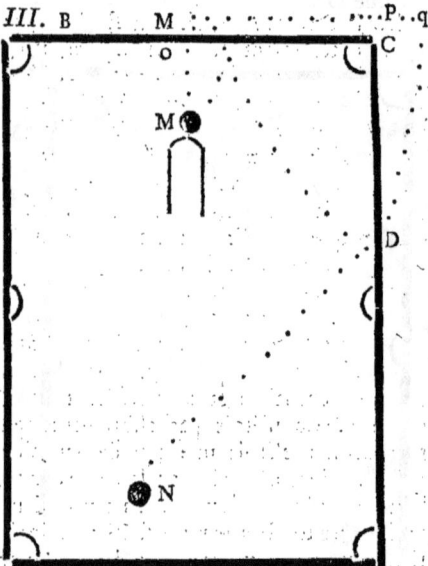

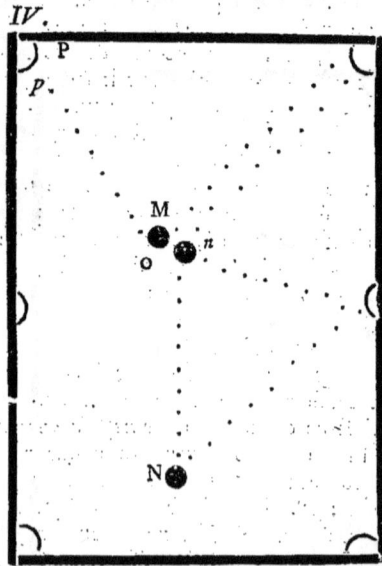

III. B   M ....P..q   IV.

BONHEUR ou MALHEUR dans les jeux de hafard.

On appelle proprement *bonheur* un évènement favorable qui n'est point une fuite des foins ou de la prévoyance du joueur. Ainfi, lorfque quelqu'un joue à un jeu de hafard, comme aux dez, et qu'il gagne, on s'écrie qu'il a du *bonheur*. On fe fert du mot *malheur* pour fignifier le contraire.

On dit qu'un homme eft *heureux* aux jeux de hafard, non-feulement pour faire entendre qu'il y a fouvent gagné, mais encore qu'il gagnera lorfqu'il voudra jouer. Sur ce pied-là, on parie volontiers pour lui, ou l'on s'affocie à fa bonne fortune, s'il le veut. Au lieu que ceux que l'on nomme *malheureux* en cette forte de chofes, font regardés comme des gens qui perdront toujours, ou très-fouvent, & l'on craint de participer à leur mauvaife fortune. Mais ces qualifications de *bonheur* & de *malheur*, font-elles en effet bien fondées; & ne font-ce pas de ces mots oififs que l'on emploie dans la langue vulgaire, & auxquels on donne un fens qui n'a point de réalité? C'eft un problême à examiner, qui n'eft point étranger au plan de ce Dictionnaire. C'eft de toute antiquité que l'on fe fert de mots qui répondent à ceux de *bonheur* ou de *malheur*, pour fignifier je ne fais quoi qui eft attaché à certaines perfonnes, au moins pendant quelque temps, & qui fait réuffir ou échouer ce qu'elles entreprennent, foit que leur prudence ou leur imprudence foit caufe du bon & du mauvais fuccès. Qu'eft-ce donc que ce *je ne fais quoi* qui rend les hommes heureux ou malheureux? Ce ne peut être que l'une de ces quatre caufes : 1°. *La deftinée* que quelques-uns ont cru autrefois, & que bien des gens croient encore être la raifon de tout ce qui arrive.

2°. Ou la *fortune*, qu'on nomme autrement le hafard.

3°. Ou ce que l'on nommoit, parmi les anciens peuples, le *bon* ou le *mauvais génie*; & chez quelques nations modernes, le *bon* ou le *mauvais ange*.

4°. Ou enfin Dieu lui-même.

Tâchons de défabufer le monde, en faifant voir qu'aucune des quatre caufes qu'on vient de nommer n'eft le principe du bonheur ou du malheur, dans toutes les chofes qui ne dépendent ni de l'adreffe ni de la prudence des hommes.

I. De la deftinée.

Plufieurs d'entre les anciens philofophes, & particulièrement les ftoïciens, prétendoient qu'il n'arrive rien qui ne foit un effet inévitable de la *deftinée*. Il y a encore des gens auxquels on entend fouvent dire que *perfonne ne peut éviter fa deftinée*, & qui attribuent une infinité de chofes à je ne fais quelle fatalité.

Lorfqu'on demandoit aux ftoïciens ce qu'ils entendoient par cette *deftinée*; ils répondoient que *c'eft une certaine difpofition de toutes chofes qui fe fuivent les unes les autres de toute éternité, fans que rien puiffe interrompre la liaifon qu'elles ont entre elles.* Ainfi, felon eux, tout ce qui arrive doit néceffairement arriver. Mais tout ce que l'on dit de cette deftinée n'eft qu'une pure fuppofition, & une fuppofition qui ne peut fervir à éclaircir aucune difficulté. Car enfin, qui avoit dit aux ftoïciens que tout arrive inévitablement? D'où favoient-ils que toutes les caufes étoient néceffaires et tous les effets inévitables? Ce n'étoit pas affurément par révélation; c'étoit une penfée vulgaire qu'ils avoient adoptée par fantaifie, auffi bien que plufieurs autres. Ils n'y étoient nullement tombés par un fentiment intérieur qu'ils euffent de la fatalité de leurs actions. Si l'on rentre en foi-même,

peut-on

peut-on dire que l'on eſt convaincu que toutes les réſolutions que l'on prend ſont néceſſaires & inévitables? Il n'y a per-ſonne qui puiſſe le dire, ſi l'on veut parler ſincèrement. Or, ſi l'intelligence que nous appellons notre ame eſt libre, comme nous le ſentons, au moins dans une infi-nité d'occaſions, il ne faut donc point donner à la *deſtinée* ou à la *fatalité*, une influence & un pouvoir ſur nos actions, que ces êtres imaginaires & ſuppoſés ne peuvent exercer. La ſuppoſition de la deſtinée eſt d'autant moins ſoutenable, qu'elle ne ſert de rien dans la philoſophie, c'eſt-à-dire qu'en l'admettant, on ne rend raiſon d'aucun effet de la nature, dont ceux qui rejettent la deſtinée ne puiſſent rendre des raiſons beaucoup plus vrai-ſemblables.

On doit bien prendre garde de ne pas confondre la définition d'une idée abſ-traite, avec celle qui développe une idée d'une choſe qui exiſte. Autrement il eſt viſible, non-ſeulement que l'on attribuera aux choſes exiſtantes ce qu'elles n'ont point, mais encore que l'on prendra des idées abſtraites & arbitraires pour des por-traits de choſes qui exiſtent. C'eſt juſte-ment ce qu'ont fait les ſtoïciens à cette occaſion. Ils n'ont rien vu dans la nature qui ait pu les engager à s'imaginer qu'il y ait une deſtinée en toutes choſes: on ne peut pas dire que l'idée qu'ils s'en ſont voulu former ſoit copiée d'après nature, comme lorſqu'on décrit un arbre que l'on a vu. C'eſt donc une idée abſtraite qu'ils ont eſſayé de fabriquer ſans raiſon. Concluons que la deſtinée ou la fatalité ſtoïque ne ſignifie rien, ni dans les livres de ces an-ciens philoſophes, ni dans ceux que l'on écrit aujourd'hui, non plus que dans la bouche du peuple.

II. *De la bonne ou mauvaiſe fortune ou du haſard.*

La ſeconde cauſe à laquelle on a accou-tumé d'attribuer le *bonheur* ou le *malheur*,

Jeux mathématiques.

eſt ce qu'on appelle la *bonne* ou la *mauvaiſe fortune*, ou autrement le *haſard*. Il eſt facile de prouver que ces mots & ceux qui leur répondent dans les autres langues, n'ont pas de ſignification plus claire que ceux examinés ci-deſſus. Mais avant que de réfuter l'uſage moderne des mots de *fortune* & de *haſard*, il faut examiner ce que l'antiquité grecque & romaine en a cru, parce que c'eſt d'elle que nous avons adopté l'emploi que nous en faiſons. Or, ſi elle n'a ſu ce qu'elle vouloit dire en ſe ſervant des mots qui répondent aux nôtres, ou dont les nôtres ſont dérivés, il n'y a pas d'apparence que nous nous entendions mieux qu'elle.

Le mot Τύχη, chez les Grecs, & *fortuna*, parmi les Latins, ne ſignfioient autre choſe non plus que celui de fortune en fran-çois, ſi ce n'eſt je ne ſais quel principe par lequel il arrivoit mille choſes, ſans qu'il fût néanmoins néceſſaire qu'elles arri-vaſſent; & c'eſt en quoi la *fortune* diffère de la *deſtinée*, celle-ci étant réputée une cauſe néceſſaire des effets qu'elle produit.

Pour conſidérer la choſe en elle-même, & pour voir en quel ſens on peut ſe ſervir des mots de *fortune* & de *haſard*, il faut obſerver que nous ne pouvons connoître que deux ſortes d'êtres capables de con-tribuer à un accident. La première eſpèce eſt celle des corps, qui agiſſant ſeuls & ſans l'intervention d'aucune autre cauſe viſible, ne donnent aucun lieu à la for-tune ni au haſard, parce qu'ils agiſſent par des règles de mécanique qui ſont toujours les mêmes, comme ceux qui ont quelque teinture de la phyſique ou de la mécanique le ſavent. Le peuple dit à la vérité qu'un corps tombe tout ſeul, lorſqu'aucun homme ni aucune autre cauſe ſenſible que l'on ait pu remarquer ne s'en eſt mêlée. On dit communément que ces choſes ſont tombées d'elles-mêmes, & quelquefois par *haſard*. Mais il eſt faux que rien ne ſoit intervenu, & qu'aucune cauſe exté-rieure n'y ait contribué. L'air, le poids de ces corps, l'attraction, pour ne pas parler de plusieurs autres causes particulières, les ont fait tomber. Un corps demeureroit éternellement dans l'état où il est, si quelque cause active ne le forçoit d'en sortir. C'est un axiôme de physique qu'il n'est pas besoin de prouver ici.

La seconde espèce d'êtres est de ceux que nous appellons esprits qui, entre diverses facultés, ont une liberté qu'ils exercent dans une infinité de rencontres. Ils peuvent à tous momens faire ou ne faire pas ce qu'ils font, le faire d'une manière ou d'une autre, & ils se déterminent dans les choses obscures & indifférentes, ou qu'ils regardent comme telles par caprice & sans aucune raison, si ce n'est parce qu'ils le veulent, & sans qu'il intervienne quoi que ce soit qui les engage nécessairement à juger ou à vouloir. A cet égard, on peut dire que la détermination libre d'une intelligence est un effet du hasard, parce qu'aucune cause nécessaire ne le produit; & comme les esprits agissent beaucoup sur les corps, il arrive que leur intervention fait qu'il y a du hasard dans des mouvemens, où autrement il n'y en auroit point. Par exemple, supposons qu'une boîte soit pleine de billets, ils demeureront dans la même situation jusqu'à ce qu'on la remue, & celui qui se trouvera au-dessus des autres sera infailliblement pris. Il n'y a point là de *hasard*. Mais si l'on secoue plusieurs fois cette boîte, sans savoir quel changement cela fait à l'ordre des billets; la volonté des hommes intervenant dans cette rencontre, & d'une manière tout-à-fait libre, dès-lors il y a quelque hasard. Il est en leur disposition de secouer la boîte ou de ne la secouer pas, de la secouer plus ou moins & de la tourner de diverses manières : en la secouant & en la tournant, ils suivent purement leur caprice, sans savoir l'effet que cela produira; après quoi l'on prend le billet qui se trouve au-dessus des autres, sans savoir non plus quel il sera.

C'est ainsi que se tirent les billets d'une loterie, & l'on peut dire que c'est le pur hasard qui fait que le billet d'un certain homme se trouve combiné avec un lot. On voit par-là que le hasard n'est proprement rien, & que quand on dit que le hasard a produit cette combinaison, on ne veut dire autre chose si ce n'est qu'elle ne s'est pas faite seulement par un effet mécanique du mouvement des billets, mais par le concours de quelques intelligences qui y ont aidé librement, & sans savoir qu'elles le faisoient ni comment elles le pouvoient faire. Ainsi le mot de hasard est plutôt un mot *négatif*, s'il faut ainsi dire, qu'*affirmatif*, ou le nom d'une idée *négative*. Il marque seulement qu'il n'est intervenu aucune cause qui ait produit nécessairement un certain effet, ou qui seroit sortie de son intelligence pour le produire.

Furetiere remarque que *le hasard se personnifie quelquefois, & se prend pour certain être chimérique auquel on attribue sottement les effets dont nous ne connoissons point la cause.*

Avouons que l'on peut quelquefois attribuer au hasard des effets qui ont une cause déterminée & nécessaire; mais c'est par pure ignorance que l'on parle ainsi, à moins qu'on ne voulût abuser de ce mot. Du reste il est certain, comme on vient de le dire, que c'est un être chimérique, & que l'on ne peut personnifier que par une licence poétique, qui est néanmoins si autorisée par l'usage, qu'il y a peu d'expressions propres qui le soient plus.

Cela étant ainsi, il est visible que le *bonheur*, qui est une suite de ce *hasard*, est une pure chimère dans le sens où on l'entend. On prétend que le *bonheur* est attaché à certaines gens, & en même-temps que ce bonheur est un effet du *hasard*; ce qui est contradictoire. La nature du hasard consiste, disons-nous, en ce qu'il dépend de quelque caufe libre, & qui fe détermine par pur caprice, de forte qu'il ne peut rien avoir de réglé : & l'on prétend néanmoins que le *bonheur* dont il s'agit eft fixé en telle manière qu'il arrive à un certain homme. C'eft manifeftement fe contredire, puifque c'eft affurer qu'un effet eft déterminé & non déterminé en même temps. Ainfi le *hafard* n'étant rien en foi, le *bonheur* attaché à quelqu'un eft moins que rien, s'il eft permis de parler de la forte. Le premier eft le nom d'une idée négative, & le fecond celui d'une idée contradictoire.

Il faut faire le même jugement du mot de *fortune*, dont on fait tantôt une caufe obftinée à bien faire aux uns & à perfécuter les autres, & tantôt une caufe qui n'a rien de fixe ni d'arrêté. Enfin, les auteurs anciens & modernes font pleins d'expreffions oppofées les unes aux autres, lorfqu'ils parlent de la conftance ou de l'inconftance de la fortune. Il n'y en a point d'autre raifon, fi ce n'eft que c'eft un fantôme auquel l'imagination ajoute & retranche ce qu'elle veut & quand elle le trouve à propos. On dit ordinairement que les hommes font le jouet de la *fortune*; mais on parleroit beaucoup mieux fi l'on difoit que la fortune eft notre jouet, puifque nous lui donnons & que nous lui ôtons tout ce que nous voulons.

Ce qui vient d'être dit des mots de *hafard* & de *fortune*, peut auffi s'appliquer à celui du *fort*, qui fignifie la même chofe, mais qu'on emploie plus frequemment dans la poéfie que dans la profe. Tous ces mots ne font que des termes *négatifs* qui ne fervent qu'à faire comprendre que l'effet dont on parle, n'eft pas la conféquence d'une caufe néceffaire & déterminée à la produire.

On ne peut rien répliquer de raifonnable à ce qui vient d'être dit du *bonheur* que l'on prétend venir de la *deftinée* ou du *hafard*. Cependant une infinité de gens qui ne fauroient rien établir de contraire,

en raifonnant fur des principes intelligibles, perfifteront à foutenir que, quoi qu'on puiffe dire, il y a du bonheur & du malheur dans ce qui dépend du hafard. Ils croiront toute leur vie que certaines gens font *heureux* ou *malheureux*, en des jeux où ils avouent que le hafard regne. Ils diront à la vérité qu'ils ne favent ce que c'eft que ce *bonheur* ou ce *malheur*, ni d'où ils viennent; mais qu'une longue expérience leur a appris que l'un & l'autre font des chofes qui ne font que trop réelles. Ils tomberont d'accord qu'ils ne fauroient montrer que les raifons que nous avons rapportées font fauffes; mais appuyés de leur prétendue expérience, ils demeureront opiniâtrement attachés à leurs préjugés. Cette efpèce de gens qui ne raifonne que peu ou point, n'embraffe point une opinion à-demi, ni dans la difpofition de l'abandonner fi on lui apprend quelque chofe de meilleur. Auffi ce n'eft pas dans l'efpérance de gagner cette forte de gens qu'on écrit ceci. Mais il y en a d'autres qui entendent raifon & qui ne veulent rien croire fans favoir pourquoi, qui ont néanmoins de la peine à fe démêler de l'objection que l'on tire de céux qui gagnent prefque toujours aux jeux de hafard, ou au moins à qui il entre un jeu fi beau qu'il n'y a point d'adreffe qui puiffe réfifter à leur bonheur; & d'autres, au contraire, à qui il vient prefque toujours un fi mauvais jeu qu'ils perdent néceffairement. Il n'y a prefque perfonne qui ne croie connoître quelqu'un qui ne foit un exemple de ce bonheur ou de ce malheur. Il faut donc tâcher de faire voir que cette objection n'eft d'aucun poids.

On ne difconvient pas qu'il n'arrive fouvent que pendant une heure, une après-dînée ou une foirée, un joueur gagne aux dez, aux cartes & aux autres jeux, qui font tous de hafard ou dans lefquels il y a de l'adreffe mêlée. J'avoue auffi qu'il y a eu des gens qui, avec peu de billets, ont plus gagné aux loteries que ceux qui y en avoient mis beaucoup. Je tombe encore d'accord que bien des gens perdent fouvent en tout cela. Mais il y a à faire quelque diftinction à l'égard de ces exemples.

Dans les jeux qui dépendent purement du hafard, comme dans celui des dez & dans les loteries (fuppofé qu'on n'y trompe point), on n'a jamais vu perfonne qui ait été conftamment heureux, ou même long-temps. Il n'y a perfonne qui ait tiré les gros lots ou des lots confidérables de plufieurs loteries de fuite, & l'on connoît des gens qui, ayant gagné en quelques loteries; & s'imaginant ridiculement que leur *bonheur* continueroit, ont beaucoup perdu en d'autres, bien loin d'augmenter leur capital comme ils l'efpéroient. Il faut néceffairement que les gros lots viennent à quelqu'un, mais ce quelqu'un-là s'imagineroit mal-à-propos, à caufe de cela, d'être *heureux*, c'eft-à-dire d'avoir je ne fais quoi d'attaché à fa perfonne qui lui en fera avoir d'autres. Il faut néceffairement qu'il y ait beaucoup plus de gens qui perdent qu'il n'y en a qui gagnent; & l'on conclut fans raifon que l'on eft *malheureux*, parce qu'on a été plufieurs fois du plus grand nombre. Cependant ceux qui ont gagné en font fi fatisfaits, & ceux qui ont perdu en font fi fâchés, qu'ils ne ceffent de parler de leur *bonheur* ou de leur *malheur*, fans favoir ce qu'ils veulent dire.

Il n'en eft pas tout-à-fait de même des jeux dans lefquels il y a quelqu'adreffe mêlée. Suppofé que des joueurs entendent auffi bien le jeu les uns que les autres, & y apportent une égale attention, fans qu'il fe commette de fourberie, il arrivera, je l'avoue, que quelques-uns perdront quelquefois, pendant que les autres gagneront; mais s'ils jouent fouvent enfemble, ils partageront le gain & la perte. On ne pourra pas nommer les uns *heureux* & les autres *malheureux*, parce que dans la variété infinie des chances du jeu, ils au-

ront beau jeu tour-à-tour, pourvu qu'ils continuent de jouer pendant quelque temps. Il peut arriver par la combinaifon fortuite des cartes que les uns gagneront une heure, un jour, une femaine; mais les autres auront infailliblement leur tour, quoique fans règle & fans ordre.

Une preuve de cela, c'eft qu'il eft très-fouvent arrivé que des joueurs que l'on avoit eftimés les plus heureux joueurs du monde, parce qu'ils avoient gagné pendant quelque temps, font venus à perdre tout d'un coup de très-grandes fommes, et font enfin morts dans la pauvreté. D'où vient que le *bonheur* a paru attaché à eux pendant les premières années de leur vie, & que le *malheur* les a perfécutés fur la fin de leurs jours? Il n'y en a point de raifon, finon qu'encore qu'il ne foit pas impoffible que le hafard favorife quelqu'un qui s'y expofe très-fouvent pendant toute fa vie, à caufe des variétés infinies qui s'y trouvent, & de la multitude prodigieufe de gens qui s'y livrent à tous momens, il eft pourtant très-rare que cela arrive pendant long-temps: il peut fe faire, abfolument parlant, qu'un homme qui joue aux dez amène douze fois de fuite les trois fix, cela eft peut-être arrivé plus d'une fois depuis qu'on a inventé ce jeu, et a fait la fortune à plus d'un joueur; mais il faut avouer que cela eft extrêmement rare, & qu'il n'y a jamais eu perfonne qui ait pu fe promettre rien de femblable. Ainfi, c'eft fe moquer que de dire que le *bonheur* ou le *malheur* eft attaché à quelqu'un, lorfque parmi les combinaifons infinies de ce qui dépend du hafard, comme des cartes & des dez, il arrive qu'il gagne pendant quelquetems.

Cependant on objecte que l'on connoît bien des gens qui gagnent ordinairement aux cartes, & à qui il n'arrive pendant longues années aucune perte confidérable, d'où l'on conclut que le *bonheur* leur en veut; comme il y en a d'autres qui font prefque toujours *malheureux*, fans qu'aucun *bonheur* leur arrive. Je ne redirai pas ce que je viens de remarquer, mais je prie le lecteur de s'en ressouvenir. Je dirai seulement qu'il s'agit d'un jeu où le hasard a beaucoup de part, mais où l'adresse n'en a pas moins ; car je ne parle pas ici de ces sortes de jeux de cartes qui dépendent du pur hasard. Il est certain, par exemple, que si l'on joue mal à l'*ombre* ou au *piquet*, on perd pour peu que l'on joue long-temps avec de bons joueurs, quoiqu'il puisse arriver que l'on gagne quelquefois, malgré les fautes que l'on commet. Ainsi, je soutiens que pour gagner le plus souvent, ou pour être heureux, il faut savoir bien jouer, sans quoi il n'y a point de *bonheur* qui dure.

Un joueur *heureux* dans l'idée qu'on ajoute vulgairement à ce mot, doit être un joueur à qui il entre beau jeu, et qui gagne sans adresse ; car là où il y a de l'adresse, on ne peut plus parler de *bonheur*. On doit donc bien se garder de confondre un *bon joueur* avec un *joueur heureux* ; le premier l'étant par son adresse, & l'autre par hasard. Cependant il est certain que les joueurs *heureux*, comme on les appelle, sont généralement bons joueurs. Mais on parle peu de leur adresse, pendant que l'on vante leur *bonheur* ; & il arrive souvent que l'on confond l'un avec l'autre. En voici les raisons. C'est premièrement qu'un bon joueur ne perd point par des fautes qu'il fasse ; au lieu qu'un mauvais joueur en commet qui le font paroître plus malheureux que les autres, en le faisant souvent perdre. Se-condement, un bon joueur ne hasarde que le moins qu'il peut. Quand il a trop mauvais jeu, ou qu'il y a de certaines circonstances qui lui font juger qu'il ne vaudra rien, il passe. Il y va au contraire lorsqu'il a en main de quoi y aller, ou qu'il juge qu'il lui entrera quelque chose. Ceux qui ont beaucoup d'expérience de cette espece de jeu savent qu'il y a une adresse infinie ; et ceux qui ne l'entendent pas bien, ne peuvent souvent comprendre la raison de la conduite des bons joueurs ; c'est ce qui fait qu'il semble qu'ils sont *heureux*, quoiqu'ils aient plus d'adresse que de *bonheur*. Le gain est clair sur-tout lorsqu'il est fréquent ; & l'adresse n'est pas connue de tout le monde, de sorte qu'on ne s'en apperçoit pas si facilement.

Comme on parle plus de ce qu'on sait que de ce qu'on ne sait pas, on ne s'entretient presque que de leur *bonheur*. Ainsi, l'on appelle très-souvent *heureux* joueurs des gens qui doivent leur gain principalement à leur adresse. C'est le contraire de ceux qui jouent mal, & dont les fautes ne sont quelquefois pas si grossières, que tout le monde puisse les connoître. On les nomme ensuite *malheureux*, au lieu de les nommer mauvais joueurs ; & ils contribuent autant qu'ils peuvent à entretenir les autres dans cette opinion. Ils ne veulent pas passer pour des joueurs mal-adroits, parce qu'il y a quelque honte à se mêler d'une chose qu'on ne fait pas bien, contre des gens qui l'entendent mieux, & à se laisser ainsi gagner son argent. Pour s'excuser ils rejettent avec soin leurs fautes sur leur *malheur*, comme s'ils n'avoient rien oublié de ce qu'on doit faire pour gagner ; & pour diminuer le plaisir des autres, & quelquefois même l'honneur chimérique qu'ils se font de gagner, ils attribuent leur gain à leur *bonheur*.

Voilà ce qu'on peut dire du bonheur du jeu, & qui est, ce me semble, convainquant pour ceux qui y feront quelque attention. Ainsi, le *bonheur* à cet égard n'est pas moins le nom d'une idée contradictoire, qu'à l'égard des autres choses. Il en faut dire de même du mot de *fortune*, quoiqu'on s'en serve plus fréquemment en d'autres occasions, et comme l'observe l'ingénieux Lafontaine dans l'une de ses fables :

Il n'arrive rien dans le monde
Qu'il ne faille qu'elle en réponde ;

Nous 'a faifons de tous écots.

Elle eft prife à garant de toutes aventures :

Eft-on fot, étourdi, prend-on mal fes mefures ?

On penfe en être quitte, en accufant fon fort.

Bref , la Fortune a toujours tort.

III. *Le bon ou mauvais génie, le bon ou*
mauvais ange.

Les anciens ont cru que chaque homme en naiffant avoit un bon & un mauvais génie ; & parmi quelques nations modernes, les gens crédules attribuoient à un bon ou mauvais ange tout ce qui leur arrivoit. On prétendoit même que fi l'on gagnoit au jeu, c'étoit par la force du bon génie , enforte que ceux dont le bon génie , ou le bon ange , étoit fupérieur à celui des autres , les gagnoient infailliblement. Ces idées fuperftitieufes n'ont pas fans doute befoin d'être réfutées , & nous ne devons pas nous y arrêter. Il n'y a perfonne aujourd'hui qui croie qu'il y ait un génie , ou un ange , qui faffe gagner dans des jeux de hafard ou dans les loteries.

IV. *Dieu eft-il l'auteur du* bonheur *ou*
du malheur *dans les jeux de hafard*
ou dans les loteries ?

Cette propofition peut avoir trois fens différens qu'il eft néceffaire de bien diftinguer, fi l'on veut entendre ce que l'on dit. 1°. Elle peut fignifier non que Dieu intervient d'une manière particulière pour faire que le fort foit en faveur de quelqu'un , mais fimplement que Dieu ayant fait toutes chofes, les confervant comme elles font , & les conduifant comme il le trouve à propos , on doit regarder les fuites du fort , de même que tout le refte , comme un effet de la providence générale. Dans ce fens, on peut dire de ce qui nous arrive enfuite du fort ou de quelqu'autre accident que ce foit, cela nous vient de Dieu, quoique nous ne croyions pas que l'Être fuprême y foit intervenu particulièrement.

2°. Cette propofition fignifie que Dieu fachant tout ce qui arrive , à quelqu'occafion que ce foit, n'a pas voulu arrêter le cours des caufes naturelles pour créer ou pour arrêter le *bonheur* de quelqu'un.

3°. La propofition peut faire entendre que Dieu intervient fi particulièrement dans les effets du fort, qu'il agit lui-même immédiatement pour les produire. Mais il feroit abfurde de faire intervenir Dieu comme l'auteur immédiat, & agiffant d'une manière furnaturelle, du bonheur & du malheur des joueurs. Si l'on veut que Dieu préfide fur toutes fortes de forts & les faffe tomber par des volontés particulières, il faut donc en même - temps fuppofer que l'Être fuprême fait des miracles tous les jours en faveur de gens qui affurément n'en font pas dignes, & dans des lieux où perfonne de raifonnable n'oferoit penfer que ceux qui jouent aux dez & aux cartes engagent tous les jours la puiffance divine à fe déclarer en leur faveur.

Concluons que les mots de *bonheur* & de *malheur* ne fignifient rien du tout dans les différens fens qu'on leur donne ordinairement. La fuppofition du *bonheur* ou du *malheur* de tel ou tel joueur eft une abfurdité. Parce qu'il aura fouvent tenté la fortune avec fuccès on ne peut pas en conclure qu'il réuffira toujours. On peut dire qu'il a été heureux , mais non pas qu'il l'eft , ce prétendu bonheur pouvant l'abandonner à l'inftant.

BRELAN. (*jeu du*)

Brelan , jeu de cartes de hafard, d'autant plus dangereux qu'il eft trèsattrayant par l'efpérance qu'il donne au joueur , de faire un gain fans bornes , ou de réparer en un coup la perte de dix féances malheureuses.

Le Dictionnaire des *Jeux* & le Dictionnaire des Mathématiques donnent l'un & l'autre une connoiffance exacte des regles, de la marche & des chances de ce jeu ; c'eſt pourquoi nous nous bornerons ici à rapporter les obſervations de Montmor à l'égard de ce jeu. Le brelan & généralement tous les jeux où l'on renvie, ſont ſujets aux mêmes inconvéniens mentionnés au jeu d'*ombre*, & même à de plus grands. Suppoſons, par exemple, qu'il y ait trois joueurs, Pierre, Paul & Jacques ; Pierre paſſe, Paul tient le jeu, & Jacques renvie ; Paul tient le renvi, & va de tout ce qu'il a devant lui : ce ſera, par exemple, 30 A, le jeu étant A. On demande ſi Jacques, que l'on ſuppoſe avoir quarante-un en main, & qui eſt dernier, doit tenir ou abandonner ce qu'il a déjà mis au jeu, par exemple 14 A. Je ſais que bien des perſonnes n'héſiteroient pas à décider là-deſſus pour ou contre, chacun conſultant ſon humeur plutôt que l'évidence. Pour moi, dit Montmor, je crois pouvoir aſſurer qu'il eſt impoſſible de déterminer exactement quel parti Jacques doit prendre, & ma raiſon eſt qu'il ne ſuffit pas à Jacques, pour ſe déterminer avec raiſon, de ſavoir qu'entre 134596 façons différentes dont les cartes de Pierre & de Paul peuvent être diſposées, il n'y en a que 3041 qui puiſſent faire perdre Jacques. Il faudroit qu'il y eût des règles certaines & connues aux deux joueurs, pour ſavoir à quelle carte il faut tenir le jeu, & juſqu'où il eſt à propos de tenir ou de pouſſer pour chaque jeu. Alors Jacques pourroit compter que Paul a l'un des jeux qui ont pu lui permettre d'aller de tout, & ſur cela il pourroit à-peu-près ſe déterminer ; je dis à-peu-près, car il ne ſeroit pas ſûr que Paul, pour lui donner le change, ne pouſſât à un jeu fort inférieur à celui qu'il devroit avoir pour forcer avec raiſon, & par-là Jacques ſeroit expoſé à manquer de gagner, & même à perdre ſes avances lorſqu'il auroit dû gagner. Ces réflexions & quelques autres pareilles que tout le monde peut faire, ſont ſuffiſantes pour faire connoître qu'il y a en ces matières des problêmes qu'il eſt difficile de réſoudre.

PROBLÊME. *Pierre, Paul & Jacques jouent au brelan ; Pierre & Paul tiennent le jeu, & Jacques paſſe. La carte qui retourne eſt le roi de cœur ; Pierre eſt premier, il a l'as & le roi de carreau, & l'as de cœur ; Paul a l'as, le neuf & le huit de trefle. Deux des ſpectateurs qui ont vu chacun les jeux de Pierre et de Paul, & n'ont point vu celui de Jacques, diſputent pour ſavoir lequel des deux joueurs, Pierre & Paul, a le plus beau jeu & le plus d'eſpérance de gagner. L'un des deux, Jean, parie pour Pierre : l'autre, nommé Thomas, parie pour Paul. L'argent de la gageure eſt nommé A. On demande quel eſt le ſort des deux ſpectateurs, Jean & Thomas, & ce qu'ils devraient mettre chacun au jeu pour parier, ſans avantage, ni déſavantage.*

R. Il faut remarquer, 1°. que Jean gagnera ſi les trois cartes de Jacques ſont ou trois cœurs, ou trois carreaux.

2°. Qu'il gagnera encore ſi l'une des trois étant un pique ou un trefle, les deux autres ſont ou deux cœurs, ou deux carreaux.

3°. Que ſi l'une des trois cartes de Jacques eſt un cœur ou un carreau, les deux autres étant des piques, Jean aura gagné.

4°. Qu'il gagnera encore ſi les trois cartes de Jacques ſont un carreau, un cœur & un pique, & que dans toute autre diſpoſition des cartes de Jacques il a perdu.

Cela poſé, il ne reſte plus qu'à examiner combien il y a de haſards différens qui donnent chacune de ces quatre diſpoſitions différentes des trois cartes de Jacques. Or, on trouvera par les tables qu'il y en a vingt pour la première, deux cents vingt pour la ſeconde, deux cents dix pour la troiſième, & cent ſoixante quinze pour la quatrième, & par conſéquent le fort de Jean fera $\frac{111}{200}A = \frac{1}{2}A - \frac{4}{133}A$, ce qui fait voir que la condition de Pierre eſt moins avantageuſe que celle de Paul,

& que Jean, pour parier également contre Thomas, doit mettre au jeu 125 contre 141.

C

CARREAU.

CARREAU. (*jeu du franc*)

Ce jeu conſiſte à jetter en l'air une pièce de monnoie ou une médaille, & la faire tomber ſur des carreaux égaux & réguliers d'un appartement. Celui-là gagne lorſque la pièce eſt tombée franchement ſur un carreau, & qu'elle s'y fixe.

Le célèbre Buffon a examiné dans un mémoire lu à l'Académie des ſciences en 1733, combien on peut parier que le palet d'un des joueurs tombera ſur un ſeul carreau ſans toucher à ſes bords. Cet académicien, pour réſoudre ce problême, ſuppoſe que le carreau ſoit carré, & dans ce carré il en inſcrit un autre diſtant par-tout du demi-diamètre de la pièce. Il conclut que toutes les fois que le centre du palet, qui eſt rond, tombera ſur le petit carré, ou ſur la circonférence, ce palet tombera franchement, & qu'au contraire la pièce ne tombera pas franchement ſi ſon centre tombe hors du carré inſcrit. Il ſuit de l'examen de ce problême ainſi poſé, que la probabilité que la pièce tombera franchement eſt à la probabilité contraire, comme l'aire du petit carré eſt à la différence de l'aire des deux carrés.

Si le palet au lieu d'être rond était carré, & par exemple égal au carré inſcrit dans la pièce circulaire dont on vient de parler, il eſt alors évident que la probabilité de tomber franchement ſur l'un des carreaux deviendroit plus grande, d'autant que le palet pourroit tomber franchement hors du petit carré; mais le problême propoſé devient en ce cas plus difficile à réſoudre à cauſe des diverſes poſitions que ce palet peut prendre; ce qui n'a pas lieu quand la pièce eſt circulaire, toutes les poſitions étant alors indifférentes. *Voyez l'article* Franc-Carreau, *Dictionnaire des Mathématiques.*

CARTES. (*jeu de*)

Les cartes ſervent par leurs combinaiſons à différens jeux, entre leſquels il y en a qui ſont purement de haſard, et d'autres qui ſont *mixtes*, c'eſt-à-dire de haſard et de combinaiſon. Quelques jeux conſervent une égalité parfaite entre les joueurs par une juſte compenſation des avantages & des déſavantages. Il y a auſſi des jeux qui offrent évidemment de l'avantage pour certains joueurs, & du déſavantage pour d'autres. Au reſte, il n'y a preſqu'aucun de ces jeux qui ne montre de l'eſprit, ſoit dans ſon invention, ſoit dans la manière de le jouer. On peut conſulter dans ce dictionnaire l'analyſe de divers jeux de cartes. Voyez *Baſſette*, *Brelan*, *Ombre*, *Pharaon*, *Piquet*, &c.

Voici quelques problêmes qui ont été propoſés ſur les cartes.

Ier. Problême. Pierre tient dans ſes mains huit cartes qu'il a mêlées, ſavoir; un as, un deux, un trois, un quatre, un cinq,

cinq, un six, un sept, un huit. Paul parie qu'il devinera ces cartes en les tirant une après l'autre ; on demande combien Pierre doit parier contre un que Paul ne réussira pas dans son entreprise.

Par l'énoncé de la proposition, Paul s'engage de tirer toutes les cartes, l'une après l'autre, sans les remettre dans le jeu, & sans manquer une seule fois à deviner la carte qu'il tirera.

Dans cette supposition, en suivant les règles ordinaires des probabilités, l'espérance de Paul, au premier coup, est $\frac{1}{8}$; au second, $\frac{1}{7}$; d'où il suit que son espérance pour les deux premiers coups est $\frac{1}{8} \times \frac{1}{7}$; en effet, il est aisé de voir que le premier coup ayant huit cas possibles, & le second sept, la combinaison des deux aura 8×7 coups, dont il n'y en a qu'un seul qui fasse gagner Pierre, c'est-à-dire le coup où il devinera juste deux fois de suite. Par la même raison, l'espérance de Paul, pour trois coups, sera $\frac{1}{8} \times \frac{1}{7} \times \frac{1}{6}$; pour quatre, $\frac{1}{8} \times \frac{1}{7} \times \frac{1}{6} \times \frac{1}{5}$; & pour sept (car il n'y en peut avoir huit, attendu qu'après sept tirages il ne reste plus de cartes à tirer, & il n'y a plus de jeu), elle sera $\frac{1}{8} \times \frac{1}{7} \ldots \times \frac{1}{2}$; donc l'enjeu de Pierre sera à celui de Paul comme $8 \times 7 \times \ldots 2 - 1$ est à 1, c'est-à-dire comme $56 \times 720 - 1$ est à 1, ou comme 40319 est à 1. *Voyez l'article* Cartes, *Dictionnaire des Mathématiques.*

II. PROBLÈME. 1°. *Pierre parie contre Paul que tirant, les yeux fermés, quatre cartes : entre quarante, savoir dix carreaux, dix cœurs, dix piques & dix trefles, il en tirera une de chaque espèce. On demande quel est le sort de ces deux joueurs, ou ce qu'ils doivent mettre au jeu pour parier également.*

Solution. Quarante cartes peuvent être prises quatre à quatre, en quatre-vingt-onze mille trois cents quatre-vingt-dix façons différentes. Or dans ce nombre, qui exprime toutes les manières possibles dont quarante cartes peuvent

Jeux mathématiques.

être prises différemment quatre à quatre, il y en a dix mille favorables à Pierre. Pour le voir, il faut remarquer que, s'il n'y avoit que dix carreaux & dix cœurs, il y auroit cent manières possibles de prendre dans ces vingt cartes deux cartes de ces deux espèces ; car chacun des dix carreaux pourroit être pris avec l'as de cœur, ce qui fait dix, ou bien avec le 2, ce qui fait encore dix, & ainsi de suite. Chacun des dix carreaux pourroit donc être pris avec chacun des dix cœurs, ce qui fait cent. Présentement, si à ces dix carreaux & à ces dix cœurs on ajoute dix trefles, il est clair que pour avoir toutes les manières possibles de prendre trois cartes de différentes espèces entre ces trente, il faut multiplier par dix les cent manières dont deux cartes de différente espèce peuvent être prises entre vingt, dont dix soient des carreaux & dix soient des cœurs.

Pour le comprendre plus facilement, on peut imaginer une carte qui ait cent points à la place des cent manières différentes, dont deux cartes de différente espèce peuvent être prises dans vingt cartes, dont dix soient des carreaux & dix soient des cœurs : alors on remarquera sans peine que chacun de ces cent points se pourra trouver avec l'as de trefle, ce qui fait cent ; ensuite chacun de ces cent points avec le deux de trefle, ce qui fera deux cents, & enfin les cent points successivement avec les dix trefles, ce qui fera mille. Cela étant conçu, on observera aisément que la quatrième puissance de dix qui est dix mille, exprime en combien de manières on peut prendre quatre cartes de différente espece entre quarante qui soient dix carreaux, dix cœurs, dix trefles & dix piques.

On aura donc le sort de Pierre $= \frac{10000}{91390}$ A, & par conséquent celui de Paul $= \frac{81390}{91390}$ A.

2°. Si l'on demandoit combien il y a à parier que Paul, tirant treize cartes au hasard dans cinquante-deux, ne tirera pas toute une couleur, on trouveroit qu'il y a à parier 158,753,389,899 contre 1.

3°. Si l'on demandoit combien il y a à parier que Pierre, tirant dix cartes au hafard entre quarante cartes, favoir un as, un deux, un trois, un quatre, un cinq, un fix, un fept, un huit, un neuf & un dix de carreaux, autant de cœurs, de piques & de trèfles, il tirera une dixaine complette, on trouveroit qu'il a à parier 1,048,576 contre 846,611,952, à-peu-près 1 contre 808.

Jeu de cartes numérique.

Voici une combinaifon numérique de cartes, qui a le double avantage d'être facile & infaillible dans fon exécution. On fait choifir à une perfonne trois cartes dans un jeu de piquet, en la prévenant que l'*as* vaut onze points, les *figures* dix, & les autres cartes felon les points qu'elles marquent. Ces trois cartes étant choifies, on les fait pofer fur la table féparément, & l'on met au-deffus de chaque tas autant de cartes qu'il faut de points pour aller jufqu'à quinze; c'eft-à-dire que fi la première carte eft un neuf, il faut mettre fix cartes par-deffus; fi la feconde eft un dix, cinq cartes; fi la troifième eft un valet, auffi cinq cartes. Voilà donc dix-neuf cartes employées; il en doit par conféquent refter treize que vous redemanderez, & paroif-

fant les examiner, vous les compterez pour vous affurer du nombre qui refte, & ajoutant mentalement feize à ce nombre, vous aurez vingt-neuf, nombre de points que formoient les trois cartes choifies, & qui fe trouvent deffous les trois tas.

Si l'on fe fervoit d'un jeu de cadrille, il faudroit, au lieu de feize, ajouter huit au nombre de cartes qui reftent.

Combinaifon.

On entend quelquefois par ce terme *combinaifon*, la manière dont plufieurs chofes peuvent être prifes différemment deux à deux. On lui donnera ici une fignification plus étendue, & l'on entendra par ce mot la manière de trouver généralement toutes les difpofitions que peuvent avoir, foit deux, foit plufieurs chofes, felon qu'on les voudra prendre, ou deux à deux, ou trois à trois, ou quatre à quatre, ou cinq à cinq, ou enfin de toutes les manières poffibles.

PROBLÊME. *Un nombre de chofes quelconque étant propofé, par exemple, les lettres a, b, c, d, f, g, h, &c., on demande combien il y a de façons différentes de les prendre ou une à une, ou deux à deux, ou trois à trois, ou enfin de toutes les manières poffibles?*

Pour réfoudre ce problème, on fe fervira de la table ci-jointe, dont on va expliquer la formation, & dont on démontrera en-fuite l'ufage par rapport aux combinaifons.

Table de Pafcal pour les Combinaifons.

1.	1.	1.	1.	1.	1.	1.	1.	1.	1.	1.	1.	1.	1.
	1.	2.	3.	4.	5.	6.	7.	8.	9.	10.	11.	12.	13.
		1.	3.	6.	10.	15.	21.	28.	36.	45.	55.	66.	78.
			1.	4.	10.	20.	35.	56.	84.	120.	165.	220.	286.
				1.	5.	15.	35.	70.	126.	210.	330.	495.	715.
					1.	6.	21.	56.	126.	252.	462.	792.	1287.
						1.	7.	28.	84.	210.	462.	924.	1716.
							1.	8.	36.	120.	330.	792.	1716.
								1.	9.	45.	165.	495.	1287.
									1.	10.	55.	220.	715.
										1.	11.	66.	286.
											1.	12.	78.
												1.	13.
													1.

On appelle *bandes horifontales* celles où les chiffres vont de gauche à droite ; & *bandes perpendiculaires*, celles où les chiffres vont de haut en bas. On nomme *cellule* la pofition d'un chiffre renfermé entre deux points.

La feconde bande horifontale eft la fuite des nombres naturels, un, deux, trois, quatre, &c.

La troifieme bande horifontale eft formée fur la feconde en cette manière :

1°. Je rétrograde de gauche à droite d'une cellule ;

2°. Pour former le chiffre de chaque cellule de cette bande, j'ajoute tous les chiffres qui le précèdent à gauche dans la bande fupérieure horifontale. Ainfi, le nombre fix, troifieme chiffre de la troifieme bande horifontale, eft égal à la fomme du premier, du fecond & du troifieme chiffre de la feconde bande horifontale.

La quatrième bande horifontale fe forme fur la troifieme en la même manière que la troifieme fe forme fur la feconde. Ainfi, on trouvera que le nombre 20, qui eft le quatrième de la quatrième bande horifontale, eft égal à la fomme des quatre chiffres qui le précèdent dans la bande fupérieure horifontale qui eft la troifieme. Il en feroit de même de tous les autres chiffres de cette quatrième bande.

On formera les chiffres qui compofent les autres bandes horifontales de la même manière que l'on a formé la feconde fur la première, & la troifieme fur la feconde, obfervant toujours de rétrograder chaque bande d'une cellule avançant vers la droite ; c'eft ce qu'on pourra aifément découvrir en confidérant la table qu'on pourra continuer à l'infini.

Les nombres qui compofent la première bande horifontale font appellés nombres du premier ordre ; ceux qui compofent la feconde bande horifontale font appellés nombres du fecond ordre ; ceux qui compofent la troifième bande font appellés nombres du troifième ordre, &c.

Ces nombres, à qui on donne aufli les noms d'unités, de nombres naturels, nombres triangulaires, pyramidaux, triangule-pyramidaux, &c., à caufe de certains rapports qu'ils ont aux triangles, aux pyramides, &c., ont des propriétés fort fingulières, que Fermat, Defcartes, Pafcal & plufieurs autres grands géomètres françois & étrangers ont recherchés avec grand foin. Une des principales, & dont il s'agit ici, eft que par leur moyen on peut trouver d'un coup en combien de manières différentes un nombre quelconque de jettons, ou de cartes, ou de toute autre chofe, peut être combiné ; c'eft-à-dire, pris ou un à un, ou deux à deux, ou trois à trois, ou quatre à quatre, &c., dans un plus grand nombre de jettons & de cartes.

Par exemple, fi l'on demande en combien de façons différentes fix chofes différentes peuvent être prifes deux à deux, on trouvera que le nombre quinze, qui répond à la troifième bande horifontale & à la feptième bande perpendiculaire, eft le nombre que l'on cherche : & de même fi l'on veut favoir en combien de façons différentes onze chofes peuvent être prifes quatre à quatre, on trouvera que le nombre 330, qui répond à la cinquième bande horifontale & à la douzième bande perpendiculaire, eft le nombre que l'on demande. On trouvera de même toutes les autres combinaifons imaginables en cherchant le nombre qui répond à une colonne perpendiculaire, dont le quantième furpaffe de l'unité le nombre de chofes propofé, & à une colonne horifontale qui foit la troifième fi les chofes fe combinent deux à deux ; la quatrième, fi les chofes fe combinent trois à trois, &c.

Pafcal eft le premier qui ait découvert cet ufage des nombres de différens ordres,

& on peut en voir la démonstration dans le traité qu'il a fait, intitulé *Triangle-arithmétique*, où il applique ces nombres, tant aux combinaisons, qu'à trouver les partis que doivent faire deux joueurs qui jouant en un certain nombre de points à un jeu égal, ont plus ou moins de points.

Pour me faire plus facilement entendre, je prends un exemple, & je suppose que l'on veuille savoir en combien de façons différentes six choses peuvent être prises, ou une à une, ou deux à deux, ou trois à trois, ou quatre à quatre, ou cinq à cinq, ou six à six, soient ces six choses quelconques exprimées par les six lettres, a, b, c, d, f, g.

Premièrement, il est évident que si l'on cherche en combien de façons ces six lettres peuvent être prises une à une, le nombre six sera celui qui satisfait au problême. Or, il est évident que les termes de la première bande horisontale qui précèdent le nombre six de la seconde, étant ajoutés en une somme, font le nombre six.

Supposons ensuite que l'on veuille savoir en combien de façons différentes ces mêmes lettres peuvent être prises deux à deux.

Pour le trouver, on observera, 1°. que la lettre a peut se combiner avec les cinq suivantes, b, c, d, f, g.

2°. Que la lettre b peut se combiner différemment avec les quatre suivantes, c, d, f, g, ce qui donne quatre combinaisons différentes, bc, bd, bf, bg; car ba feroit bien un arrangement différent de ab; mais non pas une combinaison différente.

3°. Que c ne se combine qu'avec les lettres d, g, f; car ca, cb ne feroient point de combinaisons différentes.

4°. Que d ne se combine qu'avec les deux lettres f & g; car da, dc, db ne

feroient point de combinaisons différentes.

5°. Que f ne se combine qu'une fois avec g; car fa, fb, fc, fd feroient des répétitions des combinaisons précédentes; ce qu'il faut observer avec soin, car c'est-là le principal fondement de la démonstration.

Toutes ces combinaisons ensemble de six lettres, prises deux à deux, sont:

$$a\,b, \quad a\,c, \quad a\,d, \quad a\,g, \quad a\,f,$$
$$b\,c, \quad b\,d, \quad b\,g, \quad b\,f,$$
$$c\,d, \quad c\,g, \quad c\,f,$$
$$d\,g, \quad d\,f,$$
$$f\,g,$$

dont la somme $5 + 4 + 3 + 2 + 1 = 15$.

Par conséquent le nombre 15 qui se trouve dans la septième bande perpendiculaire & dans la troisième bande horisontale, est la somme des nombres qui le précède à gauche dans la bande supérieure horisontale, & est en même temps le nombre qui exprime en combien de façons différentes six lettres peuvent être prises deux à deux.

Supposons maintenant que l'on veuille trouver en combien de façons différentes ces six lettres peuvent être prises trois à trois.

On remarquera 1°. que $a\,b$ peut se combiner en quatre façons avec les lettre c, d, f, g; $a\,c$ en trois façons, $a\,d$ en deux façons, & $a\,f$ seulement d'une façon.

2°. Que $b\,c$ se combine en trois façons avec les lettres d, f, g; b, d en deux façons avec les lettres f & g, & b, f seulement d'une façon avec g.

3°. Que $c\,d$ se combine en deux façons avec les lettres fg, & cf seulement d'une façon avec g.

4°. Il est évident que df ne peut se combiner que d'une façon avec g. Toutes ces combinaisons ensemble de six choses prises trois à trois, sont :

$abc, abd, abf, abg, acd, acf, acg, adf, adg, afg,$

$bcd, bcf, bcg, bdf, bdg, bfg,$

$cdf, cdg, cfg,$

$dfg,$

dont la somme $10 \times 6 - \times 3 \times 1 = 20.$

Et par conséquent le nombre 20, qui se trouve dans la septième bande perpendiculaire, & dans la quatrième bande horisontale, est la somme des nombres qui le précédent à gauche, dans la bande supérieure horisontale, & est en même-tems le nombre qui exprime en combien de façons différentes six lettres peuvent être prises trois à trois.

Supposons encore que l'on veuille savoir en combien de façons différentes ces six lettres peuvent être prises quatre à quatre.

$abcd, abcf, abcg, abdf, abdg, abfg, acdf, acdg, acfg, adfg,$

$bcdf, bcdg, bcfg, bdfg,$

$cdfg,$

dont la somme $10 + 4 + 1 = 15.$

Et par conséquent le nombre 15, qui est dans la septième bande perpendiculaire & dans la cinquième bande horisontale, est la somme des nombres qui le précédent à gauche, dans la bande supérieure, & est en même-temps le nombre qui exprime en combien de façons différentes six lettres peuvent être prises quatre à quatre.

Si l'on veut encore savoir en combien de façons différentes ces six lettres peuvent être prises cinq à cinq,

On remarquera 1°. que $abcd$ ne peut se combiner différemment qu'avec les deux lettres f & g ; $abcf$ qu'en une seule façon avec g ; $abdf$ en une seule façon avec g, & $acdf$ qu'en une seule façon avec g.

On observera 1°. que abc peut se combiner en trois façons différentes avec les lettres dfg ; abd en deux façons avec f & g ; abf seulement avec g ; que acd peut se combiner en deux façons avec les lettres f & g ; que acf & adf se combinent seulement d'une façon.

2°. Que bcd se combine en deux façons avec f & g ; & que bcf, bdf & cdf ne se combinent que d'une façon avec g.

Toutes ces combinaisons ensemble sont :

2°. Que $bcdf$ ne se combine que d'une façon avec g.

La somme de ces combinaisons de six choses prises cinq à cinq, sera donc $abcdf$, $abcdg$, $abcfg$, $abdfg$, $acdfg$, $bcdfg$, $= 6.$

Et par conséquent le nombre six, qui est dans la septième bande perpendiculaire & dans la sixième bande horisontale, est la somme des nombres qui le précèdent dans la bande supérieure horisontale, qui est celle des nombres du cinquième ordre, & est en même-temps le nombre qui exprime en combien de façons différentes six lettres peuvent être prises cinq à cinq.

Enfin, il est évident que six lettres ne peuvent être prises que d'une façon, six à six.

De tout cela, il faut conclure que la septième colonne perpendiculaire exprime toutes les manières possibles dont six choses peuvent être prises, ou une à une, ou deux à deux, ou trois à trois, ou quatre à quatre, ou cinq à cinq, ou six à six.

On trouvera de même que la huitième colonne perpendiculaire exprime toutes les manières possibles dont sept choses peuvent être prises, ou une à une, ou deux à deux, ou trois à trois, ou quatre à quatre, ou cinq à cinq, &c. ; & enfin que cette table étant continuée à l'infini, donneroit toutes les manières possibles dont un nombre quelconque de jettons ou de cartes pourroit être pris, ou un à un, ou deux à deux, ou trois à trois, &c., dans un nombre plus grand de jettons ou de cartes ; ce qu'il falloit démontrer.

On tire de la démonstration précédente une manière aisée & courte de former la table, c'est à savoir d'ajouter en une somme le chiffre qui précède le nombre cherché à gauche dans la même bande horisontale, & le chiffre qui est supérieur à celui qui est à gauche ; ainsi, pour former la troisième bande horisontale, j'ajoute le nombre qui est à la gauche (c'est zéro) & le nombre au-dessus ; cela me donne un pour le premier terme de cette bande. Pour avoir le second, j'ajoute le nombre 1 qui est à la gauche du nombre cherché avec le nombre 2 qui lui est supérieur ; la somme $2 \times 1 = 3$ sera le second de la troisième bande horisontale ; le troisième terme de cette bande sera $3 \times 3 = 6$; le quatrième sera $6 \times 4 = 10$, & ainsi de suite. Si l'on veut, par exemple, trouver le nombre qui répond à la neuvième bande perpendiculaire & la sixième bande horisontale, j'ajoute 35 à 21 ; la somme qui est 56 est le nombre cherché.

Autre démonstration. Soit supposé que l'on veuille prendre cinq choses, par exemple, de toutes les manières possibles, ou

deux à deux, ou trois à trois, ou quatre à quatre, ou cinq à cinq,

Il est clair 1°. que cinq choses, $abcde$, peuvent être prises deux à deux en autant de façons que quatre choses ont été prises en cette manière, (or les lettres $abcd$ ont pu être mises deux à deux en six façons, savoir, $ab, ac, ad, bc, bd, cd,$) & qu'elles peuvent être prises outre cela en autant de façons que quatre choses peuvent être prises une à une, savoir, ae, be, ce, de ; ce qui donne dix combinaisons de cinq choses prises deux à deux.

2°. Cinq choses peuvent être prises trois à trois en autant de façons que quatre choses ont été prises trois à trois & deux à deux. Or quatre choses peuvent être prises trois à trois en quatre façons, abc, acb, abd, bcd ; & deux à deux en six façons, ab, ac, ad, bc, bd, cd. Donc si on ajoute la lettre e à ces six dernières façons différentes, on trouvera que le nombre 10 exprime en combien de façons différentes cinq choses peuvent être prises trois à trois, & est en même-temps la somme du nombre qui le précède à gauche, & de celui qui est au-dessus de ce nombre. Cette démonstration s'étend à tous les nombres de la table, & est fondée sur ce qu'un nombre quelconque p peut être pris dans un autre nombre quelconque, mais plus grand, q en autant de façons que p & $p - 1$ peuvent être pris dans $q - 1$. Or cette proposition est évidente à l'égard du nombre qui est à gauche, puisque le petit est contenu dans le plus grand ; elle est vraie aussi à l'égard de celui qui est supérieur au nombre de la gauche, puisqu'en y joignant la lettre qui n'est point entrée dans les combinaisons qu'exprime le nombre de la gauche, il en fournit de nouvelles, & supplée à celles qui manquent au nombre de la gauche.

Ajoutons 1°. que si l'on cherche en combien de façons le nombre q peut être pris dans un autre nombre plus grand qui foit apppellé p, le nombre cherché fera exprimé par une fraction dont le numérateur fera égal à autant de produits de p, p — 1, p — 2, p — 3, p — 4, &c. que q exprime d'unités, & dont le dénominateur fera compofé d'un égal nombre de produits des nombres naturels 1, 2, 3, 4, 5, 6, &c.

2º. Si l'on veut prendre ou p ou q dans un nombre exprimé par m, je dis que fi $p \times q = m$, le nombre qui exprimera en combien de façons on peut prendre p dans m, fera le même que celui qui exprime en combien de façons on peut y prendre q. Ainfi, par exemple, m étant = 7, le nombre qui exprimera en combien de façons on peut prendre trois chofes dans fept, fera le même que celui qui exprime en combien de façons on y en peut prendre quatre; & de même le nombre qui exprimera en combien de façons on peut prendre deux chofes dans fept, fera le même que celui qui exprime en combien de façons on y en peut prendre quatre; & de même le nombre qui exprimera en combien de façons on peut prendre deux chofes dans fept, fera le même que celui qui exprimera en combien de façons on y en peut prendre cinq; & le nombre qui exprimera en combien de façons on peut prendre une chofe dans fept, exprimera en combien de façons on y en peut prendre fix.

Il fuit de-là 1º. que fi m exprime un nombre impair, les deux nombres de la colonne perpendiculaire, qui font les plus éloignés des extrémités, font égaux & les plus grands entre tous ceux de la colonne; & que fi m exprime un nombre pair, celui du milieu fera le plus grand d'entre tous les nombres de cette colonne.

2º. Que les nombres qui font à égale diftance, ou de celui du milieu, fi m eft un nombre pair, ou des deux moyens s'il eft impair, feront égaux l'un à l'autre.

3º. On peut obferver que la fomme de tous les termes d'une bande perpendiculaire quelconque, eft égale au terme correfpondant d'une progreffion géométrique double, dont le premier terme foit l'unité.

Ainfi, par exemple, on trouvera que le huitième terme d'une progreffion géométrique double, qui eft 128, fera égal à la fomme de tous les nombres que contient la huitième bande perpendiculaire. *Voyez la table de Pafcal ci-deffus.*

PROPOSITION. *Pierre tenant entre fes mains un nombre quelconque de jettons de toutes couleurs, blancs, noirs, rouges, &c., parie contre Paul que, tirant au hafard un nombre quelconque déterminé de jettons, il en tirera tant de blancs, tant de noirs, tant de rouges, &c. On demande quel eft le fort de Pierre & celui de Paul dans tous les cas poffibles.*

R. Il faut mutiplier le nombre qui exprime en combien de façons les jettons blancs que Pierre doit prendre au hafard peuvent être pris différemment dans le nombre de jettons blancs propofés; par le nombre qui exprime en combien de façons les jettons noirs que Pierre doit prendre au hafard, peuvent être pris différemment dans le nombre entier de jettons noirs propofés; multiplier enfuite ce produit par le nombre qui exprime en combien de façons différentes les jettons rouges que Pierre fe propofe de tirer peuvent être pris dans les jettons rouges propofés; multiplier de nouveau ce produit, &c., & divifer tous ces produits par le nombre qui exprime en combien de façons différentes tous les jettons enfemble de différentes couleurs que l'on doit prendre, peuvent être pris dans tous les jettons propofés.

L'expofant de cette divifion exprimera le fort de Pierre, ou ce que Pierre devroit parier contre Paul, pour que le parti fût égal.

Pour rendre la démonftration plus facile

& moins abſtraite, je vais l'appliquer à quelques exemples particuliers.

EXEMPLE I. *Pierre tient deux jettons blancs, deux jettons noirs & deux jettons rouges. Il parie que les ayant mêlés, & tirant enſuite trois jettons au haſard entre ces ſix, il en tirera un blanc, un noir & un rouge.*

R. Il faut remarquer que s'il n'y avoit au jeu que deux jettons noirs & deux jettons blancs, il y auroit quatre manières différentes de prendre dans ces quatre jettons deux jettons de différentes couleurs; car chacun des deux jettons blancs pourroit être pris avec chacun des deux jettons noirs, ce qui fait quatre façons. Maintenant ſi à ces quatre jettons on en ajoute deux autres rouges, il eſt clair que les quatre façons différentes que l'on vient de trouver, pouvant ſe rencontrer chacune avec chacun des deux jettons rouges, le produit qui exprime tous les coups que Pierre a pour tirer trois jettons de différentes couleurs entre ces ſix, ſera le cube de deux, c'eſt-à-dire qu'il faudra multiplier le nombre qui exprime en combien de façons différentes un jetton noir peut être pris dans deux jettons noirs, & multiplier ce produit par le nombre qui exprime en combien de façons un jetton rouge peut être pris différemment dans deux jettons rouges; *ce qu'il falloit démontrer.* Or, l'on trouvera par la table rapportée ci-deſſus, que ſix choſes peuvent ſe prendre différemment trois à trois en vingt façons, & par conſéquent le ſort de Pierre ſera exprimé par la fraction $\frac{8}{20}$ ou $\frac{2}{5}$; le ſort de Paul ſera donc exprimé par la fraction $\frac{3}{5}$, & par conſéquent le ſort de Pierre ſeroit au ſort de Paul comme deux eſt à trois; *ce qu'il falloit trouver.*

EXEMPLE II. *Pierre tient cinquante-deux jettons entre ſes mains, ſavoir; treize blancs, treize noirs, treize rouges, & treize bleus; ou, ce qui revient au même, un jeu entier compoſé de cinquante-deux*

cartes. On demande en combien de façons différentes il peut, tirant quatre cartes au haſard dans ces cinquante-deux, en tirer un carreau, un cœur, un pic & un trefle.

R. S'il n'y avoit que treize carreaux & treize cœurs, il y auroit cent ſoixante-neuf façons différentes de prendre dans ces vingt-ſix cartes deux cartes de ces deux eſpeces; car chacun des treize carreaux pourroit être pris avec l'as de cœur, ce qui fait treize, ou avec le deux de cœur, ce qui fait encore treize; & ainſi de ſuite, chacun des treize carreaux pourroit être pris avec chacun des treize cœurs; ce qui fait 13 × 13, c'eſt-à-dire cent ſoixante-neuf façons de prendre un carreau & un cœur dans vingt-ſix cartes.

Préſentement ſi à ces treize carreaux & à ces treize cœurs on ajoute treize trefles, il faudra, pour avoir toutes les façons poſſibles de prendre un carreau, un cœur & un trefle, dans ces trente-neuf cartes, multiplier par treize les cent ſoixante-neuf façons précédentes; car chacune de ces cent ſoixante-neuf façons différentes pourra ſe trouver avec l'as de trefle; ce qui fait 13 × 13 × 1, et avec les deux, ce qui fait 13 × 13 × 2, c'eſt-à-dire trois cents trente-huit façons différentes, & avec les trois, ce qui fait cinq cents ſept façons différentes; & ainſi ſucceſſivement chacune des cent ſoixante-neuf façons précédentes pourra ſe trouver avec chacun des treize trefles; ce qui fait 13 × 13 × 13, c'eſt-à-dire deux mille cent quatre-vingt-dix-ſept façons différentes de prendre un carreau, un cœur & un trefle dans cent trente-neuf cartes.

On obſervera de même que la quatrième puiſſance de treize exprimera en combien de façons différentes quatre cartes de différentes eſpeces, ſavoir; un carreau, un cœur, un pic & un trefle peuvent être priſes dans les cinquante-deux cartes; *ce qu'il fallait démontrer.*

Or, l'on trouvera par le problème précédent.

cédent & par la table que cinquante-deux cartes peuvent être prises quatre à quatre en deux cents soixante dix mille sept cents vingt-cinq façons ; & par conséquent le sort de Pierre sera exprimé par cette fraction $\frac{114}{270725} = \frac{28561}{270725}$; & le sort de Paul par cette autre $\frac{242164}{270725}$; & par conséquent le sort de Pierre sera au sort de Paul :: $28561 :: 242164$ à-peu-près :: $1 : 8$, en-sorte qu'il aura de l'avantage à parier un contre neuf, & du désavantage à parier un contre huit.

Voyez, pour les combinaisons & les probabilités des jeux de hasard, *l'article* Arithmétique du Dictionnaire des amusemens des sciences.

Combinaisons frauduleuses.

Il n'est pas indifférent pour les joueurs honnêtes & de bonne foi d'être avertis des préparations frauduleuses que de prétendus *grecs*, ou fripons, ont de tout temps combinées entre eux pour faire disparaître les hasards du jeu, & s'assurer l'argent de ceux dont ils veulent faire leurs dupes.

Les joueurs prudens savent se précautionner contre les coups du sort, ou du moins en diminuer les atteintes ruineuses en se réglant sur les probabilités des événemens. C'est même ce que les calculs & les recherches de plusieurs célèbres mathématiciens, tels que les Pascal, les Fermat, les d'Alembert, les Montmor & autres, pourront leur apprendre, en partie, dans plusieurs articles de ce dictionnaire.

Mais nous avons aussi pensé que l'habileté de certains joueurs peu scrupuleux, devenant funeste pour l'homme confiant qui s'abandonne témérairement à la fortune, il n'y avoit d'autre moyen de le garantir des pièges secrets qui lui sont tendus, que de manifester les manœuvres ténébreuses de ces *grecs* perfides. C'est dans cette vue que nous avons cru devoir rassembler sous l'article de *combinaisons*

Jeux mathématiques.

frauduleuses, les tours, les astuces, les tromperies, les diverses inventions & les dispositions mystérieuses que nous avons pu découvrir dans quelques traités imprimés, principalement dans un manuscrit ancien & singulier d'un joueur, sur le danger de risquer sa fortune contre des inconnus ou des étrangers qui circulent dans toutes les académies de jeux de l'Europe.

Or, voici plusieurs de ces tours dangereux que nous avons recueillis.

Il y a des chambres disposées d'une certaine façon par l'artifice de ceux qui en font le théâtre de leur tromperie ; ensorte que tout l'argent qu'on y joue est un argent sûr pour eux.

A quelques-uns de ces réduits se trouvent de petites fentes cachées dans la muraille, par lesquelles un espion qui est secrettement placé derrière voit toutes les cartes de celui qu'on veut duper, & en tirant une petite corde qui fait remuer un long ressort ajusté par dessous la table sur lequel le trompeur a le pied appuyé ; selon qu'il la tire une, deux, trois & quatre fois, & de la manière dont il a été convenu entre eux, il lui fait comprendre aisément les cœurs, les carreaux, les trèfles & les piques que l'autre a dans sa main. Cela s'appelle le *jeu d'orgues*. On le diversifie de plusieurs manières, tantôt faisant cacher l'aide-trompeur dans une armoire faite exprès, tantôt sur le plafond d'un entresol, quelquefois lui mettant une lunette d'approche à la main, ou enfin le postant si bien qu'il puisse découvrir facilement, par l'optique & les miroirs placés à cet effet, tout ce qu'a la dupe, pour l'apprendre, par l'invention que nous avons marquée, ou quelqu'autre semblable, au compagnon qu'il attrape.

Tous lieux sont propres à qui cherche à tromper. Par-tout un miroir est aisé à mettre derrière la tête de celui qu'on veut prendre au trébuchet ; & même s'il est assez simple pour laisser voir son jeu à quelqu'un qui foit de la coterie de l'autre, bien qu'il faſſe mine de ne le pas connaître, ſa bourſe recevra de rudes attaques par les ſignes que les deux camarades s'entreſeront.

En outre, le traître qui eſt auprès de vous raiſonnant de choſes indifférentes, demandant un verre de vin à un valet, commandant qu'on ferme la porte, qu'on ouvre les fenêtres, qu'on apporte de la lumière, s'étudiera de commencer ſon diſcours par de certaines lettres ſignificatives entre eux, peſant ſur les mots myſtérieux ; il affectera d'entremêler dans ſes expreſſions certains petits juremens qui ſont d'ordinaire l'embelliſſement des périodes de ces ſortes de fripons là, & par cette ruſe découvrira à celui qui vous triche (au piquet, par exemple,) quel ſera votre port, afin qu'il ne ſe défaſſe pas de ſa garde pour gagner les cartes, & de quelle couleur vous manquerez afin qu'il écarte plus hardiment, lui donnant enſuite les avis néceſſaires pour jouer par votre côté le plus foible, & principalement pour éviter le capot quand le cas y échet.

Morbleu, parbleu, ſangbleu, ventrebleu, ſignifieront le *cœur*, le *carreau*, le *trèfle*, le *pique*.

Vertubleu ſera un quatorze de dix ou de valets, *par la ventrebleu* ſera celui de dames, de rois ou d'as.

Ma foi ſera une quinte de dix ou de valets, *par ma foi* ſera la quinte-major ou de roi ; enſorte que le drole qui aura vu votre jeu pour donner à entendre à l'autre qu'il doit porter à la quinte-major de pique grondera après le valet qui lui aura verſé à boire ; *ventrebleu*, dira-t-il, *ſoit du coquin ; ce vin là par ma foi n'eſt que du vinaigre* ; ou bien ſi c'eſt en hiver, *peſte !* dira-t-il, *de la canaille* ſe retournant vers la cheminée. Quoi ! Manquerons-nous de feu tout aujourd'hui ? Le P marque le pique, le Q & l'M la quinte-majeure, & ainſi de même à tout propos, ſelon le jeu

auquel on joue, & le ſignal dont ils ſeront convenus.

Empêchera-t-on un feint ami qui eſt auprès de vous, qui parie même pour vous comme c'eſt la coutume de tels pendards de demander à boire, de dire qu'il fait beau temps, qu'il a le pied engourdi, & qu'il a mal à la tête ; cependant tout ce qu'il prononce porte coup, & il ne dit jamais de paroles inutiles.

Un de ces jaſeurs à profit feignoit un jour de revenir d'un inventaire où l'eſtimation, diſait il, étoit faite de pluſieurs nippes, & s'étant aſſis auprès de la dupe enſeignoit à l'autre juſqu'à la moindre carte de ſon jeu par le récit qu'il faiſoit de la priſée de chaque tableau, de chaque tenture de tapiſſerie, de chaque montre, de chaque pierrerie.

Ils étoient convenus enſemble que les cœurs s'exprimeroient par les *écus* ; les carreaux, par les *louis d'or* ; les trèfles, par les *piſtoles* d'Eſpagne. Le ſix valoit dix louis ou dix piſtoles, ſelon ſa couleur ; le ſept, vingt ; le huit, trente ; le neuf, quarante ; & le dix, cinquante ; le valet, cent ; la dame, deux cents ; le roi, trois cents ; & l'as, quatre cents. Un filet de perles de quatre cents louis, c'était l'as de cœur ; des pendans d'oreilles de rubis de deux cents piſtoles d'Eſpagne, c'étoit la dame de pique, & ainſi du reſte. Maintenant, pour marquer qu'il avoit trois as ou trois dix, il triploit le nombre de l'un, & exprimoit la couleur de celui qui manquoit. Il y avoit, par exemple, diſoit-il, un beau diamant de douze cents louis d'or, cela vouloit dire qu'il portoit dans ſon jeu l'as de cœur, l'as de trèfle & l'as de pique, & que celui de carreau lui manquoit ; & ainſi de même pour les trois rois, les trois dames & les trois dix, à l'exception des trois valets qu'ils ne mettoient qu'à deux cents cinquante, pour ne point confondre par le nombre de trois cents celui de chaque roi. La tierce & la quarte s'entendoient par l'addition de ces mots *beau &*

bon, devant chaque louis ou piftole. Beau marquait la tierce ; trois cents belles piftoles, la tierce de roi de trèfles ; bon, la quatrième ; quarante bons louis, la quatrième baffe de cœur. Ces autres mots ajoutés *fur table*, *fur le bout de la table*, *argent fur table*, *argent fur le bout de la table*, & *argent comptant* marquoient la quinte, la fixième, la feptième, la huitième & la neuvième. Trois cents piftoles fur table, c'étoit la quinte du roi de trèfle ; cent louis fur le bout de la table, c'étoit la fixième du valet de cœur ; quatre cents louis d'or argent comptant, c'était la neuvième de carreau ; & pour les quatorze, comme il n'eft pas befoin d'exprimer la couleur, mille louis marquoient celui d'as ; mille louis d'or, celui de rois ; mille piftoles, celui de dames ; mille piftoles d'Efpagne, celui de valets ; & mille écus, celui de dix ; & afin que rien ne manquât pour circonftancier tout ce qui eft du jeu de piquet, cent écus exprimaient la blanche.

Un jeune feigneur qui entendoit la mufique en perfection, & avoit l'oreille excellente, complotte avec fon maître à jouer du luth pour gagner les piftoles du fils d'un financier logé dans la même auberge ; c'étoit d'ordinaire au piquet qu'ils paffoient enfemble les après-dînées. Le maître ne manque pas de paffer dans la chambre de fon écolier, comme il commençait avec l'autre la première partie, & feignit de vouloir s'en retourner, puifqu'il le voyoit engagé au jeu ; mais le jeune feigneur, après bien des excufes de ne pouvoir pour l'heure recorder fa leçon, le prie de remettre à fon luth une corde qui s'étoit rompue ; celui-ci le prend auffi-tôt fur le ciel du lit, & accordant cet inftrument en fe promenant dans la chambre, voit les cartes du financier, & fuivant les tablatures qu'il avait faites à ce fujet avec fon difciple, à mefure qu'il touche à la chanterelle ou aux autres cordes, il lui indique le fort & le foible du jeu de l'autre, fon port & quel doit être le fien. Le maître

& l'écolier s'étoient formés entre eux une mémoire artificielle de chaque commencement de plufieurs petits airs nouveaux fur le luth, par lefquels fe marquoient & la couleur, & la carte, & la quinte, & le quatorze, en telle forte que le financier ayant joué & le tout, & le tout du tout, perdit une fomme affez confidérable pour remettre en fonds le jeune marquis qui étoit entré au jeu bien plus fourni de malice que d'argent.

Autres remarques.

Il n'y a pas une feule carte qui, en fortant des mains de l'ouvrier, n'ait quelque petite tache fortuite, blanche, rouffe ou grifâtre, que peuvent fort bien remarquer ceux qui y regardent de près, & qui favent prendre le jour pour les appercevoir. De plus, fi un fourbe s'entend avec un cartier qui fe prête à fes friponneries, il lui fera coller fon papier de deffus de telle manière, qu'au lieu qu'il a coutume d'être de droit fil par le long, il ne laiffera que les cœurs avec les petites veines ; ainfi montant en pal qu'on appelle, & les carreaux les auront facés en large, les trèfles un peu biaifant de l'angle droit vers le bas en bande, & les piques au contraire biaifant de l'angle gauche vers le droit en barre ; ou fi la conféquence, felon le jeu auquel on joue, ne va qu'à diftinguer les as & les peintures d'avec les petites cartes, celles-ci auront les veines du papier en large & les autres en long, en forte que le fourbe qui, en donnant, reconnoît l'as ou la peinture, fait filer fubtilement une autre carte de deffous à la place de la première ; & il y a des joueurs fi ftilés à faire ainfi filer les cartes, que ceux-mêmes qui les furprennent de cette tricherie, y prenant garde, ne peuvent pas les en convaincre, tant ils la font adroitement.

Un étymologifte ne manquera pas de dire que c'eft pour cela, fans doute, qu'on nommé *filoux* ces fileurs de cartes.

Une autre fupercherie qu'on appelle *cartes coupées*, fe fait encore chez les cartiers, ou bien les trompeurs la font eux-mêmes, paffant délicatement les cifeaux en droite ligne de l'un & l'autre côté de chaque quinte baffe qui, reftant par cette rognure plus étroite que les as & peintures, non-feulement ils les fentent fous la main, mais encore ils font fûrs, en donnant à couper, qu'on coupera les plus larges qui leur demeureront au talon. Et quand leur tour vient de couper, ou ils changent de cartes en prenant de non coupées, ou bien des coupées à rebours, c'eft-à-dire qui aient les as & peintures rognés, ou quand ils ne peuvent fe difpenfer de jouer avec les premières, ils coupent d'une certaine manière, enfonçant les doigts entre les cartes, qu'ils ne donnent point dans le piège qu'ils tendent aux autres.

Si le hafard veut que dans un jeu il y ait une ou deux cartes plus larges ou plus épaiffes que les autres, le joueur fripon qui y aura pris garde en fait fon profit; car fous prétexte de démêler le jeu, il aura mis au-deffous de la carte la plus large, deux as ou deux peintures, afin que l'autre en les coupant les lui donne; ou au-deffus fi c'eft l'autre qui eft le premier, afin que lui en coupant s'en affure.

Une autre tricherie qu'on appelle le *pont*, eft lorfqu'on voûte une partie des cartes en deffus & l'autre en deffous, pour faire couper dans l'entre-bâillure la dupe qui ne s'en méfie point. Pour y remédier, & pour empêcher qu'en coupant on ne vous attrape de cette façon ou d'autre, le meilleur fecret eft de bien mêler après celui avec qui l'on joue; par là on renverfe & on rend inutiles les *pâtés* qu'il auroit pu faire, en entrelaçant & affemblant des cartes par le deffus, par le deffous & dans le milieu, & même en dernier, on ne doit pas négliger non plus de bien battre devant que de leur préfen-

ter à couper, afin de fe mettre à couvert de toutes les tromperies de la coupe.

Autres rufes.

Celui qui veut filouter, ayant préparé dans les plis de fa main un peu d'encre de la Chine, tâche en la mouillant de fa falive, à en noircir furtivement un as ou peinture, qu'il en approchera par un endroit de la tranche de l'un & de l'autre côté. Il lui fera alors fort facile, prenant fes mefures en coupant, de s'affurer cet as ou peinture; & quand bien même il auroit oublié fa provifion de la Chine, il ne laiffera pas, feignant de mêler, de faire par un coup de doigt de petites oreilles aux as ou peintures, par le moyen defquelles non-feulement en coupant, s'il eft le premier, il fe fera venir dans fon jeu ces cartes qu'on appelle *tacquées*; mais même en donnant, s'il eft dernier, il fe les réfervera faifant filer la fuivante; car les doigts d'un pipeur font auffi fouples & auffi plians que les mains des joueurs de gobelets.

Quelques-uns de ces filoux de jeu, trouvant trop difficile la grande attention qu'il faut avoir pour diftinguer & retenir les différens petits feings qui paroiffent fur les cartes à l'inftant de leur formation, fe font avifés de les imiter par d'autres fignes ajoutés exprès, qu'ils placent avec ordre pour s'en faire une mémoire locale. La *Croix-de-Malthe* eft le nom de cet artifice, parce que quatre petits tirets ainfi croifés ✳ en cachent tout le fecret. Pour le bien comprendre, imaginez-vous une carte coupée par la tête en quatre parties égales, comme pour faire quatre longues fiches qui fe tiendroient pourtant encore enfemble par les bouts, & l'ayant ainfi féparée dans votre penfée, quand vous verrez l'un de ces petits tirets fur le haut de l'efpace de la première fiche que vous mefurerez en votre idée, ce fera cœur : fi c'eft vers le milieu de la carte en-deçà fur l'efpace de la deuxième fiche, ce fera

la marque du carreau ; fi c'eft vers le milieu en-delà fur l'efpace de la troifième
fiche , ce fera la marque du trèfle ; & fi
enfin tout joignant l'angle gauche fur
l'efpace de la quatrième fiche , ce fera la
marque du pique.

Et pour compaffer plus jufte les tirets
fur les cartes il en faut couper une effectivement par la tête , l'évidant jufqu'à un
pouce loin du bord en quatre compartimens égaux , & y laiffant , pour faire leur
féparation , un petit entre-deux étroit en
forme de herfe à cinq dents ; cette carte
ainfi évidée , & préfentée fur toutes les
trente-fix & cinquante-deux , l'une après
l'autre , fervira d'un modèle pour trouver
fans fe méprendre la place de chaque tiret
qu'on tracera avec un morceau de pierre
de ponce taillé en crayon épointé , ou
même , fi l'on veut , avec de la paille mouil-
lée , ou encore avec du jus de limon. Maintenant pour reconnoître par ces tirets ,
outre la couleur , qu'elle eft encore la
carte qu'ils fignifient , vous remarquerez
que quand le premier tiret ◣ , qui eft
droit & pointu par en bas , fera placé au
milieu de l'un de ces quatre efpaces imagi-
nés , le bout large tout contre le haut
de la carte , ce fera affurément l'as de
cœur , de carreau , de trèfle ou de pique ,
felon l'efpace qu'il occupera. Quand le
fecond tiret ◥ qui fait le bras droit de la
croix fera auffi tracé , tout joignant le haut
de la carte , la pointe regardant l'angle
gauche de l'efpace où il fera pofé , il marquera le roi de la couleur.

Et lorfque le troifième tiret ◣ qui fait
le bras gauche de la croix fera auffi tracé
tout en haut de la carte en face , la pointe
regardant l'angle droit de fon efpace , il
marquera la dame de fa couleur.

Semblablement le quatrième tiret ◢ qui
fait le bas de la croix tracé tout droit la
pointe en haut , joignant le bord de la carte
au milieu de fon efpace , marquera le valet
de fa couleur.

Ces mêmes quatre tirets , difpofés de
la même manière , mais tant foit peu alifés ,
c'eft-à-dire n'approchant pas tout contre
le bord du haut de la carte , marqueront
pareillement le dix , le neuf , le huit & le
fept de leur efpace ; & même encore , fi
befoin étoit , le cinq , le quatre , le trois
& le deux feroient marqués des mêmes
quatre tirets , avec cette différence que le
premier , par exemple , marqueroit l'as
quand il joindroit tout contre le haut de
la carte ; marqueroit le dix , quand il s'en
faudroit de l'épaiffeur d'un tefton ; & le
cinq , quand il feroit loin dudit bord d'en
haut de l'épaiffeur d'un écu ou de deux tef-
tons , & ainfi de même du fecond tiret
pour le roi , le neuf & le quatre ; du troifième , pour la dame , le huit & le trois ;
& du quatrième , pour le valet , le fept
& le deux , chacun dans l'efpace de fa
couleur.

Refte à parler du fix qu'on repréfenteroit par un petit point ● en forme de la
boule faifant le milieu de la croix qui feroit
tracé en haut de l'efpace de la couleur ,
& tout cela pour être obfervé aux deux
extrémités de la carte au bout d'en bas ,
comme à celui d'en haut , enforte que
plufieurs jeux , marqués de femblables tirets , faciliteront au fourbe qui les aura
apprêtés une parfaite connaiffance de toutes
les cartes qu'il touchera.

De la même pierre en crayon dont ces
pipeurs marquent d'ordinaire leurs petits
tirets prefqu'invifibles , ils s'en fervent encore pour poncer les as , de manière qu'é-
tant plus coulans , & gliffans plus aifément ,
ils ont l'adreffe en coupant de fe les affurer.
Quand la carte après avoir été poncée eft
encore liffée par deffus la ponce avec la
pierre à liffer , cela devient plus fenfible
au tact.

On emploie encore la preffe , & je ne
fais quelle autre herbe à cet effet ; mais furtout les pipeurs n'oublient guères de faire
la *réferve* autant qu'ils le peuvent.

La *réserve* eſt une tricherie qui ſe peut appliquer à toutes ſortes de jeux , que quelques-uns font très-ſubtilement , cachant deux ou trois cartes ſous la main qu'ils tiennent appuyée, moitié deſſous, moitié deſſus la carne de la table, & en reprenant de l'autre les cartes après qu'on a remêlé, ou même qu'on a coupé. Ils ſavent, approchant leur main droite de leur gauche, donner le tour & placer la *réſerve* à leur avantage; que s'ils la mettent en dernier en battant les cartes avant que de donner à couper, ils vous en laiſſeront en deſſus une ou deux de travers, s'avançant plus que les autres, afin que ce ſoit par-là qu'on coupe, comme il arrive d'ordinaire. Ou bien, vous bâtiront le *pont*, comme il a été ci-deſſus remarqué, ce qui fait qu'il faut toujours ſe défier de ceux qui en jouant vous courbent les cartes, parce qu'ils le font rarement ſans ſujet, & que c'eſt le plus ſouvent parce que celles qu'ils ont en réſerve étant ainſi pliées ſous leurs mains, ils accommodent de même les autres cartes, de peur que la fourbe ne perçât par la diſparité. Combien en voit-on de ces adroits fripons qui en coupant tiennent leur *réſerve* ſous la droite vers le poignet, & la font ſubtilement gliſſer en poſant la coupe en bas ſur l'autre monceau de cartes qui reſte auprès, ce qui leur ſeroit encore bien plus facile, coupant en long ſi on ne s'en donnoit de garde.

Un Napolitain avoit rafiné ſur cette ſubtilité , & portoit attaché à ſon bras gauche une certaine pincette de fer, qui par le moyen d'un reſſort qu'il faiſoit jouer, appuyant le coude ſur le bout de la table, s'avançoit juſqu'au milieu de la paume de la main, lui apportoit ſa carte de réſerve, & lui remportoit ſa carte de rebut ſelon le jeu où tel échange pouvait lui être le plus profitable, obſervant de ſouvent changer de cartes pour éviter la rencontre qui ſe feroit pu faire de deux pareilles, quand il auroit pris d'un autre jeu de quoi faire ſa réſerve.

Voici une machine qui avoit quelque rapport avec celle du Napolitain. Un drole l'avoit fait faire exprès pour tricher au jeu du hocca; le bout, au lieu d'être en forme de pincettes , étoit comme une cuiller qui s'avançoit auſſi juſqu'au milieu de la paume de la main, & ſe retiroit dans ſa manche par le moyen d'une détente qui étoit ſous le buſc de ſon pourpoint ; & quand c'étoit ſon tour de tirer une boule du ſac, feignant de la remuer il en faiſoit entrer une dans ſa cuiller , qui ſe recouloit dans ſa manche, & en aveignoit une autre dans ſa main , qu'il donnoit au maître de la banque ; & tandis que chacun s'empreſſoit pour voir le point de cette boule tirée , lui ne s'occupoit qu'à reprendre de la cuiller , ſous ſon manteau, celle qu'il avoit remiſe en réſerve dans ſon bras ; un camarade affidé qu'il avoit à ſes côtés alloit dehors en aveindre le billet pour en ſavoir le point, & la lui rapportoit auſſi-tôt pour la replacer dans la cuiller juſqu'à ce que ſon tour revînt de remettre le bras dans le ſac, qui alors rendoit à la main dans la cuiller la boule qu'on lui avoit confiée. Cependant le compagnon, aſſuré du point qui s'alloit tirer, ne s'étoit pas épargné à le charger ſur le tableau, en plein, en deux, en quart, en tiers ſur ſa raie dans la licorne, & de toutes les manières. Ils avoient encore un autre moyen pour attraper le banquier, avec gros comme une noiſette d'une eſpèce de poix maſtic noire, préparée de la couleur du bois des boules dont on ſe ſervoit, qu'ils étendoient avec le pouce ſur l'une en l'aveignant, à un doigt près de ſon embouchure, & prenoient ſoin de bien retenir le nombre de ſon billet ; puis quand le bras ſe remettoit dans le ſac, & qu'on parvenoit en tâtant à ſentir ſous ſa main la boule gaudronnée, le mot du ſignal concerté ſe donnoit à l'autre de la coterie, qui, devant que la boule fût hors du ſac, plaçoit ſon argent au lieu où l'attendoit la recette.

On invente quelquefois des jeux tout

exprès pour attraper ceux qui s'y laisse-
ront embarquer.; témoin le *trut-à-vent*
que cinq ou six seigneurs de la cour d'un
grand prince qui étoit en l'une des villes
de son appanage, supposerent être un jeu
étranger qui se jouoit avec trois flambeaux
arrangés d'une certaine symétrie, & un
quatrième qu'on plaçoit plus ou moins
loin des autres, en disant *trut*. Les termes
les plus communs en ce jeu mystérieux
étoient *trenet* & *truvet*, pour dire j'ai
gagné; *bredouille*; quand la partie étoit
double; & *farfaille*, qui signifioit que le
coup étoit manqué. Cependant ceux qui
s'entendoient avec le prince pour le divertir, avoient mis comme lui bon nombre
de pistoles sur la table, dont le tas croissoit
& diminuoit à chacun à mesure que le
flambeau les faisoit *trevet*, *bredouille*, ou
farfaille; sur quoi ils feignoient quelquefois de grandes disputes entre eux, sou-
tenant que le coup n'étoit pas *farfaille*,
& alors les autres, après avoir soigneuse-
ment considéré la position des flambeaux,
décidoient s'il étoit *farfaille* ou non.
Quelques-uns des survenans tentés, &
par l'envie qu'ils avoient de jouer à quelque
jeu que ce fût, & par l'éclat de l'argent
comptant, se mirent du pari, & y per-
dirent assez considérablement sans avoir pu
comprendre aucune règle du jeu.

Quant au *quinze*, il peut y avoir autant
de tricheries à ce jeu qu'à pas un autre;
car outre les générales qui peuvent s'y
appliquer, au lieu du miroir qu'on cachoit
anciennement dans le pommeau de son
épée (ce qui passeroit à cette heure pour
une finesse trop grossière) on se sert maintenant de petites glaces mises en œuvre
dans des bagues qui, tournées en dedans
de la main, représentent parfaitement la
carte de dessous; même pour lisser les
cartes basses, on a trouvé l'usage d'un certain vernis âpre qui se sent sous le doigt
aussi bien que se sentent les peintures par
ceux qui s'y sont stilés. En tout cas, une
épingle est bientôt fichée en-dessous de la

carte sans la percer; & selon l'endroit où
se sent sous la main la piquûre qui est ra-
boteuse, on juge d'abord quelle carte on
manie; il y a même encore la bosse qu'on
fait sur une carte en y enfonçant le doigt,
ce qui se remarque pareillement en-dessous
au toucher.

Un joueur qui estimoit tout son temps
perdu lorsqu'il ne se donnoit point au
quinze, au brelan, ou à la prime, ne s'em-
barquoit pourtant jamais au jeu qu'avec
un masque sur le visage, parce qu'il étoit
défiant au possible, & qu'il appréhendoit
qu'on ne reconnût à sa mine & au changement de sa couleur s'il avoit de quoi
soutenir les défis qu'on lui faisoit; ce qu'il
connoissoit bien admirablement aux autres,
remarquant bien à celui-ci que les veines
du nez lui enfloient quand il avoit beau jeu;
& à celui-là, qu'il rougissoit ou qu'il blé-
missoit lorsqu'il se sentoit engagé mal-à-
propos à risquer de trop grosses vades. Une
longue étude des différens signes de hardi-
esse, de confiance, d'incertitude & de
timidité en de pareilles rencontres l'avoit
rendu infaillible par de telles conjectures.

Il ne faut pas jouer si on ne sait toutes
les ruses du jeu, non pas pour s'en servir,
cela seroit d'un malhonnête homme, mais
pour se garder qu'on ne s'en serve contre
vous.

Un pipeur assez connu & fort dangereux
a fait beaucoup de dupes par ses subtilités
qu'il est bon de dévoiler.

Le piquet sans six est le jeu où il ra-
fine davantage. Quand il est en dernier,
il tâche à faire la réserve en-dessous, se
servant de sa grand'main gauche pour
couvrir trois as ou trois rois; la peinture
vers la paume; & quand on a coupé,
reprenant le jeu de la droite, il le remet
subtilement sur sa gauche; ensuite de quoi
non content de cet avantage, s'il reconnoît
en donnant l'une des cartes qu'il a marquées par le coin avec un coup d'ongle,

il fait adroitement filer celle de deſſous, retenant pour lui la première qui devoit venir à l'autre ; même ſi le cas y échet, il écarte deux fois mettant les trois cartes de ſon premier écart vis-à-vis du talon, duquel & de ſes neuf autres cartes il fait un ſecond écart, reprenant hardiment le premier, comme s'il ne commençoit qu'à écarter ; & à la fin du coup comptant ſes levées pour voir s'il gagne les cartes, il en garde ſouvent quelques bonnes par devers ſoi pour le coup ſuivant. Il aura treize cartes en premier ; mais que lui importe, il fait bien à quoi s'en ſervir, ne fût-ce que d'un prétexte pour rebattre lorſqu'il lui arrive l'un de ces jeux miſé-rables qui ne fourniſſent pas deux cartes à porter. Hors cela il met la troiſième à profit, & pourvu qu'il y ait dans les autres la moindre diſpoſition à quelque choſe, ſa main couronne l'œuvre ; auſſi eſt-ce en premier qu'il fait ſes meilleurs coups. Il prend toujours tout ce qu'il peut prendre, & n'en laiſſe jamais à l'autre.

S'il avoit huit belles cartes à porter, pour aller juſqu'au fond il ne rendroit point ſon jeu imparfait ; il gardera toutes ces huit cartes, mettant ſon écart bien plié à ſon côté droit, la tête ou pointe de cartes qu'on appelle bord à bord de la table ; puis agençant ſecrettement ſur la paume de ſa grande patte droite, la pein-ture en dehors, une carte ou deux qu'il a de trop, tandis qu'il montre de ſa gauche ce qu'il doit compter, & qu'il voit l'autre occupé à cela, il vous plaque & étale ſa droite garnie en deſſous de ſon rebut ſur ſon écart défectueux, & le tire à lui pour le regarder, en gliſſant ſa main qui le conduit hors de deſſus la table, comme s'il y tenoit en couliſſe ; & pour que cette action d'appliquer ainſi ſa main ſur ſon écart pour le tirer, ne puiſſe le convaincre de tricherie, il affecte de faire toujours cela, quand même ſon écart eſt le plus complet, avec cette différence pourtant qu'alors le dedans de ſa main eſt ouvert,

& qu'elle paroît toute entière quelquefois, quoiqu'avec plus de circonſpection ; il ſe ſert du même artifice, & n'en écarte que trois, bien qu'on lui en laiſſe une, ſûr de prendre ſon temps pour gliſſer la qua-trième. Si l'autre joueur venant à s'apper-cevoir de la tricherie met la main ſur l'écart avant que le pipeur y ait fait ſon applica-tion, qu'aura-t-il à répondre ? Je ne comp-terai rien, monſieur, lui dira-t-il, ſi j'ai trop de cartes ; & pendant qu'il voit ſon adverſaire occupé à vérifier qu'il lui en a laiſſé une, il coule furtivement de l'autre côté quatre cartes ſur la table, n'oubliant pas de mettre en-deſſus celle qu'on lui aura laiſſée, puis ſoutient qu'il n'a pas encore pris, montrant le talon en ſon entier, & à moins qu'en ſe précipitant il n'ait fait un paquet de cinq au lieu de quatre, la raiſon paroîtra pour lui, & la dupe ſera contrainte d'avouer ſa mépriſe.

Si le ruſé fraudeur n'avoit en premier que quatre bonnes cartes à porter, que fera-t-il ? Avec ces quatre bonnes cartes, il en garde encore trois autres les plus méchantes de ſon jeu, & après avoir compté deux fois ſur la table avec affecta-tion les cinq de ſon écart qu'il laiſſe épar-pillées, en comptant les ſept autres, il réſerve adroitement les trois méchantes ſous ſa main gauche, la peinture contre la paume, & mettant devant lui les quatre bonnes bien pliées, de peur qu'on ne s'ap-perçoive de la fraude, il ſoulève de deux doigts de ſa droite le talon, & plus preſte-ment qu'il ne peut ſe dire, le poſe ſur ſa gauche, couvrant les trois méchantes cartes réſervées, leſquelles il tire tout auſſi tôt en-deſſous de ſa droite, en les comptant une, deux & trois, & les remet ſur la table pour ſervir de talon ; puis ſoudain mêle les huit ſans perdre de temps à les compter avec les quatre de ſon jeu qu'il doit rendre par cet artifice, d'autant meilleur que celui de l'autre en eſt appauvri s'il arrive, par un haſard extraordinaire, que malgré toutes ſes ruſes il ne rencontre que du fretin dans

ſes

ſes huit, & que l'autre, ſans rien attendre du talon, ait déja un jeu tout fait qui lui donne la partie, il a recours à des emportemens affreux.

Le pipeur a cela de bon, qu'il eſt fort fidele à poſer le jeton quand on le regarde faire; mais après le jeu marqué, pendant qu'il occupe les yeux en montrant de ſa main gauche ce qu'il a, pour lors ſa droite, négligemment étendue ſur la table avec un jeton ſous le pouce, s'approche petit à petit des dixaines marquées pour y faire l'addition préparée, ne laiſſant pas au ſurplus de tâcher en comptant de gagner deux ou trois points de plus, & quelquefois même de compter, comme par inadvertance, ſur le jeu de l'autre, quand il en a compté davantage que lui, ſauf à ſe rétracter s'il s'en apperçoit.

Les tromperies que nous venons de rapporter ſe peuvent appliquer à toutes ſortes de jeux, & au lanſquenet comme aux autres. Cependant on n'y peut ajouter la tromperie des cartes arrangées, à moins qu'on ne ſoit, par exemple, huit ou neuf à l'entour d'une table à jouer au lanſquenet. Si quelque filou eſt de la compagnie, quand il aura la main il eſcamotera adroitement le jeu de cartes en en ſubſtituant un autre qu'il aura tout prêt à ſa place, lequel il débattra ſi bien, les démêlant une à une à pluſieurs repriſes, que cela ôtera l'envie aux autres de les rebattre après lui; il les donnera enſuite à couper à qui il appartiendra, & pourra ſans aucun riſque parier de faire toutes les huit devant la ſienne, ſûr qu'il ſera de la ſuite des cartes qu'il aura ainſi diſpoſées.

Les cartes, quoique battues & coupées, ne laiſſeront pas que de demeurer dans le même ordre auquel elles auront été miſes. En voici le ſecret en trois petits dictons qui en facilitent l'arrangement.

Le roi veut l'as;
La dame dîme les ſiens,
Et le valet ſuit les nouvelles.
Jeux mathématiques.

On fait ſuivre le huit après le roi, puis l'as, la dame, le dix & le ſix; le valet, le ſept & le neuf entremêlant les quatre couleurs à ſa fantaiſie, pique après cœur, & enſuite trèfle & carreau. Les trente-ſix cartes ainſi arrangées, on les mêle & démêle, de manière qu'elles ſe trouvent toujours en même ſituation, & pour la coupe, cela n'y fait rien, quand bien même on les recouperoit dix fois; car par quel bout qu'on commence neuf cartes ſe ſuivront toujours, toutes différentes l'une de l'autre, & reviendront au même ordre. Cependant quand chacun des huit voit que celui qui a la main n'a point carte double, c'eſt à qui recouchera ſur la ſienne & ſur celle de ſon compagnon, & il n'y en a point qui ne veuille bien gager le double contre le ſimple qu'il n'achevera pas la main: le filou fait mine d'abord de refuſer le pari, puis enfin l'accepte, & leur en fait tâter juſqu'à la dernière.

C'eſt à faire payer que triomphent d'ordinaire les pipeurs. Mais pour amorcer la happelourde, ils font quelquefois des gageures qu'ils ſont aſſurés de perdre, principalement quand par de telles gageures ils peuvent engager le joueur à apporter ſur-le-champ quelque ſomme conſidérable. Suppoſons qu'on joue au grand piquet, & que celui qu'on veut duper ſoit premier en cartes, & qu'il ne lui faille plus que ſept ou huit points, & à l'autre un repique, lui venant en main une blanche dans laquelle ſoient les quatre dix & une quinte baſſe, vous voyez bien qu'il a gagné ſur table, ſa blanche ſe comptant devant tout autre choſe, & quand bien même l'autre l'auroit auſſi, ſa quinte baſſe lui donne la partie: cependant le filou qui a les deux quatorze d'as & de roi, une quatrième majeure & cinquante-huit de points, & tout cela devant que d'écarter, dit qu'il n'a pas encore perdu, & propoſe le pari demandant, parce qu'il n'en faut plus guères à l'autre, qu'il mette cinquante piſtoles contre dix, & ſur ce qu'il replique peut-

e

être n'avoir pas tant d'argent fur lui , le filou offre de configner les dix piftoles qu'il met en mains tierces, jufqu'à ce que l'autre ait été querir les cinquante fiennes, & confent cependant que les jeux & le talon foient cachetés avec des écriteaux qui marquent qui eft premier ou dernier , & ce qu'il en faut à chacun. La dupe fe défie, mais comme il ne met point au jeu, il accepte le pari, va prendre confeil, trouve qu'on ne peut l'empêcher de gagner, & cherche dans fa bourfe, ou celle de fes amis , de quoi apporter pour conclure la gageure. Qu'eft-il arrivé de tout ceci? Le filou qui s'étoit bien attendu à perdre fes dix piftoles , avoue, quand les jeux font décachetés, qu'il a perdu, & engage l'autre feulement à lui donner fa revanche d'un écu la partie, comme ils jouoient aupa-ravant. Ainfi, ils joueront trois ou quatre parties but à but ; tantôt le filou en gagnera une , tantôt l'autre la regagnera ; enfin , viendra quelque coup où le filou n'ayant que vingt points de marqués, l'autre fera au pique , & fe verra dans la main, en premier, avant que d'écarter , une fep-tième major de carreau, l'as & le valet de trèfle, l'as & la dame de cœur , & le dix de pique.

Avoir une feptième major en premier , trois as, & rompre de tout à qui ne faut qu'un foixante ; il femble que fi l'adver-faire vouloit bien encore hafarder un pari on feroit volontiers de. moitié de l'autre près de cent piftoles contre dix. Qu'ar-rivera-t-il ?

On n'en gagera que foixante contre le filou qui en mettra quinze des fiennes. Chacun écartera. Le filou ne pourra pas rompre la feptième, ni les trois as, mais il aura tous les piques, hormis le dix , & par fon point empêchera le pique à l'autre qui en comptera feulement quarante de ce coup-là avec les quarante-cinq qu'il avoit auparavant, enforte qu'il lui en faudra encore quinze pour achever la partie ; le

filou n'en comptera lui que fuit ou neuf, & comme par méprife fera encore l'autre premier. Alors le filou mêlera les cartes , les fera couper à l'autre , & lui donnera une quinte de valet de trèfle avec l'as , le roi & le valet de cœur, le roi & le fix de pique , l'as & le dix de carreau. L'é-cart eft bien aifé à faire en portant la quinte & l'as de trèfle. Dans les fix cartes qui en-treront au premier, fe trouvera le roi de trèfle & celui de carreau; mais malheureu-fement la première des deux qu'il laiffera fera la dame de trèfle. Cependant le filou ne fauroit faire plus de points que l'autre joueur, mais il en fera autant ayant tous les piques, hormis le roi & le fix. Ainfi, le point égal , il aura la fixième de dame bonne, & un quatorze de dames que l'autre ne pourra empêcher ayant écarté celui de rois.

C'eft-là fans doute un coup furprenant, & qui fuppofe que les filous, au jeu de piquet, favent auffi arranger les cartes d'une manière infaillible pour faire donner les gens dans le panneau. Voici comment ils s'y prennent. Ils ont plufieurs jeux de cartes tout prêts, tellement difpofés , & la blanche fi bien circonftanciée , & le fornante rompu nonobftant la feptième major & trois as, & le quatorze de rois néceffité d'être écarté ; tout cela eft auffi arrangé par avance dans de certains car-touches de fer blanc, où chaque jeu a fon réfervoir & fa layette féparée. Ce cartouche qui fera de quatre jeux de cartes féparées fe peut attacher en deffus du genou, à l'abri de larges haut-de-chauffes , ou d'un long vêtement ; & à toutes les niches & enchauffures de chaque jeu il y a une efpèce de reffort qui le pouffe dehors quand l'on veut, enforte que le filou qui feint pour l'ordinaire d'être eftropié de la main gauche, & qu'il ne peut pas aifément s'en aider, après qu'il vous aura laiffé mêler les cartes quand il vous les donne à couper de fa droite, il couvre de fon coude cette main gauche retirée vers la carne de la table, & occupée à s'y fournir d'un autre jeu, & en rapprochant la droite, il coule si subitement au-dedans de son manteau, ou dans le bord du tapis replié en forme de sac, le jeu qu'on vient de couper, faisant semblant de le mettre dans sa gauche en laquelle ce jeu escamotté paroît au moment que l'autre disparoît si subtilement, qu'il n'y a personne qui n'y fût trompée, à moins d'être avertie d'avance de la ruse. Ou bien encore, le filou ayant donné les cartes à couper, il les reprend de la main gauche, les tenant négligemment la pointe des cartes penchée vers lui, & se garnissant le dedans de la droite d'un jeu préparé qu'il a tout prêt sur ses genoux, ou que lui donne un adjoint qu'il a à ses côtés, & ayant l'index de cette main droite appuyé sur la carne de la table; pendant qu'il amuse les yeux de l'autre par quelqu'incident, il soulève sa main droite comme pour donner des cartes, & tandis qu'il l'approche de sa gauche lui portant le jeu escamotté, elle laisse prestement tomber l'autre qu'on a coupé, ou dans son chapeau qu'il auroit mis renversé sur ses genoux comme pour y jetter son argent; ce qu'il fait si adroitement, qu'il seroit très-difficile de s'en appercevoir. Quelquefois, pour plus grande sûreté, il s'est muni d'une machine semblable au cartouche qu'il attache avec deux vis sous la table, auprès de lui, & de son pied (comme un gagne-petit) fait tourner le ressort qui lui pousse dans la main, quand il en est temps, le jeu arrangé, prenant toujours garde aux yeux de celui qu'il veut duper, & faisant naître quelque conteste, si besoin est, sur les marques, afin de mieux prendre son temps pour son escamotterie; & non-seulement au piquet, mais même aux autres jeux, cette finesse peut avoir lieu; au brelan, par exemple, le tricheur qui aura mis ordre à ses affaires donnera (lorsqu'on sera le plus échauffé) trois tricons, & aura pour lui celui de la carte tournée, avec quoi il remportera tous les restes d'un chacun.

Il seroit sans doute à desirer qu'on pût prendre un tel fripon sur le fait; & pour s'en assurer, on avoit imaginé de passer le doigt mouillé de sa salive sur le coin de l'une des cartes en-dedans, & si l'on ne trouve plus en jouant sa marque on se le tiendra pour dit; mais le plus sûr est de ne jouer qu'avec des gens qu'on connoît particulièrement, malgré l'attrait que les cartes ont pour ceux qui ont la passion du jeu.

La combinaison d'un jeu de cartes a quelquefois révélé des secrets par la dénomination des lettres de l'alphabet que l'on est convenu de donner aux différentes cartes, suivant leur rang & leur couleur.

Il y a des coupes de piquet qu'on peut regarder comme des demi-tricheries, & qui pourtant sont permises. Par exemple, il arrivera quelquefois que qui n'aura qu'une quinte major en premier, & voudra faire cartes égales, prendra son temps comme l'autre qui a trois as, s'en ira de la couleur dont celui-ci pourroit avoir le roi gardé, de jetter prestement ce roi au lieu de l'autre de la quinte; & si on ne s'en apperçoit qu'après la carte lâchée, ce sera six levées d'assurées.

Autre exemple. Il falloit à un joueur de piquet un picque, ou un capot, pour gagner une partie considérable; or, il faisoit le picque sans une dame qu'il avoit écartée, & qui encore par malheur étoit la seule carte qui pouvoit mettre l'autre joueur (à qui il ne falloit plus que deux points) en balance pour s'empêcher du capot; le premier joueur voyant le danger, joue sans compter les trois dames qu'il n'avoit pas effectivement; puis en jettant, les compte, & feint d'aller au pique; l'adversaire le lui dispute, & lui soutient qu'il ne les avoit point comptées; lui, affirmant le contraire, demande à parier (mais une somme légère) qu'il les a comptées, & offre de s'en rapporter aux

affiſtans ; le pari eſt auſſi-tôt conſigné qu'accepté , & ce premier joueur eſt condamné
comme véritablement ne les ayant point
comptées ; cependant l'autre s'attendant
toujours à cette dame eſt capot , & perd
la partie, qu'il eût gagnée ſans ce tour
d'adreſſe.

Daus une autre partie de conſéquence
au piquet , il s'agiſſoit encore du capot.
Le moins opulent des deux joueurs avoit
mis l'autre à la dernière, enſorte qu'il ne
lui reſtoit plus que deux as en main qu'il
préſentoit l'un après l'autre comme les
allant lâcher ſur la carte jettée, afin de
tâcher de découvrir à la contenance du
compagnon le fort & le foible de ſon jeu ;
mais lui qui voyoit ſon adverſaire entouré
de tant de gens qui s'attachoient à ſa fortune , s'aviſa de lever la jambe par-deſſous
la table , à côté de ſon joueur, & de le
pouſſer quand il préſentoit l'as qui lui nui-
ſoit au capot, ne remuant point quand il
montroit celui qu'il appréhendoit qu'il ne
gardât : le joueur aux deux as ſe ſentant
pouſſé crut que c'étoit par quelqu'un de
ceux qui étoient auprès de lui qui auroit
vu le jeu de l'autre , & ſe défait du bon as,
non ſans peſter, quand en perdant la partie
il reconnut le panneau dans lequel il avoit
donné.

Les pipeurs ont inventé les *dez de pâtes,*
ainſi qu'ils les appellent ; les *dez de corne
de cerf,* porreuſe par un côté, & ſerrée par
l'autre ; les *dez chargés* & *à bouton* , & les
dez de pierre qui ne ſont marqués que de
cinq & ſix, & encore les *cornets à double
fond,* qui ſe tournant en deſſous ont par
dedans un entre deux, comme la coque
d'une noix, recouvert à moitié, enſorte
que le même mouvement de la main qui
met au jeu les dez pipés, renferme les bons
qu'on vient de ſervir dans le cornet.

Quand on joue aux cartes avec quelqu'un dont on ſoupçonne la fidélité, il
faut ſur-tout prendre garde au mouvement

de ſes mains lorſqu'il tient jeu. En effet ,
il y a des eſcamoteurs qui ſont d'une adreſſe
infinie à ce qu'ils appellent *faire paſſer la
coupe.* Il eſt bon d'être averti de la manière
dont ils s'y prennent pour réuſſir dans leur
deſſein.

On entend par *faire paſſer la coupe,* la
dextétité des mains pour faire venir deſſus
le jeu une certaine quantité de cartes du
deſſous. Le jeu de cartes étant placé dans
la paume de la main droite de l'eſcamoteur,
eſt embraſſé , d'un côté, par le pouce qui
revient en deſſus, & de l'autre par les deux,
trois & quatrième doigts qui reviennent
auſſi en deſſus vis-à-vis du pouce : le petit
doigt eſt plié dans l'endroit où l'on veut
faire paſſer la coupe : la main gauche couvre
& embraſſe le jeu dans toute ſa longueur ,
enſorte que le pouce eſt au bas du jeu,
le ſecond doigt tombe à côté du pouce de
la main droite, & les trois autres doigts au
haut du jeu. Les deux mains & les deux
parties du jeu ainſi diſpoſées, on tire avec
le petit doigt & les autres de la main droite
la partie du jeu qui eſt deſſus, & on y remet avec la main la partie de deſſous ſur
le deſſus du jeu. L'eſcamoteur a ſoin de
faire ſauter cette coupe ſans que les cartes
faſſent aucun bruit, & ſans faire trop de
mouvement ; l'habitude lui donne cette
facilité. Il y a même tel eſcamoteur qui
parvient à faire paſſer ſubtilement la coupe
d'une ſeule main, ſans ſe ſervir de la main
gauche.

On peut être auſſi dupé au *jeu du
dômino,* comme aux cartes. Defiez-vous ,
par exemple, de ces prétendus myopes qui
baiſſent ſouvent la tête, pour examiner ,
ſous un jour favorable, certaines petites
taches accidentelles, ou tracées à deſſein
ſur le dos des dez de *domino ;* leſquelles
échappent aux regards de l'adverſaire que
l'on a eu ſoin de placer à contre-jour. Il
ſe commet auſſi des infidélités par un
joueur aviſé qui s'eſt exercé, en brouillant
les dez, à écarter avec un pouce les

nombres qui lui déplaifent , & à attirer avec l'autre pouce les dez qui lui font favorables.

CORNET, c'eſt une forte de gobelet rond & oblong , fait de cuir , ou de corne, dont on fe fert pour agiter les dez avec lefquels on joue.

Les cornets en ufage chez les anciens avoient la forme d'une petite tour , plus large par le bas que par le haut, avec un col étroit , ayant au-dedans plusieurs dégrés qui faifoient faire aux dez plufieurs caſcades, avant de tomber fur la table de jeu ; c'eſt ce qu'expriment ces deux vers d'Aufone :

Alternis vicibus, quos præcipit ante rotatu,

Fundunt excuſſi per cavabuxa gradus.

Les pipeurs, c'eſt-à-dire les fripons au jeu , ont fouvent inventé des cornets à double fond , qui ont en-dedans un entredeux, dont ils favent fe fervir dans l'occaſion.

Voyez à l'article *Combinaiſons frauduleuſes.*

CROIX ou PILE. (jeu de)

Ce jeu confiſte à jetter en l'air une pièce de monnoie , ou une médaille, dont on convient d'appeller un côté *croix*, & l'autre côté *pile.* Cette pièce étant tombée préfente une de fes deux faces ; & l'un des deux joueurs gagne lorſque la face, dite *croix*, ou *pile* , répond au nom que ce joueur a défigné ; il perd lorſque c'eſt le contraire. On examine dans le *Dictionnaire des Mathématiques*, combien il y a à parier qu'un joueur amènera *croix* en jouant deux coups de fuite. Or , fuivant les principes ordinaires , il y a quatre combinaiſons ,

Premier coup.	Second coup.
Croix.	Croix.
Pile.	Croix.
Croix.	Pile.
Pile.	Pile.

De ces quatre combinaiſons une feule fait perdre, & trois font gagner. Il femble donc qu'il y ait trois contre un à parier en faveur du joueur qui jette la pièce. Si l'on parioit en trois coups, on trouveroit huit combinaiſons , dont une feule fait perdre & fept font gagner ; ainfi, il y auroit fept contre un à parier ; mais cela eſt-il bien exact, fuivant la remarque de d'Alembert ; & pour ne prendre ici que le cas de deux coups, ne faut-il pas réduire à une, dit ce favant géomètre , les deux combinaiſons qui donnent *croix* au premier coup ; puiſque dès qu'une fois *croix*, par exemple, eſt venu , le jeu eſt fini , & le fecond coup eſt compté pour rien. Il s'enfuit de là que, fuivant fon opinion, il n'y a dans cette hypothèfe que deux contre un à parier. Il faut dire, par la même raiſon, que dans le cas de trois coups au lieu de fept il n'y a que trois contre un à parier. Sur le furplus de ce problême, voyez l'article *Croix ou Pile*, dans le *Dictionnaire des Mathématiques*, d'après l'article *Encyclopédie.*

D

DAMES.

DAMES A LA POLONOISE. (*jeu de*)

Supplément au traité du jeu de Dames inséré dans le Dictionnaire des Jeux.

Quoique ce jeu soit parfaitement expliqué dans le Dictionnaire des Jeux, qu'il nous soit permis d'ajouter ici un supplément de quelques coups brillans & savamment combinés de ce jeu, & des différentes façons de le jouer, d'après l'excellent traité de Manoury.

Parties combinées.

Outre le jeu de dames à la polonoise, qui est le plus connu, & le plus généralement en usage, il y a différentes façons de le jouer qu'on appelle *parties combinées.*

1°. La plus usitée est celle où des joueurs, égaux en force, se donnent réciproquement, en commençant, une *dame* pour deux pions, quelquefois pour trois. Quand l'un est plus fort que l'autre il donne plus de pions.

2°. Une autre est celle où l'un des joueurs, toujours d'égale force, a cinq *dames* & dix pions contre l'autre vingt pions.

Ces deux espèces de parties, sur-tout la dernière, sont beaucoup plus difficiles que la partie ordinaire, parce qu'elles sont plus compliquées, & qu'elles exigent par conséquent plus d'attention & plus de calcul.

3°. Il y a une autre partie qu'on appelle la *partie diagonale*, dans laquelle les pions sont rangés de façon que c'est la ligne du milieu qui est vide en commençant, & qui tient lieu des deux lignes qui le sont ordinairement. Cette façon de jouer est assez amusante.

4°. Deux joueurs de dames à la polonoise inventèrent en y jouant, & à l'occasion d'un coup, une nouvelle marche & une combinaison nouvelle. Dans leur manière, on marchoit & on prenoit en tout sens, en avant, en arrière, de côté & en face.

Cette manière, qu'on appelle *à la babylonienne*, étoit susceptible de beaucoup plus de combinaisons, & occasionnoit des coups singuliers. Ce nouveau jeu a fait pendant quelque temps négliger celui à la polonoise, & peut-être l'auroit-il fait oublier si l'on eût fait pour lui un damier particulier qui répondît à l'étendue de sa marche. Le terrein lui manque sur les damiers actuels, il faudroit aussi augmenter le nombre des pions à proportion, comme on a fait quand on a substitué le jeu polonois au jeu françois; le champ de bataille trop resserré, le nombre des combattans trop borné, ne permettant pas les évolutions que la marche nécessite, le jeu n'a pas son intégrité, ni par conséquent ses agrémens; peut-être aussi ne l'a-t-on pas continué à cause de ses difficultés. Le jeu polonois a enfin triomphé de ce nouveau jeu, comme il avoit fait du jeu à la françoise qui devoit bien lui céder à tous égards.

5°. Enfin, il y a la partie qui *perd-gagne ;* ces mots l'expliquent assez. Mais ce n'est pas en tout l'inverse de l'autre,

comme fon titre femble l'annoncer. Quoique le gain d'un pion foit une perte, ainfi
que celui de la partie, il faut favoir jouer
le pion, & favoir gagner le coup comme
à la partie ordinaire, pour favoir faire des
pertes, & fur-tout à la fin, où l'on fe
trouve forcé de prendre fans pouvoir l'é-
viter, fi l'on n'a pas fu fe ménager de loin
le moyen de fe débarraffer de tous fes
pions.

Il n'eft pas fi aifé qu'on fe l'imagine de
donner à prendre fans s'expofer à avoir
foi-même à prendre plus qu'on ne voudroit. Il s'en faut au furplus que cette
partie foit auffi favante & auffi intéreffante
que l'autre ; cependant elle peut accoutu-
mer à bien compter & à la précifion du
coup. Un bon joueur la joue ordinairement
ayant fes vingt pions contre un autre
joueur qui n'en a qu'un, & fait faire
prendre fes vingt pions. En l'effayant de
cette manière, les commençans pourront
en tirer quelque profit pour la partie ordinaire.

Différentes pofitions dans lefquelles il a été
fait des coups brillans & favamment com-
binés.

Ces coups ne font pas tous de la même
force, mais il n'y en a aucun qui ne dé-
note un habile joueur.

(1)   *Coup de* MARCHAND.

On le met le premier à caufe de l'ancienneté, quoique la partie foit plus avan-
cée que plufieurs de celles qui fuivent.

Les blancs. 17, 22, 23, 27, 31, 33, 36, 37,
38, 40, 44, 50.

Les noirs. 1, 5, 6, 7, 8, 9, 10, 13, 20, 25,
26, 30.

EXÉCUTION.

Les blancs.	Les noirs.
I. coup. 23 à 19. . . .	13 à 24.
II. 33 à 29. . . .	24 à 42.

Les blancs.	Les noirs.
III. coup. 37 à 48. . . .	26 à 37.
IV. 17 à 11. . . .	6 à 28.
V. 36 à 31. . . .	37 à 26.
VI. 27 à 21. . . .	26 à 17.
VII. 40 à 34. . . .	30 à 39.
VIII. 44 à 24. . . .	perdu.

(2)   17 contre 17.

Les blancs. 26, 27, 28, 29, 31, 32, 33, 35,
36, 37, 38, 39, 40, 42, 43, 45,
49.

Les noirs. 2, 3, 4, 6, 7, 8, 9, 10, 11, 12,
13, 15, 16, 17, 18, 19, 22.

Le coup eft beau ; mais un fort joueur
ayant les noirs, & jouant contre fon inférieur, pourroit remettre la partie.

EXÉCUTION.

Les blancs.	Les noirs.
I. coup. 29 à 23. . . .	p. de 18 à 29.
II. 33 à 24. . . .	p. de 22 à 44.
III. 35 à 30. . . .	p. de 44 à 35.
IV. 27 à 22. . . .	p. de 17 à 28.
V. p. de 32 à 5. . . .	ont perdu.

(3)   15 contre 15.

Les blancs. 25, 26, 27, 28, 30, 31, 32, 33,
35, 36, 37, 40, 41, 45, 48.

Les noirs. 6, 7, 8, 9, 11, 13, 14, 15, 16,
17, 18, 19, 21, 23, 24.

Très-beau coup, & fort compliqué.

EXÉCUTION.

Les blancs.	Les noirs.
I. coup. 25 à 20. . . .	p. de 14 à 34.
II. 40 à 20. . . .	p. de 15 à 24.
III. 35 à 30. . . .	p. de 24 à 35.
IV. 45 à 40. . . .	p. de 35 à 44.

Les blancs.	Les noirs.
V. coup. 33 à 29......	p. de 23 à 34.
VI. 28 à 22......	p. de 17 à 28.
VII.p.de 32 à 1. D...	p. de 21 à 32.
VIII.p. de 1 à 27......	perdu.

(4) 15 contre 15.

Les blancs. 27, 28, 32, 33, 35, 36, 37, 38, 39, 40, 42, 43, 44, 45, 48.

Les noirs. 3, 6, 7, 8, 9, 12, 13, 14, 16, 17, 18, 19, 23, 24, 26.

Moins compliqué que le précédent.

EXÉCUTION.

Les blancs.	Les noirs.
I. coup. 35 à 30......	p. de 24 à 35.
II. 33 à 29......	p. de 23 à 34.
III.p. de 39 à 30......	p. de 35 à 24.
IV. 27 à 22......	p. de 18 à 27.
V.p. de 32 à 21......	p. de 16 à 27.
VI. 28 à 23......	p. de 19 à 28.
VII. 37 à 32......	p. de 28 à 37.
VIII.p.de 42 à 2......	on voit qu'ils ont perdu.

(5) Position. 16 à 16.

Les blancs. 22, 25, 27, 28, 30, 32, 33, 34, 35, 37, 38, 39, 40, 43, 45, 47.

Les noirs. 2, 6, 7, 8, 9, 10, 11, 13, 14, 15, 16, 18, 19, 21, 24, 26.

Le coup est beau, quoiqu'il ne finisse pas la partie; mais l'on verra que, malgré les pions qui restent de part & d'autre, les noirs ont gagné forcé.

EXÉCUTION.

Les blancs.	Les noirs.
I. coup. 25 à 20......	p. de 14 à 25.
II. 28 à 23......	p. de 19 à 17.
III.p. de 30 à 19......	p. de 13 à 24.

Les blancs.	Les noirs.
IV. coup. 34 à 30......	p. de 25 à 34.
V. p. de 40 à 20......	p. de 15 à 24.
VI. 37 à 31......	p. de 26 à 28.
VII.p. de 33 à 15......	p. de 21 à 32.
VIII.p.de 38 à 27......	ont perdu.

Il reste aux noirs huit pions contre sept blancs, mais vous voyez que rien n'empêche les blancs d'aller à dame.

(6) Position. 15 contre 15.

Les blancs. 14, 24, 25, 30, 32, 33, 35, 37, 38, 41, 42, 46, 47, 48, 49.

Les noirs. 1, 3, 4, 5, 6, 7, 8, 11, 15, 16, 18, 21, 23, 26, 27.

Coup très-compliqué.

EXÉCUTION.

Les blancs.	Les noirs.
I. coup. 14 à 10......	p. de 5 à 14.
II. 24 à 20......	p. de 15 à 24.
III. 30 à 10......	p. de 4 à 15.
IV. 33 à 29......	p. de 23 à 34.
V. 37 à 31......	p. de 26 à 28.
VI. 38 à 32......	p. de 27 à 38.
VII.p.de 42 à 2......	ont perdu.

(7) Position. 14 contre 13.

Les blancs. 18, 22, 28, 32, 33, 35, 36, 37, 38, 42, 43, 48, 49.

Les noirs. 6, 8, 9, 10, 11, 14, 16, 17, 19, 20, 21, 24, 25, 26.

Combinaison assez difficile à trouver.

EXÉCUTION.

Les blancs.	Les noirs.
I. coup. 33 à 29......	p. de 24 à 33.
II. 28 à 39......	p. de 17 à 28.

Les blancs.　　　　Les noirs.

III. coup. 32 à 23...... p. de 19 à 28.

IV. 37 à 32...... p. de 28 à 37.

V. 42 à 31...... p. de 26 à 37.

VI. 48 à 42...... p. de 37 à 48.

VII. de 39 à 34...... p. de 48 à 30.

VIII. p. de 35 à 2...... perdu.

(8) Position. 14 à 13.

Les blancs. 20, 27, 29, 31, 34, 35, 36, 37, 40, 41, 46, 48, 49.

Les noirs. 2, 3, 4, 5, 6, 7, 8, 10, 11, 16, 17, 18, 22, 26.

EXÉCUTION.

Les blancs.　　　　Les noirs.

I. coup. 20 à 14...... p. de 10 à 19.

II. 27 à 21...... p. de 16 à 27.

III. 37 à 32...... p. de 26 à 28.

IV. de 29 à 23...... p. de 18 à 29.

X. p. de 34 à 1...... perdu.

(9) Position. 12 à 12.

Les blancs. 22, 27, 28, 29, 31, 32, 37, 38, 40, 41, 42, 45.

Les noirs. 4, 5, 6, 7, 8, 9, 11, 16, 17, 19, 25, 26.

EXÉCUTION.

Les blancs.　　　　Les noirs.

I. coup. 29 à 24...... p. de 19 à 30.

II. 40 à 34...... p. de 30 à 39.

III. 28 à 23...... p. de 17 à 19.

IV. 38 à 33...... p. de 39 à 28.

V. p. de 32 à 1...... perdu.

(10) Position. 12 à 12.

Les blancs. 16, 22, 26, 27, 28, 31, 32, 36, 37, 38, 39, 49.

Les noirs. 1, 2, 6, 7, 8, 9, 10, 11, 13, 17, 19, 46.

Jeux mathématiques.

EXÉCUTION.

Les blancs.　　　　Les noirs.

I. coup. 26 à 21...... p. de 17 à 26.

II. 39 à 34...... p. de 40 à 29.

III. 27 à 21...... p. de 26 à 17.

IV. de 28 à 23...... p. de 29 à 27.

V. p. de 32 à 5...... perdu.

On prend, comme vous voyez, la dame blanche sur le coup. Mais les blancs ayant 6 pions contre 5 doivent gagner à force égale. Il n'est pas à présumer que le joueur qui feroit un pareil coup ne sût pas mettre à profit un pion d'avantage.

(11) Position. 13 à 13.

Les blancs. 28, 30, 32, 33, 34, 36, 37, 38, 39, 43, 45, 48, 49.

Les noirs. 2, 3, 5, 7, 8, 9, 12, 13, 15, 16, 18, 25, 26.

Coup assez simple, & bon pour les commençans.

EXÉCUTION.

Les blancs.　　　　Les noirs.

I. coup. 34 à 39...... p. de 25 à 23.

II. p. de 28 à 19...... p. de 13 à 24.

III. de 37 à 31...... p. de 26 à 28.

IV. p. de 33 à 4...... perdu.

(12) Position. 14 à 14.

Les blancs. 27, 28, 32, 37, 38, 39, 40, 42, 43, 44, 45, 47, 48, 49.

Les noirs. 2, 5, 7, 9, 10, 11, 12, 13, 14, 15, 16, 19, 26, 29.

Ce coup n'est pas extraordinaire, mais il est bon, & il prouve qu'il faut savoir perdre un pion pour sauver la partie. Il n'y a que les joueurs vraiment forts qui connoissent le prix d'une perte volontaire, comme il n'y a que les foibles qui se fondent sur le nombre.

EXÉCUTION.

Les blancs.	Les noirs.
I. coup. 39 à 34......	p. de 13 à 18.
II. de 34 à 23......	p. de 29 à 18.
III. de 28 à 23......	p. de 18 à 29.
IV. de 37 à 31......	p. de 26 à 28.
V. de 27 à 21......	p. de 16 à 27.
VI. de 38 à 32......	p. de 28 à 37.
VII.p.de 42 à 4......	perdu.

Vous voyez que ce coup n'a lieu que parce que les noirs ont voulu ménager un pion ; l'ayant ménagé au premier coup, ils devoient au moins au second coup regarder leur jeu, & faire le sacrifice pour empêcher les blancs d'aller à dame ; ce qui leur a assuré la partie.

(13)   *Position.* 13 à 13.

Les blancs. 17, 22, 27, 28, 32, 33, 34, 39, 40, 41, 43, 44, 45.

Les noirs. 6, 7, 8, 9, 11, 13, 14, 18, 19, 20, 23, 24, 35.

EXÉCUTION.

Les blancs.	Les noirs.
I. coup. 33 à 29......	p. de 14 à 33.
II. 43 à 38......	p. de 33 à 42.
III. 34 à 29......	p. de 23 à 43.
IV. 17 à 12......	p. de 8 à 17.
V. 44 à 39......	p. de 35 à 33.
VI.p.de 28 à 37......	p. de 17 à 28.
VII.p.de 32 à 1......	perdu.

(14)   *Position.* 12 à 12.

Les blancs. 25, 30, 31, 32, 35, 36, 37, 40, 41, 42, 43, 45.

Les noirs. 1, 3, 6, 7, 9, 13, 18, 19, 23, 24, 26, 29.

Très-beau cou .

EXÉCUTION.

Les blancs.	Les noirs.
I. coup. 32 à 28......	p. de 23 à 32.
II. 37 à 28......	p. de 26 à 39.
III. 28 à 23......	p. de 19 à 28.
IV.p.de 30 à 8......	p. de 3 à 12.
V. 40 à 34......	p. de 29 à 40.
VI.p.de 35 à 4......	perdu.

(15)   *Position.* 11 à 11.

Les blancs. 17, 23, 27, 28, 30, 35, 36, 37, 38, 45, 48.

Les noirs. 3, 6, 7, 9, 13, 14, 15, 16, 19, 20, 26.

Ce coup annonce bien de la précision & de la netteté dans le joueur. Vous verrez quand vous aurez trouvé le coup, que, quoiqu'il reste aux blancs moins de pions qu'aux noirs, ceux-ci ne sont pas d'une grande utilité au joueur qui les a.

EXÉCUTION.

Les blancs.	Les noirs.
I. coup. 17 à 11......	p. de 6 à 17.
II. 27 à 21......	p. de 16 à 27.
III. 28 à 22......	p. de 27 à 29.
IV. 37 à 31......	p. de 26 à 37.
V. 38 à 32......	p. de 37 à 28.
VI. 30 à 24......	p. de 19 à 30.
VII.p.de 35 à 2......	perdu.

(16)   *Position.* 14 à 9.

Les blancs 27, 28, 32, 37, 38, 39, 43, 49, 50.

Les noirs. 1, 2, 6, 7, 8, 11, 14, 16, 17, 21, 24, 26, 29, 40.

Très-beau coup pour aller à dame. Il resteroit aux noirs assez de pions pour se défendre s'ils n'étoient pas placés comme vous allez voir.

EXÉCUTION.

Les blancs.	Les noirs.
I. coup. 28 à 23......	p. de 29 à 18.
II. 39 à 34.....	p. de 40 à 29.
III. 38 à 33......	p. de 29 à 38.
IV. 37 à 31.....	p. de 26 à 28.
V. 43 à 3 D...	p. de 21 à 32.
VI. p. de 3 à 3......	perdu.

Vous voyez qu'aucun des six pions noirs ne peut jouer.

(17) *Position.* 11 à 11.

Les blancs. 25, 27, 28, 30, 34, 35, 37, 39, 40, 47, 49.

Les noirs. 3, 4, 5, 8, 10, 14, 15, 17, 19, 20, 24.

Ce coup est aisé à trouver.

EXÉCUTION.

Les blancs.	Les noirs.
I. coup. 28 à 23.....	p. de 19 à 28.
II. p. de 30 à 19......	p. de 14 à 23.
III. p. de 25 à 14......	p. de 10 à 19.
IV. 39 à 33......	p. de 28 à 30.
V. 35 à 2......	perdu.

(18) *Position.* 11 à 11.

Les blancs. 22, 25, 28, 32, 33, 34, 38, 39, 40, 44, 45.

Les noirs. 1, 6, 7, 9, 11, 14, 16, 17, 19, 24, 35.

Celui-ci est plus beau; il a été fait à Paris par un Hollandois.

EXÉCUTION.

Les blancs.	Les noirs.
I. coup. 33 à 29.....	p. de 24 à 42.
II. 25 à 20......	p. de 14 à 25.

Les blancs.	Les noirs.
III. coup. 34 à 30......	p. de 25 à 43.
IV. 44 à 39.....	p. de 35 à 33.
V. p. de 28 à 37......	p. de 17 à 28.
VI. p. de 32 à 3.......	perdu.

(19) *Position.* 11 à 11.

Les blancs. 24, 29, 31, 34, 36, 37, 41, 43, 46, 49, 50.

Les noirs. 8, 11, 12, 13, 14, 17, 18, 22, 28, 32, 35.

Ce coup n'étoit pas aisé à parer, à moins que le joueur des noirs n'eût été de la première force, & n'eût pris bien garde à son jeu, le coup étant difficile à voir.

EXÉCUTION.

Les blancs.	Les noirs.
I. coup. 14 à 19......	p. de 13 à 33.
II. 34 à 30......	p. de 35 à 24.
III. 31 à 27......	p. de 22 à 42.
IV. 41 à 37......	p. de 42 à 31.
V. p. de 36 à 9......	perdu.

(20) *Position.* 11 à 11.

Les blancs. 25, 29, 30, 34, 35, 36, 38, 40, 47, 48, 49.

Les noirs. 3, 7, 10, 14, 15, 17, 18, 19, 20, 23, 26.

Coup d'une belle combinaison.

EXÉCUTION.

Les blancs.	Les noirs.
I. coup. 36 à 31......	p. de 26 à 37.
II. 38 à 32......	p. de 37 à 28.
III. 29 à 24.....	p. de 20 à 29.
IV. 30 à 24.....	p. de 19 à 39.
V. 40 à 34......	p. de 39 à 30.
VI. p. de 35 à 2......	perdu.

(21)   *Pofition*. 10 à 10.

Les blancs. 27 , 28 , 34 , 36 , 38 , 39 , 40 , 45 , 47 , 49.

Les noirs. 4 , 5 , 6 , 7 , 8 , 9 , 16 , 17 , 18 , 20.

E X É C U T I O N.

Les blancs.		Les noirs.
I. coup.	27 à 22......	p. de 18 à 27.
II.	36 à 31......	p. de 27 à 36.
III.	28 à 22......	p. de 17 à 28.
IV.	39 à 33......	p. de 28 à 30.
V.	47 à 41......	p. de 36 à 47. D.
VI.	40 à 34......	p. de 47 à 40.
VII.	p. de 45 à 1......	perdu.

(22)   *Pofition*. 10 à 10.

Les blancs. 27 , 28 , 29 , 36 , 37 , 38 , 42 , 44 , 47 , 48.

Les noirs. 3 , 7 , 9 , 11 , 12 , 15 , 16 , 18 , 20 , 26.

Coup fimple dont l'apperçu peut mener à d'autres.

E X É C U T I O N.

Les blancs.		Les noirs.
I. coup.	27 à 22......	p. de 18 à 27.
II.	29 à 24......	p. de 20 à 29.
III.	28 à 23......	p. de 29 à 18.
IV.	37 à 31......	p. de 26 à 37.
V.	p. de 42 à 4. D...	perdu.

(23)   *Pofition*. 10 à 10.

Les blancs. 27 , 28 , 32 , 36 , 38 , 39 , 44 , 45 , 47 , 48.

Les noirs. 11 , 12 , 13 , 14 , 16 , 18 , 19 , 23 , 24 , 25.

Ceci eft un coup de repos que le joueur des blancs fe procure.

E X É C U T I O N.

Les blancs.		Les noirs.
I. coup.	27 à 22......	p. de 18 à 27.
II.	p. de 32 à 21,.....	p. de 23 à 34.
III.	44 à 40......	p. de 16 à 27.
IV.	p. de 40 à 16......	perdu.

(24)   *Pofition*. 10 à 9.

Les blancs. 26 , 28 , 29 , 31 , 37 , 39 , 44 , 49 , 50.

Les noirs. 4 , 8 , 10 , 14 , 15 , 17 , 18 , 20 , 25 , 30.

Coup ordinaire.

E X É C U T I O N.

Les blancs.		Les noirs.
I. coup.	29 à 23......	p. de 18 à 29.
II.	28 à 23......	p. de 29 à 18.
III.	26 à 21......	p. de 17 à 26.
IV.	37 à 32......	p. de 26 à 28.
V.	39 à 34......	p. de 30 à 39.
VI.	p. de 44 à 2......	perdu.

(25)   *Pofition*. 10 à 10.

Les blancs. 16 , 27 , 28 , 33 , 37 , 38 , 39 , 43 , 47 , 50.

Les noirs. 2 , 3 , 5 , 7 , 9 , 10 , 12 , 15 , 20 , 26.

E X É C U T I O N.

Les blancs.		Les noirs.
I. coup.	37 à 31......	p. de 26 à 37.
II.	16 à 11......	p. de 7 à 16.
III.	27 à 21......	p. de 16 à 27.
IV.	28 à 22......	p. de 27 à 18.
V.	38 à 32......	p. de 37 à 28.
VI.	p. de 33 à 4......	perdu.

(26)   *Position.* 10 à 10.

Les blancs. 22, 30, 32, 33, 36, 37, 40, 41, 46, 49.

Les noirs. 3, 4, 5, 7, 13, 16, 18, 19, 21, 26.

EXÉCUTION.

Les blancs.	Les noirs.
I. coup. 32 à 27......	p. de 21 à 32.
II. p. de 37 à 28......	p. de 18 à 27.
III. 28 à 22......	p. de 27 à 18.
IV. 30 à 24.....	p. de 19 à 30.
V. 40 à 34.....	p. de 30 à 28.
VI. 36 à 31......	p. de 26 à 37.
VII. p. de 41 à 1......	perdu.

(27)   *Position.* 8 à 8.

Les blancs. 27, 31, 38, 39, 45, 47, 48, 49,
Les noirs. 7, 9, 13, 16, 18, 19, 20, 30.

Le coup n'est pas difficile, mais il est décisif.

EXÉCUTION.

Les blancs.	Les noirs.
I. coup. 27 à 21......	p. de 16 à 36.
II. 47 à 41......	p. de 36 à 47 D.
III. 39 à 34.....	p. de 47 à 40.
IV. p. de 45 à 1......	perdu.

(28)   *Position.* 8 à 8.

Les blancs. 24, 26, 36, 38, 39, 40, 42, 47.

Les noirs. 5, 7, 8, 9, 13, 15, 27, 28.

Exemple d'un pion qui ne peut pas repasser sur le pion de l'adversaire qui fait partie des pions en prise.

EXÉCUTION.

Les blancs.	Les noirs.
I. coup. 36 à 31.......	p. de 27 à 36.

Les blancs.	Les noirs.
II. 47 à 41......	p. de 36 à 47.
III. 38 à 32......	p. de 47 à 19.
IV. p. de 32 à 1......	perdu.

(29)   *Position.* 7 à 7.

Les blancs. 17, 24, 34, 35, 36, 45, 48.

Les noirs. 3, 6, 10, 13, 18, 25, 26.

Dans le goût du précédent.

EXÉCUTION.

Les blancs.	Les noirs.
I. coup. 36 à 31......	p. de 26 à 37.
II. 48 à 42......	p. de 37 à 48 D.
III. 17 à 12......	p. de 48 à 19.
IV. p. de 12 à 5.......	perdu.

PLUSIEURS FINS DE PARTIES.

(30)   *Position.*

Les blancs. 24, D. 26, D. 42, 45, 50.
Les noirs. 34, 41, 46, D.

Très-joli coup, les noirs avoient la remise.

EXÉCUTION.

Les blancs.	Les noirs.
I. coup. 45 à 40......	p. de 34 à 45.
II. 42 à 37......	p. de 41 à 32.
III. 26 à 37......	p. de 32 à 41.
IV. 24 à 47.....	Enfermés.

(31)   *Position.*

Les blancs. 14, 15, 25, 40, D. 46.

Les noirs. 3, 4, 5, 13, D. 37, 38.

Beau coup pour prendre la dame des noirs.

EXÉCUTION.

Les blancs.		Les noirs.
I. coup. 15 à 10......		p. de 4 à 15.
II. 25 à 20......		p. de 15 à 24.
III. 46 à 41......		p. de 37 à 46 D.
IV. 40 à 49......		p. de 46 à 10.
V. p. de 49 à 29......		perdu.

(32.) Position.

Les blancs. 19, 23, 25, 28, tout damé.

Les noirs. 26, 48, tout damé.

Voici une des positions où le gain de la partie dépend du bien joué & du moment, car si les blanches manquent de bien jouer le premier coup, la partie est remise forcée (je suppose que pour cela les noirs joueront correctement).

Cette partie a eu lieu. On en a remis un jour la position, & plusieurs forts ont passé une partie de l'après-midi à chercher le coup qui la fait gagner, sans pouvoir le trouver ; il paroît tout simple, quand on le connoît, mais le tout est de le voir.

EXÉCUTION.

Premiere façon.

Les blancs.		Les noirs.
I. coup. 19 à 30......		p. de 48 à 42.
II. 28 à 37......		p. de 42 à 31.
III. de 30 à 8......		p. de 26 à 3,
IV. p. de 23 à 14......		p. de 3 à 20.
V. p. de 25 à 36......		perdu.

Seconde façon.

I. de 19 à 30......		48 à 31.
II. de 30 à 34......		p. de 26 à 3.

Le reste de même.

Troisième façon.

I. de 19 à 30......		de 26 à 21.
II. de 30 à 34......		p. de 48 à 30.
III. p. de 25 à 16......		perdu.

DAM

Quatrième façon.

I. c. de 19 à 30......		de 26 à 3.
II. de 23 à 14......		p. de 3 à 20.
III. p. de 25 à 3......		p. de 48 à 25.
IV. de 28 à 14......		p. de 25 à 9.
V. p. de 3 à 14......		perdu.

(33) Position.

Lunette.

Les blancs. 20, D. 29, 36, 43.

Les noirs. 19, D.

EXÉCUTION.

Les noirs jouent d'abord, & mettent dans la lunette.

Les blancs.		Les noirs.
I. coup. 43 à 38......		p. de 24 à 47.
II. de 20 à 15......		enfermé.

(34) Position.

Les blancs. 9, 22, 27, 32, 35, 38.

Les noirs. 12, 15, 26, 50, D.

C'est ici un des plus beaux coups du damier, & dont on ne se douteroit pas.

EXÉCUTION.

Les blancs.		Les noirs.
I. c. de 9 à 4 D....		p. de 50 à 6. D.
II. de 38 à 33......		p. de 6 à 50.
III. de 27 à 21......		p. de 26 à 17.
IV. de 32 à 28......		p. de 50 à 22.
V. p. de 4 à 36......		perdu.

(35) Position.

Les blancs. 27, 28, 33, 37, 38, 39.

Les noirs. 1, 2, 8, 16, 19, 20, 26.

Ce coup est assez ordinaire, à peu de chose près ; il n'est pas même difficile, quoique joli.

EXÉCUTION.

Les blancs.	Les noirs.
I. coup. 37 à 31......	p. de 26 à 37.
II. 27 à 21......	p. de 16 à 27.
III. 28 à 22......	p. de 27 à 18.
IV. 38 à 32......	p. de 37 à 28.
V. p. de 33 à 15,.....	perdu.

(36)   *Position.*

Les blancs. 1, D. 9, D. 34, D. 40.
Les noirs. 16, 45, D. 49, D.

Ce coup paroîtra avoir été composé, tant il est précis. Il est d'autant plus beau que les noirs ont deux façons de jouer, & que le coup est disposé pour l'une & pour l'autre.

EXÉCUTION.
Première façon.

Les blancs.	Les noirs.
I. coup. 9 à 27......	p. de 49 à 35.
II. de 27 à 49......	p. de 45 à 23.
III. p. de 1 à 40......	p. de 35 à 44.
IV. p. de 49 à 40......	perdu.

Seconde façon.

Les blancs.	Les noirs.
I. coup. 9 à 27......	p. de 49 à 21.
II. de 34 à 12......	p. de 45 à 7.
III. p. de 1 à 26......	perdu.

(37)   *Position.*

Les blancs. 11, 17, D. 39, D. 43.
Les noirs. 6, 32, D.

EXÉCUTION.

Les blancs.	Les noirs.
I. coup. 39 à 30......	p. de 32 à 49.
II. 30 à 35......	perdu par-tout.

(38)   *Position.*

Les blancs. 15, 27, 28, 33, 36, D. 38, 44.
Les noirs. 1, 6, 7, 17, 35, 39, 47, D.

EXÉCUTION.

Les blancs.	Les noirs.
I. coup. 44 à 40......	p. de 35 à 44.
II. 28 à 23......	p. de 39 à 19.
III. 15 à 10......	p. de 47 à 31.
IV. p. de 36 à 49......	perdu.

(39)   *Position.* 8 à 8.

Les blancs. 24, 25, 26, 34, 36, 37, 40, 48.
Les noirs. 3, 9, 10, 13, 16, 17, 18, 28.

EXÉCUTION.

Les blancs.	Les noirs.
I. coup. 37 à 32......	p. de 28 à 37.
II. 48 à 42......	p. de 37 à 48 D.
III. de 26 à 21......	p. de 48 à 19.
IV. p. de 21 à 5......	perdu.

(40)   *Position.*

Les blancs. 30, D. 15, 20, 35.
Les noirs. 4, 37, D.

Aux noirs à jouer.

C'est peut-être là une des positions les plus délicates. La perte ou la remise de la partie dépend de la façon dont le joueur des noirs va jouer le premier coup. S'il le joue bien, & qu'il ait soin par la suite d'éviter le seul qui puisse le faire perdre, la partie est décidément remise, sinon elle est perdue. Si actuellement, par exemple, il mettoit sa dame à 46, qui est la case qui paroît la plus sûre en comparaison de 41, 32, 28 & 23, il auroit perdu, il faut qu'il la porte à 10 ou à 5, & qu'il évite toujours d'être au-dessous de la dame blanche, quand celle-ci sera sur 30, alors il sera impossible aux blancs de gagner.

EXÉCUTION POUR LA PERTE.

Les blancs.	Les noirs.
De 37 à 46.........	De 30 à 24.
Si à 5.............	Perdu, cela se voit, on en donne deux.

Si à l'une des cafes, 23, 28, 32, 37, 41...... alors 15 à 10.

Si on prend avec le pion, on retire fur 30 la dame.

Si au fond........... *Cela fe voit.*

(41)　　*Pofition,* 8 à 8.

Les blancs. 23, 27, 29, 31, 34, 40, 47, 49.

Les noirs. 2, 6, 9, 11, 13, 17, D. 20, 36.

C'eſt un coup pour prendre la dame noire ; il a été fait contre un joueur fort qui faifoit avantage au joueur des blancs. Le coup eſt très-joli, fans être trop compliqué.

E X É C U T I O N.

Les blancs.	*Les Noirs.*
I. coup. 23 à 18......	p. de 13 à 22.
II. de 27 à 18......	p. de 36 à 27.
III. de 18 à 13......	p. de 9 à 18.
IV. de 29 à 24......	p. de 20 à 29.
V. p. de 34 à 32,.....	*perdu.*

(42)　*Pofition d'un coup de repos.*

Les blancs. 6, D. 26, 30, 33, 34, 39, 43, 48.

Les noirs. 3, 4, 5, 9, 10, 15, 17, 19, 20, 22, 25, 32, 37.

Non-feulement ce coup de repos eſt fingulier, mais encore c'eſt un coup très-favant. Il feroit même difficile à voir fi je ne le préfentois que comme un coup qui fait gagner les blancs fur-le-champ ; car, en prévenant qu'il y a un repos, c'eſt donner une indication qui ôte prefque toute la difficulté de la recherche; malgré cela, je fuis perfuadé que ceux qui ne feront pas des joueurs confommés s'y reprendront plus d'une fois.

Il peut encore fervir de preuve de l'avantage qu'il y a d'avoir une dame, puifque les cinq pions que les noirs ont de plus que les blancs ne les empêchent pas de perdre.

E X É C U T I O N.

Les blancs.	*Les noirs.*
I. c. de 48 à 42......	p. de 37 à 48.
II. de 33 à 28......	p. de 22 à 44.
III. p. de 6 à 41......	p. de 48 à 39.
IV. p. de 34 à 43......	p. de 25 à 34.
V. p. 4 de 41 à 50,.....	*ont perdu.*

A la vérité, il reſte aux noirs fix pions contre une dame & deux pions ; mais on voit que l'éloignement où ils font de dame, la facilité qu'ont les blancs de leur en fermer le chemin, celle qu'ils ont de faire eux-mêmes une feconde dame, tout enfin contribue à ne laiſſer aux noirs aucune reſſource.

(43)　*Pofition relative à la remife.*

Les blancs. 14, D. 24, D. 25.

Les noirs. 5, 10, D. 15.

Quand je dis qu'il eſt relatif à la remife, je veux dire que la partie où cette pofition s'eſt trouvée devoit naturellement être remife. Si elle a été perdue, c'eſt parce que les noirs ont mis leur dame où l'on voit ; car dès ce moment la perte eſt forcée : mais bien des joueurs ayant les blancs n'auraient pas vu le coup.

E X É C U T I O N.

Les blancs.	*Les noirs.*
I. coup. 14 à 41......	p. de 10 à 46.
II. 25 à 20......	*Ne peuvent jouer fans perdre.*

Extrait du traité de Manoury, qui ne laiſſe rien à defirer pour bien apprendre le jeu de dames à la polonaife.

In-12. Paris, 1787 ; au café, quai de l'École.

AUTRES

AUTRES COUPS BRILLANS

ET

BELLES FINS DE PARTIES,

Petit in-8°., publiés par Blonde, naturaliste, au café quai de l'École; & chez l'auteur, au café Tabuit, rue de la Ferronerie.

(1) *Position d'un coup surprenant de huit noirs & de huit blancs, chacun ayant une dame. (Les blancs jouent.)*

Noirs. 4 (dame), 7, 13, 18, 21, 24.
Blancs. 15, 25, 28, 31, 32, 38, 41, 48 (dame).

EXÉCUTION.

Les blancs.	Les noirs.
I. C. de 25 à 20........	de 14 à 25 prend.
II. de 28 à 23........	de 18 à 29 prend.
III. de 32 à 27........	de 21 à 43 prend 2.
IV. de 48 à 33 prend 5.	de 4 à 47 prend 2.
V. de 33 à 24 prend...	de 47 à 20 prend.
VI. de 15 à 24 prend...	perdue.

La beauté du coup est dans la manière de prendre, & de saisir le temps qu'il faut pour gagner, en portant la dame blanche à 33, lorsque la dame noire 4 en prend deux à 47. La blanche termine le coup à 24.

(2) POSITION DES TRIANGLES,

Composée de dix noirs & de neuf blancs qui jouent & gagnent au quatrième temps. Les noirs ont avancé de 30 à 35.

Noirs. 1, 2, 7, 10, 14, 16, 20, 21, 26, 35.
Blancs. 13, 19, 23, 27, 32, 37, 39, 40, 48.

EXÉCUTION.

Les blancs.	Les noirs.
I. C. de 13 à 9........	de 35 à 33 prend 2.
II. de 23 à 18........	de 14 à 12 prend 2.

Jeux mathématiques.

Les blancs.	Les noirs.
III. de 37 à 31........	de 26 à 28 prend 2.
IV. de 9 à 4........	de 21 à 32 prend.
V. de 4 à 3 la dame en prend 5.	

En marquant les temps, on laisse aux amateurs à achever la partie, attendu que le pion blanc 48 tient le pion 28. Ainsi, la partie est perdue forcée.

(3) *Position de trois blancs qui jouent & gagnent contre deux noirs, par les temps.*

Noirs. 20, 37.
Blancs. 8, 19, 38.

EXÉCUTION.

Les blancs.	Les noirs.
I. C. de 19 à 14........	de 20 à 9 prend.
II. de 38 à 32........	de 37 à 28 prend.
III. de 8 à 3 dame..	de 9 à 13.
IV. de 3 à 20........	de 13 à 18.
V. de 20 à 15........	de 28 à 32.
VI. de 15 à 4........	de 18 à 23.
VII. de 4 à 15........	de 23 à 28.
VIII. de 15 à 42........	perdu pour les noirs.

On voit que cette fin de partie exige bien de la conduite pour gagner les temps qui font toute la combinaison de ce jeu.

Fin de partie de premiere force.

(4) *Position de trois blancs qui gagnent contre deux noirs.*

Noirs. 21, 36.
Blancs. 18, 28, 47.

EXÉCUTION.

Les blancs.	Les noirs.
I. C. de 18 à 12........	de 21 à 27.
II. de 12 à 7........	de 27 à 31.
III. de 7 à 1 dame...	de 31 à 37.
IV. de 1 à 29........	de 37 à 42.
V. de 47 à 38 prend...	de 36 à 41.

Les blancs.	Les noirs.
VI. de 38 à 33.........	de 41 à 46 dame.
VII. de 29 à 23.........	de 46 à 41.

Perdu des deux côtés où on dame.

(5) *Position de trois pions blancs qui gagnent contre un noir.*

Noir. 28.
Blancs. 14, 26, 35.

EXÉCUTION.

Les blancs.	Les noirs.
I. C. de 14 à 10.........	de 28 à 32.
II. de 10 à 4 dame.....	de 32 à 38.
III. de 4 à 10..........	de 38 à 43.
IV. de 10 à 28..........	de 43 à 49 ou à 48.

Les noirs ont perdu, de tel côté qu'ils dament.

Cette fin de partie est intéressante.

(6) *Position de huit noirs & de huit blancs qui gagnent par la position & par les temps.*

Noirs. 4, 8, 9, 14, 16, 19, 21, 26.
Blancs. 18, 27, 28, 31, 32, 34, 37, 49.

EXÉCUTION.

Les blancs.	Les noirs.
I. C. de 28 à 22.........	de 19 à 24.
II. de 18 à 13.........	de 8 à 19 prend.
III. de 22 à 17.........	de 21 à 12 prend.
IV. de 34 à 29.........	de 24 à 33 prend.
V. de 32 à 28.........	de 33 à 22 prend.
VI. de 27 à 7 prend 2,	de 19 à 23.
VII. de 7 à 2.........	de 23 à 29.

Les noirs ont perdu forcé dans cette position. On voit que trois pions sont tenus par la dame, & les trois autres de même. Cette position est très-intéressante & instructive.

(7) *Position de huit noirs & de huit blancs qui jouent & gagnent.*

Noirs. 8, 10, 12, 13, 18, 25, 31, 37.
Blancs. 23, 29, 30, 34, 35, 42, 47, 49.

EXÉCUTION.

Les blancs.	Les noirs.
I. C. de 30 à 24.........	de 37 à 48 prend.
II. de 23 à 19.........	de 48 à 30 prend.
III. de 29 à 23.........	de 18 à 20 prend 2.
IV. de 35 à 4 p. 3 à d.	de 13 à 24 prend.
V. de 4 à 36.........	Ainsi, les noirs ont perdu.

Cette fin de partie est agréable & instructive.

La disposition du coup est le blanc 43 à 42; & le noir, 32 à 37. Coup très-fin de la part du joueur des blancs.

(8) *Belle fin de partie de trois noirs & de trois blancs, dont une dame, qui jouent & gagnent par les temps* (fin de partie de première force).

Noirs. 12, 28, 37.
Blancs. 29, 38, 49 (dame).

EXÉCUTION.

Les blancs.	Les noirs.
I. C. de 29 à 23........	de 28 à 19 prend.
II. de 38 à 32.........	de 37 à 28 prend.
III. de 49 à 21........	de 12 à 18.
IV. de 21 à 27.........	de 18 à 23.
V. de 27 à 38.........	de 19 à 24.
VI. de 38 à 20 prend...	de 28 à 32.
VII. de 20 à 15........	de 23 à 28.
VIII. de 15 à 42........	de 32 à 37.
IX. de 42 à 26 prend...	de 28 à 33.
X. de 26 à 21.........	de 33 à 39.
XI. de 21 à 49.........	

Lorsque la dame est parvenue à 38, les

noirs ont perdu forcé, de tel côté qu'ils
jouent.

(9) *Position de six noirs, dont une dame,
& de neuf blancs qui jouent & gagne t
la partie sur le coup : position singulière & rare.*

Noirs. 2, 11, 29, 35, 36, 45 (dame).

Blancs. 26, 32, 38, 39, 43, 44, 46, 48, 49.

EXÉCUTION.

Les blancs.	*Les noirs.*
I. C. de 39 à 34........	de 29 à 40 prend.
II. de 46 à 41........	de 36 à 47 p.& à d.
III. de 26 à 21........	de 47 à 50 prend 2.
IV. de 21 à 17........	de 11 à 22 prend.
V. de 32 à 28........	de 22 à 33 prend.
VI. de 43 à 39........	de 33 à 44 prend.
VII. de 48 à 43........	de 2 à 7.
VIII. de 43 à 38........	de 7 à 12.
IX. de 38 à 32........	de 12 à 17.
X. de 32 à 27........	*perdu pour les noirs qui sont enfermés.*

Deux dames & trois pions tenus par un
seul, c'est une singulière position, qui peut
servir d'exemple dans d'autres, qui se rencontrent sous différentes figures. Dans
celle-ci, ce sont neuf pions qui en en-
ferment trois & deux dames.

(10) *Belle position (de première force)
de cinq noirs & de cinq blancs qui
jouent & gagnent par les temps.*

J'invite les amateurs à n'avoir recours
à l'exécution que lorsqu'ils ne pourront
pas gagner.

Noirs. 2, 10, 19, 25, 26.

Blancs. 29, 33, 47, 49, 50.

EXÉCUTION.

Les blancs.	*Les noirs.*
I. C. de 49 à 44........	de 10 à 15.
II. de 44 à 40........	de 35 à 44 prend.

Les blancs.	*Les noirs.*
III. C. de 50 à 39 prend...	de 2 à 8.
IV. de 29 à 23........	de 19 à 28 prend.
V. de 33 à 22 prend...	de 8 à 12.
VI. de 39 à 34........	de 15 à 20.
VII. de 34 à 29........	de 26 à 31.
VIII. de 47 à 41........	de 20 à 25.
IX. de 29 à 24........	de 31 à 36.
X. de 41 à 37........	*Ainsi se termine la partie.*

Le gain de la partie du joueur des blancs
vient d'avoir joué le pion 49 à 44; & les
noirs, de 5 à 10; & c'est l'une pour une
de 44 à 40 qui donne le coup aux blancs.

Cette fin de partie est savante & instructive.

(11) LE COUP DE PISTOLET.

*Superbe position de dix noirs & de onze blancs,
ayant chacun une dame. Les blancs
gagnent par un beau coup.*

Noirs. 2, 5, 7, 8 (dame), 10, 11, 13, 16,
27, 36.

Blancs. 24, 28, 30, 34, 37, 38, 39, 44,
46 (dame), 47, 49.

EXÉCUTION.

Les blancs.	*Les noirs.*
I. C. de 28 à 22........	de 27 à 18 prend.
II. de 37 à 31........	de 36 à 27 prend.
III. de 46 à 14........	de 10 à 19 prend.
IV. de 30 à 25........	de 19 à 30 prend.
V. de 38 à 32........	de 27 à 38 prend.
VI. de 49 à 43........	de 38 à 29 prend 3.
VII. de 25 à 3 p.4 & à d.	*perdu pour les noirs.*

Cette position est unique dans son genre,
vu que l'on ne s'attend pas que l'on va
donner la dame. C'est, pour m'exprimer
ainsi, un coup de pistolet tiré à propos.

Ce qui a formé le coup, c'est le pion 42
à 37; & le noir, 9 à 13.

(12) *Belle position d'un coup de repos de 9 à 9, où les blancs gagnent au troisième temps.*

Noirs. 2, 3, 7, 10, 12, 15, 17, 18, 36.

Blancs. 23, 24, 27, 28, 29, 31, 43, 47, 49.

EXÉCUTION.

Les blancs.	Les noirs.
I. C. de 24 à 20.........	de 15 à 22 prend 3.
II. de 47 à 42.........	de 18 à 29 prend.
III. de 27 à 18 prend...	de 12 à 23 prend.
IV. de 42 à 38.........	de 36 à 27 prend.
V. de 38 à 33.........	de 29 à 38 prend.
VI. de 43 à 1 prend 4..	de 23 à 28.

La partie est perdue forcée.

La formation du coup est le blanc 37 à 31; & le noir, 11 à 17.

On peut regarder ce coup comme un des plus beaux du damier.

(13) *Belle position de huit noirs & de huit blancs qui jouent & gagnent; mais on donneroit l'avantage aux noirs par la disposition du jeu.*

Noirs. 1, 3, 9, 10, 14, 19, 20, 26.

Blancs. 11, 23, 28, 29, 30, 34, 47, 49.

EXÉCUTION.

Les blancs.	Les noirs.
I. C. de 11 à 7.........	de 1 à 12 prend.
II. de 28 à 22.........	de 19 à 17 prend 2.
III. de 30 à 24.........	de 20 à 25.
IV. de 24 à 19.........	de 14 à 23 prend.
V. de 29 à 7 prend 2.	de 9 à 13, de manière qu'il reste six noirs contre quatre blancs, & que les noirs ont perdu forcé.

C'est une belle fin de partie.

Disposition du jeu.

Les blancs ont joué de 35 à 30; les

noirs, de 13 à 19; ce qui a donné le passage aux blancs pour aller à dame, en perdant deux pions.

(14)   ONZE BLANCS, ONZE NOIRS.

Position d'un double coup de dames, difficile à trouver. Les blancs jouent & gagnent.

Noirs. 1, 4, 8, 9, 10, 13, 14, 15, 26, 31, 36.

Blancs. 11, 23, 24, 25, 29, 33, 37, 38, 39, 41, 47.

Les noirs ont avancé de 27 à 31.

EXÉCUTION.

Les blancs.	Les noirs.
I. C. de 23 à 18.........	de 31 à 42 prend.
II. de 29 à 23.........	de 13 à 22 prend.
III. de 14 à 7.........	de 1 à 12 prend.
IV. de 23 à 19.........	de 14 à 23 prend.
V. de 33 à 29.........	de 23 à 32 prend 3.
VI. de 47 à 7 prend 4..	de 36 à 47 p. & à d.
VII. de 7 à 2 dame...	de 47 à 20 prend.
VIII. de 25 à 12 prend 3..	de 10 à 14.

Les noirs ont perdu forcé, attendu que le pion blanc 12 va à dame, ou on porte la dame sur 13, de manière que les noirs feront des sacrifices, & perdront.

(15)   DIX BLANCS, DIX NOIRS.

Position d'un double enchaînement où les noirs ont perdu sur le coup.

Noirs. 2, 7, 12, 17, 18, 19, 22, 24, 29, 36.

Blancs. 27, 28, 31, 33, 35, 37, 38, 39, 48, 49.

Les blancs ont avancé de 32 à 28; & les noirs, de 13 à 19.

Les blancs à jouer.

EXÉCUTION.

Les blancs.	Les noirs.
I. C. de 28 à 23.........	de 19 à 28 prend.
II. de 38 à 32........	de 29 à 38 prend.
III. de 32 à 23 prend...	de 18 à 29 prend.
IV. de 27 à 18 prend...	de 12 à 23 prend.
V. de 48 à 43.........	de 36 à 27 prend.
VI. de 43 à 1 prend 4..	à dame.

Les noirs ne peuvent plus jouer sans perdre. Cette position de double enchaînement est toujours mauvaise, attendu qu'il est rare de se débarrasser sans perdre de pions, & fort souvent la partie.

(16) *Belle position de douze noirs & de douze blancs qui gagnent par plusieurs coups de temps de repos, très-beaux.*

Noirs. 2, 4, 8, 9, 10, 13, 14, 17, 18, 19, 22, 28.

Blancs. 24, 25, 27, 30, 31, 34, 36, 37, 38, 39, 46, 49.

EXÉCUTION.

Les blancs.	Les Noirs.
I. C. de 25 à 20.........	de 14 à 25 prend.
II. de 27 à 21........	de 17 à 26 prend.
III. de 34 à 29........	de 25 à 41 prend 4.
IV. de 36 à 47 prend...	de 26 à 37 prend.
V. de 47 à 41.........	de 19 à 30 prend.
VI. de 41 à 5 prend 6..	de 30 à 35.

Perdu pour les noirs. Il faut avancer le pion 49 à 44; & le coup après, la dame 5 sur la case 28. En cas qu'on joue le pion noir 22 à 27, la partie est forcée perdue.

La disposition du coup est le pion blanc 43 avancé sur la case 38, & le noir 23 à 28. Je vois souvent avec peine jouer le pion 3, dit le *pion savant*, ce qui ôte les moyens de faire des coups, ou des *une* pour *une*. Il est la clef du jeu.

Comme on le voit, il fait perdre la partie.

(17) *Superbe position de treize noirs & douze blancs qui gagnent par un coup très difficile par son dessin & le temps.*

Noirs. 10, 12, 13, 14, 15, 16, 18, 20, 21, 22, 26, 27, 35.

Blancs. 25, 29, 31, 33, 34, 36, 37, 38, 42, 44, 47, 48.

EXÉCUTION.

Les blancs.	Les noirs.
I. C. de 34 à 30.........	de 35 à 24 prend.
II. de 38 à 32........	de 27 à 38 prend.
III. de 31 à 27........	de 21 à 41 prend 2.
IV. de 42 à 37........	de 41 à 32 prend.
V. de 33 à 42 prend...	de 24 à 33 prend.
VI. de 42 à 38........	de 32 à 43 prend.
VII. de 48 à 19 prend 5..	de 14 à 23 prend.
VIII. de 25 à 5 prend 2..	& dame perdue pour les noirs.

Le reste se voit.

Il étoit bien difficile pour les noirs de parer un pareil coup, attendu qu'il n'y a que le pion 8 à jouer sur 12. On voit que sans ce coup-là les blancs auroient été obligés de perdre un pion, pour se débarrasser du coup d'enchaînement forcé.

DEZ. (*Jeu de*)

Sorte de jeu de hasard fort en vogue chez les Grecs & les Romains, comme chez tous les peuples modernes.

L'origine de ce jeu est très ancienne, si l'on en croit Sophocle, Pausanias & Suidas qui en attribuent l'invention à Palamede.

Hérodote la rapporte aux Lydiens qu'il fait auteurs de tous les jeux de hasard.

Les dez antiques étoient des cubes de

même que les nôtres. Ils avoient par conféquent fix faces, comme l'épigramme XVII
du livre XIV de Martial le prouve :

Hic mihi bis feno numeratur teffera punEto.

Ce qui s'entend des deux dez avec lesquels
on jouoit quelquefois. Le jeu le plus ordinaire des anciens étoit à trois dez, fuivant le proverbe :

Trois fix, ou trois as, tout ou rien.

Il y avoit diverfes manières de jouer
aux dez qui étoient en ufage parmi les anciens. Il fuffira d'indiquer ici les deux principales.

1°. La première manière de jouer aux
dez, & qui fut toujours à la mode, étoit
la *rafle*, que nous avons adoptée. Celui
qui amenoit le plus de points avec les dez
emportoit ce qu'il y avoit fur le jeu. Le
plus beau coup étoit, comme parmi nous,
rafle de fix. On le nommoit *Vénus*, qui
défignoit, dans les jeux de hafard, le coup
le plus favorable. Les Grecs avoient donné
les premiers les noms des dieux, des
héros, des hommes illuftres, & même des
courtifannes fameufes, à tous les coups
différens des dez. Le plus mauvais coup
étoit trois as. C'eft fur cela qu'Épicharme
a dit que dans le mariage comme dans le
jeu de dez on amène quelquefois trois fix
& quelquefois ou trois as.

Outre ce qu'il y avoit fur le jeu, les
perdans payoient encore pour chaque coup
malheureux : ce n'étoit pas un moyen qu'ils
euffent imaginé pour doubler le jeu; c'é-
toit une fuite de leurs principes fur les
gens malheureux, qu'*ils méritoient des
peines par cela même qu'ils étoient malheureux*.

Au refte, comme les dez ont fix faces,
cela faifoit, pour les trois dez, cinquante-
fix combinaifons de coups, favoir ; fix
rafles, trente coups où il y a deux dez
femblables, & vingt où les trois dez font
différens.

2°. La feconde manière de jouer aux
dez, généralement pratiquée chez les Grecs
& les Romains, étoit celle-ci : Celui qui
tenoit les dez nommoit avant que de jouer
le coup qu'il fouhaitoit ; quand il l'amenoit, il gagnoit le jeu : ou bien, il laif-
foit le choix à fon adverfaire de nommer
ce coup ; & fi pour lors il arrivoit, il fu-
biffoit la loi à laquelle il s'étoit foumis.
C'eft de cette feconde manière de jouer
aux dez que parle Ovide dans fon *Art
d'aimer*, quand il dit :

Et modò tres jaEtes numeros, modò cogitet aptè,
Quam fubeat partem callida, quamque vocet.

Comme le jeu s'accrut à Rome avec la
décadence de la république, celui de *dez*
prit d'autant plus de faveur, que les empereurs en donnèrent l'exemple. Quand
les Romains virent Néron rifquer jufqu'à
quatre mille fefterces dans un coup de dez,
ils mirent bientôt une partie de leurs biens
à la merci des dez. Les hommes, en général, goûtent volontiers tous les jeux où
les coups font décififs, où chaque événement fait perdre ou gagner quelque chofe :
de plus, ces fortes de jeux remuent l'ame
fans exiger une attention férieufe dont nous
fommes rarement capables; enfin, on s'y
jette par un motif d'avarice, dans l'efpérance d'augmenter promptement fa fortune; & les hommes enrichis par ce moyen
font rares dans le monde, mais les paffions
ne raifonnent, ni ne calculent jamais.

Les joueurs qui fondent leur efpérance
ou leur fortune fur les chances du dez,
doivent, avant de s'y livrer, en calculer
en quelque forte les hafards. C'eft ce qu'ils
pourront reconnoître dans cette

ANALYSE DES HASARDS OU DES NOMBRES
PRODUITS PAR DEUX DEZ.

Il eft vifible qu'avec deux dez on peut
amener trente-fix coups différens; car
chacune des fix faces d'un dez peut fe
combiner fix fois avec chacune des fix faces
de l'autre. De même avec trois dez on

peut amener 36 × 6, ou deux cents seize coups différens ; car chacune des trente-six combinaisons des deux dez peut se combiner six fois avec les six faces du troisième dez. Donc, en général, avec un nombre de dez = n, le nombre des coups possibles est 6^n.

Donc il y a trente-cinq contre un à parier qu'on ne fera pas rafle de 1, de 2, de 3, de 4, de 5, de 6, avec deux dez. (voyez *Rafle de dez*.)

Mais on trouveroit qu'il y a deux manières de faire 3 ; trois, de faire 4 ; quatre, de faire 5 ; cinq, de faire 6 ; six, de faire 7 ; cinq, de faire 8 ; quatre, de faire 9 ; trois, de faire 10 ; deux, de faire 11 ; une, de faire 12. Ce qui est évident par la table suivante, qui exprime les trente-six combinaisons.

TABLE.

2	3	4	5	6	7.
3	4	5	6	7	8.
4	5	6	7	8	9.
5	6	7	8	9	10.
6	7	8	9	10	11.
7	8	9	10	11	12.

Dans la première colonne verticale de cette table, je suppose, dit d'Alembert, qu'un des dez tombe successivement sur toutes ses faces, l'autre dez amenant toujours 1 ; dans la seconde colonne, que l'un des dez amène toujours 2, l'autre amenant ses six faces, &c. Les nombres pareils se trouvent sur la même diagonale. Or, on voit que 7 est le nombre qu'il est le plus avantageux de parier qu'on amènera avec deux dez, & que 2 & 12 sont les nombres qui donnent le moins d'avantage.

Si l'on forme ainsi la table des combinaisons pour trois dez, on aura six tables de trente-six nombres chacune ; & l'on trouvera par le résultat de ces combinaisons que 1 & 11 sont les deux nombres

qu'il est le plus avantageux de parier qu'on amènera avec trois dez ; il y a à parier vingt-sept sur deux cents seize , c'est-à-dire un contre huit qu'on les amènera ; ensuite c'est 9 ou 12 ; ensuite c'est 8 ou 13.

C'est par une méthode semblable que l'on peut déterminer quels sont les nombres qu'il y a le plus à parier qu'on amènera avec un nombre donné de *dez*.

Voyez l'article *DEZ* dans le *Dictionnaire des Mathématiques*.

On voit combien il est essentiel de connoître la combinaison des nombres des dez pour éviter d'accepter des parties désavantageuses ; ce qui n'arrive que trop fréquemment à ceux qui ne font pas réflexion que le hasard est en quelque sorte soumis au calcul.

Deux dez, comme on vient de l'observer, étant pris ensemble forment vingt-un nombres , & considérés séparément peuvent donner trente-six combinaisons différentes.

Des vingt-un coups qu'on peut amener avec deux dez, il y en a d'abord six qui font les rafles, qui ne peuvent arriver que d'une façon, tels sont les 2 six, les 2 cinq, les 2 trois, les 2 quatre, les 2 deux, les 2 as.

Les quinze autres coups, au contraire, ont chacun deux combinaisons ; ce qui provient de ce qu'il n'y a qu'une face sur chacun des deux dez qui puisse amener 3 & 3, & qu'il y en a deux sur chacun de ces mêmes dez pour amener 5 & 4, savoir ; 5 sur le premier dez, & 4 sur le second, ou 4 sur le premier, & 5 sur le second. Tous ces hasards étant au nombre de trente-six, il y a dès lors, à jeu égal, un contre trente-cinq à parier qu'on amènera une rafle déterminée, & un contre cinq qu'on amènera une rafle quelconque. On peut aussi, à jeu égal, parier un contre dix-sept qu'on amènera, par exemple,

6 & 4, attendu que ce point a pour lui deux hasards contre trente-quatre.

Il n'en est pas de même du nombre des points des deux dez joints ensemble, la combinaison de leurs hasards est en proportion de la multitude des différentes faces qui peuvent produire ces nombres, comme on le voit ci-après.

NOMBRES.

2...1, 1.
3...2, 1—1, 2.
4...2, 2—3, 1—1, 3.
5...4, 1—1, 4—2, 3—3, 2.
6...3, 3—5, 1—1, 5—4, 2—2, 4.
7...6, 1—1, 6—5, 2—2, 5—4, 3,　3, 4.
8...4, 4—6, 2—2, 6—5, 3—3, 5.
9...6, 3—3, 6—5, 4—4, 5.
10..5, 5—6, 4—4, 6.
11..6, 5—5, 6.
12..6, 6.

Si donc on veut parier au pair d'amener 11 du premier coup avec deux dez, il faut mettre au jeu deux contre trente-quatre ; & si l'on parie qu'on amènera 7, il faut alors mettre au jeu six contre trente, ou, ce qui est la même chose, un contre cinq. On doit aussi remarquer que des onze nombres différens qu'on peut amener avec deux dez, 7, qui est le moyen proportionnel entre 2 & 12, a plus de hasards que les autres, qui de leur côté en ont d'autant moins qu'ils s'approchent davantage des deux extrêmes 2 & 12.

Cette différence de la multitude des hasards que produisent les nombres moyens comparés aux extrêmes, augmente considérablement à mesure qu'on se sert d'un plus grand nombre de dez : elle est telle que si on se sert de sept dez, qui produisent des points depuis 7 jusqu'à 42, on amène presque toujours les points moyens 24 & 25, ou ceux qui en sont les plus proches,

tels que 22, 23, 26, 27. Et si au lieu de sept dez on se servoit de vingt-cinq dez, qui peuvent amener des points depuis 25 jusqu'à 150, on pourroit presque parier au pair qu'on amèneroit les nombres 86 & 87. Cette remarque est essentielle pour faire connoître l'abus de ces loteries insidieuses proscrites par le gouvernement, qui sont composées de sept dez ; ceux qui les tiennent leur attribuent des lots, qui dans les termes moyens offrent des vetilles bien inférieures à la mise, & un appât de quelques meilleurs lots pour ceux qui amènent des nombres extrêmes ou des rafles ; ce qui néanmoins n'arrive presque jamais, attendu qu'il y a plus de quarante mille contre un à parier qu'on n'amènera pas avec sept dez une rafle quelconque, & que la valeur du lot offert n'est souvent pas la soixantième partie de celle de la mise.

Voyez l'article *NOMBRES*, *Dictionnaire des amusemens des sciences.*

DEZ. *(jeu des trois)*

Quoique ce jeu soit ancien & en usage dans les académies de jeu, il n'est guères connu que des joueurs de profession. Il est donc convenable d'en expliquer avec soin toutes les conditions.

On nommera Pierre celui qui tient le dez, & Paul représentera les autres joueurs, dont le nombre est indéterminé, ainsi qu'aux jeux du *hasard* & du *quinquenove*.

Pierre poussera le dez jusqu'à ce qu'il amène ou 8, ou 9, ou 10, ou 11, ou 12, ou 13 ; celle de ces chances que Pierre amenera sera ce que l'on nomme la *chance droite*, & sera à-peu-près pour lui, ce qu'est au jeu de la *dupe* pour le joueur qui a la main, la carte qu'il se donne. Ensuite Pierre pousse le dez. Voici par ordre les principales règles.

1°. La chance *droite* étant ou 9, ou 10, ou 11, ou 12, Pierre gagnera au
second

second coup s'il amène chance pareille, c'est-à-dire 9, si la chance *droite* est 9; 10, si la chance *droite* est 10, &c. Il gagnera aussi en amenant 15; mais il perdra s'il amène ou 3, ou 4, ou 5, ou 6, ou 17, ou 18.

2°. Si la chance *droite* est 8 ou 13, Pierre gagnera au second coup ou chance pareille, ou 16; & il perdra s'il amène ou 3, ou 4, ou 5, ou 6, ou 15, ou 17, ou 18.

3°. Dans tout autre cas que les deux précédens, le nombre que Pierre amenera, après avoir tiré la chance droite, sera une chance pour la première masse. Il y a donc pour les masses deux chances de plus que pour la *droite*, savoir, 7 & 14.

4°. Ces deux chances étant données, Pierre continuera de pousser le dez, & il gagnera la première masse, s'il en amène la chance avant que d'amener la droite; & au contraire il perdra, s'il amène la droite avant d'amener cette chance. Dans le premier cas le jeu recommence; & Pierre livre de nouveau une droite & une chance à la première masse, pourvu néanmoins qu'il n'ait pas *tingué*.

Pour apprendre ce que c'est que *tinguer*, il faut savoir qu'à ce jeu, ainsi qu'au *quinquenove*, les joueurs peuvent faire des masses, & que Pierre les accepte s'il veut, en disant *taupe*. Mais il y a ceci à remarquer, que si Pierre en acceptant une masse dit *taupe & tingue*, la première masse ne va plus; en sorte que si Pierre amène la droite après avoir tingué, il perd toutes les masses qui ont été acceptées, à l'exception de la première qui ne va pas, & il tire celle qu'on vient de masser. Dans ce cas, la droite & la chance de la première masse subsistent; & si Pierre, après avoir tingué, amène la chance de la première masse, toutes les masses deviennent nulles,

à l'exception de la droite & de la première masse qui subsistent.

5°. Toutes les fois que Pierre perd la première masse, celui qui sert le dez à Pierre peut le contraindre à tenir le paroli; & si cela arrive une seconde fois, à tenir le sept & le *va*, & ensuite le quinze & le *va*, &c.

6°. Lorsque Pierre perd la première masse, on lui fixe ou 8, ou 9, ou 10, ou 11, ou 12, ou 13; mais il n'est obligé de tenir que 8 ou 13.

Pour faire entendre parfaitement toutes ces règles, je crois qu'il est à propos de les appliquer à un exemple. Supposons donc que la droite soit 13, la première masse 9, la seconde 10, la troisième 11, là-dessus je fais une masse. Pierre dit *taupe*, & poussant le dez il amène 13. Voici ce qui arrivera : 1°. Il gagnera ce qui vient d'être massé; 2°. il perdra toutes les autres masses, & je lui fixerai 13 en faisant, si je veux, le paroli de cette masse, ensuite il se donnera une chance.

Si Pierre, au lieu de dire simplement *taupe*, eût dit : *taupe & tingue*, tout auroit été comme ci-devant, avec cette seule différence qu'il n'eût point perdu la première masse, & qu'elle seroit restée aussi bien que la droite.

Supposons maintenant que Pierre amène 9, après avoir dit *taupe*, il tirera la première masse qui est 9, toutes les autres masses s'en iront, & Pierre recommencera le jeu en tirant une droite au hasard. S'il eût dit : *taupe & tingue*, Pierre n'auroit ni perdu, ni gagné, & toutes les chances eussent été nulles, à l'exception de la première qui subsistera avec la droite. Enfin lorsque Pierre amenera ou 10, ou 11 avant d'amener 13, il gagnera celle de ces masses qu'il amenera avant la droite.

PROBLÈME. *On demande quel est à ce jeu l'avantage ou le désavantage de celui qui tient le dez.*

Soit x le fort de Pierre lorsqu'il amène pour chance droite 8 ou 13, y son fort lorsqu'il amène ou 9 ou 12, & z lorsqu'il amène ou 10 ou 11.

S exprimera le fort de Pierre, & A la mise de Paul. On aura $S = \dfrac{21x + 25y + 27z}{73}$.

On trouvera aussi

$$x = \frac{100A + 50 \times \frac{25}{72}A + 27 \times \frac{9}{4}A}{216} = \frac{12789}{19872}A.$$

$$y = \frac{95A + 42 \times \frac{21}{23}A + 27 \times \frac{27}{13}A + 15 \times \frac{3}{4}A}{216} = \frac{126731}{129168}A.$$

$$z = \frac{101A + 21 \times \frac{7}{4}A + \frac{25 \times 25}{13}A + 30 \times \frac{5}{7}A}{216} = \frac{11147}{10200}A.$$

Par conséquent le désavantage de Pierre sera exprimé par cette quantité, $\dfrac{21 \times \frac{81}{19872}A + 25 \times \frac{2437}{129168}A + 27 \times \frac{1181}{78824}A}{73}$, qui se réduit à cette fraction $\frac{1424103}{66004843}A$ qui est plus grande que $\frac{1}{45}$, & plus petite que $\frac{1}{44}$, & ce seroit là le désavantage cherché, si l'on supposoit que Pierre dût quitter le dez & finir le jeu aussi-tôt qu'il auroit ou gagné ou perdu. Ainsi la première masse étant une pistole, il y a sur cette somme 4 sols 7 den. de perte pour Pierre, lorsqu'il doit tirer sa droite au hasard. Mais lorsqu'on lui a fixé 8 ou 13, son désavantage par rapport à la première masse, n'est que 10 den. $\frac{5}{107}$. On verra dans les remarques qui suivent quel est son désavantage en acceptant des masses.

Remarque I. Il est moins désavantageux à Pierre d'avoir 8 ou 13 pour chance droite, que d'avoir 9 ou 12 ; & il lui est moins désavantageux d'avoir 9 ou 12, que d'avoir 10 ou 11 : car je trouve que la chance droite étant 8 ou 13, le désavantage de Pierre, par rapport à la mise de Paul, est plus grand que $\frac{1}{240}A$, & plus petit que $\frac{1}{239}A$: que la chance droite étant ou 9 ou 12, le désavantage de Pierre est plus grand que $\frac{1}{74}A$, & moindre que $\frac{1}{73}A$; & enfin que la chance droite étant 11 ou 10, son désavantage est plus grand que $\frac{1}{45}$, & plus petit que $\frac{1}{44}$.

Remarque II. Pouvoir tinguer est un privilége que ce jeu accorde à celui qui tient le cornet, par lequel il est maître de faire durer long-temps la droite & la première masse. Il est aisé de s'appercevoir que cet avantage est fort peu considérable, & a lieu seulement lorsque la chance de la droite doit arriver plus souvent que la chance de la première masse ; par exemple, lorsque la droite étant 10 ou 11, la première masse est 8 ou 13. Dans ce cas, il vaut mieux tinguer que de tauper simplement ; mais il feroit encore plus à propos de ne point accepter de masse.

Remarque III. Il n'y a dans ce jeu aucune circonstance où celui qui tient le cornet ait de l'avantage sur les joueurs. Voici la règle qu'il doit suivre pour que son désavantage foit le moindre qu'il sera possible. Il n'acceptera point de masses lorsque la droite sera 9 ou 12, & encore moins lorsqu'elle sera 10 ou 11 : car dans le premier cas, il a fur une maffe d'une piftole 3 fols 9 den. de perte, & dans le fecond 8 fols 2 den.

Remarque IV. On voit par les obfer-vations précédentes, qu'il s'en manque beaucoup que ce jeu ne foit ni auffi égal, ni auffi bien inventé que bien des joueurs fe l'imaginent. Pour le réformer, il feroit à propos de régler que 17 fût, auffi bien que 15, un hafard favorable à celui qui tient le cornet, foit que la droite foit ou 9, ou 10, ou 11, ou 12. Par cette ré-forme, le défavantage de Pierre qu'on a trouvé $= \frac{1424101}{66004848} A$, fera exprimé par cette fraction $\frac{138071}{66004848} A$ ce qui vaut un peu moins de 7 den., A défignant une piftole.

Définition. J'appellerai dez fimples les dez de différente efpèce, ou qui marquent différens points; dez doubles, deux dez de même efpèce, ou qui marquent les mêmes points, par exemple, double deux, ternes, &c.; dez triples, trois dez de même efpèce, par exemple, trois as ou trois deux, &c., & ainfi de quadruple, quintuple, fextuple, &c., quatre ou cinq, ou fix dez d'une même efpèce.

PROBLÈME. *Soit un nombre de dez quel-conque. Pierre parie que les jettant au hafard, il en amènera tant d'une efpèce, tant d'une autre; par exemple, tant de fimples, tant de doubles, tant de triples, ou tant de doubles, tant de quadruples, &c. On demande quel fera fon fort, & combien il aura de façons différentes d'amener les dez en la ma-nière qu'il fe le fera propofé.*

Soit p le nombre de dez, q le nombre de tous les divers arrangemens poffibles de ces dez; b l'expofant du dez qui a la plus haute dimenfion entre tous ceux que Pierre fe propofe d'amener; c, d, e, f, &c. l'expofant des autres dez qu'il doit amener, dont l'expofant doit être moindre,

en forte que c exprime un nombre plus petit que b, & d un nombre plus petit que c, & e un nombre plus petit que d, & f un nombre plus petit que e, &c.

Je nommerai auffi B le nombre des dez que l'on demande de la dimenfion exprimée par b, C le nombre des dez que l'on demande de la dimenfion expri-mée par c, D le nombre des dez que l'on demande de la dimenfion exprimée par d, E le nombre des dez que l'on demande de la dimenfion exprimée par e, F le nombre des dez que l'on demande de la dimenfion exprimée par f, &c.

J'appellerai encore k, l, m, n, r, &c. les nombres qui expriment tous les di-vers arrangemens poffibles des nombres défignés par les lettres b, c, d, e, f, &c.

J'exprimerai auffi par cette marque $\boxed{\dfrac{6}{B}}$ le nombre qui exprime en combien de façons B peut être pris dans 6, mettant le plus petit nombre deffous, & le plus grand deffus, et entre deux cette marque arbitraire. $\boxed{}$

Tout cela pofé, le fort de Pierre fera exprimé par une fraction, dont le numér-ateur fera q multiplié par cette fuite de pro-duits,

$$\boxed{\dfrac{6}{B}} \times \boxed{\dfrac{6-B}{C}} \times \boxed{\dfrac{6-B-C}{D}}$$

$$\times \boxed{\dfrac{6-B-C-D}{E}} \times \boxed{\dfrac{6-B-C-D-E}{F}} \times$$

&c., & le dénominateur fera $6p$ multiplié par cette fuite de produits, $B \times k \times C \times l \times D \times m \times E \times n \times F \times r \times$ &c.

Il faut remarquer, 1°. que cette for-mule étant appliquée à un cas particulier, ne doit être compofée, foit dans le numé-rateur, foit dans le dénominateur, que d'autant de produits qui font marqués par x, qu'il y a de différentes dimenfions entre les dez qu'on veut amener.

2°. Que si les dez, au lieu d'avoir six faces en avoient un nombre quelconque exprimé par *R*, il n'y auroit qu'à substituer *R* au lieu de 6 dans cette formule. Mais il faut observer qu'alors la formule deviendroit une suite infinie, *R* étant indéterminé. Enfin, pour avoir le nombre des coups favorables à Pierre, il n'y a qu'à multiplier cette formule par 6 élevé à l'exposant *p*. Je ne donnerai point la démonstration de cette formule, car elle ne pourroit être qu'extrêmement longue & abstraite, & ne seroit entendue que de ceux qui seront eux-mêmes capables de la trouver.

Je me contenterai de donner ici une table fort étendue, qui en facilitera l'intelligence, & qui découvrira en partie l'usage de ce problême. Cette table donne tous les différens cas du problême proposé depuis deux dez jusqu'à neuf inclusivement. La première colonne donnera tous les cas déterminés, ce qui fait une espèce particulière du problême général : la seconde les donne indéterminés conformément à l'énoncé du problême. Ainsi, par exemple, on trouvera que le nombre 3 exprime combien il y a de façons différentes d'amener bezet & un 2 avec trois dez ; & le nombre 90, qui est vis-à-vis à la seconde colonne, combien il y a de façons différentes d'amener un double quelconque avec un simple aussi quelconque ; & de même le nombre 12 exprimera combien il y a de manières différentes d'amener bezet, un 2 & un 3 avec quatre dez ; & le nombre 720, combien il y en a pour amener un double & deux simples.

TABLE.   *Pour deux dez.*

	Déterminés.	Indéterminés.
1°. Pour avoir deux simples,	2	30
2°. Un doublet,	1 il y a	6 coups.

Pour trois dez.

	Déterminés.	Indéterminés.
1°. Pour avoir trois simples,	6	120
2°. Un double & un simple,	3 il y a	90 coups.
3°. Un triple,	1	6

Pour quatre dez.

	Déterminés.	Indéterminés.
1°. Pour avoir quatre simples,	24	360
2°. Un double & deux simples,	12	720
3°. Deux doubles,	6 il y a	90 coups.
4°. Un triple & un simple,	4	120
5°. Un quadruple,	1	6

Pour cinq dez.

	Déterminés.	Indéterminés.
1°. Pour avoir cinq dez simples,	120	720
2°. Un double & trois simples,	60	3600
3°. Deux doubles & un simple,	30	1800
4°. Un triple & deux simples,	20 il y a	1200 coups.
5°. Un triple & un double,	10	300
6°. Un quadruple & un simple,	5	150
7°. Un quintuple,	1	6

Pour six dez.

		Déterminés.	Indéterminés.
1°.	Pour avoir six simples,	720	720
2°.	Un double & quatre simples,	360	10800
3°.	Deux doubles & deux simples,	180	16200
4°.	Trois doubles,	90	1800
5°.	Un triple & trois simples,	120	7200
6°.	Un triple, un double & un simple,	60	7200 coups.
7°.	Deux triples,	20	300
8°.	Un quadruple & deux simples,	30	1800
9°.	Un quadruple & un double,	15	450
10°.	Un quintuple & un simple,	10	180
11°.	Un sextuple,	1	6

il y a

Pour sept dez.

1°.	Pour avoir un double & cinq simples,	2520	15120
2°.	Deux doubles & trois simples,	1260	75600
3°.	Trois doubles & un simple,	630	37800
4°.	Un triple & quatre simples,	840	25200
5°.	Un triple, un double & deux simples,	420	75600
6°.	Un triple & deux doubles,	210	12600
7°.	Deux triples & un simple,	140	8400
8°.	Un quadruple & trois simples,	210	12600 coups.
9°.	Un quadruple, un double & un simple,	105	12600
10°.	Un quadruple & un triple,	35	1050
11°.	Un quintuple & deux simples,	42	2520
12°.	Un quintuple & un double,	21	630
13°.	Un sextuple & un simple,	7	210
14°.	Un sextuple,	1	6

il y a

Pour huit dez.

1°.	Pour avoir deux doubles & quatre simples,	10080	151200
2°.	Trois doubles & deux simples,	5040	302400
3°.	Quatre doubles,	2520	37800
4°.	Un triple & cinq simples,	6720	40320
5°.	Un triple, un double & trois simples,	3360	403200
6°.	Un triple, deux doubles & un simple,	1680	302400
7°.	Deux triples & deux simples,	1120	100800
8°.	Deux triples & un double,	560	33600
9°.	Un quadruple & quatre simples,	1680	50400
10°.	Un quadruple, un double & deux simples,	840	151200 coups.
11°.	Un quadruple & deux doubles,	420	25200
12°.	Un quadruple, un triple & un simple,	280	33600
13°.	Deux quadruples,	70	1050
14°.	Un quintuple & trois simples,	336	20160

il y a

	Déterminés.	Indéterminés.
15°. Un quintuple, un double & un simple,	168	10160
16°. Un quintuple & un triple,	56	1680
17°. Un sextuple & deux simples,	56	3360
18°. Un sextuple & un double,	28	840
19°. Un septuple & un simple,	8	240
20°. Un octuple,	1	6

Pour neuf dez.

1°. Pour avoir trois doubles & trois simples,	45360	907200
2°. Quatre doubles & un simple,	22680	680400
3°. Un triple, un double & quatre simples,	30240	907200
4°. Un triple, deux doubles & deux simples,	15120	2721600
5°. Un triple & trois doubles,	7560	454600
6°. Deux triples & trois simples,	10080	604800
7°. Deux triples, un double & un simple,	5040	907200
8°. Trois triples,	1680	33600
9°. Un quadruple & cinq simples,	15120	90720
10°. Un quadruple, un double & trois simples,	7560	907200
11°. Un quadruple, deux doubles & un simple,	3780	680400
12°. Un quadruple, un triple & deux simples,	2520	453600
13°. Un quadruple, un triple & un double,	1260	151200
14°. Deux quadruples & un simple,	630	37800
15°. Un quintuple & quatre simples,	3024	907200
16°. Un quintuple, un double & deux simples,	1512	272160
17°. Un quintuple & deux doubles,	756	45360
18°. Un quintuple, un triple & un simple,	504	60480
19°. Un quintuple & un quadruple,	126	3780
20°. Un sextuple & trois simples,	504	30240
21°. Un sextuple, un double & un simple,	252	30240
22°. Un sextuple & un triple,	84	2520
23°. Un sextuple & deux simples,	72	4320
24°. Un septuple & un double,	36	1080
25°. Un octuple & un simple,	9	270
26°. Un noncuple,	1	6

il y a ... coups.

Remarque. Si les jeux de dez font en si petit nombre, & se jouent seulement avec deux dez, ou tout au plus avec trois, à la différence des jeux de cartes qui se jouent avec un fort grand nombre de cartes, il y a bien de l'apparence que cela vient de ce qu'on n'a pu calculer les hasards qui se trouvent entre plusieurs dez. En effet, cela étoit fort difficile. La table précédente & celles qu'on trouvera dans les propositions qui suivent, donneront là-dessus toutes les lumières qu'on pourre souhaiter, & serviront à ceux qui voudroient inventer des jeux de dez plus variés, & par conséquent plus agréables que tous ceux qu'on a connus jusqu'à présent.

PROBLÈME. *On demande en combien de façons on peut amener un certain nombre, ou point déterminé, avec un certain nombre de dez.*

Tous les joueurs de trictrac savent en

combien de façons chaque point, depuis deux jusqu'à douze, peut s'amener.

M. Huguens en a donné une table pour deux & pour trois dez; mais on ne peut aller plus loin sans méthode, car cela devient tout d'un coup extrêmement composé. Voici une table qui détermine tous les hasards depuis deux dez jusqu'à neuf inclusivement.

TABLE. *Avec deux dez.*

Il y a		
1		2 ou 12
2		3 ou 11
3	coups qui	4 ou 10
4	donnent	5 ou 9
5		6 ou 8
6		7

Avec trois dez.

Il y a		
1		3 ou 18
3		4 ou 17
6		5 ou 16
10	coups qui	6 ou 15
15	donnent	7 ou 14
21		8 ou 13
25		9 ou 12
27		10 ou 11

Avec quatre dez.

Il y a		
1		4 ou 24
4		5 ou 23
10		6 ou 22
20		7 ou 21
35	coups qui	8 ou 20
56	donnent	9 ou 19
80		10 ou 18
104		11 ou 17
125		12 ou 16
140		13 ou 15
146		14

Avec cinq dez

Il y a		
1		5 ou 30
5		6 ou 29
15		7 ou 28
35		8 ou 27
70		9 ou 26
126		10 ou 25
205	coups qui	11 ou 24
305	donnent	12 ou 23
360		13 ou 22
480		14 ou 21
561		15 ou 20
795		16 ou 19
930		17 ou 18

Avec six dez.

Il y a		
1		6 ou 36
6		7 ou 35
21		8 ou 34
56		9 ou 33
126		10 ou 32
252		11 ou 31
456		12 ou 30
756	coups qui	13 ou 29
1161	donnent	14 ou 28
1666		15 ou 27
2247		16 ou 26
2856		17 ou 25
3431		18 ou 24
3906		19 ou 23
4222		20 ou 22
4332		21

Avec sept dez.

Il y a		
1		7 ou 42
7		8 ou 41
28		9 ou 40
84		10 ou 39
210		11 ou 38
462		12 ou 37
917		13 ou 36
1667		14 ou 35
2807	coups qui	15 ou 34
4417	donnent	16 ou 33
6538		17 ou 32
9142		18 ou 31
12117		19 ou 30
15267		20 ou 29
18327		21 ou 28
20993		22 ou 27
22967		23 ou 26
24017		24 ou 25

Avec huit dez.

Il y a		coups qui donnent	
1			8 ou 48
8			9 ou 47
36			10 ou 46
120			11 ou 45
330			12 ou 44
792			13 ou 43
1708			14 ou 42
3368			15 ou 41
6147			16 ou 40
10480			17 ou 39
16808		coups qui	18 ou 38
25488		donnent	19 ou 37
36688			20 ou 36
50288			21 ou 35
65808			22 ou 34
82384			23 ou 33
98813			24 ou 32
113688			25 ou 31
125588			26 ou 30
133288			27 ou 29
135954			28

Avec neuf dez.

Il y a		coups qui donnent	
1			9 ou 54
9			10 ou 53
45			11 ou 52
165			12 ou 51
495			13 ou 50
1287			14 ou 49
2994			15 ou 48
6354			16 ou 47
12465			17 ou 46
22825			18 ou 45
39303			19 ou 44
63999		coups qui	20 ou 43
98979		donnent	21 ou 42
145899			22 ou 41
205560			23 ou 40
277464			24 ou 39
359469			25 ou 38
447669			26 ou 37
536569			27 ou 36
619569			28 ou 35
689715			29 ou 34
740619			30 ou 33
767394			31 ou 32

On trouvera par cette table que 11, par exemple, s'amène en deux façons avec deux dez, en vingt-sept façons avec trois dez, en cent quatre façons avec quatre dez, en deux cents cinq façons avec cinq dez, &c.

On peut, sans avantage ni désavantage, jouer avec trois dez au passe-dix, & avec cinq dez au passe-dix-sept, & avec sept dez au passe-vingt-quatre, & ainsi de suite, en ajoutant toujours 7. Mais il faut remarquer que le nombre des dez étant pair, on ne peut faire de pareille partie, puisqu'il y a toujours un certain point qu'on peut amener plutôt que tout autre : avec deux dez, c'est 7; avec quatre dez, c'est 14; avec six dez, c'est 21, &c., en ajoutant toujours 7.

Remarque. Il faut observer que les joueurs ont établi, tant pour le jeu de la *rafle* que pour le *passe-dix*, qu'il n'y auroit de coups bons que ceux où il se trouveroit au moins deux dez semblables. Je ne peux deviner ce qui a occasionné cette règle qui ne sert qu'à amuser les joueurs, puisqu'il y a à chaque coup cinq contre quatre à parier que le coup qu'on va jouer ne sera pas bon; & je croirois qu'on ne feroit pas mal de l'abolir, en établissant que tous les coups fussent bons, ou si l'on veut (en renversant la règle ordinaire) que ceux-là seuls fussent réputés pour bons où tous les dez marqueroient différens points; ainsi on auroit moins de ces coups inutiles, qui ennuient presque toujours & les joueurs & les spectateurs. Au reste avec l'un ou l'autre de ces changemens, le passe-dix seroit toujours un jeu égal. La table précédente le prouve dans la supposition que tout coup soit réputé bon. Je ferai voir dans la suite que ce jeu seroit encore égal, en supposant qu'il n'y eût de coups de bons que ceux où tous les dez seroient différens, ou bien, selon la règle ordinaire de ce jeu, qu'il n'y ait de bons que ceux

où

où il se trouve au moins deux dez semblables.

PROBLÈME. *On demande combien on peut
amener de coups différens avec un certain
nombre de dez donné à volonté.*

Il faut remarquer 1°. que chaque dez
ayant six faces, deux dez produisent nécessairement trente-six coups, & trois dez
deux cents seize coups, ce qui est le cube
de six, & quatre dez douze cents quatre-
vingt-seize coups, ce qui est la quatrième
puissance de six; 2°. que dans les trente-
six coups que donnent deux dez, il y en a
six qui ne peuvent arriver que d'une façon, savoir, les six doublets, & qu'il y
en a quinze, savoir, 6 & as, 6 & 2,
6 & 3, 6 & 4, 6 & 5; 5 & as, 5 & 2,
5 & 3, 5 & 4; 4 & as, 4 & 2, 4 & 3;
3 & as, 3 & 2; 2 & as, qui chacun
peuvent arriver en deux manières; car
celui des deux dez qui a amené un as,
l'autre dez étant un 6, peut être un 6;
l'autre étant un as, & ainsi des autres. Il
est donc certain qu'il n'y a que vingt-un
coups différens dans deux dez, quoique
réellement il y ait trente-six coups dans
deux dez.

On peut remarquer la même chose
pour trois dez, par exemple as, as & 2
peut arriver en trois façons; car chacun
des trois dez pourra être un 2, les deux
autres étant des as; & de même as, 2, 3
peut arriver en six façons; car l'un des
trois dez marquant un as; chacun des
deux autres peut être ou un 2 ou un 3;
& l'un des trois dez étant un 2, chacun
des deux autres peut être ou un as ou
un 3; & enfin l'un des trois dez étant
un 3, chacun des deux autres peut être
ou un as ou un 2. On voit donc que
si dans les deux cents seize coups possibles de trois dez, on ne veut compter
as, 2, 3 & as, as, 2, & chacun des
autres de cette espèce, que pour un coup,
c'est-à-dire, ne compter qu'une fois tous
ceux qui arrivent ou en trois ou en six

Jeux mathématiques.

façons; ce nombre de deux cents seize
réduit aux seuls coups qui sont différens
les uns des autres, sera beaucoup moindre: il s'agit de trouver une méthode
pour déterminer ce nombre de coups
différens les uns des autres pour tel nombre de dez que ce soit. En voici une
très-générale & très-abrégée.

Soit $p = 6$: on aura le nombre cherché de coups pour un dez $= p$, pour
deux dez $= p \times \frac{p+1}{2}$, pour trois dez
$= p \times \frac{p+1}{2} \times \frac{p+2}{3}$, pour quatre dez
$= p \times \frac{p+1}{2} \times \frac{p+2}{3} \times \frac{p+3}{4}$, pour cinq
dez $= p \times \frac{p+1}{2} \times \frac{p+2}{3} \times \frac{p+3}{4} \times \frac{p+4}{5} \times$ &c.
en sorte que dans deux dez on aura vingt-
un coups différens, cinquante-six dans
trois dez, cent vingt-six dans quatre dez,
deux cents cinquante-deux dans cinq dez,
quatre cents soixante-deux dans six dez,
sept cents quatre-vingt-douze dans sept dez,
douze cents quatre-vingt-sept dans huit
dez, &c.

On pourra remarquer que ces nombres
6, 21, 56, 126, 252, 462, 792, 1287,
& les autres suivans composent la sixième
bande transversale de la table, *p. 80*, continuée à discrétion.

PROBLÈME. *Pierre joue contre Paul au
passe-dix, & tient le dez; Paul lui propose de lui donner un point à condition
que cet as qu'il donne servira à rendre les
coups bons lorsque Pierre amènera un as
d'un de ses trois dez: on demande si Pierre
doit accepter ce parti.*

La raison de douter est que si ce quatrième dez qui porte un as, donné à Pierre
des coups favorables, qui sans cela eussent
été contraires ou indifférens, il y en a plusieurs aussi entre ceux qui étoient indifférens, ou même favorables à Pierre, qui
lui deviennent contraires.

i

Pour réfoudre cette queftion, il faut con-fulter la *table* ci deffus pour trois dez. On remarquera, 1°. qu'il y a quarante-huit coups qui font gagner Pierre, indépen-damment de ce quatrième dez;

2°. Qu'il y en a vingt-quatre qui l'euffent fait recommencer, & qui par le moyen de ce nouvel as le font gagner : ces vingt-quatre coups font, 6, 4, 1 ; 6, 5, 1 ; 6, 3, 1 ; 5, 4, 1 ;

3°. Qu'il y en a neuf qui le font gagner, & qui fans ce quatrième dez l'euffent fait perdre : ces neuf coups font 4, 4, 2 ; 4, 3, 3 ; 6, 2, 2 ;

4°. Qu'il y a trente-neuf coups qui le font perdre indépendamment du quatrième dez, & trente-fix qui le font perdre à caufe de ce nouvel as, & qui fans cela étoient indifférens : ces trente-fix coups font, 1, 4, 2 ; 1, 2, 3 ; 1, 2, 5 ; 1, 2, 6 ; 1, 3, 4 ; 1, 3, 5 ; en forte qu'il refte foixante coups indifférens, favoir ; 4, 3, 2 ; 5, 3, 2 ; 6, 3, 2 ; 5, 4, 2 ; 6, 4, 2 ; 5, 4, 3 ; 6, 6, 4, 3. Il y auroit donc dans ce parti de l'avantage pour Pierre, mais ce ne feroit que de la cinquante-deuxième partie de l'argent mis à la gageure.

On peut obferver que fi on ne comp-toit un point au profit de Pierre que lorfque l'as, repréfenté par le quatrième dez, fert à rendre bon un coup qui eût été nul, le parti feroit défavantageux à Pierre, & fon défavantage feroit précifé-ment le quadruple de ce qu'eft fon avan-tage dans la fuppofition précédente.

DEZ *chargé*. C'eft un dez dont on a rendu une des faces plus pefante que les autres. Le but de cette friponnerie eft d'amener le point foible ou fort à difcrétion.

On *charge* les dez en rempliffant les points même de quelque matière plus lourde en pareil volume que la quantité d'ivoire qu'on a ôtée pour les marquer.

On les *charge* encore d'une manière plus fine ; c'eft en tranfpofant le centre de gra-vité hors du centre de maffe : ce qui fe peut, ce qui eft même très-fouvent contre l'intention du tablier & des joueurs, lorfque la matière des dez n'eft pas d'une confiftance uniforme. Alors il eft naturel que le dez s'arrête plus fouvent fur la face dont le centre de gravité eft le moins éloigné.

Exemple. Si un dez a été coupé dans une dent, de manière qu'une de ces faces foit faite de l'ivoire qui touchoit immédia-tement à la concavité de la dent, & que la face oppofée ait par conféquent été prife dans l'extrémité folide de la dent, il eft clair que cet endroit fera plus compact que l'endroit oppofé, & que le dez fera *chargé* tout naturellement : on peut donc fans fourberie étudier les dez au trictrac, & à tout autre jeu de dez. La petite dif-férence qui fe trouve entre l'égalité de pefanteur en tout fens, ou pour parler plus exactement, entre le centre de pefan-teur & celui de maffe, fe fait fentir à la longue, & donne un avantage certain à celui qui la connoît. Or, le plus petit avantage certain pour un des joueurs, à l'exclufion des autres, dans un jeu de hafard, eft prefque le feul qui refte quand le jeu dure long temps.

Voyez *chargé* (DEZ), *Dictionnaire des Mathématiques.*

Voyez l'article ci devant, page 25, *Com-binaifons frauduleufes.*

DÉBANQUER. C'eft, au pharaon, à la baffette, & à tout autre jeu de banque ou de hafard, épuifer le banquier, & lui gagner tout ce qu'il avoit d'argent, ce qui le force de quitter la partie.

DUPE. - (*jeu de la*)

C'eft une efpèce de lanfquenet renverfé. La différence de ce jeu à celui du lanfque-net confifte en ce qui fuit : 1°. Celui qui tient la *dupe* se donne la première carte ;

2°. Celui qui a coupé les cartes est obligé de prendre la seconde ;

3°. Les autres joueurs peuvent prendre ou refuser la carte qui leur est présentée ;

4°. Celui qui prend une carte double est obligé d'en faire le parti ;

5°. Celui qui tient la *dupe* ne quitte point les cartes, & conserve toujours la main.

La ressemblance qu'il y a de ce jeu avec celui du lansquenet a fait imaginer aux joueurs qu'il y a du désavantage pour celui qui tient la main, & d'autant plus qu'à ce jeu la main ne change point, au lieu qu'au lansquenet chacun la tient à son tour. Sur ce fondement, ils lui ont donné le nom de la *dupe* ; mais il ne lui convient nullement, car il est aisé de découvrir que l'égalité est parfaite dans ce jeu, & pour les joueurs entre eux, & pour celui qui tient la main à l'égard des joueurs. Il suffit de faire cette remarque, un peu d'attention en convaincra ceux qui voudront prendre la peine de l'examiner.

Voyez LANSQUENET.

E

ÉCHECS.

ÉCHECS. (*jeu des*)

ON prendra une juste idée du jeu des *échecs* en étudiant l'excellent traité qu'en a donné le rédacteur du *Dictionnaire des Jeux.*

Cependant pour ne laisser rien à desirer aux amateurs de ce jeu savant, nous avons cru devoir rapporter ici la doctrine de Philidor qui a été constamment regardé en France, & dans toute l'Europe, non-seulement comme le plus habile, mais encore comme le plus étonnant joueur d'échecs. C'est à son occasion que Jaucourt, à l'article du jeu des *échecs*, dans l'ancienne *Encyclopédie*, s'exprime ainsi :

« On conçoit aisément par le nombre » des pions, la diversité de leurs marches, » & le nombre des cases, combien ce jeu » doit être difficile. Cependant nous avons » vu à Paris un jeune homme de l'âge de » 18 ans qui jouoit à la fois deux parties » d'échecs sans voir le dernier, & gagnoit » deux joueurs au-dessus de la force mé- » diocre, à qui il ne pouvoit faire, à » chacun en particulier, *avantage* que du » *cavalier* en voyant le damier.

» Nous ajouterons, continue Jaucourt, » à ce fait une circonstance dont nous » avons été témoin oculaire, c'est qu'au » milieu d'une de ses parties on lui fit » une fausse marche de propos délibéré, » & qu'au bout d'un assez grand nombre » de coups il reconnut la fausse marche, & » fit remettre la pièce où elle devoit être. » Ce jeune homme s'appelle Philidor, il » est fils d'un musicien qui a eu de la ré- » putation ; il est lui-même grand musi- » cien & le premier joueur de dames po- » lonoises qu'il y ait peut-être jamais eu, » & qu'il y aura peut-être jamais. C'est » un des exemples les plus extraordinaires » de la force de la mémoire & de l'ima- » gination. »

Philidor est mort vers 1796 à Londres, où il présidoit à un club de joueurs d'échecs dont il étoit l'oracle, comme il l'étoit de tous les plus fameux joueurs d'*échecs* du monde, qui avoient recours à fes décifions dans les coups finguliers & difficiles.

Les auteurs qui ont traité du jeu des échecs n'ont donné (dit Philidor dans fon Avant-propos) que des inftructions imparfaites & infuffifantes pour former un bon joueur ; ils ne fe font uniquement occupés qu'à enfeigner des ouvertures de jeux, & enfuite ils nous abandonnent au foin d'en étudier les fins, de forte que le joueur refte à-peu-près auffi embarraffé que s'il eût été contraint de commencer la partie fans inftruction. J'ofe dire hardiment, ajoute-t-il, que celui qui faura mettre en ufage les règles que je donne ici, ne fera jamais dans le même cas. J'omets tous les mats, excepté celui du fou & de la tour, contre une tour adverfaire, étant le mat le plus difficile qu'il y ait fur l'échiquier. Enfin, mon but principal eft de me rendre recommandable par une nouveauté dont perfonne ne s'eft avifé, ou peut-être n'en a été capable ; c'eft celle de bien jouer les pions ; ils font l'ame des *échecs* ; ce font eux qui forment uniquement l'attaque & la défenfe, & de leur bon ou mauvais arrangement dépend entièrement le gain ou la perte de la partie.

Dans les quatre premières parties ci-après on verra, depuis le commencement jufqu'à la fin, une attaque & une défenfe régulière de part & d'autre. On y pourra apprendre par les réflexions que je donne fur les coups principaux, & qui paroiffent les moins intelligibles, la raifon pour laquelle on eft contraint de les jouer, & qu'en jouant toute autre chofe on perd indubitablement la partie. C'eft ce que je fais par des renvois, afin qu'en voyant les effets, on puiffe d'autant mieux en concevoir les raifons.

On verra dans les *gambits* que ces fortes de parties ne décident rien en faveur de celui qui attaque, ni de celui qui les défend, & lorfqu'on joue bien de part & d'autre la partie fe réduit plutôt à une remife qu'à un gain affuré d'un côté ou de l'autre. Il eft vrai que fi l'un ou l'autre fait une faute dans les dix ou douze premiers coups, la partie eft perdue. Mes renvois qui feront plus fréquens, quoique moins inftructifs que ceux de mes autres parties, le feront voir.

Le gambit de la dame entraînant après foi, dans les premiers coups, un grand nombre de différentes parties, a rebuté jufqu'à-préfent tous les auteurs d'en entreprendre la diffection. Ils fe font contentés d'en parler, & de nous donner quelques commencemens remplis de faux coups. Je me flatte d'en avoir trouvé la véritable défenfe.

N. B. En finiffant, j'avertis les amateurs que dans toutes mes remarques, renvois, &c., pour éviter toute équivoque je traite toujours le *blanc* à la feconde perfonne, & le *noir* à la troifième : comme par exemple, *vous jouez, vous prendrez, vous auriez pris,* s'entend toujours le *blanc* ; & *il joue, il prendra, il auroit pris,* s'entend le *noir.*

Il eft évident, d'après ces obfervations de l'auteur, que fon traité doit être rapporté dans toute fon intégrité, & qu'on ne pourroit le tronquer, ni l'analyfer fans nuire à l'enfemble ou à la férie des inftructions qu'il y donne.

C'eft donc fatisfaire à-la-fois la confiance, la curiofité & l'intérêt des amateurs du jeu des *échecs* que de leur préfenter toute cette doctrine fi précife, fi effentielle & fi lumineufe de Philidor, telle qu'il l'a publiée lui même.

D'ailleurs, fon ouvrage, imprimé en pays étranger, eft devenu rare, & très-difficile à trouver en France.

JEU DES ÉCHECS,

PAR A. D. PHILIDOR.

Première partie où il y a deux renvois, l'un au douzième, & l'autre au trente-septième coup.

1.

Blanc. Le pion du roi, deux pas.

Noir. De même.

2.

B. Le fou du roi, à la quatrième case du fou de sa dame.

N. De même.

3.

B. Le pion du fou de la dame, un pas.

N. Le chevalier du roi, à la troisième case de son fou.

4.

B. Le pion de la dame, deux pas (1).

N. Le pion le prend.

5.

B. Le pion reprend le pion (2).

---

(1) Ce pion se pousse deux pas pour deux raisons d'importance; la première, pour empêcher le fou du roi de votre adversaire de battre sur le pion du fou de votre roi; la seconde, pour mettre la force de vos pions dans le milieu de l'échiquier; ce qui est de grande conséquence pour parvenir à faire une dame.

(2) Lorsque vous vous trouvez dans la situation présente, savoir; un de vos pions à la quatrième case de votre roi, & l'autre à la quatrième case de votre dame, il faut se garder d'en pousser aucuns des deux avant que votre adversaire ne propose de changer l'un pour l'autre; c'est ce que vous éviterez alors, en poussant en avant le pion

---

N. Le fou du roi, à la troisième case du chevalier de sa dame (3).

6.

B. Le chevalier de la dame, à la troisième case de son fou.

N. Le roi roque.

7.

B. Le chevalier du roi, à la seconde case de son roi (4).

N. Le pion du fou de la dame, un pas.

8.

B. Le fou du roi, à la troisième case de sa dame (5).

N. Le pion de la dame, deux pas.

9.

B. Le pion du roi, un pas.

N. Le chevalier du roi, à la case de son roi.

---

qui est attaqué. Il faut aussi remarquer que des pions soutenus sur la même ligne, comme sont à-présent ces deux pions, empêchent beaucoup les pièces de votre adversaire de se poster dans votre jeu. Cette règle peut également servir pour tous les pions situés ainsi.

(3) Si au lieu de se retirer ce fou donne échec, il faut couvrir du fou; & si en cas il prend votre fou, il faut reprendre du cavalier, puisque par ce moyen il défend le pion de votre roi, qui autrement resteroit en prise; mais préalablement il ne le prendra pas, parce qu'un bon joueur tâche de conserver le fou de son roi tant qu'il est possible.

(4) Il faut se garder de le jouer à la troisième case de son fou, avant que le pion de ce fou ne soit avancé de deux pas, parce qu'autrement le cavalier empêcheroit sa marche.

(5) Ce fou se retire pour éviter d'être attaqué par le pion de la dame noire, parce qu'en tel cas vous seriez contraint de prendre son pion avec le vôtre; ce qui ôteroit la force de votre jeu, & gâteroit le projet marqué dans la première & seconde observation.

Voyez les notes 1 & 2.

10.

B. Le fou de la dame, à la troifième cafe du roi.

N. Le pion du fou du roi, un pas (1).

11.

B. La dame, à fa feconde cafe (2).

N. Le pion du fou du roi prend le pion (3).

12.

B. Le pion de la dame le reprend.

N. Le fou de la dame, à la troifième cafe de fon roi (4).

---

(1) Il joue ce pion pour faire une ouverture à fa tour, & cela ne peut lui manquer, foit qu'il foit pris, ou qu'il prenne.

(2) Si au lieu de jouer votre dame, vous preniez le pion qui vous eft offert, vous feriez une groffe faute, parce qu'en tel cas votre pion royal perdroit fa ligne, au lieu qu'en le laiffant prendre, vous le remplacez par celui de votre dame, & le foutenez enfuite par celui du fou de votre roi. Ces deux pions enfemble doivent indubitablement faire le gain de votre partie, puifque pour les féparer il faudra néceffairement que votre adverfaire perde une pièce, ou qu'il fouffre qne l'un ou l'autre de ces pions aille à dame, comme vous verrez par la fuite. Il eft donc de conféquence de jouer votre dame, 1°. pour foutenir ce grand pion du fou de votre roi ; 2°. pour foutenir le fou de votre dame, qui étant pris vous obligeroit à reprendre le fien par le même pion qui doit foutenir celui de votre roi ; ce qui cauferoit non-feulement la féparation de vos meilleurs pions, mais la perte de la partie fans aucune reffource.

(3) Il prend le pion pour fuivre fon projet, qui eft celui de faire place à fa tour.

(4) Il joue ce fou pour foutenir le pion de fa dame, & pouffer enfuite le pion du fou de fa dame ; mais comme il pourroit prendre votre fou fans préjudice du coup qu'il joue, il choifit plutôt de vous laiffer prendre, parce qu'en tel cas il fait place à la tour de fa dame, quoiqu'il faffe par-là doubler le pion de fon cavalier ; mais il faut obferver qu'un pion doublé, lorfqu'il eft entouré de trois ou quatre autres pions, n'eft point du

---

E C H

13.

B. Le cavalier du roi, à la quatrième cafe du fou de fon roi (5).

N. La dame, à la feconde cafe de fon roi.

14.

B. Le fou de la dame prend le fou noir.

N. Le pion prend le fou (6).

15.

B. Le roi roque du côté de fa tour (7).

N. Le chevalier de la dame, à la feconde cafe de fa dame.

16.

B. Le cavalier prend le fou noir.

N. La dame reprend le cavalier.

---

tout défavantageux. Cependant pour que ce coup ne foit point critiqué, j'en ferai le fujet d'un renvoi qui commencera au douzième coup de cette préfente partie, où le fou noir prendra le fou de la dame blanche, & ferai voir qu'en jouant parfaitement bien des deux côtés, la partie reviendra toujours au même. Le pion du roi avec celui de la dame, ou celui du fou du roi, bien joués & bien foutenus, doivent indubitablement gagner la partie. Je ne pourrai faire les renvois que dans les coups les plus effentiels ; car fi je prétendois faire de même fur tous les différens coups, cela m'entraîneroit à l'infini.

(5) Le pion de votre roi n'étant point encore en danger, votre cavalier attaque immédiatement fon fou pour le déloger.

(6) Comme il eft toujours dangereux de laiffer le fou du roi de l'adverfaire fur la ligne qui bat le pion du fou de votre roi, outre que cette pièce eft indubitablement celle qui peut vous nuire dans l'attaque, il faut non-feulement lui oppofer, quand on peut, le fou de la dame, mais il faut s'en défaire pour une autre pièce, quand l'occafion fe préfente.

(7) Vous roquez du côté de la tour du roi, pour foutenir d'autant mieux le pion du fou de votre roi, que vous avancerez deux pas auffi-tôt que celui de votre roi fera attaqué.

17.

B. Le pion du fou du roi, deux pas.

N. Le chevalier du roi, à la seconde case du fou de sa dame.

18.

B. La tour de la dame, à la case de son roi.

N. Le pion du chevalier du roi, un pas (1).

19.

B. Le pion de la tour du roi, un pas (2).

N. Le pion de la dame, un pas.

20.

B. Le chevalier, à la quatrième case de son roi.

N. Le pion de la tour du roi, un pas (3)

21.

B. Le pion du chevalier de la dame, un pas.

N. Le pion de la tour de la dame, un pas.

22.

B. Le pion du chevalier du roi, deux pas.

N. Le chevalier du roi, à la quatrième case de sa dame.

23.

B. Le chevalier, à la troisième case du chevalier de son roi (4).

N. Le chevalier du roi, à la troisième case du roi adversaire (5).

24.

B. La tour de la dame prend le chevalier.

N. Le pion reprend la tour.

25.

B. La dame prend le pion.

N. La tour de la dame prend le pion de la tour opposée.

26.

B. La tour, à la case de son roi (6).

N. La dame prend le pion du chevalier de la dame blanche.

27.

B. La dame, à la quatrième case de son roi.

N. La dame, à la troisième case de son roi (7).

(1) Il est contraint de jouer ce pion pour empêcher que vous ne poussiez celui du fou du roi sur sa dame.

(2) Ce pion de la tour du roi se joue pour unir tous vos pions, & les pousser ensuite avec vigueur.

(3) Il joue ce pion pour empêcher votre cavalier d'entrer dans son jeu, & de faire déplacer sa dame; ce qui donneroit d'abord un champ libre à vos pions.

(4) Vous jouez ce chevalier pour pousser ensuite le pion du fou de votre roi, qui est alors soutenu par trois pièces, le fou, la tour & le chevalier.

(5) Il joue ce chevalier pour empêcher votre projet & rompre vos pions, ce qu'il feroit indubitablement en avançant le pion du chevalier de son roi; mais en sacrifiant la tour, vous rompez son dessein.

(6) Vous jouez cette tour pour soutenir le pion de votre roi, qui resteroit en prise en poussant celui du fou de votre roi.

(7) La dame revient à la troisième case de son roi, pour parer le mat qui se prépare.

28.

B. Le pion du fou du roi, un pas.

N. Le pion le prend.

29.

B. Le pion reprend le pion (1).

N. La dame, à fa quatrième cafe (2).

30.

B. La dame prend la dame.

N. Le pion reprend la dame.

31.

B. Le fou prend le pion en prife.

N. Le chevalier, à fa troifième cafe.

32.

B. Le pion du fou du roi, un pas (3).

N. La tour de la dame, à la feconde cafe du chevalier de la dame contraire.

33.

B. Le fou, à la troifième cafe de fa dame.

N. Le roi, à la feconde cafe de fon fou.

34.

B. Le fou, à la quatrième cafe du fou du roi noir.

N. Le chevalier, à la quatrième cafe du fou de la dame blanche.

35.

B. Le chevalier, à la quatrième cafe de la tour du roi noir.

N. La tour du roi donne échec.

36.

B. Le fou couvre l'échec.

N. Le chevalier, à la feconde cafe de la dame blanche.

37.

B. Le pion du roi donne échec.

N. Le roi, à la troifième cafe de fon cavalier (4).

38.

B. Le pion du fou du roi, un pas.

N. La tour, à la cafe du fou de fon roi.

39.

B. Le chevalier donne échec à la quatrième cafe du fou de fon roi.

N. Le roi, à la feconde cafe de fon cavalier.

40.

B. Le fou, à la quatrième cafe de la tour du roi noir.

N. Ce qu'il voudra, le blanc pouffe à dame.

---

(1) Si vous ne repreniez point du pion, votre premier projet fait dès le commencement du jeu fe réduiroit à rien, & vous courriez rifque de perdre la partie.

(2) La dame offre à changer pour gâter le projet du mat par le fou & la dame de l'adverfaire.

(3) Il eft à obferver que quand vous avez un fou fur le blanc, il faut ranger vos pions fur le noir, parce qu'en tel cas votre fou fert à chaffer le roi ou les pièces qui veulent fe glifer parmi eux ; peu de joueurs ont fait cette remarque, qui eft pourtant fort effentielle.

(4) Le roi pouvant fe retirer à la cafe de fon fou, cela donne lieu à un fecond renvoi fur ce coup.

Premier renvoi de la première partie, qui change au douzième coup que le noir joue.

12.

Blanc.

Noir. Le fou du roi prend le fou de la dame blanche.

13.

B. La dame reprend le fou.

N. Le fou de la dame, à la troisième case de son roi.

14.

B. Le chevalier du roi, à la quatrième case du fou de son roi.

N. La dame, à la seconde case de son roi.

15.

B. Le chevalier prend le fou.

N. La dame prend le chevalier.

16.

B. Le roi roque du côté de sa tour.

N. Le chevalier de la dame, à la seconde case de sa dame.

17.

B. Le pion du fou du roi, deux pas.

N. Le pion du chevalier du roi, un pas.

18.

B. Le pion de la tour du roi, un pas.

N. Le chevalier du roi, à sa seconde case.

19.

B. Le pion du chevalier du roi, deux pas.

N. Le pion du fou de la dame, un pas.

Jeux mathématiques.

20.

B. Le chevalier, à la seconde case de son roi.

N. Le pion de la dame, un pas.

21.

B. La dame, à sa seconde case.

N. Le chevalier de la dame, à sa troisième case.

22.

B. Le chevalier, à la troisième case du chevalier de son roi.

N. Le chevalier de la dame, à la quatrième case de sa dame.

23.

B. La tour de la dame, à la case de son roi.

N. Le chevalier de la dame, à la troisième case du roi blanc.

24.

B. La tour prend le chevalier.

N. Le pion reprend la tour.

25.

B. La dame reprend le pion.

N. La dame prend le pion de la tour de la dame blanche.

26.

B. Le pion du fou du roi, un pas.

N. La dame prend le pion.

27.

B. Le pion du fou du roi, un pas.

N. Le chevalier, à la case de son roi.

28.

B. Le pion du chevalier du roi, un pas.

N. La dame, à la quatrième cafe de la dame blanche.

29.

B. La dame prend la dame.

N. Le pion reprend la dame.

30.

B. Le pion du roi, un pas.

N. Le chevalier, à la troifième cafe de la dame.

31.

B. Le chevalier, à la quatrième cafe de fon roi.

N. Le chevalier, à la quatrième cafe du fou de fon roi.

32.

B. La tour prend le chevalier.

N. Le pion reprend la tour.

33.

B. Le chevalier, à la troifième cafe de la dame noire.

N. Le pion du fou du roi, un pas, ou toute autre chofe, la perte étant inévitable.

34.

B. Le pion du roi, un pas.

N. La tour, à la cafe du chevalier de fa dame.

35.

B. Le fou donne échec.

N. Le roi fe retire n'ayant qu'un feul endroit.

36.

B. Le chevalier donne échec.

N. Le roi, où il peut.

37.

B. Le chevalier, à la cafe de la dame noire donnant échec à la découverte.

N. Le roi, où il peut.

38.

B. Pouffe le pion du roi à dame, & donne échec & mat.

Cette partie ne demande point d'animadverfions, puifqu'elle retient la plupart des coups de l'autre partie.

Second renvoi de la première partie, commençant au trente-feptième coup.

37.

Blanc. Le pion du roi donne échec.

Noir. Le roi, à la cafe de fon fou.

38.

B. La tour, à la cafe de la tour de fa dame.

N. La tour donne échec à la cafe du chevalier de la dame blanche.

39.

B. La tour prend la tour.

N. Le chevalier reprend la tour.

40.

B. Le roi, à la feconde cafe de fa tour.

N. Le chevalier, à la troifième cafe du fou de la dame blanche.

41.

B. Le chevalier, à la quatrième cafe du fou de fon roi.

N. Le chevalier, à la quatrième cafe du roi blanc.

42.

B. Le chevalier prend le pion.

N. La tour, à la quatrième cafe du chevalier de fon roi.

43.

B. Le pion du roi, un pas, & donne échec.

N. Le roi, à la feconde cafe de fon fou.

44.

B. Le fou donne échec à la troifième cafe du roi noir.

N. Le roi prend le fou.

45.

B. Le pion du roi pouffe à dame, & gagne la partie.

SECONDE PARTIE, dans laquelle il y aura trois renvois, un fur le troifième, l'autre fur le huitième, & le dernier fur le vingt-fixième coup.

1.

Blanc. Le pion du roi, deux pas.

Noir. De même.

2.

B. Le fou du roi, à la quatrième cafe du fou de fa dame.

N. Le pion du fou de la dame, un pas.

3.

B. Le pion de la dame, deux pas (1).

N. Le pion prend le pion (2).

4.

B. La dame reprend le pion.

N. Le pion de la dame, un pas.

5.

B. Le pion du fou du roi, deux pas.

N. Le fou de la dame, à la troifième cafe de fon roi (3).

6.

B. Le fou du roi, à la troifième cafe de fa dame.

N. Le pion de la dame, un pas.

---

(1) Il eft abfolument néceffaire de pouffer ce pion deux pas, parce qu'en jouant toute autre chofe, il gagneroit le trait, & par conféquent l'attaque fur vous : cela non-feulement dérangerait tout votre jeu, mais en pouffant le pion de fa dame deux pas, il vous ôteroit le moyen d'empêcher qu'il ne mette la force de fes pions au milieu de l'échiquier, & cela cauferoit enfuite la perte inévitable de votre partie, fuppofant toujours que ni vous ni lui ne faffiez aucune faute.

(2) S'il refufe de prendre votre pion pour fuivre immédiatement fon projet, qui eft de déranger votre fou en pouffant deffus lui le pion de fa dame, il ne doit pas moins perdre la partie, fuppofant toujours que l'on joue bien de part & d'autre, parce qu'il ne pourra pas éviter de perdre le pion de fa dame, qui fe trouvera féparé de fes camarades ; cela donne lieu à un grand changement dans les difpofitions : ce qui donnera lieu au premier renvoi que vous trouverez après la fin de la partie.

(3) Il joue ce fou pour trois bonnes raifons. La première & principale, c'eft pour pouvoir pouffer le pion de fa dame, & par ce moyen faire place au fou de fon roi. La deuxième, pour s'oppofer au fou du vôtre : & la troifième, pour s'en défaire dans l'occafion, felon la règle déjà prefcrite dans la première partie.

Voyez la note 6 de la première partie, page 76.

7.

B. Le pion du roi, un pas.

N. Le pion du fou de la dame, un pas.

8.

B. La dame, à la seconde cafe du fou de fon roi.

N. Le chevalier de la dame, à la troi-fième cafe du fou de fa dame (1).

9.

B. Le pion du fou de la dame, un pas.

N. Le pion du chevalier du roi, un pas.

10.

B. Le pion de la tour du roi, un pas.

N. Le pion de la tour du roi, deux pas (2).

11.

B. Le pion du chevalier du roi, un pas.

N. Le chevalier du roi, à la troifième cafe de fa tour.

12.

B. Le chevalier du roi, à la troifième cafe de fon fou

N. Le fou du roi, à la feconde cafe de fon roi.

13.

B. Le pion de la tour de la dame, deux pas.

N. Le chevalier du roi, à la quatrième cafe de fon fou.

14.

B. Le roi, à la cafe de fon fou (3).

N. Le pion de la tour du roi, un pas.

15.

B. Le pion du chevalier du roi, un pas.

N. Le chevalier donne échec au roi & à la tour.

16.

B. Le roi, à la feconde cafe de fon cavalier.

N. Le chevalier prend la tour.

---

(1) Si au lieu de fortir fes pièces, comme il fait en jouant ce cavalier, il s'avifoit de con-tinuer à pouffer fes pions, il perdroit bien plus facilement la partie, parce qu'il faut obferver qu'un pion, ou même deux, lorfqu'ils font trop avancés, à l'exception que toutes les pièces n'aient un champ libre pour les fecourir, ou que lefdits pions ne puiffent être foutenus ou rem-placés par d'autres, il faut les compter comme perdus : c'eft ce que vous verrez par un fecond renvoi dans cette partie que je fais au huitième coup, par lequel vous pourrez être convaincu que deux pions de front à la quatrième cafe de votre jeu, valent mieux que s'ils étoient fitués à la fixième, parce qu'étant fi éloignés de leur corps, ils font proprement à comparer, comme dans une armée, à des avant-gardes, ou senti-nelles perdues.

(2) Il pouffe ce pion deux pas, pour empê-cher que vos pions ne viennent fondre fur les fiens, qui ne font que trois contre quatre. Il faut donc obferver que, dans la fituation pré-fente, deux corps égaux de pions fe trouvent fur l'échiquier; vous en avez quatre du côté de votre roi contre trois des fiens, & il n'en a pas moins contre vous du côté de fa dame. Ceux du côté du roi ont l'avantage, le roi étant mieux gardé; cependant celui des deux qui

pourra le plutôt féparer les pions de fon adver-faire, particulièrement du côté où ils font les plus forts, doit indubitablement gagner la partie.

(3) Vous jouez votre roi pour pouvoir, en cas de befoin, former l'attaque à votre gauche comme à la droite.

17.

B. Le roi prend le chevalier (1).

N. La dame, à fa feconde cafe.

18.

B. La dame, à la cafe du chevalier de fon roi (2).

N. Le pion de la tour de la dame, deux pas.

19.

B. Le fou de la dame, à la troifième cafe de fon roi (3).

N. Le pion du chevalier de la dame, un pas.

20.

B. Le chevalier de la dame, à la troifième cafe de fa tour.

N. Le roi roque du côté de fa dame (4).

---

(1) Quoiqu'une tour foit une meilleure pièce qu'un chevalier, vous avez plutôt de l'avantage à ce change, parce qu'il faut confidérer 1°. que ce cavalier a joué déjà quatre coups pour prendre cette tour, pendant que votre tour n'a pas encore bougé de fa place. 2°. Cette perte met tellement votre roi en fûreté, que vous êtes en état de former votre attaque, de quel côté que le roi de votre adverfaite puiffe roquer.

(2) Il eft de conféquence de jouer votre dame pour foutenir le pion du fou de votre roi, crainte qu'il ne facrifie fon fou pour vos deux pions ; ce qu'il feroit indubitablement, parce que toute la force de votre jeu confiftant à préfent dans vos pions, ce feroit fon jeu de la rompre, d'autant plus qu'il gagneroit par ce moyen une forte attaque fur vous, qui pourroit caufer la perte de votre partie.

(3) Vous jouez ce fou dans l'intention de lui faire pouffer le pion du fou de fa dame ; ce qui vous donneroit la partie en peu de coups, parce que cela donneroit paffage à vos chevaliers.

(4) Il roque du côté de fa dame pour éviter la grande force de vos pions du côté de fon roi, d'autant plus qu'ils font déjà beaucoup plus avancés que ceux du côté de votre dame.

21.

B. Le fou du roi donne échec.

N. Le roi, à la feconde cafe du fou de fa dame.

22.

B. Le chevalier de la dame, à la feconde cafe de fon fou (5).

N. La tour de la dame, à fa cafe.

23.

B. Le fou du roi, à la quatrième cafe du chevalier de la dame noire.

N. La dame, à fa cafe (6).

24.

B. Le pion du chevalier de la dame, deux pas.

N. La dame, à la cafe du fou de fon roi.

25.

B. Le pion du chevalier de la dame prend le pion du fou de la dame noire.

N. Le pion du chevalier de la dame reprend le pion.

26.

B. Le chevalier du roi, à la feconde cafe de fa dame (7).

---

(5) Si au lieu de rétrograder, pour mieux faire la guerre à fes pions qui retardent le gain de votre partie, votre cavalier s'amufoit à lui donner échec, vous perdriez au moins deux coups.

(6) Il joue fa dame dans le deffein de la mettre enfuite à la cafe du fou de fon roi, afin de foutenir toujours le pion du fou de fa dame, prévoyant bien que de ce feul pion dépend toute fa partie.

(7) Vous jouez ce cavalier pour attaquer toujours fon pion.

N. Le pion du fou de la dame, un pas (1).

27.

B. Le chevalier du roi, à la troisième case de son fou.

N. Le pion du fou du roi, un pas (2).

28.

B. Le fou de la dame donne échec.

N. Le roi, à la seconde case du chevalier de sa dame.

29.

B. Le fou prend le chevalier, & donne échec.

N. Le roi reprend le fou.

30.

B. Le chevalier du roi donne échec.

N. Le roi, à la seconde case de sa dame (3).

31.

B. Le pion du fou du roi, un pas.

N. Le fou, à la case du chevalier de son roi.

---

(1) Il joue ce pion pour gagner un coup, & pour empêcher le chevalier de votre roi de se poster à la troisième case du chevalier de votre dame ; mais comme ce vingt-sixième coup peut se jouer différemment, il fait encore le sujet d'un troisième renvoi dans cette partie.

(2) Toute autre chose que puisse jouer le noir, il perd la partie, parce qu'au moment que vos cavaliers ont l'entrée libre dans son jeu, la partie est finie.

(3) Si son roi prend le fou de votre dame, vous gagnez la sienne par un échec à la découverte ; & s'il joue ailleurs, il perd le fou de sa dame.

32.

B. Le pion du roi donne échec.

N. Le roi, à sa case.

33.

B. Le chevalier du roi, à la quatrième case du chevalier de la dame noire.

N. Le fou du roi, à la troisième case de sa dame.

34.

B. La dame, à sa quatrième case (4).

N. Perdu.

Premier renvoi sur la seconde partie, au troisième coup.

3.

Blanc. Le pion de la dame, deux pas.

Noir. De même.

4.

B. Le pion du roi prend le pion.

N. Le pion du fou de la dame reprend le pion.

5.

B. Le fou donne échec.

N. Le fou couvre l'échec.

6.

B. Le fou prend le fou.

N. Le chevalier reprend le fou.

7.

B. Le pion de la dame prend le pion.

N. Le chevalier reprend le pion.

---

(4) La dame prend ensuite le pion de la dame noire, entre dans son jeu, met toutes les pièces en prise, & gagne la partie.

8.

B. La dame, à la feconde cafe de fon roi.

N. De même.

9.

B. Le chevalier de la dame, à la troifième cafe de fon fou.

N. Le roi roque.

10.

B. Le fou, à la quatrième cafe du fou de fon roi.

N. Le chevalier de la dame, à la troifième cafe de fon fou.

11.

B. Le roi roque.

N. La dame prend la dame.

12.

B. Le chevalier du roi reprend la dame.

N. Le pion de la dame, un pas.

13.

B. Le chevalier de la dame, à la quatrième cafe de fon roi.

N. Le pion du fou du roi, un pas (1).

14.

B. Le pion de la tour du roi, deux pas.

N. Le pion de la tour du roi, deux pas auffi.

15.

B. La tour du roi, à fa troifième cafe.

N. Le chevalier du roi, à la troifième cafe de fa tour.

16.

B. Le fou prend le chevalier.

N. La tour reprend le fou.

17.

B. La tour du roi, à la troifième cafe de fa dame.

N. La tour de la dame, à la cafe du roi.

18.

B. Le chevalier du roi prend le pion.

N. Le chevalier, à la quatrième cafe du chevalier de la dame blanche (2).

19.

B. La tour du roi, à la troifième cafe de fon roi.

N. Le chevalier prend le pion de la tour, & donne échec.

20.

B. Le roi, à la cafe du chevalier de fa dame.

N. Le roi fe retire.

21.

B. Le chevalier donne échec au roi & à la tour, & ayant cet avantage,

---

(1) Si au lieu de jouer ce pion, il eût joué fa tour à la cafe de fon roi pour attaquer vos deux chevaliers, vous pouviez laiffer prendre celui qui eft à la feconde cafe de votre roi, & attaquer avec l'autre le pion du fou de fon roi.

(2) S'il eût pris le chevalier avec fa tour, au lieu de jouer comme il vient de faire, le vôtre en reprenant le fien, vous auroit fait enfuite gagner le fou de fon roi par un échec de votre tour, & par conféquent la partie.

avec une bonne situation, gagne infailliblement la partie. Ces renvois font voir que jouant toujours bien de part & d'autre, celui qui a le trait doit presque toujours gagner.

Second renvoi sur la seconde partie, au huitième coup.

8.

Blanc. La dame, à la seconde case du fou de son roi.

Noir. Le pion du fou de la dame, un pas.

9.

B. Le fou du roi, à la seconde case de son roi.

N. Le pion de la dame, un pas.

10.

B. Le pion du fou de la dame, un pas.

N. Le pion de la dame, un pas.

11.

B. Le fou du roi, à sa troisième case.

N. Le fou de la dame, à la quatrième case de sa dame.

12.

B. Le pion du chevalier de la dame, un pas.

N. Le pion du chevalier de la dame, deux pas.

13.

B. Le pion de la tour de la dame, deux pas.

N. Le pion du fou de la dame prend le pion.

14.

B. Le pion de la tour de la dame reprend le pion.

N. Le fou de la dame prend le fou blanc.

15.

B. Le chevalier du roi reprend le fou.

N. Le chevalier de la dame, à la seconde case de sa dame.

16.

B. Le fou de la dame, à la troisième case de son roi.

N. La tour, à la case du chevalier de sa dame.

17.

B. Le pion du fou de la dame, un pas.

N. Le chevalier de la dame, à sa troisième case.

18.

B. Le chevalier de la dame, à la seconde case de sa dame.

N. Le fou du roi, à la quatrième case du chevalier de la dame blanche.

19.

B. Le roi roque, & doit ensuite gagner la partie, parce que tous ses pions à la droite sont soutenus, & que les deux pions de son adversaire étant séparés doivent être perdus.

Troisième & dernier renvoi sur la seconde partie, au vingt-sixième coup.

26.

Blanc. Le chevalier du roi, à la seconde case de sa dame.

Noir. Le pion du fou du roi, un pas.

27.

B. Le chevalier du roi, à la troisième case du chevalier de sa dame.

N. Le pion du fou de la dame, un pas.

28.

B. Le fou de la dame donne échec.

N. Le roi, à la seconde case du chevalier de sa dame.

29.

B. Le chevalier du roi donne échec à la quatrième case du fou de la dame noire.

N. Le fou du roi prend le chevalier.

30.

B. Le fou de la dame prend le fou.

N. La dame, à la case de son fou.

31.

B. La tour, à la case du chevalier de sa dame.

N. Le roi, à la seconde case du fou de sa dame.

32.

B. Le fou de la dame donne échec à la troisième case de la dame noire.

N. Le roi, à la case de sa dame.

33.

B. La dame donne échec à la troisième case du chevalier de la dame noire.

N. Le roi, à sa case, ou à l'autre, perd la partie.

Jeux mathématiques.

TROISIÈME PARTIE commençant par le noir, où il est démontré qu'en jouant le cavalier du roi au second coup, c'est tellement mal joué, que l'on ne peut éviter de perdre l'attaque, & de la donner à son adversaire. Je fais voir aussi dans cette partie, par trois renvois, un au troisième, l'autre au sixième, & le dernier au dixième coup, que celui qui est bien attaqué est toujours embarrassé dans la défense.

1.

Noir. Le pion du roi, deux pas.

Blanc. De même.

2.

N. Le chevalier du roi, à la troisième case de son fou.

B. Le pion de la dame, un pas.

3.

N. Le fou du roi, à la quatrième case du fou de sa dame.

B. Le pion du fou du roi, deux pas (1).

4.

N. Le pion de la dame, un pas.

B. Le pion du fou de la dame, un pas.

_____

(1) Tout ce que votre adversaire eût pu jouer ou puisse jouer ensuite, c'étoit toujours votre meilleur coup, parce qu'il est très-avantageux de changer le pion du fou de votre roi pour son pion royal, puisque par ce moyen le pion de votre roi & celui de votre dame viennent se camper au milieu de l'échiquier, & sont en état d'arrêter les progrès que pourroient faire sur vous les pièces de votre adversaire; outre que vous gagnez infailliblement l'attaque sur lui, pour avoir sorti son cavalier au deuxième coup; & de plus, en perdant le pion du fou de votre roi, vous avez l'avantage qu'en roquant de son côté, votre tour se trouve d'abord en liberté & en état d'agir au commencement de la partie. C'est ce que l'on pourra voir par le premier renvoi au troisième coup.

5.

N. Le pion du roi prend le pion (1).

B. Le pion de la dame reprend le pion.

6.

N. Le fou de la dame, à la quatrième case du chevalier du roi blanc.

B. Le chevalier du roi, à la troisième case de son fou (2).

7.

N. Le chevalier de la dame, à la seconde case de sa dame.

B. Le pion de la dame, un pas.

8.

N. Le fou se retire.

B. Le fou du roi, à la troisième case de sa dame (3).

9.

N. La dame, à la seconde case de son roi.

B. De même.

10.

N. Le roi roque du côté de sa tour (4).

B. Le chevalier de la dame, à la seconde case de sa dame.

11.

N. Le chevalier du roi, à la quatrième case de sa tour (5).

B. La dame, à la troisième case de son roi.

12.

N. Le chevalier du roi prend le fou (6).

B. La dame reprend le chevalier.

---

(1) Il faut observer que s'il refuse à prendre votre pion, vous devez néanmoins le laisser toujours en prise dans sa même situation, à moins que votre adversaire ne s'avise de roquer : en tel cas vous devez, sans héfiter, ou sans l'intervalle d'un autre coup, le pousser en avant, pour fondre ensuite sur son roi avec tous les pions de votre aîle droite; vous en verrez l'effet par un second renvoi sur cette partie. Cependant il est bon de vous avertir pour règle générale, que l'on ne doit point aisément se déterminer à pousser les pions des aîles droites ou gauches avant que le roi de votre adversaire n'ait roqué, puisque probablement il se retirera toujours du côté où vos pions sont le moins avancés, et par conséquent le moins en état de lui nuire.

(2) S'il prend le chevalier, vous devez absolument reprendre du pion, qui, étant joint à ses camarades, augmente leur force ainsi que celle de votre jeu.

(3) C'est la meilleure case que puisse occuper le fou de votre roi, excepté la quatrième case du fou de votre dame, particulièrement lorsque vous avez l'attaque, & que votre adversaire n'est plus en état d'empêcher que ce fou ne batte sur le pion du fou de son roi.

(4) S'il eût roqué du côté de sa dame, c'étoit votre jeu de roquer du côté de votre roi, pour attaquer ensuite plus commodément avec les pions de votre aîle gauche. Mais il est bon d'avertir encore pour règle générale, que comme il est dangereux dans une armée d'attaquer trop tôt son ennemi, cela doit également vous servir ici de précepte de ne pas vous presser dans l'attaque des pions, avant qu'ils ne soient tous bien soutenus, & par eux-mêmes & par vos pièces; sans quoi votre attaque devient abortive. La forme de cette attaque à votre gauche se verra par un troisième & dernier renvoi sur cette partie.

(5) Il joue ce chevalier pour faire place au pion du fou de son roi, à dessein de le pousser ensuite deux pas pour tâcher de rompre le cordon de vos pions.

(6) Si au lieu de prendre votre fou, il eût poussé le pion du fou de son roi deux pas, il auroit fallu attaquer sa dame avec le fou de la vôtre; & le coup après pousser le pion de la tour de votre roi sur son fou, pour le forcer à prendre votre cavalier : en tel cas, comme j'ai déjà marqué, votre jeu auroit été de reprendre son fou avec le pion pour soutenir d'autant mieux celui de votre roi, & le remplacer en cas qu'il fût pris.

13.

N. Le fou de la dame prend le chevalier (1).

B. Le pion reprend le fou.

14.

N. Le pion du fou du roi, deux pas.

B. La dame, à la troisième case du chevalier de son roi.

15.

N. Le pion prend le pion.

B. Le pion du fou le reprend.

16.

N. La tour du roi, à la troisième case du fou de son roi (2).

B. Le pion de la tour du roi, deux pas (3).

17.

N. La tour de la dame, à la case du fou de son roi.

B. Le roi roque du côté de sa dame.

18.

N. Le pion du fou de la dame, deux pas.

B. Le pion du roi, un pas (4).

---

(1) S'il ne prenoit pas ce chevalier, il trouveroit son fou renfermé par vos pions, ou il perdroit trois coups inutilement; ce qui causeroit la ruine entière de son jeu.

(2) Il joue cette tour à deux fins, qui sont pour la doubler, ou pour attaquer & déplacer votre dame.

(3) Vous poussez ce pion deux pas pour faire plus de place à votre dame, qui, étant attaquée & se retirant derrière ce pion, bat sur le pion de la tour du roi noir; & en avançant ensuite ce pion, il devient même dangereux à votre adversaire.

(4) Voici un coup bien difficile à comprendre & à bien expliquer. Il s'agit premièrement d'observer que quand vous vous trouvez un cordon de

19.

N. Le pion de la dame prend le pion.

B. Le pion de la dame, un pas.

20.

N. Le fou, à la seconde case du fou de sa dame.

B. Le chevalier, à la quatrième case de son roi (5).

21.

N. La tour du roi, à la troisième case du fou du roi blanc.

---

pions situés les uns après les autres sur la même couleur, il faut que celui qui a l'avant-garde ne soit point abandonné, & qu'il tâche toujours de conserver son poste. Il faut donc remarquer que le pion de votre roi ne se trouvant pas sur la même couleur, ou en rang oblique avec les autres, votre adversaire a poussé le pion du fou de sa dame deux pas, pour deux raisons; la première, pour vous engager à pousser en avant celui de votre dame, qui en tel cas seroit toujours arrêté par le pion de la sienne, & par ce moyen de faire en sorte que le pion de votre roi, qui restant en arrière, vous devienne inutile: la deuxième, pour empêcher en même-temps le fou de votre roi de battre sur le pion de la tour de son roi. C'est pourquoi vous devez pousser en avant le pion de votre roi sur sa tour, & le sacrifier, parce que votre adversaire, en le prenant, ouvre un passage libre au pion de votre dame que vous avancerez d'abord, & que vous pourrez soutenir en cas de besoin par vos autres pions, pour tâcher ensuite ou d'en faire une dame, ou d'en tirer un avantage assez considérable pour gagner la partie. Il est vrai que le pion de sa dame (devenu, en prenant, le pion de son roi) a, selon l'apparence, le même avantage, qui est de n'avoir point d'opposition par vos pions pour aller à dame. Cependant la différence en est grande, parce que son pion, qui, étant séparé & ne pouvant plus être réuni & soutenu par aucun de ses camarades, il sera toujours en danger d'être pris en chemin faisant par une multitude de vos pièces qui lui feront la guerre. Il faut être déjà bon joueur pour bien juger d'un coup semblable.

(5) Il étoit nécessaire de jouer ce cavalier pour arrêter le pion de son roi, d'autant plus que ce même pion, dans la situation où il se trouve, bouche le passage à son fou, & même à son cavalier.

B. La dame, à la seconde case de son
chevalier.

22.

N. La dame, à la seconde case du fou
de son roi (1).

B. Le chevalier, à la quatrième case du
chevalier du roi noir.

23.

N. La dame donne échec.

B. Le roi, à la case du chevalier de sa
dame

24.

N. La tour prend le fou (2).

B. La tour reprend la tour.

25.

N. La dame, à la quatrième case du fou
de son roi.

B. La dame, à la quatrième case de son
roi (3).

26.

N. La dame prend la dame.

B. Le chevalier reprend la dame.

(1) Il joue sa dame pour donner ensuite échec;
mais si au lieu de la jouer, il eût poussé le pion
de la tour de son roi, pour empêcher l'attaque
de votre cavalier, vous auriez attaqué son fou
& sa dame avec le pion de le vôtre; & en tel
cas, il auroit été forcé de prendre votre pion,
& vous auriez repris son fou de votre cavalier,
qu'il n'auroit osé reprendre de sa dame, parce
qu'elle étoit ensuite perdue par un échec à la
découverte de votre fou.

(2) Il prend le fou de votre roi pour sauver
le pion de la tour du sien, d'autant plus que
ce fou l'incommode plus que toutes vos autres
pièces; & ensuite pour mettre sa dame sur la
tour qui couvre votre roi.

(3) Ayant l'avantage d'une tour pour un fou
dans la fin d'une partie, c'est votre avantage de
changer la dame, d'autant plus qu'à présent la
sienne vous incommode dans l'endroit où il vient
de la jouer; ainsi vous le forcez de prendre
pour éviter le mat à son roi.

27.

N. La tour, à la quatrième case du fou
du roi blanc.

B. Le chevalier, à la quatrième case
du chevalier du roi noir.

28.

N. Le pion du fou de la dame, un pas.

B. La tour de la dame, à la troisième
case du chevalier de son roi.

29.

N. Le chevalier, à la quatrième case du
fou de sa dame.

B. Le chevalier, à la troisième case du
roi noir.

30.

N. Le chevalier prend le chevalier.

B. Le pion reprend le chevalier.

31.

N. La tour, à la troisième case du fou
de son roi.

B. La tour du roi, à la case de sa dame.

32.

N. La tour prend le pion.

B. La tour du roi, à la seconde case
de la dame noire, & gagne la
partie (4).

*Premier renvoi de la troisième partie,
commençant au troisième coup.*

3.

Noir. Le pion de la dame, deux pas.

Blanc. Le pion du fou du roi, deux
pas.

(4) Toute autre chose que votre adversaire
eût joué, il ne pouvoit vous empêcher de doubler vos tours, à moins de perdre son fou, ou
de vous laisser faire une dame avec votre pion.

4.

N. Le pion de la dame prend le pion (1).

B. Le pion du fou du roi prend le pion.

5.

N. Le chevalier du roi, à la quatrième cafe du chevalier du roi blanc.

B. Le pion de la dame, un pas.

6.

N. Le pion du fou du roi, deux pas.

B. Le fou du roi, à la quatrième cafe du fou de fa dame.

7.

N. Le pion du fou de la dame, deux pas.

B. Le pion du fou de la dame, un pas.

8.

N. Le chevalier de la dame, à la troi-fième cafe de fon fou.

B. Le chevalier du roi, à la feconde cafe de fon roi.

9.

N. Le pion de la tour du roi, deux pas (2).

B. Le pion de la tour du roi, un pas.

10.

N. Le chevalier du roi, à la troifième cafe de fa tour.

B. Le roi roque.

11.

N. Le chevalier de la dame, à la qua-trième cafe de fa tour.

B. Le fou donne échec.

12.

N. Le fou couvre l'échec.

B. Le fou prend le fou.

13.

N. La dame reprend le fou.

B. Le pion de la dame, un pas.

14.

N. Le pion du fou de la dame, un pas (3).

B. Le pion du chevalier de la dame, deux pas.

15.

N. Le pion du fou de la dame prend en paffant.

B. Le pion de la tour reprend le pion.

16.

N. Le pion du chevalier de la dame, un pas.

B. Le fou de la dame, à la troifième cafe de fon roi.

17.

N. Le fou, à la feconde cafe de fon roi.

B. Le chevalier du roi, à la quatrième cafe du fou de fon roi (4).

---

(1) Si au lieu de prendre ce pion, il prend celui du fou de votre roi, vous devez pouffer en avant le pion de votre roi fur fon chevalier, & en-fuite reprendre fon pion avec le fou de votre dame.

(2) Il joue ce pion deux pas pour éviter d'a-voir un pion doublé fur la ligne de la tour de fon roi, ce qu'il ne pouvoit éviter en pouffant fur fon cavalier le pion de votre tour royale; & le prenant enfuite du fou de votre dame, cela lui donneroit un très-mauvais jeu.

(3) Il joue ce pion pour couper la commu-nication à vos pions; mais vous l'évitez en pouf-fant immédiatement le pion du chevalier de votre dame fur fon chevalier, qui n'ayant aucune re-traite, force votre adverfaire à prendre le pion en paffant; ce qui rejoint tous vos pions, & les rend invincibles.

(4) Il femble que ce cavalier foit de peu de conféquence; c'eft cependant celui qui donne le coup de jarnac, ou, pour ne point parler figura-

18.

N. Le chevalier du roi, à sa case.

B. Le chevalier du roi, à la troisième case du chevalier du roi noir.

19.

N. La tour du roi, à sa seconde case.

B. Le pion du roi, un pas.

20.

N. La dame, à la seconde case de son chevalier.

B. Le pion de la dame, un pas.

21.

N. Le fou du roi, à sa troisième case.

B. La tour du roi prend le pion.

22.

N. Le roi roque.

B. La tour du roi prend le chevalier de la dame noire.

23.

N. Le pion reprend la tour.

B. La tour de la dame prend le pion.

24.

N. Le pion de la tour de la dame, un pas.

B. La tour donne échec.

25.

N. Le roi se retire.

B. La tour, à la seconde case du fou de la dame noire.

---

tivement, le coup décisif à la partie, parce qu'il tient les pièces de votre adversaire renfermées, jusqu'à ce que le mat soit prêt, comme on va voir.

26.

N. La dame, à la quatrième case de son chevalier.

B. Le chevalier de la dame, à la troisième case de sa tour.

27.

N. La dame, à la quatrième case du fou de son roi.

B. Le chevalier de la dame, à la quatrième case de son fou.

28.

N. La dame prend le chevalier, ne pouvant faire mieux.

B. Le fou donne échec.

29.

N. Le roi se retire.

B. Le chevalier donne échec & mat.

Second renvoi de la troisième partie, au sixième coup.

6.

Noir. Le roi roque.

Blanc. Le pion du fou du roi, un pas.

7.

N. Le pion de la dame, un pas.

B. La dame, à la troisième case du fou de son roi.

8.

N. Le pion de la dame prend le pion.

B. Le pion de la dame reprend le pion.

9.

N. Le pion de la tour de la dame, deux pas.

B. Le pion du chevalier du roi, deux pas.

10.

N. La dame, à sa troisième case.

B. Le pion du chevalier du roi, un pas.

11.

N. Le chevalier du roi, à la case de son roi.

B. Le fou du roi, à la quatrième case du fou de sa dame.

12.

N. Le pion du fou de la dame, un pas.

B. La dame, à la quatrième case de la tour du roi noir.

13.

N. Le pion du chevalier de la dame, deux pas.

B. Le pion du chevalier du roi, un pas.

14.

N. Le pion de la tour du roi, un pas.

B. Le fou prend le pion du fou du roi.

15.

N. Le roi, à la case de sa tour.

B. Le fou de la dame prend le pion de la tour du roi noir.

16.

N. Le chevalier du roi, à la troisième case de son fou.

B. La dame, à la quatrième case de la tour de son roi, & gagne ensuite la partie.

Troisième renvoi de la troisième partie, commençant sur le dixième coup.

10.

Noir. Le roi roque du côté de sa dame.

Blanc. Le roi roque du côté de sa tour.

11.

N. Le pion de la tour du roi, un pas.

B. Le chevalier de la dame, à la seconde case de sa dame.

12.

N. Le pion du chevalier du roi, deux pas.

B. Le fou de la dame, à la troisième case de son roi.

13.

N. La tour de la dame, à la case du chevalier de son roi.

B. Le pion du chevalier de la dame, deux pas.

14.

N. Le pion de la tour du roi, un pas.

B. Le pion de la tour de la dame, deux pas (1).

15.

N. Le fou prend le chevalier.

B. La dame reprend le fou.

16.

N. Le pion du chevalier du roi, un pas.

B. La dame, à la seconde case de son roi.

17.

N. Le pion du fou de la dame, un pas.

B. Le pion de la tour de la dame, un pas.

---

(1) Lorsque le roi se trouve derrière deux ou trois pions qui n'ont pas encore été joués, & que votre adversaire vient les attaquer pour les rompre, & tâcher par ce moyen de faire une ouverture à votre roi, il faut se garder d'en pousser aucuns que vous n'y soyiez forcé. Comme, par exemple, ce seroit jouer très-mal que de pousser le pion de la tour de votre roi sur son fou, parce qu'en tel cas il gagneroit l'attaque sur vous, en prenant votre chevalier avec son fou, & feroit ensuite une ouverture sur votre roi, en poussant le pion du chevalier de son roi; ce qui vous feroit perdre la partie.

18.

N. Le fou , à la feconde cafe du fou de fa dame.

B. Le pion du fou de la dame , un pas.

19.

N. Le pion de la tour du roi , un pas.

B. La tour du roi , à la cafe du chevalier de fa dame.

20.

N. La tour du roi , à fa quatrième cafe.

B. Le pion du fou de la dame , un pas.

21.

N. Le pion de la dame , un pas.

B. Le pion du roi , un pas.

22.

N. Le chevalier du roi , à la cafe de fon roi.

B. Le pion du chevalier de la dame , un pas.

23.

N. Le pion prend le pion.

B. La tour du roi reprend le pion.

24.

N. Le pion de la tour de la dame , un pas.

B. La tour du roi , à la quatrième cafe du chevalier de fa dame.

25.

N. Le pion du fou du roi , un pas.

B. Le fou du roi prend le pion de la tour de la dame.

26.

N. Le pion reprend le fou.

B. La dame reprend le pion , & donne échec.

27.

N. Le roi fe retire.

B. La dame donne échec.

28.

N. Le chevalier couvre l'échec.

B. Le pion de la tour de la dame , un pas.

29.

N. Le roi , à la feconde cafe de fa dame.

B. La dame prend le pion de la dame noire , & donne échec.

30.

N. Le roi fe retire.

B. Le pion de la tour de la dame , un pas, & par plufieurs moyens gagne affez vifiblement la partie , fans aller plus loin.

———————

QUATRIÈME PARTIE où il y aura deux renvois, l'un au cinquième coup, & l'autre au fixième coup.

1.

Noir. Le pion du roi , deux pas.
Blanc. De même.

2.

N. Le pion du fou de la dame , un pas (1).

B. Le pion de la dame , deux pas.

———————

(1) Ce pion eft démonftrativement mal joué au fecond coup , à moins que l'on ne joue avec des joueurs que l'on nomme , communément parlant , des mazettes , parce qu'en pouffant le pion de votre dame deux pas , il perd indubitablement l'attaque , & probablement la partie ; parce qu'une fois le trait perdu , on ne le regagne pas facilement avec un bon joueur. Il eft vrai que fi vous négligiez de pouffer le pion que je viens de dire, il renfermeroit auffi tout votre jeu avec fes pions.

3.

N. Le pion prend le pion.

B. La dame reprend le pion.

4.

N. Le pion de la dame, un pas (1).

B. Le pion du fou du roi, deux pas.

5.

N. Le pion du fou du roi, deux pas (2).

B. Le pion du roi, un pas (3.)

6.

N. Le pion de la dame, un pas (4).

B. La dame, à la seconde case du fou de son roi.

7.

N. Le fou de la dame, à la troisième case de son roi.

B. Le chevalier du roi, à la troisième case de son fou.

8.

N. Le chevalier de la dame, à la seconde case de sa dame.

B. Le chevalier du roi, à la quatrième case de sa dame.

9.

N. Le fou du roi, à la quatrième case du fou de sa dame.

B. Le pion du fou de la dame, un pas.

10.

N. La dame, à la troisième case de son chevalier.

B. Le fou de la dame, à la troisième case de son roi.

11.

N. Le fou du roi prend le chevalier.

B. Le pion reprend le fou (5).

12.

N. Le chevalier du roi, à la seconde case de son roi.

B. Le fou du roi, à la troisième case de sa dame.

---

(1) Si au lieu de ce pion, il eût joué le chevalier du roi à la seconde case de son roi, vous deviez en tel cas pousser le pion de votre roi en avant, pour le soutenir ensuite par celui du fou de votre roi.

(2) Si au lieu de jouer ce pion, il eût joué le fou de sa dame à la troisième case de son roi, vous auriez dû jouer le fou de votre roi à la troisième case de sa dame, & la situation du jeu se seroit trouvée exactement semblable à celle du sixième coup de la seconde partie (voyez page 75); mais s'il eût attaqué votre dame avec le pion du fou de la sienne, il perdoit de suite la partie, par rapport que le pion qui forme l'avant-garde de ceux qui sont du côté de sa dame, reste en arrière. (Voyez à ce sujet la note 4, page 83, au dix-huitième coup de la troisième partie. Un renvoi au cinquième coup de cette partie vous en éclaircira encore mieux.)

(3) C'est une règle générale, qu'il faut éviter de changer le pion de votre roi pour le pion du fou de votre adversaire, à moins que vous n'y soyiez forcé par des incidens qui se rencontrent quelquefois dans la défense, mais rarement dans l'attaque. Il est bon d'observer également la même règle à l'égard du pion de votre roi pour le pion du fou de la sienne, parce qu'il est certain, comme j'ai déjà dit ailleurs, que le pion du roi & celui de la dame valent mieux que tout autre pion, puisqu'en occupant le centre, ils empêchent mieux les pièces de votre adversaire de battre sur vous.

(4) Si au lieu de pousser le pion, il eût pris celui de votre roi, vous deviez en tel cas prendre sa dame, & ensuite le pion; parce

qu'en l'empêchant de roquer, vous conservez l'attaque sur lui, & par conséquent l'avantage du jeu : mais s'il jouoit sa dame à la deuxième case de son fou, un deuxième renvoi sur ce sixième coup vous instruira de la suite de la partie.

(5) Lorsqu'on se trouve deux corps de pions séparés du centre, il faut toujours tâcher d'augmenter celui qui est le plus fort ; mais si vous en avez deux au centre, il faut tâcher d'y réunir autant de pions que vous pourrez, ayant déjà observé que les pions du centre sont les meilleurs & les plus forts : cet avis doit vous servir de règle générale.

13.

N. Le roi roque du côté de sa tour.

B. Le pion de la tour du roi, un pas.

14.

N. La dame, à la seconde case de son fou (1).

B. Le pion du chevalier du roi, deux pas.

15.

N. Le pion du chevalier du roi, un pas.

B. Le pion du chevalier du roi, un pas (2).

16.

N. Le pion du chevalier de la dame, un pas.

B. Le chevalier de la dame, à la troisième case de son fou.

17.

N. Le pion du fou de la dame, un pas.

B. Le roi roque du côté de sa dame (3).

18.

N. Le pion prend le pion.

B. Le fou reprend le pion.

19.

N. Le chevalier de la dame, à la quatrième case du fou de sa dame.

B. Le pion de la tour du roi, un pas (4).

20.

N. Le chevalier prend le fou du roi.

B. La tour reprend le chevalier.

21.

N. Le fou de la dame, à la seconde case du fou de son roi (5).

B. Le pion de la tour du roi, un pas.

22.

N. Le pion du chevalier de la dame, un pas (6).

B. La tour de la dame, à la troisième case de la tour de son roi.

23.

N. Le pion du chevalier de la dame, un pas.

B. Le pion du roi, un pas.

24.

N. Le fou, à la case de son roi (7).

B. Le pion de la tour du roi prend le pion.

25.

N. Le fou reprend le pion.

B. La tour prend le pion de la tour du roi noir.

(1) Sa dame n'étant d'aucune utilité où elle se trouve, il la retire pour faire place à ses pions, & les pousser sur vous.

(2) Vous poussez ce pion pour d'autant mieux embarrasser son jeu. Le pion de la tour de votre roi qui doit ensuite le suivre, sera toujours en état de faire une ouverture sur son roi aussi-tôt que vos pièces seront prêtes à former votre attaque ; c'est ce qu'il ne pourra plus éviter.

(3) Vous roquez du côté de votre dame pour avoir votre attaque d'autant plus libre à votre droite ; mais si, au lieu de roquer, vous preniez le pion qui vous est offert, vous joueriez très-mal, parce qu'en tel cas, le pion de sa dame avec celui de son fou se reunissant, se trouveroient de front, & incommoderoient beaucoup vos pièces. Il est d'ailleurs rarement bon de prendre des pions offerts, parce qu'on ne les offre pas souvent sans avoir en vue d'en tirer quelque avantage.

(4) Si vous eussiez pris le chevalier avec le fou de votre dame, vous seriez tombé dans l'erreur que vous venez d'éviter, en ne prenant point le pion qui vous fut offert.

(5) Il joue ce fou pour replacer le pion du chevalier de son fou, en cas qu'il soit pris.

(6) Il joue ce pion pour attaquer le chevalier qui couvre votre roi, ne pouvant faire mieux ; mais s'il eût pris votre pion, il perdoit également.

(7) Si au lieu de retirer ce fou il prend le pion, il perd également.

26.

N. Le fou reprend la tour.
B. La tour du roi prend le fou.

27.

N. Le roi reprend la tour.
B. La dame donne échec à la quatrième case de la tour de son roi.

28.

N. Le roi à la place de son chevalier, n'ayant d'autre place.
B. La dame donne échec & mat (1).

Premier renvoi de la quatrième partie, au cinquième coup.

5.

Noir. Le pion du fou de la dame, un pas.
Blanc. Le fou du roi donne échec.

6.

N. Le fou couvre l'échec.
B. Le fou prend le fou.

7.

N. La dame reprend le fou.
B. La dame à sa troisième case.

8.

N. Le chevalier de la dame, à la troisième case de son fou.
B. Le pion du fou de la dame, deux pas.

9.

N. Le chevalier de la dame, à la quatrième case du chevalier de la dame blanche.
B. La dame, à la seconde case de son roi.

---

(1) Il est à observer que lorsqu'on réussit à faire une ouverture sur le roi avec deux ou trois pions, la partie est absolument gagnée.

10.

N. Le fou du roi, à la seconde case de son roi.
B. Le chevalier de la dame, à la troisième case de son fou.

11.

N. Le fou du roi, à sa troisième case.
B. Le chevalier de la dame, à la quatrième case de la dame noire.

12.

N. Le chevalier de la dame prend le chevalier (2).
B. Le pion du roi reprend le chevalier (3).

13.

N. Le chevalier, à la seconde case de son roi.
B. Le chevalier du roi, à la troisième case de son fou.

14.

N. Le roi roque du côté de sa tour.
B. La dame, à sa troisième case.

15.

N. La tour du roi, à la case de son roi.
B. Le roi, à la seconde case de son fou (4).

---

(2) Par ce changement, il met le pion de sa dame à couvert de l'attaque de vos tours. Cependant le pion de votre roi doit, malgré lui, vous gagner la partie.

(3) Si au lieu de reprendre avec le pion de votre roi, vous eussiez repris avec celui du fou de votre dame, il auroit toujours eu le pouvoir de rompre vos pions, en poussant celui du fou de son roi sur celui de votre roi; ce qui auroit immanquablement causé la séparation de vos pions.

(4) Souvent il vaut mieux jouer le roi que de roquer, parce qu'on forme d'autant mieux l'attaque des pions de ce côté. Au reste, si dans le cas présent vous eussiez roqué du côté de votre dame, le fou de l'adversaire, dont la ligne est toute ouverte, vous auroit fort incommodé,

16.

N. Le chevalier , à la quatrième case du fou de son roi.

B. Le pion de la tour du roi , deux pas.

17.

N. Le chevalier , à la quatrième case de la dame blanche.

B. Le fou de la dame , à la troisième case de son roi.

18.

N. Le chevalier prend le chevalier.

B. Le roi reprend le chevalier.

19.

N. Le fou prend le pion du chevalier de la dame.

B. La tour de la dame attaque le fou.

20.

N. Le fou se retire à sa troisième case.

B. Le pion du chevalier du roi, deux pas.

21.

N. Le pion du chevalier du roi, deux pas.

B. De même.

22.

N. Le fou , à la seconde case du chevalier de son roi.

B. Le pion de la tour du roi , un pas.

23.

N. La tour du roi , à la seconde case de son roi.

B. La tour du roi , à sa quatrième case.

24.

N. La tour de la dame, à la case de son roi.

B. Le fou , à la seconde case de sa dame.

Il faut cependant avoir pour règle en jouant son roi , de le poster toujours dans un endroit ou ligne dont l'adversaire tient un pion , parce que votre roi est mieux à couvert des embuches des tours par ce moyen.

25.

N. La tour du roi , à la quatrième case du roi blanc.

B. Le pion de la tour prend le pion.

26.

N. Le pion de la tour reprend le pion.

B. La tour de la dame , à la case de la tour de son roi.

27.

N. Le pion du chevalier de la dame , deux pas.

B. Le fou , à la troisième case du fou de sa dame.

28.

N. La tour donne échec.

B. Le roi , à la seconde case de son fou.

29.

N. La tour prend la dame.

B. La tour donne échec & mat à la case de la tour du roi noir.

Second renvoi au sixième coup de la quatrième partie.

6.

Noir. La dame , à la seconde case de son fou.

Blanc. Le fou du roi , à la quatrième case du fou de sa dame.

7.

N. Le pion de la dame prend le pion.

B. Le pion reprend le pion.

8.

N. Le pion du fou de la dame , un pas.

B. La dame , à la quatrième case de la dame noire.

9.

N. Le chevalier de la dame, à la troisième cafe de fon fou.

B. Le chevalier du roi, à la troisième cafe de fon fou.

10.

N. Le chevalier de la dame, à la quatrième cafe du chevalier de la dame blanche.

B. La dame, à fa cafe.

11.

N. Le pion de la tour de la dame, un pas.

B. Le pion de la tour de la dame, deux pas.

12.

N. Le chevalier du roi, à la feconde cafe de fon roi.

B. Le roi roque.

13.

N. Le pion du chevalier du roi, un pas.

B. Le fou de la dame, à la quatrième cafe du chevalier du roi noir.

14.

N. Le fou du roi, à la feconde cafe de fon chevalier.

B. Le fou de la dame, à la troisième cafe du fou du roi noir.

15.

N. Le chevalier du roi, à fa cafe.

B. Le fou de la dame prend le fou.

16.

N. La dame reprend le fou.

B. Le chevalier du roi, à la quatrième cafe du chevalier du roi noir.

17.

N. Le chevalier du roi, à la troisième cafe de fa tour.

B. Le chevalier de la dame, à la troisième cafe de fon fou.

18.

N. Le chevalier de la dame, à la troisième cafe de fon fou.

B. La dame, à la quatrième cafe de la dame noire.

19.

N. Le chevalier de la dame, à la feconde cafe de fon roi.

B. La dame, à la troisième cafe de la dame noire.

20.

N. Le fou de la dame, à la feconde cafe de fa dame.

B. Le pion du roi, un pas.

21.

B. Le fou de la dame, à fa troisième cafe.

B. La tour de la dame, à la cafe de fa dame.

22.

N. Le chevalier du roi, à la quatrième cafe du chevalier du roi blanc.

B. La dame donne échec à la feconde cafe de la dame noire.

23.

N. Le fou prend la dame.

B. Le pion reprend le fou en donnant échec.

24.

N. Le roi à la cafe de fa dame.

B. Le chevalier donne échec & mat à la troisième cafe du roi noir.

Quoique ce renvoi puiffe se jouer de plufieurs manières, le noir doit toujours perdre, fi vous avez foin de ne point fouffrir d'obftruction au fou de votre roi.

PREMIER GAMBIT,

Dans lequel il y aura sept renvois ; deux ,
au quatrième ; le troisième, au cinquième;
le quatrième , au sixième ; le cinquième ,
au septième ; le sixième , au septième coup
du noir ; & le dernier, au huitième coup.

1.

Blanc. Le pion du roi , deux pas.
Noir. De même.

2.

B. Le pion du fou du roi , deux pas.
N. Le pion du roi prend le pion.

3.

B. Le chevalier du roi, à la troisième
café de fon fou
N. Le pion du chevalier du roi , deux
pas.

4.

B. Le fou du roi, à la quatrième café
du fou de fa dame (1).
N. Le fou du roi, à la feconde café de
fon chevalier (2).

5.

B. Le pion de la tour du roi , deux
pas (3).

---

(1) Si avant de jouer ce fou , vous euffiez
pouffé le pion de la tour de votre roi deux pas,
votre adverfaire auroit , en reperdant le pion
du gambit, regagné l'attaque fur vous, avec une
meilleure fituation de jeu ; ainfi l'avantage paffoit alors de fon côté. C'eft ce que vous verrez
par mon premier renvoi fur ce coup.

(2) Si au lieu de jouer ce fou, il eût pouffé
le pion du chevalier de fon roi fur le vôtre, un
fecond renvoi vous indiquera la manière de
continuer votre attaque en ce cas.

(3) Vous jouez à préfent ce pion pour lui
faire avancer celui de la tour de fon roi, & par
ce moyen renfermer ou empêcher la fortie du
chevalier de fon roi; ce qui ne pourroit fe faire
fans qu'il ne perde fon pion.

N. Le pion de la tour du roi, un pas (4).

6.

B. Le pion de la dame, deux pas.
N. Le pion de la dame, un pas (5).

7.

B. Le pion du fou de la dame, un pas.
N. Le pion du fou de la dame, un pas (6).

8.

B. La dame, à la feconde café de fon
roi.
N. Le fou de la dame , à la quatrième
café du chevalier du roi blanc (7).

9.

B. Le pion du chevalier du roi , un
pas (8).
N. Le pion du roi prend le pion.

---

(4) Si au lieu de jouer ce pion , il eût pouffé
le pion du chevalier de fon roi fur votre chevalier , vous verrez par un troifième renvoi fur
ce cinquième coup , de quelle manière il faudroit fuivre la partie.

(5) Si au lieu de jouer ce pion, il eût pouffé
celui du fou de fa dame, vous deviez en tel cas
pouffer celui de votre roi, pour pouvoir prendre
en paffant celui de fa dame , en cas qu'il eût
voulu le pouffer fur le fou de votre roi : c'eft
ce qui fera le fujet d'un quatrième renvoi. Il
eft bon d'avertir ici , pour règle générale ,
que dans l'attaque des gambits , le fou du roi
eft la meilleure pièce , & le pion du roi le
meilleur pion.

(6) Si au lieu de jouer ce pion, il eût joué
le fou de fa dame , foit à la troifième café de
fon roi , ou à la quatrième café du chevalier
du vôtre , il auroit perdu la partie en peu de
coups. Ce doit être le fujet des cinquième &
fixième renvois , dans lefquels je le fais jouer
de l'une & de l'autre manière.

(7) Si au lieu de jouer à préfent à cette même
café qui le faifoit perdre le coup auparavant, il
eût joué ce fou à la troifième café de fon roi,
il perdoit encore indubitablement la partie; mais
comme toute chofe doit avoir fon temps, il a
bien joué à préfent. C'eft encore un coup qui
me détermine à un feptième renvoi pour en faire
voir l'effet.

(8) Il eft de conféquence dans l'attaque du

10.

B. Le pion de la tour du roi prend le pion.

N. Le pion de la tour reprend le pion.

11.

B. La tour prend la tour.

N. Le fou reprend la tour.

12.

B. Le fou de la dame prend le pion du chevalier du roi noir.

N. Le fou du roi, à sa troisième case (1).

13.

B. Le fou prend le fou.

N. La dame prend le fou.

14.

B. Le chevalier de la dame, à la seconde case de sa dame.

N. De même.

15.

B. Le roi roque.

N. De même.

16.

B. La tour, à la case du chevalier de son roi.

N. La dame, à la quatrième case du fou du roi blanc.

17.

B. La dame, à la seconde case du chevalier de son roi.

N. Le pion du fou du roi, deux pas.

18.

B. La dame prend le pion noir.

N. La dame prend la dame.

19.

B. La tour reprend la dame.

N. Le pion prend le pion.

20.

B. Le fou du roi prend le chevalier noir.

N. Le fou de la dame prend le chevalier.

21.

B. Le chevalier prend le fou.

N. Le pion reprend le chevalier.

22.

B. Le fou, à la seconde case du fou du roi noir.

N. La tour, à la case du fou de son roi.

23.

B. La tour prend le pion.

N. Le roi, à la seconde case du fou de sa dame.

24.

B. Le roi, à la seconde case de sa dame (2).

N. Le pion du fou de la dame, un pas.

25.

B. Le fou, à la quatrième case de la tour du roi noir.

N. La tour prend la tour.

gambit de ne point ménager vos pions du côté de votre roi, & même de les sacrifier tous en cas de besoin pour le seul pion de son roi, parce que ce pion empêche le fou de votre dame d'entrer en action, & de se joindre aux pièces qui forment votre attaque.

(1) Si au lieu de jouer ce fou, il eût pris le vôtre avec sa dame, ou qu'il eût pris votre chevalier avec le fou de sa dame, il perdoit la partie.

(2) Si au lieu de jouer votre roi pour le faire agir, vous eussiez poussé le pion du fou de votre dame, vous perdiez la partie, parce que votre adversaire, en poussant le pion du fou de sa dame, vous auroit forcé de prendre le pion de sa dame, ou de laisser prendre celui de la vôtre; & ensuite il auroit attaqué avec son chevalier votre tour & votre fou.

26.

B. Le fou reprend la tour (1).

*Premier renvoi fur le premier gambit,
au quatrième coup.*

4.

Blanc. Le pion de la tour du roi, deux
pas.

Noir. Le pion du chevalier du roi, un
pas.

5.

B. Le chevalier du roi, à la quatrième
cafe du roi noir.

N. Le pion de la tour du roi, deux pas.

6.

B. Le fou du roi, à la quatrième cafe
du fou de fa dame.

N. La tour du roi, à fa feconde cafe.

7.

B. Le pion de la dame, deux pas.

N. Le pion de la dame, un pas.

8.

B. Le chevalier du roi, à la troifième
cafe de fa dame.

N. La dame, à la feconde cafe de fon
roi.

9.

B. Le chevalier de la dame, à la troifième cafe de fon fou.

N. Le chevalier du roi, à la troifième
cafe de fon fou.

---

(1) Le fou ayant repris la tour, il eft vifible
que la partie eft remife, à moins d'une faute
des plus groffière. Cette partie fait voir qu'un
gambit bien attaqué & bien défendu, n'eft jamais une partie décifive d'un côté ni de l'autre.
Il eft vrai que celui qui donne le pion a le
plaifir d'avoir toujours l'attaque, & l'efpérance
de gagner; ce qu'il feroit indubitablement fi le
défenfeur ne jouoit pas régulièrement les dix
ou douze premiers coups.

10.

B. La dame, à la feconde cafe de fon
roi.

N. Le pion du roi, un pas, attaquant
la dame blanche.

11.

B. Le pion du chevalier du roi prend
le pion.

N. Le pion du chevalier du roi reprend
le pion.

12.

B. La dame prend le pion.

N. Le fou de la dame, à la quatrième
cafe du chevalier du roi blanc.

13.

B. La dame, à la troifième cafe de fon
roi.

N. Le fou du roi, à la troifième cafe de
fa tour.

14.

B. Le chevalier du roi, à la quatrième
cafe du fou de fon roi.

N. Le pion du fou de la dame, un pas.

15.

B. Le fou de la dame, à la feconde cafe
de fa dame (2).

N. Le fou du roi prend le chevalier.

16.

B. La dame reprend le fou.

N. Le pion de la dame, un pas.

17.

B. Le fou du roi, à la troifième cafe
de fa dame.

N. Le chevalier du roi prend le pion du
roi.

---

(2) Si au lieu de jouer ce fou, vous euffiez
pouffé le pion de votre roi, votre adverfaire le
gagnoit toujours en fortant fur lui le chevalier
de fa dame.

18.

B. Le chevalier ou le fou prend le chevalier.

N. Le pion du fou du roi, deux pas (1).

Second renvoi sur le premier gambit, au quatrième coup.

4.

Blanc. Le fou du roi, à la quatrième cafe du fou de fa dame.

Noir. Le pion du chevalier du roi, un pas.

5.

B. Le chevalier du roi, à la quatrième cafe du roi noir.

N. La dame donne échec.

6.

B. Le roi, à la cafe de fon fou.

N. Le chevalier du roi, à la troifième cafe de fa tour.

7.

B. Le pion de la dame, deux pas.

N. Le pion de la dame, un pas.

8.

B. Le chevalier du roi, à la troifième cafe de fa dame.

N. Le pion du roi, un pas.

9.

B. Le pion du chevalier du roi, un pas.

N. La dame donne échec.

10.

B. Le roi, à la feconde cafe de fon fou.

N. La dame donne échec.

11.

B. Le roi, à fa troifième cafe.

N. Le chevalier du roi, à fa cafe (2).

12.

B. Le chevalier du roi, à la quatrième cafe du fou de fon roi.

N. Le fou du roi, à la troifième cafe de fa tour.

13.

B. Le fou du roi à fa cafe, attaquant la dame, & la force.

N. La dame prend la tour, ne pouvant faire mieux.

14.

B. Le fou du roi donne échec, & prend enfuite la dame (3).

Troifième renvoi du premier gambit, fur le cinquième coup du noir.

5.

Blanc. Le pion de la tour du roi, deux pas.

Noir. Le pion du chevalier du roi, un pas.

6.

B. Le chevalier du roi, à la quatrième cafe du chevalier du roi noir.

N. Le chevalier du roi, à la troifième cafe de fa tour.

---

(1) Ce même pion prend enfuite le chevalier, & doit indubitablement gagner la partie. Ceux qui auront profité de mes leçons dans mes quatre premières parties, n'ont pas befoin d'inftruction pour la finir & la gagner : ce dernier pion devenu à préfent pion royal, foutenu comme il eft, & avancé à la tête de fes camarades, vaut une des meilleures pièces; ainfi il eft inutile d'aller plus loin dans ce renvoi.

Jeux mathématiques.

(2) Il joue ce chevalier à fa cafe pour faire place au fou de fon roi, pour attaquer enfuite votre roi, étant dans fa fituation fon meilleur coup.

(3) Je n'ai pas befoin d'aller plus loin dans cette partie, puifqu'il eft affez évident que le blanc doit gagner.

n

7.

B. Le pion de la dame, deux pas.

N. Le pion du fou du roi, un pas.

8.

B. Le fou de la dame prend le pion.

N. Le pion de la dame, un pas.

9.

B. Le pion du fou de la dame, un pas.

N. Le pion prend le chevalier (1).

10.

B. Le pion reprend le pion.

N. Le chevalier du roi, à sa cafe.

11.

B. La dame, à la troisième cafe de son chevalier.

N. La dame, à la feconde cafe de son roi.

12.

B. Le chevalier de la dame, à la feconde cafe de sa dame.

N. La dame, à la cafe du fou de son roi.

13.

B. Le roi roque du côté de sa tour.

N. Perd la partie (2).

Quatrième renvoi du premier gambit, sur le fixième coup.

6.

Blanc. Le pion de la dame, deux pas.

Noir. Le pion du fou de la dame, un pas (3).

7.

B. Le pion du roi, un pas.

N. Le pion du chevalier de la dame, deux pas.

8.

B. Le fou, à la troisième cafe du chevalier de sa dame.

N. Le pion de la tour de la dame, deux pas.

9.

B. Le pion de la tour de la dame, deux pas.

N. Le pion du chevalier de la dame, un pas.

10.

B. Le chevalier de la dame, à la feconde cafe de sa dame (4).

N. Le fou de la dame, à la troisième cafe de sa tour.

11.

B. Le chevalier de la dame, à la quatrième cafe de son roi.

N. La dame, à la troisième cafe de son chevalier, ou tout ce qu'il voudra, il perd la partie.

12.

B. Le chevalier donne échec à la troisième cafe de la dame noire.

---

(1) Si avant de faire place à fa dame, en jouant le pion d'icelle, il eût pris votre cavalier, il auroit fallu reprendre avec le fou.

(2) S'il joue fa dame pour éviter la découverte de votre tour fur elle, il perd fon cavalier, outre qu'il aura mauvais jeu; & s'il joue fon cavalier, il perd fa dame. Il eft vifible que de l'une ou de l'autre manière il perd la partie.

(3) Il joue ce pion dans le deffein d'attaquer enfuite avec le pion de fa dame le fou de votre roi; ce que vous prévenez en pouffant le pion de votre roi.

(4) Ce chevalier, qui ne paroiffoit en rien, eft cependant le corps de réferve qui va gagner la partie, fans que l'adverfaire puiffe l'éviter: c'eft pourquoi il faut toujours tâcher de difpofer fes pions de manière qu'ils puiffent arrêter l'entrée des chevaliers dans le jeu.

Cinquième renvoi du premier gambit, au septième coup du noir.

7.

Blanc. Le pion du fou de la dame, un pas.

Noir. Le fou de la dame, à la quatrième case du chevalier du roi blanc.

8.

B. La dame, à la troisième case de son chevalier.

N. Le fou de la dame, à la quatrième case de la tour de son roi (1).

9.

B. Le pion de la tour du roi prend le pion.

N. Le pion de la tour reprend le pion.

10.

B. La tour du roi prend le fou.

N. La tour reprend la tour.

11.

B. Le fou du roi prend le pion en donnant échec au roi & à la tour, gagne une pièce, & par conséquent la partie.

Sixième renvoi du premier gambit, sur le septième coup du noir.

7.

Blanc. Le pion du fou de la dame, un pas.

Noir. Le fou de la dame, à la troisième case de son roi.

8.

B. Le fou du roi prend le fou.

N. Le pion reprend le fou.

_____

(1) Si au lieu de jouer ce fou, il soutenoit avec sa dame le pion du fou de son roi, vous prendriez alors le pion du chevalier de sa dame, & ensuite sa tour.

9.

B. La dame, à la troisième case de son chevalier.

N. La dame, à la case de son fou, pour garder les deux pions attaqués.

10.

B. Le pion de la tour du roi prend le pion.

N. Le pion de la tour reprend le pion.

11.

B. La tour du roi prend la tour.

N. Le fou prend la tour.

12.

B. Le chevalier du roi prend le pion.

N. Le roi, à sa seconde case.

13.

B. Le fou de la dame prend le pion.

N. Le chevalier de la dame, à la troisième case de son fou.

14.

B. Le chevalier de la dame, à la seconde case de sa dame.

N. Le pion de la tour de la dame, deux pas.

15.

B. Le roi roque.

N. Le pion du chevalier de la dame, deux pas.

16.

B. La tour, à la case de la tour de son roi.

N. Le chevalier du roi, à la troisième case de son fou.

17.

B. La tour prend le fou.

N. La dame reprend la tour.

18.

B. La dame prend le pion du roi, & donne échec.

N. Le roi se retire où il veut, étant mat sur l'une ou sur l'autre case où il peut aller.

Septième & dernier renvoi du premier gambit, sur le huitième coup.

8.

Blanc. La dame, à la seconde case de son roi.

Noir. Le fou de la dame, à la troisième case de son roi.

9.

B. Le fou du roi prend le fou.

N. Le pion reprend le fou.

10.

B. Le pion du roi, un pas.

N. Le pion de la dame prend le pion (1).

11.

B. Le pion de la dame reprend le pion.

N. Le chevalier de la dame, à la seconde case de sa dame (2).

12.

B. Le pion du chevalier du roi, un pas.

N. De même.

13.

B. Le pion du chevalier du roi prend le pion (3).

N. Le pion prend le chevalier.

---

(1) Si au lieu de prendre, il eût poussé ce même pion, il auroit fallu jouer votre dame à sa troisième case, pour lui donner échec le coup suivant; ce qui vous gagneroit la partie.

(2) Si au lieu de jouer ce chevalier, il eût joué toute autre chose, vous deviez jouer celui de votre dame pour lui donner échec deux coups après. (Voyez le douzième coup du quatrième renvoi de cette partie).

(3) Dans l'attaque du gambit, il faut obser-

14.

B. La dame reprend le pion.

N. La dame, à la seconde case de son roi.

15.

B. Le chevalier de la dame, à la seconde case de sa dame.

N. Le roi roque.

16.

B. Le pion du chevalier de la dame, deux pas, pour empêcher le chevalier noir d'avancer.

N. Le pion de la tour du roi, un pas.

17.

B. Le chevalier de la dame, à la quatrième case de son roi.

N. Le chevalier de la dame, à sa troisième case.

18.

B. Le fou, à la troisième case de son roi.

N. Le chevalier du roi, à la troisième case de sa tour.

19.

B. Le fou, à la quatrième case du fou de la dame noire.

N. La dame, à la seconde case de son fou.

20.

B. Le pion de la tour de la dame, deux pas.

N. Le fou du roi, à sa case.

---

ver que, si votre adversaire, avant qu'il n'ait roqué, poussé le pion du chevalier de son roi sur votre chevalier royal posté sur la troisième case du fou de votre roi, il faut le laisser prendre pour ne point vous laisser détourner de votre attaque, à moins que vous ne puissiez l'avancer à la quatrième case de son roi ou de son chevalier, parce qu'alors vous faites la guerre au pion du fou de son roi.

21.

B. Le pion de la tour de la dame, un pas.

N. Le fou prend le fou.

22.

B. Le pion reprend le fou.

N. Le chevalier de la dame, à la seconde case de sa dame.

23.

B. Le chevalier donne échec.

N. Le roi se retire.

24.

B. La tour de la dame, à la case de son chevalier.

N. Le chevalier de la dame prend le pion.

25.

B. Le chevalier prend le pion du chevalier de la dame.

N. Le chevalier de la dame prend le chevalier.

26.

B. Le pion de la tour de la dame, un pas.

N. Le roi, à la case de la tour de sa dame.

27.

B. La tour prend le chevalier.

N. La dame, à la case de son fou.

28.

B. La tour du roi, à sa seconde case.

N. La tour de la dame, à la seconde case de sa dame.

29.

B. La tour du roi, à la seconde case du chevalier de sa dame.

N. La tour du roi, à sa seconde case.

30.

B. La dame prend le pion du fou de la dame noire.

N. La dame prend la dame.

31.

B. La tour de la dame donne échec & mat.

SECOND GAMBIT, *dans lequel il y aura quatre renvois ; deux, au quatrième coup ; le troisième, au neuvième coup ; & le quatrième, au onzième coup.*

1.

Blanc. Le pion du roi, deux pas.

Noir. De même.

2.

B. Le pion du fou du roi, deux pas.

N. Le pion prend le pion.

3.

B. Le fou du roi, à la quatrième case du fou de sa dame.

N. La dame donne échec.

4.

B. Le roi, à la case de son fou.

N. Le pion du chevalier du roi, deux pas (1).

5.

B. Le chevalier du roi, à la troisième case de son fou.

N. La dame, à la quatrième case de la tour de son roi (2).

---

(1) Le noir ayant deux autres façons de jouer, je fais deux renvois sur ce même coup : le premier, en lui faisant jouer le fou de son roi à la quatrième case du fou de sa dame ; & le second, de lui faire pousser un pas le pion de sa dame.

(2) Il a trois endroits où il peut jouer sa dame, mais il n'y a que celui-là de bon ; car s'il la retiroit à la troisième case de la tour, vous attaque-

6.

B. Le pion de la dame, deux pas.

N. Le pion de la dame, un pas.

7.

B. Le pion du fou de la dame, un pas (1).

N. Le fou de la dame, à la quatrième case du chevalier du roi blanc.

8.

B. Le roi, à la seconde case de son fou.

N. Le chevalier du roi, à la troisième case du fou de son roi (2).

9.

B. La dame, à la seconde case de son roi.

N. Le chevalier de la dame, à la seconde case de sa dame.

10.

B. Le pion de la tour du roi, deux pas.

N. Le fou prend le chevalier.

---

riez le pion du fou de son roi avec votre chevalier royal, en le jouant à la quatrième case du roi noir, & vous gagneriez une tour; & s'il plaçoit sa dame à la quatrième case du chevalier de votre roi, vous lui donneriez échec de votre fou en prenant son pion. S'il reprend votre fou, vous donnez échec au roi & à la dame avec votre cavalier, & la partie est décidée.

(1) Il est de conséquence dans les gambits de jouer ce pion, pour pouvoir ensuite placer votre dame à la troisième case de son chevalier, sur-tout lorsqu'il sort le fou de sa dame sans attaquer une de vos pièces : vous tenez en tel cas votre adversaire extrêmement embarrassé.

Voyez le cinquième & le sixième renvoi du premier gambit.

(2) Si au lieu de jouer ce cavalier il eût pris celui de votre roi, vous verrez par un troisième renvoi la manière de poursuivre la partie en tel cas.

11.

B. La dame prend le fou.

N. La dame prend la dame (3).

12.

B. Le roi reprend la dame (4).

N. Le pion du chevalier du roi donne échec.

13.

B. Le roi prend le pion du roi noir.

N. Le fou du roi donne échec à la troisième case de sa tour.

14.

B. Le roi, à la quatrième case du fou du roi noir.

N. Le fou du roi prend le fou de la dame blanche.

15.

B. La tour du roi reprend le fou.

N. Le pion de la tour du roi, deux pas.

16.

B. Le chevalier, à la seconde case de sa dame.

N. Le roi, à sa seconde case.

---

(3) Si au lieu de prendre votre dame il donnoit échec de son chevalier, un quatrième renvoi vous fera voir comment il perdoit la partie.

(4) J'avois donné pour règle générale d'unir le pion du fou de votre roi à celui du roi; mais comme il n'y a point de règles sans exceptions, vous en trouverez une ici qui est fondée sur deux raisons; la première est qu'en prenant du roi vous gagnez un pion sans que votre adversaire puisse l'éviter; & en second lieu, il faut se ressouvenir que le roi n'a pas beaucoup à craindre lorsqu'il n'y a plus de dames sur le jeu : il est donc nécessaire en tel cas de mettre le roi en campagne, parce qu'il peut vous rendre autant de service qu'une autre pièce, comme on pourra voir par la suite de cette partie.

17.

B. La tour du roi, à la cafe du fou de fon roi.

N. Le pion du fou de la dame, un pas.

18.

B. La tour de la dame, à la cafe de fon roi.

N. Le pion du chevalier de la dame, deux pas.

19.

B. Le fou, à la troifième cafe du chevalier de fa dame.

N. Le pion de la tour de la dame, deux pas.

20.

B. Le pion du roi, un pas.

N. Le pion prend le pion.

21.

B. Le pion de la dame reprend le pion.

N. Le chevalier du roi, à la quatrième cafe de fa dame.

22.

B. Le chevalier, à la quatrième cafe fon roi (1).

N. Le chevalier de la dame, à fa troifième cafe.

23.

B. Le chevalier, à la troifième cafe du fou du roi noir.

N. La tour de la dame, à la cafe de fa dame (2).

24.

B. Le pion du roi, un pas.

N. La tour de la dame, à la troifième cafe de fa dame (3).

25.

B. Le pion prend le pion en donnant échec à la tour.

N. Le roi prend le pion.

26.

B. Le roi, à la quatrième cafe du chevalier du roi noir.

N. Le roi, à la feconde cafe de fon chevalier, pour éviter l'échec à la découverte.

27.

B. Le chevalier prend le pion de la tour du roi, & donne échec.

N. Le roi, à la feconde cafe de fa tour.

28.

B. La tour du roi donne échec.

N. Le roi, à la cafe de fon chevalier.

29.

B. La tour du roi, à la feconde cafe du chevalier de la dame noire.

N. La tour de la dame, à la cafe de fa dame (4).

30.

B. La tour prend le chevalier de la dame noire, & gagne tout de fuite la partie.

---

(1) Vous auriez mal joué fi vous euffiez pris fon chevalier avec votre fou, parce qu'en reprenant de fon pion, ce pion empêchoit la marche & le progrès de votre chevalier; il étoit donc néceffaire d'avancer premièrement votre chevalier, pour n'avoir point de pièces inutiles.

(2) S'il eût pris votre chevalier, vous le repreniez du pion, & enfuite vous attaquiez le pion du fou de fon roi en jouant la tour de votre dame à la feconde cafe de fon roi.

(3) S'il eût pris le pion au lieu de jouer la tour, vous auriez gagné la partie en peu de coups, parce qu'il perdoit le pion du fou de fa dame.

(4) Si au lieu de jouer la tour il joue fon roi, vous donnez échec à la cafe du chevalier de fa dame, & vous prenez enfuite la tour de fon roi; ce qui vous fuffiroit pour gagner. Il eft bon d'obferver ici que le gain de cette partie, par le blanc, eft forcé uniquement parce que le roi étoit pofté de manière à pouvoir toujours agir & fervir autant que la meilleure pièce du jeu.

Premier renvoi du second gambit, sur le quatrième coup du noir.

4.

Blanc. Le roi, à la cafe de son fou.

Noir. Le fou du roi, à la quatrième cafe du fou de sa dame.

5.

B. Le pion de la dame, deux pas.

N. Le fou du roi, à la troisième cafe du chevalier de sa dame.

6.

B. Le chevalier du roi, à la troisième cafe de son fou.

N. La dame, à la quatrième cafe du chevalier du roi blanc.

7.

B. Le fou du roi prend le pion du fou du roi noir, & donne échec.

N. Le roi, à la cafe de son fou, parce que s'il reprend il perd sa dame.

8.

B. Le pion de la tour du roi, un pas.

N. La dame, à la troisième cafe du chevalier du roi blanc.

9.

B. Le chevalier de la dame, à la troisième cafe de son fou.

N. Le roi prend le fou (1).

10.

B. Le chevalier de la dame, à la seconde cafe de son roi.

N. La dame, à la troisième cafe du chevalier de son roi, n'ayant d'autre place.

---

(1) Si le roi noir ne prend pas le fou, cela revient toujours au même, sa dame ne pouvant plus se sauver dans aucun endroit.

11.

B. Le chevalier du roi donne échec au roi & à la dame, & gagne la partie.

Second renvoi du second gambit, commençant au quatrième coup du noir.

4.

Blanc. Le roi, à la cafe de son fou.

Noir. Le pion de la dame, un pas.

5.

B. Le chevalier du roi, à la troisième cafe de son fou.

N. Le fou de la dame, à la quatrième cafe du chevalier du roi blanc.

6.

B. Le pion de la dame, deux pas.

N. Le pion du chevalier du roi, deux pas.

7.

B. Le chevalier de la dame, à la troisième cafe de son fou.

N. La dame, à la quatrième cafe de la tour de son roi (2).

8.

B. Le pion de la tour du roi, deux pas.

N. Le pion de la tour du roi, un pas (3).

---

(2) S'il prend le chevalier de votre roi au lieu de retirer sa dame, vous reprenez de la dame; & enfuite pouffant le pion du chevalier de votre roi un pas, la fituation de votre jeu deviendra très-bonne.

(3) Si au lieu de jouer le pion de sa tour il eût joué celui du fou de son roi, vous deviez alors prendre son cavalier avec le fou de votre roi; & enfuite jouant le chevalier de votre dame à la quatrième cafe de la fienne, vous auriez encore eu une fituation très-avantageufe pour le gain de la partie.

9.

B. Le roi, à la feconde cafe de fon fou.

N. Le fou de la dame prend le chevalier du roi blanc (1).

10.

B. Le pion reprend le fou.

N. La dame , à la troifième cafe du chevalier de fon roi.

11.

B. Le pion de la tour prend le pion.

N. La dame reprend le pion.

12.

B. Le chevalier, à la feconde cafe de fon roi.

N. Le chevalier de la dame, à la feconde cafe de fa dame.

13.

B. Le chevalier prend le pion noir.

N. La dame, à fa cafe.

14.

B. Le pion du fou de la dame, un pas.

N. Le chevalier de la dame, à fa troifième cafe.

15.

B. Le fou du roi, à la troifième cafe de fa dame.

N. La dame à fa feconde cafe.

16.

B. Le fou de la dame, à la troifième cafe de fon roi.

N. Le roi roque.

17.

B. Le pion de la tour de la dame , deux pas.

N. Le roi, à la cafe du chevalier de fa dame.

18.

B. Le pion de la tour de la dame , un pas.

N. Le chevalier de la dame, à la cafe de fon fou.

19.

B. Le pion du chevalier de la dame , deux pas.

N. Le pion du fou de la dame, un pas.

20.

B. Le pion du chevalier de la dame, un pas.

N. Le pion prend le pion.

21.

B. Le pion de la tour de la dame, un pas , pour l'empêcher de pouvoir foutenir le pion du fou de fa dame.

N. Le pion du chevalier de la dame , un pas.

22.

B. La dame , à la troifième cafe de fon chevalier.

N. Le chevalier du roi , à la troifième cafe de fon fou.

23.

B. Le fou du roi prend le pion.

N. La dame, à la feconde cafe de fon fou.

24.

B. Le pion de la dame, un pas.

N. Le fou du roi , à la feconde cafe de fon chevalier.

---

(1) S'il eût retiré fa dame, ou joué toute autre pièce , vous deviez toujours prendre le pion du chevalier de fon roi avec le pion de votre tour ; étant néceffaire d'obferver que dans l'attaque des gambits, lorfqu'on peut féparer les pions du côté du roi de l'adverfaire, on a toujours l'avantage fur lui.

Jeux mathématiques.

25.

B. Le fou du roi, à la troisième case du fou de la dame noire.

N. Le chevalier du roi, à la seconde case de sa dame.

26.

B. Le chevalier, à la troisième case de sa dame.

N. Le chevalier du roi, à la quatrième case de son roi.

27.

B. Le chevalier prend le chevalier.

N. Le fou reprend le chevalier.

28.

B. Le pion du fou du roi, un pas.

N. Le fou, à la seconde case du chevalier de son roi.

29.

B. Le fou de la dame, à la quatrième case de sa dame.

N. Le fou prend le fou.

30.

B. Le pion reprend le fou.

N. La dame, à la seconde case de son roi.

31.

B. Le roi, à la troisième case de son fou.

N. La tour de la dame, à la case du chevalier de son roi.

32.

B. La tour de la dame, à la case de son fou.

N. La tour de la dame, à la troisième case du chevalier de son roi.

33.

B. Le fou, à la seconde case du chevalier de la dame noire.

N. La tour du roi, à la case de son chevalier.

34.

B. La tour prend le chevalier.

N. La tour reprend la tour.

35.

B. Le fou prend la tour.

N. Le roi reprend le fou.

36.

B. La tour donne échec.

N. Le roi, à la case du chevalier de sa dame.

37.

B. La dame, à la quatrième case de son fou.

N. La dame, à sa seconde case.

38.

B. Le pion du fou du roi, un pas, pour empêcher l'échec de la dame

N. La tour, à la case du chevalier de son roi.

39.

B. La dame, à la troisième case du fou de la dame noire.

N. La dame prend la dame (1).

40.

B. Le pion reprend sa dame.

N. Le roi, à la seconde case du fou de sa dame.

---

(1) Si la dame se retire au lieu de prendre la vôtre, en poussant le pion de votre roi, vous le matez, ou vous gagnez sa dame.

41.

B. Le pion de la dame, un pas.

N. Le pion de la tour du roi, un pas.

42.

B. La tour, à la cafe de la tour de fon roi.

N. De même.

43.

B. La tour, à la cafe du chevalier de fon roi.

N. La tour, à fa feconde cafe.

44.

B. La tour, à la cafe du chevalier du roi noir.

N. Le pion du chevalier de la dame, un pas (1).

45.

B. La tour, à la cafe de la tour de la dame noire.

N. Le roi, à la troifième cafe du chevalier de fa dame.

46.

B. La tour donne échec.

N. Le roi, à la feconde cafe du fou de fa dame.

47.

B. La tour donne échec.

N. Le roi, à la cafe de fa dame.

48.

B. Le pion du roi, un pas.

N. Le pion prend le pion.

---

(1) Si au lieu de jouer ce pion il poulfoit le pion de la tour de fon roi pour aller à dame, vous verrez par le calcul qu'il fera toujours un coup trop court.

49.

B. Le pion de la dame, un pas.

N. Le roi, à la cafe du fou de la dame, pour éviter le mat de la tour.

50.

B. Le pion de la dame donne échec.

N. Le roi, à la cafe de fa dame.

51.

B. La tour donne échec, & enfuite poulfe à dame, & gagne.

N.

On obfervera fur ce fecond renvoi qui eft fort long, & en même temps très-difficile au blanc de parvenir à fon but, que fans le fecours du roi il n'auroit jamais pu réuffir, parce que s'il eût roqué du côté de fa dame, le roi fe trouvant fi éloigné, au lieu de lui rendre du fervice l'auroit plutôt embarraffé.

Il faut auffi fe reffouvenir que les fecondes cafes du fou font ordinairement les meilleures quand le roi ne roque point.

Troifieme renvoi du fecond gambit, fur le huitieme coup.

8.

Blanc. Le roi, à la feconde cafe de fon fou.

Noir. Le chevalier du roi, à la troifième cafe de fon fou.

9.

B. La dame, à la feconde cafe de fon roi.

N. Le fou prend le chevalier.

10.

B. La dame reprend le fou.

N. La dame prend la dame (1).

---

(2) S'il n'eût pas pris la dame, il auroit fallu poulfer immédiatement le pion de la tour de votre roi deux pas pour féparer fes pions.

II.

B. Le pion reprend la dame.

N. Le fou du roi, à la seconde case de son chevalier.

12.

B. Le pion de la tour du roi, deux pas.

N. Le pion de la tour du roi, un pas.

13.

B. La tour du roi, à la case de son chevalier.

N. Le chevalier du roi, à la seconde case de sa tour.

14.

B. Le fou de la dame prend le pion du gambit.

N. Le fou du roi prend le pion de la dame, & donne échec.

15.

B. Le pion prend le fou.

N. Le pion du chevalier du roi prend le fou.

16.

B. La tour du roi, à la second case du chevalier du roi noir.

N. Le chevalier de la dame, à la troisième case de son fou.

17.

B. Le chevalier de la dame, à la troisième case de son fou.

N. Le chevalier de la dame prend le pion.

18.

B. Le fou prend le pion, et donne échec.

N. Le roi, à la case de son fou.

19.

B. La tour de la dame, à la case du chevalier de son roi.

N. Le chevalier de la dame, à la troisième case de son fou.

20.

B. Le fou, à la troisième case du chevalier de sa dame.

N. La tour de la dame, à la case de sa dame (1).

21.

B. La tour du roi donne échec à la seconde case du fou du roi noir.

N. Le roi, à sa case.

22.

B. La tour de la dame, à la seconde case du chevalier du roi noir.

N. Le chevalier du roi, à la case de son fou.

23.

B. Le chevalier, à la quatrième case de la dame noire, & gagne assez visiblement la partie.

N.

Quatrième renvoi du second gambit, sur le onzieme coup.

II.

Blanc. La dame prend le fou.

Noir. Le chevalier du roi donne échec à la quatrième case du chevalier du roi blanc.

12.

B. Le roi, à la case de son chevalier.

N. Le pion du chevalier du roi prend le pion (2).

---

(1) S'il eût joué toute autre pièce, vous deviez prendre le chevalier de son roi avec la tour du vôtre, & ensuite lui donner échec de la tour de votre dame pour prendre sa tour.

(2) Si au lieu de prendre le pion il eût joué autre chose, vous deviez prendre le pion du chevalier de son roi avec celui de votre tour.

13.

B. Le fou de la dame prend le pion.

N. Le chevalier du roi, à la troisième case de son fou.

14.

B. Le chevalier, à la troisième case de la tour de sa dame.

N. La dame prend la dame.

15.

B. Le pion reprend la dame.

N. Le chevalier du roi, à la quatrième case de sa tour.

16.

B. La tour du roi prend le pion.

N. Le chevalier du roi prend le fou.

17.

B. La tour reprend le chevalier.

N. Le pion du fou du roi, un pas.

18.

B. Le roi, à la seconde case de son fou.

N. Le roi roque.

19.

B. Le fou, à la troisième case du roi noir.

N. Le fou, à la seconde case de son roi.

20.

B. La tour de la dame, à la case de la tour de son roi.

N. Le roi, à la case du chevalier de sa dame.

21.

B. Le fou prend le chevalier.

N. La tour reprend le fou.

22.

B. La tour de la dame, à la troisième case de la tour du roi noir.

N. Le pion du chevalier de la dame, un pas.

23.

B. La tour du roi, à la quatrième case du fou du roi noir.

N. Le fou, à la case de sa dame.

24.

B. La tour du roi, à la quatrième case de la tour du roi noir.

N. Le roi, à la seconde case du chevalier de sa dame.

25.

B. Le pion du fou du roi, un pas.

N. Le pion du fou de la dame, un pas.

26.

B. Le pion du fou du roi, un pas (1).

TROISIÈME GAMBIT, où il y aura trois renvois, un sur le second coup du noir, le second au troisième coup du noir, & le dernier au onzième coup du noir, par lesquels on sera instruit de la manière qu'il faut jouer lorsqu'on refuse de prendre le pion du gambit.

1.

Blanc. Le pion du roi, deux pas.

Noir. De même.

2.

B. Le pion du fou du roi, deux pas.

N. Le pion de la dame, deux pas (2).

(1) Dans la situation présente, votre adversaire ne pouvant attaquer aucune de vos pièces, il s'agit d'amener votre chevalier à la troisième case du chevalier du roi noir pour prendre le pion de sa tour, ce qui vous donnera la partie.

(2) Si au lieu de deux il ne poussoit ce pion qu'un seul pas, cela feroit toute une autre partie. Ce doit être le sujet du premier renvoi sur ce gambit.

3.

B. Le pion du roi prend le pion.

N. La dame prend le pion (1).

4.

B. Le pion du fou prend le pion.

N. La dame reprend le pion & donne échec.

5.

B. Le fou couvre l'échec (2).

N. Le fou du roi, à la troisième case de sa dame.

6.

B. Le chevalier du roi, à la troisième case de son fou.

N. La dame, à la seconde case de son roi.

7.

B. Le pion de la dame, deux pas.

N. Le fou de la dame, à la troisième case de son roi.

8.

B. Le roi roque.

N. Le chevalier de la dame, à la seconde case de sa dame.

9.

B. Le pion du fou de la dame, deux pas.

N. Le pion du fou de la dame, un pas.

---

(1) S'il prend le pion du fou de votre roi au lieu de prendre votre roi avec sa dame, cela fait encore le sujet d'un autre renvoi.

(2) La partie dans cette situation ne peut que paroître entièrement égale de part & d'autre ; cependant il faut observer que vous avez de l'avantage, quoiqu'il soit très-peu considérable : la raison est qu'à votre aîle gauche vous conservez quatre pions avec celui de votre dame, pendant que votre adversaire a les siens divisés trois par trois, & tous séparés du centre ; c'est pourquoi vous êtes par ce moyen mieux en état d'empêcher les pièces de votre adversaire de se poster dans le milieu de l'échiquier.

10.

B. Le chevalier de la dame, à la troisième case de son fou.

N. Le chevalier du roi, à la troisième case de son fou.

11.

B. Le fou du roi, à la troisième case de sa dame.

N. Le roi roque du côté de sa tour (3).

12.

B. Le fou de la dame, à la quatrième case du chevalier du roi noir (4).

N. Le pion de la tour du roi, un pas.

13.

B. Le fou de la dame, à la quatrième case de la tour de son roi.

N. La dame, à sa case.

14.

B. Le chevalier de la dame, à la quatrième case de son roi (5).

N. Le fou du roi, à la seconde case de son roi.

---

(3) Comme il étoit assez égal pour lui de roquer du côté de sa dame ou de son roi, j'ai déja donné une règle générale pour l'attaque avec vos pions en tel cas ; cependant pour plus d'instruction sur cet article, j'en ferai un troisième renvoi sur le onzième coup.

(4) S'il n'eût pas roqué de ce côté, ce fou seroit très-mal joué, parce qu'en le chassant avec le pion de sa tour, il vous feroit perdre un coup, ou il vous contraindroit de changer votre fou pour son chevalier, ce qui ne vous avanceroit de rien, puisqu'il y replaceroit son autre chevalier ; mais à présent vous le jouez exprès pour l'exciter à pousser les pions qui couvrent son roi, afin que vous puissiez plus aisément former votre attaque sur lui.

(5) S'il n'eût pas rangé sa dame pour y mettre à sa place le fou de son roi, vous auriez fort embarrassé son jeu en jouant ce chevalier.

15.

B. La dame, à la seconde case de son roi.

N. La dame, à la seconde case de son fou (1).

16.

B. Le chevalier de la dame prend le chevalier.

N. Le chevalier reprend le chevalier.

17.

B. Le fou prend le chevalier.

N. Le fou reprend le fou.

18.

B. La dame, à la quatrième case de son roi.

N. Le pion du chevalier du roi, un pas.

19.

B. Le chevalier, à la quatrième case du roi noir.

N. Le fou prend le chevalier (2).

20.

B. Le pion reprend le fou.

N. La tour de la dame, à la case de sa dame (3).

21.

B. La tour du roi, à la troisième case du fou du roi noir.

N. La dame, à sa seconde case (4).

22.

B. La tour prend le pion du chevalier du roi noir, et donne échec.

N. Le pion prend la tour.

23.

B. La dame reprend le pion, et donne échec.

N. Le roi, à la case de sa tour (5).

24.

B. Prend le pion de la tour, et donne un échec perpétuel.

Premier renvoi sur le troisième gambit, au second coup.

2.

Blanc. Le pion du fou du roi, deux pas.

Noir. Le pion de la dame, un pas.

3.

B. Le chevalier du roi, à la troisième case de son fou.

N. Le fou de la dame, à la quatrième case du chevalier du roi blanc.

4.

B. Le fou du roi, à la quatrième case du fou de sa dame.

N. Le chevalier de la dame, à la troisième case de son fou (6).

---

(1) Si au lieu de jouer sa dame il eût pris votre chevalier, il falloit reprendre de la dame, pour lui faire parer le mat dont il étoit menacé par votre dame soutenue du fou de votre roi.

(2) Si au lieu de prendre il eût retiré son fou, vous auriez gagné le pion du chevalier de son roi en le prenant de votre cavalier; cela vous auroit gagné la partie.

(3) S'il eût attaqué votre dame avec son fou, au lieu de jouer cette tour vous auriez dû prendre le fou avec la tour de votre roi; cela donnoit une ouverture sur son roi qui l'auroit fort incommodé.

(4) S'il n'eût pas joué sa dame à cette case vous auriez pris son fou avec votre tour, & vous auriez indubitablement gagné la partie.

(5) Si au lieu de retirer son roi il l'eût couvert de sa dame, vous auriez pris son fou en lui donnant échec, & ensuite il vous seroit resté deux pions & un fou contre une tour, & de plus une bonne attaque, ce qui étoit suffisant pour gagner; mais dans l'état où se trouve à-présent la partie, il ne vaut pas la peine de la finir, puisque sa longueur (sans aucune instruction) deviendroit trop ennuyante, & d'ailleurs, étant toujours conduite avec la même régularité dont je me s rs en toute occasion, cela reviendroit toujours au même: c'est pourquoi j'y mets fin par un échec perpétuel.

(6) Lorsqu'on défend une partie, on est souvent obligé de pécher contre les règles générales

5.

B. Le pion du fou de la dame, un pas.

N. Le fou prend le chevalier (1).

6.

B. La dame reprend le fou.

N. Le chevalier du roi, à la troisième case de son fou.

7.

B. Le pion de la dame, un pas.

N. Le chevalier de la dame, à la quatrième case de sa tour.

8.

B. Le fou du roi donne échec à la quatrième case du chevalier de la dame noire.

N. Le pion du fou de la dame, un pas.

9.

B. Le fou du roi, à la quatrième case de la tour de sa dame.

N. Le pion du chevalier de la dame, deux pas.

---

pour empêcher l'exécution des projets de l'adversaire; mais celui qui attaque est rarement dans le même cas. Le noir joue donc ce chevalier à la troisième case de son fou, pour deux raisons; l'une, pour défendre le pion de son roi; & l'autre, pour faire la guerre au fou du vôtre qui lui est fort incommode sur cette ligne. S'il jouoit toute autre chose, vous prendriez le pion de son roi avec le pion du fou, & puis en lui donnant échec de votre fou royal vous gagneriez le pion du fou de son roi, puisqu'en reprenant votre fou vous lui donneriez échec du chevalier de votre roi, & par ce moyen votre dame prendroit le fou de la sienne. Cependant si au lieu de jouer ce chevalier il eût pris le pion du fou de votre roi, en jouant ensuite le pion de votre dame deux pas, vous vous trouveriez dans un gambit complet, qu'il faudroit suivre suivant les instructions données à ce sujet.

(1) S'il n'eût pas pris votre chevalier, & qu'il eût joué toute autre chose sans attaquer une de vos pièces, vous deviez jouer votre dame à la troisième case de son chevalier. Voyez le huitième coup du sixième renvoi du premier gambit.

10.

B. Le fou du roi, à la seconde case du fou de sa dame (2).

N. Le fou du roi, à la seconde case de son roi.

11.

B. Le pion de la dame, un pas.

N. Le pion du roi prend le pion de la dame.

12.

B. Le pion du fou de la dame reprend le pion.

N. Le roi roque.

13.

B. Le fou de la dame, à la troisième case de son roi.

N. Le chevalier de la dame, à la quatrième case du fou de la dame blanche.

14.

B. Le chevalier de la dame, à la seconde case de sa dame (3).

---

(2) A moins de bien connoître la force du jeu, on doit naturellement conclure que ces trois derniers coups du blanc étoient des coups perdus; & véritablement ils paroissent non seulement tels, mais en même temps contraires aux règles prescrites. Cependant lorsqu'on observera que pour donner la chasse au fou de votre roi il a mis son jeu dans une situation à ne pouvoir plus roquer du côté de sa dame sans perdre la partie, & que roquant du côté de son roi, le fou du vôtre se trouve fort bien placé, on conviendra que ces trois coups ont été très-bien calculés, d'autant plus que par ce moyen vous ne pouvez plus manquer d'occuper le milieu de l'échiquier avec vos pions; & lorsqu'on soutient bien le centre, la bataille est à moitié gagnée.

(3) En jouant ce chevalier, vous laissez un de vos pions en proie à son chevalier, sans qu'il paroisse y avoir aucune nécessité pour cela; mais il faut observer que les pions des chevaliers, ou des tours, ne sont point de grande conséquence lorsqu'ils sont séparés de ceux du centre; ainsi, vous trouvez mieux votre compte à laisser prendre ce pion, qu'à perdre un coup de votre attaque.

N.

N. Le chevalier de la dame prend le pion du chevalier de la dame blanche.

15.

B. Le pion du chevalier du roi, deux pas (1).

N. Le chevalier de la dame, à la quatrième cafe du fou de la dame blanche.

16.

B. Le chevalier prend le chevalier.

N. Le pion reprend le chevalier.

17.

B. Le pion du chevalier du roi, un pas.

N. Le chevalier, à la feconde cafe de fa dame.

18.

B. Le pion de la tour du roi, deux pas.

N. La dame donne échec.

19.

B. Le roi, à la cafe de fa dame.

N. La dame, à la troifième cafe de la tour de la dame blanche.

20.

B. La tour de la dame, à la cafe de fon fou.

N. La dame prend le pion de la tour.

---

(1) Ce pion fe joue pour déloger enfuite le chevalier de fon roi : vous pourriez également le faire partir en pouffant le pion de votre roi ; mais en tel cas, il le mettroit à la quatrième cafe de fa dame ; ce qui feroit un pofte avantageux pour lui, & dans lequel il pourroit devenir un grand obftacle à votre attaque : vous verrez en cela l'utilité de vos pions de front, puifqu'ils forceront ce cavalier à fe retirer dans fes retranchemens, & le mettent hors d'état de vous nuire.

Voyez la note 4 de la première partie, fur l'utilité des pions de front.

Jeux mathématiques.

21.

B. La dame, à la quatrième cafe de la tour du roi noir (2).

N. La tour de la dame, à la cafe de fon chevalier.

22.

B. Le pion du roi, un pas.

N. Le pion du chevalier du roi, un pas.

23.

B. La dame, à la feconde cafe de fon roi.

N. La tour de la dame, à la feconde cafe du chevalier de la dame blanche.

24.

B. Le pion de la tour du roi, un pas.

N. Le pion du fou de la dame, ou tout autre chofe, la partie eft perdue.

25.

B. Le pion de la tour du roi prend le pion,

N. Le pion du fou du roi reprend (3).

26.

B. La tour du roi prend le pion de la tour du roi noir.

N. Le roi prend la tour (4).

---

(2) Vous jouez cette dame pour l'obliger à pouffer le pion du chevalier de fon roi fur elle ; cela vous met enfuite en état d'attaquer votre adverfaire avec le pion de votre tour, pour faire une ouverture fur fon roi, comme vous verrez par la fuite.

(3) Si en cas il reprenoit avec le pion de fa tour, il faudroit jouer votre dame à la feconde cafe de la tour de votre roi, ce qui vous gagneroit également la partie ; c'eft ce que vous pourrez effayer.

(4) Si au lieu de prendre votre tour il joue la fienne à la feconde cafe du fou de fon roi, vous retirerez la vôtre d'un pas, & enfuite la foutenant de votre dame le mat fe trouvera toujours de même ; la différence ne fera que d'un coup ou deux tout au plus.

P

27.

B. La dame donne échec à la quatrième cafe de la tour du roi noir.

N. Le roi où il peut.

28.

B. La dame donne échec en prenant le pion, et puis mat le coup après.

N.

Second renvoi du troifième gambit, fur le troifième coup.

3.

Blanc. Le pion du roi prend le pion de la dame noire.

Noir. Le pion du roi prend le pion du fou.

4.

B. Le chevalier du roi, à la troifième cafe de fon fou.

N. La dame prend le pion.

5.

B. Le pion de la dame, deux pas.

N. La dame donne échec à la quatrième cafe du roi blanc.

6.

B. Le roi, à la feconde cafe de fon fou.

N. Le fou du roi, à la feconde cafe de fon roi (1).

7.

B. Le fou du roi, à la troifième cafe de fa dame.

N. La dame, à la troifième cafe du fou de fa dame.

8.

B. Le fou de la dame prend le pion.

N. Le fou de la dame, à la troifième cafe de fon roi.

9.

B. La dame, à la feconde cafe de fon roi.

N. La dame, à fa feconde cafe.

10.

B. Le pion du fou de la dame, deux pas.

N. Le pion du fou de la dame, un pas.

11.

B. Le chevalier de la dame, à la troifième cafe de fon fou.

N. Le chevalier du roi, à la troifième cafe de fon fou.

12.

B. Le pion de la tour du roi, un pas.

N. Le roi roque.

13.

B. Le pion du chevalier du roi, deux pas.

N. Le fou du roi, à la troifième cafe de fa dame.

14.

B. Le chevalier du roi, à la quatrième cafe du roi noir.

N. Le fou prend le chevalier.

15.

B. Le pion reprend le fou (2).

N. Le chevalier du roi, à la cafe de fon roi.

(1) S'il n'eût pas couvert fon roi, & qu'il eût laiffé là fa dame, il couroit rifque de la perdre, où de perdre bientôt la partie, parce qu'en tel cas vous donniez échec du fou de votre roi, & enfuite votre tour royale attaquoit fa dame.

(2) Vous reprenez du pion pour forcer fon cavalier à rétrograder, n'ayant aucun endroit pour pouvoir l'avancer ; au lieu qu'il n'auroit pas bougé, s'il eût été attaqué de votre fou.

16.

B. La tour de la dame, à la cafe de fa dame.

N. La dame, à la feconde cafe de fon roi.

17.

B. Le pion du chevalier du roi, un pas.

N. Le chevalier de la dame, à la feconde cafe de fa dame.

18.

B. La dame, à la quatrième cafe de la tour du roi noir (1).

N. Le pion du chevalier du roi, un pas.

19.

B. La dame, à la troifième cafe de la tour du roi noir.

N. La dame donne échec.

20.

B. Le roi, à la troifième cafe de fon chevalier.

N. Le chevalier de la dame prend le pion du roi blanc.

21.

B. Le chevalier, à la quatrième cafe de fon roi.

N. La dame, à la quatrième cafe de la dame blanche (2).

22.

B. Le chevalier donne échec à la troifième cafe du fou du roi noir.

N. Le chevalier prend le chevalier.

23.

B. Le pion reprend le chevalier.

N. Perdu, le mat étant forcé.

(1) Voyez la note 2 du premier renvoi de ce gambit, page 113.

(2) S'il jouoit fa dame ailleurs, il perdroit fon chevalier, ce qui vous fuffiroit pour gagner la partie.

Troifième renvoi fur le troifième gambit, au onzième coup.

11.

Blanc. Le fou du roi, à la troifième cafe de fa dame.

Noir. Le roi roque du côté de fa dame.

12.

B. La tour du roi, à la cafe de fon roi.

N. La dame fe retire à la cafe du fou de fon roi (3).

13.

B. La dame, à la quatrième cafe de fa tour.

N. Le roi, à la cafe du chevalier de fa dame.

14.

B. Le fou de la dame, à la troifième cafe de fon roi.

N. Le pion du fou de la dame, un pas (4).

15.

B. Le pion de la dame, un pas.

N. Le fou de la dame, à la quatrième cafe du chevalier du roi blanc.

16.

B. Le pion du chevalier de la dame, deux pas.

N. Le fou prend le chevalier.

17.

B. Le pion reprend le fou.

(3) Il retire cette dame pour éviter la perte d'une pièce que vous forceriez en pouffant le pion de votre dame fur le fou de la fienne.

(4) S'il eût attaqué votre dame avec le chevalier de la fienne, vous auriez dû retirer la vôtre à la troifième cafe de fon propre chevalier, & enfuite pouffer en avant le pion de la tour, pour faire déloger ce cavalier.

N. La tour de la dame, à la cafe de fon fou (1).

18.

B. Le chevalier, à la quatrième cafe du chevalier de la dame noire.

N. Le pion de la tour de la dame, un pas.

19.

B. Le chevalier prend le fou.

N. La dame reprend le chevalier.

20.

B. La tour de la dame, à la cafe de fon chevalier.

N. Le chevalier de la dame, à la quatrième cafe de fon roi.

21.

B. Le fou du roi, à la feconde cafe de fon roi.

N. Le chevalier du roi, à la feconde cafe de fa dame.

22.

B. La dame, à la quatrième cafe de la tour de la dame noire.

N. La dame donne échec à la troifième cafe du chevalier de fon roi.

23.

B. Le roi, à la cafe de fa tour.

N. La dame, à fa troifième cafe (2).

24.

B. Le pion prend le pion.

N. Le chevalier reprend le pion.

---

(1) Tout autre coup qu'il puiffe jouer, le jeu eft tellement difpofé qu'il ne peut plus éviter la perte de la partie, le jeu étant bien conduit de part & d'autre.

(2) Tout autre chofe qu'il eût pu jouer, vous deviez toujours prendre fon pion avec celui du chevalier de votre dame; & en cas que votre adverfaire l'eût pris, vous deviez le reprendre de votre tour, pour pouvoir doubler vos tours le coup après.

25.

B. La tour de la dame, à la troifième cafe du chevalier de la dame noire.

N. La dame, à la cafe du fou de fon roi.

26.

B. La tour du roi, à la cafe du chevalier de fa dame.

N. Le chevalier de la dame, à la feconde cafe de fa dame.

27.

B. La tour de la dame prend le pion de la tour de la dame noire.

N. Le chevalier prend la tour.

28.

B. La dame reprend le chevalier.

N. La tour de la dame, à la feconde cafe de fon fou.

29.

B. Le pion de la dame, un pas, & gagne la partie.

GAMBIT DE CUNNINGHAM,

Dont l'auteur l'a cru certainement gagné; mais je trouve le contraire, & qu'en jouant bien de part & d'autre, les trois pions de plus, pour la perte d'un fou, doivent gagner la partie lorfqu'ils font bien conduits. Il y aura auffi deux renvois, un au feptième, & le dernier au onzième coup.

1.

Blanc. Le pion du roi, deux pas.

Noir. De même.

2.

B. Le pion du fou du roi, deux pas.

N. Le pion du roi prend le pion.

3.

B. Le chevalier du roi, à la troisième cafe de fon fou.

N. Le fou du roi, à la feconde cafe de fon roi.

4.

B. Le fou du roi, à la quatrième cafe du fou de fa dame.

N. Le fou du roi donne échec.

5.

B. Le pion du chevalier du roi, un pas.

N. Le pion prend le pion.

6.

B. Le roi roque.

N. Le pion du roi prend le pion de la tour du roi blanc.

7.

B. Le roi, à la cafe de fa dame.

N. Le fou du roi, à fa troifième cafe (1).

8.

B. Le pion du roi, un pas.

N. Le pion de la dame, deux pas (2).

9.

B. Le pion du roi prend le fou.

N. Le chevalier du roi prend le pion.

10.

B. Le fou du roi, à la troifième cafe du chevalier de fa dame.

(1) Si au lieu de jouer ce fou à fa troifième cafe il l'eût joué à la feconde de fon roi, vous auriez gagné la partie en peu de coups; ce que vous verrez par un renvoi fur ce coup.

(2) S'il ne facrifioit point ce fou, vous gagneriez encore indubitablement la partie; mais en le perdant, en retenant trois pions pour la pièce, il doit par la force, & ces mêmes pions, devenir votre vainqueur, pourvu qu'il ne fe preffe point à les pouffer avant que toutes fes pièces ne foient forties, & en état de bien feconder fes trois pions.

N. Le fou de la dame, à la troifième cafe de fon roi.

11.

B. Le pion de la dame, un pas (3).

N. Le pion de la tour du roi, un pas (4).

12.

B. Le fou de la dame, à la quatrième cafe du fou de fon roi.

N. Le pion du fou de la dame, deux pas.

13.

B. Le fou de la dame prend le pion près de fon roi.

N. Le chevalier de la dame, à la troifième cafe de fon fou.

14.

B. Le chevalier de la dame, à la feconde cafe de fa dame.

N. Le chevalier du roi, à la quatrième cafe du chevalier du roi blanc (5).

15.

B. La dame, à la feconde cafe de fon roi (6).

(3) Si vous euffiez pouffé ce pion deux pas, vous auriez donné l'entrée dans votre jeu à fes cavaliers, ce qui lui auroit fait gagner bientôt la partie; mais pour que ce coup foit plus fenfible, il fera le fujet d'un fecond renvoi fur ce gambit.

(4) Ce coup eft de grande importance pour le gain de la partie, parce qu'il vous empêche d'attaquer le chevalier de fon roi avec le fou de votre dame; ce qui vous procureroit enfuite l'occafion de féparer fes pions, en facrifiant une tour pour un de fes chevaliers; l'avantage en tel cas reviendroit de votre côté.

(5) Il joue ce chevalier pour prendre le fou de votre dame, qui l'incommoderoit beaucoup s'il roquoit du côté de fa dame. Il eft bon d'avertir ici, pour règle générale, que quand on eft fort en pions il faut tâcher d'ôter les fous de l'adverfaire, parce qu'ils peuvent mieux arrêter le cours des pions que les tours.

(6) Ne pouvant fauver le fou fans faire pire, vous jouez votre dame pour le remplacer; car fi

N. Le chevalier prend le fou.

16.

B. La dame prend le chevalier.

N. La dame, à la cafe de fon chevalier.(1).

17.

B. La dame prend la dame (2).

N. La tour reprend la dame.

18.

B. La tour de la dame, à la cafe de fon roi.

N. Le roi, à la feconde cafe de fa dame.

19.

B. Le chevalier du roi donne échec.

N. Le chevalier prend le chevalier.

20.

B. La tour de la dame reprend le chevalier.

N. Le roi, à la troifième cafe de fa dame.

21.

B. La tour du roi, à la cafe de fon roi.

N. Le pion du chevalier de la dame, deux pas.

22.

B. Le pion du fou de la dame, un pas.

---

vous euffiez joué ce fou à la quatrième cafe de celui de votre roi pour empêcher l'échec de fon cavalier, il auroit pouffé le pion du chevalier de fon roi fur votre fou ; ce qui auroit caufé la perte immédiate de la partie.

(1) S'il jouoit cette dame en tout autre endroit elle fe trouveroit gênée ; c'eft pourquoi il offre à la changer, dans le deffein qu'en cas de votre refus il puiffe la placer à fa troifième cafe, où elle fe trouveroit enfuite non-feulement en fûreté, mais auffi très-bien poftée.

(2) Si vous ne preniez pas fa dame, votre partie feroit encore moins bonne.

N. La tour de la dame, à la cafe de fon roi.

23.

B. Le pion de la tour de la dame, deux pas.

N. Le pion de la tour de la dame, un pas.

24.

B. Le chevalier, à la troifième cafe du fou de fon roi.

N. Le pion du chevalier du roi, deux pas.

25.

B. Le roi, à la feconde cafe de fon chevalier.

N. Le pion du fou du roi, un pas (3).

26.

B. La tour de la dame, à la feconde cafe de fon roi.

N. Le pion de la tour du roi, un pas.

27.

B. Le pion de la tour de la dame prend le pion.

N. Le pion reprend le pion.

28.

B. La tour du roi, à la cafe de la tour de fa dame.

N. La tour de la dame, à fa cafe (4).

29.

B. La tour du roi revient à la cafe de fon roi.

N. Le fou, à la feconde cafe de fa dame.

---

(3) S'il eût pouffé ce pion deux pas, vous auriez gagné le pion de fa dame en le prenant de votre fou, cela auroit rendu votre partie bonne.

(4) Il faut empêcher tant qu'on peut de ne point laiffer doubler les tours de l'ennemi, furtout lorfqu'il y a une ouverture dans le jeu ; c'eft pourquoi il propofe d'abord de changer.

30.

B. Le pion de la dame, un pas.

N. Le pion du fou de la dame, un pas.

31.

B. Le fou, à la seconde case du fou de sa dame.

N. Le pion de la tour du roi, un pas (1).

32.

B. La tour du roi, à sa case.

N. La tour du roi, à sa quatrième case (2).

33.

B. Le pion du chevalier de la dame, un pas.

N. La tour de la dame, à la case de la tour de son roi.

34.

B. Le pion du chevalier de la dame, un pas.

N. Le pion du chevalier du roi, un pas.

35.

B. Le chevalier, à la seconde case de sa dame.

N. La tour du roi, à la quatrième case du chevalier de son roi.

36.

B. La tour du roi, à la case du fou de son roi.

---

(1) Il joue ce pion pour pousser ensuite celui du chevalier de son roi sur votre cavalier, afin de l'obliger à quitter son poste ; mais s'il eût poussé le pion de son chevalier avant de jouer celui-ci, votre chevalier alloit se poster à la quatrième case de la tour de votre roi, & auroit arrêté l'avancement de tous ses pions.

(2) Si au lieu de jouer ce coup il vous eût donné échec avec le pion de sa tour, il auroit péché contre l'instruction que je donne à la première partie. Voyez la note 2 de la page 72.

N. Le pion du chevalier du roi, un pas.

37.

B. La tour prend le pion & donne échec.

N. Le roi, à la seconde case du fou de sa dame.

38.

B. La tour du roi, à la troisième case du chevalier du roi noir.

N. Le pion de la tour du roi, un pas, & donne échec.

39.

B. Le roi, à la case de son chevalier.

N. Le pion du chevalier du roi, un pas.

40.

B. La tour prend la tour.

N. Le pion de la tour donne échec.

41.

B. Le roi prend le pion du chevalier.

N. Le pion de la tour demande dame & donne échec.

42.

B. Le roi, à la seconde case de son fou.

N. La tour donne échec à la case du fou de son roi.

43.

B. Le roi, à sa troisième case.

N. La dame donne échec à la troisième case de la tour du roi blanc.

44.

B. Le chevalier couvre l'échec n'ayant point d'autre jeu.

N. La dame prend le chevalier, ensuite la tour, et donne mat au second coup.

Premier renvoi sur le septième coup du gambit de Cunningham.

7.

Blanc. Le roi, à la case de sa tour.

Noir. Le fou, à la seconde case de son roi.

8.

B. Le fou du roi prend le pion, & donne échec.

N. Le roi prend le fou.

9.

B. Le chevalier du roi, à la quatrième case du roi noir donnant double échec.

N. Le roi, à sa troisième case; ailleurs il perd sa dame.

10.

B. La dame donne échec à la quatrième case du chevalier de son roi.

N. Le roi prend le chevalier.

11.

B. La dame donne échec à la quatrième case du fou du roi noir.

N. Le roi, à la troisième case de sa dame.

12.

B. La dame donne échec & mat à la quatrième case de la dame noire.

Suite de ce premier renvoi, en cas que le roi refuse de prendre votre fou au huitième coup.

8.

Blanc. Le fou du roi prend le pion, & donne échec.

Noir. Le roi, à la case de son fou.

9.

B. Le chevalier du roi, à la quatrième case du roi noir.

N. Le chevalier du roi, à la troisième case du fou de son roi.

10.

B. Le fou du roi, à la troisième case du chevalier de sa dame.

N. La dame, à la case de son roi.

11.

B. Le chevalier du roi, à la seconde case du fou du roi noir.

N. La tour, à la case de son chevalier.

12.

B. Le pion du roi, un pas.

N. Le pion de la dame, deux pas.

13.

B. Le pion prend le chevalier.

N. Le pion reprend le pion.

14.

B. Le fou prend le pion.

N. Le fou de la dame, à la quatrième case du chevalier du roi blanc.

15.

B. La dame, à la case de son roi.

N. Le fou de la dame, à la quatrième case de la tour de son roi.

16.

B. Le pion de la dame, deux pas (1).

N. Le fou prend le chevalier.

17.

B. Le fou de la dame donne échec.

N. La tour couvre l'échec.

18.

B. Le chevalier, à la troisième case du fou de sa dame.

N. Le fou prend le fou.

_____

(o) Le blanc sacrifie cette pièce uniquement pour abréger la partie.

19.

B. Le chevalier reprend le fou.

N. La dame, à la seconde case du fou de son roi.

20.

B. Le chevalier prend le chevalier.

N. La dame reprend le chevalier.

21.

B. La dame prend la dame.

N. Le roi reprend la dame.

22.

B. Le fou prend la tour, & ensuite doit gagner avec la supériorité d'une tour & une très-bonne situation.

Second renvoi du gambit de Cunningham, commençant au onzième coup du blanc.

11.

B. Le pion de la dame, deux pas.

N. Le chevalier du roi, à la quatrième case du roi blanc.

12.

B. Le fou de la dame, à la quatrième case du fou de son roi.

N. Le pion du fou du roi, deux pas.

13.

B. Le chevalier de la dame, à la seconde case de sa dame (1).

N. La dame, à la seconde case de son roi.

14.

B. Le pion du fou de la dame, deux pas.

N. Le pion du fou de la dame, un pas (1).

15.

B. Le pion prend le pion.

N. Le pion reprend le pion.

16.

B. La tour de la dame, à la case de son fou.

N. Le chevalier de la dame, à la troisième case de son fou.

17.

B. Le chevalier de la dame prend le chevalier noir.

N. Le pion du fou du roi reprend le chevalier.

18.

B. Le chevalier prend le pion noir près de son roi.

N. Le roi roque du côté de sa tour.

19.

B. La dame, à sa seconde case.

N. Le pion de la tour du roi, un pas,

_____

(1) Vous jouez ce chevalier pour tenter votre adversaire de le prendre ; mais il est bon d'avertir ici qu'il joueroit très-mal s'il le prenoit, parce qu'un chevalier situé ou posté de cette manière (s'entend soutenu de deux pions) pendant qu'il ne vous reste aucun pion à pousser sur lui pour le faire décamper, vaut au moins autant qu'une tour, à cause qu'il vous devient tellement incommode, que vous serez obligé de le prendre ; & en tel cas, votre adversaire réunissant ses deux pions, dont

Jeux mathématiques.

celui qui est à la tête (n'ayant plus d'obstacle du côté de ses pions ennemis) doit probablement vous coûter une pièce, si vous voulez l'empêcher de faire une dame.

_____

(1) S'il prenoit votre pion, son jeu diminueroit beaucoup de sa force, parce que son chevalier ne seroit plus soutenu que d'un seul pion, qui se trouveroit ensuite sans défense s'il souffroit que vous prissiez son cavalier royal ; il seroit donc obligé de le retirer pour conserver son pion, & cela répareroit beaucoup votre jeu.

20.

B. La tour de la dame, à la quatrième case du fou de la dame noire.

N. La tour de la dame, à la case de sa dame.

21.

B. Le fou du roi, à la quatrième case de la tour de sa dame.

N. Le pion du chevalier du roi, deux pas.

22.

B. Le fou de la dame, à la troisième case de son roi.

N. La tour prend la tour.

23.

B. Le chevalier reprend la tour.

N. La dame, à sa troisième case.

24.

B. La dame, à la seconde case de la tour de son roi.

N. Le roi, à la seconde case de son chevalier.

25.

B. La dame prend la dame.

N. La tour reprend la dame.

26.

B. Le pion de la tour de la dame, un pas.

N. Le roi, à la troisième case de son chevalier.

27.

B. Le pion du chevalier de la dame, deux pas.

N. Le pion de la tour du roi, un pas.

28.

B. Le pion du chevalier de la dame, un pas.

N. Le chevalier, à la roi, de case de son roi.

29.

B. La tour, à la seconde case du fou de la dame noire.

N. La tour, à la seconde case de sa dame.

30.

B. La tour prend la tour; ne prenant point, cela revient au même.

N. Le fou reprend la tour.

31.

B. Le roi, à la seconde case de son chevalier.

N. Le pion de la tour du roi, un pas.

32.

B. Le fou de la dame, à la seconde case du fou de son roi.

N. Le roi, à la quatrieme case de sa tour.

33.

B. Le fou du roi donne échec.

N. Le fou couvre l'échec.

34.

B. Le fou prend le fou.

N. Le roi reprend le fou.

35.

B. Le chevalier donne échec à la troisième case de son roi.

N. Le roi, à la quatrième case du fou du roi blanc.

36.

B. Le roi, à la troisième case de sa tour.

N. Le roi, à la troisième case du fou du roi blanc.

37.

B. Le chevalier, à la quatrième case du chevalier de son roi.

N. Le chevalier, à la quatrième cafe du fou de fon roi.

38.

B. Le fou, à la cafe du chevalier de fon roi.

N. Le pion du roi, un pas.

39.

B. Le pion de la tour de la dame, un pas.

N. Le pion du roi, un pas.

40.

B. Le fou, à la feconde cafe du fou de fon roi.

N. Le chevalier prend le pion de la dame, & gagne enfuite la partie.

GAMBIT DE LA DAME,
furnommé le gambit d'Allepé,

Où il y aura fept renvois; le premier, fur le troifième coup du blanc; le fecond, fur le troifième coup du noir; le troifième, au quatrième coup du blanc; le quatrième, au feptième coup du blanc; le cinquième, au huitième coup du noir; & le fixième, au dixième coup du blanc.

1.

Blanc. Le pion du roi, deux pas.
Noir. De même.

2.

B. Le pion du fou de la dame, deux pas.

N. Le pion prend le pion.

3.

B. Le pion du roi, deux pas (1).

---

(1) Si au lieu de deux vous ne pouffiez ce pion qu'un pas, votre adverfaire feroit en état de tenir

---

N. Le pion du roi, deux pas (1).

4.

B. Le pion de la dame, un pas (2).

N. Le pion du fou du roi, deux pas (3).

5.

B. Le chevalier de la dame, à la troifième cafe de fon fou.

N. Le chevalier du roi, à la troifième cafe de fon fou.

6.

B. Le pion du fou du roi, un pas.

N. Le fou du roi, à la quatrième cafe du fou de fa dame.

7.

B. Le chevalier de la dame, à la quatrième cafe de fa tour (4).

---

le fou de votre dame renfermé pendant la moitié de la partie. Un premier renvoi en fera le témoignage. Je me fers en même temps de cette occafion pour dire qu'un certain auteur (d'ailleurs affez intelligent, & qui fe plaît à jouer prefque toujours cette partie) enfeigne à ne point pouffer ce pion deux pas; cependant on fera convaincu par ce renvoi que c'eft le coup le mieux joué. Il eft bien vrai qu'en ne le pouffant qu'un pas, l'on peut quelquefois attraper un mauvais joueur; mais cela ne juftifie pas le coup.

(1) Si au lieu de jouer ce pion il eût foutenu celui du gambit, il perdoit la partie: c'eft ce qu'on verra par un fecond renvoi. Mais ne faifant ici ni l'un ni l'autre, vous deviez pouffer en tel cas le pion du fou de votre roi deux pas, & votre fituation auroit été des meilleures, puifque vous auriez eu trois pions de front.

(2) Si au lieu de pouffer en avant vous euffiez pris le pion de fon roi, vous perdiez l'avantage de l'attaque. Ce fera le fujet du troifième renvoi.

(3) S'il eût joué toute autre chofe, vous deviez pouffer le pion de votre roi deux pas, & par ce moyen vous auriez procuré une entière liberté à vos pièces.

(4) Si au lieu de jouer ce chevalier pour vous défaire du fou de fon roi, ou le faire retirer de

N. Le fou prend le chevalier près de la tour du roi blanc (1).

8.

B. La tour reprend le fou.

N. Le roi roque (2).

9.

B. Le chevalier, à la troifième café du fou de fa dame.

N. Le pion prend le pion.

10.

B. Le fou du roi prend le pion du gambit (3).

N. Le pion prend le pion du fou du roi blanc.

11.

B. Le pion reprend le pion (4).

---

cette ligne (comme vous êtes inftruit dans la note 3 de la première partie) vous euffiez pris le pion du gambit, vous perdiez la partie. C'eft ce qui eft encore néceffaire de faire voir par un quatrième renvoi fur cette partie.

(1). Si au lieu de prendre votre chevalier il eût joué fon fou à la quatrième café de votre dame, vous deviez l'attaquer avec votre chevalier royal, & le prendre le coup fuivant.

(2). Si au lieu de roquer il eût pouffé le pion du chevalier de la dame deux pas, pour foutenir le pion du gambit, vous ferez convaincu, par un cinquième renvoi, qu'il perdoit encore la partie ; & fi au lieu d'un de ces deux coups il eût choifi celui de prendre le pion de votre roi, en reprenant le fien, il n'auroit ofé prendre de rechef le vôtre avec fon chevalier, parce qu'en lui donnant enfuite échec de votre dame il perdoit indubitablement la partie. C'eft ce qu'il eft aifé de voir fans renvoi.

(3). Voici encore un coup particulier, & qui demande un fixième renvoi ; c'eft que fi vous euffiez pris le pion du fou de fon roi avec celui du vôtre, vous perdiez la partie.

(4) En reprenant de ce pion, vous donnez une ouverture à votre tour fur fon roi, & ce pion fert auffi à mieux couvrir votre roi, outre qu'il arrête fon chevalier ; & malgré que vous ayez un pion de moins, vous avez plutôt l'avantage dans cette partie.

N. Le fou de la dame, à la quatrième café du fou de fon roi.

12.

B. Le fou de la dame, à la trbifième café de fon roi.

N. Le chevalier de la dame, à la feconde café de fa dame.

13.

B. La dame, à fa feconde café.

N. Le chevalier de la dame, à fa troifième café.

14.

B. Le fou de la dame prend le chevalier.

N. Le pion de la tour reprend le fou.

15.

B. Le roi roque du côté de fa dame.

N. Le roi, à la café de fa tour.

16.

B. La tour du roi, à la quatrième café du chevalier du roi noir.

N. Le pion du chevalier du roi, un pas.

17.

B. La dame, à la troifième café de fon roi.

N. La dame, à fa troifième café.

18.

B. Le chevalier, à la quatrième café de fon roi.

N. Le fou prend le chevalier.

19.

B. Le pion reprend le fou pour fe réunir à fon camarade.

N. La tour du roi, à la café de fon roi.

20.

B. Le roi, à la cafe du chevalier de fa dame.

N. La dame, à la quatrième cafe de fon fou.

21.

B. La dame prend la dame.

N. Le pion reprend la dame.

22.

B. La tour de la dame, à la cafe de fon roi.

N. Le roi, à la feconde cafe de fon chevalier.

23.

B. Le roi, à la feconde cafe du fou de fa dame.

N. Le pion de la tour du roi, un pas.

24.

B. La tour du roi, à la troifième cafe de fon chevalier.

N. Le chevalier, à la quatrième cafe de la tour de fon roi.

25.

B. La tour attaquée par le chevalier fe fauve à la troifième cafe du chevalier de fa dame.

N. Le pion du chevalier de la dame, un pas.

26.

B. Le pion de la dame, un pas pour faire ouverture à votre tour & à votre fou.

N. Le pion prend le pion.

27.

B. La tour du roi prend le pion.

N. La tour de la dame, à la cafe de fa dame.

28.

B. La tour de la dame, à la cafe de fa dame.

N. Le chevalier, à la troifième cafe du fou de fon roi.

29.

B. La tour du roi donne échec.

N. Le roi, à la cafe de fa tour.

30.

B. Le fou, à la quatrième cafe de la dame noire pour empêcher l'avancement des pions de l'adverfaire.

N. Le chevalier prend le fou.

31.

B. La tour reprend le chevalier.

N. La tour du roi, à la cafe de fon fou.

32.

B. La tour de la dame, à la feconde cafe de fa dame.

N. La tour du roi, à la quatrième cafe du fou du roi blanc.

33.

B. La tour de la dame, à la feconde cafe de fon roi.

N. Le pion de la dame, un pas.

34.

B. Le pion prend le pion.

N. La tour de la dame reprend le pion.

35.

B. La tour du roi, à la feconde cafe du roi noir.

N. Le pion du chevalier du roi, un pas; s'il foutenait le pion, il perdrait la partie.

36.

B. Une des deux tours prend le pion.
N. La tour prend la tour.

37.

B. La tour reprend la tour.
N. La tour donne échec à la seconde case du fou du roi blanc.

38.

B. Le roi, à la troisième case du fou de sa dame.
N. La tour prend le pion.

39.

B. Le pion de la tour, deux pas (1).
N. Le pion du chevalier du roi, un pas.

40.

B. Le pion de la tour, un pas.
N. Le pion du chevalier, un pas.

41.

B. La tour, à la case de son roi.
N. Le pion du chevalier, un pas.

42.

B. La tour, à la case du chevalier de son roi.
N. La tour donne échec.

43.

B. Le roi, à la quatrième case du fou de sa dame.
N. La tour, à la troisième case du chevalier du roi blanc.

44.

B. Le pion de la tour, un pas.
N. La tour, à sa seconde case de son chevalier.

45.

B. Le roi prend le pion.
N. Le pion de la tour, un pas.

46.

B. Le roi, à la troisième case du chevalier de la dame noire.
N. Le pion de la tour, un pas.

47.

B. Le pion de la tour, un pas.
N. La tour prend le pion (1).

48.

B. La tour prend le pion (2).
N. La tour, à la seconde case de la tour du roi.

49.

B. Le pion, deux pas.
N. Le pion, un pas.

50.

B. La tour, à la seconde case de la tour de son roi.
N. Le roi, à la seconde case de son chevalier.

51.

B. Le pion, un pas.
N. Le roi, à la troisième case de son chevalier.

---

(1) Si au lieu de pousser ce pion vous eussiez pris le sien avec votre tour, vous auriez perdu la partie, parce que votre roi auroit empêché votre tour de venir à temps pour barrer le passage au pion de son chevalier. C'est ce qu'on peut voir en jouant les mêmes coups.

---

(1) S'il ne prenoit pas votre pion, il perdroit la partie, en prenant immédiatement le sien.

(2) Si au lieu de prendre son pion vous eussiez pris sa tour, vous auriez perdu.

52.

B. Le roi, à la troifième cafe du fou de la dame noire.

N. Le roi, à la quatrième cafe de fon chevalier.

53.

B. Le pion, un pas.

N. Le roi, à la quatrième cafe du chevalier du roi blanc.

54.

B. Le pion avance.

N. La tour prend le pion, & jouant enfuite fon roi fur la tour, il eft vifible que c'eft un refait, parce que fon pion vous coûtera la tour.

Il n'eft pas néceffaire de renvois fur ces derniers coups, puifqu'il eft facile à les trouver du moment qu'on fe donne la peine de les chercher.

Premier renvoi du gambit de la dame, au troifième coup.

3.

B. Le pion du roi, un pas.

N. Le pion du fou du roi, deux pas (1).

4.

B. Le fou du roi prend le pion.

N. Le pion du roi, un pas.

5.

B. Le pion du fou du roi, un pas.

N. Le chevalier du roi, à la troifième cafe de fon fou (2).

---

(1) Le jeu de ce pion doit vous convaincre que vous auriez mieux fait d'avancer celui de votre roi deux pas, puifque fon pion vous empêche à préfent de mettre celui de votre roi de front avec celui de votre dame.

(2) C'eft encore par le même principe qu'il joue ce chevalier, qui eft d'empêcher l'union du pion de votre roi avec celui de votre dame.

6.

B. Le chevalier de la dame, à la troifième cafe de fon fou.

N. Le pion du fou de la dame, deux pas (1).

7.

B. Le chevalier du roi, à la feconde cafe de fon roi.

N. Le chevalier de la dame, à la troifième cafe de fon fou.

8.

B. Le roi roque.

N. Le pion du chevalier du roi, deux pas (2).

9.

B. Le pion de la dame prend le pion (3).

N. La dame prend la dame.

10.

B. La tour reprend la dame.

B. Le fou du roi prend le pion.

11.

B. Le chevalier du roi, à la quatrième cafe de fa dame.

N. Le roi, à fa feconde cafe.

---

(1) Ce pion eft encore pouffé avec le même deffein d'empêcher les pions du centre à fe réunir de front.

(2) Il joue ce pion pour pouffer, en cas de befoin, celui du fou de fon roi fur votre pion royal, ce qui cauferoit infailliblement la féparation de vos meilleurs pions.

(3) Si au lieu de prendre ce pion vous l'euffiez pouffé en avant, votre adverfaire auroit attaqué le fou de votre roi avec le chevalier de fa dame, pour vous obliger à lui donner échec ; & en tel cas, jouant fon roi à la feconde cafe de fon fou, il gagnoit le coup fur vous & une bonne fituation de jeu.

12.

B. Le chevalier de la dame, à la quatrième cafe de fa tour.

N. Le fou du roi, à la troifième cafe de fa dame.

13.

B. Le chevalier du roi prend le chevalier.

N. Le pion reprend le chevalier.

14.

B. Le pion du fou du roi, un pas (1).

N. Le pion de la tour du roi, un pas.

15.

B. Le fou de la dame, à la feconde cafe de fa dame.

N. Le chevalier, à la quatrième cafe de fa dame.

16.

B. Le pion du chevalier du roi, un pas.

N. Le fou de la dame, à la feconde cafe de fa dame.

17.

B. Le roi, à la feconde cafe de fon fou.

N. Le pion du fou de la dame, un pas.

18.

B. Le chevalier, à la troifième cafe du fou de fa dame.

N. Le fou de la dame, à fa troifième cafe.

19.

B. Le chevalier prend le chevalier.

N. Le pion reprend le chevalier.

---

(1) Vous avancez ce pion pour empêcher votre adverfaire de mettre trois pions de front; ce qu'il auroit fait en pouffant celui de fon roi.

20.

B. Le fou du roi, à la feconde cafe de fon roi.

N. La tour de la dame, à la cafe du chevalier de fon roi.

21.

B. Le fou de la dame, à fa troifième cafe.

N. Le pion du chevalier du roi prend le pion.

22.

B. Le fou prend la tour (1).

N. Le pion prend le pion du roi donnant échec.

23.

B. Le roi reprend le pion.

N. La tour prend le fou.

24.

B. Le fou du roi, à fa troifième cafe.

N. Le roi, à fa troifième cafe.

25.

B. La tour du roi, à la feconde cafe de fa dame.

N. Le pion de la dame donne échec.

26.

B. Le roi, à la feconde cafe de fon fou.

N. Le fou de la dame, à la quatrième cafe du roi blanc.

---

(1) Si vous euffiez repris fon pion avec celui de votre chevalier, il auroit pouffé celui de fa dame fur votre fou, & enfuite il feroit entré dans votre jeu par un échec de fa tour foutenue du fou de fa dame; & si vous euffiez repris ce pion avec celui de votre roi, il auroit fait de même; ce qui lui auroit donné un beau jeu, & cela pour avoir un pion de paffé, c'est-à-dire un pion qui ne peut être arrêté que par des pièces, & qui probablement en doit coûter une, pour empêcher qu'il ne faffe une dame.

27.

B. La tour de la dame, à la cafe de fon roi.

N. Le roi, à la quatrième cafe de fa dame.

28.

B. La tour du roi, à la feconde cafe de fon roi.

N. La tour, à la cafe de fon roi.

29.

B. Le pion du chevalier du roi, un pas.

N. Le fou prend le fou.

30.

B. La tour prend la tour.

N. Le pion prend le pion.

31.

B. Le pion de la tour du roi, un pas.

N. Le pion du fou de la dame, un pas.

32.

B. La tour du roi, à la cafe de la tour du roi noir.

N. Le pion de la dame, un pas.

33.

B. Le roi, à fa troifième cafe.

N. Le fou du roi donne échec à la quatrième cafe du fou de fa dame.

34.

B. Le roi, à la quatrième cafe de fon fou, ne pouvant mettre ailleurs.

N. Le pion de la dame, un pas, & gagne la partie.

Je laiffe perdre cette partie, pour faire voir la force des deux fous contre les tours, particulièrement lorfque le roi eft entre deux pions. Si donc au lieu d'employer vos tours à faire la guerre à fes pions, vous vous fuffiez défait du fou de fon roi, jouant votre tour au trente-unième coup à la cafe de la dame noire ; au trente-deuxième,

Jeux mathématiques.

porté votre autre tour à la feconde cafe du roi de l'adverfaire ; au trente-troifième, facrifier votre première tour pour le fou de fon roi, vous verrez que de la partie vous en pourrez faire une remife.

Second renvoi du gambit de la dame, au troifième coup du noir.

3.

B. Le pion du roi, deux pas.

N. Le pion du chevalier de la dame, deux pas.

4.

B. Le pion de la tour de la dame, deux pas.

N. Le pion du fou de la dame, un pas.

5.

B. Le pion du chevalier de la dame, un pas (1).

N. Le pion du gambit prend le pion.

6.

B. Le pion de la tour prend le pion.

N. Le pion du fou de la dame reprend le pion.

7.

B. Le fou du roi prend le pion, & donne échec.

N. Le fou couvre l'échec.

8.

B. La dame prend le pion.

N. Le fou prend le fou.

9.

B. La dame reprend le fou, & donne échec.

N. La dame couvre l'échec.

(1) Il eft de la même conféquence, dans l'attaque du gambit de la dame, de féparer les pions de l'adverfaire de ce côté, que dans les gambits du roi de féparer ceux du côté du roi.

10.

B. La dame prend la dame.

N. Le chevalier reprend la dame.

11.

B. Le pion du fou du roi, deux pas.

N. Le pion du roi, un pas.

12.

B. Le roi, à sa seconde case.

N. Le pion du fou du roi, deux pas (1).

13.

B. Le pion du roi, un pas.

N. Le chevalier du roi, à la seconde case de son roi.

14.

B. Le chevalier de la dame, à la troisième case de son fou.

N. Le chevalier du roi, à la quatrième case de sa dame (2).

15.

B. Le chevalier prend le chevalier.

N. Le pion reprend le chevalier.

16.

B. Le fou de la dame, à la troisième case de sa tour.

N. Le fou prend le fou.

---

(1) En poussant ce pion deux pas, son but est de vous forcer à pousser en avant celui de votre roi, pour que celui de votre dame qui est à la tête reste en arrière & vous devienne inutile. (Voyez la note 4, page 83.) Il faudra néanmoins le jouer ; mais vous tâcherez ensuite, par le secours de vos pièces, de changer ce pion de votre dame pour celui de son roi, & donner par ce moyen un passage libre à celui du vôtre.

(2) Dans la situation présente votre adversaire est forcé de vous proposer à changer de chevalier, quoiqu'il sépare ses pions par ce coup, parce que s'il eût joué toute autre chose, vous auriez gagné le pion de sa tour en jouant votre cavalier à la quatrième case de celui de la dame noire.

17.

B. La tour prend le fou.

N. Le roi, à sa seconde case.

18.

B. Le roi, à la troisième case de son fou.

N. La tour du roi, à la case du chevalier de sa dame.

19.

B. Le chevalier, à la seconde case de son roi.

N. Le roi, à sa troisième case.

20.

B. La tour du roi, à la case de la tour de sa dame.

N. La tour du roi, à la seconde case du chevalier de sa dame.

21.

B. La tour de la dame donne échec.

N. Le chevalier couvre l'échec.

22.

B. La tour du roi, à la quatrième case de la tour de la dame noire.

N. Le pion du chevalier du roi, un pas.

23.

B. Le chevalier, à la troisième case du fou de sa dame.

N. La tour de la dame, à la case de sa dame.

24.

B. La tour de la dame prend le pion de la tour adversaire.

N. La tour prend la tour.

25.

B. La tour reprend, & doit ensuite

gagner pour avoir un pion de plus & paffé (1).

Troifième renvoi fur le gambit de la dame, au quatrième coup du blanc.

4.

B. Le pion de la dame prend le pion.
N. La dame prend la dame.

5.

B. Le roi reprend la dame.
N. Le fou de la dame, à la troifième cafe de fon roi.

6.

B. Le pion du fou du roi, deux pas.
N. Le pion du chevalier du roi, un pas.

7.

B. Le chevalier de la dame, à la troi fième cafe de fon fou.
N. Le chevalier de la dame, à la fe conde cafe de fa dame.

8.

B. Le pion de la tour du roi, un pas.
N. Le pion de la tour du roi, deux pas.

9.

B. Le fou de la dame, à la troifième cafe de fon roi.
N. Le roi roque.

10.

B. Le roi, à la feconde cafe du fou de fa dame.
N. Le fou du roi, à la quatrième cafe du fou de fa dame.

11.

B. Le fou prend le fou.
N. Le chevalier reprend le fou.

_____

(1) On peut être convaincu par ce renvoi qu'un pion féparé des autres ne peut jamais faire for- tune.

12.

B. Le chevalier du roi, à la troifième cafe de fon fou.
N. Le pion du fou de la dame, un pas.

13.

B. Le chevalier du roi, à la quatrième cafe du chevalier du roi noir.
N. Le pion du chevalier de la dame, deux pas.

14.

B. Le fou du roi, à la feconde cafe de fon roi.
N. Le chevalier du roi, à la feconde cafe de fon roi.

15.

B. Le chevalier prend le fou.
N. Le pion reprend le chevalier.

16.

B. Le pion de la tour de la dame, deux pas.
B. Le chevalier de la dame, à la troi fième cafe du chevalier de la dame blanche.

17.

B. La tour de la dame, à fa feconde cafe.
N. Le pion de la tour de la dame, un pas.

18.

B. Le pion de la tour de la dame prend le pion.
N. Le pion de la tour de la dame re prend le pion.

19.

B. La tour donne échec.
N. Le roi, à la feconde cafe du cheva lier de fa dame.

20.

B. La tour prend la tour.

N. La tour reprend la tour.

21.

B. La tour, à la case de sa dame.

N. Le chevalier de la dame donne échec.

22.

B. Le roi, à la case du chevalier de sa dame.

N. Le roi, à la troisième case du chevalier de sa dame.

23.

B. Le pion du chevalier du roi, deux pas.

N. Le pion prend le pion.

24.

B. Le pion reprend le pion.

N. Le pion du fou de la dame, un pas.

25.

B. Le pion du chevalier du roi, un pas.

N. Le chevalier du roi, à la troisième case du fou de sa dame.

26.

B. Le fou, à la quatrième case du chevalier de son roi.

N. Le pion du chevalier de la dame, un pas.

27.

B. Le chevalier, à la seconde case de son roi.

N. Le chevalier du roi, à la quatrième case de la tour de sa dame.

28.

B. Le chevalier prend le chevalier.

N. Le pion reprend le chevalier.

29.

B. Le fou prend le pion.

N. Le roi, à la quatrième case du fou de sa dame.

30.

B. Le pion du fou du roi, un pas.

N. Le pion de la dame, un pas.

31.

B. Le pion du fou du roi prend le pion (1).

N. Le chevalier, à la troisième case du chevalier de la dame blanche.

32.

B. Le pion, un pas.

N. La tour, à la case de la tour de sa dame pour donner mat.

33.

B. La tour prend le pion.

N. La tour donne échec.

34.

B. Le roi, à la seconde case du fou, n'ayant point d'autre retraite.

N. La tour donne échec & mat à la case du fou de la dame.

Quatrième renvoi sur le gambit de la dame, au septieme coup du blanc.

7.

B. Le fou du roi prend le pion du gambit.

N. Le pion du fou du roi prend le pion.

8.

B. Le pion du fou du roi reprend le pion.

(o) Il prend ce pion pour pousser à dame sur la case blanche soutenue de son fou.

N. Le chevalier du roi, à la quatrième
case du chevalier du roi blanc.

9.

B. Le chevalier du roi, à la troisième
case de sa tour.

N. La dame donne échec.

10.

B. Le roi, à la seconde case de la dame.

N. Le chevalier du roi, à la troisième
case du roi blanc.

11.

B. La dame, à la seconde case de son roi.

N. Le fou de la dame, à la quatrième
case du chevalier du roi blanc.

12.

B. La dame, à sa troisième case.

N. Le chevalier du roi prend le pion.

13.

B. Le chevalier du roi, à sa case.

N. La dame, à la case du roi blanc donnant échec.

14.

B. Le roi se retire.

N. Le fou du roi prend le chevalier, &
doit ensuite gagner facilement la
partie.

*Cinquieme renvoi du gambit de la dame,
au huitieme coup du noir.*

8.

B. La tour reprend le fou.

N. Le pion du chevalier de la dame,
deux pas.

9.

B. Le chevalier, à la quatrième case du
fou de la dame noire.

N. Le roi roque.

10.

B. Le pion de la tour de la dame, deux
pas.

N. Le chevalier de la dame, à la troisième case de sa tour.

11.

B. Le chevalier prend le chevalier.

N. Le fou reprend le chevalier.

12.

B. Le pion de la tour prend le pion.

N. Le fou reprend le pion.

13.

B. Le pion du chevalier de la dame,
un pas.

N. Le pion du fou du roi prend le
pion.

14.

B. Le pion du chevalier de la dame
prend le pion.

N. Le fou, à la seconde case de sa dame.

15.

B. Le fou de la dame, à la quatrième
case du chevalier du roi noir.

N. Le pion prend le pion.

16.

B. Le pion reprend le pion.

N. Le roi, à la case de sa tour.

17.

B. Le fou du roi, à la troisième case
de sa dame.

N. Le pion de la tour du roi, un pas.

18.

B. Le pion de la tour du roi, deux pas.

N. Le pion de la tour prend le fou de
la dame.

19.

B. Le pion reprend le pion.

N. Le chevalier, à la quatrième cafe de fa tour.

20.

B. Le fou, à la troifième cafe du chevalier du roi noir.

N. Le chevalier, à la quatrième cafe du fou du roi blanc.

21.

B. La dame, à la feconde cafe de fon fou.

N. Le chevalier prend le fou pour éviter le mat.

22.

B. La dame reprend le chevalier.

N. Le fou, à la quatrième cafe du fou de fon roi.

23.

B. La dame donne échec.

N. Le roi fe retire.

24.

B. Le pion du chevalier du roi, un pas.

N. Le fou prend le pion.

25.

B. La dame prend le fou.

N. La dame, à la troifième cafe du fou de fon roi.

26.

B. La tour de la dame, à la troifième cafe de la tour de la dame noira.

N. La dame prend la dame.

27.

B. La tour de la dame reprend la dame.

N. La tour du roi, à la feconde cafe de fon fou.

28.

B. Le roi, à fa feconde cafe.

N. Le pion de la tour de la dame, deux pas.

29.

B. La tour de la dame, à la troifième cafe du roi noir.

N. Le pion de la tour, un pas.

30.

B. La tour prend le pion.

N. Le pion de la tour, un pas.

31.

B. La tour du roi, à la cafe de la tour de fa dame.

N. Le pion de la tour, un pas.

32.

B. La tour, à la troifième cafe de fon roi.

N. La tour du roi, à la troifième cafe de fon fou.

33.

B. Le roi, à la troifième cafe de fa dame.

N. La tour donne échec.

34.

B. Le roi, à fa quatrième cafe.

N. La tour prend la tour.

35.

B. Le roi reprend la tour.

N. La tour, à la troifième cafe de la tour de fa dame.

36.

B. Le roi, à la quatrième cafe de fa dame.

N. Le roi, à la feconde cafe de fon fou.

37.

B. Le roi, à la troisième case du fou de sa dame.

N. La tour donne échec.

38.

B. Le roi, à la quatrième case du chevalier de sa dame.

N. La tour prend le pion.

39.

B. La tour prend le pion.

N. Le roi, à sa seconde case.

40.

B. Le pion du fou de la dame, un pas.

N. Le pion du chevalier du roi, deux pas.

41.

B. La tour, à la seconde case de la tour de la dame noire.

N. Le roi, à la case de sa dame.

42.

B. Le roi, à la quatrième case du chevalier de la dame noire.

N. Le pion du chevalier, un pas.

43.

B. Le roi, à la troisième case du fou de la dame noire.

N. La tour donne échec.

44.

B. Le pion couvre l'echec.

N. Le pion prend le pion.

45.

B. Le pion reprend le pion.

N. Le roi, à sa case.

46.

B. La tour, à la seconde case du chevalier du roi noir.

N. La tour, à la troisième case de sa tour.

47.

B. Le roi, à la seconde case du fou de la dame noire, & gagnera la partie en poussant son pion.

N.

Sixieme renvoi du gambit de la dame, au dixieme coup du blanc.

10.

B. Le pion du fou du roi prend le pion.

N. Le chevalier prend le pion du roi.

11.

B. Le chevalier reprend le chevalier.

N. La dame donne échec.

12.

B. Le chevalier, à la troisième case du chevalier de son roi.

N. Le fou de la dame, à la quatrième case du chevalier du roi blanc.

13.

B. Le fou du roi, à la seconde case de son roi (1).

N. La dame prend le pion de la tour.

14.

B. La tour du roi, à la case de son fou (2).

N. La dame prend le chevalier, & donne échec.

15.

B. Le roi, à la seconde case de sa dame.

_____

(1) Tout ce que vous eussiez pu jouer ne pouvoit vous empêcher de perdre une pièce.

(2) Si au lieu de jouer votre tour vous eussiez joué votre roi, il gagnoit plus facilement en jouant sa tour à la seconde case du fou de votre roi.

N. Le chevalier de la dame, à la seconde cafe de fa dame.

16.

B. La tour prend la tour (1).

N. La tour reprend la tour.

17.

B. La dame, à la cafe de fon roi.

N. La tour, à la feconde cafe du fou du roi blanc, & gagne la partie.

LE MAT DU FOU ET DE LA TOUR CONTRE UNE TOUR.

La fituation dans laquelle je mets les pièces eft la plus avantageufe pour la tour qui défend le mat ; mais en cas qu'elle ne s'y place point, il eft affez facile de forcer le roi à l'extrémité de l'échiquier.

SITUATION.

Noir. Le roi, à fa cafe ; & la tour, à la feconde cafe de fa dame.

Blanc. Le roi, à la troifième cafe du roi noir ; la tour, fur la ligne du fou de la dame ; & le fou, à la quatrième cafe du roi noir.

1.

B. La tour donne échec.

N. La tour couvre l'échec.

2.

B. La tour, à la feconde cafe du fou de la dame noire.

N. La tour, à la feconde cafe de la dame blanche.

3.

B. La tour, à la feconde cafe du chevalier de la dame noire.

N. La tour, à la cafe de la dame blanche.

(1) Si vous euffiez pris fon fou, il vous auroit donné échec avec fa dame à la troifième cafe de la vôtre, & mat le coup après, en prenant votre tour.

Quatrieme coup, fur lequel il y a un renvoi.

B. La tour, à la feconde cafe du chevalier du roi noir.

N. La tour, à la cafe du fou du roi blanc.

Cinquieme coup, fur lequel on trouvera un fecond renvoi.

B. Le fou, à la troifième cafe du chevalier de fon roi.

N. La roi, à la cafe de fon fou.

6.

B. La tour, à la quatrième cafe du chevalier de fon roi.

N. Le roi à fa place.

Septieme coup avec un troifieme renvoi.

B. La tour, à la quatrième cafe du fou de fa dame.

N. La tour, à la cafe de la dame blanche.

8.

B. Le fou, à la quatrième cafe de la tour de fon roi.

N. Le roi, à la cafe de fon fou.

9.

B. Le fou, à la troifième cafe du fou du roi noir.

N. La tour donne échec à la cafe du roi blanc.

10.

B. Le fou couvre l'échec.

N. Le roi, à la cafe de fon chevalier.

11.

B. La tour, à la quatrième cafe de la tour du roi, & donne échec & mat le coup après.

Premier renvoi au quatrieme coup.

Quatrieme coup.

B. La tour, à la feconde cafe du chevalier du roi noir.

N. Le roi, à la cafe de fon fou.

5.

B. La tour, à la seconde case de la tour du roi noir.

N. La tour, à la case du chevalier du roi blanc.

Sixième coup, avec un renvoi sur ce même renvoi.

B. La tour, à la seconde case du fou de la dame noire.

N. La tour donne échec à la troisième case du chevalier de son roi.

7.

B. Le fou couvre l'échec.

N. Le roi, à la case de son chevalier.

8.

B. La tour donne échec.

N. Le roi, à la seconde case de sa tour.

9.

B. La tour donne échec et mat à la case de la tour du roi noir.

Suite du sixième coup sur ce renvoi, en cas qu'il ne donne point échec.

6.

B. La tour, à la seconde case du fou de la dame noire.

N. Le roi, à la case de son chevalier.

7.

B. La tour donne échec à la case du fou de la dame.

N. Le roi, à la seconde case de sa tour.

8.

B. La tour donne échec à la case de la tour du roi noir.

N. Le roi, à la troisième case de son chevalier.

Jeux mathématiques.

9.

B. La tour donne échec à la case du chevalier du roi noir, & prend la tour pour rien.

Second renvoi sur le cinquieme coup du mat de la tour & du fou contre la tour.

5.

B. Le fou, à la troisième case du chevalier de son roi.

N. La tour, à la troisième case du fou du roi blanc.

6.

B. Le fou, à la troisième case de la dame noire.

N. La tour donne échec.

7.

B. Le fou couvre l'échec.

N. La tour, à la troisième case du fou du roi blanc.

8.

B. La tour donne échec à la seconde case du roi noir.

N. Le roi, à la case de sa dame.

9.

B. La tour, à la seconde case du chevalier de la dame noire, & donne échec & mat le coup après à la case du chevalier de la dame noire.

Troisieme renvoi sur le septieme coup.

7.

B. La tour, à la quatrième case du fou de sa dame.

N. Le roi, à la case de son fou.

8.

B. Le fou, à la quatrième case du roi noir.

N. Le roi, à la case de son chevalier.

9.

B. La tour, à la quatrième cafe de la tour de fon roi, & donne mat le coup fuivant à la cafe de la tour du roi noir.

SUPPLÉMENT DE LA QUATRIÈME PARTIE,

Où l'on peut être convaincu qu'ayant le trait il n'eſt point avantageux de jouer le pion du fou de la dame au ſecond coup.

1.

N. Le pion du roi, deux pas.
B. De même.

2.

N. Le pion du fou de la dame, un pas.
B. Le pion de la dame, deux pas.

3.

N. Le pion prend le pion.
B. La dame reprend le pion.

4.

N. Le pion de la dame, deux pas.
B. Le pion prend le pion.

5.

N. Le pion reprend le pion.
B. Le pion du fou de la dame, deux pas.

6.

N. Le fou de la dame, à la troiſième cafe de fon roi.
B. Le pion prend le pion.

7.

N. La dame reprend le pion.
B. La dame prend la dame.

8.

N. Le fou reprend la dame.

B. Le chevalier de la dame, à la troiſième cafe de fon fou.

Sans aller plus loin, je laiſſe confidérer, par la fituation préfente, fi le noir a profité quelque chofe de fon attaque.

Nous terminerons cet article par le fameux problême d'Euler, publié dans les Mémoires de l'Académie de Berlin, en 1759. Ce problême confifte à faire enforte que le *cavalier* parcourre fucceffivement toutes les cafes de l'échiquier, en marchant fuivant l'ordre établi pour le mouvement de cette pièce, & fans paſſer plus d'une fois par la même cafe.

I. Euler commence par indiquer la route fuivante où le cavalier, partant d'un coin de l'échiquier, parcourt toutes les cafes.

42	59	44	9	40	21	46	7
61	10	41	58	45	8	39	20
12	43	60	55	22	57	6	47
53	62	11	30	25	28	19	38
32	13	54	27	56	23	48	5
63	52	31	24	29	26	37	18
14	33	2	51	16	35	4	49
1	64	15	34	3	50	17	36

Les cafes font numérotées fuivant l'ordre qu'elles font parcourues; ainfi, le *cavalier* ayant été pofé d'abord dans la cafe 1, faute en 2, de là en 3, en 4, &c.; quand il eſt parvenu en 64, il a parcouru toutes les cafes. On voit qu'on le peut faire partir également des autres angles.

II. En retournant par la même route, on pourra auffi commencer par la cafe 64, & de là en paſſant fucceffivement par les cafes 63, 62, 61, &c.; on parviendra enfin, après avoir parcouru toutes les cafes, à celles du coin 1. Mais cette route ne fera d'aucune utilité, quand il faudra commencer par quelqu'autre cafe. La queſtion propofée généralement eſt de donner parmi toutes les combinaifons dont le problême eſt ſuſceptible, un moyen infaillible de commencer la route par une caſe quelconque.

III. Euler remarque d'abord qu'on pourroit ſatisfaire à la queſtion, ſi l'on trouvoit une route où la dernière caſe marquée par 64 fût éloignée de la 1 d'un ſaut du *cavalier*, de ſorte qu'il pût ſauter de la dernière ſur la première : alors il eſt évident qu'on pourra commencer par une caſe quelconque, & de là continuer la courſe ſuivant l'ordre des nombres juſqu'à la caſe marquée 64, d'où en ſautant à celle qui eſt marquée 1, le *cavalier* pourſuivroit la courſe, & reviendroit à la caſe d'où il ſeroit parti. Or, voici une telle route rentrante en elle-même.

42	57	44	9	40	21	46	7
55	10	41	58	45	8	39	20
12	43	56	61	22	59	6	47
63	54	11	30	25	28	19	38
32	13	62	27	60	23	48	5
53	64	31	24	29	26	37	18
14	33	2	51	16	35	4	49
1	52	15	34	3	50	17	36

IV. On voit qu'en fixant bien cette route dans ſa mémoire, on pourra faire partir le cavalier d'une caſe quelconque; car, par exemple, veut-on qu'il parte de la caſe marquée 25 ? on le fera paſſer ſucceſſivement par les caſes 26, 27, 28 juſqu'à 64, d'où en paſſant par les caſes 1, 2, 3, &c., il pourſuivra ſa route juſqu'à la caſe 24.

V. Il eſt évident que la même diſpoſition fournît pour chaque caſe une double route. Ainſi, dans l'exemple précédent, on peut, en partant de la caſe 25, aller par les caſes 26, 27, 28, &c., ou par les caſes 24, 23, 22, &c. Toute autre diſpoſition, rentrante en elle-même, aura les mêmes avantages. Si on ne vouloit faire de ce problême qu'un amuſement de ſociété, il ſuffit de retenir par-cœur l'une

de ces diſpoſitions, après l'avoir trouvée auparavant, ſoit par le tatonnement, ſoit de toute autre manière. Mais, ſi on ſe propoſe en cela une recherche ſcientifique, il ſaudra chercher une méthode certaine de trouver les diſpoſitions dont on vient de parler.

VI. Pour y parvenir facilement, Euler diſtingue deux eſpèces de routes : l'une où le cavalier parcourt ſimplement toutes les caſes de l'échiquier, ſans qu'il puiſſe ſauter de la dernière à la première (telle eſt celle de l'article Iᵉʳ); l'autre eſpèce, eſt celle des routes rentrantes en ellesmêmes, où le *cavalier*, après avoir parcouru toutes les caſes, peut ſauter de la dernière à la première (telle eſt celle de l'article III). Le problême eſt beaucoup plus facile dans le premier cas, que dans le ſecond. Euler explique la manière de trouver des routes de l'une & de l'autre eſpèce : c'eſt une analyſe d'un genre nouveau qu'il faut ſuivre dans ſon mémoire même.

Voyez auſſi ce qui eſt dit à l'article ÉCHECS, *Dictionnaire des mathématiques*.

ESPÉRANCE. (*jeu de l'*)

On joue à l'*Eſpérance* avec deux dez. Les joueurs conviennent de prendre un certain nombre de jettons, et tirent enſuite à qui aura le dez. Cela fait, ſi celui qui a le dez amène un as, il donne un jetton à celui qui eſt à ſa gauche; s'il amène un ſix, il met un jetton au jeu; s'il amène ſix & as, & qu'il ait plus d'un jetton, il en payera un à ſa gauche au jeu; mais, s'il n'en a qu'un, il le mettra au jeu. Dans tous ces cas, celui qui a le dez, après avoir payé, cède le cornet à celui qui le ſuit à la droite; s'il amène un doublet, il a la liberté ou de rejouer dans l'eſpérance d'amener encore deux doublets de ſuite, ce qui le feroit gagner, ou de céder le coup à celui qui le ſuit à la droite. S'il amène tout autre coup, c'eſt-à-dire, s'il n'amène ni as, ni ſix, ni doublets, il cède le cornet, sans rien payer, à celui qui est à sa droite; enfin, celui-là gagne l'argent du jeu, qui, le premier, amène trois doublets de suite, ou qui conserve quelque jetton, tous les autres joueurs ayant perdu les leurs.

Il est à remarquer, que quand on n'a plus de jettons, on ne joue plus; et qu'on ne peut rentrer au jeu (ce qui se nomme ressusciter), que par le secours de celui qu'on a pour voisin à la droite, lorsqu'il amène un as.

PROBLÈME. *Pierre & Paul ont un nombre quelconque de jettons : l'un demande en quel cas ils doivent recommencer, lorsqu'ils amènent un doublet. L'on suppose qu'ils gagneront en amenant deux doublets de suite.*

Ier. CAS. *Pierre & Paul n'ont qu'un jetton chacun, & c'est à Pierre à jouer : l'on demande quel est son sort ?*

Pour résoudre ce problème, il faut faire des suppositions touchant la manière de jouer de Pierre & de Paul; car il peut arriver 1° que Pierre & Paul recommenceront, lorsqu'ils auront un doublet; 2° qu'ils ne recommencent dans ce cas ni l'un ni l'autre; 3° que Pierre recommence, & que Paul ne recommence pas; 4° que Pierre ne recommence pas, et que Paul recommence. Or, selon toutes ces différentes dispositions, le sort de Pierre sera différent.

1°. Si le dessein de Pierre et de Paul est de ne point recommencer lorsqu'ils auront un doublet, le sort de Pierre sera $\frac{1}{3}$ A, & celui de Paul $\frac{2}{3}$ A.

2°. Si le dessein de Pierre & de Paul est de recommencer lorsqu'ils auront un doublet, le sort de Pierre est $\frac{3}{10}$ A, et celui de Paul $\frac{7}{10}$ A.

3°. Si le dessein de Pierre est de ne pas recommencer, & celui de Paul de recommencer, en cas de doublet, son sort sera $\frac{21}{58}$ A, & celui de Paul $\frac{37}{58}$ A.

4°. Si le dessein de Pierre est de recommencer, & celui de Paul de ne pas recommencer, son sort sera $\frac{8}{29}$ A, & celui de Paul $\frac{21}{29}$ A.

Il suit de-là que Pierre & par conséquent Paul doivent céder le cornet, sans recommencer, lorsqu'ils ont amené un doublet.

Pour s'assurer si Pierre & Paul doivent recommencer lorsqu'ils ont amené un doublet, il suffit d'examiner si le sort de Pierre est plus grand ou moindre, lorsqu'ils recommencent tous deux, que lorsque ni l'un ni l'autre ne recommence.

DEUXIÈME CAS. *Pierre a un jetton contre Paul deux jettons, & c'est à Pierre à jouer.*

1°. Si l'on suppose que ni Pierre ni Paul ne recommenceront, lorsqu'ils auront un jetton contre deux, et qu'ils auront amené un doublet, on trouvera que le sort de Pierre est $\frac{19}{105}$ A, & celui de Paul $\frac{86}{105}$ A.

2°. Si l'on suppose qu'ils recommenceront l'un & l'autre, lorsqu'ayant un jetton contre deux, ils auront amené un doublet, le sort de Pierre sera $\frac{1162}{6993}$ A, & celui de Paul $\frac{5831}{6993}$ A.

TROISIÈME CAS. *Pierre & Paul ont chacun deux jettons, & Paul a le dez.*

1°. Si l'on suppose qu'ils ne recommenceront ni l'un ni l'autre lorsqu'ils auront 1 jetton contre 3, on trouvera que le sort de Pierre sera $\frac{10761}{73185}$ A, & celui de Paul $\frac{42422}{73185}$ A. On trouvera aussi que le sort de Pierre, lorsqu'il a un jetton contre trois, et que c'est à lui à jouer, est $\frac{16428}{73185}$ A.

2°. Si l'on suppose qu'ils recommenceront l'un & l'autre, lorsqu'ayant un jetton contre trois, ils auront amené un doublet, le sort de Pierre sera $\frac{14989417}{35436135}$ A, & celui de Paul $\frac{20446718}{35436135}$ A.

Il suit de-là que Pierre ne doit point recommencer, lorfqu'ayant un jetton contre Paul trois jettons, il amène un doublet.

On pourra en cette forte examiner fi Pierre doit ou céder le dez à Paul, ou recommencer, lorfqu'il a un jetton contre quatre, ou deux contre trois; le calcul fera le même que celui de ce problême; mais la longueur feroit exceffive : ainfi, on ne confeille à perfonne de le tenter.

Il y a beaucoup d'apparence que Pierre doit recommencer, et tenter de gagner en amenant deux doublets de fuite, lorfqu'ayant un jetton contre quatre, il a amené un doublet; car on trouve que dans le troifième et dernier cas, la différence du fort de Pierre, lorfqu'il ne recommence pas, à fon fort, quand il recommence, eft $\frac{234488932}{24698986095}$ A; ce qui eft moins qu'un centième.

F

FERME.

FERME. (jeu de la)

L'on met la *Ferme* à prix, & on l'adjuge à celui qui la porte le plus haut; par exemple, fi les jettons valent vingt fols, on la portera à deux ou trois piftoles, & le fermier les mettra fur la table. Voici les règles de ce jeu :

Chacun des joueurs met un jetton au jeu; enfuite le fermier leur diftribue deux cartes, favoir l'une de deffus, & la feconde de deffous. Ceux d'entre les joueurs, dont les deux cartes font plus que feize, donnent autant de jettons au fermier que les cartes font de points au-deffus de feize. Par exemple, fi Paul, qui eft un des joueurs, reçoit d'abord un neuf, & pour fa feconde carte un dix, cela fait dix-neuf, il payera trois jettons au fermier. Il faut obferver qu'à ce jeu, l'as ne vaut qu'un.

Les joueurs, dont les deux cartes font moins que feize, ont la liberté de s'y tenir dans la crainte de paffer feize & de payer au fermier pour le furplus. Ils ont auffi la liberté de demander de nouvelles cartes dans l'efpérance ou de gagner la ferme & les tours, s'ils peuvent atteindre précifément le nombre de feize, ou du moins

d'en approcher en-deffous plus près qu'aucun autre joueur, auquel cas ils gagneront les tours.

Lorfque tous les joueurs paffent le nombre de feize, les tours reftent au jeu, et chaque joueur y met de nouveau un jetton.

A ce jeu, le nombre des joueurs eft indéterminé.

L'on y joue avec un jeu de cartes entier, & quelquefois on en ôte les fix pour éviter que le nombre de feize ne fe rencontre trop fouvent.

Lorfque deux ou plufieurs joueurs ont un égal nombre de points, celui qui eft le plus à la droite du fermier eft le feul qui gagne. Ainfi le fermier ne peut jamais gagner les tours, que lorfqu'il a un point plus proche de feize qu'aucun autre joueur; & s'il avoit feize en même temps qu'un autre joueur, il ne laifferoit pas de perdre la ferme, & l'on feroit une nouvelle enchère.

On joue auffi à la *Ferme* avec *fix dez* qui ne font marqués que d'un feul côté, & qui ne préfentent chacun qu'un des nombres ou des points 1, 2, 3, 4, 5, 6.

Celui-là eſt fermier, qui met l'enchère la plus haute à l'adjudication de la ferme. Il en met le prix ſur table ; & il tire le premier les dez, retirant autant de jettons qu'il amène de points. Si les ſix dez ne préſentent qu'une face blanche, ce qu'on appelle *choux-blanc*, ce qui arrive fréquemment, parce que de ſix faces il n'y en a qu'une qui ſoit marquée ; le fermier ne retire rien, mais il ne paie point l'amende. Le ſecond, après lui, prend le cornet, & jette les dez ; il retire pareillement autant de jettons qu'il amène de points ; mais s'il fait *choux-blanc*, il met au jeu deux jettons, dont le fermier retire un jetton pour le profit de ſa ferme.

Les autres joueurs prennent ſucceſſivement le cornet, & ſe comportent de même. Quand la ferme eſt à ſa fin, celui qui tire plus de points qu'il n'y a de jettons ſur le tapis, eſt obligé de compléter le nombre de points indiqué par ſes dez, & de donner en outre un jetton au fermier pour ſon profit : c'eſt ce qui nourrit la ferme, & fait le bénéfice du fermier. Celui-ci peut s'exempter de jouer, quand il n'y a qu'un petit nombre de jettons ſur le tapis, afin de n'être pas contraint de financer, s'il amène un plus grand nombre de points. La ferme finit, quand un joueur amène juſte le nombre des jettons qui ſont ſur la table. On paſſe alors à une nouvelle enchère. Souvent le fermier perd, lorſque ſa miſe a été trop haute, ou qu'il a été trop tôt débanqué ; ſouvent auſſi les amendes lui font un grand profit, quand la ferme dure long-temps, & que les chances lui ont été favorables. Plus il y a de joueurs, plus ce jeu eſt intéreſſant & amuſant.

H

HASARD.

HASARD. (*jeu du*)

On joue à ce jeu avec deux dez comme on joue au *Quinquenove*. Nommons Pierre celui qui tient le dez, & ſuppoſons que Paul repréſente les autres joueurs. Pierre pouſſera le dez juſqu'à ce qu'il ait amené ou 5, ou 6, ou 7, ou 8, ou 9. Celui de ces nombres qui ſe préſentera le premier ſervira de chance à Paul ; enſuite Pierre recommencera à pouſſer le dez pour ſe donner ſa chance. Or les chances de Pierre ſont ou 4, ou 5, ou 6, ou 7, ou 8, ou 9, ou 10, enſorte qu'il en a deux plus que Paul, ſavoir 9 & 10. Il faut encore ſavoir ce qui ſuit :

1°. Si Pierre, après avoir donné à Paul une chance qui ſoit ou 6 ou 8, amène au ſecond coup ou la même chance ou douze, il gagne ; ou bezet, ou deux et as, ou onze, il perd.

2°. S'il a donné à Paul la chance de 5 ou de 9, & qu'il amène au coup ſuivant la même chance, il gagne ; mais s'il amène ou bezet, ou deux, &c., ou onze, ou douze, il perd.

3°. S'il a donné à Paul la chance de 7, & qu'il amène le coup ſuivant ou la même chance ou onze, il gagne ; mais s'il amène ou bezet, ou deux, &c., ou douze, il perd.

4°. Pierre, s'étant donné une chance différente de celle de Paul, gagnera, s'il amène ſa chance avant que d'amener celle de Paul ; & il perdra, s'il amène la chance de Paul avant que d'amener la sienne.

5°. Quand Pierre & Paul ont perdu, on recommence le jeu, en donnant de nouvelles chances; mais Pierre ne quitte le dez, pour le donner à celui qui le suit, que lorsqu'il a perdu.

6°. S'il y a plusieurs joueurs, ils ont tous la même chance.

PROBLÈME. *On demande quel est à ce jeu l'avantage ou le désavantage de celui qui tient le dez?*

1°. Si la chance de Paul est 6 ou 8, le sort de Pierre sera $\frac{6961}{14256}$ A.

2°. Si la chance de Pierre est 7, le sort de Pierre sera $\frac{244}{2835}$ A.

3°. Si la chance de Paul est 5 ou 9, le sort de Pierre sera $\frac{1396}{2835}$ A.

Alors le sort de Pierre sera $\frac{1396}{2835}$ A, et son désavantage sera $\frac{17}{4032}$ A.

Cette fraction, qui exprime le désavantage de Pierre, par rapport à la mise de Paul, est plus petite que $\frac{1}{108}$, & plus grande que $\frac{1}{109}$. Mais, parce que ce désavantage continue, tant que Pierre continue d'avoir le dez, le désavantage de Pierre, considéré en général, est exprimé par une suite infinie, dont la somme est $\frac{37}{2053}$ A; enforte que si $\frac{1}{2}$ A désigne une pistole, il y a 3 f. 8 $\frac{1}{2}$ d. de pure perte pour lui sur chaque pistole; & Pierre pourroit, sans désavantage, donner 7 f. 2 $\frac{1042}{2053}$ d. à celui qui s'offriroit de tenir le dez en sa place.

REMARQUE Ire. C'est la coutume des joueurs à ce jeu, de ne mettre leur argent que lorsqu'on a livré la chance. Or il est évident que cet usage est préjudiciable à celui qui tient le dez; car, puisque son désavantage est environ ou $\frac{1}{85}$, lorsque la chance des joueurs est 6 ou 8; & seulement $\frac{1}{132}$, lorsque leur chance est 5 ou 9; & $\frac{1}{141}$, lorsque leur chance est 7. Il est clair que si les joueurs connoissoient avec exactitude leur intérêt, ils hasarderoient plus d'argent, lorsque leur chance est 5 ou 9, que lorsqu'elle est 7; & plus encore, lorsqu'elle est 6 ou 8, que lorsqu'elle est 7, ou 5, ou 9. Il seroit donc à propos que les joueurs missent leur argent au jeu, avant que celui qui tient le dez leur eût livré la chance.

REMARQUE II. On voit que ce jeu est assez égal; mais il le seroit davantage, si l'on convenoit que Pierre ayant amené du premier coup 7, gagnât au second coup, en amenant ou la même chance, ou onze, ou douze; & qu'il perdît seulement en amenant bezet, ou deux & as. Par cette réforme, celui qui tient le dez auroit de l'avantage; mais ce ne seroit que d'un sol & deux deniers sur chaque pistole; ce qui est peu considérable.

HER. (*jeu de cartes appelé le*)

On tire d'abord les places, l'on voit ensuite à qui aura la main. Supposons que ce soit Pierre, & nommons les autres joueurs Paul, Jacques & Jean.

On convient de mettre une certaine somme au jeu; chacun des joueurs prend pour cette somme un nombre égal de jettons; & celui-là gagne tout l'argent du jeu, qui reste avec un ou plusieurs jettons, les autres joueurs n'en ayant plus. Voici comment le jeu se conduit.

Pierre tient un jeu entier composé de cinquante-deux cartes, & en donne une à chacun des joueurs, en commençant par sa droite; & à la fin de chaque coup, celui qui se trouve avoir la plus basse carte, perd un jetton qu'il met au milieu de la table.

Paul, qui est le premier à la droite de Pierre, a droit, s'il n'est pas content de sa carte, d'en changer avec Jacques, qui ne peut la lui refuser qu'au seul cas qu'il ait un roi; alors Jacques dit *coucou*. Par ce terme, celui qui a un roi avertit les joueurs, que fon voifin de la gauche, ayant voulu fe défaire de fa carte, a été arrêté par la fienne. Il en eft de même de Jacques à l'égard de Jean, & de Jean à l'égard de Pierre.

Il faut feulement remarquer,

1°. Que fi Pierre n'eft pas content de fa carte, foit que ce foit celle qu'il s'eft donnée d'abord, ou celle qu'il a été contraint de recevoir de Jean, il peut, n'ayant perfonne avec qui changer, tenter de prendre une meilleure carte, en coupant au hafard parmi celles qui lui reftent en main ;

2°. Que s'il arrive que Pierre, ayant par exemple un 5, ne veuille pas s'y tenir; & qu'en coupant, il tire par exemple un valet, fa carte deviendra un valet, & ainfi de toute autre carte, à l'exception du roi; car Pierre, tirant un roi, eft renvoyé à fa carte telle qu'elle foit, & il fe trouve comme s'il fe fût d'abord tenu à fa carte.

Tout ce changement de cartes étant fait, chaque joueur découvre la fienne; & celui qui fe trouve avoir la plus baffe, à commencer par l'as, met un jetton au jeu.

S'il fe rencontre que deux ou plufieurs joueurs ayent la même carte, & que ce foit la plus baffe, celui qui a la primauté, c'eft-à-dire celui qui eft le plus proche à la droite de Pierre, perd & paie; ce qui fait voir que l'on doit toûjours s'y tenir, lorfqu'on a donné au joueur qui eft à la gauche une carte pareille à celle qu'on reçoit de lui, de même que fi on lui en eût donné une plus baffe.

Le joueur qui a perdu tous fes jettons fort du rang, & les autres continuent le jeu jufqu'à ce que tous, à l'exception d'un feul, ayent perdu tous leurs jettons, auquel cas celui qui refte gagne l'argent de tous les joueurs, & cela s'appelle, en termes de joueurs, *gagner la poule.*

J

JETTONS.

JETTONS. (*jeu des.*)

Problème I. Trois joueurs, Pierre, Paul & Jacques jouent enfemble, & conviennent que, tirant l'un après l'autre un jetton au hafard entre douze, dont huit feront noirs & quatre blancs, celui qui le premier aura tiré un jetton blanc, gagnera.

Voici l'ordre felon lequel ils jouent: » Pierre tire le premier, Paul tire le » fecond, & Jacques le troifième; enfuite » Pierre recommence, & les autres le » fuivent, felon leur rang, jufqu'à ce qu'un » des joueurs ait gagné. Il s'agit de trouver

» ce que chaque joueur doit mettre au » jeu, afin que le parti foit égal; ou » bien, ce qui revient au même, il s'agit » de déterminer quels feroient les divers » degrés d'efpérance qu'auroient chacun » des joueurs, de gagner une certaine » fomme qui feroit l'argent du jeu. »

Solution. Il eft clair que chacun des joueurs pour parier également, & fans défavantage, doit mettre au jeu à raifon du plus ou moins de droit qu'il a fur la partie, ou d'efpérance qu'il a de gagner. On voit bien, par exemple, qu'à caufe de la primauté, Pierre a plus d'avantage en ce jeu que Paul; & Paul plus d'avantage

tage

tâge que Jacques, puisqu'il se peut faire que Pierre gagne, sans que Paul & Jacques ayent joué, & aussi que Paul gagne, sans que le tour de Jacques soit venu. Mais, combien Pierre a plus d'avantage que Paul, & Paul plus d'avantage que Jacques; & quelle est, proportionnellement à ces différens avantages des joueurs, la différence des avances que chacun doit faire pour composer le fond du jeu? C'est ce qu'il faut chercher.

Il faut remarquer d'abord que le sort d'une personne qui parie de prendre un jetton blanc entre douze, dont huit sont noirs & quatre sont blancs, est d'avoir un contre deux.

Cela supposé, si l'on nomme A l'argent du jeu, S le sort de Jacques, lorsque Pierre va tirer son jetton; y son sort, lorsque Paul va tirer le sien; z son sort, lorsque c'est à lui à tirer, on aura ces trois égalités : $S = \frac{2}{3} y$; $y = \frac{2}{3} z$; $z = \frac{1}{3} A + \frac{2}{3} S$; d'où l'on tirera $S = \frac{4}{19} A$; ce qui exprime le sort de Jacques.

Pareillement pour trouver le sort de Pierre, je nomme u son sort, lorsqu'il tire son jetton; t son sort, lorsque Paul tire le sien; q son sort, lorsque Jacques tire son jetton. Cela supposé, j'ai ces trois égalités : $u = \frac{1}{3} A + \frac{2}{3} t$; $t = \frac{2}{3} q$; $q = \frac{2}{3} u$; d'où l'on tire $u = \frac{9}{19} A$; ce qui exprime le sort de Pierre. Or le sort de Paul étant d'avoir l'argent du jeu, moins la somme des justes prétentions de Pierre & de Jacques, on aura le sort de Paul $= A - \frac{4}{19} A - \frac{9}{19} A = \frac{6}{19} A$. Par conséquent, si l'on veut que le jeu soit de dix-neuf écus, il faudra que Pierre en mette neuf, Paul six, & Jacques quatre.

PROBLÈME II. Pierre parie contre Paul que prenant, les yeux fermés, sept jettons entre douze, dont huit sont noirs et quatre blancs, il en prendra trois blancs & quatre noirs. On demande combien Pierre & Paul doivent parier, pour que la mise de chacun soit dans la même proportion que leur sort?

Jeux mathématiques.

Solution. Il faut chercher d'abord combien de fois huit jettons peuvent être pris différemment quatre à quatre; ensuite, combien de fois quatre jettons peuvent être pris différemment 3 à 3; multiplier le nombre que donne la combinaison de huit jettons, pris quatre à quatre, par le nombre que donne la combinaison de quatre jettons pris trois à trois; ce produit exprimera tous les coups, que Pierre a pour gagner. Si on divise ensuite ce produit par le nombre qui exprime combien de façons différentes sept jettons peuvent être pris dans douze, l'exposant de cette division exprimera le sort cherché.

Or on trouve par la table de Pascal, (articles *combinaisons*) que huit jettons peuvent être pris différemment soixante-dix fois quatre à quatre; que quatre jettons peuvent être pris différemment quatre fois, trois à trois, & enfin que douze jettons peuvent être pris sept à sept, en 792 façons différentes. On aura donc $\frac{70 \times 4}{792} = \frac{280}{792}$ pour l'expression du sort de Pierre. Par conséquent le sort de Paul sera $\frac{512}{792}$. Donc, si l'on veut que le fond du jeu soit une pistole, il faudra, pour que le pari soit égal, que Pierre y mette 3 l. 10 s. 8 d., & Paul 6 l. 9 s. 4 d.

JEU; espèce de convention fort en usage, dans laquelle l'habileté, le hasard pur, ou le hasard mêlé d'habileté, selon la diversité des jeux, décide de la perte ou du gain, stipulés par cette convention entre deux ou plusieurs personnes.

On peut dire que dans les jeux qui passent pour être de pur esprit, d'adresse ou d'habileté, le hasard même y entre, en ce qu'on ne connoît pas toujours les forces de celui contre lequel on joue, qu'il survient quelquefois des cas imprévus; & qu'enfin l'esprit ou le corps ne se trouvent pas toujours également bien disposés, & ne font pas toujours leurs fonctions avec la même vigueur.

Quoi qu'il en soit, l'amour du jeu est le fruit de l'amour du plaisir, qui se varie à l'infini. De toute antiquité les hommes ont cherché à s'amuser, à se délasser, à se récréer par toutes fortes de jeux, suivant leur génie & leur tempéramment. Long-temps avant les Lydiens, avant le siège de Troye, & durant ce siège, les Grecs, pour en tromper la longueur, & pour adoucir leurs fatigues, s'occupoient à différens jeux, qui du camp passèrent dans les villes, à l'ombre du loisir & du repos.

Les Lacédémoniens furent les seuls qui bannirent entièrement le jeu de leur république. On raconte que Chilon, un de leurs citoyens, ayant été envoyé pour conclure un traité d'alliance avec les Corinthiens, il fut tellement indigné de trouver les magistrats, les femmes, les vieux & les jeunes capitaines occupés au jeu, qu'il s'en retourna promptement, en leur disant que ce seroit ternir la gloire de Lacédémone qui venoit de fonder Bysance, que de s'allier avec un peuple de joueurs.

Il ne faut pas s'étonner de voir les Corinthiens passionnés d'un plaisir qui, communément, règne dans les états, à proportion de l'oisiveté, du luxe & des richesses. Ce fut pour arrêter, en quelque manière, la même fureur, que les lois romaines ne permirent de jouer que jusqu'à une certaine somme; mais ces lois n'eurent point d'exécution, comme l'atteste Juvenal dans sa première satyre.

« La frénésie des jeux de hasard, dit ce poëte, a-t-elle jamais été plus grande? Car, ne vous figurez pas qu'on se contente de risquer dans ces académies de jeu ce qu'on a par occasion d'argent sur soi; on y fait porter exprès des cassettes pleines d'or, pour les jouer en un coup de dez. »

Ce qui paroît plus singulier, c'est que les Germains mêmes goûtèrent si fortement les jeux de hasard, qu'après avoir joué tous leurs biens, dit Tacite, ils finissoient par se jouer eux-mêmes, & risquoient de perdre, *novissimo jactu,* suivant l'expression de cet historien, leur personne & leur liberté.

Tant de personnes de tout pays ont mis & mettent sans cesse une partie considérable de leur bien à la merci des cartes & des dez, sans en ignorer les mauvaises suites, qu'on ne peut s'empêcher de rechercher les causes d'un attrait si puissant.

Un joueur habile, dit Dubos, pourroit faire tous les jours un gain certain, en ne risquant son argent qu'aux jeux, où le succès dépend encore plus de l'habileté des tenans, que du hasard des cartes & des dez; cependant, il préfère souvent les jeux, où le gain dépend entièrement du caprice des dez & des cartes, & dans lesquels son talent ne lui donne point de supériorité sur les joueurs. La raison principale d'une prédilection tellement opposée à ses intérêts procède de l'avarice, ou de l'espoir d'augmenter promptement sa fortune.

Outre cette raison, les jeux qui laissent une grande part dans l'événement à l'habileté du joueur, exigent une contention d'esprit trop suivie, & ne tiennent pas l'ame dans une émotion continuelle, ainsi que le font le *passe-dix*, *le lansquenet*, la *bassette*, & les autres jeux, où les événemens dépendent entièrement du hasard. A ces derniers jeux, tous les coups sont décisifs, & chaque événement fait perdre ou gagner quelque chose; ils tiennent donc l'ame dans une espèce d'agitation, de mouvement, d'extase, & ils s'y tiennent encore sans qu'il soit besoin qu'elle contribue à son plaisir par une attention sérieuse, dont notre paresse naturelle est ravie de se dispenser.

Montesquieu confirme tout cela par quelques courtes réflexions sur cette matière : « Le jeu nous plaît en général, dit-il, parce qu'il attache notre avarice, c'est-à-dire, l'espérance d'avoir plus. Il flatte notre vanité par l'idée de la préférence que la fortune nous donne, & de l'attention que les autres ont sur notre bonheur; il satisfait notre curiosité, en nous procurant un spectacle; enfin, il nous donne les différens plaisirs de la surprise.

Les jeux de hasard nous intéressent particulièrement, parce qu'ils nous présentent sans cesse des événemens nouveaux, prompts & inattendus ; les jeux de société nous plaisent encore, parce qu'ils sont une suite d'événemens imprévus, qui ont pour cause, l'adresse jointe au hasard ».

Aussi le jeu n'est-il regardé dans la société que comme un amusement ; & si on lui laisse cette appellation favorable, c'est de peur qu'une autre plus exacte ne fît rougir trop de monde. S'il y a même tant de gens sages qui jouent volontiers, c'est qu'ils ne voyent point quels sont les égaremens cachés du jeu, ses violences & ses dissipations. Ce n'est pas que l'on prétende que les jeux mixtes, ni même les jeux de hasard, aient rien d'injuste, à en juger par le seul droit naturel ; car, outre que l'on s'engage au jeu de plein gré, chaque joueur expose son argent à un péril égal ; chacun aussi, comme nous le supposons, joue son propre bien, dont il peut par conséquent disposer. Les jeux, & autres contrats où il entre du hasard, sont légitimes, dès que ce qu'on risque de perdre de part & d'autre est égal, & dès que le danger de perdre & l'espérance de gagner ont de part & d'autre une juste proportion avec la chose que l'on joue.

Cependant cet amusement se tient rarement dans les bornes que son nom promet. Sans parler du temps précieux qu'il nous fait perdre, & qu'on pourroit mieux employer, il se change en habitude puérile, s'il ne tourne pas en passion funeste par l'amour du gain. On connoît à ce sujet les vers si vrais & si ingénieux de la célèbre Deshoulières :

Le desir de gagner, qui nuit & jour occupe,
    Est un dangereux aiguillon :
Souvent quoique l'esprit, quoique le cœur soit bon,
    On commence par être dupe,
    On finit par être fripon.

JEUX.

Les jeux, comme on vient de le dire, ont été introduits dans la société, pour y procurer l'amusement & le délassement. Il y a trois espèces de jeux : les jeux d'adresse, les jeux de commerce & ceux de hasard. Les premiers exigent des dispositions physiques, qui en éloignent bien des personnes ; les jeux mixtes ou de commerce demandent de l'attention, & une certaine sagacité qui expose le joueur distrait, inhabile, ou ignorant, aux piéges de son adversaire. Il est rare que dans la lutte de ces deux espèces de jeux, les concurrens soient de même force ; & le moindre degré d'infériorité donne à la longue, au plus faible, un désavantage infini.

Quant aux jeux de hasard, ils deviendroient les plus égaux & les moins coûteux, si les joueurs savoient en user avec modération. Il n'y a point de frais à payer au jeu de hasard ; au lieu que dans les jeux d'adresse ou de commerce, la dépense indispensable & répétée pèse continuellement sur les joueurs. On s'est attaché, dans presque tous les articles de ce Dictionnaire, à prouver par des démonstrations qu'en ce genre toute spéculation intéressée est fausse, & qu'il n'y a de réel ou de certain que l'amusement qu'on peut tirer d'un jeu honnête & modéré.

JEUX DES ENFANS DE ROME.

Tous les enfans ont des jeux qui ne sont pas indifférens pour faire connoître l'esprit des nations.

Les enfans de Rome représentoient dans leurs jeux, des tournois sacrés, des commandemens d'armée, des triomphes des empereurs, & autres grands objets. Un de leurs principaux jeux, étoit de représenter un jugement dans toutes les formes, ce qu'ils appelloient *judicia ludere*. Il y avoit des juges, des accusateurs, des défenseurs, & des licteurs, pour mettre en prison celui qui seroit condamné.

t 2

Plutarque, dans la vie de Caton d'Utique, nous raconte qu'un de ces enfans, après le jugement, fut livré à un garçon plus grand que lui, qui le mena dans une petite chambre, où il l'enferma. L'enfant eut

peur, & appella à sa défense Caton qui étoit du jeu; alors Caton se fit jour à travers ses camarades, délivra son client, & l'emmena chez lui, où tous les autres enfans le suivirent.

I

IMPÉRIALE.

IMPÉRIALE. (jeu de l')

PROBLÊME. *Pour avoir une impériale, au jeu qui porte ce nom, il faut avoir ou quatre as, ou quatre rois, ou quatre dames, ou quatre valets, ou quatre sept, ou quatrième majeure, ou cartes blanches. On demande combien un joueur peut parier qu'il lui viendra une impériale déterminé, par exemple une impériale d'as, ou cartes blanches?*

Remarque. On reconnoîtra par les tables des combinaisons, que sur le nombre 225792840, qui exprime en combien de façons on peut prendre douze cartes dans trente-deux; il y en a 3108105, pour avoir une impériale d'as, & 125970, pour avoir cartes blanches.

Le sort d'un joueur, qui parieroit à l'impériale ou au piquet, d'avoir cartes blanches seroit donc exprimé par la fraction $\frac{121}{578956}$; ainsi il auroit de l'avantage à parier un contre 1792, & du désavantage à parier un contre 1791.

JOUER; c'est risquer de perdre ou de gagner une somme d'argent ou quelque chose qu'on peut rapporter à cette commune mesure sur un événement dépendant de l'industrie ou du hasard; d'où l'on voit qu'il y a deux sortes de jeux, comme on l'a déjà observé, des *jeux d'adresse* & des *jeux de hasard.*

Les *jeux d'adresse* sont ceux où l'événement heureux est amené par l'intelligence, l'expérience, l'exercice, la pénétration, en un mot, par quelques qualités acquises ou naturelles, de corps ou d'esprit, de celui qui joue.

On appelle jeux de hasard, ceux où l'événement paroît ne dépendre en aucune manière des qualités du joueur.

Quelquefois d'un jeu d'adresse, l'ignorance de deux joueurs en fait un jeu de hasard; & quelquefois aussi d'un jeu de hasard, la subtilité d'un des joueurs en fait un jeu d'adresse.

Il y a des contrées où les jeux publics, de quelque nature qu'ils soient, sont défendus, & où on peut se faire restituer, par l'autorité des lois, l'argent qu'on a perdu.

A la Chine, le jeu est défendu également aux grands & aux petits; ce qui n'empêche point les habitans de cette contrée de jouer & même de perdre leurs terres, leurs maisons, leurs biens, & de mettre leurs femmes & leurs enfans sur une carte.

Il n'y a point de jeu d'adresse où il n'entre un peu de hasard. Un des joueurs a la tête plus saine & plus libre ce jour-là que son adversaire; il se possède davantage, & gagne, par cette seule supériorité accidentelle, celui contre lequel il auroit perdu en tout autre temps. A la fin d'une partie d'échecs, ou de dames-polonaifes, qui a duré un grand nombre de coups, entre des joueurs qui font à-peu-près d'égale force, le gain ou la perte dépend quelquefois d'une difpofition qu'aucun des deux n'a prévue & ne s'eft propofée.

Entre deux joueurs, dont l'un ne rifque qu'un argent qu'il peut perdre fans s'incommoder, & l'autre un argent dont il ne fauroit manquer, fans être privé des befoins effentiels de la vie; à proprement parler, le jeu n'eft pas égal.

Une conféquence naturelle de ce principe, c'eft qu'il n'eft pas permis à un fouverain de jouer un jeu ruineux contre un de fesfujets. Quel que foit l'événement, il n'eft rien pour l'un, il précipite l'autre dans la mifere.

On a demandé pourquoi les dettes contractées au jeu fe payoient fi rigoureufement dans le monde, où l'on ne fe fait pas un fcrupule de négliger des créances beaucoup plus facrées? On peut répondre, c'eft qu'au jeu on a compté fur la parole d'un homme, dans un cas où l'on ne pouvoit employer les lois contre lui. On lui a donné une marque de confiance à laquelle il faut qu'il réponde; au lieu que dans les autres circonftances où il a pris des engagemens, on le force par l'autorité des tribunaux à y fatisfaire.

Les jeux de hafard font foumis à une analyfe qui eft tout-à-fait du reffort des mathématiques. Ou la probabilité de l'événement eft égale entre les joueurs; ou fi elle eft inégale, elle peut toujours fe compenfer par l'inégalité des mifes ou enjeux. On peut à chaque inftant demander quelle eft la prétention d'un joueur? & comme fa prétention à la fomme des mifes eft en raifon des coups qu'il a pour lui, le calcul déterminera toujours, ou rigoureufement, ou par approximation, quelle feroit la partie de cette fomme qui lui reviendroit fi le jeu ne s'inftituoit pas,

ou fi le jeu étant une fois inftitué, en vouloit l'interrompre?

Plufieurs auteurs fe font exercés fur l'analyfe des jeux; on en a un traité élémentaire de Huygens; on en a un plus profond de Moivre; on a des morceaux très-favans de Bernoulli fur cette matière. Il y a un analyfe des jeux de hafard par Montmaur, qui n'eft pas fans mérite.

Voici les principes fondamentaux de cette fcience.

Soit p le nombre des cas où une chofe arrive; foit q le nombre des cas où elle n'arrive pas. Si la probabilité de l'événement eft égale dans chaque cas, l'apparence que la chofe fera eft à l'apparence qu'elle ne fera pas, comme p eft à q.

Si deux joueurs A & B jouent, à condition que fi les cas p arrivent, A gagnera; que ce fera B au contraire qui gagnera, fi ce font les cas q qui arrivent, & que la mife des deux joueurs foit a; l'efpérance de A fera $\frac{p\,a}{p+q}$, & l'efpérance de B fera $\frac{q\,a}{p+q}$. Ainfi, fi A & B vendent leurs efpérances, ils en peuvent exiger l'un la valeur $\frac{p\,a}{p+q}$, l'autre la valeur $\frac{q\,a}{p+q}$.

S'il y a deux événemens indépendans, & que p foit le nombre des cas où l'un de ces événemens peut avoir lieu; q le nombre des cas où le même événement peut ne pas arriver; r le nombre des cas où le fecond événement peut avoir lieu; s le nombre des cas où le fecond événement peut ne pas arriver; multipliez $p+q$ par $r+s$; le produit $pr+qr+ps+qs$ fera le nombre de tous les cas poffibles de la chofe, ou la fomme des événemens pour & contre.

Donc fi A gage contre B que l'un &

l'autre événemens auront lieu, le rapport des hasards sera comme pr à $qr + ps + qs$.

S'il gage que le premier événement aura lieu, & que le second n'aura pas lieu, le rapport des chances ou hasards sera comme ps à $pr + qr + qs$. Et s'il y a trois, ou un plus grand nombre d'événemens, la raison des chances ou hasards se trouvera toujours par la multiplication.

Si tous les événemens ont un nombre donné de cas où ils peuvent arriver, & un nombre donné de cas où ils peuvent ne pas arriver; & que a soit le nombre des cas où ils peuvent arriver, b le nombre des cas où ils peuvent ne pas arriver; & n le nombre de tous les cas; élevez $a + b$ à la puissance n.

Maintenant, si A & B conviennent que si un de ces événemens indépendans, ou un plus grand nombre de ces événemens a lieu, A gagnera; & que si aucun de ces événemens n'a lieu, le gagnant sera B: la raison ou le rapport des hasards qu'ils courent, ou celui de leurs chances relatives, sera comme $\overline{a + b}{}^n - b^n$ à b^n: car b^n est le seul terme où a ne se trouve point.

Si A & B jouent avec un seul dé, à la condition que si A amène deux fois ou plus de deux fois As, en huit coups, il gagnera; & qu'en toute autre supposition ou cas, il perdra. On demande le rapport de leurs chances ou hasards.

Puisqu'il n'y a qu'un cas à chaque coup pour amener un As, & cinq cas pour ne le pas amener, soit $a = 1$ & $b = 5$;

d'ailleurs, puisqu'il y a huit coups à jouer, soit $n = 8$. On aura donc $\overline{a + b}{}^n - b^n - n a b^n - 1$, pour la chance d'un des joueurs, & $b^n + n a b^n - 1$ pour la chance de l'autre; ou l'espérance de A à l'espérance de B, comme 663991 à 1015625; ou, à-peu-près, comme 2 à 3.

Si A & B sont engagés au jeu de palets; il ne manque à A que quatre coups pour avoir gagné; il en manque six à B; mais à chaque coup l'adresse de B est à l'adresse de A, comme 3 est à 2. On demande le rapport de leurs chances, hasards ou espérances.

Puisqu'il ne manque à A que quatre coups, & qu'il n'en manque à B que six, le jeu sera fini dans neuf coups au plus. Ainsi élevez $a + b$ à la neuvième puissance, & vous aurez $a^9 + 9\,a^8\,b + 36\,a^7\,bb + 84\,a^6\,b^3 + 126\,a^5\,b^4 + 126\,a^4\,b^5 + 84\,a^3\,b^6 + 36\,a^2\,b^7 + 9\,a\,b^8 + b^9$; & prenez pour A tous les termes où a a quatre, ou un plus grand nombre de dimensions; & pour B tous ceux où b en a six ou davantage; tout le rapport de leurs hasards, comme $a^9 + a^8\,b + 36\,a^7\,bb + 84\,a^6\,b^3 + 126\,a^5\,b^4 + 126\,a^4\,b^5$ est à $84\,a^3\,b^6 + 36\,a^2\,b^7 + 9\,a\,b^8 + b^9$; & soit $a = 3$ & $b = 2$; & vous aurez en nombre les espérances des joueurs, comme 1759077 à 194048.

A & B jouent au palet; mais A est le plus fort, ensorte qu'il peut faire à B l'avantage de deux coups sur trois. On demande le rapport de leurs chances dans un seul coup.

Supposons que ce rapport soit comme z à 1; élevez $z + 1$ à la troisième puis-

sance, & vous aurez $z^3 + 3 z^2 + 3 z + 1$.
Maintenant A pouvant faire à B l'avantage
de deux coup sur trois, A se propose de
gagner trois coups de suite, & consé-
quemment à cette condition sa chance sera
comme z^3 à $3 z z + 3 z + 1$, & $z^3 = 3 z z$
$+ 1$. Ou $2 z^3 = z^3 + 3 z z + 3 z + 1$.
Et $z \sqrt[3]{\frac{1}{2}} = z + 1$, & $z = \frac{1}{\sqrt[3]{\frac{1}{2}} - 1}$

donc les chances sont comme $\frac{1}{\sqrt[3]{\frac{1}{2}} - 1}$ à 1.

*Trouver en combien de coups il est probable
qu'un événement quelconque aura lieu; en
sorte que A & B puissent gager pour ou
contre à jeu égal.*

Soit le nombre des cas où la chose peut
arriver du premier coup $= a$; soit le
nombre des cas où la chose peut ne pas
arriver du premier coup $= b$; & x le
nombre des coups à jouer, tel que l'apparence que la chose arrivera soit égale à
l'apparence qu'elle n'arrivera pas. Par ce
qu'on a dit plus haut, $\overline{a + b}^x - b^x = b^x$,
ou $a + b^x = 2 b^x$.

Ainsi $x = \frac{\log. \frac{1}{2}}{\log. a + b \log. b}$. Et reprenant
l'équation $a + b = 2 b^x$, & faisant a, b
$:: 1, q$, on aura $1 + \frac{1}{q} = 2$. Elevez
$1 + \frac{1}{q}$ à la puissance x, par le théorême
de Newton, & vous aurez $1 + \frac{x}{q} + \frac{xx}{q q}$
$\times \frac{x-1}{2} + \frac{1}{q^3} \times \frac{x-1}{2} \times \frac{x-2}{3}$ &c. $= 2$. Or
dans cette équation, si $q = 1$ & $x = 1$,
q étant infinie, x le sera aussi. Faisant
donc x infinie, on aura $1 + \frac{x}{q} + \frac{xx}{q q}$
$+ \frac{x^3}{q^3}$ &c. $= 2$. Soit $\frac{x}{q} = z$, & l'on aura
$1 + z + \frac{1}{2} z z + \frac{1}{6} z^3$, &c. $= 2$. Mais
$1 + z + \frac{1}{2} z z + \frac{1}{6} z^3$, &c. est un
nombre dont le logarithme hyperbolique

est z. Donc $z = \log. 2$. Mais le logarithme hyperbolique de 2 est à-peu-près 7,
donc $z = 7$ à-peu-près. Mais où $q = 1$,
x est 1; & où q est infinie $x =$ à-peu-
près 7. Voilà donc les limites du rapport
de x à q fixées. C'est d'abord un rapport
d'égalité, qui, dans la supposition de
l'infini, devient celui de 7 à 10, ou à-
peu-près.

*Trouver en combien de coups A peut gagner
d'amener deux As avec deux dez.*

Puisque A n'a qu'un cas où il puisse
amener deux as avec deux dez; & 35
où il peut ne les pas amener, $q = 35$,
multipliez donc 35 par 7; le produit 245
montre que le nombre de coups cherché
est entre 24 & 25.

*Trouver le nombre des cas dans lesquels
un nombre quelconque donné de points peut
être amené avec un nombre donné de dez.*

Soit $p + 1$ le nombre donné de points;
n le nombre de dez; & f le nombre des
faces de chaque dez : soit $p - f = q$,
$q - f = r$, $r - f = s$, $s - f = t$, &c.
le nombre cherché de coups sera

$$1 + \frac{p}{1} \times \frac{p-1}{2} \times \frac{p-2}{3}, \&c.$$
$$- \frac{n}{1} \times \frac{q}{2} \times \frac{q-1}{3} \&c. \times \frac{n}{1}$$
$$+ \frac{n}{1} \times \frac{r+1}{2} \times \frac{r-2}{3} \&c. \times \frac{n}{1} \times \frac{n-1}{2}$$
$$- \frac{s}{1} \times \frac{s-1}{2} \times \frac{s-2}{3} \&c. \times \frac{n}{1} \times \frac{n-1}{2} \times \frac{n-2}{3}$$

Série qu'il faut continuer jusqu'à ce que
quelques-uns des facteurs soit égal à 0,
ou négatif; & remarquez qu'il faut prendre
autant de facteurs des différens produits

$$\frac{p}{1} \times \frac{p-1}{2} \times \frac{p-2}{3} \&c. \frac{q}{1} \times \frac{q-1}{2} \times \frac{q-2}{3} \&c.$$
$$\frac{r}{1} \times \frac{r-1}{2} \times \frac{r-2}{3} \&c. \text{ qu'il y a d'unités dans }$$
$$n - 1.$$

Soit donc le nombre de cas cherché, celui où l'on peut amener seize points avec quatre dez.

$$+ \frac{45}{1} \times \frac{14}{2} \times \frac{13}{3} = + 455$$
$$- \frac{9}{1} \times \frac{8}{2} \times \frac{7}{3} \times \frac{6}{4} = - 336$$
$$+ \frac{1}{1} \times \frac{2}{2} \times \frac{1}{3} \times 4\frac{1}{4} = + 6$$

Or $455 - 336 + 6 = 125$. Donc 125 est le nombre cherché.

Trouver en combien de coups A peut gager d'amener quinze points avec six dez.

A ayant 1666 cas pour lui, & 44990 contre; divisez 44990 par 1666, & le quotient 27 sera $= q$. Multipliez donc 27 par 7; le produit 18. 9 montrera que le nombre de coups est environ 19.

Trouver le nombre de coups dans lequel il y a à parier qu'une chose arrivera deux fois; de sorte que A & B risquent autant l'un que l'autre.

Soit le nombre des cas où la chose peut arriver du premier coup $= a$; & le nombre de ceux où elle peut ne pas arriver $= b$. Soit x le nombre de coups cherché. Il paroît par ce qui a été dit que $\overline{a + b}^x = 2bx + 2axbx = 1$.

Et faisant $a.b :: 1.q$; $1 + \frac{1}{q} = 2 \frac{+x}{q}$.

1°. Soit $q = 1$, & partant $x = 3$;

2° soit q infinie, & par conséquent x aussi infinie; soit x infinie, & $\frac{x}{q} = z$. Donc $\frac{1}{z} + z + \frac{1}{2}z^2 + \frac{1}{6}z^3$ &c. $= 2 = 2z$, & $z = $ log. $2 +$ log. $1 + z$. Soit log. $2 = y$. L'équation se transformera dans l'équation différentielle suivante:

$$\frac{zz}{z} = y,$$

& cherchant la valeur de z par les puissances de y, on aura $z = 1.678$, ou à-peu-près. Ainsi la valeur de x sera toujours entre les limites de $3 q$ & de $1.678 q$. Mais x convergera bientôt à $1.678 q$; c'est pourquoi, si le rapport de q à 1 n'est pas très-petit, nous ferons $x = 1.678 q$. Ou si on soupçonne x d'être trop petite, on substituera sa valeur dans l'équation $1 + \frac{1}{q} = 2 + \frac{x}{q}$, & l'on notera l'erreur, si elle en vaut la peine; x prendra ainsi un peu d'accroissement. Substituez la valeur accrue de x dans l'équation susdite, & notez la nouvelle erreur. Par le moyen de ces deux erreurs, on peut corriger celle de x avec assez d'exactitude.

Voici une table des limites qui conduiront assez vite au but qu'on se propose dans ce problème. Si l'on parie seulement que la chose arrivera une fois, le nombre sera entre . . . . $1\ q$ & $0.693\ q$
si 2 fois; entre $3\ q$ & $1.678\ q$
si 3 fois; entre $5\ q$ & $2.675\ q$
si 4 fois; entre $7\ q$ & $3.671\ q$
si 5 fois; entre $9\ q$ & $4.673\ q$
si 6 fois; entre $11\ q$ & $5.668\ q$

Trouver en combien de coups on peut se proposer d'amener trois as deux fois avec trois dez.

Puisqu'il n'y a qu'un cas où l'on puisse amener trois as, & 215 où l'on ne les amène pas, $q = 215$; multipliez donc 215 par 1.678: le produit 360. 7 montrera que le nombre de coups est entre 360 & 361.

A & B mettent sur table chacun douze pièces d'argent; ils jouent avec trois dez, à cette condition qu'à chaque fois qu'il viendra onze points, A donnera une pièce à B, & qu'à chaque fois qu'il viendra
quatorze

quatorze points, B donnera une pièce à A; en sorte que celui qui aura le premier toutes les pièces en sa possession, les regardera comme gagnées par lui. On demande le rapport de la chance de A à la chance de B.

Soit le nombre de pièces que chaque joueur dépose $= p$. a & b le nombre des cas où A & B peuvent chacun gagner une pièce. Le rapport de leurs chances sera donc comme $a p$ à $b p$. Ici $p = 12$, $a = 27$, $b = 15$. Or si 27 étant à 15, comme 9 à 5, vous faites $a = 9$ & $b = 5$; le rapport des chances ou des espérances sera comme 9^{12} à 5^{12}, ou comme 244140625 à 282429536481.

Une attention qu'il faut avoir, c'est de n'être pas trompé par la ressemblance des conditions, & de ne pas confondre les problèmes entre eux. Il seroit aisé de croire que le suivant ne diffère en rien de celui qui précède.

C a vingt-quatre pièces, & trois dez; à chaque fois qu'il amène 27 points, il donne une pièce à A, & à chaque fois qu'il amène 14, il en donne une à B; & A & B conviennent que celui des deux qui aura le premier douze pièces, gagnera la mise. On demande le rapport des chances de A & de B.

Ce second problême a ceci de propre, qu'il faut que le jeu finisse en 23 coups; au lieu que le jeu peut durer éternellement dans le premier, les pertes & les gains se détruisant alternativement; élevez $\overline{a + b}$ à la 23e puissance, & les douze premiers termes seront aux douze derniers, comme la chance de A à celle de B.

Trois joueurs A, B & C ont chacun douze balles : quatre blanches & huit noires, & les yeux bandés; ils jouent à condition que le premier qui tirera une balle blanche gagnera la mise; mais A doit tirer le premier, B le second, C le troisième, & ainsi de suite, dans cet ordre. On demande le rapport de leurs chances.

Soit n le nombre des balles; a le nombre des blanches; b le nombre des noires, & l'enjeu $= 1$.

1°. A a pour amener une balle blanche les cas a, & les cas b pour en amener une noire; donc sa chance en commençant est $\frac{a}{a+b} = \frac{a}{n}$. Soustrayant $\frac{a}{n}$ de 1, la valeur des chances restantes sera $1 - \frac{a}{n} = \frac{n-a}{n} = \frac{b}{n}$.

2°. B a pour amener une balle blanche les cas a, & les cas $b - 1$ pour en amener une noire; mais c'est à A à commencer à jouer, & il est incertain s'il gagnera ou ne gagnera pas l'enjeu; ainsi l'enjeu relativement à B n'est pas 1, mais seulement $\frac{b}{n}$. Ainsi donc sa chance, en qualité de second joueur, est $\frac{a}{b+n-1} \times \frac{b}{n} = \frac{ab}{n \times n-1}$. Soustrayez $\frac{ab}{n \times n-1}$ de $\frac{b}{n}$, & la valeur du reste des chances sera $\frac{nb-b-ab}{n \times n-1} = \frac{b+b}{n \times n-1}$.

3°. C a pour amener une balle blanche les cas a, & les cas $b - 2$ pour en amener une noire; ainsi sa chance, en qualité de troisième joueur, est $\frac{a \times b \times \overline{b-1}}{n \times n-1 \times n-2}$

4°. En raisonnant de la même manière, A a pour amener une balle blanche les cas a, & pour en amener une noire, les cas $b - 3$; ainsi, comme jouant un quatrième coup, après les trois premiers coups joués, sa chance sera $\frac{\overset{b-1}{\overline{}}+\frac{b-1}{}}{n\times\overline{n-1}\times\overline{n-2}\times\overline{n-3}}$, & ainsi de suite pour les autres joueurs.

Écrivez donc la série $\frac{a}{n}+\frac{b}{n-1}P+\frac{b-1}{n-2}$ $Q+\frac{b-2}{n-3}R+\frac{b-3}{n-4}S$, où les quantités P, Q, R, S dénotent les termes ou quantités précédentes, avec leurs caractères. Prenez autant de termes de la série qu'il y a d'unités dans $b+1$; car il ne peut pas y avoir plus de tours au jeu qu'il y a d'unités dans $b+1$; & la somme de tous les troisièmes termes sautant, les deux termes intermédiaires, en commençant par $\frac{a}{n}$, sera toute la chance de A; pareillement la somme de tous les troisièmes termes, en commençant par $\frac{b}{n-1}P$, sera toute la chance de B; & tous les troisièmes termes, en commençant par $\frac{b-1}{n-2}Q$, sera la chance de C.

En faisant $a=4$, $b=8$, $n=12$; la série générale se transformera dans la suivante $\frac{4}{12}+\frac{8}{11}P+\frac{7}{10}Q+\frac{6}{9}R+$ $5\frac{5}{8}S+\frac{4}{7}T,+\frac{3}{6}V+\frac{2}{5}X+\frac{1}{4}Y$.

Ou dans cette autre, en multipliant tous les termes par quelque nombre propre à ôter les fractions, comme ici par 495, 165 + 120 + 84 + 56 + 35 + 20 + 10 + 4 + 1. Donc la chance de A sera 165 + 56 + 10 = 231, la chance de B sera 120 + 35 + 4 = 159, la chance de C sera 84 + 20 + 1 = 105; ainsi les chances de ces joueurs A, B, C seront dans le rapport des nombres 231, 159, 105 ou 77, 53, 35.

A & B ont douze jettons, quatre blancs & huit noirs; A parie contre B, qu'en en prenant sept les yeux fermés, il y en aura

trois blancs. Quel est le rapport de leurs chances?

1°. Cherchez combien de fois on peut prendre diversement 7 jettons dans 12; & par le calcul des combinaisons, vous trouverez 792.

$$\frac{12}{1}\times\frac{11}{2}\times\frac{10}{3}\times\frac{9}{4}\times\frac{8}{5}\times\frac{7}{6}\times\frac{6}{7}=792.$$

2°. Séparez trois jettons blancs, & cherchez toutes les manières, dont quatre des huit noirs peuvent se combiner avec eux, vous en trouverez 70.

$$\frac{8}{1}\times\frac{7}{2}\times\frac{6}{3}\times\frac{5}{4}=70.$$

Et puisqu'il y a là quatre cas où trois jettons peuvent être tirés de quatre; multipliez 70 par 4, & vous trouverez 280 pour les cas où trois blancs peuvent venir avec quatre noirs.

3°. Par la loi générale des jeux, celui-là est le gagnant, qui amène le plutôt l'événement convenu, à moins que la condition contraire n'ait été formellement exprimée. Ainsi donc, si A tire quatre jettons blancs avec trois noirs, il a gagné. Séparez quatre jettons blancs, & cherchez toutes les manières dont trois noirs de huit peuvent se combiner avec quatre blancs, & vous trouverez 56.

$$\frac{8}{1}\times\frac{7}{2}\times\frac{6}{3}=56.$$

Ainsi il y a 280 + 56 cas = 336 qui font gagner A; ce qui ôté du nombre de tous les cas 792, il en reste 456 qui le font perdre. Ainsi le rapport de la chance de A à la chance de B est comme 336 à 456, ou 14 à 19.

Dans les problêmes suivans, pour éviter la prolixité, nous ne donnerons point l'analyse, mais seulement son résultat. Cela suffira pour faire présumer les avantages

& les défavantages dans les jeux, gageures, hafards de la même nature. Un bon efprit fera de lui-même ces fortes d'eftimations approchées, dont on peut fe contenter dans prefque toutes les circonftances de la vie où elles font de quelqu'importance.

A & B jouent avec deux de\z, à condition que fi A amène fix, il aura gagné, & B s'il amène fept. A jouera le premier; mais pour compenfer ce défavantage, B jouera deux coups de fuite; & cela jufqu'à ce que l'un ou l'autre ait amené le nombre qui finit la partie.

Si l'on cherche le rapport de la chance de A à la chance de B, on le trouvera de 10355 à 12276.

Si un nombre de joüeurs A, B, C, D, E, &c., tous d'égale force, dépofent chacun une pièce, & jouent, à condition que deux d'entre eux A & B commençant à jouer, celui des deux qui perdra cèdera la place au joueur C; celui des deux qui perdra cèdera la place au joueur D, jufqu'à ce qu'un de ces joueurs, vainqueur de tous les autres, tire les enjeux ou la mife. On demande le rapport des chances de tous ces joueurs.

Selon la folution de M. Bernouilli, le nombre des joueurs étant $n + 1$, les chances des deux joueurs qui fe fuivent l'un & l'autre, font comme $1 + 2^n$ à 2^n, & partant les chances de tous les joueurs A, B, C, D, E, &c., felon la proportion géométrique $1 + 2^n : 2^n :: A . c :: c . d :: d . e$, &c. Cela pofé, il n'eft pas difficile de déterminer les chances de deux joueurs quelconques, ou avant que de commencer ou quand le jeu eft engagé.

Par exemple, font trois joueurs A, B, C; alors $n = 2$, & $1 = 2^n : 2^n :: 5 . 4 :: a . c$. c'eft-à-dire que leurs chances ou efpérances de gagner, avant que A ait gagné B, ou B, C, font comme 5, 5, 4, ou font $\frac{5}{14}$, $\frac{5}{14}$, $\frac{4}{14}$; car toutes enfemble doivent faire 1. Lorfque A aura gagné B, les chances feront comme $\frac{1}{7}$, $\frac{2}{7}$, $\frac{4}{7} = 1$.

S'il y a quatre joueurs A, B, C, D, leurs chances ou attentes feront en commençant comme 81, 81, 72, 64; & lorfque A a gagné B, les chances ou attentes de B, D, C, A, comme 25, 32, 36, 56; & lorfque A a gagné B & C, les chances ou attentes de C, D, B, A, comme 16, 18, 28, 87.

A, B, C, trois joueurs d'égale force, mettent une pièce, & jouent, à condition que deux commenceront, & que celui qui perdra fortira; mais en fortant ajoutera une fomme convenue à la mife totale; & ainfi de fuite de tous ceux qui fortiront, jufqu'à ce qu'il y en ait un qui batte les deux autres, & qui tire tout. On demande fi la chance de A & de B eft meilleure ou plus mauvaife que celle de C.

Si la fomme que chaque joueur qui fort ajoute à la maffe, eft à la première mife de chacun, comme de 7 à 6, les chances des trois joueurs font égales. Si le rapport de la fomme ajoutée par le fortant à la maffe, eft à la première mife en moindre rapport que de 7 à 6, le fort de A & B vaut mieux que celui de C; fi ce rapport eft plus grand, le fort de C eft le meilleur; & lorfque A a gagné B une fois, les chances des joueurs font comme les nombres $\frac{12}{7}$, $\frac{6}{7}$, $\frac{3}{7}$ ou 4, 2, 1.

Celle de A la plus avantageufe, & celle de B la moindre.

M. Bernoulli a généralifé la folution de ce problême, en l'étendant à un nombre de joüeurs quelconque.

A & B, *deux joueurs d'égale force, jouent avec un nombre donné de balles; après quelque tems il en manque une à A pour avoir gagné, & trois à B; on trouve que la chance de A vaut $\frac{7}{8}$ de la mife totale, & celle de B $\frac{1}{8}$.*

Deux joueurs A & B, d'égale force, joüent, à condition qu'autant de fois que A l'emportera fur B, B lui donnera une pièce d'argent; & qu'autant de fois que B l'emportera fur A, A lui en donnera tout autant; de plus qu'ils joüeront jufqu'à ce que l'un des joueurs ait gagné tout l'argent de l'autre. Ils ont maintenant cha. un quatre pièces; deux fpectateurs font une gageure fur le nombre de tours qu'ils ont encore à faire, avant que l'un des deux foit épuifé d'argent, & le jeu fini. R gage que le jeu finira en dix tours, & on demande la chance de S qui gage le contraire.

On trouve la chance de S à celle de R, comme 560 à 464.

Si chaque joueur avoit cinq pièces, & que la force de A fût double de celle de B; le rapport de la chance de celui qui parie que le jeu finira en dix tours, à celle de fon adverfaire, fera comme 3800 à 6561.

Si chaque joueur a quatre pièces, & qu'on demande quelle doit être la force des joueurs, pour qu'on puiffe parier avec égal avantage ou défavantage, que le jeu finira en quatre coups, on trouve que la force de l'un doit être la force de l'autre, comme 5. 274 à 1.

Si chaque joueur avoit quatre pièces, & qu'on demandât le rapport de leurs forces, pour que le pari, que le jeu finira en fix coups, fût égal pour & contre, on le trouvera comme celui de 2. 576 à 1.

Deux joueurs A & B, d'égale force, font convenus de ne pas quitter le jeu, qu'il n'y ait dix coups de joués. Un fpectateur R gage contre un autre S, que quand la partie ne finira pas, ou avant qu'elle finiffe, le joueur A aura trois coups d'avantage fur le joueur B; on demande le rapport des chances des gageurs R & S; & on le trouve comme les nombres 352 à 672.

On voit par la folution compliquée de ces problêmes, que l'efprit du jeu n'eft pas fi méprifable qu'on croiroit bien; il confifte à faire fur-le-champ des évaluations approchées d'avantages & de défavantages très-difficiles à difcerner; les joueurs exécutent en un clin-d'œil, & les cartes à la main, ce que le mathématicien le plus fubtil a bien de la peine à découvrir dans fon cabinet. J'entends dire, que quelque affinité qu'il y ait entre les fonctions du géomètre & celles du joueur, il eft également rare de voir de bons géomètres grands joueurs, & de grands joueurs bons géomètres. Si cela eft, cela ne viendroit-il pas de ce que les uns font accoutumés à des folutions rigoureufes, & ne peuvent fe contenter d'à-peu-près, & qu'au contraire les autres, habitués à s'en tenir à des à-peu-près, ne peuvent s'affujettir à la précifion géométrique?

Quoi qu'il en foit, la paffion du jeu

eſt une des plus funeſtes dont on puiſſe être poſſédé. L'homme eſt ſi violemment agité par le jeu, qu'il ne peut plus ſup-

porter aucune autre occupation. Après avoir perdu ſa fortune, il eſt condamné à s'ennuyer le reſte de ſa vie.

L

LANSQUENET.

LANSQUENET.

On nomme *coupeurs*, ceux qui prennent carte dans le tour avant que celui qui a la main ſe donne la ſienne; & *carabineurs*, ceux qui prennent carte après que celle de celui qui a la main eſt tirée. On appelle la *réjouiſſance*, la carte qui vient immédiatement après la carte de celui qui a la main. Tout le monde y peut mettre avant que la carte de celui qui a la main ſoit tirée; mais il dépend de lui de tenir ce qu'il veut, pourvu qu'il s'en explique avant que de tirer ſa carte : car s'il la tire ſans rien dire, il eſt obligé de tenir tout ce qu'on y a mis.

Après qu'on a réglé le fond du jeu, celui qui a la main donne des cartes aux coupeurs, à commencer par ſa droite; & ces cartes ſe nomment cartes droites. Pour les diſtinguer des cartes de repriſe & de réjouiſſance, il ſe donne une carte, & enſuite il tire la réjouiſſance. Cela étant fait, il continue de tirer toutes les cartes de ſuite. Il gagne ce qui eſt ſur la carte d'un coupeur, lorſqu'il amène la carte de ce coupeur; & il perd tout ce qui eſt au jeu, lorſqu'il amène la ſienne. Enfin, s'il amène toutes les cartes droites des coupeurs, avant que d'amener la ſienne, il recommence, & continue d'avoir la main, ſoit qu'il ait gagné ou perdu la réjouiſſance.

Voilà les règles les plus générales de ce jeu.

En voici quelques autres particulières :

1°. Lorſque celui qui a la main, que je nommerai toujours Pierre, donne une carte double à un coupeur, c'eſt-à-dire une carte de même eſpèce qu'une autre carte qu'il a déjà donnée à un autre coupeur qui eſt plus à ſa droite, il gagne le fond du jeu ſur la carte perdante, & il eſt obligé de tenir le double ſur la carte double.

2°. Lorſque Pierre donne une carte triple à un coupeur, il gagne ce qui eſt ſur la carte perdante, & il eſt tenu de mettre quatre fois le fond du jeu ſur la carte triple.

3°. Lorſque Pierre donne une carte quadruple à un coupeur, il reprend ce qu'il a mis ſur les cartes ſimples ou doubles; s'il y en a, il perd ce qui eſt ſur la carte triple de même eſpèce que la quadruple qu'il amène, & il quitte la main ſur-le-champ, ſans donner d'autres cartes.

4°. S'il ſe donne à lui-même une carte quadruple, il prend tout ce qu'il y a ſur les cartes des coupeurs; & ſans donner d'autres cartes, il recommence la main.

5°. Lorſque la carte de la réjouiſſance eſt quadruple, elle ne va point.

6°. C'eſt encore une loi du jeu qu'un coupeur, dont la carte eſt priſe, eſt obligé de payer le fond du jeu à chaque coupeur qui a une carte devant lui; ce qui s'appelle *arroſer*. Mais il y a cette diſtinction à faire, que quand c'eſt une carte droite, celui qui perd paie aux autres cartes droites le fond du jeu, ſans avoir égard à ce que la ſienne, ou la carte droite des autres coupeurs ſoit ſimple, douple ou triple; au lieu que quand c'eſt une carte de repriſe, on ne paie & on ne reçoit que ſelon les règles du parti. Or, dans ce jeu, les partis ſont de mettre trois contre deux, lorſqu'on a carte double contre carte ſimple; deux contre un, lorſqu'on a carte triple contre carte double; & trois contre un, lorſqu'on a carte triple contre carte ſimple.

Ces règles étant bien conçues, ſi l'on veut ſavoir en quoi conſiſte la difficulté de déterminer l'avantage de celui qui a la main, il faut obſerver:

1°. Que l'avantage d'avoir la main en renferme un autre fort conſidérable, qui eſt de conſerver à Pierre le droit de tenir les cartes autant de fois qu'il aura amené toutes les cartes droites des coupeurs, avant que d'amener le ſienne. Or, comme cela peut arriver pluſieurs fois de ſuite, tel nombre de coupeurs qu'il y ait, il faut en examinant l'avantage de celui qui tient les cartes, avoir égard à l'eſpérance qu'il a de faire la main un nombre de fois quelconque indéterminément. D'où il ſuit qu'on ne peut exprimer l'avantage de Pierre que par une ſuite compoſée d'un nombre infini de termes qui iront toujours en diminuant; ce qui donne quelque ſujet de croire qu'on ne peut jamais avoir la valeur préciſe de l'avantage de Pierre, mais ſeulement une valeur d'autant plus exacte, qu'on emploiera un plus grand nombre de termes de la ſuite.

2°. Que Pierre a d'autant moins d'eſpérance de faire la main, qu'il y a plus de coupeurs & plus de cartes ſimples parmi les cartes droites.

3°. Que l'obligation où eſt Pierre, de mettre le double du fond du jeu ſur les cartes doubles, & le quadruple ſur les cartes triples diminue l'avantage qu'il auroit

en amenant des cartes doubles ou triples avant que de ſe donner la ſienne; & que ſon avantage eſt augmenté par cette autre condition du jeu, qui lui permet de reprendre en entier ce qu'il a mis ſur les cartes doubles & triples, lorſqu'il donne à un des coupeurs une carte quadruple.

Ces remarques, & quelques autres pareilles, peuvent faire connoître que ce problème eſt plus compliqué qu'il ne paroît d'abord.

Pour le réſoudre, voici la route qu'il faut tenir:

On examine d'abord toutes les diſpoſitions différentes que le jeu peut avoir, avant que Pierre ſe ſoit donné ſa carte, & l'on détermine combien il y a de probabilité que chacune des diſpoſitions poſſibles ſe trouvera à l'excluſion des autres. Enſuite, on doit rechercher quelle eſt l'eſpérance de Pierre dans chacune des diſpoſitions différentes de ſe donner une carte ou ſimple, ou double, ou triple, ou quadruple. En troiſième lieu, il faut examiner en particulier ce que chacun des différens rapports de la carte de Pierre à celles des coupeurs, peut lui donner de gain ou de perte. Enfin, après ces recherches, il ne reſte qu'à opérer, ſelon les règles ordinaires de l'analyſe, il ſera plus aiſé d'établir la méthode à ſuivre, en en faiſant l'application ſur des cas particuliers.

Premier cas. On ſuppoſe qu'il y ait trois coupeurs, Pierre, Paul & Jacques: Paul eſt le premier à la droite, & Jacques le ſecond; on demande combien il y a d'avantage pour Pierre à avoir la main.

Soit le fond du jeu appellé A.

On remarquera:

1°. Qu'il y a à parier ſeize contre un, que les cartes de Paul & de Jacques ſe trouveront ſimples, lorſque Pierre ſera ſur le point de tirer ſa carte; & un contre ſeize, que la carte de Jacques ſe trouvera double.

2°. Que les cartes de Paul & de Jacques étant fimples, Pierre a fix coups fur cinquante pour amener carte double, & par conféquent quarante-quatre fur cinquante pour amener carte fimple.

3°. Que la carte de Jacques étant double, Pierre a deux coups fur cinquante pour gagner, tout en amenant carte triple, & par conféquent quarante-huit fur cinquante pour amener carte fimple.

4°. Que fi Pierre amène carte fimple, les cartes de Paul & de Jacques étant fimples, fon fort eft 2 A ; ce qui eft évident ; mais que fi Pierre amène carte double, fon fort eft 3 A + $\frac{1}{5}$ A. Car amenant carte double, il prend d'abord 2 A, c'eft-à-dire la mife de celui qui perd & la fienne propre ; & outre cela, il a fa mife fur la mife du joueur qui refte, & l'avantage d'avoir carte double contre carte fimple : or cet avantage eft $\frac{1}{5}$ A.

Pierre ayant carte double contre carte fimple, a trois coups pour gagner, & feulement deux pour perdre.

5°. Que fi Pierre amène une carte fimple, la carte étant double, fon fort eft 2 A — $\frac{2}{5}$ A ; car c'eft une loi du jeu que Jacques, ayant carte double, eft en droit de mettre 2 A fur fa carte, & d'obliger Pierre à en mettre autant, quoiqu'à fon défavantage. On a vu que l'avantage de celui qui a carte double contre carte fimple eft la cinquième partie de la mife de chacun ; or ici la mife de Jacques étant 2 A, fon avantage & le défavantage de Pierre fera $\frac{2}{5}$ A. Il eft évident que fi Pierre amenoit carte triple, fon fort feroit 4 A.

6°. Il faut encore obferver que Pierre hafarde 2 A, lorfque les cartes de Paul & de Jacques font fimples ; mais qu'il hafarde feulement A, lorfque la carte de Jacques eft double. De tout cela, il fuit que l'avantage qu'a Pierre dans un tour eft $\frac{1}{17}$ A.

Maintenant pour favoir ce qu'il faut ajouter à cet avantage pour avoir égard à l'efpérance qu'a Pierre de faire la main, il faut déterminer quel eft le nombre qui exprime cette efpérance, & le multiplier par l'avantage déjà trouvé $\frac{1}{17}$ A.

Il eft clair que cette efpérance eft différente, felon toutes les différentes difpofitions que peuvent avoir les cartes de trois coupeurs. Ainfi il faut chercher quel degré de probabilité il y a que chacune de ces difpofitions poffibles fe trouvera, & multiplier chacun des nombres qui les exprime par le degré de probabilité qu'il y a que dans telle & telle difpofition, Pierre fera la main.

Or je trouve que fur vingt-deux mille cent différentes difpofitions poffibles des trois cartes de Pierre, Paul & Jacques, il y en a dix-huit mille trois cents quatre pour que les trois cartes foient fimples ; deux mille quatre cents quatre-vingt-feize pour que la carte de Pierre foit double ; mille deux cents quarante-huit pour que la carte de Jacques foit double, & cinquante-deux pour que celle de Pierre foit triple.

Il faut encore obferver :

1°. Que lorfque les trois cartes de Pierre, Paul & Jacques font triples, il y a à parier un contre deux que Pierre fera la main.

2°. Qu'il y a à parier trois contre deux, lorfque la carte de Pierre eft double ; & deux cents trois, lorfque la carte de Jacques eft double.

Second cas. On fuppofe quatre coupeurs, le quatrième fe nomme Jean.

Pour découvrir en combien de manières différentes, les cartes des trois coupeurs Paul, Jacques & Jean, peuvent arriver ou fimples ou doubles, ou triples, il faut fe fouvenir que dans le cas précédent on a trouvé qu'il y a feize contre un à parier que la carte du premier coupeur étant fimple, celle du fecond le fera auffi ;

& que les cartes des deux coupeurs étant fimples, il y a vingt-deux contre trois à parier que la carte fuivante fera fimple.

2°. Que les cartes des deux premiers coupeurs étant fimples, il y a fix contre quarante-quatre à parier que la troifième fera double.

3°. Qu'il y a un contre feize à parier que la carte du fecond coupeur fera double; & que la carte du fecond coupeur étant double, il y a deux fur cinquante pour amener une carte triple; & par conféquent quarante-huit fur cinquante pour amener carte fimple.

De tout cela il fuit :

1°. Que pour déterminer combien il y a à parier que dans ce cas ci les cartes des trois coupeurs feront fimples, il faut multi-plier le nombre $\frac{22}{25}$, qui exprime le degré de probabilité qu'il y a que les cartes de Paul & de Jacques étant fimples, celle de Jean le fera auffi par le nombre $\frac{16}{17}$, qui exprime combien il y a de probabi-lités que celle de Jacques fera fimple. Ainfi il y a à parier trois cents cinquante-deux contre foixante-treize que les cartes des trois coupeurs Paul, Jacques & Jean feront fimples.

2°. Que pour avoir le nombre qui exprime combien il y a à parier que la carte de Jean fera double, il faut multiplier $\frac{6}{50}$ par le nombre $\frac{16}{17}$;

3°. Que pour avoir le nombre qui exprime combien il y a de probabilités que celle de Jacques fera double, & celle de Jean fimple, il faut multiplier $\frac{1}{17}$ par le nombre $\frac{24}{25}$;

4°. Que la fraction $\frac{1}{17} \times \frac{1}{25}$ exprime combien il y auroit à parier que la carte de Jean feroit triple.

Maintenant, il faut déterminer quel eft le fort de Pierre dans chacune des quatre difpofitions différentes des cartes des trois joueurs.

L'on trouvera :

1°. Que les cartes de Paul, Jacques & Jean étant fimples, Pierre fur quarante-neuf cartes qui reftent, en a quarante à tirer qui peuvent lui donner carte fimple, & neuf qui lui peuvent donner carte double. Or le fort de Pierre, lorfqu'il a carte fimple, les cartes des trois autres coupeurs étant fimples auffi, eft 3 A; & fon fort, lorfqu'il a carte double, deux quelcon-ques d'entre les deux coupeurs ayant carte fimple, eft $4 A + \frac{2}{5} A$.

2°. Que la carte de Jean étant double, Pierre fur quarante-neuf cartes qui reftent, a quarante cartes à tirer qui peuvent lui donner carte fimple, trois cartes qui lui peuvent donner carte double, & enfin deux cartes qui lui peuvent donner carte triple. Or le fort de Pierre, lorfque fa carte eft fimple, eft $2 A + \frac{3}{5} A$; & fon fort, lorfque fa carte eft double, eft 4 A; enfin fon fort, lorfque fa carte eft triple, eft $4 A + \frac{3}{2} A$. Car Pierre ayant carte triple contre une autre carte fimple, devroit parier trois contre un pour parier également; & par conféquent il a trois contre un fur la fomme qui eft couchée fur la carte qui refte. On trouvera que le fort de Pierre fera le même, c'eft-à-dire $2 A + \frac{197}{245} A$, lorfque la carte de Jacques fera double.

3°. On obfervera que la carte de Jean étant triple, Pierre fur quarante-neuf cartes, en a quarante-huit, qui lui donnent carte fimple contre carte triple, & un feulement qui lui donne carte quadruple.

Or le fort de Pierre, lorfque fa carte eft fimple, eft 2 A; car il a un coup pour avoir 8 A, & trois coups pour avoir zéro. Son fort, lorfque fa carte eft qua-druple, eft 8 A.

Il faut remarquer que Pierre ne hafarde 3 A que dans le cas où les cartes de Paul, Jacques & Jean font fimples; qu'il hafarde feulement 2 A dans le cas où la carte, foit de Jacques, foit de Jean, eft double; & feulement A, dans le cas où la carte de Jean eft triple.

C'eft

C'eſt un préjugé commun parmi les joueurs, que la carte de la réjouiſſance eſt favorable à ceux qui y mettent.

Pour ſe déſabuſer de cette opinion, il faut prendre garde que ſi la carte de la réjouiſſance a l'avantage dans certaines diſpoſitions des cartes des coupeurs, elle a du déſavantage en d'autres, & que cela ſe compenſe toujours exactement, comme on vient de le voir ; & on peut procéder, par les mêmes opérations, à tout autre nombre de coupeurs, & déterminer toutes les différentes diſpoſitions poſſibles des cartes; mais les combinaiſons deviennent alors très-compliquées, & entraînent des diſcours, & des calculs fort abſtraits.

Voyez à cet égard l'*Analyſe des jeux de haſard*, par Montmaur.

Il y avoit un *lanſquenet* conſidérable établi à l'hôtel de Gèvres, à Paris. Les joueurs y abondoient, & avec eux les fripons. Ceux qui ſe mêloient de corriger la fortune, employoient à ce jeu une friponerie groſſière très-ancienne, qui étoit de faire ſauter la coupe, & par-là remettre les cartes dans la même poſition où elles étoient auparavant; mais ce tour de main étant ſujet à bien des inconvéniens, les fourbes le réformèrent, pour lui ſubſtituer ce qu'on appela depuis la *carte large*; de façon qu'après avoir fait coup ertout uniment à un autre dupeur, il ne reſtoit autre choſe à faire à ces fripons qu'à ramaſſer l'argent des dupes. Pour l'exécution de cette friponerie, on mettoit dans chaque jeu une carte un peu plus large que les autres, le *grec* arrangeoit une vole par-deſſous, de ſorte qu'en coupant ſur cette carte, il faiſoit toutes les autres. Il falloit pour cela que les *grecs* ſe diſtribuaſſent autour de la table, de manière que les uns coupaſſent aux autres.

Voyez *Combinaiſons frauduleuſes.*

LOTERIE. On doit être en garde en général contre les loteries, quoique leur ſort paroiſſe dépendre du haſard. En voici une d'une eſpèce ſinguliere, dont on a déjà dit un mot à l'article *dez*. Dans cette loterie *ambulante* ou *foraine*, on joue avec ſept dez marquant chacun depuis un juſqu'à ſix. Il y a trois ou quatre bijoux deſtinés à être l'un après l'autre la récompenſe de ceux qui ſeront aſſez heureux pour amener une des ſix rafles ; le reſte des lots conſiſte en *merceries* uſuelles étiquetées par les points gagnans ordinaires.

« Vous le ſavez, dit le loteur forain, que depuis ſept juſqu'à quarante-deux on peut amener quarante points effectifs ; eh bien ? de ces quarante points j'en abandonne vingt-neuf aux joueurs, et je m'en réſerve quatorze qui commencent à vingt et finiſſent à trente incluſivement; tous les autres ſortent à profit pour les joueurs. » Mais ces belles apparences s'évanouiſſent, lorſqu'après des calculs faits, on voit que les onze points que ſe réſerve le maître loteur, produiſent 173272 combinaiſons qui ſont en gain pour lui, tandis que les autres points, y compris les ſix rafles, ne donnent que 106664 combinaiſons en gain pour le joueur, ce qui fait par conſéquent une différence de 66608. Ce n'eſt pas tout, il n'y a de lots véritablement gagnans que les ſix rafles, & les autres lots ſont communément au-deſſous du prix de la *miſe*, exigée des joueurs, & en raiſon de la ſixieme partie de la totalité des combinaiſons. Or cette ſixieme partie eſt préciſément avec ſept dez de quarante-ſix mille ſix cent cinquante-ſix coups, puiſque la ſomme totale eſt de deux cent ſoixante-dix-neuf mille neuf cent trente-ſix ; ainſi l'on a ſu faire de ce jeu où on perd preſque toujours, un jeu où l'on croit preſque toujours gagner.

M

MONDE.

MONDE. (*jeu du*)

Ce jeu est un divertissement du corps et de l'esprit, qui enseigne, à la faveur de petits globes et d'une table, diverses choses qu'une personne peut souhaiter d'apprendre en voyageant dans le monde. Les petits globes qui servent à ce jeu sont différens de ceux qui sont en usage, puisqu'il ne doit y en avoir aucun qui ne présente une partie de quelque science; & qui ne designe les différens états du monde & leurs gouvernemens.

La table ou le tableau qui est nécessaire pour ce jeu offre une description de l'Europe ou de quelqu'autre partie du globe, avec ses rivières, ses forêts, ses villes, ses campagnes, ses mers; on y voit tous les animaux les plus rares qui se trouvent dans l'un et l'autre de ses élémens; et plus de deux cents figures en forme humaine qui l'environnent, accompagnées d'une multitude agréable de différens ornemens qui signifient tous quelque chose, et qui font partie de ce jeu.

La premiere et la plus générale notion que l'on doit avoir du *jeu du monde*, est que c'est un tout qui renferme plusieurs parties tellement nécessaires les unes aux autres, que si l'on en suprime une, les autres seroient comme inutiles pour la fin qu'on s'est proposée. Telles sont le *guide*, le *vaisseau*, et la *mappe*.

Le *guide* sert de conducteur à celui qui voyage, et fait dans ce jeu ce que les vents ont coutume de faire aux vaisseaux.

Le vaisseau qui représente le lieu où le voyageur doit être n'est pas de moindre conséquence, parce qu'il montre toute les choses remarquables qui sont dans les lieux où il va.

La *mappe*, sur laquelle les choses qu'on doit apprendre sont peintes, est une table de figure quarrée un tiers plus longue que large, dont une partie est apliquée sur l'autre pour distinguer plus naturellement par la différence de ces hauteurs, les mers d'avec les terres, & pour donner plus de relief aux figures et autres ornemens.

Pour connaître le lieu d'où l'on doit partir afin de venir, par exemple en France, on tourne une aiguille qui parcourt un cercle divisé en autant de parties qu'il y a d'état que l'on veut parcourir.

On peut faire de la *mappe* une table géographique où l'on marque les villes, les montagnes, les lacs, les rivières, les forêts les plus considérables, les animaux les plus marquans, tant de la mer que de la terre, les endroits fameux par les grandes batailles, les lieux des celèbres assemblées, les volcans, les places fortes, les itinéraires des voyageurs, & généralement tout ce que les historiens et les voyageurs apprennent de plus mémorable. Au reste il suffit d'avoir fait connaître l'appareil et la disposition du jeu, en laissant à l'imagination des instituteurs les détails des instructions qu'ils veulent donner à la jeunesse, en lui procurant de l'exercice et de l'amusement.

Voici *les règles du jeu du monde.*

1°. Avant que de jouer on prend du directeur du jeu des marques qu'on fait valoir ce que l'on veut ; puis chacun prend un vaiffeau & un guide & l'on tire qui jouera le premier.

2°. On met son vaiffeau à l'extrémité du port, d'où l'on part de quelque côté qu'on veut.

3°. On dit avant que de partir le nom du vaiffeau qu'on monte, le lieu d'où l'on part, le terme de son voyage, & le premier port où l'on doit mouiller, & chaque coup que l'on joue, le lieu où on eft, & celui où on doit aller, faute de quoi on donne une marque à chaque voyageur ; la même peine a lieu quand on n'accufe pas jufte.

4°. Si on joue devant fon rang, on donne une marque à chacun & on fe remet à fa place.

5°. Si on touche à fon vaiffeau quand il eft en mer, fi ce n'eft pour le tirer d'un port, d'un écueil, ou d'une captivité, on donne à chacun quatre marques.

6°. Si on touche en deux tems son vaiffeau, on donne à chacun une marque & on fe met où on était devant.

7°. Si on touche fon vaiffeau, on eft cenfé avoir joué, foit qu'il ait changé de place ou non.

8°. Si on touche fon vaiffeau de maniere qu'il n'ait pas changé de lieu, & qu'on ait dit *je radoube*, le coup n'eft pas joué.

9°. Si en jouant on remue avec fon guide le vaiffeau d'un autre, on le met à fa place, & on donne une marque à qui il appartient.

10°. Si quelqu'un confeille un autre foit de paroles, ou en lui montrant l'endroit où il doit toucher, fi ce n'eft du confentement de tous, il donne à chacun trois marques.

11°. Quant on tombe dans un écueil, on donne deux marques à chacun, & on eft deux coups fans jouer.

11°. Quand deux vaiffeaux font dans un même écueil, il n'y a que le premier entré qui ait deux coups fans jouer & qui paye deux marques à chacun hors à celui qui y eft entré avec lui.

13°. Quand un vaiffeau fait faire naufrage à deux autres dans différens écueils ou d'une autre maniere, tous deux payent felon la qualité de leurs endroits, et donnent une marque de plus à celui qui leur a caufé ce malheur.

14 Quand deux vaiffeaux sont jettés dans deux écueils par un troifieme, tous deux payent, & il n'y a que le dernier entré qui refte deux coups fans jouer.

15°. Quand on tombe dans un femblable malheur qu'on caufe à un, ou à plufieurs, on paye feul la peine, etc.

16°. Lorfqu'on tombe en captivité on donne à chacun deux marques pour s'avancer.

17°. Lorfqu'on échoue, ce qui arrive quand le vaiffeau paffe fur les terres, on donne à chacun deux marques, & on fe remet où on était.

18°. Lorfqu'on échoue, & qu'avant de monter fur les terres, on a pouffé un vaiffeau qui eft enfuite tombé dans un écueil, les deux payent, l'échoué fe remet en fa place, & l'autre eft deux coups fans jouer.

19°. Lorfqu'on échoue en faifant échouer un autre, on paye à chacun deux marques, même à celui qu'on a fait échouer, et on fe remet en fa place.

20°. Qui mouille dans d'autres ports que ceux qui font deftinés, paye une marque à chacun, toutes les fois que cela lui arrive.

21°. Qui mouille dans un port destiné pour le voyage, plus avancé que celui où il doit aller, paye feulement une marque au plus avancé, s'il retourne dans un port où il a mouillé, fût-ce celui d'où il fort ; il en donne une au plus éloigné, & rien fi c'eft lui.

22°. Qui fait naufrage délivre celui qui y eſt.

23°. Si un vaiſſeau vient à s'arrêter & que ſans lui toucher, un moment après il tombe dans un écueil ou autre lieu, on le met où il a paru arrêté, ſans rien donner.

24°. Il n'eſt pas permis de paſſer par d'autres lieux que ceux dont on eſt convenu.

25°. On ne peut plus attaquer un vaiſſeau quand il a deux ports d'avance.

26°. On prend 8 ports pour un voyage.

27°. On gagne le voyage quand on arrive le premier au terme 6 qui conſiſte à recevoir autant de marque 3 que chacun joue de coups à venir, le coup qui mene au port se paye. Extrait d'un livre intitulé : *Introduction à l'histoire générale du monde, ou jeu de Télémaque pour l'instruction d'un homme de cour*, in-12 1705.

N

N O Y A U X.

N O Y A U X. (*Jeu des*).

Le baron de la Hontan fait mention de ce jeu dans le ſecond tome de ſes *Voyages de Canada*, page 113.

Voici comme il s'explique :

On y joue avec huit noyaux, noirs d'un côté & blancs de l'autre : on jette les noyaux en l'air : alors ſi les noirs ſe trouvent impairs, celui qui a jetté les noyaux gagne ce que l'autre joueur a mis au jeu : s'ils ſe trouvent ou tous noirs ou tous blancs, il en gagne le double; & hors de ces deux cas, il perd ſa miſe.

PROBLÈME Ier. *On demande lequel des deux joueurs a de l'avantage, en ſuppoſant qu'ils mettent également au jeu.*

Ce problême *des noyaux*, ſe réduit à celui-ci :

Déterminer combien il y a à parier que jettant huit dez au haſard, on amènera ou un as & ſept deux; ou trois as & cinq deux, ou cinq as & trois deux, ou ſept as & un deux, ou deux as & ſix deux,

ou quatre as & quatre deux, ou ſix as & double deux.

On trouvera qu'il y a, 1° huit coups ſur deux cent cinquante-ſix pour amener un noir & ſept blancs; 2° cinquante-ſix coups pour avoir trois noirs & cinq blancs; 3° vingt-huit coups pour avoir deux noirs & ſix blancs; 4° ſoixante-dix coups pour avoir quatre noirs & quatre blancs. Il eſt évident qu'on ne peut les amener, ou tous noirs ou tous blancs, que d'une façon. Il ſuit de tout cela, que ſi l'argent du jeu eſt appellé A, le ſort de celui qui jette les noyaux ſera

$$\frac{128 \times A + 2 \times \overline{A + \tfrac{1}{2} A}}{256};$$

Et le ſort de l'autre joueur ſera

$$\frac{126\, A + 2 \times \overline{0 - \tfrac{1}{2} A}}{256}$$

Ainſi l'avantage de celui qui jette les noyaux eſt $\frac{3}{256}$; & pour que le jeu fût égal, il faudroit que celui qui jette les noyaux mît au jeu vingt-deux contre l'autre vingt-un.

On peut obferver que l'inégalité de ce jeu ne porte aucun préjudice à ces joueurs du Canada, qui, ne jouant entr'eux que des chofes dont la propriété leur eft commune, doivent être affez indifférens pour le gain & pour la perte. Le mépris que ces peuples ont pour ce que nous eftimons le plus, eft une efpèce de paradoxe qu'on ne doit point avancer fans preuve dans un livre tel que celui-ci.

La voici, tirée du baron de la Hontan :

« Au refte, *dit ce voyageur*, ces jeux ne fe font que pour des feftins, & pour quelques autres bagatelles ; car il faut remarquer que comme ils haïffent l'argent, ils ne le mettent jamais de leurs parties : auffi peut-on affurer que l'intérêt n'a jamais caufé de divifion entre eux. »

PROBLÊME II. *On fuppofe que les huit noyaux ont chacun quatre faces, favoir une blanche, une noire, une verte & une rouge ; Pierre fera celui qui jette les noyaux, Paul fera l'autre joueur.*

Si les noyaux ayant été jettés au hafard,

il fe trouve des quatre couleurs, Paul donnera B à Pierre ; s'il n'y en a que de trois couleurs, Paul lui donnera 3 B ; & s'il n'y en a que d'une feule couleur, c'eft-à-dire, fi les huit noyaux font ou tous blancs, ou tous noirs, ou tous verts, ou tous rouges, Paul lui donnera 4 B ; enfin, s'il n'y en a que de deux couleurs, Pierre donnera à Paul 2 A.

Cela pofé, *on demande de quel côté eft l'avantage, & quel eft cet avantage, en fuppofant que A ait à B un rapport quelconque ?*

L'on trouvera que fi B $=$ A Paul aura de l'avantage à ce jeu, mais ce ne feroit que de cette fraction $\frac{233}{16384}$; ce qui n'eft à-peu-près que la foixante-dixième partie de l'unité, & par conféquent, afin que la condition de Pierre & de Paul fuffent égales, il faudroit que B fût $= \frac{11552}{11359}$ A, c'eft-à-dire que Pierre devroit mettre au jeu onze mille cinq cent cinquante-deux, contre Paul onze mille trois cent cinquante-neuf.

O

OMBRE.

OMBRE. (*Jeu d'*)

COMME on ne peut découvrir l'inconnu que par le moyen de ce qui eft connu, il eft impoffible de réfoudre la plupart des problêmes, qu'on propofe fur le *jeu d'Ombre*, d'autant plus qu'on y joue trois avec quarante cartes, et qu'il refte beaucoup de cartes au talon. C'eft pourquoi, dans la plus grande partie des difficultés qui fe préfentent fur ce jeu, il faut fe contenter de chercher le vraifemblable,

& borner fon étude à approcher de la vérité le plus qu'il eft poffible.

Voici de quelle manière il s'y faut prendre :

Soit fuppofé que Pierre ait fait jouer en pique, qu'il ait quatre mains, & que jouant fa cinquième, il lui refte encore deux triomphes fûres, & outre cela, le roi de carreau & la dame de cœur ; on demande fi Pierre doit tenter de faire la volte.

Pour réfoudre exactement ce problême, il faudroit y faire entrer mille circonftances, dont on ne pourrait calculer la valeur précife qu'avec un fort grand & fort long travail ; mais , fi l'on veut fe contenter de la vraifemblance , il fuffira d'obferver quelles font les rencontres principales où Pierre entreprenant la volte perdroit ; quelles font celles qui le feroient certainement gagner , & quelles font celles auffi qui rendroient le fuccès incertain. Ainfi dans le cas préfent, on remarquera que Pierre gagnera , fi le roi de trèfle étant dans une main , le roi de cœur dans l'autre main, avec la garde à carreau, ou fi les rois étant dans une même main, avec la garde à carreau, cette garde n'eft point dans l'autre main, ou eft moins avantageufe.

2°. Que Pierre perdra fi aucun des deux joueurs n'ayant la garde à carreau, les deux rois font en différentes mains, ou fi l'un des deux joueurs a la garde à carreau & le roi de trèfle, l'autre joueur, ayant le roi de cœur, fans garde à carreau, ou avec une garde moins avantageufe que celle qui accompagne le roi de trèfle.

3°. Que fi les deux rois fe trouvent dans une même main , fans qu'aucun des deux joueurs ait la garde à carreau, il y aura pour Pierre autant d'efpérance de gagner que de rifque de perdre.

On pourra, en pefant ces raifons pour & contre, & y faifant entrer quelques autres circonftances, par exemple celle-ci : que la garde à carreau peut être fi baffe que le joueur fe déterminera plutôt à garder fon roi que cette garde ; on pourra, dis-je, en examinant combien l'un de ces cas, fournit plus de rencontres qu'un autre, tirer de cette comparaifon des raifons fort vraifemblables pour fe déterminer.

Pour moi, dit Montmor, j'avoue que je préférerois de tenter la volte ; & quoiqu'apparemment cela n'ait été pratiqué par perfonne, je fuis perfuadé que ceux qui feront attention fur ce qui précède , ne feront pas fort éloignés de mon fentiment ; il fe préfente très-fouvent des difficultés de cette nature, & ce font autant de problêmes qu'il faut réfoudre fur-le-champ. C'eft pourquoi il faut convenir qu'un homme qui a l'efprit vif & pénétrant, & qui a l'habitude du jeu a plus d'avantage, à bien prendre fon parti, dans la plupart des rencontres de ce jeu, qu'un autre joueur qui, avec autant d'habitude aura l'imagination moins jufte & moins agiffante ; car il ne faut pas moins d'efprit pour rencontrer le vraifemblable, lorfque l'évidence manque, que pour decouvrir la vérité, lorfqu'il eft poffible de la trouver.

PROBLÈME. *Pierre fait jouer en noir, & eft fuppofé avoir un nombre quelconque de triomphe. On demande quelle efpérance il a de tirer un certain nombre de triomphes dans les cartes qu'il prendra au talon ?*

Premier cas. *Pierre a trois triomphes, & prend fix cartes.*

L'efpérance qu'il a de tirer une triomphe au moins dans fix cartes, eft exprimée par la fraction $\frac{30254}{35061}$. Ainfi il pourroit parier 30254 contre 4807 ; ce qui eft un peu plus de fix contre un.

L'efpérance qu'il a d'en tirer au moins deux, eft exprimée par la fraction $\frac{366142}{736281}$; enforte qu'il y auroit à parier 366142 contre 370139.

Second cas. *Pierre a quatre triomphes, & prend cinq cartes.*

L'efpérance qu'a Pierre de tirer au moins une triomphe dans ces cinq cartes, eft exprimée par la fraction $\frac{18321}{24273}$; ainfi il pourroit parier 18321 contre 5952 , & il auroit de l'avantage à parier trois contre un. L'efpérance qu'il a de tirer au moins deux triomphes, fera exprimée par la fraction $\frac{13025}{16991}$; ainfi il pourroit parier 1765 contre 38961.

Troisième cas. Pierre a cinq triomphes, & prend quatre cartes.

L'espérance qu'a Pierre de tirer au moins une triomphe dans quatre cartes, est exprimée par la fraction $\frac{4+1+1}{6\cdot9\cdot1}$; ainsi il pourroit parier 4123 contre 2170, un peu moins que deux contre un.

Il sera facile de résoudre un grand nombre d'autres problêmes de même espèce que celui-ci, lesquels pourroient servir à fixer des règles pour savoir à quel jeu il est à propos de jouer ou de passer, ou de jouer sans prendre. Il suffiroit pour cela de chercher pour les cartes rouges, ce que l'on vient de trouver pour les noires, & de faire entrer dans le calcul les rois, les différens matadors, & les renonces.

OSSELETS. (*jeu des*) *Ludus talorum*, ou simplement. *tali*.

Horace dit : *Nec regna vini fortiere talis.*

Tu ne joueras plus aux *osselets*, la royauté des festins.

Suivant Homere, le jeu des *osselets* étoit connu des Grecs dès le tems de la guerre de Troye.

L'*osselet* avec lequel on joue est un os qui dans le pied des animaux est le premier des os du tarse : il est gros, inégal, convexe en certains endroits, concave en d'autres, & on le nomme encore *astragale*.

Les *osselets* n'avoient proprement que quatre côtés sur lesquels ils pussent aisément s'arrêter, les deux extrémités étant trop arrondies pour cela ; cependant la chose n'était pas imposible. On appelait ce coup extraordinaire *talus rectus*. De ces quatre côtés il y avoit deux plats & deux larges dont l'un valoit six, & étoit appellé *senio* par les latins ; l'autre opposé ne valoit qu'un, & on lui donnoit le nom *canis* ou *vulturius*. Des deux côtés plus étroits l'un étoit convexe, appellé *supinum* qui valoit

trois ; l'autre concave, appellé *pronum*, valoit quatre ; il n'y avoit ni deux ni cinq dans le jeu d'*osselet*.

On jouoit avec quatres *osselets* qui ne pouvoient produire que trente cinq coups ; savoir : 4, dans lesquels les quatre faces étoient semblables ; 18 dans lesquels il y en avoit deux de pareil nombre ; 12 dans lesquels il y en avoit trois égaux, & un coup unique lorsque les *osselets* étaient différens ; j'entends de différens nombres, c'est à-dire qu'il falloit faire as, un 3, un 4, & un 6 ; c'étoit le coup le plus favorable appellé *Vénus*. Les Grecs avoient donné les noms des dieux, des héros, des hommes illustres, & même des courtisanes fameuses à ces coups différens.

Le coup de *Vénus* étoit aussi nommé *basilicus*, parce qu'il falloit l'amener pour être le roi de la table. Le coup opposé étoit les quatre as appellés *damnosi canes*. Entre les autres coups, il y en avoit d'heureux, de malheureux & d'indifférens. C'étoit un usage reçu parmi les joueurs d'invoquer les dieux et leurs maitresses avant que de jetter les *osselets*.

Pour empêcher les tours de mains, on se servoit de cornets par lesquels on faisoit passer les *osselets*. Ces cornets étoient ronds en forme de petites tours plus larges en bas que par le haut, dont le col étoit étroit. On les appelloit *turris*, *turricula*, *orca*, *pyrgus*, *phimus*. Ils n'avoient point de fonds ; mais plusieurs degrès au-dedans qui faisoient faire aux *osselets* plusieurs cascades avant que de tomber sur la table.

Alternis vicibus quos præcipitante, rotatu fundunt excisi per cava buxa gradus

Cela se faisait avec grand bruit ; & ce bruit faisoit encore donner au cornet le nom de *fritellus.*

Les *osselets* n'étoient au commencement qu'un jeu d'enfant chez les Grecs ; c'est pourquoi Phraates, roi des Parthes, envoya des *osselets* d'or à Démétrius roi de Syrie, pour lui reprocher fa légèreté : cet amufement devenoit cependant une affaire férieufe dans les divinations qui fe faisoient au fort des *dez* et des *offelets* : c'eft ainfi que confultoit Hercule dans un temple qu'il avoit en Achaïe, & c'eft ainfi que fe rendoient les oracles de Geryon à la fontaine d'Apone proche de Padoue.

Voyez BARAÏCUS.

Il ne faut pas confondre le jeu d'of-felet, *ludus talorum* avec le jeu de dez, *ludum tefferarum*; car on jouoit le premier avec quatre *offelets*, et l'autre avec trois dez.

Les *offelets* comme on l'a dit, n'avoient que quatre côtés qui étoient marqués de

quatre nombres toujours oppofés l'un à l'autre; favoir du 3 qui avait 4 pour côté oppofé & d'un as dont le côté oppofé étoit six. Les dez avoient six faces, dont quatre étoient marquées de la même maniere que les quatre des *offelets* : & des deux autres l'une avoit 1, 2 & l'autre un cinq, mais toujours oppofés, de fote que dans l'un ou l'autre jeu le nombre du côté inférieur & celui du côté fupérieur faifoient toujours 7, comme cela s'obferve encore aujourd'hui.

Les coups des *offelets* ne pouvoient être variés que de trente cinq manieres; les dez ayant fix faces produifoient cinquante fix manieres, favoir : 6 rafles, 30 où il y a deux dez femblables, & 20 où les trois dez font différens.

P

PAIR OU NON.

PAIR OU NON. (*jeu de*)

CE jeu confifte à deviner fi les jettons ou les pieces de monnoie qu'on préfente dans une main fermée, font en nombre égal ou inégal. Il femble qu'il eft indifférent de dire au hazard *pair* ou *non pair*, puifqu'il y a autant de nombres pairs, que d'impairs.

Cependant le célèbre académicien, Mairan, a trouvé et même prouvé qu'il y avoit de l'avantage à dire *non pair* plutôt que *pair*. On peut voir fa démonstration qui eft auffi ingénieufe que profonde dans l'article *Pari*, & dans l'article *pair ou non* du dictionnaire des mathématiques.

PARI. Dans les *paris* des jeux *pair* ou *impair*, *oui*, on *non*; l'académicien Mairan a fait voir qu'il y a de l'avantage à dire *non pair* plutôt que *pair*, et *non* plutôt que *oui*. En effet, les jettons ou les pieces de monnoie chachés dans la main du joueur qui propofe le *pari* ayant été pris au hafard dans un certain tas, fuppofé que ce tas ne puiffe être qu'impair, quarrivera-t-il fi le tas étoit compofé de trois pieces, le joueur n'y peut prendre que 1, ou 2, ou 3; voilà donc deux cas où il peut prendre des nombres impairs et un feul où il prend un nombre pair. Or il y a 2 à parier contre 1 pour l'impair, ce qui fait un avantage de ⅓. Si le tas eft 5 le joueur peut y prendre trois impairs et feulement deux pairs;

donc

donc il y a 3 à parier contre 2 pour l'impair et l'avantage est d'un tiers. De même si le tas est 7 on trouvera que l'avantage de l'impair est $\frac{1}{4}$. De sorte que pour tous les tas impairs, les avantages de l'impair correspondans à chaque tas seront la suite d'$\frac{1}{1}, \frac{1}{2}, \frac{1}{3}, \frac{1}{4}, \frac{1}{5}$; où l'on voit que le tas 1 donnerait un avantage infini, y ayant un à parier contre 0, parce que les dénominateurs de toutes ces fractions diminuées de l'unité expriment le sort du pair contre l'impair.

En supposant au contraire que les tas ne puissent être que pairs, il n'y aura aucun avantage ni pour le pair, ni pour l'impair; il est visible que dans tous les tas pairs, il n'y a pas plus de nombres pairs à prendre que d'impairs, ni d'impairs que de pairs.

Quand on joue on ne sait si les jettons ont été pris dans un tas pair ou impair, si ce tas a été 2 ou 3, 4 ou 5 &c. & comme il a pu être également l'un ou l'autre, l'avantage de l'impair est diminué de moitié à cause de la possibilité que le tas ait été pair. Ainsi la suite $\frac{1}{1}, \frac{1}{2}, \frac{1}{3}, \frac{1}{4}$, &c. devient $\frac{1}{2}, \frac{1}{4}, \frac{1}{6}, \frac{1}{8}$, &c.

On aura une idée plus sensible de cette petite théorie, si on imagine un toton à quatre faces marquées, 1, 2, 3, 4. Il est évident que quand il tournera, il y a autant à parier qu'il tombera sur une face paire que sur une impaire. S'il y avait cinq faces, il en aurait alors une impaire de plus, et par conséquent il y auroit de l'avantage à parier qu'il tomberoit sur une surface impaire; mais s'il est permis à un joueur de faire tourner celui de ces deux totons qu'il voudra, certainement l'avantage de l'impair est la moitié moindre qu'il n'était dans le cas où le seul toton impair auroit tourné.

D'Alembert qui à l'exemple de Pascal a cherché à résoudre plusieurs problèmes des jeux, donne la solution du pro-

Jeux mathématiques.

blême suivant qu'il s'est proposé à l'occasion du *pari*. Lorsque, dit ce géomètre, deux joueurs A, B, jouent l'un contre l'autre, & que l'espérance du joueur A, est à celle du joueur B, en raison de m à n, le *pari* pour le joueur A, est aussi au pari pour le joueur B, en raison de m à n; or le nombre m n'est autre chose que le nombre des cas qui peuvent faire gagner le joueur A, et n est le nombre des cas qui peuvent faire gagner B. Par exemple si un joueur A veut amener 12 avec deux dez, on a $m = 1$, & $n = 35$, parce qu'il n'y a qu'un cas qui puisse amener 12, & 35 qui ameneront autre chose. Ainsi pour parier but à but, c'est à dire avec un avantage égal, suivant les règles ordinaires des jeux, il faut que la mise du joueur B soit à celle du joueur A, comme 35 est à 1.

De même si on *parie* d'amener en six coups un doublet avec deux dez, il est clair que le nombre des coups possibles est $(36)^6$; & que le nombre des coups où il n'y a point de doublets est $(30)^6$; d'où il s'ensuit que le *pari* doit être comme $(36)^6 - (30)^6$; c'est-à-dire comme $(\frac{6}{5})^6 - 1$ est à 1.

Au reste ces règles doivent être modifiées dans certains cas, où la probabilité de gagner est fort petite, & celle de perdre fort grande.

PARTIS (*Méthode des*) *entre plusieurs joueurs.*

PROBLÈME. *Déterminer généralement les partis qu'on doit faire entre plusieurs joueurs qui jouent à un jeu égal en plusieurs parties.*

Quoique ce problème soit le moins difficile de tous ceux qu'on peut se proposer sur cette matière, les conditions du jeu étant égales pour tous les joueurs, il n'a pas laissé que d'exercer long-tems, & à ce qui paroit avec plaisir, deux géomètres illuftres, Fermat & Pafcal. Celui-ci employoit, pour en venir à bout, la méthode analytique; cette voie femble être ici la plus naturelle & la plus facile; mais elle a le défaut d'être d'une longueur exceffive; car l'on ne peut trouver la folution des cas un peu compofés, qu'on n'ait parcouru tous ceux qui le font moins, en commençant par le plus fimple.

Ainfi, par exemple, pour trouver par cette voie le fort de trois joueurs Pierre, Paul & Jacques; en fuppofant que Pierre joue pour un point, Paul pour deux & Jacques pour trois, il faudroit examiner 1° quel feroit leur fort, fi Pierre jouant pour un point, Paul ne jouant pareillement que pour un point, & Jacques ou pour un, ou pour deux, ou pour trois points; 2° quel feroit leur fort, fi Pierre jouant pour deux points, Paul & Jacques jouoient pareillement pour deux points, ce qui retomberoit enfuite dans le cas précédent.

La méthode de Fermat eft plus favante, & demande plus d'adreffe dans fon application. Il ne l'a employée que pour déterminer les partis entre deux joueurs. Pafcal n'a pas cru qu'elle pût s'étendre à un plus grand nombre.

Je ferai voir, dit Montmor, que la méthode de Fermat réfout le problème des partis d'une manière très-générale. Mais, pour la faire entendre, & faire connoître les difficultés qu'y trouvoit Pafcal, je crois ne pouvoir mieux faire que de rapporter ici fa lettre du 24 août 1654, qui eft toute fur ce fujet. Elle s'adreffe à Fermat, & fe trouve dans fes ouvrages pofthumes, imprimés in-folio à Touloufe. L'on y verra l'explication de la méthode de Fermat pour deux joueurs, & les doutes de Pafcal fur cette méthode, lorfqu'on veut l'appliquer à un plus grand nombre. Je donnerai enfuite la folution des difficultés de Pafcal, & j'appliquerai cette méthode à quelques exemples qui en feront connoître l'univerfalité.

Lettre de Pafcal à Fermat.

Du 24 août 1654.

« Monfieur, je ne pus vous ouvrir ma penfée entière touchant les partis de plufieurs joueurs l'ordinaire paffé, & même j'ai quelque répugnance à le faire, de peur qu'en ceci cette admirable convenance qui étoit entre nous, & qui m'étoit fi chère, ne commence à fe démentir; car je crains que nous ne foyons de différens avis fur ce fujet. Je vous veux ouvrir toutes mes raifons, & vous me ferez la grace de me redreffer fi j'erre, ou de m'affermir fi j'ai bien rencontré. Je vous le demande tout de bon & fincèrement; car je ne me tiendrai pour certain, que quand vous ferez de mon côté.

» Quand il n'y a que deux joueurs, votre méthode, qui procède par les combinaifons, eft très-fûre : mais quand il y en a trois, je crois avoir démonftration qu'elle eft mal jufte, fi ce n'eft que vous y procédiez de quelqu'autre manière que je n'entends pas; mais la méthode que je vous ai ouverte, & dont je me fers partout, eft commune à toutes les conditions imaginables de toutes fortes de partis, au lieu que celle des combinaifons (dont je ne me fers qu'aux rencontres particulières, où elle eft plus-courte que la générale) n'eft bonne qu'en ces feules occafions, & non pas aux autres.

» Je fuis fûr que je me donnerai à entendre; mais il me faudra un peu de difcours, & à vous un peu de patience. »

Voici comment vous procédez, quand il y a deux joueurs :

« Si deux joueurs, jouant en plufieurs parties, fe trouvent en cet état qu'il manque deux parties au premier, & trois au fecond; pour trouver le parti, il faut, dites-vous, voir en combien de parties le jeu fera décidé abfolument.

» Il eft aifé de fuppoter que ce fera en quatre parties, d'où vous concluez qu'il faut voir combien quatre parties fe combinent entre deux joueurs , & voir combien il y a de combinaifons pour faire gagner le premier , & combien pour le fecond , & partager l'argent fuivant cette proportion.

aaaa	1
aaab	1
aaba	1
aabb	1
abaa	1
abab	1
abba	1
abbb	2
baaa	1
baab	1
baba	1
babb	2
bbaa	1
bbab	2
bbba	2
bbbb	2

» J'euffe eu peine à entendre ce difcours-là , fi je ne l'euffe fu de moi-même auparavant; auffi vous l'aviez écrit dans cette penfée. Donc pour voir combien quatre parties fe combinent entre deux joueurs , il faut imaginer qu'ils jouent avec un dez à deux faces (puifqu'ils ne font que deux joueurs) , comme à *croix* & *pile* , & qu'ils jettent quatre de ces dez , parce qu'ils jouent en quatre parties; & maintenant il faut voir combien ces dez peuvent avoir d'affiettes différentes. Cela eft aifé à fupputer; ils en peuvent avoir feize , qui eft le fecond degré de quatre , c'eft-à-dire , le quarré; car figurons-nous qu'une des faces eft marquée A , favorable au premier joueur ; & l'autre B , favorable au fecond : donc ces quatre dez peuvent s'affeoir fur une de ces feize affiettes.

» Et parce qu'il manque deux parties au premier joueur , toutes les faces qui ont 2 A le font gagner : donc il en a 11 pour lui ; & parce qu'il y manque trois parties au fecond , toutes les faces où il y a 3 B le peuvent faire gagner; donc il y en a cinq.

» Donc il faut qu'ils partagent la fomme comme onze à cinq : voilà votre méthode quand il y a deux joueurs. Sur quoi vous dites que s'il y en a davantage , il ne fera pas difficile de faire les partis par la même méthode.

» Sur cela , monfieur , j'ai à vous dire que ce parti pour deux joueurs , fondé fur les combinaifons , eft très-jufte & très-bon; mais que s'il y a plus de deux joueurs , il ne fera pas toujours jufte , & je vous dirai la raifon de cette différence.

» Je communiquai votre méthode à nos meffieurs; fur quoi M. de Roberval me fit cette objection : Que c'eft à tort que l'on prend l'art de faire le parti fur la fuppofition qu'on joue en quatre parties , vu que quand il manque deux parties à l'un & trois à l'autre , il n'eft pas de néceffité que l'on joue quatre parties , pouvant arriver qu'on n'en jouera que deux ou trois , ou , à la vérité , peut-être quatre.

» Et ainfi qu'il ne voyoit pas pourquoi on prétendoit de faire le parti jufte fur une condition feinte qu'on jouera quatre parties , vu que la condition naturelle du jeu eft qu'on ne jouera plus , dès que l'un des joueurs aura gagné , & qu'au moins fi cela n'étoit faux , cela n'étoit pas démontré.

» De forte qu'il avoit quelque foupçon que nous avions fait un paralogifme. Je lui répondis , que je ne me fondois pas tant fur cette méthode des combinaifons , laquelle véritablement n'eft pas en fon lieu en cette occafion , comme fur mon autre méthode univerfelle , à qui rien n'échappe , & qui porte fa démonftration avec foi , qui trouve le même parti précifément que celle des combinaifons; & de plus , je lui démontrai la vérité du parti entre deux joueurs , par les combinaifons en cette forte.

» N'eft-il pas vrai que fi deux joueurs , fe trouvant en cet état de l'hypothèfe , qu'il manque deux parties à l'un & trois à l'autre , conviennent maintenant de gré à gré qu'on joue quatre parties complètes , c'eft-à-dire qu'on jette les quatre dez à deux faces tous à la fois , n'eft-il pas vrai , dis-je , que s'ils ont délibéré de jouer les quatre parties , le parti doit être tel que nous avons dit , fuivant la multitude des affiettes des dez favorables à chacun.

» Il en demeura d'accord , & cela , en effet , eft démonftratif; mais il nioit que la même chofe fubfiftât en ne s'aftreignant pas à jouer quatre parties; je lui dis donc ainfi :

» N'eft-il pas clair que les mêmes joueurs n'étant pas aftreints à jouer quatre parties , mais voulant quitter le jeu, dès que l'un auroit atteint son nombre, peuvent, sans dommage ni avantage, s'astreindre à jouer les quatre parties entières, & que cette convention ne change en aucune manière leur condition; car si le premier gagne les 2 premières parties de 4, & qu'ainsi il ait gagné, refusera-t-il de jouer encore deux parties? vu que s'il les gagne, il n'a pas mieux gagné, & s'il les perd, il n'a pas moins gagné; car ces deux, que l'autre a gagné, ne lui suffisent pas, puisqu'il lui en faut trois; & ainsi il n'y a pas assez de quatre parties, pour faire qu'ils puissent tous deux atteindre le nombre qui leur manque.

» Certainement, il est aisé de considérer qu'il est absolument égal & indifférent à l'un & à l'autre de jouer en la condition naturelle à leur jeu, qui est de finir dès qu'un aura son compte, ou de jouer les quatre parties entieres; donc puisque ces deux conditions sont égales & indifférentes, le parti doit être tout pareil en l'une & en l'autre : or il est juste, quand ils sont obligés de jouer quatre parties, comme je l'ai montré.

» Donc il est juste aussi en l'autre cas. Voilà comment je le démontrai, & si vous y prenez garde, cette démonstration est fondée sur l'égalité des deux conditions vaine & feinte à l'égard de deux joueurs; & qu'en l'une & en l'autre, un même gagnera toujours; & si l'un gagne ou perd en l'une, il gagnera ou perdra en l'autre; jamais deux n'auront leur compte. Suivons la même pointe pour trois joueurs.

» Et posons qu'il manque une partie au premier, qu'il en manque deux au second, & deux au troisième : pour faire le parti, suivant la même méthode des combinaisons, il faut chercher d'abord en combien de parties le jeu sera décidé, comme nous avons fait quand il y avoit deux joueurs : ce sera en trois; car ils ne sauroient jouer trois parties, sans que la décision soit arrivée nécessairement.

» Il faut voir maintenant combien trois parties se combinent entre trois joueurs, & combien il y en a de favorables à l'un, combien à l'autre, & combien au dernier; & suivant cette proportion, distribuer l'argent de même que l'on a fait en l'hypothèse de deux joueurs.

» Pour voir combien il y a de combinaisons en tout; cela est aisé, c'est la troisième puissance de trois, c'est-à-dire son cube 27.

» Car, si on jette trois dez à-la-fois (puisqu'il faut jouer trois parties) qui aient chacun trois faces, puisqu'il y a trois joueurs : l'une marquée A, favorable au premier; l'autre B, pour le second; l'autre C, pour le troisième.

» Il est manifeste que ces trois dez jettés ensemble peuvent s'asseoir sur vingt-sept assiettes de dez différentes, savoir :

aaa	1			baa	1			caa	1		
aab	1			bab	1	2		cab	1		
aac	1			bac	1			cac	1		3
aba	1			bba	1	2		cb	1		
abb	1	2		bbb		2		cbb		2	
abc	1			bbc		2		cbc			3
a ca	1			b ca	1			cc a	1		3
a cb	1			b cb		2		cc b			3
a cc	1		3	b cc			3	ccc			3

» Or, il ne manque qu'une partie au premier, donc toutes les assiettes où il y a un A sont pour lui, donc il y en a dix-neuf.

» Il manque deux parties au second, donc toutes les assiettes où il y a 2 B sont pour lui, donc il y en a sept.

» Il manque deux parties au troisième, donc toutes les assiettes où il y a 2 C sont pour lui, donc il y en a sept.

» Si de-là on concluoit qu'il faudroit donner à chacun, suivant la proportion de 19. 7. 7, on se tromperoit trop grossièrement; & je n'ai garde de croire que vous le fassiez ainsi. Car il y a quelques faces favorables, au premier & au second tout ensemble, comme ABB ; car le premier y trouve un A qu'il lui faut, & le second 2 B qui lui manquent ; & ainsi ACC est pour le premier & le troisième.

» Donc il ne faut pas compter ces faces, qui sont communes à deux, comme valant la somme entière à chacun, mais seulement la moitié.

» Car s'il arrivoit l'assiette ACC, le premier & le troisième auroient même droit à la somme, ayant chacun leur compte ; donc ils partageroient l'argent par la moitié ; mais s'il arrive l'assiette AAB, le premier gagne seul ; il faut donc faire la supposition ainsi :

» Il y a treize assiettes des dez qui donnent l'entier au premier, & six qui lui donnent la moitié, & huit qui ne lui valent rien.

» Donc si la somme entière est une pistole,

» Il y a treize faces qui lui valent chacune une pistole ;

» Il y a six faces qui lui valent chacune une demi-pistole ;

» Et huit qui ne valent rien.

» Donc en cas de parti il faut multiplier

13 par une pistole, qui font   13

6 par une demie, qui font   3

8 par zéro, qui font   0

Somme 27   Somme 16

» Et diviser la somme des valeurs 16 par la somme des assiettes 27 qui fait la fraction $\frac{16}{27}$, qui est ce qui appartient au premier en cas de partis ; savoir, seize pistoles de vingt-sept.

» Le parti du second & du troisième joueur se trouvera de même.

Il y a	4 assiettes, qui lui valent une pistole, multipliés	4
Il y a	3 assiettes, qui valent $\frac{1}{2}$ pistole, multipliés....	$1\frac{1}{2}$
Et	20 assiettes, qui ne lui valent rien.	0

Somme 27   Somme $5\frac{1}{2}$.

» Donc il appartient au second joueur 5 pistoles & $\frac{1}{2}$ sur 27, & autant au troisième, & ces trois sommes $5\frac{1}{2}$, $5\frac{1}{2}$ & 16 étant jointes font les 27.

Voilà, ce me semble, de quelle manière il faudroit faire les partis par les combinaisons, suivant votre méthode, si ce n'est que vous ayez quelqu'autre chose sur ce sujet, que je ne puis savoir.

Mais, si je ne me trompe, ce parti est mal juste.

La raison en est, qu'on suppose une chose fausse, qui est qu'on joue en trois parties infailliblement, au lieu que la condition naturelle de ce jeu-là, est qu'on ne joue que jusqu'à ce qu'un des joueurs ait atteint le nombre de parties qui lui manque, auquel cas le jeu cesse.

Ce n'est pas qu'il ne puisse arriver qu'on joue trois parties, mais il peut arriver aussi qu'on n'en jouera qu'une ou deux, & rien de nécessité.

Mais d'où vient, dira-t-on, qu'il n'est pas permis de faire en cette rencontre la même supposition feinte, que quand il y avoit deux joueurs ?

En voici la raison :

Dans la condition véritable de ces trois joueurs, il n'y en a qu'un qui peut gagner : car la condition est que dès qu'un a gagné, le jeu cesse ; mais en la condition feinte, deux peuvent atteindre le nombre de leurs parties ; savoir : si le premier en gagne une qui lui manque, & un des autres deux qui lui manquent, car ils n'auront joué que trois parties; au lieu que quand il n'y avoit que deux joueurs, la condition feinte & la véritable convenoient pour les avantages des joueurs en tout, & c'eſt ce qui met l'extrême différence entre la condition feinte & la véritable.

Que ſi les joueurs ſe trouvant èn l'état de l'hypothèſe, c'eſt-à-dire, s'il manque une partie au premier, deux au ſecond, & deux au troiſième, veulent maintenant de gré à gré, & conviennent de cette condition qu'on jouera trois parties complettes, & que ceux qui auront atteint le nombre qui leur manque prendront la ſomme entière (s'ils ſe trouvent ſeuls qui l'aient atteint) ou s'il ſe trouve que deux l'aient atteint, qu'ils la partageront également.

En ce cas, le parti ſe doit faire comme je viens de le donner, que le premier ait 16, le ſecond $5\frac{1}{2}$, le troiſième $5\frac{1}{2}$ de 27 piſtoles; & cela porte ſa démonſtration de ſoi-même, en ſuppoſant cette condition ainſi.

Mais s'ils jouent ſimplement, à condition, non pas qu'on joue néceſſairement trois parties, mais ſeulement juſqu'à ce que l'un d'entre eux ait atteint ſes parties, & qu'alors le jeu ceſſe ſans donner moyen à un autre d'y arriver, lors il appartient au premier dix-ſept piſtoles, au ſecond cinq, au troiſième cinq de vingt-ſept.

Et cela ſe trouve par ma méthode générale, qui détermine auſſi qu'en la condition précédente il en faut 16 au premier, $5\frac{1}{2}$ au ſecond, & $5\frac{1}{2}$ au troiſième, ſans ſe ſervir des combinaiſons, car elle va par-tout ſeule & ſans obſtacle.

Voilà, monſieur, mes penſées ſur ce ſujet, ſur lequel je n'ai d'autre avantage ſur vous que celui d'y avoir beaucoup plus médité. Mais c'eſt peu de choſe à votre égard, puiſque vos premières vues ſont plus pénétrantes que la longueur de mes efforts.

Je ne laiſſe pas de vous ouvrir mes raiſons, pour en attendre le jugement de vous.

Je crois vous avoir fait connoître parlà que la méthode des combinaiſons eſt bonne entre deux joueurs par accident, comme elle l'eſt auſſi quelquefois entre trois joueurs, comme quand il manque une partie à l'un, une à l'autre, & deux à l'autre, parce qu'en ce cas le nombre des parties, dans leſquelles le jeu ſera achevé, ne ſuffit pas pour en faire gagner deux; mais elle n'eſt pas générale, & n'eſt bonne généralement qu'au cas ſeulement qu'on ſoit aſtreint à jouer un certain nombre de parties exactement.

De ſorte que comme vous n'aviez pas ma méthode, quand vous m'avez propoſé le parti de pluſieurs joueurs, mais ſeulement celle des combinaiſons, je crains que nous ſoyons de ſentimens différens ſur ce ſujet; je vous ſupplie de me mander de quelle ſorte vous procédez en la recherche de ce parti.

Je recevrai votre réponſe avec reſpect & avec joie, quand même votre ſentiment me ſeroit contraire.

Je ſuis, &c.

Le reſpect que nous avons pour la réputation & pour la mémoire de Paſcal, ne nous permet pas de faire remarquer ici en détail toutes les fautes de raiſonnement qui ſont dans cette lettre; il nous ſuffira d'avertir que la cauſe de ſon erreur eſt de n'avoir point d'égard aux divers arrangemens des lettres.

Pour prouver que des vingt-ſept aſſiettes différentes que peuvent avoir les trois dez, il y en a dix-ſept qui font gagner Pierre, & cinq qui font gagner chacun des deux autres joueurs à qui il manque deux points; voici comme il me ſemble qu'on devroit raiſonner.

Les trois joueurs s'obligent à jouer trois parties, mais à cette condition que ſi

Pierre à qui il ne manque qu'un point, le gagne avant que l'un ou l'autre des autres joueurs ait gagné deux points, il gagnera la partie; & qu'il la perdra, si l'un ou l'autre joueur à qui il manque deux points, peut les prendre avant que Pierre en ait pris un. Il est évident que cette supposition revient précisément à celle du problême. Or, selon cette supposition, on trouvera que des vingt-sept assiettes des trois dez il y en a dix-sept qui feront gagner Pierre, cinq qui feront gagner Paul, & cinq qui feront gagner Jacques, ainsi qu'il paroît par la table suivante:

TABLE.

Pierre.				Paul.	Jacques.
aaa	abc	bab	cac	bba	cca
a.b	aca	bac	cba	bbb	ccc
aac	acb	bca		bbc	ccb
aba	acc	caa		bcb	cbc
abb	baa	cab		cbb	bcc

Remarque. La règle générale, c'est d'examiner en combien de coups au plus le jeu doit nécessairement finir; prendre autant de dez qu'il y a de ces coups, & donner à ces dez autant de faces qu'il y a de joueurs; ensuite il ne s'agit plus que de déterminer entre toutes les dispositions possibles de ces dez, quelles sont celles qui sont avantageuses & contraires à chacun des joueurs.

Ainsi, par exemple, en supposant que Pierre joue pour un point, Paul pour deux, & Jacques pour trois, si l'on veut savoir le sort de chacun de ces trois joueurs, il faudra, pour le découvrir, imaginer quatre dez, marqués de 3 points chacun, par exemple d'un 1, d'un 2 & d'un 3; chercher ensuite, par nos règles des combinaisons, en combien de façons il se peut trouver un as qui précède ou deux 2, ou trois 3; & en combien de façons deux 2 ou trois 3 peuvent précéder les as, ce que donnera la table suivante:

TABLE.

	Pierre.	Paul.	Jacques.
1,1,1,1	1	0	0
1,1,1,2	4	0	0
1,1,1,3	4	0	0
1,1,2,2	5	1	0
1,1,3,3	6	0	0
1,1,2,3	12	0	0
1,2,2,3	8	4	0
1,2,3,3	12	0	0
1,2,2,2	2	2	0
1,3,3,3	3	0	1
2,2,2,2	0	1	0
2,2,2,3	0	4	0
2,2,3,3	0	6	0
2,3,3,3	0	0	4
3,3,3,3	0	0	1

D'où il paroît que sur quatre vingt-un coups, il y en a cinquante - sept pour Pierre, dix-huit pour Paul, & six pour Jacques.

On peut résoudre le problême précédent d'une manière plus abrégée, en faisant le raisonnement qui suit:

Je remarque que l'on ne feroit tort à aucun de ces joueurs, si on les obligeoit de jouer trois coups à ces conditions.

1°. Que si Pierre gagnoit un coup avant que Paul en eût gagné deux, il seroit sensé avoir gagné la partie;

2°. Que si Paul gagnoit deux coups avant que Pierre en eût gagné un, Paul gagneroit;

3°. Que Jacques auroit gagné s'il gagnoit les trois coups;

4°. Que si des trois coups Paul en gagnoit un, & Jacques deux, les joueurs se séparoient en tirant chacun leur mise.

Pour calculer tout ceci facilement, on peut, comme ci-devant, imaginer trois dez, qui aient chacun trois faces, que sur l'une soit un as, sur l'autre un 2, sur la troisième un 3, & supposer que sur les vingt-sept coups qu'on peut amener avec ces trois dez, tous ceux où il se trouvera un as qui précède deux 2 seront favorables à Pierre, & que tous ceux où deux 2 précéderont les as seront pour Paul. On trouvera qu'il y a dix-huit coups, qui donnent A à Pierre, en supposant que A exprime tout l'argent du jeu, savoir: 1, 1, 1, qui arrive en une seule façon; 1, 1, 2; 1, 1, 3; 1, 3, 3, chacun en trois façons; 1, 2, 3 qui arrive en six façons; & ces deux-ci 1, 2, 2; 2, 1, 2. Qu'il y en a cinq favorables à Paul, savoir: 2, 2, 1; 2, 2, 2, & 2, 2, 3 en trois façons; & un seul coup qui donne A à Jacques. On trouvera enfin qu'il y a trois coups. qui donnent ½ A à chacun des joueurs, savoir 2, 3, 3.

PERMUTATIONS; (jeu des) & combinaisons des nombres, des lettres, des cartes, des jettons, &c.

Voici un moyen simple et facile de connoître en combien de fois les nombres des cartes, des jettons, des dez, des lettres &c. peuvent être permutés ou combinés. Par exemple veut-on savoir en combien de façons les 6 lettres du mot *maison*, sont susceptibles d'être transposées; pour cet effet il faut faire la progression 1, 2, 3, 4, 5, 6, qui doit être composée d'autant de termes qu'il y a de lettres à combiner, & multiplier ensuite successivement tous les termes de cette progression en disant 2 fois 1 est 2; 3 fois 2 font 6; 4 fois 6 font 24; 5 fois 24 font 120; 6 fois 120 font 720; & ce dernier produit sera le nombre des permutations que donnent les six lettres du mot *maison*. C'est par le même moyen que l'on trouvera toutes les combinaisons d'une multitude de choses quelconques en faisant une progression d'autant de nombres natu-

rels qu'il y aura de choses à combiner ensemble, & en multipliant comme on vient de le voir, tous les termes de cette progression. La table suivante fera connoître jusqu'où l'on peut porter les combinaisons de 12 lettres, ou nombres.

Multitude.	Nombre des permutations.
1	1,
2	2.
3	6.
4	24.
5	120.
6	720.
7	5040.
8	40320.
9	362880.
10	3628800.
11	39916800.
12	479001600.

On a cru inutile d'aller plus loin, parce que cette table ne présenteroit alors qu'une quantité de nombres que l'imagination aurait beaucoup de peine à saisir.

Le jeu des **PERMUTATIONS** indique non-seulement combien de fois plusieurs choses peuvent se combiner, mais encore le nombre des changemens que ces choses peuvent avoir, eu égard à leur position respective.

Table de permutations.

Supposons dix cartes blanches, sur chacune desquelles on aura écrit un des chiffres 1, 2, 3, 4, 5, 6, 7, 8, 9, 0.

On

On prendra ces dix cartes dans la main gauche; de même que lorsqu'on mêle les cartes, on ôtera avec la main droite les deux premières cartes 1 & 2, sans les déranger; on met au-deffus d'elles, les deux fuivantes 3 & 4; & fous ces quatre cartes, les trois fuivantes 5, 6 & 7; au-deffus du jeu, les cartes 8 & 9; & au-deffous la carte 0. On peut recommencer à mêler de la même manière à plufieurs reprifes: à chaque nouveau mélange, on aura un ordre différent, lequel néanmoins, après un certain nombre, fe trouvera le même qu'il étoit avant que de mêler, comme on le voit par la table fuivante, où l'ordre fe trouve femblable après le feptième mélange.

Ier. ordre .... 1234567890.

1er mélange .... 8934125670.

2e .... 6734891250.

3e .... 2534678910.

4e .... 9134256780.

5e .... 7834912560.

6e .... 5634789120.

7e .... 1234567890.

Une propriété fort remarquable en cette table, eft que le premier ordre revient, après un nombre de mélanges, égal au nombre des cartes mélangées, moins celui des colonnes où tous les chiffres confervent leur même ordre; comme dans les exemples ci-deffus où le nombre des mélanges eft 7, lequel, avec le nombre 3, (qui eft celui des colonnes 3, 4 & 0 qui ne changent point d'ordre) forme le nombre 10 égal à celui des cartes qu'on a mélangées. Cette

Jeux mathématiques.

propriété n'a pas lieu pour tous les différens mélanges & pour tous les nombres. Il en eft qui reviennent avant celui des cartes mélangées, & d'autres après un nombre plus fort.

TABLE des permutations fur les vingt-quatre nombres, d'après les arrangemens prescrits ci-deffus.

Ordre avant de mêler	au 1er	au 2e.	au 3e. mélange.
1	23	21	19
2	24	22	20
3	18	12	2
4	19	15	7
5	13	5	13
6	14	6	14
7	8	9	3
8	9	3	18
9	3	18	12
10	4	19	15
11	1	23	21
12	2	24	22
13	5	13	5
14	6	14	6
15	7	8	9
16	10	4	19
17	11	1	23
18	12	2	24
19	15	7	8
20	16	10	4
21	17	11	1
22	20	16	10
23	21	17	11
24	22	20	16

z

TABLE

Des permutations *sur vingt-cinq nombres & sur vingt-sept.*

ORDRE avant de mêler	au Ier mélange.	au IIe.	au IIIe.
1	23	21	17
2	24	22	20
3	18	12	2
4	19	15	7
5	13	5	13
6	14	6	14
7	8	9	3
8	9	3	18
9	3	18	12
10	4	19	15
11	1	23	21
12	2	24	22
13	5	13	5
14	6	14	6
15	7	8	9
16	10	4	19
17	11	1	23
18	12	2	24
19	15	7	8
20	16	10	4
21	17	11	1
22	20	16	10
23	21	17	11
24	22	20	16
25	25	25	25
26	26	26	26
27	27	27	27

TABLE

Sur trente-deux nombres.

PERMUTATIONS.

ORDRE avant de mêler	au Ier mélange.	au IIe.	au IIIe.
1	28	26	22
2	29	27	25
3	23	17	7
4	24	20	12
5	18	10	9
6	19	11	3
7	13	1	28
8	14	2	29
9	8	14	2
10	9	8	14
11	3	23	17
12	4	24	20
13	1	28	26
14	2	29	27
15	5	18	10
16	6	19	11
17	7	13	1
18	10	9	8
19	11	3	23
20	12	4	24
21	15	5	18
22	16	6	19
23	17	7	13
24	20	12	4
25	21	15	5
26	22	16	6
27	25	21	15
28	26	22	16
29	27	25	21
30	30	30	30
31	31	31	31
32	32	32	32

Telles font les trois permutations différentes qui arrivent avec un jeu de cartes,
lorfqu'on les mêle, comme nous l'avons
précédemment indiqué, c'eft-à-dire, lorfqu'après avoir mis les deux premières du
jeu fous les deux qui fuivent, on met
alternativement trois cartes deffous & deux
deffus ; mais il faut fe faire une habitude
de mêler exactement, & promptement,
les cartes ; ce qui eft affez facile.

Voyez l'article *calcul; Dictionnaire des
Amufemèns des fciences.*

P H A R A O N.

Il faut d'abord fe rappeller les principales
regles de ce jeu.

1°. Le banquier taille avec un jeu
entier compofé de cinquante deux cartes.

2°. Le banquier tire toutes les cartes
de fuite, mettant les unes à fa droite
et les autres à fa gauche.

3°. A chaque main ou à chaque taille,
de deux en deux cartes, le ponte a la
liberté de prendre une ou plufieurs cartes,
& de hazarder deffus une certaine fomme.

4°. Le banquier gagne la mife du ponte,
lorfque la carte du ponte arrive à la
main droite dans un rang impair; il perd
lorfque la carte du ponte tombe à la
main gauche et dans un rang pair.

5°. Le banquier prend la moitié de
ce que le ponte à mis fur fa carte,
lorfque dans une même taille la carte du
ponte vient deux fois, ce qui fait une
partie de l'avantage du banquier.

6°. Enfin la derniere carte qui devrait
être pour le ponte, n'eft ni pour lui,
ni pour le banquier; ce qui eft encore
un avantage pour le banquier. Telles font
les regles du *pharaon.*

Il eft évident que les conditions du
jeu font avantageufes au banquier. La
difficulté eft de déterminer cet avantage,
car il change felon le nombre des cartes

que tient le banquier, & auffi felon que
la carte du ponte, ou n'a point paffé ou a
paffé une ou plufieurs fois.

1°. La carte du ponte n'étant qu'une
fois dans le talon la différence du fort
du banquier & du ponte eft fondée fur ce
que, entre tous les divers arrangemens
poffibles des cartes du banquier, il y
en a un plus grand nombre qui le font
gagner, qu'il n'y en a qui le font perdre,
la derniere carte étant confidérée comme
nulle, & dans ce cas il eft aifé de s'appercevoir que l'avantage du banquier
augmente à mefure que le nombre des
cartes du banquier diminue.

2°. La carte du ponte étant deux fois
dans le talon, l'avantage du banquier fe
tire de la probabilité qu'il y a, que la
carte du ponte viendra deux fois dans
une même taille : car alors le banquier
gagne la moitié de la mife du ponte,
excepté le cas où la carte du ponte viendra
en doublet dans la derniere taille, ce
qui donneroit au banquier la mife entière
du ponte.

3°. La carte du ponte étant trois ou quatre
fois dans la main du banquier, l'avantage du
banquier eft fondé fur la poffibilité qu'il y a
que la carte du ponte fe trouve deux fois
dans une même taille, avant qu'elle foit
venue en pur gain ou en pure perte
pour le banquier. Or cette poffibilité augmente ou diminue, felon qu'il y a plus
ou moins de cartes dans la main du
banquier, & felon que la carte du ponte
s'y trouve ou moins de fois. De
tout cela il fuit que pour connoître l'avantage du banquier par rapport aux pontes
dans toutes les différentes circonftances du
jeu, il faut découvrir dans tous les arrangemens poffibles des cartes que tient le
banquier, & dans la fuppofition que la carte
du ponte s'y trouve ou une, ou deux,
ou trois, ou quatre fois, quels font ceux
qui le font entièrement gagner, quels
font ceux qui lui donnent la moitié de
la mife du ponte, quels font ceux qui

le font perdre , & enfin quels font les arrangemens qui ne le font ni perdre ni gagner.

Pour réfoudre généralement ce problême , il eſt à propos de commencer par les plus fimples , & enfuite paſſant à des cas plus compoſés , il faut chercher quelque loi uniforme, & quelqu'analogie qui puiſſe fervir à démêler dans tous les cas poſſibles les arrangemens qui font avantageux au banquier , ceux qui lui font indifférens & enfin ceux qui lui font défavorables. Cette méthode eſt la feule qu'on puiſſe utilement mettre en uſage, lorſqu'on a , comme dans ce problême un fort grand nombre de comparaifons à faire.

Premier cas. On fuppoſe qu'il reſte quatre cartes entre les mains du banquier, & que celle du ponte y eſt un certain nombre de fois. Il s'agit de terminer quel eſt le fort du banquier & celui du ponte. Par exemple , s'il y a un écu fur la carte du ponte, on demande quelle partie de l'écu le ponte devroit donner au banquier pour acheter le droit de fe retirer & de ne point courir le rifque du jeu ; ou ce qui revient au même, quel eſt dans ce cas le défavantage du ponte en jouant but à but, contre le banquier.

Pour réfoudre cette queſtion, il faut divifer tout ce que les divers arrangemens poſſibles des quatre cartes donnent de gain ou de perte au banquier par le nombre de ces arrangemens ; l'expofant de cette diviſion exprimera fon fort.

Pour découvrir ces arrangemens différens, on doit obferver que deux lettres a et b peuvent s'arranger en deux façons ab, ba ; que trois lettres a, b, c peuvent s'arranger de fix façons différentes : ce qui fe voit en mettant c dans ab, & ba à toutes les places qu'il peut avoir ; favoir à la premiere, à la feconde & à la troifieme. Ces fix arrangemens font :

abc bac cab
acb bca cba

On trouvera de même que quatre lettres a, b, c, d peuvent s'arranger en vingt-quatre façons différentes puifque d peut occuper quatre places différentes dans chacun des fix arrangemens précédens.

Or fi l'on veut exprimer les quatre cartes du banquier par les lettres a, b, c, d on aura tous les arrangemens différens des quatre cartes repréfentés dans la table fuivante :

$abcd$	$bacd$	$cabd$	$dabc$
$abdc$	$badc$	$cadb$	$dacb$
$acbd$	$bcad$	$cbad$	$dbac$
$acdb$	$bcda$	$cbda$	$dbca$
$adbc$	$bdac$	$cdab$	$dcba$
$adcb$	$bdca$	$cdba$	$dcab$

1°. Si l'on fuppoſe que la carte du ponte défignée par la lettre a, foit une fois dans les quatre cartes du banquier, & que le ponte ait mis fur fa carte une fomme d'argent exprimée par A. On remarquera en confidérant la table précédente qu'il a douze arrangemens qui donnent 2 A au banquier, fix qui le font perdre ou lui donnent o, & fix qui lui font indifférens.

2°. Si l'on fuppoſe que la carte du ponte fe trouve deux fois entre les quatre cartes du banquier, et que les deux lettres a & b expriment celles du ponte ; on trouvera que des vingt-quatre arrangemens de la table, il y en a douze qui donnent 2 a au banquier, quatre qui lui donnent $\frac{1}{2}a$, c'eſt-à-dire , fon écu & la moitié de celui du ponte ; & huit qui le font perdre.

3°. Si l'on fuppoſe que la carte du ponte fe trouve trois fois entre les quatre cartes du banquier et que les trois lettres a, b, c expriment celles du ponte ; on trouvera encore dans le fort du banquier $= A + \frac{1}{4}$ A ; car il y a douze arrangemens qui lui donnent $\frac{1}{2}$ A.

Six lui donnent 2 A :

```
adbc    bdac    dcba
adcb    dbca    dcab
```

4°. Enfin il eſt évident que ſi la carte du ponte ſe trouve quatre fois dans les quatre cartes du banquier, le ſort du banquier ſeroit $= A + \frac{1}{4} A$.

Il paraît par la ſolution de ce premier cas que ſi la miſe du ponte eſt un écu, il doit donner quinze ſols qui en eſt le quart au banquier, pour acheter le droit de ſe retirer, ſoit que ſa carte ſoit une fois, ou deux fois, ou trois fois dans les quatre cartes du banquier.

Ce ſerait un travail infini de chercher les autres cas de la maniere qu'on a réſolu celui-ci, en cherchant dans des tables les arrangemens favorables et contraires, car ce nombre devient immenſe dans un plus grand nombre de cartes. Tout cela eſt fondé ſur l'ordre des arrangemens; ainſi tel nombre de cartes que tienne le banquier, ſi celle du ponte ne s'y trouve qu'une fois, l'avantage du banquier ſera exprimé par une fraction qui aura l'unité pour numérateur, et pour dénominateur le nombre des cartes que tient le banquier; car ſix cartes, par exemple, pouvant être rangées en 720 façons différentes, il eſt clair que ſi l'on conçoit tous ces arrangemens différens poſés ſur ſix colonnes de cent vingt arrangemens chacune, en ſorte que dans la premiere la lettre a ſoit partout à la premiere place, que dans la ſeconde elle ſoit partout à la deuxième place, que dans la troiſième elle ſoit partout à la troiſième place, & ainſi de ſuite la premiere, la troiſieme & la cinquième colonnes donneront deux A au banquier dans tous leurs arrangemens; la ſeconde & la quatrième lui donneront zéro, & la cinquième lui donnera A.

Autre propoſition, dans laquelle on ſuppoſe que le banquier tient ſix cartes,

& que celle du ponte y eſt un certain nombre de fois : on demande quel eſt le ſort du banquier dans toutes les variations de ce ſecond cas?

Soit ſuppoſé que la carte du ponte ſe trouve deux fois dans les ſix cartes.

Si ces ſix cartes ſont repréſentées par les ſix lettres a, b, c, d, f, g, enſorte que deux quelconques, par exemple a & g, expriment celle du ponte;

On remarquera, 1°. qu'on peut mettre les ſept cent vingt arrangemens différens que ſix cartes peuvent recevoir ſur ſix colonnes, dont chacune ſera compoſée de ſix vingt rangs perpendiculaires, enſorte que la premiere colonne commence toute par la lettre a, la ſeconde par la lettre b, la troiſième par la lettre c, & ainſi de ſuite;

2°. Que les deux colonnes qui commencent par a & par g ont chacune quatre-vingt-treize rangs perpendiculaires, qui donnent au banquier 2 A, & vingt-quatre qui lui donnent $\frac{3}{4}$ A; car chaque rang de ces deux colonnes donnent 2A au banquier, à l'exception de ceux où a eſt ſuivi de g dans la premiere, & où g eſt ſuivi de a dans la derniere. Or cinq lettres pouvant recevoir cent vingt arrangemens différens, & chacune ſe trouvant néceſſairement un égal nombre de fois après a dans la premiere colonne, & après g dans la derniere, il eſt évident qu'il faut diviſer 120 par 5, pour avoir tous les doublets dans chacune des deux colonnes qui commencent ou par a ou par g. Cette remarque eſt importante pour la ſolution du problème, & il faut s'en ſouvenir dans la ſuite.

La plus grande difficulté, c'eſt de découvrir ce que donnent au banquier les quatre autres colonnes. Pour le démêler, il faut remarquer d'abord que chacune de ces quatre colonnes donne un ſort égal au banquier, (ce qui eſt évident) & qu'ainſi il ſuffit d'en examiner une. Soit la colonne qui commence par *b*, celle que l'on veut examiner, & pour plus de facilité, on va la partager en cinq colonnes de vingt-quatre arrangemens chacune.

Iʳᵉ.   IIᵉ.   IIIᵉ.   IVᵉ.   Vᵉ.

bacdfg	*bcadfg*	*bdacfg*	*bfacdg*	*bgacdf*
bacdgf	*bcadgf*	*bdacgf*	*bfacgd*	*bgacfd*
bacfdg	*bcafdg*	*bdafcg*	*bfadcg*	*bgadcf*
bacfgd	*bcafgd*	*bdafgc*	*bfadgc*	*bgadfc*
bacgdf	*bcagdf*	*bdagcf*	*bfagcd*	*bgafcd*
bacgfd	*bcagfd*	*bdagfc*	*bfagfc*	*bgafdc*
badcfg	*bcdafg*	*bdcafg*	*bfcadg*	*bgcadf*
badcgf	*bcdagf*	*bdcagf*	*bfcagd*	*bgcafd*
badfcg	*bcdfag*	*bdcfag*	*bfcdag*	*bgcdaf*
badfgc	*bcdfga*	*bdcfga*	*bfcdga*	*bgcdfa*
badgfc	*bcdgaf*	*bdcgaf*	*bfcgad*	*bgcfad*
badgcf	*bcdgfa*	*bdcgfa*	*bfcgda*	*bgcfda*
bafcdg	*bcfadg*	*bdfacg*	*bfdacg*	*bgdacf*
bafcgd	*bcfagd*	*bdfagc*	*bfdagc*	*bgdafc*
bafdcg	*bcfdag*	*bdfcag*	*bfdcag*	*bgdcaf*
bafdgc	*bcfdga*	*bdfcga*	*bfdcga*	*bgdcfa*
bafgdc	*bcfgad*	*bdfgac*	*bfdgac*	*bgdfac*
bafgcd	*bcfgda*	*bdfgca*	*bfdgca*	*bgdfca*
bagcdf	*bcgadf*	*bdgacf*	*bfgacd*	*bgfacd*
bagcfa	*bcgafd*	*bdgafc*	*bfgadc*	*bgfadc*
bagdcf	*bcgdaf*	*bdgcaf*	*bfgcad*	*bgfcad*
bagdfc	*bcgdfa*	*bdgcfa*	*bfgcda*	*bgfcda*
bagfcd	*bcgfad*	*bdgfac*	*bfgdac*	*bgfdac*
bagfdc	*bcgfda*	*bdgfca*	*bfgdca*	*bgfdca*

Il eſt aiſé de voir, en conſultant cette table, que la première & la cinquième colonnes donnent zéro au banquier, puiſque dans la première la lettre *a*, & dans la cinquième la lettre *g*, y tiennent la ſeconde place; & que chacune des trois autres colonnes contient 12 arrangemens qui donnent 2 A au banquier, 8 qui lui donnent zéro, & 4 qui lui donnent ½ A ;

c'eſt-à-dire que chacune de ces trois colonnes donnent les mêmes haſards qu'on a trouvés pour le banquier dans le cas précédent, lorſqu'on a ſuppoſé qu'il tenoit quatre cartes, parmi leſquelles celle du ponte ſe trouvoit deux fois, dont la raiſon eſt que la première lettre de la ſeconde, troiſième & quatrième colonnes de la table ci-deſſus n'étant point celle du ponte, il reſte quatre lettres, parmi leſquelles celle qui exprime la carte du ponte ſe trouve deux fois : ce qui ſe réduit manifeſtement à l'article ſecond du cas précédent, où la carte du ponte ſe trouve deux fois dans quatre cartes.

Tel nombre de cartes que tienne le banquier, ſi celle du ponte s'y rencontre deux fois, pour trouver le ſort du banquier, il faut concevoir tous les arrangemens des cartes qu'il tient poſés ſur autant de colonnes qu'il y a de cartes ; & remarquer enſuite que les deux colonnes qui commencent par les lettres qui expriment la carte du ponte, donnent chacune 2 A au banquier, à l'exception des rangs où une des lettres qui exprime la carte du ponte eſt ſuivie de l'autre, leſquels arrangemens donnent ½ A.

Pour trouver combien il y a de ces rangs dans chacune des deux colonnes, il faut diviſer tous les arrangemens qui les compoſent par le nombre des cartes moins un, l'expoſant de cette diviſion exprimera le nombre des arrangemens qui donnent ½ A dans chacune de ces deux colonnes. Afin de déterminer ce que donnent les autres colonnes, on les concevra chacune partagées en autant de colonnes moins une qu'il y a de cartes ; & obſervant un arrangement pareil à celui des tables précédentes, on trouvera qu'il y a toujours deux de ces dernières colonnes qui donnent zéro au banquier, les deux lettres qui expriment la carte du ponte y occupant la ſeconde place, & que chacune des autres égales à celle-ci donnera au banquier le même ſort qu'il avoit dans le cas précédent, c'eſt-à-dire dans le cas où le nombre des cartes du banquier étant moindre de deux, celle du ponte y étoit deux fois.

2°. Pour trouver quel eſt le ſort du banquier, lorſqu'il tient ſix cartes, parmi leſquelles celles du ponte ſe trouve trois fois, on obſervera d'abord que des ſix colonnes qui expriment tous les arrangemens poſſibles de ces ſix cartes, les trois colonnes, dont la première lettre exprime la carte du ponte, ont chacune ſoixante-douze arrangemens qui donnent 2 A au banquier, & quarante-huit qui lui donnent $\frac{3}{2}$ A; car les trois lettres qui expriment la carte du ponte étant par exemple *a*, *f*, *g*; il y dans la colonne qui commence par la lettre *a* vingt-quatre arrangemens où *a* eſt ſuivi de *f*, & encore vingt-quatre où *a* eſt ſuivi de *g*; il en eſt de même des colonnes qui commencent par *f* & par *g*.

Pour connoître ce que donnent les trois autres colonnes, on prendra garde que, partageant une de ces trois colonnes de cent vingt rangs perpendiculaires en cinq autres de vingt-quatre chacune; il y en a trois de ces cinq qui donnent zéro au banquier, ſavoir celles où les lettres *a*, *f* & *g* ſont à la ſeconde place, & que chacune des deux autres colonnes contiennent douze arrangemens qui donnent $\frac{3}{2}$ A au banquier, ſix qui lui donnent zéro, & ſix qui lui donnent 2 A; c'eſt-à-dire que chacune de ces deux colonnes donne les mêmes haſards qu'on a trouvé pour le banquier dans le cas précédent, lorſqu'on a ſuppoſé qu'il tenoit quatre cartes, parmi leſquelles celle du ponte ſe trouvoit trois fois.

Tel nombre de cartes que tienne le banquier, ſi celle du ponte s'y rencontre trois fois, pour trouver le ſort du banquier, il faut concevoir tous les arrangemens poſſibles des cartes que tient le banquier, poſés ſur autant de colonnes qu'il y a de cartes, & remarquer enſuite que les trois colonnes qui commencent par les lettres qui expriment la carte du ponte, donnent chacune 2 A au banquier,

à l'exception des arrangemens où deux quelconques des trois lettres qui expriment la carte du ponte ſe trouvent de ſuite à la première & à la ſeconde place; ces derniers lui donnent $\frac{3}{2}$ A.

Pour trouver combien il y a de ces arrangemens dans chacune des trois colonnes, il faut diviſer tous les arrangemens qui les compoſent par le nombre des cartes moins un : l'expoſant de cette diviſion, multiplié par deux, exprimera le nombre des arrangemens que donnent $\frac{3}{2}$ A dans chacune de ces trois colonnes.

Afin de déterminer ce que donne chacune de ces trois colonnes, on les concevra chacune partagée en autant de colonnes moins un, qu'il y a de cartes; & obſervant un arrangement pareil à celui des tables précédentes, on trouvera qu'il y a toujours trois de ces dernières colonnes qui donnent zéro au banquier, les trois lettres qui expriment la carte du ponte y occupant la ſeconde place, & que chacune des autres égales à celle-ci donnera au banquier le même ſort qu'il avoit dans le cas précédent, où le nombre des cartes du banquier étant moindre de trois, celle du ponte y étoit deux fois.

3°. Pour trouver quel eſt le ſort du banquier, lorſqu'il tient ſix cartes, parmi leſquelles celle du ponte ſe trouve quatre fois, on remarquera qu'exprimant comme ci-devant les ſix cartes par les lettres *abcdfg*, dont quatre quelconques, par exemple *a d f g* déſignent celle du ponte, ſi l'on diſtribue les ſept cent vingt arrangemens poſſibles de ces ſix cartes ſur ſix colonnes, dont la première commence toute par la lettre *a*, la ſeconde par la lettre *b*, &c., comme il a été dit ci-devant, les quatre colonnes, dont la première lettre exprime la carte du ponte, contiendront chacune quarante-huit arrangemens qui donnent 2 A au banquier, & ſoixante-douze qui lui donnent $\frac{3}{2}$ A; car des quatre lettres qui expriment la carte du ponte, il y en a trois qui ſuivent la lettre *a* dans la première colonne, & il en est de même des autres colonnes qui commencent par les lettres *d f g*.

Pour connoître ce que donnent les deux autres colonnes, il faut observer que partageant une de ces deux colonnes de cent vingt rangs perpendiculaires en cinq autres de 24 chacune, par exemple la colonne qui commence par *b*, ainsi qu'elle est représentée dans la table; il y en a quatre de ces cinq qui donnent zéro au banquier, savoir celles où les lettres *a d f g* sont à la seconde place, & que l'autre contient vingt-quatre arrangemens qui donnent au banquier $\frac{1}{2}$ A; la raison en est évidente.

Tel nombre de cartes que tienne le banquier, si celle du ponte s'y rencontre quatre fois, pour trouver le fort du banquier, il faut concevoir tous les arrangemens possibles des cartes qu'il tient, posés sur autant de colonnes, & remarquer que les quatre colonnes qui commencent par les lettres qui expriment la carte du ponte donnent chacune 2 A au banquier, à l'exception des rangs où deux quelconques des quatre lettres qui expriment la carte du ponte se trouvent de suite à la première & à la seconde place; ces derniers lui donnent $\frac{1}{2}$ A.

Pour trouver combien il y a de ces arrangemens dans chacune des quatre colonnes, il faut diviser tous les arrangemens qui les composent par le nombre des cartes moins un : l'expofant de cette divifion, multiplié par trois, exprimera le nombre des arrangemens qui donnent $\frac{1}{2}$ A dans chacune des quatre colonnes.

Enfin, pour déterminer ce que donne chacune des deux autres colonnes, on les concevra chacune partagée en autant de colonnes moins une qu'il y a de cartes; & obfervant un arrangement pareil à celui des tables précédentes, on trouvera qu'il y a toujours quatre de ces dernières colonnes qui donnent zéro au banquier, les quatre lettres qui expriment la carte du

ponte, y occupant la feconde place, & que chacune des autres égales à celles-ci donnera au banquier le même fort qu'on a trouvé pour le banquier, dans le cas où le nombre des cartes du banquier étant moindre de deux, celle du ponte y étoit quatre fois.

Généralement tel nombre de cartes que tienne le banquier, & tel nombre de fois que la carte du ponte fert parmi celles du banquier, on trouvera toujours fon fort en cette forte:

1°. On cherchera par la méthode de la première table, le nombre de tous les différens arrangemens poffibles des cartes du banquier;

2°. On fe repréfentera ces cartes par les lettres *a b c d f*, &c., & on fuppofera que certaines, à volonté, défignent celle du ponte;

3°. On concevra tous ces arrangemens différens diftribués fur autant de colonnes qu'il y aura de cartes, enforte que la première commence toute par la lettre *a*, la feconde par la lettre *b*, la troifième par la lettre *c*, &c.;

4°. On remarquera que les colonnes qui commencent par les lettres qui défignent la carte du ponte, donnent 2 A au banquier dans tous leurs arrangemens, à l'exception de ceux où deux quelconques d'entre les lettres qui expriment la carte du ponte, fe trouvent de fuite à la première & à la feconde place; ceux-ci donneront $\frac{1}{2}$ A.

Pour trouver le nombre de ces arrangemens dans chacune de ces colonnes, on divifera le nombre des arrangemens dont eft compofée chaque colonne, par le nombre des cartes du banquier moins un, & on multipliera l'expofant par le nombre de fois moins un, que la carte du ponte fe trouve dans celles du banquier; ce produit donnera tous les arrangemens de ces colonnes, qui donnent $\frac{1}{2}$ A.

A

A l'égard des autres colonnes qui commencent par des lettres différentes de celles qui expriment la carte du ponte, il faut, pour y découvrir les arrangemens favorables, les concevoir chacune partagée & subdivisée en autant de colonnes moins une qu'il y a de cartes, & avoir égard à l'ordre marqué dans les tables précédentes; observer que de ces dernières colonnes, il y en a toujours autant qui donnent zéro au banquier, que la carte du ponte se trouve de fois dans celles du banquier, & que chacune des autres petites colonnes donne au banquier le même fort qu'on a trouvé dans le cas qui a précédé, c'est-à-dire dans le cas où le nombre des cartes du banquier étant moindre de deux, la carte du ponte s'y trouve un égal nombre de fois.

Ainsi, l'on trouvera entre tous les différens arrangemens possibles des cartes que tient le banquier, quels sont ceux qui lui donnent ou A, ou 2 A, ou $\frac{1}{3}$ A, ou zéro; & par conséquent on aura, par cette méthode, le fort du banquier dans tous les cas possibles.

On pourra donc, par le moyen de ces tables, trouver tout d'un coup combien un banquier a d'avantage sur chaque carte. On pourra pareillement savoir combien chaque taille complette aura dû, à fortune égale, apporter de profit au banquier, si l'on se souvient du nombre de cartes qui ont été prises par les pontes, des diverses circonstances dans lesquelles on les a mises au jeu, & enfin de la quantité d'argent qu'on a hasardé dessus. On trouvera apparemment que cet avantage est trop considérable. On lui donneroit de justes bornes, en établissant que les doublets fussent indifférens pour le banquier & pour le ponte, ou du moins qu'ils valussent seulement le tiers ou le quart de la mise du ponte; ainsi, ce qui resteroit d'avantage au banquier, seroit suffisant pour faire préférer aux joueurs qui entendent leur intérêt, la place du banquier à celle de

Jeux mathématiques.

ponte, & ne seroit pas assez considérable pour que les pontes en souffrissent beaucoup de préjudice.

Afin que le ponte, prenant une carte, ait le moins de désavantage qu'il est possible, il faut qu'il en choisisse une qui ait passé deux fois; car il y auroit plus de désavantage pour lui, s'il prenoit une carte qui eût passé trois fois. Enfin le plus mauvais choix que puisse faire un ponte, c'est de prendre une carte qui n'ait point encore passé.

Les personnes qui n'ont point examiné à fond le jeu du *pharaon* & de la *bassette* pourroient trouver à redire qu'on ne parle point ici des masses, des parolis, de la paix, du sept, & le *va*, &c.; car la plupart des joueurs s'imaginent qu'il y a en tout cela bien du mystère. Plusieurs croient même avoir de bonnes raisons pour préférer de mettre quatre louis sur une carte simple, à faire le paroli de deux louis, ou le sept & le *va* d'un louis. D'autres se persuadent qu'il est très-avantageux de faire souvent des paix; néanmoins il est évident, puisque le ponte a la liberté de prendre à chaque fois qu'il perd ou qu'il gagne une nouvelle carte, telle qu'il lui plaît; il ne doit point s'embarrasser si c'est ou un sept & le *va*, ou un paroli, ou une paix, ou une double paix, &c. Car faire le paroli d'un louis, n'est autre chose que de mettre deux louis sur une carte après avoir gagné un louis; & faire le sept & le *va* d'un louis, n'est autre chose que de mettre quatre louis sur une carte après en avoir gagné trois; & de même faire la paix d'un louis, n'est autre chose que de mettre un louis sur une carte après avoir gagné un louis sur cette même carte.

L'on n'a apparemment inventé les parolis, le sept & le *va*, &c., que pour épargner au banquier la peine de payer ceux qui ont dessein de mettre sur leurs cartes le double de ce qu'ils viennent de gagner : cependant il seroit plus utile aux banquiers de prendre ce foin que d'être expofés, comme ils le font, à ce qu'on nomme alpion de campagne.

Il y a lieu de croire que fi les banquiers n'ont point aboli l'ufage de faire ces cornes, dont le grand nombre caufe dans le jeu une confufion qui eft fouvent préjudiciable au banquier, & qui favorife les tromperies des pontes ; c'eft que les banquiers ont bien vu que la plupart des hommes ne jugeant point des chofes par raifon, tel ponte, qui feroit fans peine le fept & le va d'un louis, croyant ne hafarder qu'un louis, ne pourroit fe réfoudre à mettre quatre louis fur une carte fimple. Outre que, pour l'ordinaire, c'eft dans les dernières cartes, lorfque l'avantage du banquier eft le plus confidérable, que les pontes fe piquent & font les parolis, le fept & le va, &c. ; ce qui les dédommage avec ufure des tromperies auxquelles ils font par-là expofés, mais dont il n'eft pas d'ailleurs impoffible de fe garantir, avec beaucoup d'application & avec l'aide d'un croupier.

Il étoit fans doute facile aux joueurs de s'appercevoir que l'avantage du banquier augmente à proportion que le nombre de fes cartes diminue ; mais il étoit impoffible de découvrir, fans analyfe, la loi de cette diminution ; & ce qui eft le plus important de favoir, comment cet avantage varie, felon que la carte du ponte fe trouve plus ou moins de fois dans la main du banquier. Les joueurs n'euffent affurément jamais pu imaginer que l'avantage du banquier, par rapport à une carte qui n'a point paffé, eft prefque double de celui qu'il a fur une carte qui a paffé deux fois ; ils fe douteroient beaucoup moins encore, que fon avantage, par rapport à une carte qui a paffé trois fois, eft à fon avantage, par rapport à une carte qui a paffé deux fois dans un plus grand rapport que de trois à deux. Les joueurs trouveront tout cela fans peine, & peut-être avec quelque furprife dans les tables ci-deffus.

Il réfulte que toute la fcience de ce jeu fe réduit pour les pontes, à obferver les deux règles qui fuivent :

1°. Ne prendre des cartes que dans les premières tailles, & hafarder fur le jeu d'autant moins qu'il y a un plus grand nombre de tailles paffées.

2°. Regarder comme les plus mauvaifes cartes, celles qui n'ont point encore paffé ou qui ont paffé trois fois ; & préférer à toutes, celles qui ont paffé deux fois.

En fuivant ces deux règles, le défavantage du ponte fera le moindre qu'il fera poffible. (*Extrait de l'effai d'analyfe fur les jeux de hafard*, par MONTMOR.)

Voyez auffi l'article *PHARAON*, *Dict. des Mathématiques*.

PIQUET. (*Jeu de cartes bien connu.*)

UN problême que l'on propofe fouvent fur le *piquet*, c'eft de favoir combien entre deux joueurs égaux, un premier en carte peut parier de faire de points : on croit communément que cela peut aller à vingt-huit points, & c'eft fur ce pied qu'on en a vu faire le pari à de bons joueurs. Cependant, afin qu'un premier en carte pût réfoudre cette queftion, il faudroit qu'il fût non-feulement le nombre des difpofitions différentes que peuvent recevoir ces douze cartes, & celles du dernier ; & qu'il fût encore l'art de compter tous les changemens qui peuvent arriver à fes douze cartes, lorfqu'il en écartera cinq pour en prendre autant dans le talon ; & aux douze cartes du dernier, lorfqu'il en écartera trois pour en prendre trois au talon. Il feroit encore néceffaire qu'il fût ce que ce dernier doit écarter dans chacune des différentes difpofitions poffibles du jeu. Néanmoins, fans cette dernière connoiffance, la première eft prefque inutile à celui qui eft le premier en cartes ; & il ne pourra jamais fe faire des règles fûres pour écarter à propos, & enfuite pour bien jouer les cartes.

Suppofons encore qu'un joueur veuille examiner ce qui lui eft le plus avantageux d'écarter une quarte majeure ou une quarte de roi. Il eft vrai qu'il s'appercevra fans peine qu'en gardant la quarte de roi, il y a deux cartes qui lui peuvent donner une quinte, contre une, s'il garde la quarte majeure; mais il n'en fauroit conclure quel parti il doit prendre; car outre que cela dépend de l'état où eft la partie, il faut qu'il ait égard à la difpofition du refte de fon jeu, qu'il confidère ce qu'il a à craindre de fon adverfaire; il doit penfer à faire les cartes ou à les rendre égales, &c. Or, tout cela demande un grand nombre de comparaifons, dont chacune feroit la matière d'un problême fort compofé. Ainfi il faut avouer que dans l'examen du détail de ce jeu, la théorie ne peut mener bien loin.

La première régle de l'analyfe, c'eft qu'on ne peut découvrir ce qui eft inconnu, que par le moyen de ce qui eft connu. Or, dans les deux queftions précédentes, ce qui eft connu n'eft pas fuffifant pour decouvrir ce qui eft à trouver.

AUTRES PROBLÊMES SUR LE JEU DE PIQUET.

Ier. *Pierre eft dernier au piquet, & eft fuppofé n'avoir point d'as. On demande quelle eft fon efpérance d'en tirer ou un, ou deux, ou trois?*

On fait qu'à ce jeu les joueurs prennent chacun douze cartes; qu'il en refte huit au talon, dont le premier prend cinq, & le dernier trois.

Cela pofé, on trouvera par les tables des articles *combinaifons* & autres, que le fort de Pierre, pour tirer un as dans les trois cartes, eft $\frac{8}{45}$;

Que fon fort pour en prendre deux, eft $\frac{24}{185}$;

Que fon fort pour en prendre trois, eft $\frac{2}{185}$;

Et par conféquent que fon fort pour en prendre ou un, ou deux, ou trois indéterminément, eft $\frac{10}{17}$.

Enforte qu'il peut parier but à but, avec avantage, qu'il lui en entrera quelqu'un, puifque le jufte parti feroit 29 contre 28.

Si l'on fuppofe que Paul, qui eft le premier en carte, n'a point de rois, on trouvera que fon fort pour en avoir un, eft $\frac{115}{9075}$;

Que fon fort pour en avoir deux, eft $\frac{70}{123}$;

Que fon fort pour en avoir trois, eft $\frac{10}{123}$;

Que fon fort pour en avoir quatre, eft $\frac{1}{303}$;

Donc fon fort pour en avoir quelqu'un indéterminément fera $\frac{232}{323}$;

Et par conféquent, il y a à parier 232 contre 91; environ 5 contre 2, que le premier n'ayant point de rois, il lui en entrera quelqu'un en cinq cartes.

II. *Pierre eft dernier, & eft fuppofé ne point porter de carreau. On demande combien il y a à parier qu'il lui rentrera dans fes trois cartes de quoi empêcher que Paul, qui eft premier, ne puiffe avoir quinte ou au-deffus?*

R. On trouvera dans les tables des articles *combinaifons* qu'il y a deux cent vingt coups différens, qui donnent la huitième à Paul.

Qu'il y en a cent trente-deux qui lui donnent une feptième;

Cent foixante-huit qui lui donnent une fixième;

Enfin, deux cent huit qui lui donnent une quinte;

Et par conféquent le jufte parti de la gageure feroit cent trois contre cent quatre-vingt-deux; ce qui feroit un peu moins que trois contre cinq.

Si l'on suppofoit que Pierre fût premier en carte, les autres circonftances du problême reftant les mêmes, on trouveroit qu'il y auroit à parier 10433 contre 5071 qu'il rentrera à Pierre, dans les cinq cartes, de quoi empêcher que Paul ne pût avoir de quinte, ou de fixième, ou de feptième, ou de huitième.

Car, dans cette feconde fuppofition, il y aura 792 coups qui donneront une huitième à Paul ;

990 qui lui donneront une feptième ;

1650 qui lui donneront une fixième ;

1639 qui lui donneront une quinte.

Ce problême & le précédent pourront être utiles aux joueurs en quelques occafions, & fervir à les déterminer foit dans la manière d'écarter, foit à propofer ou à accepter avec raifon certains partis ; par exemple de remêler les cartes, de donner des points ou la main. Ils pourront auffi fervir de modèles pour en réfoudre une infinité de pareils, qui feront au moins curieux, s'ils ne font pas tous utiles.

III. PROBLÊME. *On demande combien il y a parier contre un, que tirant cinq cartes dans un jeu de piquet compofé de trente-deux cartes, on ne tirera pas une quinte majeure indéterminée, fans nommer en quelle couleur, foit en cœur, en carreau, en pique, ou en trèfle ?*

Pour réfoudre la queftion propofée, dit d'Alembert, il faut d'abord chercher en combien de façons 32 cartes peuvent être prifes 5 à 5, & on trouvera, par les règles connues des combinaifons, que ce nombre de fois eft le produit de cinq nombres 28, 29, 30, 31, 32. Ce produit étant divifé par le produit de cinq autres nombres 1, 2, 3, 4, 5 ou par 120 ; c'eft-à-dire que le nombre de fois cherché eft le produit des nombres 28, 29, 30, 31, 8, ou 201376. Maintenant, comme il y a quatre quintes majeures ; il faut ôter ce nombre 4 de 201376 ; ce qui donnera

201372, & il y aura à parier 4 contre 201372, ou 1 contre 50343, qu'on ne tirera pas une quinte majeure à volonté.

S'il s'agiffoit d'une quinte quelconque, comme il y a en tout feize quintes, favoir quatre de chaque couleur, le pari feroit 16 contre 201376 moins 16, ou de 16 contre 201360, ou de 1 contre 12585.

PIQUET A CHEVAL. (*Jeu de*)

DEUX amis, voyageant enfemble à cheval, conviennent, pour fe défennuyer de la route, de faire un cent de piquet, fans cartes. Les règles de ce jeu font que celui qui arrivera au nombre cent aura gagné ; & qu'en comptant l'un après l'autre, chacun pourra ajouter le nombre qu'il voudra, pourvu cependant que ce nombre foit moindre que onze.

Ce jeu eft fondé fur la propriété fingulière du nombre *onze*, lequel multiplié par les termes de la progreffion arithmétique 1, 2, 3, 4, 5, 6, 7, 8 & 9, donne toujours pour produit deux figures femblables.

EXEMPLE:

11, 11, 11, 11, 11, 11, 11, 11, 11.

1, 2, 3, 4, 5, 6, 7, 8, 9.

11, 22, 33, 44, 55, 66, 77, 88, 99.

Or, afin que le premier des cavaliers que nous nommons Pierre, qui a choifi un nombre, puiffe arriver à cent ; & pour qu'il empêche Paul, fon adverfaire, d'y parvenir, Pierre, difons-nous, doit fe fouvenir de tous les produits, & compter de façon qu'il fe trouve toujours d'une unité au-deffus de ces produits, ayant eu la précaution de nommer d'abord *un*, attendu que fon compagnon ne pouvant prendre un nombre plus grand que dix, ne pourra arriver au nombre *douze*, dont Pierre aura eu l'adreffe de s'emparer ; il nommera enfuite les nombres 23, 34, 45, 56, 67, 78 & 89. Pierre étant parvenu à ce dernier terme, quelque nombre que Paul, fon adverfaire, puiffe choifir, Pierre ne pourra être empêché le coup fuivant de faire le nombre de cent.

Nous devons obferver ici que fi celui contre lequel on joue ne connoît pas l'artifice de ce coup, le premier joueur peut, pour déguifer fa marche, prendre indiftinctement toutes fortes de nombres dans les premiers coups, pourvu que vers la fin de la partie, il s'empare des deux ou trois derniers nombres qu'il faut avoir pour gagner.

Au refte, cette recréation ne peut avoir lieu qu'avec ceux qui n'en connoiffent pas le calcul, autrement elle n'a rien d'agréable, attendu que celui qui nomme le premier a toujours gagné.

Cette partie de *piquet* peut fe faire auffi avec tous autres nombres que ceux énoncés ci-deffus. Alors, fi le premier veut gagner, il ne faut pas que le nombre, où l'on doit arriver, mefure exactement celui jufqu'où l'on peut atteindre pour gagner; car, dans ce cas, on pourroit perdre : mais il faut divifer le plus grand nombre par le plus petit; & le refte de la divifion fera le nombre que le premier joueur doit nommer d'abord pour être affuré du gain de la partie.

Exemple : Si le nombre auquel on fe propofe d'atteindre eft *trente*, & le nombre au-deffous duquel on doit nommer, *fept*, on compte tout bas, en 30 combien de fois 7 : le quotient eft 4; on multiplie 7 par 4, ce qui donne 28 qu'on a ôté de 30, refte 2; & ce nombre eft celui que le premier joueur doit nommer d'abord : alors quelque nombre que nomme l'adverfaire, fi le premier joueur ajoute le nombre qui convient, pour former avec ce nombre celui de 7, il parviendra de néceffité le premier au nombre 30.

Voyez l'article PIQUET, *Dictionnaire des Amufemens des fciences.*

PROBABILITÉS *dans les jeux.*

LA plupart des hommes, attribuant la diftribution des biens & des maux à une puiffance fatale qui agit fans ordre & fans règle, croient qu'il vaut autant s'abandonner à cette divinité aveugle, qu'on nomme *fortune*, que de la forcer à leur être favorable, en fuivant des règles de prudence qui leur paroiffent imaginaires.

Il eft donc utile, non-feulement aux joueurs, mais aux hommes en général de favoir que le hafard des règles, qui peuvent être connues, & que faute de connoître ces règles, ils font tous les jours des fautes, dont les fuites fâcheufes leur doivent être imputées, avec plus de raifon qu'au deftin qu'ils accufent. Il eft certain que les hommes ne fe fervent point affez de leur efprit pour obtenir ce qu'ils defirent avec le plus d'ardeur, & qu'ils ne font point affez d'efforts pour ôter à la fortune, ce qu'ils pourroient lui fouftraire par les règles de la prudence.

Ces réflexions nous donnent lieu de penfer qu'une *courte analyfe fur les jeux de hafards & de combinaifons* pourra exciter la curiofité de ceux même qui en ont le moins pour les connoiffances abftraites. L'on aime naturellement à voir clair dans ce qu'on fait, même indépendamment de tout intérêt. On joueroit fans doute avec plus d'agrément, fi l'on pouvoit favoir à chaque coup l'efpérance qu'on a de gagner, ou le rifque que l'on court de perdre. On feroit plus tranquille fur les évènemens du jeu, & on fentiroit mieux le ridicule de ces plaintes continuelles auxquelles fe laiffent aller la plupart des joueurs, dans les rencontres les plus communes, lorfqu'elles leur font contraires.

Si la connoiffance exacte des hafards du jeu ne fuffit pas feule aux joueurs pour les faire gagner, elle peut au moins fervir à leur faire prendre le meilleur parti dans les chofes douteufes; & ce qui eft fort important à leur apprendre, jufqu'à quel point font défavantageux pour eux, les conditions de certains jeux que l'avarice & l'oifiveté introduifent tous les jours. La conduite des hommes fait, le plus fouvent, leur bonne ou mauvaife fortune; & les gens fages donnent au hafard le moins qu'ils peuvent. Nous ne pouvons prévoir l'avenir; mais nous pouvons toujours dans les jeux de hafard, & fouvent dans les autres chofes de la vie, connoître avec exactitude combien il eft plus probable que certaine chofe arrivera de telle façon plutôt que de toute autre; & puifque ce font-là les bornes de nos connoiffances, nous devons au moins tâcher d'y atteindre.

Tout le monde fait qu'au défaut de l'évidence, nous devons chercher la vraifemblance pour nous approcher de la vérité; mais on ne fait point affez qu'il y a des vraifemblances plus grandes & plus petites à l'infini, & que l'efprit, pour être bon juge, en doit diftinguer tous les degrés, puifqu'il arrive fouvent qu'une chofe étant incertaine, il eft néanmoins certain & même évident qu'elle eft vraifemblable, & plus vraifemblable que toute autre. Il paroît qu'on ne s'eft point affez apperçu jufqu'à préfent qu'on peut donner des règles infaillibles, pour calculer les différences qui fe trouvent entre diverfes probabilités.

L'Analyfe, cet art merveilleux, qui n'a d'abord été employé qu'à découvrir des rapports conftans & immuables entre des nombres & des figures, pour fervir auffi à découvrir des rapports de probabilités entre des chofes incertaines, & qui n'ont rien de fixe, ce qui femble fort oppofé à l'efprit de la géométrie, & en quelque façon hors de fes règles. C'eft ce que fait judicieufement fentir l'illuftre auteur de l'hiftoire de l'Académie des Sciences.

« Il n'eft pas fi glorieux, dit Fontenelle, » à l'efprit de géométrie de régner dans » la phyfique, que dans les chofes de

» morale fi cafuelles, fi compliquées, fi » changeantes. Plus une matière lui eft » oppofée & rebelle, plus il a d'honneur » à la dompter. »

On trouvera, dans ce Dictionnaire, la folution de divers problêmes fur différens jeux de cartes, tels que le Pharaon, la Baffette, le Lanfquenet, le treize, &c. On y détermine quel eft l'avantage ou le défavantage des joueurs dans diverfes circonftances de ces jeux. Les joueurs y rencontreront des nouveautés fingulières, dont il leur eft important d'être inftruits. On y donne auffi divers théorêmes fur les combinaifons, à l'effet de réfoudre plufieurs problêmes particuliers fur l'Ombre, le Piquet, le Brelan, &c.

On y trouvera encore la folution de quelques problêmes fur le jeu de Tricarac. Enfin, on a expliqué en général toute la théorie des combinaifons, en comparant le nombre des cas où arrivera un certain événement, au nombre des cas où il n'arrivera pas.

Dans les jeux, les gageures & les loteries, l'argent que rifque un joueur eft cenfé ne plus lui appartenir, car il en a quitté la propriété; mais en revanche il acquiert un certain droit fur le fonds du jeu, c'eft-à-dire fur l'argent de la gageure.

Lorfque les conditions du jeu font également avantageufes aux joueurs, comme dans le paffe-dix, & un petit nombre d'autres jeux, ce droit, ou l'efpérance qu'il fournit, eft équivalent à la mife de chacun des joueurs. Mais dans les jeux dont les conditions font inégalement avantageufes aux joueurs, tels que font le plus grand nombre, ce droit ne répond plus exactement à la mife des joueurs; & en ce cas, s'ils veulent fe retirer, & quitter la partie, pour rentrer en la propriété de quelque chofe, en renonçant à ce que le hafard leur auroit donné, ils ne doivent plus partager également l'argent du jeu; mais ils en doivent prendre une partie plus ou moins grande, felon qu'il y a plus ou moins de probabilité que les uns ou les autres gagneront la fomme entière dont on eſt convenu.

Cela poſé, ſi l'on nomme A l'agent du jeu, je dirai que le ſort de chaque joueur eſt le juſte degré d'eſpérance qu'il peut avoir d'obtenir A ; & j'appellerai *parti*, la convention ou le réglement que des joueurs doivent faire entre eux, lorſqu'ils veulent ſe retirer, ſans courir le riſque de l'événement du jeu; enſorte qu'il leur ſoit entièrement égal, ou de continuer la partie, ou de la rompre.

Ainſi, en ſuppoſant que deux joueurs ſoient convenus de haſarder chacun une demi-piſtole à *croix* ou *pile*, ſi l'on nomme la piſtole A, je dirai que le ſort de chacun des joueurs eſt ½ A ; & que ſi, changeant d'avis, ils veulent quitter le jeu, le *parti* qu'ils ſe doivent faire l'un à l'autre ; c'eſt de retirer chacun leur demi - piſtole. (*Eſſai d'analyſe ſur les jeux de haſard*, par MONTMOR.)

Si deux joueurs veulent jouer, ſans avantage ni déſavantage, à un jeu dont les conditions ſoient inégales, il faut que celui à qui elles ſont favorables, mette au jeu plus que l'autre ; & pour parler avec préciſion, il faut que ſa miſe ſoit à celle de l'autre joueur, dans la même raiſon que les divers degrés d'eſpérance qu'ils ont de gagner. S'ils jouent but à but, il eſt clair que l'avantage eſt pour l'un de ces joueurs, & qu'il faut entendre par ce mot *avantage*, l'excès de ce qu'il attend du haſard ſur ce qu'il met au jeu. Par exemple, ſi l'on ſuppoſe que Paul pariant but à but un écu contre Pierre, d'amener un doublet du premier coup avec deux dez, on ait trouvé pour le ſort de Pierre A + ⅓ A ; A déſignant un écu, cette fraction ⅓ A, qui eſt l'excès de l'eſpérance ou du ſort de Pierre ſur ſa miſe qui eſt A, exprimera ſon avantage, ou ce que Paul devroit donner à Pierre, ſi, après avoir fait cette convention avec lui, il

vouloit rompre la gageure, puiſqu'en vertu de la condition de cette gageure, Pierre n'a pas moins de droit ſur les deux tiers de l'écu de Paul, qu'il en a ſur l'écu qu'il a mis au jeu.

Car il faut remarquer que, quoiqu'il ſoit très-incertain ſi Paul gagnera ou ne gagnera pas, & qu'il n'y ait point de contradiction qu'il gagne mille fois de ſuite, il eſt néanmoins très-certain que pour acheter le droit de Pierre il faudroit lui donner quarante-ſols; & que ſi Paul s'obligeoit de jouer trois coups aux conditions précédentes, Pierre pourroit auſſi bien compter ſur deux écus de profit, comme ſur deux écus que Paul lui auroit donné en pur don, à condition qu'il voulût jouer trois écus contre lui à *croix* ou *pile*.

Quoique ces termes *avantage* & *déſavantage* ſemblent être clairs, parce qu'ils ſont communs & familiers, j'ai cru qu'il étoit à propos, pour ôter toute équivoque, d'expliquer de qu'elle manière je les entends; il m'a paru que tout le monde y attachoit de fauſſes idées.

Le ſort de chacun des joueurs eſt donc comme leur eſpérance, & cette eſpérance eſt proportionnée aux facilités ou aux moyens qu'ils ont de gagner, c'eſt-à-dire aux nombres de coups qu'ils ont à jouer.

Ainſi, ſuppoſant que Pierre parie contre Paul d'amener un 6 du premier coup, avec un dez, il s'enſuivroit que pour parier également, Pierre devroit mettre un écu au jeu, contre Paul cinq écus, puiſque dans une gageure égale les miſes des deux joueurs doivent avoir le même rapport que les divers degrés de probabilité ou d'eſpérance que chacun des joueurs a de gagner.

Dans l'exemple cité, le ſort de Pierre eſt le rapport de tous les coups qui lui ſont favorables, au nombre de tous les coups poſſibles ; ou, ſi l'on veut, ſon ſort eſt le rapport du degré d'eſpérance ou de facilité qu'il a de gagner, au rifque qu'il court de perdre.

Moivre, célèbre mathématicien français, a calculé les probabilités des jeux de hafard, & a réfolu la queftion fuivante :

« Si le nombre des obfervations fur les événemens fortuits, peut être affez multiplié pour que la probabilité fe change en certitude. »

Il trouve qu'il y a effectivement un nombre de faits ou d'obfervations affignables, mais très-grand, après lequel la probabilité ne diffère plus de la certitude; d'où il fuit qu'à la longue le hafard ne change rien aux effets de l'ordre ; & que par conféquent, où l'on obferve l'ordre & la conftante uniformité, on doit reconnoître auffi l'intelligence & le choix ; raifonnement bien fort contre ceux qui ofent attribuer la création, au hafard, & au concours fortuit des atômes.

Enfin, lorfque le hafard règne abfolument dans un jeu, on peut toujours déterminer l'avantage ou le défavantage des joueurs ; on en a la preuve dans la folution de plufieurs problêmes de ces jeux expofés dans ce Dictionnaire ; & fi l'on fait attention à la variété des conditions de ces jeux, & au grand nombre de circonftances auxquelles il a fallu avoir

égard, on reconnoîtra que la plupart des autres jeux de pur hafard qu'on connoît, ou qu'on peut imaginer, fe détermineront par des méthodes ou femblables, ou peu différentes de celles qui ont fervi à réfoudre les problêmes de ces jeux de pur hafard. *Voyez* les jeux *pharaon*, *lanfquenet*, *treize*, *la baffette*, &c.

Il n'en eft pas de même des jeux, où la fcience du joueur a part à l'événement auffi-bien que le fort; car cette fcience, qui n'en mérite pas le nom, n'étant fondée que fur des règles trompeufes de vraifemblance, & le plus fouvent fur le caprice & la fantaifie des joueurs, il eft impoffible que les conjectures qu'on forme fur ces règles, ne participent à leur incertitude. Ainfi, la méthode qui conduit dans les jeux de pur hafard doit manquer dans la plupart des queftions qu'on peut faire fur les jeux, dont les événemens, bons ou mauvais pour les joueurs, ne dépendent pas entièrement de la fortune.

Voyez les articles *baffette*, *breland*, *cartes*, *combinaifons*, *croix* ou *pile*, *dez*, *efpérance* (jeu de l'), *hafard*, *jettons*, *impériale* (jeu de l'), *jouer*, *lanfquenet*, *noyaux* (jeu des), *ombre* (jeu de l'), *pari*, *partis*, *pharaon*, *piquet*, *quinquenove*, *rafle de dez*, *treize* (jeu du), *trictrac*, *triomphe*, *wifch*.

QUADRILLE.

Q

QUADRILLE.

LE *quadrille* fut parmi les jeux de commerce celui qui, dans le commencement de sa vogue, fournit le plus de dupes, parce qu'il n'y falloit aucune adresse pour y tromper, & qu'il suffisoit de le vouloir. Deux Grecs, dans une partie de quadrille, n'avoient qu'à s'entendre pour s'approprier l'argent des deux autres joueurs ; il suffisoit pour cela de convenir ensemble de certains signes, par lesquels ils se déclareroient l'un à l'autre leur jeu. Ainsi, dans tous les jeux de commerce à quatre, on peut être trompé, malgré toutes les précautions qu'on peut prendre pour éviter de l'être. Il suffit que deux fripons s'entendent ensemble ; car la duperie n'est point alors dans les cartes, elle est dans l'avantage qu'on retire de la certitude de la position générale du jeu ; & deux joueurs se communiquant mutuellement leur jeu, décèlent par-là celui des deux autres.

Voyez l'article *Combinaisons frauduleuses.*

QUINQUENOVE. (*Jeu de*)

ON joue au *quinquenove* avec deux dez. L'on tire d'abord entre les joueurs à qui aura le cornet. Supposons qu'il tombe à Pierre ; & pour faire entendre le jeu plus facilement, supposons qu'il n'y ait que deux joueurs, Pierre & Paul. Celui-ci mettra d'abord au jeu une certaine somme ; alors Pierre poussant les dez, voici ce qui arrive :

Si Pierre amène cinq ou neuf, il perd, & donne le cornet à Paul.

Jeux mathématiques.

Si Pierre amène ou trois, ou onze, ou un doublet, il tire la mise de Paul. Celui-ci remet au jeu, & Pierre continue de jouer.

Si Pierre n'amène aucun des coups précédens, il n'aura ni perdu ni gagné.

Pour expliquer ce qui arrive en ce cas, supposons, par exemple, que Pierre ait amené sept du premier coup, on remarquera :

1°. Que Pierre rejouant ne pourra gagner cette mise de Paul, qu'en amenant sept ;

2°. Que Paul est dans la liberté de risquer une nouvelle mise, & que Pierre sera pareillement dans la liberté de la tenir ou de ne la pas tenir ;

3°. Que Paul, pour distinguer cette mise de la précédente, la met dessous, & qu'elle se nomme *masse* ;

4°. Que si cette masse est égale à la mise, elle se nomme *masse au jeu* ; & que quand elle n'est pas la même, elle se nomme *masse aux dez* ;

5°. Que Pierre ayant accepté cette nouvelle masse, il gagnera en amenant le coup suivant, ou trois, ou onze, ou doublet, ou bien en amenant dans la suite, cette chance avant que d'amener cinq ou neuf ; mais qu'il ne peut gagner la première mise, qui est dite *entrée au jeu*, qu'en amenant sept ; & qu'enfin il les perdra toutes deux, en amenant ou cinq ou neuf.

Supposons présentement, pour une plus ample explication, que Pierre ayant dit

bb

taupe à la *maſſe*, amène de ſon ſecond coup huit autrement que par doublet, c'eſt-à-dire par ſix & deux, ou par cinq & trois ; & que Paul mette au jeu une nouvelle maſſe, que Pierre accepte ; on remarquera :

1°. Que Pierre gagnera cette maſſe, en amenant ou trois, ou onze, ou doublet ;

2°. Qu'il gagnera la première miſe de Paul, en amenant ſept, & la ſeconde, en amenant huit ;

3°. Qu'il perd les deux miſes & la maſſe, en amenant ou cinq ou neuf, & qu'alors il cède le cornet à Paul.

Ce qu'on vient d'expliquer, pour un petit nombre de coups, & ſeulement à l'égard de deux joueurs, doit s'entendre de tout autre nombre de coups & de joueurs.

PROBLÉME. *Pierre & Paul jouent au quinquenove ; Pierre tient le cornet. On ſuppoſe que la miſe de Paul ſoit toujours la même, & exprimée par A. On ſuppoſe auſſi que Pierre n'acceptera point de maſſe ; mais qu'il ſera obligé de tenir le jeu juſqu'à ce qu'il ſoit perdu, après quoi on ſuppoſe le jeu fini. On demande quel eſt ce jeu l'avantage & le déſavantage de celui qui a le dez ; ou ce qui revient au même, combien Pierre devroit demander ou donner à un tiers pour céder le cornet, & lui donner à jouer en ſa place ?*

R. Le ſort de Pierre, lorſqu'il pouſſe le dez, eſt d'avoir huit coups pour perdre, ſavoir cinq qui arrive en quatre façons ; & neuf qui arrive pareillement en quatre façons ; d'avoir dix coups pour gagner, ſavoir : les ſix doublets, trois qui arrive en deux façons ; & onze pareillement en deux façons ; d'avoir quatre coups pour amener ſix autrement que par doublet, autant pour amener huit autrement que par doublet, deux coups pour amener quatre autrement que par doublet, deux coups pour amener dix autrement que

par doublet, & enfin ſix coups pour amener ſept.

Si je nomme x le ſort de Pierre, lorſqu'il a amené huit ou ſix ; z ſon ſort, lorſqu'il a amené quatre ou dix ; y ſon ſort, lorſqu'il a amené ſept ; q l'avantage ou le déſavantage que Pierre trouve à continuer le jeu, lorſqu'il a gagné ; & f ſon ſort en général : on aura le ſort cherché de Pierre.

$$ f = \frac{10 \times 2A + q + 8.\, x + 4z + 6y}{36} $$

On obſervera que ſi Pierre & Paul convenoient avant que de jouer, que Pierre ayant gagné une fois continuera de jouer juſqu'à ce qu'il ait gagné de nouveau ou perdu ; le déſavantage de Pierre ſeroit $\frac{611}{9009}A + \frac{4180}{9009} \times \frac{611}{9009}A$.

Ce ſeroit un déſavantage pour Pierre, s'il jouoit contre un joueur qui, à chaque fois qu'il perdroit, mettroit A au jeu, & de qui Pierre ne tiendroit jamais aucune maſſe.

Or, Pierre peut compter que ſur chaque piſtole qu'un des joueurs met au jeu, ſoit que ce ſoit un enjeu ou une maſſe, il y a pour lui 14 ſ. $\frac{74}{9009}$ de pure perte ; ce qui eſt un peu plus que la quinzième partie de la miſe, & un peu moins que la quatorzième.

Cet avantage eſt aſſez conſidérable, principalement lorſqu'il y a un certain nombre de joueurs, pour obliger ceux qui tiennent le dez à refuſer les maſſes ; ce qui ôte tout l'agrément de ce jeu. Il ſeroit donc à propos de le réformer, en le rendant plus égal, & en donnant un peu d'avantage à celui qui tient le dez, pour l'engager à tenir les maſſes. Pour cela, il faudroit convenir que le nombre quatre amené au ſecond coup, gagnât auſſi-bien que trois & onze. Alors l'avantage de celui qui tient le dez, par rapport à la miſe de chaque joueur, ſeroit exprimé par la fraction $\frac{97}{9009}$, qui eſt à-peu-près la quatre-vingt-treizième partie de l'unité.

R.

RAFLE DE DEZ.

La rafle de dez est un coup où les dez jettés viennent tous sur le même point.

Si l'on veut savoir le parti de celui qui voudrait entreprendre d'amener en un coup, avec deux ou plusieurs dez, une rafle déterminée, par exemple le terne, on doit considérer que s'il l'entreprenoit avec deux dez, il n'auroit qu'un hasard pour gagner, & trente-cinq pour perdre, parce que deux dés peuvent se combiner en trente-six façons différentes; c'est-à-dire que leurs faces, qui sont au nombre de six, peuvent avoir trente-six assiettes différentes, comme on le voit dans cette table :

1, 1	2, 1	3, 1	4, 1	5, 1	6, 1
1, 2	2, 2	3, 2	4, 2	5, 2	6, 2
1, 3	2, 3	3, 3	4, 3	5, 3	6, 3
1, 4	2, 4	3, 4	4, 4	5, 4	6, 4
1, 5	2, 5	3, 5	4, 5	5, 5	6, 5
1, 6	2, 6	3, 6	4, 6	5, 6	6, 6

Ce nombre 36 étant le quarré du nombre 6 des faces de deux dez, s'il y avoit trois dez, au lieu de 36 quarrés de 6, on auroit le 216 pour le nombre des combinaisons entre trois dez; s'il y avoit quatre dez, on auroit le quarré 1296 du même nombre 6, pour le nombre des combinaisons entre quatre dez, & ainsi de suite.

Il suit de-là qu'on ne doit mettre que 1 contre 35 pour faire une rafle déterminée, avec deux dez, en un coup. On connoîtra, par un semblable raisonnement, qu'on ne doit mettre que 3 contre 213 pour faire une rafle déterminée, avec trois dez, en un coup, & 6 contre 1296, ou 1 contre 215, avec quatre dez, & ainsi de suite, parce que des

216 hasards qui se trouvent en trois dez, il y en a trois pour celui qui tient le dez, puisque trois choses se peuvent combiner deux à deux en trois façons, & par conséquent 213 contraires à celui qui tient le dez : & que des 1296 hasards qui se trouvent entre 4 dez, il y en a 6 qui sont favorables à celui qui tient le dez, puisque quatre choses se combinent deux à deux en six façons, & par conséquent 1290 contraires à celui qui tient le dez.

Ainsi, veut-on savoir le parti de celui qui entreprendroit de faire une rafle quelconque du premier coup, avec deux ou plusieurs dez; il ne sera pas difficile de connoître qu'il doit mettre 6 contre 30, ou un contre 5, avec deux dez, parce que si des 36 hasards qui se trouvent entre 2 dez, outre 6 hasards qui peuvent produire une rafle, il reste 30. On connaîtra ainsi très-aisément qu'avec trois dez, il peut mettre 18 contre 198, ou 1 contre 11, parce que si des 216 hasards qui se rencontrent entre trois dez, outre 18 hasards qui peuvent produire une rafle, il reste 198.

RAFLE. (jeu de la)

PROBLÈME Ier. Pierre joue à la première rafle, avec un certain nombre de joueurs, à volonté. On demande quel sera son avantage, lorsqu'il aura un point quelconque depuis 11 jusqu'à 18?

Il y a deux sortes de jeux de rafle; savoir la première rafle, & les trois rafles comptées. Je vais donner ici ce qui regarde la première rafle; le problème suivant sera sur les trois rafles comptées.

Voici quelques règles communes à ces deux jeux :

1°. On y joue avec trois dez ;

2°. Tous les coups où il ne se trouve pas au moins deux dez semblables sont réputés nuls, & on les recommence ;

3°. A ces jeux il n'y a point de primauté ; & lorsque deux ou plusieurs joueurs se trouvent avoir le même point, ils recommencent entre eux pour voir qui gagnera.

Voici quelques autres règles qui sont particulières au jeu de la première *rafle* :

1°. Un joueur dit qu'il a rafle, lorsque les trois dez qu'il a jettés portent tous le même point ;

2°. Rafle l'emporte sur ceux qui n'ont que des points ; en sorte, par exemple, que celui qui aura rafle gagnera, au préjudice de celui qui aura dix - sept ; hors ce cas, celui qui a le plus haut point gagne ;

3°. Une rafle plus haute l'emporte sur une plus basse ; par exemple, rafle de 4 sur rafle de 3, & rafle de 3 sur rafle de 2, &c.

La solution de ce problême s'entendra aisément par un exemple.

Je suppose donc qu'il y ait trois joueurs, Pierre, Paul & Jacques : Pierre a déjà joué, & a amené onze. On demande s'il a de l'avantage, & quel est cet avantage ?

Il faut d'abord voir combien il y a de coups dans trois dez, où il se trouve au moins deux dez semblables ; ensuite il faut employer la méthode analytique, & examiner, par ordre, ce qui peut arriver dans les coups de Paul & de Jacques, & ce que les hasards différens de ces deux coups donnent à Pierre d'espérance, ou de gain, ou de perte.

Je trouve qu'il y a trois coups pour amener 17 ou 4, six coups pour amener 16 ou 5, quatre coups pour amener 15 ou 6, neuf coups pour amener 14 ou 7, 13 ou 8, 10 ou 11, & enfin sept coups pour amener 12 ou 9.

Cela posé, voici comme je raisonne :

Lorsque Paul jouera son coup, Pierre perdra, si Paul amène ou 18 ou 17, ou 16 ou 15, ou 14 ou 13, ou 12 ou rafle d'as, de 2 & de 3 ; ce qui fait quarante-deux coups pour perdre. Il y a neuf coups pour que Pierre soit but à but avec Paul, dans l'attente du coup de Jacques, & quarante-cinq coups pour que Paul amenant un point quelconque au-dessous de 11, Pierre n'ait plus à craindre que le coup de Jacques.

Lorsque Paul a amené un point quelconque au-dessous de 11, le sort de Pierre est d'avoir quarante-cinq coups pour gagner tout ce qui est au jeu, & neuf coups pour partager avec Jacques, savoir quand Jacques amène 11.

Si Paul a amené onze, le sort de Pierre est d'avoir quarante - cinq pour partager également avec Paul le droit sur tout ce qui est au jeu, neuf coups pour avoir son tiers sur l'argent qui est au jeu, & enfin d'avoir quarante-deux coups pour perdre.

Si l'on réduit ce raisonnement, selon les règles de l'algèbre, on trouvera que le sort cherché de Pierre est $\frac{819}{1024}$ A, en supposant que A exprime la mise de chaque joueur ; ce qui fait voir que Pierre a du désavantage, lorsque jouant avec deux joueurs il a onze. Ce désavantage est tel, qu'il pourroit, sans perte ni profit, donner quarante sols & une fraction de deniers à un joueur qui voudroit prendre sa place, supposé que A, qui désigne la mise de chaque joueur, exprime une pistole.

On pourra trouver en cette manière l'avantage ou le désavantage de Pierre, quelque soit son point, & quelque nombre de joueurs qu'il y ait. En voici une Table qui donne l'avantage de Pierre, en supposant qu'il ait un point quelconque, depuis onze jusqu'à dix-huit, autrement que par une rafle. L'on y suppose, comme ci-dessus, que le jeu soit aux pistoles.

TABLE.

Points.	Pour 2 Joueurs. Avantage. liv. fols, den.			Pour 3 Joueurs. Avantage. liv. fols, den.				Pour 4 Joueurs. Avantage. liv. fols, den.			
18	9	17	11	19	13	9	$\frac{25}{96}$	19	8	4	$\frac{555}{82944}$
17	8	8	9	15	9	10	$\frac{71}{128}$	21	6	11	$\frac{19}{3072}$
16	7	10	0	12	19	3	$\frac{21}{64}$	14	7	1	$\frac{717}{256}$
15	6	11	3	10	11	6	$\frac{9}{32}$	12	14	5	$\frac{1089}{3072}$
14	5	6	3	7	12	1	$\frac{21}{32}$	8	0	4	$\frac{199}{1024}$
13	3	8	9	3	11	3	$\frac{11}{32}$	2	3	9	$\frac{-821}{1024}$
12	1	17	6	0	11	8	$\frac{5}{9}$				
11		6	3								

On voit, par cette Table, qu'entre deux joueurs il y a de l'avantage à avoir onze ; & qu'à trois joueurs il y a du défavantage.

Lorfqu'il y a quatre joueurs, on n'a de l'avantage, que lorfqu'on a au moins treize. Je trouve qu'à douze points, il y a fur une piftole une livre douze fols de perte ou de défavantage ; ce qui paroît d'abord affez étrange.

J'ai trouvé des perfonnes d'efprit qui croyoient voir évidemment que, puifque c'eft un avantage entre deux joueurs d'avoir onze points, on devoit conclure, que ce feroit auffi un avantage, tel nombre de joueurs qu'il y eût.

Voici comme ils raifonnoient :

Il eft vrai que Pierre jouant lui troifième, & ayant onze points, a moitié moins d'efpérance de gagner, que lorfqu'ayant onze points : il n'a affaire qu'à un joueur ; mais en récompenfe il a le double à gagner. Or le produit de $2 \times \frac{1}{2}$ étant $= 1$, il s'enfuit que Pierre, ayant onze points, doit avoir de l'avantage, foit que le jeu foit entre trois joueurs, ou qu'il foit feulement entre deux joueurs. Ils employoient le même raifonnement pour prouver que l'avantage de celui qui a onze points eft le même, foit qu'il n'y ait que deux joueurs, foit qu'il y en ait quatre, ou un autre nombre quelconque.

Ce raifonnement eft fpécieux ; mais il manque en ce que l'on fuppofe que l'efpérance que Pierre a de gagner eft moitié moindre, lorfque deux joueurs ont à jouer après lui, que lorfqu'il n'y en a qu'un : ce qui n'eft point vrai, quoique fort vraifemblable. On ne peut trop chercher l'évidence en cette matière, où l'on trouvera plus qu'en toute autre, que les apparences conduifent à l'erreur.

PROBLÈME II. *SUR LE JEU DES TROIS RAFLES COMPTÉES. Pierre joue contre Paul à qui fera le plus de points en trois rafles comptées, c'est-à-dire, en trois coups tels qu'il se trouve au moins un doublet dans les trois dez. Il a amené 32. On demande s'il a de l'avantage, & quel est cet avantage?*

L'on pourroit résoudre ce problème par l'analyse, en examinant par ordre tous les différens points qu'on peut amener avec un, deux, trois, quatre, &c. jusqu'à neuf dez; & en rejettant tous ceux où, dans chaque trois dez, il se trouveroit trois dez différens les uns des autres; & en exprimant tous ces différens hasards par des inconnues qu'on détermineroit, selon les règles ordinaires: mais cette voie seroit d'une longueur excessive, & demanderoit un calcul de plusieurs mois.

Voici une Table qui contient tous les différens hasards qui peuvent arriver, & exprime l'avantage de Pierre pour tous les différens points qu'il aura depuis 32 jusqu'à 54.

TABLE.

Points.		Diverses façons de les amener.	Avantage.	Livres.	Sols.
54	ou 9	1	884735	9	19
53	ou 10	9	884725	9	19
52	ou 11	45	884671	9	19
51	ou 12	147	884479	9	19
50	ou 13	369	883963	9	19
49	ou 14	765	882829	9	19
48	ou 15	1446	880618	9	19
47	ou 16	2484	876688	9	18
46	ou 17	3969	870235	9	16
45	ou 18	5869	860397	9	14
44	ou 19	8433	846095	9	11
43	ou 20	11493	826169	9	6

Points.		Diverses façons de les amener.	Avantage.	Livres.	Sols.
42	ou 21	15027	799649	9	0
41	ou 22	19287	765335	8	13
40	ou 23	23886	722162	8	3
39	ou 24	28668	669608	7	11
38	ou 25	38867	607073	6	17
37	ou 26	38871	534335	6	0
36	ou 27	43171	452293	5	2
35	ou 28	47457	361665	4	1
34	ou 29	50607	363601	2	19
33	ou 30	52551	160443	1	16
32	ou 31	53946	53946	0	12

Cette table eſt, comme l'on voit, rangée ſur quatre colonnes.

La première déſigne tous les différens points que Pierre peut avoir depuis neuf juſqu'à cinquante-quatre ;

La ſeconde exprime le nombre de coups différens que peuvent donner les points qui lui répondent dans la première colonne ;

La troiſième colonne donne l'avantage de Pierre pour tous les différens points qu'il peut avoir depuis trente-deux juſqu'à cinquante-quatre, en donnant à chacun de ces termes la quantité 1769472 pour dénominateur ;

La quatrième colonne donne cet avantage en livres & en ſols, en ſuppoſant que le jeu ſoit aux piſtoles, c'eſt-à-dire que Pierre ait mis une piſtole au jeu. On a négligé les deniers.

On voit, par cette Table, que l'avantage d'avoir quelques-uns des différens points, depuis cinquante-quatre juſqu'à quarante-deux, ne va qu'à 20 ſols de différence ; & que celui d'avoir quelques-uns des nombres, depuis cinquante-quatre juſqu'à quarante-huit, ne va qu'à quelques deniers.

On voit, au contraire, que cette différence change fort conſidérablement dans les nombres qui approchent de trente-deux. On peut découvrir, par le raiſonnement, que cela doit être à-peu-près ainſi.

Il paroît qu'on auroit plus d'avantage ſi, jouant avec trois dez trois coups de ſuite, tous les coups étoient bons indifféremment : car, dans ce cas, l'avantage d'un joueur, qui auroit pour point trente-deux, ſeroit $\frac{762324}{1007760}$; ce qui feroit 21 ſols & quelques deniers d'avantage ou de profit, le jeu étant aux piſtoles.

ROULETTE. (Jeu de la)

CE jeu eſt formé par un grand cercle diviſé en portiques, où il y a quarante caſes, vingt d'une couleur & vingt d'une autre, toutes numérotées. La petite boule d'yvoire qu'on jette dans ce cercle, & qui doit décider du ſort des joueurs, eſt pouſſée par une rigole, d'où elle ſe précipite dans le jeu ; & après avoir heurté contre divers rochers, elle va ſe rendre par les portiques ſur une des caſes noires ou blanches. On gagne, quand la boule s'arrête ſur une caſe de ſa couleur ; & l'on perd, quand c'eſt le contraire.

Dans les vingt caſes de chaque couleur, il y en a une pour le banquier, qui a l'avantage, lorſque la boule s'y arrête, de tirer ce qui a perdu, ſans payer celle qui devroit gagner : cela lui fait un objet de deux & demi pour cent, ou douze ſols par vingt-quatre francs.

La roulette avoit été imaginée, dans les jeux publics, des hôtels de Gèvres & de Soiſſons, à Paris, pour que les joueurs puſſent haſarder leur argent en toute ſûreté.

Il n'y avoit d'autre duperie que celle des frais, qui étoient au-delà de toutes proportions juſqu'-là établies en Europe, à l'égard d'aucun jeu. On avoit bien eſſayé d'abord quelques tentatives pour y faire jouer de malheur, ſoit par la poſition de la table, ou autres moyens ; mais ces friponneries avoient eu ſouvent un effet contraire ; & ceux qui vouloient duper, avoient été ſouvent eux-mêmes pris pour dupes. Cependant un fourbe trouva un moyen frauduleux : il fit faire une roulette, où les caſes d'une couleur étoient plus grandes que celles de l'autre, de façon que ceux qui étoient du ſecret, ſe ſervant de la balle dont les caſes étoient plus grandes, avoient par-là un avantage conſidérable. Il eſt vrai que le haſard pouvoit faire que les joueurs, qui n'étoient pas du ſecret, priſſent la même balle qu'eux ; mais alors les Grecs ne jouoient pas contre eux ; on prenoit le parti de les ſoutenir.

S

S O L I T A I R E.

SOLITAIRE. (*Jeu du*)

L**E** *folitaire* eſt ainſi nommé, parce qu'il ſe joue par une perſonne ſeule. C'eſt un jeu de combinaiſons. Son origine vient, dit-on, de l'Amérique, où un Français conçut l'idée de ce jeu, & en régla la marche, en voyant les Américains qui, au retour de la chaſſe, plantoient leurs flêches en différens trous diſpoſés à cet effet, & rangés par ordre dans leurs caſes.

Telle eſt la diſpoſition de ce jeu :

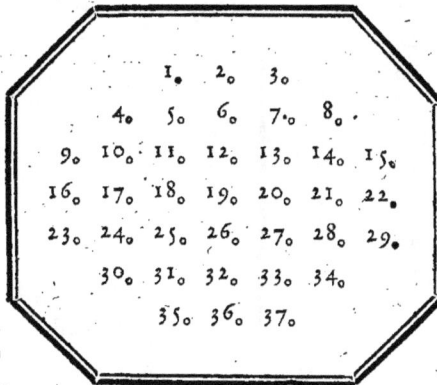

$$1 \quad 2 \quad 3$$
$$4 \quad 5 \quad 6 \quad 7 \quad 8$$
$$9 \quad 10 \quad 11 \quad 12 \quad 13 \quad 14 \quad 15$$
$$16 \quad 17 \quad 18 \quad 19 \quad 20 \quad 21 \quad 22$$
$$23 \quad 24 \quad 25 \quad 26 \quad 27 \quad 28 \quad 29$$
$$30 \quad 31 \quad 32 \quad 33 \quad 34$$
$$35 \quad 36 \quad 37$$

Le jeu du *folitaire* eſt diſpoſé ſur une tablette de bois, de forme octogone, & percée de trente-ſept trous, dans l'ordre indiqué par les chiffres de la figure ci-deſſus.

Ces trente-ſept trous ſont remplis par de petites fiches d'yvoire, qui s'enlèvent à volonté.

L'ordre de ce jeu, eſt qu'une fiche en prend une autre, lorſqu'elle peut ſauter par-deſſus en droite ligne, pour paſſer à un autre trou vuide ; ce qui ſe fait de la même manière & dans le même ſens qu'un pion prend un autre pion au *jeu de dames*. Ainſi on commence le jeu du *folitaire*, par ôter une fiche quelconque, afin d'avoir un trou vuide, dans lequel on puiſſe tranſporter une fiche, & enlever celle ſur laquelle on paſſe. On continue de prendre ainſi les fiches, en ſuivant la marche preſcrite. Mais les difficultés de ce jeu conſiſtent à choiſir juſte les fiches qu'il faut ôter pour finir le jeu par une fiche ſeule, ou pour ne laiſſer que celles dont on eſt convenu.

Voici

Voici diverses *marches* de ce jeu, ou différentes *combinaisons*, qui conduisent toutes à ne laisser qu'une fiche.

PREMIÈRE MARCHE.

Otez le 1, & allez du	3 à 1
	12 à 2
	8 à 6
	2 à 12
	4 à 6
	18 à 5
	1 à 11
	16 à 18
	18 à 5
	9 à 11
	5 à 7
	30 à 17
	26 à 24
	24 à 10
	36 à 26
	35 à 25
	26 à 24
	23 à 25
	25 à 11
	12 à 26
	10 à 12
	6 à 19
	34 à 32
	20 à 23
	33 à 31
	19 à 32
	31 à 33
	37 à 27
	22 à 20
	20 à 33
	29 à 27
	33 à 20
	20 à 7
	15 à 13
	7 à 20

IIᵉ. MARCHE,

Dite le LECTEUR *au milieu de ses amis.*

Otez le 19, & allez du	6 à 19
	4 à 6
	18 à 5
	6 à 4
	9 à 11
	24 à 10
	11 à 9
	26 à 24
	35 à 25
	24 à 26
	27 à 25
	33 à 31
	25 à 35
	29 à 27
	14 à 28
	27 à 29
	19 à 21
	7 à 20
	21 à 19

IIIᵉ. MARCHE,

A commencer par 1 , *& finir par* 37.

Otez le 1, & allez du	3 à 1
	12 à 2
	13 à 3
	15 à 13
	4 à 6
	18 à 5
	1 à 11
	31 à 18
	18 à 5
	20 à 7
	3 à 13
	33 à 20
	20 à 7
	9 à 11

C c

Suite de la IIIe *marche.*

16 à 18
23 à 25
22 à 20
29 à 27
18 à 31
31 à 33
34 à 32
20 à 33
37 à 27
5 à 18
18 à 20
20 à 33
33 à 31
2 à 12
8 à 6
6 à 19
19 à 32
36 à 26
30 à 32
26 à 36
35 à 37

IVe. MARCHE, *dite la* CORSAIRE.

Otez le 3, & allez du 13 à 3
13 à 13
28 à 14
8 à 21
29 à 15
12 à 14
15 à 13
20 à 7
3 à 13
10 à 12
24 à 10
26 à 24
36 à 26
1 à 11
11 à 25

Suite de la IVe *marche.*

9 à 11
12 à 12
4 à 17
16 à 18
25 à 11
23 à 25
26 à 24
30 à 17
35 à 25
34 à 32

Prenez neuf chevilles des onze qui restent avec la Corsaire, *qui est la deux, & qui est prise ensuite par celle du trente-septième trou.* Ces neuf chevilles sont le 6, 11, 17, 25, 19, 13, 21, 27, 32.

Allez de 37 à 35

V^e. MARCHE, *dite le* TRICOLET.

Otez le 19, & allez du 6 à 19
10 à 12
19 à 6
2 à 12
4 à 6
17 à 19
31 à 18
19 à 17
16 à 18
30 à 17
21 à 19
7 à 20
19 à 21
22 à 20
8 à 21
32 à 19
28 à 26
19 à 32
36 à 26
34 à 32

VIᵉ MARCHE,

A commencer par la dernière fiche, & finir par la première.

Otez le 37, & allez du

35	à	37
26	à	36
25	à	35
23	à	25
34	à	32
20	à	33
37	à	27
7	à	20
20	à	33
18	à	31
35	à	25
5	à	18
18	à	31
29	à	27
22	à	10
15	à	13
16	à	18

Suite de la VIᵉ marche.

9	à	11
20	à	7
7	à	5
4	à	6
18	à	5
1	à	11
33	à	20
20	à	18
18	à	5
5	à	7
36	à	26
30	à	32
32	à	19
19	à	6
2	à	12
8	à	6
12	à	2
3	à	1

Voyez SOLITAIRE, au volume des *jeux familiers.*

T

TAROTS

CE font des efpèces de cartes à jouer, dont on fe fert en Efpagne, en Allemagne, & en d'autres pays.

Ces cartes font marquées différemment de celles dont on fe fert en France; & au lieu que les nôtres font diftinguées par des cœurs, des carreaux, des piques & des trèfles, elles ont des coupes, des deniers, des épées, & des bâtons, appellés en efpa- gnol *copas*, *dineros*, *efpadillas*, *baftos*. L'envers des cartes, appellées *tarots*, eft communément orné de divers com- partimens.

On appelle encore TAROT, une efpèce de dez d'yvoire, dont chaque côté porte fon nombre de trous noirs, depuis un jufques & compris fix, & dont on fe fert pour jouer.

cc 2

T A S. (jeu des)

POUR comprendre de quoi il s'agit, il faut favoir, qu'après les reprifes d'ombre, un des joueurs s'amufe fouvent à partager le jeu en dix *tas*, compofé chacun de quatre cartes couvertes ; & qu'enfuite, retournant la première de chaque tas, il ôte, & met à part, deux à deux, toutes celles qui fe trouvent femblables ; par exemple, deux rois, deux valets, deux fix ; & alors il retourne les cartes qui fuivent immédiatement, celles qui viennent de lui donner des doublets ; & il continue d'ôter & de mettre à part celles qui viennent par doublet, jufqu'à ce qu'il en foit venu à la dernière de chaque tas, après les avoir enlevé toutes, deux à deux, auquel cas feulement il a gagné. Il eft rare que l'on joue de l'argent à ce jeu ; mais on y joue ordinairement des difcrétions, & les dames s'en amufent.

Il faut obferver que ce jeu n'eft point de pur hafard, & que, pour y réuffir, il faut de la conduite auffi-bien que de la fortune.

L'on fait qu'il faut décharger les plus gros *tas* préférablement aux petits ; mais l'on ne fait point exactement, s'il eft plus avantageux de décharger deux tas compofés de trois cartes chacun, ou deux tas, dont l'un eft compofé de quatre cartes, & l'autre de deux. L'on fait auffi qu'il eft plus facile de faire les *tas* avec un jeu de piquet qu'avec un jeu d'ombre, & avec un jeu d'ombre qu'avec un jeu entier, ou bien avec deux jeux d'ombres mêlés enfemble ; ce qui feroit les tas de huit cartes. Mais ce que les joueurs ignorent entièrement, c'eft le degré de facilité qu'il y a de réuffir dans toutes ces différentes efpèces.

TOUTE-TABLE. (Jeu de)

I. LE *toute-table* tient une des premières places entre les jeux de table. Il n'a pas tant d'intérêt que le *revertier* ; cependant plufieurs le préfèrent à ce dernier jeu, & même au *trictrac*, parce qu'il eft moins embarraffant, & qu'il ne faut pas continuellement avoir l'attention de marquer des points ou des trous.

La beauté de ce jeu confifte, non-feulement à bien jouer fes dames, mais encore à battre fon adverfaire à propos, & favoir bien ménager une partie double.

Ce jeu fe joue dans un trictrac. On le nomme jeu du *toute-table*, parce que, pour le jouer, chaque joueur difpofe fes dames en quatre parties ou quatre tas, qu'il place diverfement dans les quatre tables du trictrac ; c'eft à-dire que chacun a d'abord des dames dans toutes les tables du trictrac.

II. *De la manière de difpofer le jeu & de placer fes dames pour jouer, & combien on peut jouer enfemble.*

On ne joue que deux enfemble à ce jeu, de même qu'au *trictrac* & au *revertier*, & on peut prendre un confeil.

Pour vous faire entendre comme il faut difpofer le jeu & placer vos dames ; imaginez-vous que vous êtes affis devant une table, proche d'une fenêtre, laquelle eft à votre gauche ; que fur cette table, il y a un trictrac ouvert, & que de l'autre côté de la table, il y a une perfonne contre qui vous devez jouer, qui a la fenêtre à fa droite. Il faut préfentement placer vos dames dans ce trictrac ; favoir : deux fur la flèche qui eft dans le coin à la droite de votre adverfaire, & de fon côté ; cinq fur la flèche qui eft dans l'autre coin à la gauche de votre homme ; trois fur la cinquième flèche de la table qui eft de votre côté & à votre droite ; & les cinq dernières fur la première flèche qui joint la bande de féparation dans la feconde table de votre côté, & à votre gauche.

L'autre joueur doit faire la même chose. Il doit mettre deux dames fur la première lame du coin, qui eſt de votre côté à votre gauche ; cinq fur la dernière lame du coin, qui eſt de votre côté à votre droite ; trois fur la cinquième lame de fon côté à fa gauche ; & les cinq dernières fur la première lame qui joint la bande de féparation dans la feconde table de fon côté à fa droite.

III. *De ce qui eſt néceſſaire pour jouer & commencer à jouer, & comment il faut appeller & nommer les dez.*

Pour jouer à ce jeu, il faut, de même qu'au *revertier*, que le trictrac ſoit garni de quinze dames de chaque couleur, de deux cornets & de deux dez.

Outre cela, il faut deux fichets pour marquer les parties, lorſque l'on joue en pluſieurs parties.

On ſe ſert ſoi-même ; c'eſt-à-dire que chacun met les dez dans ſon cornet, & on ne joue qu'avec deux dez.

Pour commencer à jouer, on doit, de même qu'au *revertier*, donner le choix des dames & des cornets.

A l'égard du dez, on tire à qui l'aura ; & on nomme & appelle les nombres de même qu'au *revertier*.

IV. *De la manière de jouer, ou jetter les dez, & quand le coup eſt bon ou non.*

Le contenu en ce chapitre étant la même choſe qu'au *revertier*, on y renvoie le lecteur, où il trouvera le tout amplement expliqué.

V. *De la manière de jouer les dames, quand on commence la partie.*

Les doublets ſe jouent au jeu doublement, de même qu'au *revertier* ; c'eſt-à-dire que ſi vous faites quine, il faut jouer vingt points avec une ou pluſieurs dames ; ſi vous faites ſanne, il en faut jouer vingt-quatre, & ainſi des autres doublets : ce qui

s'entend toutefois, pourvu que vous puiſſiez jouer, & que le paſſage ne ſoit pas fermé par des caſes de votre adverſaire.

Au commencement de la partie, vous pouvez jouer, ou les deux dames qui ſont dans le coin à la droite de votre homme, ou celles qui ſont dans le coin qui eſt à ſa gauche, ou bien celles qui ſont dans les tables de votre côté, & faire des caſes indifféremment dans toutes les tables ; & afin que vous ne faſſiez pas marcher vos dames d'un côté pour l'autre, il eſt bon de vous dire, qu'il faut que vos deux dames, qui ſont dans le coin à la droite de votre homme, viennent juſqu'au coin qui eſt à ſa gauche ; de-là vous les paſſez de votre côté à votre droite, & vous les faites enſuite aller, avec tout le reſte de vos dames, dans la table qui eſt à votre gauche, parce que c'eſt dans cette table-là où il faut que vous paſſiez votre jeu, & qu'il faut que vous y paſſiez tontes vos dames avant d'en pouvoir lever aucune, comme vous verrez ci-après.

VI. *De la manière de battre les dames.*

On bat les dames à ce jeu de la même manière qu'au *revertier*, c'eſt-à-dire en plaçant ſa dame ſur la même lame où étoit celle de ſon homme, ou bien en paſſant. Par exemple, vous faites quatre & as, vous battez une dame que votre homme a découverte du quatre ; & de la même dame dont vous avez joué le quatre, vous en jouez un as, qui vous ſert à couvrir une de vos dames, ou bien que vous mettez en ſur-caſe.

Vous pouvez même, d'une ſeule dame, battre trois & quatre dames, ſi vous faites un doublet ; & qu'en le jouant, vous trouviez ces dames-là découvertes ſur vos paſſages.

Toutes les dames qui ont été battues, ſont, comme au *revertier*, hors de jeu ; & celui à qui elles appartiennent, ne peut pas jouer quoi que ce ſoit, qu'il ne les ait toutes rentrées.

VII. De la manière de rentrer.

Je vous ai obfervé ci-devant qu'il falloit que vos deux dames, qui font à la droite de votre homme, allaffent à fa gauche; de-là qu'elles vinffent à votre droite, & de votre droite dans la table qui eft à votre gauche de votre côté; & que les deux dames de votre homme, qui font à votre gauche, devoient faire le même chemin, & qu'il devoit les conduire depuis votre gauche, jufques dans la table qui eft à fa droite de fon côté : cela vous doit faire connoître que ces deux dames, qui font abfolument tout le tour du trictrac, font la tête ou pile de ce jeu; toutes les dames qui ont été battues, doivent rentrer par la table où l'on place ces deux dames, laquelle eft à la gauche de votre homme.

Il eft plus facile de rentrer à ce jeu, qu'au revertier : car non-feulement vous pouvez rentrer fur votre homme en le battant, quand il a quelques dames découvertes, mais encore vous pouvez rentrer fur vous-même, & mettre fur une même flèche tant de dames que vous voudrez. Par exemple, fi n'ayant point encore joué vos deux dames du coin ou tête de votre jeu, vous faites un bezet, & que vous ayez quatre dames à rentrer; vous pouvez les mettre toutes fur cette même flèche où font vos deux dames. Si vous avez quelqu'autre cafe dans la table de votre rentrée, vous pouvez de même y mettre tant de dames que vous voudrez : on appelle ces cafes-là des ponts, parce qu'elles fervent à paffer, & font très-utiles.

VIII. De la conduite qu'il faut tenir en ce jeu.

Vous avez vu qu'il y a en ce jeu quatre tas ou piles de dames; que la première qui eft à la tête du jeu, font les deux dames qui font dans le coin à la droite de votre homme; la feconde, les cinq dames qui font dans le coin à fa gauche; la troifième,

les trois dames qui font fur la cinquième cafe de la table qui vous touche à votre gauche; & la quatrième, les cinq dames qui font fur la première flèche qui joint la bande de féparation de la feconde table.

Si, le premier coup que vous jouez, vous faites fix & cinq, il faut jouer une des dames de votre première pile ou tête, & la mettre fur la feconde.

Si vous faites un fix & as, il faut jouer un fix de votre feconde pile, & un as de la troifième, & faire une cafe.

Si vous faites trois & as, il faut jouer le trois de votre troifième pile, & l'as de la quatrième, & faire pareillement une cafe. En un mot, il faut tâcher de faire quatre ou cinq cafes toutes de fuite, autour de vos troifième & quatrième piles, afin d'empêcher votre homme de paffer les dames de fa tête ou première pile.

Quand vous avez quatre ou cinq cafes, comme il vient d'être dit, fi vous pouvez encore cafer, il n'en faut pas perdre l'occafion, & toujours joindre vos cafes tant que vous pourrez; & fi votre homme fe découvre, lorfque votre jeu eft ainfi avancé, il ne faut point héfiter à le battre: fi, au contraire, le jeu de votre homme étoit plus avancé que le vôtre, & qu'il fe découvrît, il ne faudroit pas le battre; car fouvent les bons joueurs tendent des piéges pour faire donner dedans, & gagner enfuite la partie double, ou du moins avoir la fimple fûre.

Il faut donc, avant de battre, examiner fi votre homme ne pourra pas vous battre à fon tour; & en cas qu'il vous batte, vous pourrez rentrer facilement. Un peu de pratique apprend cela en très-peu de tems.

IX. De la manière de lever & finir le jeu.

Lorfque l'on a paffé toutes fes dames dans la table de la quatrième pile, on lève à chaque coups de dez, toutes les dames qui donnent fur la bande du trictrac, de même qu'au jan de *retour*, quand on joue au jeu de *trictrac*.

Pour chaque doublet, on lève quatre dames, quand on en a qui donnent jufte fur le bord. Si la cafe que l'on devroit lever fe trouve vuide, & qu'il y ait des dames derrière pour jouer le doublet que l'on a fait fans rien lever, il faut le jouer. S'il n'y a rien derrière, on lève celles qui fuivent la flèche, d'où le doublet qu'on a amené dévoit partir.

Celui qui a le plutôt levé toutes fes dames, gagne la partie fimple.

X. *De la double.*

Souvent on joue en deux ou trois parties, & même en davantage, parce que ce jeu va affez vîte.

Quelquefois auffi on joue à la première partie; & on convient que celui qui gagnera la partie double, aura le double de ce qu'on a joué.

L'on gagne la partie double, quand on a levé toutes fes dames, avant que fon homme ait paffé toutes les fiennes dans la table de fa quatrième pile, & qu'il en ait levé aucune; s'il en avoit levé une, l'on ne gagneroit que la partie fimple.

Quand on joue en plufieurs parties, & que l'on gagne double, on marque deux parties, & celui qui a gagné recommence & a le dez.

XI. *Des avantages que l'on peut donner.*

Les avantages que l'on peut donner à ce jeu, font le *dez*, qui eft le moindre de tous les avantages, on peut donner encore le dez & fix, l'*amberas*, *abas* & le *dez*, & encore d'autres qui dépendent de la convention des joueurs.

TREIZE. (*Jeu du*)

Les joueurs tirent d'abord à qui aura la main. Suppofons que ce foit Pierre, & que le nombre des joueurs foit tel qu'on voudra. Pierre ayant un jeu entier compofé de cinquante-deux cartes mêlées à difcrétion, les tire l'une après l'autre. Nommant & prononçant un, lorfqu'il tire la première carte; deux, lorfqu'il tire la feconde; trois, lorfqu'il tire la troifième, & ainfi de fuite, jufqu'à la treizième qui eft un roi. Alors fi, dans toute cette fuite de cartes, il n'en a tiré aucune, felon le rang qu'il les a nommées, il paie ce que chacun des joueurs a mis au jeu, & cède la main à celui qui le fuit à la droite.

Mais s'il lui arrive, dans la fuite des treize cartes, de tirer la carte qu'il nomme, par exemple de tirer un as dans le tems qu'il nomme un, ou un deux dans le tems qu'il nomme un deux, ou un trois dans le tems qu'il nomme trois, &c. il prend tout ce qui eft au jeu, & recommence comme auparavant, nommant un, enfuite deux, &c.

Il peut arriver que Pierre ayant gagné plufieurs fois, & recommençant par un, n'ait pas affez de cartes dans fa main pour aller jufqu'à treize; alors il doit, lorfque le jeu lui manque, mêler les cartes, donner à couper, & enfuite tirer du jeu entier le nombre de cartes qui lui eft néceffaire pour continuer le jeu, en commençant par celle où il eft demeuré dans la précédente main. Par exemple, fi, en tirant la dernière carte, il a nommé fept, il doit, en tirant la première carte dans le jeu entier, après qu'on a coupé, nommer huit, & enfuite neuf, &c. jufqu'à treize, à moins qu'il ne gagne plutôt; auquel cas il recommenceroit, nommant d'abord un, enfuite deux, & le refte comme on vient de l'expliquer. D'où il paroît que Pierre peut faire plufieurs mains de fuite, & même qu'il peut continuer le jeu à l'infini.

L'avantage eſt fort conſidérable à ce jeu en faveur de celui qui a la main, & ceux qui le jouent ſouvent peuvent s'en appercevoir par pratique ; mais il eſt extrêmement difficile de déterminer cet avantage : l'analyſe pourroit y conduire ; mais cette route ſeroit extrêmement longue, d'autant qu'il faudroit réſoudre plus de mille égalités pour déterminer tous les cas poſſibles de ce jeu. On en pourroit plutôt eſpérer la ſolution, en conſidérant tous les arrangemens poſſibles des cinquante-deux cartes, & découvrant quelque loi uniforme qui, des cas ſimples, conduiſe à des cas plus compoſés, & fourniſſe ainſi une ſolution générale.

Au reſte, voici des problêmes qui y ont beaucoup de rapport, & dont la ſolution pourra faciliter, à quelques égards, celle du jeu de treize.

» Pierre a un certain nombre de cartes différentes, qui ne ſont point répétées, & qui ſont mêlées à diſcrétion, il parie contre Paul que s'il les tire de ſuite, & qu'il les nomme, ſelon l'ordre des cartes, en commençant ou par la plus haute ou par la plus baſſe, il lui arrivera au moins une fois de tirer celle qu'il nommera. Par exemple, Pierre ayant en main quatre cartes, ſavoir un as, un deux, un trois & un quatre mêlées à diſcrétion, parie que les tirant de ſuite, & nommant un, lorſqu'il tirera la première, deux lorſqu'il tirera la ſeconde, trois lorſqu'il tirera la troiſième, il lui arrivera ou de tirer un as, ou de tirer un deux quand il nommera deux, ou de tirer un trois quand il nommera trois, ou de tirer un quatre quand il nommera quatre. Soit conçu la même choſe de tout autre nombre de cartes. On demande quel eſt le ſort ou l'eſpérance de Pierre, pour tel nombre de cartes que ce puiſſe être, depuis deux juſqu'à treize ? »

Or, ſoient les cartes, avec leſquelles Pierre fait le pari, repréſentées par les lettres a, b, c, d, &c. Si l'on nomme m le nombre des cartes qu'il tient, & n le nombre qui exprime tous les arrangemens poſſibles de ces cartes, la fraction $\frac{n}{m}$ exprimera combien de différentes fois chaque lettre occupera chacune des places. Mais il faut remarquer que ces lettres ne ſe rencontrent pas toujours à leur place utilement pour le banquier ; par exemple, a, b, c, ne donne qu'un coup pour gagner à celui qui a la main, quoique chacune des trois lettres y ſoit à ſa place ; & de même b, a, c, d ne donne qu'un coup à Pierre pour gagner, quoique chacune des lettres c & d ſoit à ſa place. La difficulté de ce problême, conſiſte donc à démêler combien de fois chaque lettre eſt à ſa place utilement pour Pierre, & combien de fois elle y eſt inutilement.

Iᵉʳ. Cas. *Pierre tient un as & un deux, & parie contre Paul qu'ayant mêlé ces deux cartes, & nommant un lorſqu'il tirera la première, & deux lorſqu'il nommera la ſeconde, il lui arrivera ou de tirer un as pour la première carte, ou de tirer un deux pour la ſeconde carte.*

L'argent du jeu eſt exprimé par A.

Deux cartes ne peuvent s'arranger que de deux façons différentes ; l'une fait gagner Pierre, l'autre le fait perdre ; donc ſon ſort ſera $\frac{A + o}{2} = \frac{1}{2} A.$

II Cas. *Pierre tient trois cartes.*

Soient ces trois cartes, repréſentées par les lettres a, b, c : on obſervera que des ſix arrangemens différens que ces trois lettres peuvent recevoir, il y en a deux où a eſt à la première place, qu'il y en a un où b eſt à la ſeconde place ; a n'étant point à la première, & b n'étant point à la ſeconde ; d'où il ſuit qu'on aura $S = \frac{2}{3} A$, & par conſéquent que le ſort de Pierre eſt à celui de Paul comme deux eſt à un.

III Cas.

III Cas. *Pierre tient quatre cartes.*

Soient les quatre cartes, repréfentées par les lettres *a*, *b*, *c*, *d*. On obfervera que des vingt-quatre arrangemens différens que ces quatre lettres peuvent recevoir, il y en a fix où *a* occupe la première place, qu'il y en a quatre où *b* eft à la feconde, *a* n'étant pas à la première; trois où *c* eft à la troifième, *a* n'étant pas à la première, & *b* n'étant pas à la feconde; enfin deux où *d* eft à la quatrième, *a* n'étant pas à la première, *b* n'étant pas à la feconde, & *c* n'étant pas à la troifième; dans ce cas, le fort de Pierre eft au fort de Paul comme cinq à trois.

IV Cas. *Pierre tient cinq cartes.*

Soient les cinq cartes, repréfentées par les lettres *a*, *b*, *c*, *d*, *f*. On obfervera que des cent vingt arrangemens différens, que cinq lettres peuvent recevoir, il y en a vingt-quatre où *a* occupe la première place, dix-huit où *b* occupe la feconde, *a* n'occupant pas la première; quatorze où *c* eft à la troifième place, *a* n'étant pas à la première place, ni *b* à la feconde; onze où *d* eft à la quatrième place, *a* n'étant pas à la première, ni *b* à la feconde, ni *c* à la troifième; enfin neuf arrangemens où *f* eft à la cinquième place, *a* n'étant pas à la première, ni *b* à la feconde, ni *c* à la troifième, ni *d* à la quatrième; d'où il fuit que le fort de Pierre eft au fort de Paul comme dix-neuf eft à onze.

TRICTRAC. (*Jeu de*)

Il feroit très-utile, pour jouer le *trictrac* agréablement & avec avantage, de favoir, à chaque coup de dez, l'efpérance qu'on a ou de battre, ou de remplir, ou de couvrir quelqu'une de fes dames par le coup qu'on va jouer. C'eft auffi ce que favent affez les bons joueurs; mais ce n'eft que par une grande application & beaucoup d'exercice qu'on peut en acquérir l'habitude pour les cas qui font un peu compofés.

Jeux mathématiques.

Par exemple, il y a peu de perfonnes qui puiffent voir d'un coup-d'œil, que *Pierre* ayant, dans fon petit jan, les 5 premières cafes remplies, avec une dame découverte à la fixième cafe; & quant aux autres dames, en ayant deux en triple fur la première & la feconde flèches; une autre auffi en triple fur la 4ᵉ flèche; enfin la 15ᵉ ou dernière dame en quadruple fur la 1ʳᵉ flèche; peu de perfonnes, difons nous, verront tout de fuite que le petit jan de Pierre étant ainfi difpofé, ce joueur a un coup pour gagner douze points, dix coups pour en gagner huit, trois coups pour en gagner fix, feize coups pour en gagner quatre, & enfin fix coups pour ne pas remplir. Mais ce qui paffe extrêmement les connoiffances ordinaires des joueurs, & ce qui leur feroit néanmoins très-important pour bien jouer les dames & faire des tenues à propos, c'eft de pouvoir connoître avec exactitude l'efpérance que l'on a de tenir un certain nombre de coups fans rompre, ou d'arranger fon jeu de telle ou telle façon en deux ou plufieurs coups.

En voici deux exemples fort fimples, dont le dernier peut avoir quelque utilité.

Problème I. *Pierre parie qu'il prendra fon grand coin en deux coups. On demande ce qu'il doit gager pour que le parti foit égal?*

Réponse. Il faut remarquer,

1°. Que Pierre ne peut gagner qu'en amenant du premier coup de dez l'un de ces trois coups, fix cinq, quine, ou fonnés;

2°. Qu'ayant amené l'un de ces trois coups, il n'a pas encore gagné; mais qu'ayant amené fix cinq du premier coup, il doit, pour gagner, amener encore fix cinq au fecond coup; & qu'ayant amené du premier coup quine, il doit, pour gagner, amener au fecond coup fonnés; & qu'ayant amené du premier coup fonnés, il doit, pour gagner, amener au fecond coup ou quine ou fonnés.

dd

Il suit de tout cela, que le fort de Pierre sera $\frac{7}{36} \times \frac{1}{36} \times \frac{1}{36} + \frac{1}{36} \times \frac{1}{36} + \frac{1}{36} \times \frac{1}{36} \times \frac{2}{36} = \frac{7}{1296}$; ainsi Pierre, pour parier sans défavantage, doit mettre au jeu 7 contre 1289; & il auroit de l'avantage à parier 1 contre 186, de prendre son grand coin en deux coups.

PROBLÈME II. *Pierre ayant dans son petit jan une dame sur la dernière fléche du coin, trois dames sur la première fléche du grand jan, deux dames sur la deuxième, la troisième, la quatrième & la cinquième fléches suivantes, enfin trois dames sur la sixième fléche du coin du grand jan. On demande combien Pierre pourroit parier de tenir deux coups sans rompre?*

Réponse. Les hasards des deux coups font ici mêlés ensemble, & ne se doivent point considérer indépendamment l'un de l'autre, en effet si avantageux que puisse être le premier coup, il est clair que le second coup peut faire perdre; &, au contraire, si défavantageux qu'il soit, il n'ôte point l'espérance de tenir au second coup. La première partie des coups de dez que Pierre peut amener du premier coup diversifient son attente pour l'événement du second; mais il y en a qui laissent une égale espérance. Par exemple, il est indifférent d'amener au premier coup sonnés, ou cinq & as, ou quatre & deux, six trois, ou cinq & quatre, &c. Pour démêler tout cela, il faut chercher quelle est l'espérance de tenir au second coup dans toutes les différentes suppositions des différens coups de dez que l'on peut amener au premier coup. La somme de tous ces hasards exprimera le fort de Pierre. On trouvera,

Qu'il a 1° deux coups qui lui donnent $\frac{7}{36}$, savoir six & cinq;

2°. Trois coups qui lui donnent $\frac{1}{36}$, savoir six, quatre & quine, puisqu'ayant amené six quatre ou quine du premier coup, il a, pour tenir, sonnés & six, &c.

3°. Quatre coups qui donnent $\frac{6}{36}$; savoir six, trois, cinq & quatre; car il aura, pour tenir, sonnés, six & as, six deux & bezet;

4°. Quatre coups qui lui donnent $\frac{12}{36}$, savoir six, deux, cinq & trois; car il a, pour tenir, sonnés, six & as, six deux, six trois, deux & as & bezet;

5°. Deux coups qui lui donnent $\frac{13}{36}$, savoir, quatre & trois; car il aura, pour tenir au second coup, sonnés, six & as, six deux, six trois, deux & as, trois & as, & bezet;

6°. Quatre coups qui lui donnent $\frac{15}{36}$, savoir six & as, & cinq & deux; car il aura, pour tenir, six & as, sonnés, six deux, bezet, six trois, deux & as, six quatre, trois & as, & double deux;

7°. Six coups qui lui donnent $\frac{21}{36}$, savoir sonnés, cinq & as, quatre & deux & terne; car il aura, pour tenir, sonnés, six & as, six deux, bezet, six trois, deux & as, six quatre, trois & as, double deux, six cinq, quatre & as, trois & deux;

8°. Quatre coups qui lui donnent $\frac{23}{36}$, savoir quatre & as, & trois & deux; car il a pour tenir tous les mêmes coups que s'il eût amené du premier coup cinq & as; & outre cela, l'espérance d'amener au second coup cinq & as;

9°. Un coup qui lui donne $\frac{1}{36}$, savoir carme; car il aura, pour tenir au second coup, deux & as, bezet, six & as, six deux & sonnés;

10°. Trois coups qui lui donnent $\frac{27}{36}$, savoir trois & as, & double deux; car il a, pour tenir au second coup (excepté cinq & quatre), cinq & trois, quatre & trois, quine, carme & terne;

11°. Deux coups qui lui donnent $\frac{32}{36}$, savoir deux & as; car il aura tous les coups favorables pour tenir, excepté quine, carme, & cinq & quatre;

12°. Un coup qui lui donne $\frac{35}{36}$: c'est bezet; car il n'y aura au second coup que quine contre lui.

Le fort cherché fera donc $\frac{565}{1296}$; & le jufte parti de la gageure feroit 565 contre 731. On auroit de l'avantage à parier trois contre quatre, & du défavantage à parier quatre contre cinq.

Au refte, il n'eft guères poffible, dans la plupart des fituations où deux joueurs peuvent fe trouver au trictrac, de déterminer quel eft leur fort, & d'eftimer avec précifion de quel côté eft l'avantage; car outre la variété prodigieufe des différentes difpofitions poffibles des trente dames, la manière fouvent arbitraire, dont les joueurs conduifent leur jeu, eft ce qui décide prefque toujours du gain de la partie. Or tout ce qui dépend de la fantaifie des hommes n'ayant aucune règle fixe & certaine, il eft clair qu'on ne peut réfoudre aucune queftion fur le trictrac, à moins que la manière de jouer ne foit déterminée.

Le feul problême que l'on pourroit réfoudre d'une manière générale eft celui-ci:

Trouver le fort de deux joueurs qui en font au jan de retour, quelque nombre de dames qu'ils ayent encore à paffer en quelqu'endroit qu'elles fe trouvent placées.

TRICTRAC A ÉCRIRE.

Ce qu'on appelle *trictrac à écrire* ne change rien à la manière de jouer le trictrac, non plus que le *piquet à écrire*, au jeu de piquet.

Quand on convient de faire un *trictrac à écrire*, on a un crayon & deux cartes, où font écrits les noms des joueurs, & chacun marque fur fa carte les points qu'il gagne. On peut auffi faire ce compté avec des jettons.

Il faut feulement obferver qu'au *trictrac à écrire* on ne fauroit gagner ni perdre de points, que l'un des joueurs n'ait fix cafes. Le joueur peut s'en aller, c'eft-à-dire recommencer la partie, après qu'il a atteint fix trous, & c'eft alors qu'il marque les points qu'il a de plus que ceux fon adver-

faire; il peut auffi, quand le dez lui eft favorable, continuer à marquer, même au-delà de 12 trous, & tant qu'il eft maître du jeu.

On convient en combien de parties on jouera, & quel fera le paiement & l'ordre du marqué.

TRICTRAC DES GRECS ET DES LATINS.

Jeu de dez. La table fur laquelle on jouoit étoit quarrée, & partagée en douze lignes ou cafes, où l'on arrangeoit des jettons en fe réglant fur les points des dez qu'on avoit amenés. Ces jettons étoient au nombre de douze ou de quinze de chaque côté de la table, & de deux couleurs différentes. Les douze lignes étoient coupées par une ligne tranfverfale qu'on ne devoit point paffer fans y être forcé. Les autres règles de ce jeu ne font pas connues; mais il eft à croire qu'elles avoient beaucoup de rapport avec celles du trictrac des modernes.

TRIOMPHE. (*Jeu de la*)

Problême. *Pierre & Paul jouent en cinq points à la triomphe; ils en ont chacun trois: Pierre eft le premier; il a le roi & la dame troifième de triomphe, qui fera, par exemple de trèfle, & un roi de carreau gardé par le valet: lorfqu'on joue fon roi de triomphe pour la première carte, Paul lui offre un point. On demande s'il le doit accepter, & quelle eft, en le refufant, fon efpérance de faire la volle?*

Il faut d'abord examiner en combien de façons différentes il peut arriver que Paul ait la dame gardée d'un ou de plufieurs carreaux indéterminément; retrancher de ce nombre celui qui exprime en combien de façons il peut arriver que Paul ait la dame troifième en carreau, avec une autre dame gardée de quelqu'autre couleur, & en retrancher encore la moitié du nombre

dd 2

qui exprime en combien de manière il peut arriver que Paul ait la dame gardée de carreau, une autre dame gardée, & une cinquième carte quelconque d'une autre espèce. Le nombre qui reſtera, ces fouſtractions étant faites, fera celui qui exprime combien il y a de coups qui peuvent empêcher que Pierre ne faſſe la volle.

On trouvera par la méthode décrite à l'article *combinaiſons*, & qu'il y a 3605 pour le premier cas, 72 pour le ſecond, 240 pour le troiſième.

On verra auſſi que le nombre qui exprime en combien de façons différentes on peut prendre cinq cartes dans vingt-deux, eſt 26334; & par conſéquent on aura le ſort de Pierre dans cette fraction $\frac{21041}{26334}$.

Ainſi l'avantage de Pierre, en refuſant la propoſition de Paul, ſera exprimé par cette fraction $\frac{4237}{13167}$ A.

Donc, en ſuppoſant que A, qui exprime l'argent du jeu, fût deux piſtoles, ſi quelqu'un vouloit acheter les droits de Pierre & ſe mettre en ſa place, il devroit donner à Pierre 7 liv. 9 ſ. 11 den., outre ſa miſe.

Il eſt aiſé de voir par là qu'il eſt plus avantageux à Pierre de tenter la volle, que d'accepter un point; car en l'acceptant, ſon ſort ne ſeroit que $\frac{1}{4}$ A, & même un peu moins, puiſqu'il y a apparence qu'à ce jeu la primauté donne quelqu'avantage à un joueur qui a trois points de cinq, contre l'autre quatre.

Or il eſt évident que $\frac{1}{4}$ A eſt moindre que $\frac{21041}{26334}$ A. Cette ſolution peut s'appliquer à des cas pareils dans le jeu de *l'ombre*, & principalement dans *l'ombre* à deux.

W

WHISK ou WISTH.

Jeu de cartes mi-parti de haſard & de ſcience. Il a été inventé par les Anglais, & continue depuis long-tems d'être en vogue dans la Grande-Bretagne.

C'eſt de tous les jeux de cartes le plus judicieux dans ſes principes, le plus convenable à la ſociété, le plus difficile, le plus intéreſſant, le plus piquant, & celui qui eſt combiné avec le plus d'art.

Le *whisk* eſt plus intéreſſant, plus piquant qu'aucun jeu de cartes, par la multiplicité de ſes combinaiſons, par la viciſſitude des événemens, par la ſurpriſe de voir des baſſes cartes faire des levées auxquelles on ne s'attendoit point, enfin par les eſpérances & les craintes ſucceſſives qui ſoutiennent l'attention juſqu'au dernier moment.

Ce jeu ſe joue avec un jeu entier de cinquante-deux cartes entre quatre perſonnes, dont deux ſont aſſociées ou partenaires l'une de l'autre.

Les règles de ce beau jeu ſont bien expliquées dans le *Dictionnaire des Jeux*, que l'on peut conſulter à cet égard.

Nous ajouterons ici, d'après l'ancienne *Encyclopédie*, que les chances ou haſards de ce jeu ont été calculés par de grands mathématiciens anglois. Le célèbre de Moivre n'a pas daigné de s'en occuper; il a trouvé:

1°. Qu'il y a 27 haſards contre 2, ou

à-peu-près; que ceux qui donnent les cartes n'ont point les quatre honneurs.

2°. Qu'il y en a 23 contre 1, ou environ; que les premiers en mains n'ont point les quatre honneurs.

3°. Qu'il y en a 8 contre 1, ou environ; que de côté ni d'autre ne se trouvent les quatre honneurs.

4°. Qu'il y en a 13 contre 7, ou environ; que les deux qui donnent les cartes ne compteront point les honneurs.

5°. Qu'il y en a 25 contre 16, ou environ; que les honneurs ne seront pas également partagés.

Le même mathématicien détermine aussi que les hasards, pour les associés qui ont déjà huit points du jeu, s'ils donnent les cartes contre ceux qui ont neuf points, sont à-peu-près comme dix-sept à onze; mais si ceux qui ont huit du jeu sont les premiers en main, les hasards seront comme trente-quatre à vingt-neuf.

On propose sur ce jeu divers problêmes, & particulièrement celui-ci, dont l'exacte solution répandra la lumière sur plusieurs questions de même nature.

PROBLÊME. *Trouver le hasard que celui qui donne les cartes aura quatre triomphes.*

Une triomphe étant certaine, le problême se réduit à celui-ci : *Trouver quelle probabilité il y a qu'en tirant au hasard douze cartes des cinquante-une, dont douze sont des triomphes, & trente-neuf ne sont point triomphes; trois des douze seront des triomphes.*

On trouvera par la règle de *Moivre*, que le total des hasards, pour celui qui donne les cartes, = 92, 770, 723, 800; & que le total des hasards, pour tirer douze cartes des cinquante-une, = 158, 753, 389, 900. La différence de ces deux nombres = 65, 982, 666, 100. Les

hasards seront donc comme 9277, &c. à 6598, &c.

Or nous pouvons calculer la chance de trois joueurs qui ont dix, onze ou douze triomphes, du nombre de trente-neuf cartes; donc nous trouverons que le total des hasards, pour prendre dix, onze ou douze triomphes dans trente-neuf cartes, = 65, 982, 666, 100; & que tous les hasards du nombre de cinquante une cartes = 158, 753, 389, 900. La différence = 92, 770, 723, 800, = tous les hasards pour celui qui donne; & les hasards seront 9277, &c. à 6598, &c. comme ci-dessus.

Les mathématiciens, après avoir trouvé la dernière précision du calcul, par un grand nombre de chiffres, ont cherché & indiqué les proportions les plus voisines de la vérité que donne le plus petit nombre de chiffres; & c'est ce qu'on appelle méthode d'approximation, de laquelle il faut se contenter dans la pratique. Si l'on demande, par exemple, quelle est la parité des hasards qu'un joueur ait à ce jeu trois cartes d'une certaine couleur? ils répondent, par voie d'approximation, qu'il y a environ 682 à gager contre 22, ou environ 22 contre 1 qu'il ne les a pas.

N. B. Edmond Hoyle, anglais, a fait un traité raisonné du jeu de *whisk*, qui a été traduit en français sur la cinquième édition, en 1770. Ce traité donne la solution de plusieurs petits problêmes que les amateurs de ce jeu intéressant & varié verront sans doute ici avec plaisir.

OBSERVATIONS qu'il faut faire par rapport à certains jeux, pour s'assurer que votre associé n'a plus de la couleur que vous lui avez joué.

PREMIER EXEMPLE.

Supposez que vous commenciez à jouer par une couleur dont vous avez la dame, le dix, le neuf & deux petites cartes de quelque couleur que ce foit, que celui qui vous fuit mette le valet, & votre affocié le huit; dans ce cas, puifque vous avez la dame, le dix & le neuf, c'eft une marque certaine (pour peu qu'il foit joueur) qu'il n'en a plus de cette couleur : ainfi, dès que vous avez fait cette découverte, il faut que vous jouiez en conféquence, ou en le forçant à couper fi vous êtes fort en triomphe, ou en jouant quelque autre couleur.

I I.

Suppofez que vous ayez le roi, la dame & le dix d'une couleur, fi vous jouez votre roi, & que votre affocié y fourniffe le valet, c'eft une marque qu'il n'en a plus de cette couleur.

I I I.

Suppofez que vous ayez le roi, la dame & plufieurs autres d'une couleur, & que vous commenciez à jouer par le roi; dans ce cas, votre affocié, s'il n'a que l'as & une petite carte dans cette couleur, jouera fort bien en coupant votre roi de fon as; car mettant pour un moment qu'il foit fort en triomphe, en prenant le roi avec l'as, il fe met en état de pouvoir faire atout; & dès qu'il a fait tomber les triomphes, il retombe dans la couleur de fon affocié; & s'étant défait de fon as, il lui fournit les moyens de fe fervir de toute la fuite de fa couleur; ce que celui-ci n'auroit vraifemblablement pas pu faire, fi l'autre étoit refté maître du jeu en gardant l'as.

Et au cas que fon affocié n'ait point d'autres bonnes cartes que cette couleur, il ne perd rien en prenant le roi avec fon as; mais s'il arrivoit qu'il eût une bonne carte pour entrer dans cette couleur, il gagneroit de cette façon toutes les levées. Au furplus, puifque votre affocié a pris votre roi avec l'as, & qu'il a fait atout enfuite, vous devez naturellement conclure qu'il a une autre carte de cette couleur pour vous faire rentrer en jeu; ainfi vous ne devez jetter aucune carte de ladite couleur, quand même vous devriez vous défaire d'un roi ou d'une dame dans une autre couleur.

Quelques jeux particuliers, dans lefquels on enfeigne comment il faut tromper fon adverfaire, & indiquer fon jeu à fon affocié.

Premier Exemple.

Suppofez qu'on joue l'as d'une couleur dans laquelle vous avez le roi, & trois petits, & que le dernier en jeu ne trouve pas à propos de le couper, ou qu'il ne le puiffe pas, il faut bien vous garder de jouer le roi; il faut tâcher de refter maître dans la couleur, & vous ne devez jouer qu'une petite carte, afin d'affaiblir par-là le jeu de votre adverfaire.

I I.

Si on joue une carte d'une couleur de laquelle vous n'avez point, & qu'il y ait une probabilité apparente que votre affocié n'en a pas, ou que celles qu'il a font inférieures à celles qui font jouées; jouez une de vos meilleures cartes dans les autres couleurs, cela trompera vos adverfaires : mais pour ne pas auffi tromper votre affocié, dès que ce fera à lui à jouer, défaites-vous de vos plus foibles cartes. Cette façon de jouer vous réuffira toujours, à moins que vos adverfaires ne foient fort habiles, encore êtes-vous, en jouant ainfi, trois fois plus fûr de gagner que de perdre.

Jeux particuliers, dans lefquels on court rifque de gagner quatre levées en en perdant une, & auffi d'en perdre trois pour en gagner une.

Premier Exemple.

Suppofez que trèfle foit triomphe; que votre partie adverfe ait joué du cœur; que votre affocié n'en ayant point, ait jetté un pique, vous devez naturellement conclure qu'il ne porte que carreau & triomphe; &, fuppofez que vous ayiez fait cette levée; mais que vous ne foyiez pas fort en triomphe, il faut bien vous garder de le forcer; fuppofez que vous ayiez le roi, le valet & un petit carreau, & que votre affocié ait la dame & cinq carreaux; dans ce cas, en vous défaifant de votre roi au premier tour, & de votre valet au fecond, vous pouvez faire entre vous & votre affocié, cinq levées dans cette couleur; tout comme fi vous aviez joué un petit carreau, & que la dame de votre affocié eût été coupée de l'as, le roi & le valet qui vous reftent en main, empêchent votre affocié de faire d'autres levées en triomphe, quand même il en auroit encore un de refte, en jouant un petit carreau, vous le forcez, & vous perdez de cette façon trois levées dans cette donne.

I I.

Suppofez que, dans un jeu pareil au précédent, vous ayiez la dame, le dix & une petite carte dans la forte couleur de votre affocié, c'eft ce que vous pouvez découvrir en jouant de la façon que nous avons indiquée dans l'exemple précédent; cette découverte étant faite, fi vous fuppofez que votre affocié doive avoir le valet & cinq petites cartes dans cette même couleur; fi vous êtes premier à jouer, il faut commencer par la dame; & continuer avec votre dix; fi votre affocié porte le dernier triomphe, il fera de cette manière quatre levées dans cette couleur; au lieu que fi vous ne jouiez qu'un petit, fon valet s'en allant, & la dame vous reftant au fecond coup qu'on joue dans cette couleur; dès que fon dernier triomphe eft forcé, la dame qui vous refte empêche qu'on ne puiffe faire paffer cette couleur; il eft évident que cette façon de jouer vous feroit perdre trois levées dans cette donne.

I I I.

Il a été fuppofé, dans les exemples précédens, que vous étiez premier à jouer, & que vous aviez eu occafion par-là de vous défaire des meilleures cartes que vous portiez dans la couleur forte de votre affocié, dans l'intention de faire paffer toutes les autres; fuppofons à préfent que vous découvriez qu'il eft fort dans une couleur; qu'il ait par exemple l'as, le roi & quatre petits, & que vous ayiez de votre côté la dame, le dix, le neuf & une des plus baffes cartes de ladite couleur; fi votre affocié joue l'as, vous devez y fournir le neuf; s'il joue le roi, le dix : vous tâcherez de faire paffer de cette façon la dame au troifième tour; & puifqu'il ne vous refte qu'une petite, vous n'empêchez point que la couleur de votre affocié faffe tout fon effort : au lieu que vous auriez perdu deux levées, fi vous aviez gardé votre dame & votre dix, & que le valet de vos adverfaires fût tombé.

I V.

Suppofez que vous trouviez dans le courant du jeu, comme dans le cas précédent, que votre affocié foit fort dans une couleur, & que vous y ayiez le roi, le dix & un petit; fi votre affocié joue l'as, mettez-y votre dix, & au fecond tour, votre roi; vous empêchez par-là, fuivant toute probabilité, que votre affocié trouve quelque obftacle à faire paffer fa couleur.

V.

Suppofez encore que votre affocié ait l'as, le roi & quatre petites cartes dans fa couleur forte; que vous ayiez à votre tour la dame, le dix & une petite; s'il joue fon as, mettez votre dame; c'eft de cette façon que vous rifquerez une levée pour en gagner quatre.

V I.

Nous suppofons préfentement que vous portez cinq cartes de la forte couleur de votre affocié ; favoir, la dame, le dix, le neuf, le huit & une petite ; & que votre affocié fe trouve en main, l'as, le roi & quatre petites. Si votre affocié joue l'as, mettez votre huit ; s'il joue après cela le roi, pofez le neuf ; & au troifième tour, fi perfonne n'a plus de cette couleur, excepté vous & votre affocié, continuez à jouer votre dame, & après cela le dix ; & puifque vous n'avez plus qu'une petite, & votre affocié deux, vous gagnez par-là une levée ; ce que vous n'auriez pas pu faire en jouant la plus haute & en gardant une petite pour la jouer à votre affocié.

Quelques façons de jouer particulières qu'il faut mettre en ufage, lorfque l'adverfaire à droite tourne une figure.

PREMIER EXEMPLE.

Suppofez qu'on ait tourné le valet à votre droite, & que vous ayïez le roi, la dame & le dix, fi vous voulez gagner le valet, commencez par jouer votre roi, afin que votre affocié puiffe connoître par-là qu'il vous refte encore la dame & le dix ; & cela d'autant plus facilement, que vous ne jouez pas la dame, quoique vous foyiez prémier à jouer.

I I.

Suppofez que le valet foit tourné comme au coup précédent ; que vous ayez l'as, la dame & le dix ; en jouant la dame, vous aurez le même avantage que dans le cas précédent.

I I I.

Si l'on a tourné la dame à votre droite, & fi vous avez l'as, le roi & le valet, en jouant votre roi, vous avez le même avantage que dans les cas précédens.

I V.

Suppofez qu'on ait tourné un honneur à votre gauche, & que vous n'en ayïez point ; dans ce cas, il faut que vous faffiez atout pour faire paffer cet honneur en revue ; au lieu que fi vous en aviez un, à moins que ce ne foit l'as, il faudroit bien prendre garde comment vous joueriez ce triomphe, parce que fi votre affocié n'avait pas un honneur, votre adverfaire fe rendroit maître de votre jeu.

Du danger qu'il y a fouvent de forcer fon affocié.

PREMIER EXEMPLE.

Suppofez que A & B foient affociés enfemble, & que A ait une quinte majeure en triomphe, avec une quinte majeure & trois petites cartes d'une autre couleur ; que A foit premier à jouer : fuppofons encore que les adverfaires C & D n'aient chacun que cinq triomphes ; dans ce cas, A fait toutes les levées, parce qu'il eft le premier à jouer.

I I.

Suppofons au contraire que C ait cinq petites triomphes, avec une quinte majeure & trois petites cartes d'une autre couleur ; qu'il foit premier à jouer, & qu'il force A de couper ; par ce moyen, A ne pourra faire que cinq levées.

I I I.

Suppofez que A & B foient affociés, & que A porte une quatrième majeure en trèfle qui eft le triomphe, une autre quatrième majeure en carreau & l'as de pique : & fuppofons en même-tems que les adverfaires C & D aient les cartes fuivantes : C quatre triomphes, huit cœurs & un pique ; D cinq triomphes & huit carreaux. C, premier à jouer, commence par un cœur ; D le coupe & joue carreau, lequel

lequel C coupe; & qu'en continuant ainſi la navette, chacun de ces deux aſſociés coupe une des quatrième majeures de A; que le tour étant à C à jouer, pour la neuvième levée, entre par pique, lequel D coupe : les voilà donc maîtres des neuf premières levées; A reſte avec la quatrième majeure en triomphe.

Ce cas démontre combien il eſt avantageux de faire la navette, dès qu'on peut la former.

Divers incidens mêlés de calculs, pour démontrer comment il faut jouer, lorſqu'on n'eſt pas premier en jeu, le roi, la dame, le valet ou le dix, avec une petite carte de quelque couleur que ce ſoit.

Premier Exemple.

Suppoſez que vous ayiez quatre petits triomphes, & que vous ayiez une main ſûre dans chacune des trois autres couleurs, & que votre aſſocié n'ait aucuns triomphes, il faut, dans ce cas, que les autres neuf triomphes ſe trouvent partagés entre vos adverſaires : mettons qu'un en ait cinq, & l'autre quatre; jouez atout autant de fois que vous ſerez premier, & au cas que vous le ſoyez quatre fois, il eſt évident que vos adverſaires n'auront fait que cinq levées avec neuf triomphes; au lieu que ſi vous leur aviez permis d'employer leurs triomphes ſéparément, ils auroient facilement pu faire neuf levées.

Cet exemple prouve qu'il eſt preſque toujours avantageux de faire tomber deux triomphes contre un.

Il y a cependant une exception à cette règle; la voici :

Si vous trouvez, dans le courant du jeu, que vos adverſaires ſoient extrêmement forts dans quelque couleur particulière, & que votre aſſocié ne puiſſe pas vous être d'un grand ſecours dans ladite couleur; dans ce cas, il faut examiner les points

que vous avez & ceux de vos adverſaires, parce que vous pourrez ſauver, ou gagner le jeu, en gardant un triomphe pour couper cette couleur.

II.

Suppoſez que vous ayiez l'as, la dame & deux petits dans une couleur, & que votre adverſaire à droite, premier en jeu, y entre; dans ce cas, ne mettez point la dame, parce qu'il eſt à parier que votre aſſocié porte une meilleure carte dans cette couleur, que le troiſième joueur : ſi cela eſt ainſi, vous voyez que vous y ſerez le maître.

Il y a une exception à cette règle : quand vous n'êtes pas premier à jouer, alors il faut mettre la dame.

III.

Ne commencez jamais à jouer par le roi, le valet & une petite carte dans quelque couleur que ce ſoit, parce qu'il y a deux contre un que votre aſſocié n'a pas l'as, & par conſéquent trente-deux à vingt-cinq, ou autour de cinq à quatre qu'il a la dame ou le dix; & ainſi, n'ayant qu'autour de cinq à quatre en votre faveur, & devant avoir quatre cartes dans quelqu'autre couleur, quand même le dix en ſeroit la plus forte, jouez-la, parce qu'il eſt à parier que votre aſſocié a une meilleure carte dans ladite couleur que le dernier joueur; & quand même l'as reſteroit derrière votre main, il eſt à parier que cela ſe trouvera ainſi, ſi votre aſſocié ne l'a point, vous ne laiſſerez vraiſemblablement pas, que de faire deux levées, ſi votre adverſaire met cette couleur ſur le tapis.

IV.

Suppoſez que vous vous apperceviez, dans le courant du jeu, qu'il vous reſte entre vous & votre aſſocié quatre ou cinq triomphes, ſi vos adverſaires n'en ont point, & que vous n'ayiez aucune carte gagnante, mais que vous ayiez raison de juger que votre associé porte une troisième ou quelqu'autre carte supérieure; dans ce cas, jouez un petit triomphe, afin de tenir la main, pour vous pouvoir défaire d'une fausse sur cette troisième ou autre bonne carte.

De l'art de jouer le roi, la dame, le valet ou le dix de quelque couleur que ce soit, lorsque l'on est dernier en cartes.

PREMIER EXEMPLE.

Supposez que vous ayiez le roi & une petite carte dans une couleur, & que votre adversaire à droite y joue; s'il est habile au jeu, ne mettez point le roi, à moins que vous ne vouliez tenir la main, parce qu'un bon joueur commence rarement à jouer par une couleur dont il a l'as; il le garde pour faire passer sa forte couleur, quand les triomphes sont tombés.

II.

Supposez que vous ayiez la dame & une petite carte d'une couleur, & que votre adversaire à droite y joue, ne posez point la dame, parce que, supposé que votre adversaire ait commencé par l'as, suivi du valet; dans ce cas, dès qu'on retournera dans la susdite couleur, il fera une feinte avec le valet : en faisant cela, il jouera beau jeu, sur-tout si son associé a joué le roi; cela vous fera faire votre dame : mais en la mettant en premier, vous l'avertiriez que vous n'êtes pas fort dans cette couleur, & vous l'engageriez à attaquer le jeu de votre associé par des feintes, tant qu'il seroit question de cette couleur.

III.

Les exemples précédens vous ont suffisamment instruit, quand il est à propos que vous mettiez le roi ou la dame,

lorsque vous êtes dernier à jouer; il faut encore observer, qu'au cas que vous ayiez le valet ou le dix dans une couleur, avec une petite, que c'est en général très-mal jouer de mettre l'un ou l'autre, si vous êtes dernier, parce qu'il y a à parier cinq contre deux, que le troisième joueur porte ou l'as, ou le roi, ou la dame; il s'ensuit qu'il y a une chance contre vous de cinq à deux; & quoique vous puissiez quelquefois réussir, en jouant de la sorte, vous risquez toujours de perdre, parce que vous découvrez à vos adversaires que vous êtes foible dans cette couleur, & que ceux-ci emploient des feintes contre vous ou contre votre associé, tant que cette couleur dure.

IV.

Supposez que vous ayiez l'as, le roi & trois petites cartes d'une couleur, & que votre adversaire à droite y joue, vous y mettez votre as, & votre associé le valet; & au cas que vous soyiez fort en triomphe, il faut rejouer une petite dans cette couleur, afin que votre associé la puisse couper.

Voici la conséquence qui résulte de cette façon de jouer :

Vous restez le maître dans cette couleur par votre propre jeu, & vous faites sentir en même-tems à votre associé, que vous êtes fort en triomphes, & qu'il peut régler son jeu en conformité, soit en tâchant de faire la navette, soit en vous jouant atout, s'il est fort en triomphes ou maître dans les autres couleurs.

V.

Supposez que A & B aient six points, leurs adversaires C & D sept; qu'on ait joué neuf cartes, desquelles A & B aient fait sept levées; supposez encore qu'on n'ait point compté d'honneurs; dans ce cas, A & B ont gagné la levée impaire; ce qui donne une égalité à leur jeu. Supposez encore que A soit premier à jouer,

& qu'ils portent les deux petits triomphes qui restent, avec deux fortes cartes dans les autres couleurs; & ajoutez que C & D ont entre eux les deux meilleurs triomphes, avec deux autres cartes gagnantes; on demande comment il faut jouer ce jeu. Il y a onze à trois que C n'a pas les deux triomphes; & pareillement onze à trois que D ne les a pas : la chance est autant en faveur de A, qu'il peut gagner la somme qu'on joue; ainsi il est de son intérêt de faire atout : car, par exemple, si la mise est de 70 livres, A la tirera si cette façon lui réussit; au lieu que s'il joue dans la méthode ordinaire, s'il force C ou D à faire atout les premiers, ayant déjà gagné la levée impaire, & étant sûrs de gagner les deux autres, son jeu se comptera neuf à sept; ce qui est autour de trois à deux : & par conséquent la part de A dans les soixante-dix livres ne montera qu'à quarante-deux livres; il n'aura qu'un bénéfice de sept livres : au lieu que dans l'autre cas, dans la supposition que C & D ont une prétention de deux à trois sur la mise, en jouant triomphe, il se procurera un droit de cinquante-cinq livres sur les soixante-dix livres.

Dès qu'on voudra faire exactement attention au cas que nous venons d'expliquer, on pourra l'appliquer pour la même fin, dans d'autres circonstances dans lesquelles un jeu se pourroit trouver.

Quelques avis comment il faut jouer, si l'adversaire à droite a tourné un as, un roi, une dame, &c.

PREMIER EXEMPLE.

Supposez qu'on ait retourné l'as à votre droite, & que vous n'ayiez en main que le roi & le neuf de triomphe, avec l'as, le roi & la dame d'une autre couleur, & huit fausses cartes. Pour bien jouer ce jeu-là, commencez avec l'as de la couleur dont vous avez l'as, le roi & la dame; cela indiquera à votre associé que vous

êtes maître dans cette couleur : jouez ensuite le dix de triomphe, parce qu'il y a cinq contre deux que votre associé porte le roi, la dame ou le valet de triomphe; & quoiqu'il y ait à parier autour de sept contre deux, que votre associé ne porte pas deux honneurs, il se pourroit bien qu'il les eût, & même que ce fût le roi & le valet; dans ce cas-là, comme votre associé laissera passer votre dix de triomphe, & qu'il y a treize contre douze à parier que le dernier joueur ne porte point la dame de triomphe; supposant que votre associé ne l'a pas, celui-ci, dès qu'il tiendra la main, entrera dans votre couleur forte; & dès que vous tiendrez à votre tour la levée, il faut que vous jouyiez le neuf de triomphe, parce que vous mettrez par-là votre associé en état de couper à coup sûr la dame, s'il se trouve derrière elle.

Ce cas démontre qu'un as tourné contre vous, peut devenir peu avantageux à votre adversaire, si vous savez bien appliquer cette règle.

I I.

Si votre adversaire à droite tourne le roi ou la dame; vous pourrez gouverner votre jeu de la même façon; mais il faut toujours vous comporter suivant le degré de capacité de votre associé, parce qu'un bon joueur sait tirer parti d'un certain jeu avec lequel un joueur moins habile réussiroit rarement.

I I I.

Supposez que votre adversaire à droite entre en jeu par le roi de triomphe, & que vous en ayiez l'as & quatre petits, accompagnés d'une bonne couleur; dans ce cas, c'est votre jeu de laisser passer le roi, quand même il auroit roi, dame & valet, & un autre. S'il n'est pas un des plus habiles joueurs, il jouera le petit, dans la pensée que son associé porte l'as; s'il le fait, il faut le laisser passer, parce qu'il eſt également à parier que votre aſſocié à un meilleur triomphe que le dernier joueur ; cela étant, pour peu qu'il entende le jeu, il jugera que vous avez vos raiſons pour avoir joué ainſi ; & en conſéquence, s'il lui reſte un troiſième triomphe, il le jettera, ſinon il jouera ſa meilleure couleur.

Cas critique pour gagner la levée impaire.

PREMIER EXEMPLE.

Suppoſez que A & B jouent contre C & D, & de plus, que le jeu ſoit à neuf, & tous les triomphes tombés. A., dernier à jouer, porte l'as & quatre petites d'une couleur, & la treizième carte reſtante ; B, n'a que deux petites cartes de la couleur de A. C porte la dame & deux autres petites cartes de cette couleur ; D le roi, le valet & une petite ; A & B ont gagné trois levées ; C & D quatre : ainſi, il s'enſuit de là, que A doit gagner quatre levées de ſix cartes qui lui reſtent, s'il veut gagner la partie. C joue cette couleur, & D y met le roi ; A lui donne cette levée ; D retourne dans la même couleur ; A laiſſe paſſer ſa carte, & C met ſa dame :

de ſorte que C & D ont gagné ſix levées ; & C croyant que ſon aſſocié porte l'as de ladite couleur, y retourne ; cela fait gagner à A les quatre dernières levées, & par conſéquent la partie.

II.

Suppoſez que vous ayiez le roi & cinq petits triomphes, & que votre adverſaire à droite joue la dame ; dans ce cas, ne mettez point votre roi, parce qu'il eſt à parier que votre aſſocié porte l'as ; & ſuppoſez que votre adverſaire eût la dame, le valet, le dix & un petit triomphe ; il eſt auſſi à parier que l'as ſe trouve ſeul chez votre adverſaire ou chez ſon aſſocié ; ainſi vous joueriez fort mal en mettant le roi. Mais ſi l'on entroit par la dame de triomphe, & que vous euſſiez par haſard le roi avec deux ou trois triomphes, c'eſt alors qu'il faudroit le mettre, parce que c'eſt bien jouer que de commencer par la dame, dès qu'on la porte, accompagnée d'un ſeul petit triomphe. Alors, ſi votre aſſocié avoit le valet de triomphe, & que votre adverſaire à gauche tînt l'as, vous perdriez une levée en négligeant de mettre le roi.

FIN DES JEUX MATHÉMATIQUES.

A

J'AIME MON AMANT PAR *A*.

J'AIME MON AMANT PAR *A*.

Jeu de Société en dialogue.

Madame DE LA HAUTE-FUTAIE.

EH bien! ma bonne amie, vous avez reçu aujourd'hui une lettre de votre maman?

Mademoiselle DU RUISSEAU.

Oui, ma bonne amie. Ne l'as-tu pas dit à ma sœur?

Mademoiselle DU GAZON.

Non, ma sœur; je l'ai donnée à lire à ma sœur Rose, elle ne me l'a pas rendue. Elle nous charge de vous dire mille choses obligeantes.

Madame DE LA HAUTE-FUTAIE.

Viendra-t-elle bientôt nous trouver?

Le Chevalier ZÉPHIR.

Est-ce que vous êtes lasse, Madame, de servir de mère à trois aimables personnes?

Madame DE LA HAUTE-FUTAIE.

Point du tout, Chevalier. Je suis très-flattée de la confiance dont m'a honorée Madame du Ruisseau.

L'Abbé PRINTEMS.

Vous la méritez bien. Ces Demoiselles ont en vous une seconde mère. Nous espérons voir dans peu Madame du Ruisseau; son neveu est convalescent depuis peu.

Mademoiselle DU RUISSEAU.

Sa fièvre rouge est entièrement passée; & maman, comme vous savez, n'étoit restée à

Jeux familiers.

Paris que pour soulager & consoler ma tante, qui est folle de son fils.

Madame DE LA RIVIÈRE.

C'est tout simple, c'est un fils unique. D'ailleurs, votre cousin M. Dufresne est un charmant garçon, soit dit sans compliment. Mais jouons à quelque chose: jouons à j'aime mon amant par A. Je vais commencer. J'aime mon amant par A, parce qu'il est aimable; je le nourris d'amandes douces; je l'envoie à Avignon, je lui fais présent d'un aérostat, pour qu'il revienne plus vite me retrouver, & je lui fais un bouquet d'amaranthe.

Mademoiselle DU RUISSEAU.

J'aime mon amant par A, parce qu'il est agaçant; je le nourris d'asperges, je l'envoie à Alençon; je lui fais présent d'un agneau: je lui donne un bouquet de fleurs d'anémones.

Mademoiselle DU GAZON.

J'aime mon amant par A, parce qu'il est affable; je le nourris d'abricots en marmelade; je l'envoie à Arras; je lui fais présent d'une arbalête, & je lui donne un bouquet d'ancholies.

Madame DE LA HAUTE-FUTAIE.

J'aime mon amant par A, parce qu'il est attendrissant; je le nourris d'alouettes, je l'envoie à Alexandrie; je lui donne un almanach & un bouquet d'amomum.

L'Abbé PRINTEMS.

J'aime mon amante par A....

Mademoiselle DU GAZON.

Bon! Est-ce que les abbés ont des amantes?

L'Abbé DES AGNEAUX.

Mais sûrement; c'est le jeu. Il y a d'ailleurs

A

bien des demoifelles qui pourroient dire, j'aime mon amant par A, parce qu'il eft abbé.

Madame DU BOCAGE.

Bon! c'eft mon tour après : je n'oublierai pas celui-là, car je commençois à être bien embarraffée. Allons, l'abbé; continuez.

L'Abbé PRINTEMS.

J'aime mon amante par A, parce qu'elle eft acariâtre.....

Madame DE LA RIVIÈRE.

Vous avez bon goût; vous allez, fans doute, la nourrir de mets bien doux.

L'Abbé PRINTEMS.

Je la nourris d'amers de bœuf; je l'envoie dans toutes les parties du monde, hormis en Europe; je l'envoie en Afie, en Afrique & en Amérique.

Mademoifelle DU GAZON.

Mais ce ne font pas des noms de ville, ce n'eft pas permis; vous paierez un gage.

L'Abbé PRINTEMS.

Eh bien! ne vous fâchez pas; je l'envoie aux Antipodes.

Mademoifelle DU GAZON.

Mais ce n'eft pas encore un nom de ville.

L'Abbé PRINTEMS.

Allons, puifqu'il faut un nom de ville, je l'envoie à Antioche, en Afie; je lui donne un petit antropophage, pour qu'elle s'en faffe un petit jokei, & je lui fais un bouquet de fleurs d'abfynte.

Mademoifelle DU BOCAGE.

J'aime mon amant par A, parce qu'il eft abbé; je le nourris d'arêtes de poiffon; je l'envoie à Antigoa; je lui donne un antiphonier & un bouquet de fleurs d'alleluia.

Mademoifelle DE LA HAUTE-FUTAIE.

J'aime mon amant par A, parce qu'il eft ardi.

Mademoifelle DU GAZON.

Un gage, Mademoifelle; hardi commence par un H, & non par un A.

Mademoifelle DE LA HAUTE-FUTAIE.

Oh bien! je ne joue plus à ce vilain jeu-là. Eft-ce que je fais ça, moi?

Madame DE LA HAUTE-FUTAIE.

C'eft bien fait, ma fille; pourquoi avez-vous eu fi long-tems un maître de grammaire? Je fuis bien aife que tout le monde vous en faffe la honte. Allons, je le veux, continuez.

Mademoifelle DE LA HAUTE-FUTAIE.

Mais, maman, je m'y tromperai toujours.

Madame DE LA HAUTE-FUTAIE.

Et on fe moquera toujours de vous.

L'Abbé DES AGNEAUX, (tout bas).

Je vous foufflerai.

Mlle. DE LA HAUTE-FUTAIE, lentement, répétant tout haut tout ce que l'abbé lui dit tout bas.

J'aime mon amant par A, parce qu'il eft audacieux; je le nourris d'anguilles; je l'envoie à Antibes; je lui donne un arlequin & un bouquet d'althéa.

Madame DE LA HAUTE-FUTAIE.

Eh bien! vous voyez, ma fille, qu'on en vient à bout.

L'Abbé DES AGNEAUX.

J'aime mon amante par A, parce qu'elle eft Angélique; je la nourris d'ananas; je l'envoie à Amfterdam, & je lui donne une agraffe de diamant & un bouquet d'after.

Le Chevalier ZÉPHIR, *vîte*.

J'aime mon amante par A, parce qu'elle est *agaçante*; je la nourris d'ambroisie; je l'envoie à *Avignon*; je lui donne un *almanach* & un bouquet de fleurs d'aube-épine.

Madame DE LA RIVIÈRE.

Bon, Chevalier, trois gages.

Le Chevalier ZÉPHIR.

Et pourquoi donc, s'il vous plaît?

L'Abbé DES AGNEAUX.

Non, pas davantage; que trois seulement.

Mademoiselle DU RUISSEAU.

J'ai dit *agaçant*; ainsi, un gage.

Madame DE LA RIVIÈRE.

J'ai dit *Avignon*, moi; ainsi, deux gages.

Madame DE LA HAUTE-FUTAIE.

Et moi j'ai dit un *almanach*; ainsi, voilà bien trois gages. On ne doit jamais répéter ce que les autres ont dit.

Le Chevalier ZÉPHIR.

Mais personne n'avoit nourri son amante d'ambroisie, & ne lui avoit donné un bouquet d'aube-épine.

L'Abbé PRINTEMS.

Aussi ne vous fait-on pas payer cinq gages; mais trois seulement.

Le Chevalier ZÉPHIR.

Au diable soit le jeu, pour ceux qui n'ont pas de mémoire!

Mademoiselle DU RUISSEAU.

Dites plutôt, Chevalier, pour ceux qui sont étourdis comme vous.

Le Chevalier ZÉPHIR.

Ça m'est égal, au reste; plus j'aurai de gages, plus je m'amuserai. Mais nous sommes trop de monde pour jouer ce jeu-là; ça ne finiroit pas, si nous faisions les vingt-quatre lettres de l'alphabet : d'ailleurs, il y a des lettres où on ne sauroit que dire.

L'Abbé DES AGNEAUX.

C'est le beau du jeu.

Le Chevalier ZÉPHIR.

Mais que direz-vous sur la lettre Q par exemple.

L'Abbé DES AGNEAUX.

Quoi! une amante est quinteuse, querelleuse; on l'envoie à Quimpercorentin; on lui donne une quenouille; on la nourrit de quinquina, &c. &c.

Mademoiselle DU GAZON.

L'*& cætera* vient là bien à propos. Mais je crois qu'en voilà assez pour ce soir; dans quelques jours, il faudra prendre une autre lettre pour nous faire mieux sentir le jeu. Ah! voilà notre monde qui vient. Mais vous n'arrivez pas trop tôt.

Madame DE LA RIVIÈRE.

D'où viens-tu donc, M. de la Rivière? J'étois inquiète; j'ai prié M. de la Forêt de t'aller chercher. Il y a une heure qu'il ne fait plus clair. Il n'y a pas de bon sens.

M. DE LA RIVIÈRE.

Ce n'est pas ma faute; je lisois cette comédie que l'abbé des Agneaux a faite : je me suis égaré dans le milieu du parc de Chessey....

M. DE LA FORÊT.

Et quand Monsieur a voulu revenir, au jour tombant, il a trouvé la grille fermée, il a été obligé de revenir par le village. Je l'ai rencontré devant la terrasse.

L'Abbé PRINTEMS.

Et Mademoiselle Rose où est-elle donc ?

M. DE LA FORÊT.

J'ai passé dans le salon, & je lui ai fait mon compliment ; elle fait un wisk ; je me suis un peu moqué d'elle. Mademoiselle Rose a M. le curé pour partenaire ; & Madame Dubois M. B... ; le jeu ne va pas vîte. M. le curé qui est pourtant beau joueur, dit : vous ne répondez pas à mon invite. J'ai vu le moment où Mademoiselle Rose lui disoit, vous en avez menti M. le curé, comme dans le petit jeu du curé.

Madame DE LA RIVIÈRE.

Messieurs, avec votre permission, nous allons faire un loto pour amuser ces demoiselles. Demain, nous jouerons d'autres petits jeux.

Mademoiselle DU RUISSEAU.

Nous avons quatre gages à tirer.

L'Abbé PRINTEMS.

Allons, tirons d'abord les gages, & nous jouerons ensuite au loto.

(*Extrait des Soirées amusantes.*)

ACROBATES. Danseurs de cordes chez les Grecs, qui voloient de haut en bas sur une corde appuyée sur l'estomach, les bras & les jambes tendus.

ACROCHIRISME; espèce de lutte avec les mains seulement. Les *Acrochiristes* Grecs ne faisoient que se toucher du bout des doigts.

AGRICULTURE. (*jeu de l'*)

Au jeu qui est appellé de l'*Agriculture*, l'on donne aux assistans des noms divers, de la maison, du territoire, de la cour, du jardin,

de la vigne, & autres semblables, auxquels l'on accouple deux qualités différentes, comme de dire : *La maison est habitable ou inhabitable ; le territoire est fertile ou infertile ; la cour est égale ou inégale ; le jardin est cultivé ou en friche ; la vigne a des raisins ou du verjus ;* & quand le maître du jeu nomme quelqu'une de ces choses, il faut que celui qui en porte le nom, ajoute l'une des qualités, & là-dessus le maître répond sur ce que l'on a dit, comme si l'on a dit, *la maison est habitable :* Il répond, *demeurez-y.* Si l'on dit, *qu'elle est inhabitable ;* Il dit : *N'y demeurez pas,* ou *faites-la rebâtir.* Si l'on a dit que le territoire est fertile, il répond : *Il le faut conserver.* Si l'on a dit qu'il est infertile, il répond : *Il le faut cultiver.* Il y a ainsi des reparties propres à tout, avec quelques autres observations qu'il n'est pas besoin de rapporter, parce qu'elles ne servent qu'à rendre le jeu plus difficile, & que sans cela il peut être passable.

AMBASSADEURS. (*jeu des*)

Voyez à l'article ATTRAPE. (*jeux d'*)

AMOUR, (*le petit jeu d'*) ou *les Etrennes de la jeunesse.*

De tous les jeux qui ont été inventés jusqu'à présent, aucun, dit l'annonce, n'a encore paru plus divertissant en compagnie pour la jeunesse de l'un & l'autre sexe.

Règles générales de ce jeu.

Il se joue avec deux dés ; le nombre des bergères doit être égal à celui des bergers. Les bergères ayant tiré les dés, la plus haut point fait choix d'un berger qui prend sa place à sa gauche ; les autres de même à leur tour. Le jeu gauche est le jeu des bergers, la plus haute en points joue la première, & l'on marque son jeu comme au jeu d'oie, commençant tous par le n° 1. Si l'on veut intéresser le jeu, l'on y mettra avant de jouer ; sinon l'on se contentera des petites peines amoureuses prescrites dans l'occasion ; & l'on conviendra du prix des amendes pécuniaires, si l'on veut en imposer.

Aux deux cœurs, alliance, n° 32. Celui ou celle qui y arrivera, la partie eſt perdue pour les autres du même ſexe, & lorſque quelqu'un de ſexe différent arrivera au même n°, ils partageront tous deux ce qui eſt ſur le jeu, & ils ſeront aſſociés dans la partie ſuivante. Au numéro, s'il reſte des points à compter, l'on paſſera outre. A la rencontre de deux jettons, le dernier joué double ſon point & paye l'amende.

Règles particulières du jeu pour les dames.

A la jarretière, n° 4. La bergère préſentera la ſienne à ſon berger qui la lui remettra proprement.

Au nom volage, n° 8. Le berger attachera un ruban au poignet de la volage, dont il tiendra le bout juſqu'au pardon. [paye 1.]

A l'ingratitude, n° 12. L'ingrate s'aſſeoira le dos tourné derrière ſon berger, les mains jointes, ſans jouer ni parler juſqu'au pardon. [paye double.]

Au mépris, n° 16. La mépriſante ſe levera pour faire la révérence à ſon berger, puis à tous les autres. [paye 1.]

Au miroir, n° 20. La coquette permettra à ſon berger de rajuſter ſon mouchoir, ſa coiffure, & ſauf à lui de ſe faire payer comme il pourra.

A la fidélité, n° 24. La bergère fidelle s'aſſeoira ſur le genou de ſon berger, juſqu'à ce que l'un des deux tombe dans quelque défaut. [gagne ſimple.]

A la jalouſie, n° 28. La jalouſie ſe retirera derrière une porte ou rideau, & regardera jouer de loin juſqu'au pardon. [paye 1.]

Au pardon, n° 31. La bergère obtiendra pardon pour les bergers qui ſont alors en pénitence. [gagne ſimple.]

Règles particulières du jeu pour les cavaliers.

A la cocarde, n° 4. Le nouvel engagé baiſera la main de ſa bergère pour la prier d'acheter ſon congé. [paye 1.]

A l'inconſtance, n° 8. La bergère ôtera ſa jarretière & la mettra au cou de l'inconſtant, attachée au dos de la chaiſe juſqu'au pardon. [paye 1.]

A la broſſe, n° 12. Le berger prendra une broſſe, baiſera le bas de la robe de ſa bergère & la broſſera bien. Faute de broſſe [paye 1.]

A la bouteille, n° 16. Le galant verſera à boire, faute de vin, en fera venir, ou ſinon, [payera 1.]

A la trahiſon, n° 20. Le traître ſe mettra à genoux, ſans jouer & ſans dire mot juſqu'au pardon. [paye double.]

A la béquille, n° 24. Le boiteux fera le tour de la table en ſautant ſur un ſeul pied.

A l'indiſcrétion, n° 28. L'indiſcret ſe laiſſera mettre par ſa bergère un mouchoir ſur la bouche, noué parderrière, juſqu'au pardon. [payera 1.]

Au pardon, n° 31. La bergère obtiendra le pardon des bergers qui ſont en pénitence. [gagnera ſimple.]

Le carton de ce jeu préſente un double rond, l'un pour le jeu des dames, l'autre pour le jeu des cavaliers.

Chaque rond eſt compoſé de trente-deux numéros ou caſes, où ſont marqués les incidens énoncés ci-deſſus dans l'explication du jeu. Au reſte, c'eſt encore une imitation du jeu de l'oie, & le nombre des points des dés en règle la marche.

On trouve le carton & tout ce qui concerne ce jeu, au magaſin de toutes ſortes de tableteries, rue des Arcis, à l'enſeigne du Singe vert.

AMOUR.   *(jeu de l')*

Le jeu de l'Amour ſe fait avec beaucoup d'appareil, car on élit la perſonne qui doit repréſenter l'Amour avec cérémonie. L'on fait mettre ce faux Dieu ſur un trône; on lui va rendre hommage, & il donne à chacun ſon nom; par exemple, il peut dire, *vous ſerez, oiſiveté, erreur, ſonge, fauſſe opinion, ou joie incertaine,* & donner pluſieurs noms d'autres choſes ſemblables qui ſont des dépendances de la folie amoureuſe; après il en appelle trois dont il bande les yeux, & ayant diviſé le reſte de la compagnie en deux troupes, il faut que les trois bandés devinent ceux qui leur viennent toucher la main, les nommant de leur nom ſuppoſé; s'ils y manquent, ils donnent des gages, & s'ils y réuſſiſſent l'Amour les déban le & met les autres en leur lieu Il faut croire que par les bandés l'on veut repréfenter l'aveuglement des amoureux, & le trouble des paffions & affections diverfes, qui font excitées par celle de l'amour, qui eft ordinairement la maîtreffe des autres & la plus abfolue. Après que l'on eft las de ce jeu, l'on propofe des queftions à ceux qui veulent retirer leurs gages, & s'ils n'y répondent pas bien, il faut croire que l'on leur cherche encore quelque autre punition. Les queftions font toutes celles que l'on peut faire fur le fujet de l'amour, lefquelles font communes à ceux qui ont étudié la morale, & qui font inftruits dans la pratique du monde.

AMOUR. (jeu de la chaffe d')

L'on peut jouer à la chaffe de l'amour, en difant : *nous avons perdu l'amour ; ce méchant petit garçon nous avoit été donné en garde par fa mère, & nous ne nous étions pas apperçus que celui qui étoit fi petit, qu'à peine pouvions nous croire qu'il favoit marcher tout feul, étoit pourvu de bonnes ailes pour s'envoler quand il lui plairoit. Où pourra-t-il être caché ?* Quelqu'un reprend ; *il eft volé dans les yeux de Cornelie la favante, ou d'Hélène la ruine de Troye ;* & alors chacun crie : *A l'amour. à l'amour.* L'un appelle des chiens, l'autre réclame des oifeaux comme en une chaffe : car en effet ce méchant petit Cupidon peut bien être mis au rang des hôtes de l'air, ayant des ailes telles qu'on les lui donne. Si la damé à qui l'on s'adreffe, veut s'exempter promptement de tant d'attaques, il faut qu'elle en nomme une autre dans le fein de laquelle l'amour fe foit retiré, & puis l'on la fuivra encore, non-feulement avec les paroles, mais par la courfe. Que fi elles veulent que l'on s'adreffe à des hommes, il faut qu'elles difent que l'Amour eft volé dans leur cœur, nommant les uns ou les autres par les noms qu'on a inventés, & comme plufieurs tant d'un fexe que de l'autre manqueront de mémoire pour retenir ces noms divers, ils feront quantité de fautes, ce qui fera caufe qu'ils donneront des gages, lefquels on ne leur rendra point qu'en s'acquittant de quelque charge qu'on leur donnera. La plupart de ces jeux que je vous ai décrits ont du rapport les uns aux autres pour la manière de s'en fervir, &

néanmoins les paroles & les actions étant diverfes, les rendent d'autant plus agréables.

ANGUILLE. (jeu de l')

Voyez à l'article MÉTAMORPHOSES.

ANIMAUX. (jeu des)

De tous tems l'on a joué aux animaux dont chacun contrefait le cri ; mais ce n'eft là autre chofe que hurler, hennir ; mugir, bêler, fiffler, & faire autres cris femblables qui ne font pas auffi agréables que la diverfité des paroles.

ARBALÊTE. (jeu de l')

Le carton qui fert au jeu de l'arbalète repréfente neuf cercles, tracés en noir, 1, 2, 3, 4, 5, 6, 7, 8, 9. Le 9 eft au centre, & celui qui l'atteint a néceffairement gagné. On a l'avantage fur les autres joueurs, felon que l'on adreffe dans les cercles qui approchent le plus du 9 ou du centre.

ARCHIMIMES ; c'étoit chez les Grecs & furtout chez les Romains des gens qui avoient l'art de contrefaire les manières, les geftes, la parole, & les attitudes des perfonnes ; en forte qu'ils rappelloient la figure exacte d'une perfonne morte ou vivante.

ARMAOUTE ; jeu des Grecs modernes.

L'armaoute eft menacé par un homme qui tient un fouet & un bâton à la main, qui s'agite, & court rapidement de l'un à l'autre bout, frappant du pied & faifant claquer fon fouet ; l'armaoute, au contraire, tient fes mains entrelacées avec celles d'une danfeufe, confervant un pas égal & modéré.

AS QUI COURT. (l')

Jeu de fociété. *Voyez* à l'article (POULES. *jeu des*).

ASCOLIER; c'eſt une outre, ou une peau de bouc qu'on enfloit comme un ballon, & qu'on frottoit de matière onctueuſe. Les jeunes gens s'eſſayoient de ſe tenir d'un pied ſur ce ballon, ayant l'autre pied en l'air; mais leur chûte excitoit bientôt des riſées.

ASTRONOMIQUE, *danſe*. C'eſt une danſe dans laquelle les Egyptiens prétendoient repréſenter l'ordre & le cours des aſtres.

A T T R A P E. (*les jeux d'*)
Jeu de ſociété en dialogue.

M. DES JARDINS.

Je l'avois bien prédit; ils ont ſuivi mes conſeils. Madame Dubois a attendu ſon fils dans ſa voiture, ſur la grande route, hors de la ville; & notre jeune étourdi, vers les deux heures du matin, eſt ſorti déguiſé en fille.

Mademoiſelle ROSE.

Il devoit être joli avec cet accoutrement. Mais il n'y avoit donc plus de gardes à la porte de l'auberge.

M. DES JARDINS.

Pardonnez-moi. Les portes de derrière étoient même gardées. Mais il a paſſé par-deſſus les murs, de jardins en jardins, de maiſon en maiſon, & eſt ſorti par une maiſon aſſez éloignée de l'auberge, en répandant de l'argent par-tout où il a été trop heureux de paſſer. Je ne lui conſeillerois pourtant pas de reparoître à Lagny, car il n'en ſeroit pas quitte à ſi bon marché (1).

---

(1) Il eſt inutile de prévenir que l'hiſtoire de M. Dubois eſt une fiction. Pareille choſe cependant eſt arrivée il y a environ vingt ans, à une jeune demoiſelle d'un château voiſin de Lagny. Elle a été obligée de ſe réfugier dans une auberge, & en eſt ſortie la nuit, déguiſée en homme.

Un fermier, monté ſur un excellent cheval, a parcouru Lagny, il y a pluſieurs années, en galoppant ventre à terre, & en criant de toutes ſes forces : combien vaut l'orge ? On ne put l'arrêter. Il étoit enveloppé de ſon manteau, mais pas ſi bien qu'on ne pût le reconnoître. Trois mois après, il revint à Lagny; on ſe ſaiſit de lui, & on lui fit ſubir la peine que lui avoit méritée ſa queſtion indiſcrette.

Mademoiſelle DU RUISSEAU.

Madame Dubois a dû être bien inquiette.

M. DES JARDINS.

Ah! ſûrement.

L'Abbé PRINTEMS.

Ne penſons plus à tous ces malheurs-là, dont nous ſommes déjà tout conſolés. A quoi allons nous jouer?

Mademoiſelle ROSE.

Je trouve les jeux d'attrape bien jolis; mais quand tout le monde les ſait, on ne peut plus y jouer.

M. DU FRÊNE.

Inventez-en, ma chère couſine, vous qui avez un eſprit ſi fécond en malice. Il faut que je tâche de vous faire aller à la campagne de mes tantes de Franc-Aleu; mais vous vous laiſſerez bien attraper; promettez-le-moi.

Mademoiſelle ROSE.

Oh! oui; je vous le promets.

M. DU FRÊNE.

Je n'ai jamais tant ri que quand nous avons joué à cacher un œuf.

L'Abbé DES AGNEAUX.

Je connois ce jeu-là; il eſt cruel.

M. DU FRÊNE.

On avoit caché l'œuf dans pluſieurs coins de l'appartement; & les joueurs, ſucceſſivement, l'avoient trouvé. Le bailli du village, homme fort grave, étoit venu faire ſa cour à mes tantes. Pendant le dîner, on y avoit parlé d'attrape, & il diſoit, avec aſſurance, que jamais on ne l'attraperoit, & qu'il connoiſſoit toutes les vieilles ruſes, ſe vantant même de deviner celles qu'on pourroit imaginer : il avoit ſon bel habit noir & ſa grande perruque, que couvroit un large chapeau, qu'il avoit demandé la permiſſion de ne pas ôter, étant enrhumé, pour avoir poſé les ſcellés la veille, à onze heures du ſoir, de ce requis par le procureur-fiſcal. Ma tante s'ap-

proche de lui, & lui dit, avec un air de myf-
tère : voudriez-vous cacher cet œuf fous votre
chapeau ? fi on le trouve-là, on fera fin, dit-il
avec l'air d'une perfonne qui entre dans l'efprit
de la chofe. La chercheufe d'œuf rentre ; elle
renverfe tous les meubles du fallon, fe défole
de fon peu d'efprit. Enfin, s'approchant de
M. le bailli : vous ne voulez donc pas révéler
où il eft, dit-elle en appuyant une main fur fon
fauteuil & l'autre fur fa tête ? Je ne puis pas
vous peindre la mine du bailli ; j'ai cru que nous
creverions tous à force de rire. Il ne favoit s'il
riroit ou non ; il étoit plus honteux d'avoir dit
qu'on ne l'attraperoit pas, que d'avoir été attrapé. Le blanc & le jaune de l'œuf étoient ré-
pandus fur toute fa perruque ; c'étoit à mourir
de rire. En voulant s'effuyer, il donnoit à fa
perruque une tournure qui n'étoit pas indifférente. Mes tantes fe pâmoient.

Mademoifelle DU GAZON.

M. le bailli devoit être bien piqué. Avant
MM. Piis & Barré, on n'avoit pas ainfi joué la
magiftrature de campagne.

M. DU FRÊNE.

Quelques jours après, nous avons encore
bien ri. Mes tantes avoient prié une dame de
leurs voifines, qu'elles n'aimoient pas beaucoup,
parce qu'elles lui croyoient un efprit fort. Moi,
je lui trouvois l'efprit très-foible, car elle
n'avoit pas eu le talent de bien élever fon fils,
qui étoit auffi mauffade que M. Dubois, mais
dans un autre genre de mauffaderie. Il commença, d'un ton pédant, par fronder tous les
petits jeux dont nous nous amufions, les permettant à peine à des enfans.

Mademoifelle ROSE.

C'eft Madame Dubois toute crachée.

M. DU FRÊNE.

On le laiffa dire ; & pendant qu'il étoit dans
un coin à lire, je propofai de jouer au Capucin
mort. Je m'étendis par terre tout de mon long,
contrefaifant le mort. Toutes les dames tour-
nèrent autour de moi, en difant tout haut :
frère Pancrace, êtes-vous mort ? Je ne répon-
dois point, & ne faifois aucun mouvement.

Les hommes, l'un après l'autre, venoient en
proceffion fe coucher fur moi, mettre leurs
mains derrière mon dos, & me parler à l'o-
reille, comme ce prophète qui reffufcite un
mort. Notre jeune homme, diftrait par ce qui
fe paffoit, quitta fa lecture, & voulut auffi
s'étendre fur le capucin mort : ce n'étoit pas
lui qu'on vouloit attraper ; mais faififfant l'occafion, je ferrai les bras & les jambes ; & pendant que je le tenois bien ferme dans cette
pofture, tout le monde fondit fur lui, & lui
donna la claque.

Le Chevalier ZÉPHIR.

Mais il auroit dû connoître ce jeu, qui eft
un jeu de collége.

M. DU FRÊNE.

Auffi, n'avoit il pas été au collége, & il s'en
vantoit bien, croyant que fon éducation étoit
une preuve éclatante de la bonté de l'éducation
particulière ; il prit fort mal la chofe, & fa
mère encore plus mal, car elle fe fâcha très-
fort.

Mademoifelle DU RUISSEAU.

C'eft comme Madame Dubois, qui s'eft
fâchée quand nous avons joué au finge avec
fon fils.

M. DU FRÊNE.

Je ne connois pas feulement le nom de ce
jeu, mais je crois que nous l'avons joué chez
mes tantes, fous un autre nom.

Mlles. DU RUISSEAU, DU GAZON & ROSE.

Mon coufin, il faut....

M. DU FRÊNE.

Ah ! mes chères coufines, de grace, parlez
l'une après l'autre, fi vous voulez que je fache
bien comment on joue au finge.

Mademoifelle DU RUISSEAU.

Il faut que chacun faffe ce qu'il voit faire au
maître du jeu ; s'il fe gratte l'oreille, il faut fe
la gratter, &c. Il y a un moment où on fe dé-
barbouille

barbouille avec son chapeau ; & on avoit noirci, avec du noir de fumée, les chapeau de M. Dubois & du chevalier Zéphir. Le chevalier rioit comme un fou de M. Dubois, & M. Dubois du chevalier. Tous les deux réciproquement croyoient qu'on rioit de l'autre. Lorsque Madame Dubois, à souper, vit son fils dans cet état, elle nous dit les choses les plus dures & les plus désobligeantes.

Mademoiselle ROSE.

On avoit eu tort de ne pas les détromper avant souper, & de ne pas les débarbouiller. M. Dubois avoit l'air du plus hideux ramonat.

Le Chevalier ZÉPHIR.

Et moi, donc ? n'étois je pas joli ?

Mademoiselle ROSE.

Vous ne vous étiez pas débarbouillé de si bon cœur que M. Dubois.

M. DU FRÊNE.

C'est à-peu-près comme le jeu que mes tantes appellent *Pincer sans rire.* Tout le monde passe en revue devant celui qui fait jouer le jeu. Il pince les joueurs les uns après les autres au front, au menton & aux joues, sans rire. Quand celui qu'on veut attraper vient, il noircit ses doigts avec un liége brûlé, & lui fait de grandes virgules sur le front, au menton & aux joues.

Mademoiselle DU GAZON.

Nous avons joué une fois à Paris à ce jeu-là, avec un Monsieur, qui fut bien piqué de ce que nous l'avions laissé sortir sans l'avertir qu'il étoit tout barbouillé.

M. DU FRÊNE.

Connoissez-vous un jeu qu'on appelle *Berlurette.*

Mademoiselle DU BOCAGE.

Non, nous ne l'avons pas joué.

M. DU FRÊNE.

C'est une espèce de Colin-Maillard ; au lieu

Jeux familiers.

de mettre un bandeau sur les yeux du Collin-Maillard, une personne lui ferme les yeux avec les deux doigts index. Les autres joueurs viennent frapper sur le bout du nez de celui qui a les yeux fermés, & il faut qu'il devine qui. Alors, pour l'attraper, la personne qui avoit les deux mains occupées à lui fermer les yeux, au lieu de se servir de ses deux mains, lui ferme les yeux avec l'index & le doigt du milieu de la même main, & frappe sur le nez avec l'autre main. On ne devine jamais que c'est celui qu'on croit uniquement occupé à nous fermer les yeux, sur-tout quand on a vu plusieurs Colins-Maillards qui n'ont point été attrapés.

Mademoiselle ROSE.

Il y a aussi une manière d'attraper, en jouant au *Furet du bois joli.* On a un sifflet que l'on se passe, & dans lequel on siffle de tems en tems, de manière à n'être point vu de celui qui le cherche. On chante : il est passé par ici, le furet du bois, Mesdames, il est passé par ici, le furet du bois-joli. Quand on le trouve dans les mains de quelqu'un, il faut qu'il le cherche à son tour ; & pour attraper, on l'attache derrière celui qui le cherche, & on siffle de tems en tems. Alors, il ne peut jamais le trouver, à moins qu'il ne découvre la ruse.

M. DES JARDINS.

Quelquefois, au lieu de faire courir un sifflet, c'est une pantoufle ; alors, on appelle ce jeu-là la *Pantoufle ;* mais le sifflet est plus joli, parce qu'on a au moins le plaisir de siffler le joueur qui cherche mal.

L'Abbé DES AGNEAUX.

A propos de choses cachées que l'on fait chercher, j'ai souvent joué à *Cherche une épingle au son du violon ;* plus le joueur approche de la chose cachée, plus le violon va fort ; & il affoiblit ses sons, à mesure que le chercheur s'éloigne.

Mademoiselle ROSE.

Quand on n'a pas de violon, on dit tout bonnement : vous vous en éloignez, ou vous brûlez.

M. DU FRÊNE.

Ma chère cousine, vous qui aimez les jeux

B

d'attrape ; vous auriez donc bien ri, si vous m'aviez vu jouer, pour la première fois, au jeu des *Ambassadeurs* ; c'est par ce jeu que j'ai fait mon entrée chez mes tantes : j'ai fort bien pris la plaisanterie, quoique fort mécontent ; & je me suis fait par-là une grande réputation. On tira la royauté au sort, & le sort me la donna, d'accord, à la vérité, avec la supercherie ; je l'ai su depuis : ébloui de ma nouvelle dignité, je ne vis pas les dangers où elle m'exposoit. On me fit entrer dans un appartement, entre deux rangs de fauteuils, où étoient assis mes sujets, qui se levèrent respectueusement pour me rendre les hommages qui m'étoient dus. Au fond d'une alcove dont on avoit ôté le lit, étoit dressé mon trône, élevé de plusieurs degrés, & couvert d'un beau baldaquin, dont les rideaux étoient retroussés avec grace. On me plaça sur mon trône, & en même tems à mes côtés, on fit asseoir mes deux premiers ministres, qui devoient guider ma jeunesse. Mais hélas! c'étoit eux qui devoient me précipiter dans le piège qu'on me tendoit. Mon trône ne me paroissoit pas bien solide, mais je n'osois m'en plaindre. Quelques uns de mes sujets me présentèrent des placets que je remis à mes ministres, pour m'aider de leurs avis. Dans l'instant, la porte s'ouvrit, & je vis entrer deux ambassadeurs, vêtus de la manière la plus grotesque, ayant sur leur tête de grands bonnets de poil fort haut. Ils marchoient d'un air fort roide, mais j'attribuois cette gravité au respect qu'ils me portoient. On me dit tout bas que je ne devois point me lever pendant leur harangue, & je m'en gardai bien. Arrivés au pied de mon trône, les ambassadeurs s'inclinèrent pour me saluer, & je vis, dans leurs bonnets qui étoient faits avec des manchons, des pots-à-l'eau qui se vidoient sur moi ; tandis que mes deux ministres se levant, mon trône fit la bascule, & je me trouvai non entre deux filles le cul par terre, mais entre deux planches le cul dans l'eau dans un baquet. Tout le monde partit d'un grand éclat de rire, & je ne me fâchai pas, parce qu'il faisoit fort chaud ; d'ailleurs, on me fit passer aussitôt dans l'appartement voisin, où je changeai d'habillemens depuis les pieds jusqu'à la tête.

Mes tantes m'embrassèrent avec amitié ; elles me firent prendre un petit verre de liqueur ; & depuis ce tems, elles m'appellent leur petit roi.

Mademoiselle ROSE.

Que j'aurois été contente de voir la royauté si près dans ma famille.

M. DU FRÊNE.

Je m'en doute bien ; vous avez bon cœur.

L'Abbé DES AGNEAUX.

A propos de royauté, nous devrions jouer à un jeu qu'on nomme quelquefois, mal-à-propos, le *Roi dépouillé* ; son vrai nom est l'*Esclave dépouillé*. On choisit un roi qui se place sur un trône ; mais il n'y a pas là d'attrape : à ses pieds est son esclave ; le roi dit à une personne de la compagnie : approchez-vous de mon esclave ; il ne faut pas s'approcher, mais dire : oserai-je ? quand le roi a dit : osez, on approche, & on dit : j'ai fait, Sire, que ferai-je ? Alors, le roi dit : ôtez-lui ses boucles, ou ses souliers, ou son habit, &c. Il ne faut point faire tout de suite ce que le roi commande ; mais dire avant : oserai-je ? & quand on a fait, dire, j'ai fait, Sire, que ferai-je ? Alors, le roi vous donne un autre commandement, ou il vous renvoie. Assez souvent quand le roi dit : retournez à votre place, on y va précipitamment, & on paye un gage, parce qu'il faut toujours dire : oserai-je ? Après quoi le roi appelle d'autres personnes pour dépouiller son esclave. Si on manquoit à dire : oserai-je ? ou bien j'ai fait, que ferai-je ? on paye un gage, & on reprend la place de l'esclave.

Mademoiselle DU RUISSEAU.

Mais si on ne manquoit jamais, l'esclave se trouveroit entièrement dépouillé.

L'Abbé DES AGNEAUX.

C'est fort rare, parce qu'on fait dépouiller l'esclave très-lentement. Les boucles des souliers, celles des jarretières, les boutons de manches ; le tout l'un après l'autre. Vous voyez qu'il faut dire bien des fois, oserai-je ? j'ai fait, que ferai-je ?

L'Abbé PRINTEMS.

Il est trop tard pour jouer à l'*Esclave dépouillé*, car on va bientôt souper.

Mademoiselle DU GAZON.

Oh bien ! nous y jouerons demain.

M. DU FRÊNE.

Je ne pourrai pas y jouer, car vous savez bien que je pars demain matin.

Mademoiselle DU BOCAGE.

Oh ! mon Dieu, c'est bien promptement !

Mademoiselle ROSE.

Nous ne tarderons pas, mon cher cousin, à vous rejoindre bientôt à Paris, car nous partons tous après demain. M. B.... a reçu des lettres ces jours derniers, & il faut qu'il quitte incessamment sa campagne, pour des affaires qui l'appellent à Paris.

L'Abbé DES AGNEAUX.

Il faut espérer que nous pourrons nous réunir encore ici l'année prochaine, car M. B.... est constant dans ses amitiés, & il sera bien aise de revoir ses amis, qui le reverront toujours avec un plaisir nouveau.

Le Chevalier ZÉPHIR.

Moi, je partirai le plus tard que je pourrai.

Mademoiselle ROSE.

Nous partirons après demain.

Le Chevalier ZÉPHIR.

En ce cas-là, & moi aussi, je veux joindre le chagrin de quitter un endroit si charmant, à la douleur de vous quitter.

Mademoiselle ROSE.

C'est bien dit ; mais on sonne, allons souper.

(*Extrait des Soirées amusantes.*)

ATTRAPE. (*jeu d'*)
Voyez à l'article VOLIÈRE.

AVEUGLES. (*jeu des*)

Présenté aux mondains aveuglés par les péchés ; par Hamel, ci-devant curé du Moüy. — *Jeu mystique.*

Voici comme s'exprime le curé pour annoncer ce jeu. O ! ames mondaines qui cherchez à passer agréablement votre tems ; voici que je vous présente un jeu qui tout ensemble pourra vous divertir & convertir, si vous aimez autant votre ame que votre corps ; car Dieu qui fit baptiser sérieusement le comédien Genest, lorsqu'il ne songeoit qu'à jouer sur son théâtre le baptême des Chrétiens, pourroit bien aussi vous ouvrir les yeux à la grace, en vous faisant voir dans ce jeu les différentes sources de l'aveuglement des hommes, & les moyens pour en sortir.

Ce jeu est disposé comme celui de l'oie, excepté que les rencontres en sont différentes ; vous trouverez d'abord le démon & le monde qui crevent les yeux à tous les pécheurs par leurs propres péchés, & vous verrez ces différens aveugles disposés de 7 en 7 nombres, entrelacés des différens moyens propres pour recouvrer la vue, dont le plus grand & le plus souverain est le lavoir de Siloé qui est la fin du jeu ; parce que ce lavoir signifiant envoyé, comme dit Saint Jean Evangéliste, il représente J. C., qui a été envoyé pour éclairer tout homme qui vient en ce monde, ainsi que par les eaux de ce lavoir, il rendit la vue à l'aveuglé, figure de tout le genre humain, aveuglé dès sa naissance par le péché de notre premier père, comme dit S. Augustin. *Traité* 44, *sur S. Jean.*

Règles du jeu & ce qu'il faudra faire aux différentes rencontres.

Qui arrivera au nombre 3 où est le démon qui creve l'œil droit de la foi aux hommes, payera le jeu pour en être délivré, & ira au nombre 13 se faire guérir par Ananias, oculiste spirituel qui éclaira S. Paul, duquel il est dit qu'ayant les yeux ouverts, il ne voyoit goutte ; pour montrer qu'il n'avoit que l'œil de la foi offensé, & non pas celui de la raison ; & continuera son jeu.

Qui ira au nombre 5 où est le monde qui crève aux hommes & l'œil droit de la foi & le gauche de la raifon par fes maximes ridicules, payera le jeu, & ira au nombre 24 à l'hôpital des Quinze-Vingts, & y demeurera jufqu'à ce qu'on l'en délivre, comme auffi celui qui y ira, en continuant fon jeu.

Qui du premier coup ira au nombre 7 où eft Adam, payera comme la peine du péché originel, & ira s'en faire purger au nombre 17. où eft le baptême; & remarquez ici qu'on ne s'arrêtera pas fur les aveugles, mais on redoublera fon jeu afin d'arriver plutôt au lavoir de Siloé.

Qui en continuant fon jeu arrivera au nombre 13 où eft Ananias ne payera rien, & continuera à jouer, parce que les prêtres ne doivent pas être intéreffés.

Qui ira au nombre 17 où eft le baptême ne payera rien, & continuera à jouer, parce qu'on n'achete pas les facremens.

Qui ira au nombre 32 où eft l'adverfité payera, & retournera au nombre 13 pour être guéri de fon aveuglement par le prêtre Ananias, comme fit S. Paul étant tombé de fon cheval.

Qui ira au nombre 38 où eft la prédication, ne payera rien, parce que la parole de Dieu ne fe vend point, mais il laiffera jouer fes compagnons deux fois pour mieux écouter le prédicateur.

Qui ira au nombre 46 où eft la penfée de la mort payera, & continuera fon jeu pour fuivre l'aveugle né au lavoir de Siloé.

Qui ira au nombre 52 où eft la pénitence, payera, & y demeurera jufqu'à ce qu'on l'en délivre.

Qui ira au nombre 60 où eft l'enfer payera, & fortira du jeu pour recommencer de nouveau, parce que dans l'enfer il n'y a point de rémiffion.

Qui arrivera juftement au nombre 63 gagnera la partie, mais je lui confeille de tirer ce qu'il aura mis au jeu & de donner le refte aux pauvres, afin qu'ils prient Dieu pour fa fanté fpirituelle, car il eft écrit qu'il eft très-à-propos de racheter fes péchés par l'aumône.

Si trois jouent enfemble, & que l'un foit arrêté aux Quinze-Vingts, l'autre à la pénitence, & le troifieme à la prédication, celui-ci feul continuera le jeu; mais fi deux feulement jouent enfemble, & qu'ils foient arrêtés l'un aux Quinze-Vingts, & l'autre à la pénitence,

ils fortiront tous deux & recommenceront de nouveau.

Ce jeu fe trouve rue des Arcis, magafin de tableterie, au Singe vert.

AVOCAT. (l')
Jeu de Société en dialogue.

L'Abbé DES AGNEAUX.

Et moi, je foutiens qu'il n'y a plus de combinaifon au domino, quand on y joue plus de deux.

Madame DE LA RIVIÈRE.

Mon Dieu! Qu'avez-vous donc, l'abbé? Vous êtes bien en colère.

L'Abbé DES AGNEAUX.

Moi, Madame; point du tout. C'eft que M. de la Forêt avance des chofes qui n'ont pas de bon fens.

Mademoifelle DU BOCAGE.

M. l'abbé & M. de la Rivière jouoient au domino. Ils étoient à leur douzième partie. L'abbé avoit de l'avance. M. de la Forêt & moi nous avons voulu être de la partie, & l'abbé n'en a pas gagné une, & ça lui a donné un peu d'humeur.

M. DE LA FORÊT.

C'eft que M. l'abbé veut avoir la gloire d'être le meilleur joueur de domino.

L'Abbé DES AGNEAUX.

Moi! vous vous trompez. Je foutiens feulement que quand on eft plus de deux au domino, il n'y a plus de combinaifon; c'eft un pur jeu de hafard.

Madame DE LA HAUTE-FUTAIE.

Vous aimez donc bien le jeu de domino? Le jouez-vous aux points?

L'Abbé DES AGNEAUX.

Je le joue aux points ou à la partie, comme on veut.

M. DES JARDINS.

Pour moi, je n'aime guère le domino.

L'Abbé DES AGNEAUX.

Et moi je trouve tous les jeux fort bien inventés.

Madame DE LA RIVIÈRE.

Si vous aviez un bon prieuré à la campagne, je parie que voudriez y réunir tous les jeux possibles.

L'Abbé DES AGNEAUX.

Oui, Madame; parce que c'est leur diversité qui est agréable. On peut choisir, on peut changer. Si j'avois le bonheur de pouvoir réunir chez moi beaucoup de monde à la campagne, je voudrois avoir plusieurs salles pour jouer. Dans le grand sallon, Madame Dubois figureroit; on y joueroit aux cartes. Dans un autre seroient réunis toutes sortes de jeux; le trictrac, les échecs, le domino, le loto, le nain-jaune, les jeux de dames françoises & polonoises, le solitaire, le baguenaudier, le jeu de Siam; je ne sais pas même si je n'y mettrois pas un jeu de jonchets. Dans un autre appartement, les jeunes personnes joueroient aux jeux à gages; la roue d'étourderie & les petits étuis s'y trouveroient. Dans ma salle de billard, j'aurois un jeu de toupie, un trou Madame, un jeu de gallets, un biribi, un grecque, des petits palets. Dans mes bosquets, j'aurois des jeux de boules, un jeu de mail; & dans une allée, je ferois mettre des poteaux avec des numéros, pour jouer au volant comme à la paume en petit. Je ne méprisevois pas même certains jeux de collège; contre un grand pignon, je ferois sabler ou même carreler un grand espace pour y jouer à la balle. Je ferois aussi carreler un de mes vestibules en belles pierres blanches, avec des raies noires, pour y jouer à la marelle, ce jeu ancien qu'Erasme n'a pas dédaigné de décrire.

Madame DE LA RIVIÈRE.

Et je graverois, au-dessus de votre porte, ce vers:

L'ennui naquit un jour de l'uniformité.

L'Abbé DES AGNEAUX.

Quand vous seriez chez moi, Madame, l'ennui n'auroit pas besoin de tous ces jeux là pour prendre la fuite.

Mademoiselle DE LA HAUTE-FUTAIE.

Mais allons-nous jouer bientôt?

Madame DE LA HAUTE-FUTAIE.

Vous êtes bien pressée, ma fille.

L'Abbé PRINTEMS.

Nous pourrions jouer à l'*Avocat*.

Mademoiselle ROSE & le Chevalier ZÉPHIR.

Comment joue-t-on ce jeu là?

L'Abbé DES AGNEAUX.

Tout le monde se place en rond. Au milieu est celui qui fait les questions. Quand il demande quelque chose à quelqu'un, il faut que son voisin à droite réponde pour lui, comme si on l'interrogeoit. Allons, Mesdames, placez-vous, & je commencerai.

L'Abbé PRINTEMS.

Il ne faut pas mettre Madame de la Haute-Futaie à côté de sa fille, car elle est accoutumée à répondre pour elle.

L'Abbé DES AGNEAUX.

Tu te trompes, l'abbé; au contraire, je parie que Madame y sera prise la première; tu verras.

Ordre dans lequel est placée la compagnie.

Madame de la Rivière: *à sa gauche*, Mademoiselle Rose, le chevalier Zéphir, Mademoiselle du Bocage, M. de la Forêt, Madame de la Haute-Futaie, Mademoiselle sa fille, M. des Jardins, Mademoiselle du Gazon, M. de la Rivière, l'abbé Printems, qui se trouve à la droite de Madame de la Rivière.

L'Abbé DES AGNEAUX à Mademoiselle DE LA HAUTE-FUTAIE.

Ma belle demoiselle, aimez-vous bien votre petite maman ?

Madame DE LA HAUTE-FUTAIE.

Oui, Monsieur ; elle l'aime beaucoup.

L'Abbé DES AGNEAUX.

Un gage, Madame ; il falloit répondre : je l'aime beaucoup. On ne doit pas répondre en tierce personne. Voyez les avocats de province s'échauffer en plaidant : entendez les s'expliquer : « Comment! j'ai passé dans votre pré avec ma bête asine ? Vous en avez menti, mon confrère ; je n'ai jamais passé dans votre pré, & j'offre de le prouver ; & vous oserez encore soutenir que mes poules ont mangé votre grain, tandis que tous mes voisins sont en état d'affirmer que je les renferme toujours avec le plus grand soin.

Madame DE LA HAUTE-FUTAIE.

Ah! je comprends actuellement.

L'Abbé DES AGNEAUX.

Mademoiselle du Bocage, chantez-nous un peu, avec votre voisin, le duo ; *Ah! vous dirai-je, maman ?*

Le Chevalier Zéphir & Mademoiselle Rose chantent le duo.

L'Abbé DES AGNEAUX.

Vous auriez dû chanter la première partie, Chevalier ; & Mademoiselle Rose la seconde : mais comme vous avez fort bien chanté tous les deux, on vous fera grace des gages.

M. DES JARDINS.

L'abbé, n'allez pas demander un duo à M. de la Rivière ; Mademoiselle du Gazon s'en tireroit bien, mais moi je ne le pourrois pas.

L'Abbé DES AGNEAUX.

Vous n'avez donc pas appris la musique ?

M. DES JARDINS.

Oh! mon Dieu! non.

L'Abbé DES AGNEAUX.

C'étoit à Mademoiselle de la Haute-Futaie à répondre ; vous payerez tous les deux un gage. *A Mademoiselle du Gazon :* pourquoi Mademoiselle de la Haute-Futaie n'a-t-elle pas répondu.

Mlle. DU GAZON & M. DES JARDINS.

Elle n'y pensoit pas.

L'Abbé DES AGNEAUX.

Encore un gage, Mademoiselle ; vous ne deviez pas répondre. Il falloit laisser M. des Jardins répondre tout seul. N'est-il pas vrai, M. des Jardins ?

Mademoiselle DE LA HAUTE-FUTAIE.

Oui, Monsieur.

L'Abbé DES AGNEAUX à Madame DE LA HAUTE-FUTAIE.

Convenez, Madame, que Mademoiselle votre fille joue fort bien ce jeu-là.

M. DE LA FORÊT.

J'en conviens.

L'Abbé DES AGNEAUX à l'Abbé PRINTEMS.

L'Abbé, vous aimez beaucoup Madame de la Rivière, n'est il pas vrai ?

M. DE LA RIVIÈRE.

Je l'aime beaucoup.

L'Abbé DES AGNEAUX toujours à l'Abbé PRINTEMS.

Elle est bien faite pour plaire ; qu'en pensez-vous ?

M. DE LA RIVIÈRE.

Sûrement ; vous avez bien raison.

L'Abbé DES AGNEAUX.

- Quel plaifir d'avoir une femme fi charmante, qui chante fi bien, qui pince fi bien
de la guittare & de la harpe ; qui a tous les
talens poffibles , un fi bon caractère, tant
d'efprit & fi peu de méchanceté, ce qui eft
prefqu'incompatible ! N'ai-je pas fait fon vrai
portrait, l'abbé ?

M. DE LA RIVIÈRE.

Oh! mon Dieu, oui : il n'y manque rien.

L'Abbé DES AGNEAUX à Mlle. ROSE.

N'eft-il pas vrai, Mademoifelle, que je n'ai
rien dit de trop.

Madame DE LA RIVIÈRE.

Pardonnez-moi, beaucoup trop.

Mademoifelle ROSE.

Un gage, Madame ; je n'aurois fûrement
pas fait cette réponfe.

Madame DE LA RIVIÈRE.

C'eft égal, Mademoifelle; il m'eft permis
de dire ce que je veux fous votre nom.

M. DE LA FORÊT.

Pourquoi avez-vous un mauvais avocat,
qui entend mal votre affaire.

M. DES JARDINS.

Croyez-vous, Mademoifelle, que tout ce
que difent les avocats foit approuvé par leurs
parties ? Oh! que non ; il s'en faut fouvent de
beaucoup.

Madame DE LA RIVIÈRE.

Mais, M. l'abbé, vous devez être las d'être

toujours comme ça debout au milieu de nous.
Allons, changeons de jeu.

L'Abbé DES AGNEAUX.

Jouons au *Colin-Maillard affis*.

Mademoifelle DU BOCAGE.

Comment y joue t-on ? Je ne le connois
pas, ce jeu là.

L'Abbé DES AGNEAUX.

Au lieu de jouer comme le Colin-Maillard
où tout le monde court & on dit caffe-tête,
tout le monde eft affis : le Colin-Maillard eft
au milieu : Il s'affied fur les genoux de quelqu'un ; il lui eft défendu de toucher avec fes
mains, & il faut qu'il devine fur qui il eft affis.
Quand il a nommé bien ou mal, on change
de place, fans parler; cela eft effentiel, comme
à tous les Colins-Maillards. Quand le Colin-
Maillard a deviné, celui qui a été reconnu
prend fa place.

L'Abbé PRINTEMS.

Ce font les règles de tous les autres Colins-
Maillards.

Mademoifelle DE LA HAUTE-FUTAIE.

Eft-ce qu'il y a encore d'autres Colins-Maillards ? Je ne les connois pas.

L'Abbé DES AGNEAUX.

Il y a le Colin-Maillard à la filhouette , &
le Colin-Maillard au bâton. Mais il eft trop
tard : on fonne le fouper ; je vous les expliquerai , & nous les jouerons une autre
fois.

(*Extrait des Soirées amufantes.*)

B

J'AIME MON AMANT PAR *B.*

J'AIME MON AMANT PAR *B.*

Jeu de Société en dialogue.

Madame DE LA HAUTE-FUTAIE.

Qu'AVEZ-VOUS fait à votre partie de *quilles,* cet après-midi ?

Le Chevalier ZÉPHIR.

Nous avons gagné trois parties, & nos adverfaires une.

Mademoifelle DE LA HAUTE-FUTAIE.

J'ai abattu deux fois de fuite la quille du milieu toute feule. Savez-vous, maman, que ça fait dix-huit points ?

Le Chevalier ZÉPHIR.

Ça avance bien la partie, au moins.

M. DES JARDINS.

Oui : mais, vous qui parlez, vous avez fait deux fois *chou-blanc.* Vous regardez toujours ces demoifelles & jamais votre jeu.

L'Abbé DES AGNEAUX.

Demain, nous ferons jouer au chevalier le jeu de *quilles, les yeux bandés.*

Mademoifelle ROSE.

Il y jouera peut-être bien ; il n'aura pas de diftractions.

Mademoifelle DU BOCAGE.

Comment y joue-t-on ?

L'Abbé DES AGNEAUX.

On met les neuf quilles fur une même ligne; on bande les yeux au joueur ; on le place à une certaine diftance convenue ; on le fait tourner trois fois fur lui-même, & on le met en face des quilles. Alors, il jette une boule ou un bâton dans les quilles. Vous fentez bien que pour peu qu'il fe dérange, il envoie la boule bien loin des quilles, c'eft ce qui amufe beaucoup les fpectateurs, qui fe font rire l'un après l'autre. On fixe également la partie en un certain nombre de points.

Madame DE LA HAUTE-FUTAIE.

Allons-nous jouer ? Jouons à *j'aime mon amant par* B ; ma fille ne s'y trompera pas comme à *ardi.*

L'Abbé PRINTEMS.

Si vous le permettez, je vais commencer. J'aime mon amante par B, parce qu'elle eft borgne, boffue, bancale, boiteufe, bégueule, bizarre....

Mademoifelle DU GAZON.

Mais vous en dites trop; il ne nous reftera plus rien.

M. DE LA RIVIÈRE.

Celle-là eft bien marquée au B; elle doit avoir de l'efprit.

L'Abbé PRINTEMS.

Point du tout ; elle eft bête & n'eft pas bonne.

Madame DE LA HAUTE-FUTAIE.

L'abbé a bon goût ; c'eft toujours fans doute,

doute, la même qui étoit dernièrement acariâtre. En vérité, l'abbé vous ne devez pas
craindre de rivaux.

Madame DE LA RIVIÈRE.

Bon! c'eſt une ruſe. Vous ne voyez pas que
l'abbé ſe plaît à dire des contre-vérités. A
propos, il faudra jouer demain au jeu des
vérités & des contre-vérités.

Mademoiſelle ROSE.

Comment joue-t-on donc ce jeu-là, Madame?

Madame DE LA RIVIÈRE.

On vous dira, par exemple, Mademoiſelle,
vous êtes charmante; voilà une vérité; & le
petit chevalier ne peut pas vous ſouffrir.

Le Chevalier ZÉPHIR.

Voilà une contre-vérité.

Mademoiſelle DU RUISSEAU.

Vous rougiſſez, ma ſœur.

L'Abbé PRINTEMS.

Voilà une vérité.

Mademoiſelle DU BOCAGE.

C'eſt une preuve que vous êtes bien per-
ſuadée que le chevalier vous déteſte.

L'Abbé DES AGNEAUX.

Voilà une bonne contre-vérité. Mais nous
abandonnons notre jeu. Allons, l'abbé, où
envoie-tu ta maîtreſſe borgne & boiteuſe? Il
ne faut pas l'envoyer loin; elle ſeroit trop
fatiguée.

L'Abbé PRINTEMS.

Je l'envoie, dans un bateau, à Baſtia; je la
nourris de betteraves; je lui fais préſent d'un
bon bâton & d'un bouquet de fleurs de bois-
puant.

Madame DE LA RIVIÈRE.

J'aime mon amant par B, parce qu'il eſt
Jeux familiers.

bienfaiſant; je le nourris de brochet; je l'envoie à Beaune, pour y boire du bon vin; je
lui donne des boucles de diamant; & je lui fais
un bouquet de bois-joli.

Mademoiſelle ROSE.

J'aime mon amant par B, parce qu'il eſt
blond.

L'Abbé DES AGNEAUX.

Ah! chevalier, voilà une contre-vérité.

Mademoiſelle ROSE.

Je le nourris de bec-figues; je l'envoie à
Bapaume; je lui fais préſent d'un ballon, & je
lui compoſe un bouquet de balſamines.

Le Chevalier ZÉPHIR.

J'aime mon amante par B, parce qu'elle eſt
brune (1).

Mademoiſelle DU RUISSEAU.

Vous profitez des leçons qu'on vous donne:
vous faites auſſi des contre-vérités.

Le Chevalier ZÉPHIR.

Je la nourris de bécaſſes; je l'envoie à Bergame; je lui fais préſent d'une bonbonnière &
d'un bouquet de belles-de-nuit.

Madame DE LA HAUTE-FUTAIE.

J'aime mon amant par B, parce qu'il eſt
bon; je le nourris de bartavelles; je l'envoie à
Beauvais; je lui fais préſent de boutons de
manche de diamant, & d'un bouquet de belles-
de-jour.

Mademoiſelle DU RUISSEAU.

J'aime mon amant par B, parce qu'il eſt
bouffon, je le nourris de biſcuits; je l'envoie à
Bordeaux; je lui donne une bouteille & un
bouquet de bluets.

---

(1) L'auteur ſuppoſe que M. le chevalier Zéphir
eſt brun, & Mademoiſelle Roſe blonde.
C

Mademoiselle DU BOCAGE.

J'aime mon amant par B, parce qu'il eft badin; je le nourris de bœuf; je l'envoie à Beaugency; je lui donne un balai & un bouquet de barbeau blanc.

Mademoiselle DU GAZON.

J'aime mon amant par B, parce qu'il eft beau; je le nourris de l'arbeaux; je l'envoie à Befançon; je lui donne un bateau, & je lui fais un bouquet de *bois-joli.*

Madame DE LA RIVIÈRE.

Un gage, ma chère enfant, j'ai dit un bouquet de *bois-joli.*

Mademoiselle DU GAZON.

Je n'en étois pas bien sûre.

Mademoiselle DE LA HAUTE-FUTAIE.

J'aime mon amant par B, parce qu'il eft Bernardin.

Madame DE LA HAUTE-FUTAIE.

Voilà qui eft bien trouvé, ma fille.

Mademoiselle DE LA HAUTE-FUTAIE.

Mais, maman, je ne fais que dire.

Madame DE LA HAUTE-FUTAIE.

Allons, continuez.

L'Abbé PRINTEMS.

Mademoiselle l'aime par C, parce qu'il eft Cordelier, Capucin, Céleftin, Carme; par D, parce qu'il eft Dominicain, Doctrinaire; par T, parce qu'il eft Trinitaire, Théatin.

Madame DE LA HAUTE-FUTAIE.

Bon! finiffez donc vos ragots, l'abbé; allons, ma fille, continuez; avec quoi le nourriffez vous?

Mademoiselle DE LA HAUTE-FUTAIE.

Je le nourris avec du beurre frais, je l'envoie....

L'Abbé DES AGNEAUX, *à moitié haut.*

A Clairvaux.

Mademoifelle DE LA HAUTE-FUTAIE.

Vous voulez m'attraper, ça ne commence pas par un B; je l'envole à Blois; je lui donne... je lui donne....

L'Abbé DES AGNEAUX, *à moitié haut.*

Un bréviaire.

L'Abbé PRINTEMS, *de même.*

Un baril d'anchois.

M. DE LA RIVIÈRE, *de même.*

Un bénéfice fimple.

Madame DE LA HAUTE-FUTAIE.

Allons, choififfez, ma fille; tout le monde vous fouffle.

Mademoifelle DE LA HAUTE-FUTAIE.

Eh bien! je lui donne un bréviaire & un bouquet de buis-béni.

Madame DE LA HAUTE-FUTAIE.

Je parie qu'on a vous a encore fouffé ça.

M. DES JARDINS.

J'aime mon amante par B, parce qu'elle eft bouffie; je la nourris de brioches; je l'envoie à Bourges; je lui fais un bouquet de boutons d'or.

Mademoifelle DU RUISSEAU.

Un gage, Monfieur, vous n'avez pas dit ce que vous lui donniez.

M. DES JARDINS.

Eh bien! je lui donne un baifer.

Mademoifelle ROSE.

Voilà un grand cadeau.

M. DES JARDINS.

Oui, Mademoiselle, pas si petit que vous le croyez.

M. DE LA RIVIÈRE.

J'aime mon amante par B, parce qu'elle est bienveillante ; je la nourris de bonbons ; je l'envoie à Béthune ; je lui donne des bouts-rimés & un bouquet de bétoine.

L'Abbé DES AGNEAUX.

Je suis bien embarrassé ; quand on est le dernier, ça n'est pas aisé. J'aime mon amante par B, parce qu'elle est..... A-t-on dit bizarre ?

Mademoiselle DU BOCAGE.

L'Abbé l'a dit.

L'Abbé DES AGNEAUX.

Eh bien ! parce qu'elle est bavarde ; je la nourris de bécassines.

Mademoiselle DE LA HAUTE-FUTAIE.

Un gage, le chevalier a dit bécasse.

Madame DE LA HAUTE-FUTAIE.

Mais, ma fille, il y a bien de la différence d'une bécasse à une bécassine.

L'Abbé DES AGNEAUX.

Je l'envoie à Bentivoglio ; je lui fais un bouquet de bella-dona, & je lui donne un biribi.

Le Chevalier ZÉPHIR.

Qu'est-ce que c'est qu'un biribi ?

L'Abbé DES AGNEAUX.

C'est une espèce de jeu comme le *jeu de grecque*.

Le Chevalier ZÉPHIR.

Je ne connois pas la grecque non plus.

L'Abbé DES AGNEAUX.

Comment ! vous ne connoissez pas ce jeu

qui amuse tant de monde dans les petites guinguettes ! C'est une espèce de tonneau qui a plusieurs fonds à divers étages, tous percés dans le milieu d'un trou rond. On jette dessus des palets ou des écus de six francs. Quand ils passent dans le premier plancher, on compte un certain nombre de points ; dans le second, dans le troisième & par terre de même.

Mademoiselle DE LA HAUTE-FUTAIE.

Mesdames, on sonne ; allons souper.

Madame DE LA RIVIÈRE.

L'abbé des Agneaux, restez un instant, s'il vous plaît ; j'ai un mot à vous dire. Voilà tout le monde descendu ; je vous préviens que demain je ferai jouer aux *ciseaux croisés*. Connoissez vous ce jeu-là !

L'Abbé DES AGNEAUX.

Oui, Madame, quand on dit, je vous vends mes ciseaux croisés, il faut avoir les bras ou les jambes croisés ; & non croisés, si on dit je vous vends mes ciseaux décroisés.

Madame DE LA RIVIÈRE.

Tout le monde ne le connoît pas, & ce jeu-là nous vaudra bien des gages. Mais descendons, car il ne faut pas nous faire attendre.

(*Extrait des Soirées amusantes.*)

BAGUENAUDIER. (*jeu du*)

Manière de jouer le Baguenaudier à sept anneaux.

Toutes les fois que le nombre est impair, il n'en faut faire tomber qu'un. Faites tomber le troisième ; remontez le premier ; faites tomber les deux ensemble ; faites tomber le cinquième ; remontez les deux premiers ; faites tomber le premier seul ; remontez le troisième & le premier ; faites tomber les deux premiers ; faites tomber le quatrième ; remontez les deux premiers ; faites tomber le troisième ; remontez le premier ; faites tomber les deux premiers & le septième ; remontez les deux premiers ensemble ; faites tomber le premier ; remontez le

C 2

troisième & le premier ; faites tomber les deux premiers ; remontez le quatrième & les deux premiers ; faites tomber le premier & le troisième ; remontez le premier ; faites tomber les deux premiers ; remontez le cinquième & les deux premiers ; faites tomber le premier ; remontez le troisième & le premier ; faites tomber les deux premiers & le quatrième ; remontez les deux premiers ; faites tomber le premier & le troisième ; remontez le premier ; faites tomber les deux premiers & le sixième ; remontez les deux premiers ; faites tomber le premier ; remontez le troisième & le premier ; faites tomber les deux , remontez le quatrième & les deux premiers ; faites tomber le premier & le troisième ; remontez le premier ; faites tomber le second & le cinquième ; remontez les deux premiers ; faites tomber le premier ; remontez le troisième & le premier ; faites tomber les deux & le quatrième ; remontez les deux premiers ; faites tomber le premier & le troisième , remontez le premier ; faites tomber les deux ; & il est démonté.

Pour le remonter.

Remontez les deux premiers anneaux ; faites tomber le premier ; remontez le troisième & le premier ; faites tomber les deux premiers ; remontez le quatrième & les deux premiers ; faites tomber le premier & le troisième ; remontez le premier ; faites tomber les deux premiers ; remontez le cinquième & les deux premiers ; faites tomber le premier ; remontez le troisième & le premier ; faites tomber les deux premiers & le quatrième ; remontez les deux premiers ; faites tomber le premier & le troisième ; remontez le premier ; faites tomber les deux premiers ; remontez le sixième & les deux premiers ; faites tomber le premier ; remontez le troisième & le premier ; faites tomber les deux premiers ; remontez le quatrième & les deux premiers ; faites tomber le premier & le troisième ; remontez le premier ; faites tomber les deux premiers & le cinquième ; remontez les deux premiers ; faites tomber le premier ; remontez le troisième & le premier ; faites tomber les deux premiers & le quatrième ; remontez les deux premiers ; faites tomber le premier & le troisième ; remontez le premier ; faites tomber les deux premiers ; remontez le septième & les deux premiers ; faites tomber le premier ;

remontez le troisième & le premier ; faites tomber les deux premiers ; remontez le quatrième & les deux premiers ; faites tomber le premier & le troisième ; remontez le premier ; faites tomber les deux premiers , remontez le cinquième & les deux premiers ; faites tomber le premier ; remontez le troisième & le premier.

Ce jeu se trouve rue des Arcis, au Singe vert.

BAGUES. (jeu de)

Ce jeu consiste en une grande machine qui présente quatre fauteuils, ou quatre figures de cheval, qu'on fait tourner sur un pivot devant une boîte élevée dans laquelle on met des anneaux à ressorts, que les joueurs assis ou à cheval doivent enlever malgré le mouvement rapide où ils sont, en faisant passer ces anneaux dans un bâton pointu qu'ils tiennent à la main. On joue deux personnes, ou deux contre deux, & celui des deux partis qui a le premier le nombre des anneaux convenus gagne la partie.

BALANÇOIRE. Ce jeu consiste en une planche, ou un siège suspendu & arrêté de chaque côté par deux fortes cordes qui sont bien attachées à des branches d'arbres, ou à quelques autres corps élevés. On donne un fort mouvement à la balançoire qui s'élève & s'abaisse en avant & en arrière alternativement ; ce qui procure une forte d'exercice, souvent dangereux à la personne qui s'est hasardée dans la balançoire.

BALLE. (jeu de la)

Jeu d'exercice, qui consiste à se renvoyer une balle de l'un à l'autre ; ou de la lancer contre un mur, pour la repousser ensuite à la volée ou au premier bond, en convenant d'une marque ou d'une ligne au-dessus de laquelle elle doit frapper pour qu'elle soit réputée bien jouée.

Il paroît que les balles des anciens étoient faites comme quelques-unes des nôtres, d'une enveloppe de peau qui renfermoit du son ou un petit paquet de laine. Les balles de cordes, de drap, & celles dont l'enveloppe est tricotée sont plus modernes. On les pouffoit avec la main nue, & c'est de là qu'est venu le nom de paume; parce qu'on les recevoit dans la paume de la main, comme on fait encore à un jeu de balle que l'on appelle le *tamis*, à cause que l'on fait re ondir une balle sur un tamis, ou sur une planche.

BARRES. (les)

Jeu d'exercice & de course qui ne convient qu'à la jeunesse. Le jeu des barres est une espèce de petite guerre entre deux troupes qui ont chacune leur camp où ils mettent leurs bagages. Un de la troupe se détache & va provoquer quelqu'autre de la troupe opposée. Ces deux champions se mettent en campagne; ils courent fus l'un contre l'autre, cherchant à s'éviter, à s'attraper; & si l'un des deux se laisse trop approcher, en sorte que son antagoniste le frappe de trois petits coups sur le corps; alors il est fait *prisonnier* & emmené dans le camp du vainqueur. Le parti ennemi fait ses efforts pour délivrer le prisonnier; ce qui arrive lorsqu'on peut parvenir jusqu'à lui & le toucher; mais alors il y a une lutte ou course générale dans laquelle on fait souvent de nouveaux prisonniers de part & d'autre. Dans ce cas, l'échange se fait. La victoire est au parti qui a su garder ses prisonniers.

BATIMENT ou DU JARDINAGE.
(jeu du)

Quelqu'un de l'assemblée fait prendre à tous les autres les noms des matériaux ou les outils de maçonnerie, comme le marbre, le porphire, la pierre de taille, le moilon, la chaux, le plâtre, le ciment, le compas, la règle, le marteau, la truelle. Après il fait un discours d'un édifice qu'il a entrepris, nommant tantôt une de ces choses & tantôt l'autre, & ceux qui en portent le nom le doivent redire aussitôt deux fois, ou bien ils donnent un gage.

On fait de même au jeu du jardinage où l'un est le parterre, l'autre la fontaine, l'autre le rosier, l'abricotier, le cérisier, ou bien la bêche, le rateau, l'arrosoir & autres choses qui appartiennent au jardinage; tellement qu'en faisant le réc t de ce qui est dans un jardin & de ce qui s'y fait, & l'entre-mêlant plusieurs fois, il faut aussi que ceux qui entendent leur nom le répètent incontinent deux fois, sur peine d'amende.

BATONNET. (jeu du)

Ce jeu d'écolier consiste à faire sauter avec force un très petit bâton pointu par les deux bouts; & de le lancer le plus loin qu'il est possible, soit à tour de bras, soit en le frappant avec un autre bâton court. Le joueur antagoniste doit retenir le bâton & à la volée; mais il est quelquefois dangereux pour lui de s'avancer sur le batonnet au moment qu'on le jette, & qui peut alors blesser grièvement.

BATTOIR. (jeu du)

Jeu d'exercice qui consiste à chasser avec une palette à long manche une balle dure de chiffons bien ficelés, & couverte d'une étoffe que les joueurs doivent tâcher de renvoyer en la reprenant à la volée, ou au premier bond. On joue en partie au battoir; la moitié des joueurs se mettant à un bout d'une longue allée, & l'autre moitié à l'opposite. On fait ce que l'on appelle des *chasses*, c'est-à-dire, les marques aux endroits où la balle a été arrêtée, & pour gagner il faut qu'en repoussant la balle, elle passe au delà de ces marques; sinon on perd la première fois 15; ensuite 30, puis 45, enfin le jeu. Une partie est divisée en autant de jeux qu'on est convenu.

BERLURETTE; jeu de société.
Voyez à l'article ATTRAPE. (*jeu d'*)

BÊTES ou SIGNES. (jeu des)

Ce jeu se fait avec des gestes simplement sans parler, chacun ayant choisi des gestes différens. Il en a un qui commence à contrefaire celui de quelqu'un de ſes compagnons, & il faut qu'incontinent celui-là faſſe le même geſte, & y joigne après, celui de quelque autre pour le ſurprendre. Il eſt beſoin que ceux qui jouent tournent tantôt les yeux vèrs l'un, & tantôt vèrs l'autre, craignant qu'ils ne faſſent leur geſte ſans qu'ils le voient, & qu'ils ne ſoient ſurpris. On manque ſouvent à ce jeu, à cauſe qu'on ſe méprend quelquefois dans les geſtes. On le peut faire encore d'une autre façon pour le rendre plus aiſé; c'eſt qu'il y aura un maître qui aura ſon action particulière auſſi bien que les autres, lorſqu'il ſera celle des autres, il faudra faire la ſienne, ſans qu'il y ait autre que lui à obſerver. On y peut ajouter que ceux qui parleront, excepté le maître, donneront un gage. Mais parce que cela ſeroit trop ennuyeux de jouer ſi long-tems ſans par- ler, ces jeux là ne durent guères. Quelques-uns joignent une parole au ſigne pour ſe divertir davantage: car cela nous réveille d'entendre parler. Cela rend auſſi le jeu moins ſautif, à cauſe qu'entendant citer le nom qu'on a pris, on ſonge plutôt à le redire après, & à dire in- continent celui d'un autre, en faiſant ſon ſigne. Outre les geſtes ou grimaces extravagantes, on fait encore les actions de quelques métiers que chacun a choiſis, & c'eſt à qui contrefera le métier de ſon compagnon.

BILBOQUET. (jeu du)

Le bilboquet eſt un petit morceau de bois ou d'ivoire, tourné & creuſé en rond par les bouts avec une corde au milieu, à laquelle eſt ſuſpendue une boule qu'on tache de faire en- trer dans le creux du bilboquet; il y a des bil- boquets qui ont un bout creux & l'autre bout en pointe, qu'il faut faire entrer dans un trou de la boule; on fait auſſi des bilboquets qui préſentent une pointe à un bout, & une petite ſurface à l'autre bout, ſur laquelle il faut eſſayer de faire tenir la boule en équilibre; ce qui n'eſt pas facile, & ce qui demande un grand exercice.

On trouve toutes ſortes de bilboquets en bois & en ivoire, au magaſin de tabletterie, rue des Arcis, au Singe vert.

BLASON. (jeu du) Par M. de Fer, géographe.

L'on doit conſidérer ce jeu comme une méthode ou introduction à l'art du blaſon. Il commence par la connoiſſance des émaux & des métaux, des fourrures, des traits ou parti- tions des pièces qui entrent dans les armes, des ſupports & autres ornemens & marques exté- rieures de l'écu, les armes des rois, des princes, & républiques de l'Europe, avec les prin- cipaux ordres de chevalerie qui ont été inſti- tués dans cette partie du monde. Ce jeu eſt à l'imitation de celui de l'oie, & pareillement diviſé en 63 caſes.

Ordre du jeu.

On joue au jeu avec deux dez communs ou un cochonnet, chacun une fois & à ſon tour, tant de perſonnes que l'on voudra. On con- viendra du prix que doivent valoir les jettons dont on doit mettre un chacun à l'entrée du jeu, & payer autant de jettons que les rançons, les ſorties & les contributions ordonnées vous obligeront au profit de celui qui gagnera la partie, marquant ſon jeu chacun avec une marque différente. Il faut faire attention que celui qui amenera du premier coup neuf, met- tra au jeu le prix convenu, & paſſera à 26 chez les officiers du ſouverain.

Celui qui ſera rencontré d'un autre payera le prix convenu, & ira prendre la place de ſon compagnon.

Loix du jeu.

1. Celui qui ſera ſix, qui eſt le quarré où les armes commencent à être partagées payera le prix convenu, & paſſera au chiffre 12 où il y a un gironde, & continuera de jouer à ſon tour.

2. Qui viendra au quarré 19 où ſont les écus à l'antique ſe repoſera, pendant que les autres joueront deux fois, & payera le prix convenu pour renouveller ſes titres, & jouera enſuite à ſon rang.

3. Qui arrivera au quarré 30 où ſont les marques de la chancellerie y demeurera juf- qu'à ce que quelqu'un des joueurs arrive au même chiffre, & en prenant ſa place lui donne la liberté de continuer ſon jeu, & payeront tous deux le prix convenu pour les droits de la chancellerie.

4. Qui arrivera à 42, aux armes de l'empe- reur, payera les mois romains au jeu.

5. Qui arrivera au quarré 49, aux armes du

roi d'Espagne, payera le prix convenu pour avoir permiffion de paffer aux Indes, où il demeurera jufqu'à ce que les autres joueurs aient joué chacun deux coups.

6. Qui tombera fur le nombre 58 où eft l'ordre des Templiers & celui du Croiffant payera le prix convenu, & recommencera au chiffre 1, lefdits ordres étant abolis.

7. On ne pourra refter fur les cafques ni fur les couronnes, & celui qui y tombera payera le prix convenu, & paffera ou rétrogradera au nombre 26 chez les officiers du fouverain, & continuera fon jeu.

8. Qui arrivera à 63, qui eft le terme du jeu, gagnera la partie & tirera tous les jettons.

9. Qui aura amené plus de points qu'il n'en faut pour arriver jufte au nombre 63, rétrogradera autant de points qu'il a de plus, & continuera à jouer à fon rang jufqu'à ce qu'il arrive jufte au dernier nombre.

Toutes les cafes repréfentent chacune des figures de blafon.

BONS ENFANS; *(le jeu des)*

Vivant fans fouci & fans chagrin, où font les intrigues de la vie; nouvellement inventé & mis au jour par les chevaliers de la table ronde. (Jeu d'amufement.)

Tel eft l'intitulé de ce jeu qui eft une imitation du jeu de l'oie, & qui en a les difpofitions excepté que les rencontres font différentes. (Voyez *la planche* 13e *du Dictionnaire des Jeux.*)

Voici les règles de ce jeu compofé de 63 cafes ou numéros.

Chacun des joueurs met un jetton au jeu avant de commencer. On débat enfuite qui fera le premier à jouer. On joue avec deux dez.

Le joueur n'arrête point fa marque fur les figures des vieilles repréfentées dans différentes cafes, & lorfque la chance des dez l'y conduit, il doit recommencer à compter le nombre des points qu'il a amenés.

1°. Si le joueur tombe au nombre 6 qui défigne une *ferenade* on lui fait payer les violons.

2°. Celui qui au premier coup de cornet amène 9, les dez marquant les points 5 & 4, il payera fa *nôce* & ira fe loger au *cornard content*, d'où il ne pourra être dégagé que par un autre joueur qui aura amené le même nombre, qui prendra fa place & le renverra à *l'enterrement de fa femme*, alors il payera le foffoyeur & recommencera le jeu.

3°. Celui qui amenera 9 par 3 & 6 des dez, payera fa *nôce*, & fera envoyé au *cornard malheureux*, d'où il ne pourra fortir, à moins qu'un joueur n'amène le même nombre de points des dez, & ne prenne fa place. Dans ce cas le prifonnier délivré payera l'enterrement de fa femme au nombre 58, puis recommencera.

4°. Si quelqu'un pourfuivant fon jeu vient à la *nôce* au nombre 9, il crachera dans le baffin, puis recommencera.

5°. Celui qui s'arrêtera chez l'*accouchée* au nombre 19 payera un tribut, s'il ne veut baifer la crémaillère.

6°. Si l'on s'arrête chez le *cornard content*, on lui payera un tribut, & l'on continuera, mais au fecond tour, à jouer.

7°. Le joueur qui fera arrêté chez le *cornard malheureux* recevra un tribut de lui, & fuivra fon jeu.

8°. Celui qui viendra au *baptême* fera parrain, payera les droits & retournera au nombre 30.

9°. Si quelqu'un vient à *l'enterrement*, il payera l'offrande & recommencera le jeu.

10°. Le premier qui arrivera au nombre 63, figurant la table des bons enfans, tirera tout ce qui eft fur le jeu.

Les amendes, & les paiemens des différentes chances de ce jeu, font de convention entre les joueurs.

BOULE CHIFFRÉE.
Règle du jeu.

Ce jeu fe joue en cent. Il ne faut point crever; fi on creve, les points que l'on a de plus fe comptent fur l'autre cent que l'on recommence : cependant les joueurs peuvent convenir enfemble que la partie foit gagnée quoique l'on ait crevé. Il faut que cela fe dife avant de commencer la partie.

Autre manière d'y jouer.

Suppofons que l'un des joueurs amène cinq points, & que l'autre amène vingt, c'eft quinze jettons que gagne celui qui a amené vingt.

Cette boule chiffrée, dite ci-devant *boule royale*, fe vend, rue des Arcis, au Singe vert.

BOULES. (*jeu de*)

On joue fur terre avec de groffes boules qu'on tache de poufler le plus près qu'il eft poffible d'une petite boule, ou de tout autre but qu'on a choifi. On joue aux boules en partie, & il y a des joueurs affez adroits pour lancer leur boule contre le but, qu'ils font partir fort loin, ou contre les boules de leurs adverfaires; alors ils fe rendent maîtres du jeu, & ils peuvent placer avantageufement les boules qui leur reftent à jouer.

C

CABRIOLET.

CABRIOLET. (*jeu du*)

Voici les règles de ce jeu qui fe joue, foit avec des cartes, foit avec des dez.

1°. *Avec les cartes.* Avant de commencer la partie, on mettra chacun fur une ou plufieurs cafes & principalement fur celle du jeu, le nombre de jettons dont on fera convenu.

On joue avec des cartes de piquet à quatre perfonnes ou davantage; & le jeu doit toujours être compofé d'un nombre de cartes fuffifant pour en donner cinq à chaque joueur.

Celui qui donne les cartes fait voir la dernière qui eft toujours a-tout.

Le premier en cartes qui a dans fon jeu quelqu'un des affemblages de figures qui compofent une des neuf cafes le déclare. Par exemple, s'il a un roi, une dame, & un valet de la même couleur quelconque, il dit avoir *le mariage légitime*, & fi perfonne ne s'y oppofe, il tire ce qu'il y a fur la cafe de ce nom.

Si, felon la même loi, il a roi & valet; il tire, perfonne ne s'y oppofant, ce qu'il y a fur la cafe de la *confiance*.

S'il a la dame & le valet, ce qu'il y a fur celle de la *confidence*.

L'*infidélité* qui eft un roi d'une façon & une dame de l'autre, tire auffi ce qui eft fur la cafe de ce nom.

Il en-eft de même de la *conférence*, figurée par deux rois.

Du *fecret*, figuré par deux dames.

Et des *confidens*, figurés par deux valets, n'importe de quelle couleur.

On pourra appeller une carte qu'on defire, & la remplacer par une carte du même ordre ou d'un degré fupérieur, fans nommer, ni montrer celle que l'on donne en échange.

Chacun doit parler à fon tour, mais celui qui a trois valets ayant *cabriolet*, il emporte, fans examen, ce qui eft fur les neuf cafes, que chacun recouvre pour recommencer la partie.

Lorfqu'un joueur a la même chofe que celui qui parle, il dit: je m'y oppofe; alors ni l'un ni l'autre ne tire ce qui eft fur la cafe énoncée: c'eft l'affaire du premier d'examiner par le jeu des cartes de l'oppofant, fi fes droits font égaux aux fiens.

Quiconque aura les quatre as tirera, s'il en a couvert les figures, tout ce qui eft fur le jeu, & chacun des joueurs lui payera encore la mife ordinaire des neuf cafes.

Il ne faut point perdre de vue qu'on ne tire jamais rien des cafes que l'on n'a pas couvertes.

Lorfque tous les joueurs ont parlé à leur tour, le premier en cartes joue ou paffe; fi celui qui fait jouer gagne, il tire ce qui eft

fur

fur la cafe du milieu ; mais s'il perd , il met fur cette même cafe autant de jettons qu'il y en a.

2°. *Avec les dez.* On peut jouer avec trois dez ; & l'on trouvera la face des dez indiquée en haut de chaque cafe, que l'on occupera fuivant le nombre des points amenés.

A la *conférence* ; tirez ce qui eft fur cette cafe.

A la *confidence* ; tirez chacun un jetton , & rejouez un coup.

A la *confiance* ; tirez ce qui eft fur cette cafe, & que chacun vous donne un jetton.

Aux *confidens* ; recevez deux jettons de chaque joueur ; gardez la moitié paire, & mettez le refte au jeu.

A l'*infidélité* ; payez un jetton à chacun des joueurs, & qu'ils jouent deux coups pendant que vous vous repoferez.

Aux *secrets* ; tirez un jetton de chaque cafe.

Au *jeu* , marqué par trois dez, chacun de cinq points. Tirez ce qui eft fur cette cafe, & que tous les joueurs remettent au jeu.

Au *mariage légitime* ; tirez ce qui eft fur cette cafe , & de chacun deux jettons pour les frais de la nôce.

Aux *cabriolets* ; la partie eft gagnée, & l'on tire en conféquence tout ce qui eft fur les neuf cafes.

Lorfqu'on amenera d'autres points que ceux qui font marqués fur les cafes, on payera deux jettons au jeu.

Les cafes des quatre *as* ne fe couvrent pas quand on joue avec les dez.

C A P U C I N. (*le*)

Jeu de fociété en dialogue.

Madame DE LA HAUTE-FUTAIE.

D'où venez-vous donc, Mademoifelle ? vous arrivez bien tard.

L'Abbé DES AGNEAUX.

Madame, nous revenons de Cheffy. Il y a
Jeux familiers.

tant de belles chofes à voir qu'on ne fauroit y refter trop long-tems.

Mademoifelle ROSE.

Comme les gazons y font beaux & bien tenus !

Mademoifelle DE LA HAUTE-FUTAIE.

Maman, nous avons vu des petits cignes tout noirs.

Madame DE LA HAUTE-FUTAIE.

Ils ne font fûrement pas tout noirs, ma fille. Ils font gris, & ils blanchiront en grandiffant. Accoutumez-vous donc à dire les chofes comme elles font.

M. DES JARDINS.

Que j'aime le fimple ruiffeau qui paffe au bas du vallon ?

L'Abbé PRINTEMS.

C'eft ma promenade ordinaire.

Mademoifelle DU BOCAGE.

Vous nous avez promis, en revenant, M. de la Rivière , de nous faire jouer au Capucin. Allons, contez-nous quelqu'hiftoire de Capucin.

M. DE LA RIVIÈRE.

Oh ! mais je ne peux pas vous en inventer tous les jours de nouvelles.

Mademoifelle DU RUISSEAU.

Eh bien ! contez les mêmes. Je n'y étois pas quand vous avez joué.

M. DE LA FORÊT.

Ni moi non plus.

Mademoifelle ROSE.

Le chevalier & moi, nous n'y étions pas non plus. Ainfi, vous voudrez bien expliquer le jeu en faveur des ignorans.

D

M. DE LA RIVIÈRE.

Chacun prend une partie de l'habillement du capucin : l'un eſt le manteau, l'autre la robe, l'autre le capuchon, &c. Quand l'hiſtoire parle du manteau, il faut que celui qui eſt le manteau, répète le mot manteau deux fois, ſi l'hiſtorien l'a dit une ; & une fois, s'il l'a dit deux.

L'Abbé DES AGNEAUX.

Tenez, Monſieur ; voilà la liſte des perſonnages, & de leurs rôles. Il lit :

M. de la Rivière, l'hiſtorien.
Madame de la Rivière, le manteau.
Madame de la Haute-Futaie. la calotte.
Mademoiſelle du Ruiſſeau, la ſandale.
Mademoiſelle du Gazon, la robe.
Mademoiſelle Roſe, la barbe.
Mademoiſelle du Bocage, le capuchon.
Mademoiſelle de la Haute-Futaie, la beſace.
M. de la Forêt, le bréviaire.
M. des Jardins, le chapelet.
L'Abbé Printems, la culotte.
Le Chevalier Zéphir, le capucin.
L'Abbé des Agneaux, le cordon.

C'eſt le chevalier qui a le rôle le plus difficile ; mais il s'en tirera bien.

Mademoiſelle ROSE.

Oui ; en payant des gages.

M. DE LA RIVIÈRE.

Silence, s'il vous plaît ; je commence. Je vais d'abord vous définir ce qu'on appelle un capucin.

Le Chevalier ZÉPHIR.

Capucin, capucin.

Mademoiſelle ROSE.

Comment ! Mais vous ſavez donc ce jeu-

là ? Oh ! on ne vous y prendra pas aujourd'hui.

M. DE LA RIVIÈRE.

La barbe n'eſt pas ſeulement....

Le Chevalier ZÉPHIR.

Un gage, Mademoiſelle ; vous n'avez pas répondu : barbe, barbe.

M. DE LA RIVIÈRE.

Ce qui diſtingue un capucin, capucin.

Le Chevalier ZÉPHIR.

Capucin.

M. DE LA RIVIÈRE.

Il y a encore bien d'autres choſes à diſtinguer en lui : ſa vîte ; ſa robe, ſon manteau, ſon capuchon ne ſont pas encore ſon accoutrement.

M. DE LA RIVIÈRE.

Voilà ſeulement trois perſonnes qui ſont bien priſes.

L'Abbé DES AGNEAUX.

La beſace, beſace.

Mademoiſelle DE LA HAUTE-FUTAIE.

Beſace.

M. DE LA RIVIÈRE.

Eſt la partie la plus eſſentielle d'un vrai capucin ; car, en effet....

Mademoiſelle DE LA HAUTE-FUTAIE.

Un gage, Chevalier ; vous n'avez pas répondu....

M. DE LA RIVIÈRE.

Un capucin....

Le Chevalier ZÉPHIR.

Capucin, capucin.

M. DE LA RIVIÈRE.

Sans besace....

Mademoiselle DE LA HAUTE-FUTAIE.

Besace.

L'Abbé DES AGNEAUX.

Un gage, Mademoiselle; vous n'avez dit qu'une fois; il falloit dire deux fois : besace, besace.

M. DE LA RIVIÈRE.

Est comme un pelerin sans bourdon, un combattant sans armes, un fusil démonté, sans chien, sans bassinet. Ainsi donc, sans besace....

Mademoiselle DE LA HAUTE-FUTAIE.

Besace, besace.

M. DE LA RIVIÈRE.

Point de capucin, capucin.

Le Chevalier ZÉPHIR.

Capucin, capucin.

L'Abbé PRINTEMS.

Un gage, Chevalier; vous avez dit capucin, capucin; il ne falloit dire que capucin tout uniment.

Nota. Ce jeu est un de ceux auquel on donne le plus de gages. Quand l'historien fait bien le rôle que chacun fait, il peut profiter adroitement des fréquentes distractions qui ont toujours lieu dans les petits jeux de société. Le point essentiel seroit de raconter des histoires de capucin qui soient intéressantes par le fond du sujet, parce qu'alors les auditeurs occupés à suivre le fil du discours, oublient de répéter à propos ce qu'ils doivent. Je vais rapporter ici quelques histoires de capucin qui m'ont paru singulières.

Vous savez bien, Mesdames, que les capucins, capucins, ne doivent jamais porter d'argent sur eux. Leur besace leur tient lieu de tout; elle suffit pour les faire vivre. Le

prophête Elie, en quittant ce monde, laissa son manteau à son disciple; & il y a lieu de croire que S. François ne laissa pas à ses disciples son manteau, mais bien sa besace.

Un jour, m'a-t-on dit, un voyageur se trouvant arrêté par une petite rivière, & le pont étant fort éloigné, il fut fort embarrassé; car vous remarquerez qu'il étoit à pied. Il apperçut de loin un capuchon, & il se dit à lui même : c'est sans doute un capucin; car, comme le feu ne va pas sans fumée, un capucin ne va pas sans capuchon, capuchon. Effectivement; c'étoit un vieux père, madré comme quatre. Bonjour, mon père, dit le voyageur; vous serez aussi bien embarrassé que moi, nous ne pourrons pas passer. Bon, dit le capucin, je vais retrousser ma robe; je l'attacherai bien haut avec mon cordon; & je passerai au milieu de la rivière, car elle ne me paroît pas bien profonde. Si vous vouliez, mon père, dit le voyageur qui craignoit de se mouiller, je monterois sur votre dos, je m'accrocherois à votre manteau & à votre capuchon, & je vous aurois bien de l'obligation de me rendre ce service. Vous n'aurez pas la peine de vous déchausser, puisque vous allez nuds pieds; & vos sandales suffiront pour garantir vos pieds des pierres qui pourroient les blesser. Le capucin voyant que le voyageur se moquoit de lui, rioit dans sa barbe en méditant un singulier projet de vengeance. Voilà notre voyageur à califourchon sur le révérend père capucin, qui avoit relevé son capuchon sur sa tête, & mis dans sa poche sa calotte & son bréviaire. Comme il avoit relevé très haut avec son cordon, cordon, vous remarquerez, s'il vous plaît, qu'il avoit une culotte, quoique les capucins ordinairement ne portent point de culotte, culotte. Ils ont cette permission quand ils voyagent, à cause de la décence. La rivière qu'ils traversoient tous les deux, l'un portant l'autre, n'avoit guère qu'un pied de profondeur dans cet endroit, mais elle étoit assez large. Vers le milieu le capucin retourne la tête, & demande à son cavalier s'il avoit de l'argent sur lui. Oui, mon révérend père, dit le voyageur, & je vous récompenserai; car vous craignez, sans doute, que je ne l'oublie. Non, Monsieur, dit le capucin, capucin; mais de par S. François, notre bon père, il nous est défendu de porter de l'argent sur nous; & dans l'instant,

D 2

faifant un tour de reins, il jette mon voyageur tout-à-plat dans le beau milieu de la rivière, en courant de toutes fes forces.

Cependant, les capucins qui veulent avoir avec eux de l'argent, ont recours à une rufe affez fingulière. Ils fe font faire des fandales; ils pratiquent une boîte par le moyen d'un double fond, & ils mettent dedans leur argent. Alors, ce n'eft point eux qui portent l'argent, mais l'argent qui les porte.

(*Extrait des Soirées amufantes.*)

CARTES; (*jeux fubtils de*) pour s'amufer en fociété.

Voici quelques-uns feulement de ces jeux qui font en trop grand nombre pour les rapporter tous ici.

Premier jeu du nombre.

Vous prendrez les féquences des cartes, c'eft à favoir tous les treffles, tous les piques, tous les cœurs & tous les carréaux; vous les remettrez dans les mains de quatre pe fonnes, & à la première perfonne vous donnerez la féquence du treffle; à la feconde celle de pique, à la troifième celle de cœur; a la quatrième celle de carreau. Et pour bien réuffir au jeu, il faut remarquer que toutes les figures ont leur nombre particulier à favoir. Le valet vaut dix, la dame onze, le roi douze, & l'as un point.

Pour commencer ce jeu, il faut demander l'as de treffle que vous aurez donné à la première perfonne, & vous la mettrez fur votre main découverte, & multiplierez quatre points davantage; vous ferez donner enfuite le cinq de pique que vous demanderez à la feconde perfonne, puis multiplierez encore quatre points, & vous ferez livrer neuf de cœur. Il faut fe fouvenir de quatre chofes, c'eft-à-dire, qu'après le neuf il faut mettre le deux; après le valet, le trois, après la dame, le quatre; après le roi, l'as; & afin de ne point manquer à cette règle, voici l'ordre dans lequel les cartes doivent être rangées.

As de treffle. As de carreau.
Cinq de pique. Six de treffle.

Six de cœur. Valet de pique.
Deux de carreau. Trois de cœur.
Quatre de pique. Sept de carreau.
Cinq de cœur. Dame de treffle.
Roi de carreau. As de carreau.
As de cœur. Cinq de pique.
Cinq de carreau. Deux de cœur.
Neuf de treffle. Six de carreau.
Deux de pique. Valet de treffle.
Six de cœur. Roi de cœur.
Valet de carreau. As de pique.
Trois de treffle. Trois de cœur.
Sept de pique. Neuf de carreau.
Dame de cœur. Deux de treffle.
Quatre de carreau. Six de pique.
Huit de treffle. Valet de cœur.
Roi de pique. Trois de carreau.
Trois de pique. Sept de pique.
Sept de cœur. Dame de pique.
Dame de carreau. Quatre de cœur.
Quatre de treffle. Huit de treffle.
Huit de pique. Roi de treffle.

Enfin quand vous aurez fait appeler toutes les cartes par quelqu'un de la compagnie, faites les couper, & puis les mêlez les unes fur les autres, fans les mettre de travers; & il vous faut fouvenir de les mêler par-deffus, puis vous ferez prendre du milieu une carte par qui vous voudrez. Toutes les cartes qui feront deffous celle du milieu que vous avez fait prendre, vous les remettrez par-deffus les autres, puis vous regarderez fecrettement par-deffus, & ainfi vous faurez la carte qu'on aura prife, confidérant toujours la règle du chiffre, ainfi que vous avez demandé les cartes, & multipliant les quatre points davantage; puis quand vous l'aurez tirée, vous vous ferez livrer la carte, & la mettrez par-deffus ou par deffous les cartes, & les metterez de la même façon, comme a été dit ci-deffus.

Autre jeu pour faire tenir au plancher une carte qu'un de la compagnie aura fongée.

Il vous faut tenir le jeu de cartes de la main droite, & montrer les cartes à la compagnie, & en découvrir une plus que les autres; puis vous demanderez à quelqu'un de la compagnie quelle carte il aura fongée; fans doute il ne manquera pas de dire celle qu'il aura vue la plus découverte; cela fait, vous aurez un peu de poix de Bourgogne chaude & la mettrez deſſus la carte, & la jetterez au plancher auquel elle ne manquera point de s'attacher, ainſi vous ferez voir la carte qu'on aura penſée.

Autre jeu de cartes pour deviner combien de points il y a en trois cartes, que quelqu'un aura choiſies.

Prenez un jeu de cartes où il y en aura cinquante-deux, & que quelqu'un en choiſiſſe trois telles qu'il voudra. Pour deviner combien elles contiennent, dites lui qu'il compte les points de chaque carte choiſie, & qu'il y ajoute à chacune tant des autres cartes qu'il en faut pour accomplir le nombre de quinze, en comptant les ſuſdits points ; cela fait, qu'il vous donne le reſte des cartes, en ôtant quatre du nombre d'icelles, le reſte ſera infailliblement la ſomme des points qui ſont aux trois cartes choiſies.

Par exemple que les points des trois cartes ſoient quatre, ſept, neuf, il eſt certain que pour accomplir, en comptant les points de chaque carte, il faudra ajouter à quatre onze cartes, à ſept il en faut ajouter huit, & a neuf il faut ajouter ſix, par quoi le reſte des cartes ſera vingt-quatre, leſquels ôtant quatre reſteront pour la ſomme des points qui ſont aux trois cartes choiſies.

Ceux qui voudront pratiquer ce jeu en quatre, cinq, ſix, ou pluſieurs cartes, ſoit qu'il y en ait cinquante deux au jeu, ſoit qu'il y en ait moins ou plus, même qu'elles faſſent le nombre de quinze, quatorze ou douze, &c; il faut ſe ſervir de cette règle générale : multipliez le nombre que vous faites accomplir par le nombre des cartes choiſies, & au produit ajoutez le nombre des cartes choiſies, puis ſouſtrayez cette ſomme de tout le nombre des cartes, le reſte ſera le nombre qu'il vous faudra ſouſtraire des cartes reſtantes pour faire le jeu.

S'il ne reſte rien après la ſouſtraction, le nombre des cartes reſtantes doit exprimer juſtement les points des trois cartes choiſies ; ſi la ſouſtraction ne ſe peut faire, en ce que le nombre des parts eſt trop petite, il faut ôter le nombre des cartes de l'autre nombre, & y ajouter le demeurant au nombre des cartes reſtantes.

Autre jeu.

Pluſieurs cartes diſpoſées en divers rangs, deviner laquelle on aura penſée.

L'on prend ordinairement quinze cartes diſpoſées en trois rangs, ſi bien qu'il s'en trouve cinq en chaque rang. Poſons donc le cas que quelqu'un penſe une de ces cartes, laquelle il voudra, pourvu qu'il vous déclare en quel rang elle eſt, vous devinerez celle qu'il aura penſé en cette ſorte.

1°. Ramaſſez à part les cartes de chaque rang, puis joignez tous enſemble, mettant toutefois le rang où eſt la carte penſée au milieu des deux autres.

2°. Diſpoſez derechef toutes les cartes en trois rangs, en poſant une au premier, puis une au ſecond, puis une au troiſième, & ainſi juſqu'à ce qu'elles ſoient toutes rangées.

3°. Cela fait, demandez en quel rang eſt la carte penſée, & ramaſſez, comme auparavant, chaque rang à part, mettant au milieu des autres celui où eſt la carte penſée.

4°. Finalement, diſpoſez encore ces trois cartes en trois rangs de la même ſorte qu'auparavant, & demandez auquel eſt-ce que ſe trouve la carte penſée, alors ſoyez aſſuré qu'elle ſe trouvera la troiſième du rang où elle ſera, par quoi vous la découvrirez aiſément ; & que ſi vous voulez encore mieux couvrir l'artifice, vous pourrez amaſſer derechef toutes les cartes, mettant au milieu des deux autres le rang où eſt la carte penſée ; & pour lors la carte penſée ſe trouvera au milieu de toutes les quinze cartes ; ſi bien que de quelque côté que l'on commence à compter, elle ſera toujours la ſeptième.

Autre jeu.

Pluſieurs cartes étant propoſées à pluſieurs perſonnes, deviner quelle carte chaque perſonne aura penſée.

Par exemple, s'il y a quatre perſonnes, prenez quatre cartes, & les montrant à la première perſonne, dites-lui qu'elle penſe celle qu'elle voudra, & mettez à part ces quatre cartes, puis prenez en quatre autres, & les préfentez de même à la feconde perfonne, afin qu'elle penfe ce qu'elle voudra ; & faites encore tout de même avec la troifième ou quatrième perfonne; alors prenez les quatre cartes de la première perfonne, & les difpofez en quatre rangs, & fur elles rangez les quatre de la feconde perfonne, puis les quatre de la troifième, puis celle de la quatrième ; & préfe tant chacun de ces quatre rangs à chaque perfonne, demandez à chacun en quel rang eft la carte par elle penfée; car infailliblement celle que la première perfonne aura penfée, fera la première du rang où elle fe trouvera. La carte de la feconde perfonne fera la feconde de fon rang; la carte de la troifième fera la troifième à fon rang; & la carte de la quatrième fera la quatrième du rang où elle fe trouvera, & ainfi des autres, s'il y a plus de perfonnes, & par conféquent plus de cartes ; ce qui peut auffi fe pratiquer en toutes autres chofes par nombre certain.

Autre jeu de cartes très-fubtil & divertiffant, pour dire quelles font les cartes que quelqu'un ou plufieurs de la compagnie auront tirées.

Premièrement, pour bien jouer ce jeu, il faut ôter tout le carreau, à la réferve du roi, de la dame & du valet.

2°. Enfuite vous mettrez toutes les têtes en haut, & les autres cartes vous mettrez les points en bas; il faut remarquer que vous tiendrez le jeu de cartes en cet état, jufqu'à ce qu'un ou plufieurs aient tiré les cartes qu'ils voudront du jeu, & vous prendrez garde de quelle manière on remettra les cartes de votre jeu, d'autant que fi celui qui vous a tiré vos cartes vous les remet de la même façon qu'il les a tirées; alors vous devez retourner votre jeu de cartes les points en haut & les têtes en bas; cela fe fait en un inftant, & par cette règle, vous direz fort facilement les cartes qu'ils auront tirées, d'autant qu'elles feront à rebours les unes des autres, obfervant la règle ci-deffus.

Autre jeu de cartes très-fubtil & divertiffant, pour deviner toutes les cartes d'un ou de plufieurs jeux l'un après l'autre.

Pour le faire bien adroitement & fubtilement, il faut premièrement qu'il n'y ait perfonne à la gauche de celui qui jouera ; alors prenant un jeu de cartes ou plufieurs, tant que l'on voudra, il en verra feulement celle de deffous, & la fera voir s'il veut à toute la compagnie, puis après il cachera lefdites cartes derrière fon dos, de forte qu'elles ne puiffent être vues de perfonne ; & y mettant les deux mains, il mettra adroitement la carte de deffus qu'il aura fait voir à la compagnie; il la jettera fur le tapis, & en la jettant, il pourra fubtilement voir celle qu'il aura dans la paume de la main, & enfuite pourra recommencer à reprendre une autre carte comme la première fois, & ainfi continuer tant qu'il voudra, à tirer & deviner toutes les cartes.

Tour fubtil de cartes.

Pour faire ce jeu, l'on peut fe fervir d'un ou plufieurs jeux de cartes; enfuite vous demanderez à une perfonne de la compagnie quelle carte elle defire que l'on faffe venir à foi : cela fait, il faut avant que de commencer que vous ayez foin d'avoir un petit morceau de cire, que vous attacherez à un de vos boutons, avec le plus grand cheveu que vous pourrez trouver; enfuite vous approchant de la table, levant la carte que la perfonne aura choifie, vous lui demanderez fi ce n'eft pas cette carte qu'il fouhaite que vous faffiez venir vers vous ; alors adroitement prenant cette carte, vous attacherez votre cire deffous, où fera auffi attaché votre cheveu ; puis faifant retirer tant foit peu le monde qui fe trouvera autour de la falle, vous ferez femblant de prononcer quelques paroles, & vous vous retirerez tout d'un coup, & par le moyen de votre cheveu, vous retirerez ladite carte devers vous jufques fur le petit bout de la table, & faites en forte qu'elle ne tombe point par terre, de crainte que l'on ne découvre votre fubtilité!

CARTES.

Divination par les cartes, ou les oracles du Cartier.

Règle générale. — Le cœur indique du bonheur & du fuccès en matière de galanterie, & le *carreau* en fait d'intérêt & de finance; le *treffle* eſt favorable aux vues d'ambition, & le *pique* aux projets de guerre ou d'avance-mens militaires.

Au contraire, le *pique* indique un mauvais ſuccès dans les affaires de galanterie ; le *treffle* doit donner lieu de craindre que celles d'inté-rêts tournent mal ; le *cœur* annonce un grand mécompte aux projets d'ambition ; & le *carreau* eſt tout à fait contraire à ceux militaires. Si c'eſt un homme marié & diſtingué qui in-terroge, le *roi* eſt la carte la plus favorable ; ſi c'eſt une femme, c'eſt la *dame ;* & ſi c'eſt un jeune homme, c'eſt le *valet.*

Le *dix* annonce pour tous un bonheur ou un malheur conſidérable.

Le *neuf*, le *huit*, & le *ſept* vont en décli-nant ; enfin l'*as* eſt le plus petit dommage ou le plus grand avantage.

D'après ces principes, voici comme on s'y prend pour interroger l'oracle. On forme la queſtion & on l'écrit en moins de mots poſ-ſibles ſur un petit papier qu'on plie, & qu'on remet enſuite à celui ou à celle qui tire les cartes, à qui il faut bien confier les affaires. Seulement ſi l'on fait entrer dans la queſtion le nom d'une perſonne que l'on ne veut pas faire connoître, on peut ſe contenter de dire de quel nombre de lettres il eſt compoſé.

Le grand prêtre ou la grande prêtreſſe de l'oracle compte toutes les lettres qui entrent dans la phraſe de celui ou de celle qui l'in-terroge, comme ils ſe trouvent écrits, ſans avoir égard à la bonne ou mauvaiſe ortho-graphe ; enſuite il prend deux jeux de piquet faiſant ſoixante-quinze cartes, & les ayant bien mêlés enſemble, & fait couper la per-ſonne intéreſſée, il tire autant de cartes qu'il y a de lettres, & toutes celles-là ne ſignifient rien ; ce n'eſt que celle qui les ſuit immédia-tement qui décide, le ſort bon ou mauvais de la perſonne ; ſuivant qu'elle eſt de la couleur favorable ou contraire, & ſuivant qu'elle mar-que le degré de bonheur ou de malheur. Si elle eſt d'une des couleurs qui ne ſont point applicables à la queſtion, ou ſi l'on tombe ſur une dame, quand c'eſt un homme qui inter-roge, ou ſur un valet, quand c'eſt un homme vieux, veuf ou marié ; dans tous ces cas-là la partie eſt remiſe.

Si celui qui interroge voyant que l'oracle a

peine à s'expliquer, craint qu'il ne lui annonce quelques mauvais ſuccès, il eſt maître de jeter ſon papier au feu & de ceſſer de le queſtion-ner ; mais s'il veut abſolument ſavoir à quoi s'en tenir, on remêle de nouveau les cartes, on redonne à couper, on retire une ſeconde fois, & juſqu'à trois & à quatre : au reſte, il eſt de la prudence de celui qui tire les cartes de ne jamais admettre certaines queſtions qui peuvent lui être faites ; par exemple, celles-ci : *ma femme m'eſt elle fidelle ?* ou celle là : *aime-rai-je toujours M.... ?* ou *M... m'aimera-t-il toujours ?* Ce ſont des objets ſur leſquels on ne doit conſulter d'autre oracle qu'un cœur ſenſible & un eſprit bien fait. Mais voici des exemples de choſes que l'on peut demander, & ſur leſquelles l'oracle du cartier eſt en état de répondre. *Serai-je heureux dans mes amours ?* Une femme met *heureuſe*, ce qui fait une lettre de plus. On peut ajouter *quand j'en aurai ;* ce qui change encore le nombre des lettres. On peut tourner encore la phraſe d'une autre ma-nière : *réuſſirai-je dans mes amours ? aurai-je du ſuccès dans mes galanteries ?*

Suppoſons qu'on adopte la dernière de ces phraſes, elle contient trente-trois lettres : on tirera d'abord trente-trois cartes, & la trente-quatrième ſera déciſive. Si elle ſe trouve être un *as de cœur*, on ſe moque du demandeur, parce qu'il eſt prouvé qu'il n'aura qu'une très-petite réuſſite. Si c'eſt le *dix de pique*, il ſera à plaindre ; ſi c'eſt un *treffle*, ou un *carreau*, ou un *roi*, ou un *valet*, lorſque la queſtionneuſe eſt une dame, alors l'oracle ne ſe ſera pas ex-pliqué. De quelque façon qu'il ait parlé, lorſque la divination eſt finie, il faut jetter au feu le billet qui contient la queſtion.

Il y a d'autres manières de deviner par les cartes, où l'on n'eſt pas obligé de dire ſon ſecret à celui qui doit les tirer. La première conſiſte à faire faire la *patience* devant ſoi & à ſon intention, ſuivant qu'elle réuſſira ou qu'elle manquera, on peut juger du bon ou du mauvais ſuccès de ce qu'on deſire.

Un autre façon eſt d'attacher ſon ſort à une carte quelconque qu'on nomme ſeulement à celui qui tient les cartes. Après les avoir bien fait mêler, les avoir mêlées ſoi-même & cou-pées, il les tire alors toutes les unes après les autres en les plaçant à la main droite & à ſa gauche, comme on fait au *Pharaon* pour décider de la perte ou du gain. La carte défignée arrive enfin ; fi c'eft en gain l'affaire doit réuffir, fi c'eft en perte elle manquera.

Exemple. Suppofons que je veuille favoir fi je ferai heureux dans une affaire de galanterie. que j'ai entreprife, je prends pour ma carte la dame ou l'as de cœur; mais ce ne doivent pas être les premières ni les fecondes cartes de cette efpèce qui fe trouvent dans le jeu; car fi cela étoit, le fort feroit trop tôt décidé ; mais celles qui doivent arriver les dernières, comme la troifième ou quatrième dame, le troifième ou quatrième as ; lorfque cette carte arrive on fait à quoi s'en tenir. Il en eft de même des queftions qu'on pourroit faire fur toute autre matière d'intérêt, d'ambition, d'avancement militaire. On fe rappelle fans doute ce qui a été dit, il n'y a qu'un moment, de la fignification du carreau, du trèfle & du pique relativement à ces objets.

CASSETTE. (*jeu de la*)

Voyez à l'article CORBILLON. (*le*)

CÉRÉMONIES DE VENUS ET DE CUPIDON. (*jeu des*)

Dans le jeu des cérémonies de Venus & de Cupidon, une dame reprefente Venus, & quelque jeune garçon reprefente Cupidon : il y a un facrificateur & une religieufe, un ferviteur & une fervante des facrifices, cinq héros, & cinq nymphes, cinq bergers & cinq bergères, avec des faunes, des fatyres & des fylvains. Venus & fon fils fe mettent fur une manière d'autel, où chacun les vient adorer, ce qui n'étant que feinte, pafferoit néanmoins en certain pays pour idolatrie. Le facrificateur & la religieufe font plufieurs cérémonies pour vaquer au fervice des divinités, & puis leurs miniftres appellent tantôt les jeunes héros & les nymphes, ou les bergers & les bergères, par des noms pris des fables des poëtes, & ils viendront offrir des chofes dédiées à Venus, comme colombes, tourterelles, moineaux, mufc, rofes & myrte, & leur ayant été demandé s'ils defirent implorer l'affiftance des fatyres ou des faunes, s'ils s'y accordent, ils

feront mis entre leurs mains. Après le facrificateur allumant un flambeau, le donnera à celui qui reprefentera Adonis, lequel le donnera à une nymphe, & cette nymphe à un jeune héros, & cela paffera aux bergers & aux bergères, jufqu'à ce qu'il foit éteint par un miniftre du temple. De vrai il y a là beaucoup de fimagrées & nulle fubtilité, ni aucunes raifons pour toutes ces cérémonies diverfes ; de forte que cela ne fauroit apporter guère de plaifir aux bons efprits.

CHAT QUI DORT ; (*le*) jeu de fociété.

Voyez à l'article POULES. (*jeu des*)

CHATEAU. (*jeu du*)

Le château eft conftruit en bois, & préfente deux corps de bâtiment ; l'un fupérieur, & l'autre inférieur. Il y a un efcalier avec de petites marches fur un plan incliné de chaque côté. Ces deux efcaliers font paffer la boule avec laquelle on joue dans les deux galeries du haut & du bas. On a tracé en chiffres romains au-deffus des neuf cafes ou portiques du corps élevé du château XV, X, VII, LXXV, II, VIII, V, XX, & au-deffus des neuf cafes ou portiques du corps d'en bas, en chiffres arabes, 45, 11, 30, 3, 50, 4, 35, 12, 40. La terraffe du château eft embarraffée par des efpèces de petites bornes au nombre de 28, lefquelles fervent à faire dévier la petite boule qu'on fait partir du haut de l'efcalier qui eft de chaque côté du jeu, & qui va paffer fur cette terraffe pour fe rendre enfuite dans un des portiques de la galerie d'en bas, où le chiffre indique les points amenés par le joueur.

Règles du jeu du château.

L'on peut jouer à ce jeu deux ou quatre perfonnes ; mais il n'y en a toujours qu'une qui gagne.

Si l'on joue à deux perfonnes, la partie fe joue en 51 points.

Avant de commencer le jeu, il faut convenir de la valeur que l'on donne à chaque jetton.

Vous

Vous faites partir la boule du haut de l'escalier qui est de chaque côté du jeu, qui va passer dans un des portiques du château, & va tomber dans un de ceux de la galerie qui est en bas.

Si celui qui joue le premier amène 7 & 6, cela lui fera 13 points, & que le second amène 5 & 3 qui font 8, il faut que le premier diminue sur les 13 qu'il a amenés & ne marque que 5 points ; si c'est le second qui a amené le point le plus haut, il diminuera également les points que le premier a amenés, & ne comptera que les points excédans.

Si vous amenez zéro & 3 ou autres chiffres, vous comptez un point de moins à cause du zéro qui diminue la valeur d'un point.

Si vous amenez les deux zéros avec d'autres points, vous diminuez deux points pour les deux zéros ; si vous n'amenez qu'un point avec les deux zéros, vous démarquez d'un point ; si vous n'en avez point encore marqué, vous le marquez de moins sur le coup suivant ; si vous n'amenez que trois zéros, l'autre joueur vous donne trois jettons : ce qui s'appelle *la consolation*. Dans le cas où vous jouez plus de deux personnes, la partie ne se joue plus en 51 points ; mais chaque joueur paye à celui qui a amené les plus hauts points, autant de jettons, comme il a amené de points de moins, en diminuant toujours les zéros, s'il lui en vient.

Chaque compagnie ne doit occuper qu'une face dudit jeu, ledit jeu étant composé pour deux compagnies.

Autre manière de le jouer.

L'on peut faire une poule & la jouer, comme à la ferme, en mettant un certain nombre de jettons chacun à la masse.

Si vous amenez un chiffre des portiques du château, & un de la galerie d'en bas, vous prenez à la masse autant de jettons que vous avez amené de points.

Si vous amenez un zéro du château, & un chiffre de la galerie, vous diminuez un point pour le zéro avant de prendre à la masse, si vous en amenez deux, vous en prenez deux de moins à cause de deux zéros.

Si vous amenez les trois zéros, chaque

Jeux familiers.

joueur vous paye trois jettons, ce qui s'appelle *l'aumône* ou la *consolation du jeu*.

A la fin du jeu, si vous amenez plus de points qu'il n'y a de jettons au jeu, le joueur ne prend rien, au contraire, il est obligé de fournir à la masse autant de jettons qu'il en manque pour completter le nombre de points qu'il a amenés, & un autre joue.

Pour finir le jeu, il faut amener juste autant de points qu'il y a de jettons au jeu.

Ce jeu se trouve au magasin de tabletérie, rue des Arcis, au Singe vert.

CHIROMANCIEN. *(jeu du)*

Il faut que celui qui fait le personnage du chiromancien sache tous les noms des lignes des mains, comme la vitale, la naturelle, la mensale, avec la signification qu'elles ont selon leurs figures, & aussi les noms des monts que l'on établit dans la paume de la main, qui sont ceux des planetes, avec leurs qualités astrologiques, & ayant donné à chacun quelqu'un de ces noms, & leur en ayant appris les divers attributs, il prendra la main à quelque belle dame de la compagnie, pour lui dire la bonne aventure ; & en faisant tous ses discours, dès qu'il viendra à parler de quelqu'une des choses que l'on remarque dans cet art, ceux qui en porteront le nom, seront obligés de répondre aussitôt, selon ce qu'il aura dit ; comme s'il a dit, *que la ligne vitale est entière*. Il faut que celui qui en porte le nom, dise : *que c'est signe de longue vie*. S'il dit, *qu'elle est rompue* ; qu'il réponde, *que c'est signe de courte vie*, & que pour les noms des planettes, il y ait ainsi des réponses touchant les biens & les maux. Chacun retiendra deux diverses qualités, suivant lesquelles l'on peut parler diversement.

CHOUETTE. *(nouveau jeu de la)*

Lequel est, dit-on, très-recréatif & très-aisé à jouer.

Ce jeu est une imitation de celui de l'oie ; & se joue avec trois dez sur un carton, dont le cercle est distribué par cases, avec quatre rangs principaux de figures.

E

Le premier rang traçant différens objets ; le second marquant les différens nombres des points des dez ; le troisième exprimant par des lettres & des chiffres les différentes chances du gain ou de la perte ; le quatrième représentant encore des figures d'oiseaux, d'uftenfiles, &c.

Règle du jeu.

1°. Avant que de commencer à jouer on aura bon nombre de jettons, que les joueurs partageront également entre eux, & on fixera le prix de chaque jetton.

2°. On choisira un joueur de la compagnie pour être le gardien du fonds du jeu, afin que si l'un des joueurs veut quitter ledit jeu, le gardien lui tienne compte du surplus des jettons qu'il aura gagnés, ou lui fasse payer ceux qu'il aura perdus ; ce que le gardien aura soin de voir & vérifier au prorata des jettons que ledit joueur aura reçus au commencement du jeu.

3°. Avant de jouer, chaque joueur doit mettre au milieu du jeu trois ou quatre jettons au moins, & même plus si on veut, suivant qu'ils conviendront ensemble ; ce qui se répétera chaque fois que le jeu sera vide.

4°. Ce jeu se joue avec trois dez.

5°. Pour savoir qui jouera le premier, on prend les trois dez que chacun des joueurs jette sur le carton l'un après l'autre ; celui qui amenera le plus haut point joue le premier, & ainsi des autres en gardant chacun son tour, jusqu'à ce qu'un des joueurs amène dix huit ou les trois six où est la grande chouette, & où est écrit tout. Celui qui amenera ce point tire tous les jettons qui sont sur le jeu, ce qui fait la partie : après quoi on recommence le jeu, & on tire à qui jouera le premier, après avoir remis au jeu de nouveau.

6°. Chaque joueur ayant pris son rang à jouer, suivant les points qu'il aura amenés ; le premier prend les trois dez qu'il jettera sur le jeu ; on cherchera dans les cases le même qi'ont marqué sur lesdits dez. S'il se trouve qu'il ait amené une chouette où il est écrit la moitié, a dit joueur tirera la moitié des jettons qu'il y a sur le jeu ; si les jettons sont impairs, le surplus sera au profit du jeu.

Si ledit joueur amène le nombre où il est marqué un T, il prendra sur le jeu le nombre de jettons que le chiffre qui est auprès du T marque. De même si le joueur amène le nombre où il est marqué un P, il payera sur le jeu le nombre de jettons que le chiffre qui est auprès du P marque. Celui qui amène treize par deux six & un point où il y a écrit rien, ne tire, ni ne paye rien.

CHRONOLOGIQUE ; (jeu) utile pour apprendre la suite des siècles, & ce qui est arrivé de plus remarquable en chacun.

Tous les siècles sont ici divisés en trois parties.

La première se termine au vingtième siècle, remarquable par la naissance d'Abraham.

La seconde finit au quarantième siècle, remarquable par la naissance de J. C.

La troisième & dernière se termine au siècle présent.

Chacun mettra également en ces trois siècles, comme les plus avantageux, ce dont on sera convenu.

On y joue avec un dodecahèdre, ou avec deux dez, à l'imitation du jeu de l'oie.

Chacun aura une marque particulière pour marquer son jeu.

Les règles du jeu.

Qui ira au sixième & quatorzième siècles, recommencera à son tour, pour n'y avoir rien trouvé de remarquable.

Qui ira au dixième perdra deux marques qu'il mettra au siècle quarantième, en mémoire des deux pertes arrivées en ce siècle, à savoir d'Adam & d'Enoch.

Qui ira au douzième auquel naquit Noé s'avancera de six siècles au-delà, en mémoire des six siècles qu'avoit vus Noé au tems du déluge.

Qui ira au dix-septième retirera de chacun une marque pour lui aider à faire l'arche, afin de se sauver du déluge.

Qui ira au dix huitième pour éviter la confusion de Babel & la domination, tant de Nemrod que des Assyriens, ses successeurs, qui régnèrent treize siècles, reculera d'autant de siècles.

Qui ira au vingtième gagnera ce qui y aura été mis, & retirera une marque de chacun.

Qui ira au 21e, 22e, 23e & 24e, y demeurera en servitude jusqu'à ce que chacun des autres aient joué deux fois.

Qui ira au vingt-cinquième retirera une marque de ceux qui seront aux quatre siècles précédens pour les tirer de servitude, sans attendre que les autres aient joué deux fois, en mémoire de la délivrance d'Egypte.

Qui ira au trentième retirera d'un chacun une marque pour le bâtiment du temple de Salomon, ce qu'il mettra au quarantième siècle où au dernier, si le quarantième a été gagné.

Qui ira au trente-unième reculera de trois siècles, en mémoire d'autant de tems que dura la monarchie des Medes, depuis Arbaces qui fut leur premier roi en ce siècle.

Qui ira au trente-cinquième jouera deux fois avant tous les autres, en mémoire des deux siècles que dura l'empire des Perses, depuis que Cyrus, leur premier roi, se rendit monarque de l'Asie par la prise de Babylone.

Qui ira au trente-septième fera reculer de cinq siècles celui qu'il aura devancé le dernier, en mémoire d'autant de siècles que demeurèrent les Perses à remettre leur royauté, depuis qu'Alexandre les vainquit en ce siècle.

Qui ira au quarantième gagnera ce qui y aura été mis, & retirera de chacun une marque, & outre ce, gagnera ce qui pourroit être au vingtième, au cas que personne ne l'eût gagné auparavant.

Qui ira au cinquième siècle, à compter depuis l'ère chrétienne, fera mettre à chacun deux marques au siècle présent, en mémoire de Pharamond Ier, roi de France, & de Clovis qui en fut le premier roi chrétien.

Qui ira au septième contribuera d'une marque pour aller faire la guerre à Mahomet qui s'éleva en ce siècle, & reculera au siècle d'Adam.

Qui ira au dixième se fera faire hommage d'une marque par chacun, en mémoire de l'hommage que se fit faire par tous les grands du royaume Hugues Capet, premier roi de la 3e race.

Qui ira au treizième aura cet avantage que,

s'il passe de trois points le siècle des Louis de Bourbon, il ne laissera pas de gagner le jeu, sans être obligé de reculer de trois siècles, & ce en mémoire d'autant de siècles passés depuis la mort de S. Louis qui régna en ce siècle, jusqu'à la naissance de Henri IV, premier roi de France de la branche de Bourbon, qui est sortie de S. Louis.

Qui ira au quinzième retournera au siècle de Constantin le Grand en reculant de onze siècles, en mémoire d'autant de siècles que dura l'empire d'Orient au pouvoir des chrétiens, depuis Constantin-le-Grand qui s'établit à Constantinople, jusqu'à sa prise qui arriva en ce siècle.

Qui ira au dernier siècle qui est celui de Louis de Bourbon, gagnera tout ce qui se trouvera à gagner dans tout le jeu, & outre ce, retirera de chacun autant de marques qu'il aura gagné de siècles avant ceux qui sont les vingt, quarante & dernier.

Qui aura plus de points qu'il ne faut pour parvenir au siècle dernier, en reculera d'autant de siècles qu'il aura plus de points, si ce n'est qu'en reculant il rencontrât un siècle occupé par un autre, auquel cas il ne bougera de son lieu, & payera une marque à celui qu'il aura rencontré, suivant la règle générale qui suit.

Il y a deux règles générales, dont la première est que celui qui rencontrera en jouant un siècle occupé par un autre, payera une marque à celui qu'il rencontrera & ne bougera de son lieu.

La seconde est que personne ne pourra tirer aucun avantage du siècle qu'il pourra rencontrer en reculant, mais seulement en avançant.

N. B. Il est dit dans une note du tableau : le nombre des années des premières & secondes parties ne sont pas sans contestations ; on a suivi le sentiment qui est le plus conforme à l'écriture ; car pour la première partie, si l'on compte l'âge qu'avoit chacun des 19 patriarches en la naissance de son fils, on trouvera qu'elle est de 1948 ans. (Gen., chap. V & XI.)

La seconde partie qu'on fait ici de deux mille ans, peut se diviser en espaces dont le premier finissant à l'issue d'Egypte est de 505 ans ; savoir, 175 ans qu'avoit Abraham lorsque la pérégrination ou servitude d'Egypte commença, & 430 ans qu'elle dura, suivant le 13e chap. de l'Exode. Le deuxième espace finissant en la 4e année de Salomon en laquelle le temple fut commencé est de 480 ans, chap. VI, du Ier des rois. Le troisième espace finissant avec la captivité de Babylone qui dura 70 ans, est, selon Scaliger, d'environ 487 ans. Quelques-uns le font de quelque peu plus d'années, & d'autres de quelque peu moins ; & le dernier finissant en la naissance de J. C. est d'environ 528 ans, suivant Scaliger.

Le carton de ce jeu est distribué en cases, & divisé par siècles & époques; nous en allons rapporter les notices, comme étant instructives & curieuses.

PREMIÈRE PARTIE.

1.
100. Adam fut créé le 6e jour de la création du monde, véquit 930 ans, & engendra Seth à l'âge de 130 ans.

2.
200. Seth, fils d'Adam, naquit l'an 130 du monde, véquit 912 ans, & engendra Enos étant âgé de 105 ans.

3.
300. Enos naquit l'an du monde 235, véquit 905 ans, & engendra Caïnan étant âgé de 90 ans.

4.
400. Caïnan naquit l'an 315, engendra Mahalaleel, à l'âge de 70 ans, & véquit 911 ans; Ma, & véquit 895 ans.

5.
500. Jared naquit l'an 460, engendra Énoch à l'âge de 162 ans, & véquit 962.

6.
600. En ce siècle ne se trouve rien de mémorable dont on ait connoissance.

7.
700. Énoch naquit l'an 612, engendra Mathusalem à l'âge de 65 ans, & fut enlevé au ciel à l'âge de 365 ans. Mathusalem naquit l'an 687, engendra Lamech, âgé de 187 ans, & véquit 969 ans.

8.
800. Tubalcain descendu de Caïn est estimé avoir inventé l'usage du fer & de l'airain en ce siècle.

9.
900. Lamech naquit l'an 874, engendra Noé étant âgé de 182 ans, & véquit 777 ans.

10.
1000. Adam mourut l'an 930, & Énoch fut ravi au ciel l'an 987.

11.
1100. Noé naquit l'an du monde 956, engendra Sem étant âgé de 502 ans, véquit 950 ans. Seth, fils d'Adam, mourut en ce siècle, l'an 1042.

12.
1200. Enos, petit fils d'Adam, mourut en ce siècle, l'an 1140.

13.
1300. Caïnan mourut en ce siècle l'an 1135, & Mahalaleel l'an 1290.

14.
1400. En ce siècle ne se trouve rien de mémorable dont on ait connoissance.

15.
1500. Jared mourut en ce siècle l'an 1422.

16.
1600. Sem, fils de Noé, naquit l'an 1558, engendra Arphaxad à l'âge de 100 ans, & véquit 600 ans.

17.
1700. Le déluge arriva en ce siècle l'an 1656, & de l'âge de Noé l'an 600. Lamech mourut l'an 1651, & Mathusalem l'année du déluge. Salah naquit d'Arphaxad l'an 1693.

18.
1800. La confusion de la tour de Babel arriva en ce siècle, & le commencement de la monarchie des Assyriens qui dura 1300 ans. Heber naquit l'an 1723, Phaleg 1757, & régna en 1787.

19.
1900. Saruch, Nachor & Tharé, père d'Abraham, naquirent en ce siècle; savoir, Saruch l'an 1819, Nachor l'an 1849, & Tharé l'an 1873; celui-ci eut Abraham à l'âge de 70 ans.

20.
2000. Abraham naquit en ce siècle l'an du monde 1948; engendra Isaac étant âgé de 100 ans; lequel il offrit en sacrifice. Il véquit 175 ans; reçut la promesse à l'âge de 75 ans.

21.
2100. Isaac naquit l'an 2048, l'an 100 d'Abraham; il engendra Jacob & Esaü à l'âge de 60 ans, véquit 180 ans. En ce siècle commença la pérégrination ou servitude d'Egypte l'an 75 d'Abraham, & 2023 du monde.

22.

2200. Jacob naquit l'an 2108, eut douze fils, & entr'autres Joseph, qui naquit l'an 2198; alla en Egypte âgé de 130 ans, & véquit 147 ans. Levi naquit de Jacob environ l'an 2195.

23.

2300. Joseph né l'an 91 de Jacob, & 2198 du monde, fut vendu par ses frères à l'âge de 18 ans, mis en prison en Egypte l'an 27, élevé au gouvernement l'an 30, véquit 110 ans.

24.

2400. Caha, fils de Levi, & ayeul paternel de Moïse, naquit l'an 2229 du monde, & l'an 4ᵉ de Levi; Amram son fils, & père de Moïse, naquit l'an 2303.

25.

2500. Moïse né l'an 70 d'Amram son père, & 2373 du monde, fut exposé pour être noyé dès sa naissance; retira le peuple d'Egypte l'an 430 de la pérégrination ou servitude, & 2453 du monde.

26.

2600. Josué, Othoniel & Aiod gouvernèrent le peuple d'Israël en ce siècle, pendant lequel il fut deux fois en servitude. Othoniel le délivra de la première, & Aiod de la seconde, ayant défait Eglon, roi des Moabites, environ l'an 2560.

27.

2700. Débora, Barach, Gédeon, Abimelec & Thola gouvernèrent le peuple d'Israël en ce siècle. Barach délivra le peuple de la troisième servitude, & Gédeon de la quatrième. Sisara, chef de l'armée de Jabin fut tué par Jaël, environ la 20ᵉ année de Debora.

28.

2800. Thela, Jaïr, Jephté, Abeson, Elon, Abdon & Samson gouvernèrent le peuple d'Israël en ce siècle, dans lequel il fut deux fois en servitude. Samson battit souvent les Philistins, & leur fut enfin livré par Dalila, environ l'an du monde 2808.

29.

2900. Héli, Samuël, Saül & David gouvernèrent en ce siècle. Saül fut le premier roi d'Israël, l'an 426 de la sortie d'Egypte, & 2878 du monde, & régna 40 ans. David tua Goliath & régna 40 ans; il mourut environ l'an 476 de la sortie d'Egypte.

30.

3000. Salomon, fils de David, lui succéda

au royaume, commença le temple l'an 4ᵉ de son règne, & 480 depuis la sortie d'Egypte, & 2933 du monde. Roboam son fils, Abiam & Asa regnèrent successivement après lui en ce siècle.

31.

3100. Arbaces fut le premier roi des Medes l'an 3076, ayant vaincu Sardanapale, roi des Assyriens, 1300 ans après l'établissement de la monarchie des Assyriens. Celle des Medes dura 333 ans jusqu'à la prise de Babylone. Asa, Josaphait, Joram, Abasia, Athalie & Joas furent rois de Juda en ce siècle.

32.

3200. Amasia, Osias ou Azarias & Joathan furent rois de Juda en ce siècle, dans lequel les Olympiades commencèrent par le rétablissement que fit Iphitus des jeux olympiques au tems du roi Osias l'an 776 avant J. C. Rome fut bâtie par Romulus en la première année de la septième Olympiade.

33.

3300. Achas, Ezéchias & Manassé furent rois de Juda en ce siècle, auquel Samarie fut prise par Salmanassar, & les dix tribus d'Israël menées en captivité en Colchos l'an 295 du temple de Salomon, & 3128 du monde. Sennacherib leva le siége de devant Jérusalem.

34.

3400. Ammon, Josias, Joachas, Jechosiècle. Jérusalem fut prise & rasée avec le temple de Salomon, & le peuple de Juda mené en captivité à Babylone l'an du monde 3361, & du temple 417. Cyrus fut le premier roi des Perses l'an 3390.

35.

3500. Cyrus transféra la monarchie des Medes ou Babyloniens aux Perses l'an 29ᵉ de son règne en Perse. Il fut défait par la reine Tomiris. Le peuple d'Israël fut retiré alors de la captivité de Babylone sous la conduite de Zorobabel. Cette captivité dura 70 ans. Tomiris fit tremper la tête de Cyrus dans du sang.

36.

3600. Rome fut prise par les Gaulois, & délivrée par Furius Camillus environ l'an 365 après sa fondation, & 386 ans avant J. C. Le temple fut achevé de rebâtir environ 419 ans avant J. C. Les trente tyrans furent établis à Athènes environ 16 ans avant la prise de Rome.

. 37.
3700. Alexandre-le-Grand, roi de Macédoine, transféra la monarchie des Perses aux Grecs par la défaite de Darius, dernier roi des Perses, arrivée environ 200 ans après la prise de Babylone, & 331 avant J. C. Le royaume des Perses ne fut rétabli que 557 ans après.

38.
3800. Judas Macchabée commença de gouverner les Juifs l'an 165 avant J. C. Le règne des Macédoniens prit fin en Persée leur dernier roi, pris & mené en triomphe à Rome par Paul Emile, l'an 584 de la fondation de Rome.

39.
3900. Aristobulus, fils d'Hircanus, fut le premier roi des Juifs, l'an 104 avant J. C. En ce siècle arrivèrent les guerres des Romains contre Jugurtha, les Cimbres & Mithridate, & les guerres civiles de Sylla & Marius.

40.
4000. Jules César se rendit maître de l'empire Romain environ 49 ans avant la naissance de J. C., qui naquit en ce siècle le 42e de l'empire d'Auguste, environ l'an 3948 du monde selon les uns, & 3983 selon d'autres.

DEUXIÈME PARTIE.

1. Ce premier siècle que nous appellons des Apôtres, commence après la naissance de J C., depuis laquelle on fait un nouveau compte d'années & de siècles, quoique le 40e siècle du monde ne fût pas achevé lorsque J. C. naquit.

2.
200. En ce siècle furent six empereurs du nom d'Antonins; savoir : Antonin le Pieux Marc Aurele, Lucius Verus, Commode & Severe. Il y eut trois persécutions des chrétiens en ce siècle. La première sous Trajan, 14e empereur; la deuxième sous Adrien, & la troisième sous Commode, 19e empereur.

3.
300. Caracalla, empereur, fit mourir en ce siècle Papinien, célèbre jurisconsulte, dont les disciples furent Ulpian, Julius Paulus, Pomponius & Modestin. Artaxerxes remit la royauté des Perses, l'an de grace 226.

4.
400. Constantin-le-Grand fut fait empereur l'an 306 de la nativité de J. C.; il établit l'empire d'Orient à Constantinople. Le premier concile universel fut tenu à Nicée l'an 325, & le deuxième à Constantinople l'an 381. S. Augustin vivoit en ce siècle.

5.
500. Pharamond fut le premier roi de France environ l'an 420 ; Clovis le cinquième roi, fut le premier roi chrétien, & se fit baptiser l'an 496. Augustule fut le dernier empereur romain, & Odoacre Loubaer fut le premier roi d'Italie l'an 475. Le troisième concile fut à Ephese l'an 431, & le quatrième à Calcédoine l'an 451. Ataulse fut le premier roi des Visigots en Espagne environ l'an 415.

6.
600. Justinien, empereur, fit compiler le droit romain en ce siècle ; sous lui fut tenu le concile 5e à Constantinople l'an 549.

7.
700. Mahomet, faux prophète, s'enfuit de la Mecque l'an 622, depuis lequel tems les Turcs comptent leur hégire. Concile 6e, tenu à Constantinople l'an 680.

8.
800. Charles Martel, maire du palais, défit près de Tours, l'an 726, 375.000 sarrasins. Pepin son fils fut fait roi, à l'exclusion de Chilperic, dernier roi des Merovingiens, l'an 751. Le septième concile fut tenu à Nice l'an 787. L'an 744 commença le royaume de Hongrie.

9.
900. Charlemagne, fils de Pepin, rétablit l'empire d'Occident environ l'an 801, qui fut le 33e de son règne en France. Egbert porta le premier le nom de roi d'Angleterre, environ l'an 835. Le huitième concile fut tenu à Constantinople l'an 869.

10.
1000. Hugues Capet, le premier de la troisième race, fut fait roi environ l'an 987. Il donna une grande partie du domaine aux grands du royaume, s'en réservant l'hommage. En ce siècle furent les premiers rois de Navarre & de Pologne.

11.
1100. Guillaume-le-Bâtard, dit le conquérant, & duc de Normandie, fut fait roi d'Angleterre environ l'an 1066 ; c'est de lui qu'est

issue la race royale qui y occupe le trône. En ce siècle on met le premier roi de Portugal.

12.

1200. Les rois de Jérusalem régnèrent en ce siècle durant 87 ans ; il y en eut dix, dont Godefroy de Bouillon fut premier, environ l'an 1100, & Guido fut le dernier qui fut pris par Saladin. Le duché de Bohême fut érigé en royaume vers l'an 1186.

13.

1300. S. Louis, neuvième du nom, succéda à son père l'an 1223 ; alla deux fois faire la guerre aux Sarrasins pour recouvrer la terre sainte. Il y mourut l'an 1270.

14.

1400. Le siége des papes fut transféré à Avignon en ce siècle l'an 1305 par Clément V. Il y demeura environ 72 ans, jusqu'à Urbain VI qui le remit à Rome l'an 1376. Un moine, nommé Bertolde, inventa la poudre à canon l'an 1380.

15.

1500. L'empire d'Orient qui avoit duré au pouvoir des chrétiens environ 1137 ans depuis Constantin-le-Grand, tomba entre les mains des Turcs par la prise de Constantinople que Mahomet II prit l'an 1452. J. Guttenberg mit le premier en usage l'imprimerie en 1440.

16.

1600. La dernière branche des Valois qui avoit commencé en François Ier l'an 1515, finit en Henri III l'an 1589. Henri IV lui succéda premier roi de France, de la branche de Bourbon, issue de Robert, fils de S. Louis.

17.

1700. Ce siècle est remarquable par la naissance des deux premiers rois de France du nom de Louis de Bourbon, savoir de Louis XIII, né l'an 1601, & de Louis XIV son fils, né d'Anne d'Autriche l'an 1638.

CISÉAUX CROISÉS. *(jeu des*

Voyez à l'article J'AIME MON AMANT PAR *B.*

CLEF DU JARDIN. *(la)*

Jeu de Société en dialogue.

M. DE LA RIVIÈRE.

Je vais, Mesdames, vous apprendre un jeu

bien simple, & auquel cependant on donne beaucoup de gages.

Mademoiselle DU GAZON.

Comment l'appellez vous ?

M. DE LA RIVIÈRE.

La clef du jardin. Il faut une attention toute particulière pour ne pas donner de gages.

Mademoiselle ROSE.

Chevalier, j'ai bien peur pour vous ; tous vos bijoux ne suffiront pas.

L'Abbé DES AGNIAUX.

J'ai trouvé un moyen de fournir aux gages les plus nombreux ; j'ai fait de petits étuis de carton, tous de la même couleur, de la même forme & du même poids. On aura des cartes coupées par la moitié dans la largeur ; sur ces cartes, les personnes obligées de donner des gages, écriront leur nom. On roulera ces cartes & on les mettra dans les étuis. Alors, en tirant les gages, on ne pourra pas reconnoître à qui ils appartiennent.

Mademoiselle DU GAZON.

Il est vrai qu'on pouvoit avant reconnoître bien des gages, & donner des commandemens en conséquence. Un Monsieur, par exemple, qui titera un dez à coudre, sait bien qu'il ne peut appartenir qu'à une Dame.

Madame DE LA RIVIÈRE.

Les petits étuis seront bien plus justes. Il n'y aura point de supercherie. On craindra de tirer un de ses propres gages, & on sera plus modéré dans les commandemens.

M. DES JARDINS.

Ils sont fort bien faits, ces petits étuis-là, mais cette opération allongera le jeu ; il faudra à chaque instant écrire son nom.

Mademoiselle DU BOCAGE.

Ne pourroit-on pas en faire de faux, & écrire le nom des autres ?

L'Abbé DES AGNEAUX.

On aura chacun dans sa poche, une douzaine ou environ de ces demi-cartes, où l'on aura écrit son nom, & on le fera passer à sa droite, pour qu'elle fasse le tour, & que chacun la puisse contrôler, avant de la mettre dans l'étui.

Madame DE LA HAUTE-FUTAIE.

Ce sera comme à la loterie royale.

L'Abbé DES AGNEAUX.

Aussi, Madame, ai-je fait une roue en verre pour recevoir les petits étuis. Avant de les tirer, on les remuera bien.

Mademoiselle ROSE.

Mon pauvre Chevalier, il vous faudra un jeu de cartes entier.

Madame DE LA RIVIÈRE.

Nous pourrons dire à Madame Dubois que nous avons joué aux cartes.... coupées.

Mademoiselle DE LA HAUTE-FUTAIE.

L'Abbé, vous avez des inventions charmantes. Allons, voyons donc la clef du jardin.

L'Abbé DES AGNEAUX.

Je connois ce jeu-là; mais c'est M. de la Rivière qui s'est engagé de vous le faire jouer. Je ne veux pas lui ôter cet honneur. Dans un moment, vous en saurez autant que nous.

M. DE LA RIVIÈRE.

Il suffit de répéter tour-à tour ce que je vais vous dire : Je vous vends la clef du jardin.

Tout le monde répète, l'un après l'autre.

Mademoiselle DE LA HAUTE-FUTAIE.

Eh ! mais c'est bien aisé.

L'Abbé DES AGNEAUX.

Patience, donc; ça ne le sera pas toujours.

M. DE LA RIVIÈRE.

Je vous vends la corde qui tient à la clef du jardin.

Tout le monde répète de même.

Mademoiselle DU BOCAGE.

Il n'y a rien de si simple que ce jeu-là.

M. DE LA RIVIÈRE.

Je vous vends le rat qui a rongé la corde qui tient à la clef du jardin.

Tout le monde répète de même.

Le Chevalier ZÉPHIR.

Je parie que je ne donnerai pas de gage.

M. DE LA RIVIÈRE.

Je vous vends le chat qui a mangé le rat qui a rongé la corde qui tient à la clef du jardin.

Le Chevalier ZÉPHIR.

Je vous vends le chat qui a mangé la clef du jardin.

L'Abbé DES AGNEAUX.

Bon ! Chevalier, deux gages; vous avez passé le rat & la corde.

Mademoiselle DU RUISSEAU.

Vous étrennerez les petits étuis, Chevalier, & la roue de fortune.

Mademoiselle DU BOCAGE.

Il faudroit appeler cette roue - là, roue d'étourderie.

M. DE LA FORÊT.

C'est assez bien trouvé. Allons, M. de la Rivière, parlez, on vous écoute.

Madame DE LA HAUTE-FUTAIE.

Ou du moins on doit vous écouter; ma fille, taisez-vous donc.

M. DE LA RIVIÈRE.

M. DE LA RIVIÈRE.

Je vous vends le chien qui a mangé le chat qui a mangé le rat qui a rongé la corde qui tient à la clef du jardin.

Mademoiselle DE LA HAUTE-FUTAIE.

(à son tour.)

Je vous vends le chien qui a mangé le rat qui a mangé le chat....

Madame DE LA RIVIÈRE.

Un gage, Mademoiselle; vous n'y pensez pas. Depuis quand les rats mangent-ils les chats ?

Mademoiselle DE LA HAUTE-FUTAIE.

Ah ! c'est que je me suis trompée. Je vais recommencer.

L'Abbé DES AGNEAUX.

Non, non, non : ça n'est pas permis. Il faut payer un gage. Allons, donnez vîte à Mademoiselle un petit étui, qu'elle mette sa carte dedans.

M. DE LA RIVIÈRE.

Je vous vends le bâton qui a tué le chien qui a mangé le chat qui a mangé le rat qui a rongé la corde qui tient à la clef du jardin.

L'Abbé PRINTEMS, (à son tour.)

Je vous vends le bâton qui a tué le chat qui a mangé le chien....

Mademoiselle DE LA HAUTE-FUTAIE.

Un gage, l'Abbé.

L'Abbé PRINTEMS.

Et pourquoi donc ? Si un rat peut manger un chat ; un chat peut bien manger un chien. Au reste, je vais donner mon billet.

Madame DE LA RIVIÈRE.

Vous l'avez fait exprès, l'Abbé, pour vous moquer de Mademoiselle de la Haute-Futaie.

Jeux familiers.

M. DE LA RIVIÈRE, *doucement.*

Je vous vends le feu qui a brûlé le bâton qui a tué le chien qui a mangé le chat qui a mangé le rat qui a rongé la corde qui tient à la clef du jardin.

Mademoiselle ROSE.

Vous voyez bien, Chevalier, quand vous allez doucement, vous ne vous trompez pas.

Le Chevalier ZÉPHIR.

C'est vrai ; mais il faut bien de la patience.

M. DE LA RIVIÈRE.

Je vous vends l'eau qui a éteint le feu qui a brûlé le bâton qui a tué le chien qui a mangé le chat qui a mangé le rat qui a rongé la corde qui tient à la clef du jardin.

Mademoiselle ROSE.

A vous donc, Chevalier.

Le Chevalier ZÉPHIR, *vîte.*

Je vous vends l'eau qui a brûlé le chien qui a mangé le jardin.

L'Abbé DES AGNEAUX.

Parbleu! vous avez raison, Chevalier; c'est bien plutôt fait. Vous ne devez que sept gages de ce coup-là.

Le Chevalier ZÉPHIR.

Eh bien! je les paierai.

Mademoiselle ROSE.

Quand je vous ai dit qu'il vous faudroit un jeu de cartes tout entier.

M. DE LA RIVIÈRE.

Je vous vends le sceau qui a apporté l'eau qui a éteint le feu qui a brûlé le bâton qui a tué le chien qui a mangé le chat qui a mangé le rat qui a rongé la corde qui tient à la clef du jardin.

F

Madame DE LA RIVIÈRE.

En voilà affez, mon bon ami; car ça ne finiroit pas.

L'Abbé PRINTEMS.

Ce jeu-là ne demande que de la mémoire; car les phrafes ne font pas difficiles à prononcer. Ce n'eft pas comme celles-ci : Si j'étois *petite pomme d'api : je me dépetite-pomme d'apierois comme je pourrois :* & vous, fi vous étiez *petite pomme d'api, comment vous dépetite-pomme d'apieriez-vous ?*

M. DES JARDINS.

Oui : chacun répète cela à fon tour, & on paye des gages quand on fe trompe.

M. DE LA FORÈT.

Il y a encore cette phrafe : fi j'étois *petit pot de beurre, je me dépetit-pot-debeurrerois comme je pourrois :* & vous, fi vous étiez *petit-pot de beurre, comment vous dépetit-pot-debeurreriez-vous ?*

Madame DE LA HAUTE-FUTAIE.

C'eft comme cette queftion là : *petit grain de bled, quand te regaillardiras-tu ?* Pour dire : *quand poufferas-tu ?*

L'Abbé PRINTEMS.

Chaque pays a fes jeux dans ce genre là. Par exemple : *je vous vends mon baril,* &c. Mais la phrafe ne fignifie rien.

M. DE LA RIVIÈRE.

C'eft comme cette phrafe : *l'abbeffe de Fontretout difoit qu'il n'y avoit pas plus loin....*

Madame DE LA RIVIÈRE.

Ah! n'achevez pas, M. de la Rivière; c'eft trop difficile à prononcer pour ces demoifelles.

L'Abbé DES AGNEAUX.

Ce jéfuite à qui on lifoit une cinquantaine de noms arabes qu'il ne connoiffoit pas, & qui

les répétoit dans l'ordre primitif, & enfuite dans l'ordre inverfe, auroit bien joué ces jeux là.

M. DE LA FORÈT.

A propos d'ordre renverfé, je me fouviens d'une chanfon affez difficile à chanter. La voilà :

> *Celui-là n'eft point ivre,*   bis.
> *Qui trois fois peut dire,*   bis.
> *Blanc, blond, bois, barbe grife, bois,*
> *Blond, bois, blanc, barbe grife, bois,*
> *Bois, blond, blanc, barbe grife, bois.*

M. DES JARDINS.

Elle eft difficile à chanter, furtout quand on a un peu bu.

Mademoifelle DU BOCAGE.

Je crois que ces fortes de jeux là tiennent le dernier rang dans ceux que nous avons joués. Ils peuvent aller de pair avec le corbillon & la caillette. Il ne faut pas de grands efforts d'imagination pour s'en tirer avec honneur.

Mademoifelle ROSE.

Le jeu des devifes, par exemple, eft plus fpirituel.

L'Abbé DES AGNEAUX.

Au refte, Mademoifelle, il eft bon d'avoir des jeux affez pour varier. Il ne faut pas fe caffer la tête pour y mettre de l'efprit. Il faut s'amufer d'abord, & quand on diroit quelque balourdife, n'importe, il faut en rire, & voilà tout. Trop de prétention détruiroit le plaifir de nos petits jeux. Mais il faut tirer les gages, car on va bientôt fouper.

(*Extrait des Soirées amufantes.*)

CLIGNEMUSETTE; forte de jeu où les enfans fe cachent, & font cherchés par un de leurs camarades qui, lorfqu'il attrape l'un de ceux qui font cachés, fe met à fa place, & fe cache à fon tour.

COCHONNET.

CLOCHE-PIED.

C'eft un jeu de force, où celui qui peut aller le plus loin fur un feul pied & franchir le plus grand efpace, gagne.

COCHONNET; petit corps d'or ou d'ivoire, taillé à douze faces pentagones, marquées de points depuis un jufqu'à douze. Il tient lieu de deux dez.

Le *cochonnet* eft encore ce qu'on jette pour but, quand on joue à la boule ou au palet.

COCHONNET à douze faces. (jeu du)

Ce jeu ne peut fe jouer qu'à deux perfonnes l'une contre l'autre. On place chacune telle fomme fur un ou deux numéros, & on roule le cochonnet chacun trois coups l'un après l'autre; c'eft à-dire, le premier roule le cochonnet une fois, le fecond le roule à fon tour, & ainfi de fuite alternativement jufqu'à trois fois. Si l'un des points vient du premier coup, la partie eft finie: fi après avoir tiré chacun fes trois coups, un des points n'eft point venu, on double la mife & on recommence.

Il faut pour ce jeu que ce foit le point de celui qui roule le cochonnet qui vienne.

Autre manière de le jouer.

En jouant la partie en trente-un points, qui ne fe prennent que fur l'excédant des points que l'un des deux a amenés, c'eft-à-dire le premier amène fix points, le fecond en amène huit, par conféquent ce n'eft que deux points que celui qui a amené huit peut compter.

On peut encore y jouer plufieurs, en faifant une poule, c'eft-à-dire que chaque joueur met au jeu trente ou quarante jettons fuivant la convention. On roule le cochonnet & on prend fur la maffe autant de jettons qu'on a amené de points. Quand on amène à la fin plus de points qu'il n'y a de jettons au jeu, on eft obligé de completter le jeu d'autant de jettons qu'on a amené de points.

CŒUR. 43

Pour finir la partie, il faut amener le nombre jufte des jettons qui font fur le jeu.

Ce jeu fe trouve, rue des Arcis, magafin de tabletterie, au Singe vert.

CŒUR. (jeu de la perte du)

Quelqu'un dira en foupirant: *Hélas! j'ai perdu mon cœur; & on lui demande, qui vous l'a pris?* Il répondra, c'eft *Madame telle*, qui eft quelque Dame de la compagnie, qu'il nomm avec des noms & des épithetes malaifés à retenir: auffitôt chacun fe tourne vers cette Dame, & on lui dit: *Ha! Madame, pourquoi tant de cruauté? faut il ainfi devant tant de monde commettre des larcins? C'eft avoir une grande affurance. Quoi! Madame, vous dérobez le cœur des hommes, & bientôt après, avec le larcin, vous allez joindre l'homicide; car n'allez-vous pas ôter la vie à celui qui ne peut fi long-tems vivre fans un cœur.* On lui dit cela, ou autre chofe femblable, felon que chacun de la compagnie le peut inventer. Quelquefois cela eft affez court, afin de lui donner moins de tems à répondre, mais encore qu'elle ait un affez long efpace à caufe de la quantité des difcours que l'on lui fait, elle eft fouvent tellement furprife ou étonnée de leur variété, qu'elle a peine à fe fouvenir de ce qu'il faut répondre, & fi elle manque de réponfe, il faut qu'elle donne un gage. Ce qu'elle peut faire pour ne point faillir, c'eft de dire qu'elle ne fait ce que l'on lui veut dire; que ce n'eft point elle qui a dérobé le cœur de celui que l'on nomme, mais une autre Dame dont elle dira auffitôt le nom & les attributs; & alors c'eft à cette autre à fe défendre, car chacun fe tourne vers elle, & de pareils difcours qu'à la première. Quand les Dames veulent attaquer les hommes, elles confeffent d'avoir pris le cœur de celui qui s'en plaint; mais que pour leur punition un autre homme qu'elles difent, a dérobé le leur, & chacun va alors à celui là. S'il veut il dira, ce n'eft pas moi, c'eft un tel; ou bien avouant d'avoir volé ce cœur, il dira qu'une autre Dame a dérobé le fien pour paffer ainfi d'un fexe à l'autre. Les noms & les épithetes que l'on choifira au commencement du jeu, le rendront difficile felon qu'ils feront longs ou

F 2

extraordinaires. L'un des hommes pourra être appellé, *Ulyſſe le plus fin de tous les hommes ;* les autres, *Achille le plus vaillant de tous les Grecs ;* l'autre, *Amadis, beau ténébreux & chevalier de l'ardente épée ;* & pour les Dames, l'une ſera, *Helène la ruine de Troye ;* l'autre, *Didon, reine infortunée, Lucrèce la chaſte,* ou *Cornelie la ſavante,* & chacun aura ainſi des noms & des qualités que l'on prendra dans l'hiſtoire, ou que l'on inventera à ſa fantaiſie, car il n'eſt pas beſoin d'avoir lu pour cela, & ſi l'on veut, l'on prendra des noms de comédie ou de farce, ou des ſobriquets du coin des rues.

C O I N S. (*jeu des quatre*)

Voyez à l'article MÉTAMORPHOSES.

COLIN-MAILLARD ASSIS. (*jeu du*)

Voyez à l'article AVOCAT. (*jeu de l'*)

COLIN-MAILLARD *avec une canne.* (*jeu du*)

Voyez à l'article JEU DE LA SELLETTE.

COLIN-MAILLARD *à la ſilhouètte.* (*jeu du*)

Voyez auſſi à l'article JEU DE LA SELLETTE.

C O L I N - M A I L L A R D.

Ce jeu de ſociété, conſiſte dans un de la compagnie qui doit avoir un bandeau ſur les yeux, & tâcher, dans cet état, d'attraper quelqu'un de la ſociété, & de le nommer. S'il ne diſtingue pas au toucher celui qu'il a ſaiſi, il n'eſt point délivré, mais s'il le reconnoît, il lui fait prendre ſa place ; & le jeu recommence.

Il y a un *Colin-Maillard debout,* où perſonne ne court que l'aveugle, à qui il eſt défendu de ſe ſervir de ſes mains, mais ſeulement d'une baguette ou d'un mouchoir, dont quelqu'un de la compagnie ſaiſit un bout, après que l'on l'a appellé d'un côté ; mais ce n'eſt pas ordinairement celui dont il

---

a entendu la voix, qui tient la baguette ou le mouchoir.

COMMANDEMENS à faire pour des gages des petits jeux de ſociété.

Voyez à l'article RÉPONSES EN UNE PHRASE.

COMPARAISONS. (*les*)

Jeu de ſociété en dialogue.

Mademoiſelle R O S E.

Madame Dubois eſt bien difficile ; elle n'a pas été contente de notre concert.

L'Abbé P R I N T E M S.

Elle parloit ſans ceſſe du Concert Spirituel. Parbleu ! on ſait bien qu'un concert d'amateurs n'eſt point à comparer au Concert Spirituel.

L'Abbé D E S A G N E A U X.

Si elle n'eſt pas contente, on lui rendra ſon argent ; elle auroit peut-être voulu que ſon fils y eût fait quelque choſe, & il n'eſt capable de rien. Le pauvre enfant !

Mademoiſelle D U B O C A G E.

Il nous a bien impatientés, le jour que nous étions occupés à jouer au *Secrétaire.*

M. D E L A R I V I È R E.

Il viendroit bien encore nous tourmenter ; mais Madame Dubois a pris ſon parti ; elle s'eſt beaucoup diſputée ; elle a voulu lui donner raiſon ; & quand elle a vu que les rieurs n'étoient pas pour elle, elle a fini par lui défendre de ſe trouver à nos petits jeux. Il eſt dans le ſallon, à côté d'elle, qui s'amuſe à lire.

M. D E S J A R D I N S.

Et quand un morceau lui paroît intéreſſant, il prend la parole, & régale la compagnie d'une lecture à voix haute, mais pas trop intelligible.

Madame DE LA RIVIÈRE.

Madame Dubois trouve cela charmant ; c'est une terrible chose que de gâter ses enfans.

M. DE LA FORÊT.

Ce qui est plus terrible encore, c'est qu'on ne croit pas les gâter.

L'Abbé DES AGNEAUX.

Je ne puis m'imaginer que de bonne foi on gâte ses enfans sans s'en appercevoir. On cherche à faire illusion aux autres, & à se faire illusion à soi même. Mais nous ne sommes pas ici pour faire des dissertations sérieuses.

Mademoiselle ROSE.

Jouons quelque jeu nouveau.

L'Abbé PRINTEMS.

Jouons au jeu des *Comparaisons*; il est bien aisé : on compare quelqu'un à un objet quelconque ; & comme il n'y a point de comparaison qui soit exactement parfaite, on dit en quoi est la ressemblance, & en quoi est la différence.

L'Abbé DES AGNEAUX.

Madame, si vous voulez, je vais commencer à vous faire une comparaison; vous en ferez à votre voisin, & ainsi de suite.

Madame DE LA RIVIÈRE.

Volontiers. Voyons un peu à quoi vous allez me comparer.

L'Abbé DES AGNEAUX.

Je vous compare à une pincette.

M. DE LA FORÊT.

Cette comparaison-là est un peu forte.

L'Abbé DES AGNEAUX.

Oui, Monsieur; la pincette attise le feu,

& Madame aussi, voilà la ressemblance ; la pincette, en attisant le feu, s'échauffe, & Madame reste toujours froide & indifférente, voilà la différence.

Madame DE LA RIVIÈRE.

La perruque de M. de la Forêt ressemble fort bien à des cheveux naturels , puisque M. Dubois y a été attrapé, voilà la ressemblance ; mais quand on en brûle une boucle, les cheveux ne repoussent pas, voilà la différence.

M. DE LA FORÊT.

Eh! mon Dieu, Madame, de grace, laissez en repos ma pauvre perruque. Heureusement que j'en porte toujours plusieurs avec moi ; car ce petit étourdi de M. Dubois m'auroit obligé de paroître devant vous en enfant-de-chœur.

L'Abbé DES AGNEAUX.

Et votre comparaison, M. de la Forêt! On ne vous en tient pas quitte.

M. DE LA FORÊT.

Mon voisin, M. le chevalier Zéphir, ressemble à M. Dubois....

Le Chevalier ZÉPHIR.

Ah! Monsieur, je suis tout prêt à me fâcher de votre vilaine comparaison.

M. DE LA FORÊT.

Patience, donc. Attendez jusqu'à la fin; comme M. Dubois, vous êtes jeune, voilà la seule ressemblance; vous n'êtes point maussade, étourdi, ni enfant gâté; voilà, je crois, une assez grande différence.

Le Chevalier ZÉPHIR.

Pour moi, ma comparaison ne sera pas difficile à faire. Je compare Mademoiselle Rose à la charmante fleur dont elle porte le nom. Elle en a la fraîcheur & tous les appas, voilà la ressemblance ; mais la rose est toujours environnée d'épines, voilà la différence.

Mademoiselle ROSE.

Je compare Madame de la Haute-Futaie au roſſignol.

Madame DE LA HAUTE-FUTAIE.

Mais tu te trompes, ma chère amie ; je chante ſans aucune prétention ; je n'ai jamais appris la muſique ; tu vois bien que je n'ai rien fait au concert ; & certainement, ſi j'avois pu être utile , j'aurois fait ma partie avec plaiſir.

Mademoiselle ROSE.

J'inſiſte toujours ſur ma comparaiſon. Votre charmante voix eſt un précieux don de la nature ; l'art n'y a aucune part, voilà la reſſemblance : quand le roſſignol a vu ſes petits, il ne chante plus ; & vous qui avez une aimable fille qui chante déjà fort bien , vous avez cependant quelquefois la bonté de nous procurer le plaiſir de vous entendre chanter ; voilà la différence.

Mademoiselle DU RUISSEAU.

Mais je crois que j'entends une voiture qui entre dans la cour. M. de la Forêt, voulez-vous bien aller voir ce que c'eſt ?

Le Chevalier ZÉPHIR.

Non , j'y vais, reſtez ; je ſerai bientôt revenu.

L'Abbé DES AGNEAUX.

C'eſt peut - être votre chère maman qui arrive.

Mademoiselle ROSE.

Nous l'attendons depuis long-tems.

Mademoiselle DU RUISSEAU.

Mais il me ſemble qu'elle n'arriveroit pas ſi tard , à moins qu'elle n'ait voulu éviter la chaleur, à cauſe de mon couſin.

Mademoiselle ROSE.

Je vais voir ſi c'eſt elle.

Mademoiselle DU RUISSEAU.

Et moi auſſi. Où eſt donc ma ſœur du Gazon ?

Le Chevalier ZÉPHIR.

Meſdemoiſelles, c'eſt Madame du Ruiſſeau, avec Madame du Frêne & ſon fils.

Mlle. ROSE & Mlle. DU RUISSEAU.

Allons vîte les embraſſer.

Madame DE LA HAUTE-FUTAIE.

Nous ſerons tous charmés de les voir.

(*Extrait des Soirées amuſantes.*)

COMPLIMENS ou FLATTERIES.
(*jeu des*)

Celui qui entreprend le jeu fait un compliment ou dit une flatterie en peu de paroles à la perſonne voiſine, & cette perſonne-là en fait de même envers un autre , juſqu'à ce que chacun ait dit ſon mot. Il faut les retenir tous, les ayant ouïs une fois ou deux ; & quand quelqu'un dit le mot d'un autre, il faut qu'il le diſe auſſi, & enſuite reprenez la flatterie ou compliment de celui qu'il veut attaquer à ſon tour.

Ces paroles ſeront, par exemple, envers les Dames : *Vous êtes la reine des cœurs ; vous êtes la plus belle & la plus ſage de tout votre ſexe, chacun de vos regards fait une conquête ;* & quant aux hommes, on leur dira tout ce qui viendra à la fantaiſie , ſans les reſpecter tant, afin de n'être pas toujours ſur le ſérieux ; comme qui leur diroit : *Vous avez bonne mine & mauvais jeu, pour avoir une galanterie affectée, vous n'en êtes pas moins aimable ; les traits de votre bonne grace ſont ſi doux qu'ils ne bleſſent perſonne.* Que ſi vous les voulez obliger davantage, vous leur direz : *Vous êtes l'homme accompli qu'il y a ſi long-tems que l'on cherche ; vous êtes l'original du parfait courtiſan ; vous avez autant d'effet que d'apparence.* Or, comme l'on peut s'adreſſer à ceux à qui ces paroles ont été dites pour les provoquer à dire une choſe ſemblable ſur peine d'être condamnés pour avoir manqué, l'on peut auſſi attaquer ceux qui ont inventé de telles paroles, ſelon les règles que l'on preſcrira; & ſi l'on veut, l'on fera que les paroles ne s'adreſſeront à perſonne, mais que chacun les dira de ſoi : ce qui ne ſera pas mal plaiſant, parce que les uns ſe loueront eux-mêmes avec audace pour donner plus de récréation, & les autres plus timides ne diront rien qui ne ſoit fort modeſte. Pour ce qui eſt du reſte, l'on procédera à ce jeu comme aux autres, & l'on fera le même ſi, pour le diverſifier l'on ordonne que chacun prenne ſa deviſe, & après l'on dit celle de quelqu'un, & celui-là ſera obligé de la redire & d'en dire après une autre. Pour rendre le jeu plus mignard, l'on choiſit auſſi chacun des paroles enfantines que l'on prononce en begayant, & l'on trouve qu'il y a beaucoup de plaiſir quand l'un tâche de contrefaire celle d'un autre, d'autant que chacun ne peut pas réuſſir à cela. L'on peut choiſir auſſi des langages de provinces diverſes, comme du Gaſcon, du Normand, du Picard & du Champenois; & en contrefaire l'accent, y ajoutant même de l'Italien & de l'Eſpagnol; ou bien il faut prendre chacun des langages de bouffon, comme de Gautier-Gargui le, de Gros-Guillaume, de Jodelet & de Guillot Gorju; ceux qui les choiſiront pour eux, ſeront ceux qui ſauront déjà bien les contrefaire avec les façons de parler qui leur ſont les plus communes, au lieu que les autres qui ne pourront pas accommoder leurs voix ſi facilement à divers tons, rendront le jeu extrêmement facétieux.

CORBILLON ET LA CASSETTE. (le)

Jeu de Société en dialogue.

Madame DUBOIS.

Eh bien! l'Abbé, vous allez donc faire jouer encore ce ſoir vos petits vilains jeux à gages?

L'Abbé DES AGNEAUX.

Je ne les trouve point vilains, Madame, dès qu'ils amuſent ces demoiſelles.

Madame DUBOIS.

Mais c'eſt bon pour des enfans. Ne feriez-

vous pas mieux de jouer au piquet, au brelan, au wisk, au reverſi?

Madame DE LA RIVIÈRE.

Ah! ne me parlez pas, Madame, de votre mauſſade Quinola, j'aimerois cent fois mieux payer cent gages, que de faire une remiſe de cent fiches.

L'Abbé PRINTEMS.

Intérêt à part, ce jeu donne de l'humeur. Pour le wisk, il m'endort. On dépend d'un partenaire qui vous gronde ſans ceſſe.... Ah! fi donc.

Madame DUBOIS.

Que vous avez de petits génies, mes enfans! Mais M. l'Abbé des Agneaux, votre grand maître de jeux à gages, ne connoît peut-être pas d'autres jeux. Connoiſſez-vous les cartes, l'Abbé?

L'Abbé DES AGNEAUX.

Si je les connois, Madame? Un peu trop. Je ſuis cependant bien aiſe de pouvoir jouer tous les jeux dont vous me parlez, quoique je ne les aime point.

Madame DUBOIS.

Vous avez, en vérité, bien du mérite de les jouer ſans les aimer.

L'Abbé DES AGNEAUX.

On ne fait pas toujours ce qu'on aime le mieux.

Madame DE LA RIVIÈRE.

On eſt bien aiſe d'être quelquefois utile à la ſociété.

L'Abbé PRINTEMS.

Je ne refuſerai jamais de faire une partie, lorſqu'il faudra quelqu'un, & que je ſerai néceſſaire.

L'Abbé DES AGNEAUX.

Pour moi, il faut que je ſois abſolument néceſſaire.

Madame DUBOIS.

Ne diſſimulez pas : vous craignez de perdre, Meſſieurs.

L'Abbé DES AGNEAUX.

Ce motif peut entrer pour quelque choſe dans mon averſion pour le jeu. Enfin, Madame, tout le monde connoît le calcul que je vais vous faire. Que deux joueurs aient chacun cent piſtoles, que l'un perde cinq cents francs, ſon adverſaire n'eſt enrichi que d'un tiers, & il eſt appauvri de moitié ; le rapport, comme vous voyez, n'eſt pas égal. D'ailleurs, je ne parle point des cartes qui ſont une perte réelle pour tous les deux.

Madame DUBOIS.

Ah ! l'Abbé, l'économie ſur le jeu tourne rarement en véritable économie. Tel ne joue pas, qui, ſous ce prétexte, ſatisfait mille autres paſſions. Il a des chiens en grand nombre ; c'eſt mon jeu, dit-il, je ne joue pas. Il a des livres de pure curioſité, de pure vanité, des livres qu'il ne lit pas ; c'eſt mon jeu, dit-il encore, je ne joue pas. Il met à la loterie, & Dieu ſait quel jeu c'eſt ! Il a des chevaux, des maîtreſſes, &c. &c. & c'eſt toujours ſon jeu. Le croyez-vous, de bonne foi, plus riche à la fin de l'année.

L'Abbé PRINTEMS.

Tant pis pour lui, s'il cherche à ſe tromper lui-même. Mais, Madame, votre jeu éternel ne nous empêche pas de vous ſatisfaire ſur tous vos goûts. Vous n'en êtes pas moins folle de modes que celles qui ne jouent point, ou qui jouent moins.

L'Abbé DES AGNEAUX.

Au contraire, l'argent qu'on gagne paroît tout gain ; on ne penſe nullement à celui qu'on a perdu, & le gain s'en va preſque toujours en dépenſes très-folles.

Madame DUBOIS.

Si vous étiez ſouverain, je craindrois bien de vous voir proſcrire les cartes par un bel & bon édit.

L'Abbé DES AGNEAUX.

Point du tout, Madame. Les cartes ſont un mal néceſſaire. Elles préviennent beaucoup d'autres inconvéniens plus grands. Je penſe que les cartes ſont néceſſaires au bien moral d'une ſociété particulière, comme les ſpectacles ſont néceſſaires au bien moral d'une grande ville. Il faut employer le temps des déſœuvrés, qui, ne ſachant à quoi s'occuper, ſe livreroient à mille excès également pernicieux au bien particulier comme au bien général. J'ai entendu dire que les excès n'étoient jamais ſi grands que dans les tems où les ſpectacles étoient fermés. Encore dans ces tems-là, la politique a-t-elle ſubſtitué aux ſpectacles, des concerts, des combats d'animaux & autres points de raliement pour les déſœuvrés.

Madame DE LA RIVIÈRE.

Quand une ſociété eſt bien nombreuſe, un maître de maiſon ſeroit bien embarraſſé pour occuper & amuſer tout le monde, s'il n'avoit pas la reſſource du jeu.

Mademoiſelle ROSE.

Auſſi, Madame, les jeunes perſonnes, comme moi, qui ne jouent pas, par ignorance ou par d'autres motifs, ont-elles bien de l'obligation à M. l'abbé des Agneaux, qui veut bien nous apprendre tous ces petits jeux à gages, qui nous divertiſſent beaucoup, & nous font paſſer le tems fort agréablement.

Madame DE LA RIVIÈRE.

C'eſt ce qui fait, l'Abbé, que les mamans ont beaucoup d'attachement pour vous ; & qu'elles ſe font un vrai plaiſir d'aſſiſter à vos petits jeux.

Madame DUBOIS.

Ces dames ont bien de la vertu. Pour moi, ſi j'avois des filles, je ne le pourrois pas. Comment peut-on s'amuſer à jouer *à je vous vends mon corbillon, qu'y met-on ?* Un dindon, un oignon, un ânon, un chiffon, mon front, mon talon ; qu'eſt-ce que c'eſt que toutes ces bêtiſes-là ?

L'Abbé DES AGNEAUX.

Si vous n'aimez pas le jeu de corbillon, Madame,

Madame, on peut jouer à *je vous vends ma caffette, que voulez vous qu'on y mette ?*

Mademoiselle ROSE.

Une noifette, une allumette, une mouchette, une pincette, une affiette, une cuvette.

Madame DUBOIS.

Vous êtes bien favante, en vérité ; mais fi j'avois des filles....

L'Abbé PRINTEMS, *bas.*

Je les plaindrois.

Madame DUBOIS.

Qu'eft-ce que vous dites? Elles ne joueroient pas toutes ces inepties-là.

Madame DE LA RIVIÈRE.

Vous les auriez, fans doute, toujours à vos côtés, pendant que vous joueriez ?

Madame DUBOIS.

Précifément, Madame ; & je ne vous demanderois point votre avis là-deffus.

L'Abbé PRINTEMS.

Et vous en feriez des joueufes de profeffion.

L'Abbé DES AGNEAUX.

Madame leur montreroit les coups fins, la manière de répondre à propos à une invite, de forcer le quinola à la bonne, fans qu'on s'en doute ; de demander dans les circonftances : combien vous refte-il de votre point ; quelle dame a eu le malheur de vous déplaire ; d'effrayer fon monde par un va-tout, quand on a un jeu médiocre ; de bien fixer dans fa mémoire toutes les cartes qui font paffées, qu'eft ce qui les a jettées, dans quelles circonftancse on les a jettées ?

Madame DE LA RIVIÈRE.

Ça exerce la mémoire, & ça rend l'efprit jufte.

Jeux familiers.

L'Abbé DES AGNEAUX.

Dans le fond, on ne peut avoir de l'efprit qu'en maniant fouvent & long tems les cartes, & je ne fais cas que de ces génies-là.

Madame DUBOIS.

Dans le fond, je ne fais aucun cas des goguenards, & je vous quitte. Adieu, Meffieurs.

L'Abbé PRINTEMS & l'Abbé DES AGNEAUX.

Adieu, Madame, fans rancune.

Madame DUBOIS.

Si je vous tiens au jeu.... vous vous fouviendrez de moi.

L'Abbé PRINTEMS.

Je défendrai mon argent.

L'Abbé DES AGNEAUX.

Je me méfierai de vos tours.

Madame DE LA RIVIÈRE.

Savez-vous, Meffieurs, qu'elle eft fâchée. Vous avez fait-là une ironie un peu forte.

L'Abbé DES AGNEAUX.

Pourquoi nous pouffe-t-elle à bout ?

Mademoiselle ROSE.

Madame veut avoir galerie, quand elle joue ; elle n'aime pas à jouer fans fpectateurs, & rien n'eft fi fot que de regarder jouer des jeux qu'on ne connoît pas.

L'Abbé DES AGNEAUX.

Si nous nous avifions de jouer nos petits jeux dans le fallon, on nous diroit fans ceffe : Paix là ! paix là ! on ne fait ce que l'on joue, vous nous étourdiffez.

Madame DE LA RIVIÈRE.

Vous faites fort bien de vous mettre dans

G

un appartement, vous êtes plus tranquille, & vous pouvez rire fort à votre aise. Pour moi, l'Abbé, ce n'est point l'intérêt qui me tient, car je suis assez heureuse au jeu ; mais, je préfère vos jeux à ceux de Madame Dubois.

L'Abbé DES AGNEAUX.

Il est vrai que c'étoit un peu fort, quand je lui ai dit qu'on ne pouvoit avoir de l'esprit qu'en maniant les cartes ; car j'ai connu bien des gens bêtes à ne pas pouvoir dire deux, & jouant supérieurement au piquet & à d'autres jeux.

L'Abbé PRINTEMS.

C'est un esprit de calcul, & souvent de superchetie.

Mademoiselle ROSE.

Mais allons donc trouver notre compagnie, & jouez comme à notre ordinaire en dépit de la grosse Madame Dubois.

(*Extrait des Soirées amusantes.*)

CORNET ; morceau de corne ou de cuir préparé en forme de petit gobelet rond, long & délié dont on se sert pour remuer & jeter les dez en certains jeux.

CORPS ET DE L'ESPRIT.
(*jeu des parties du*)

Tous ceux de l'assemblée se donnent chacun le nom de quelque partie du corps, & spécialement de celles du visage auxquelles consiste la beauté ; mais s'il n'y en a pas assez, on y en peut ajouter d'autres, & même, si l'un prend la main droite, l'autre pourra prendre la gauche. Quand chacun a ses noms, le maître du jeu, c'est-à-dire celui qui l'entreprend & le fait exécuter, se tient assis ou debout près d'une dame de la compagnie qui est la seule à qui il n'a point fait prendre d'autre nom, sinon qu'elle est la beauté qu'il veut louer. Il commence son discours qu'il fait de telle mesure & de tel style qu'il veut, & dans les pensées qu'il a, tantôt il parle des

yeux, tantôt des cheveux, tantôt de la bouche, tantôt des mains, & embarrasse toutes ces choses les unes dans les autres, les répétant plusieurs fois ; & à chaque fois qu'il parle de chacune, il faut que la personne qui porte ce nom, lui fasse une grande révérence, & si elle y manque, elle donne un gage. Ces discours peuvent être de cette sorte :

« Pour vous louer dignement, ô beauté incomparable, par où pourrai-je commencer, si je veux donner à vos parties excellentes le rang qu'elles méritent ? Si je commence par les yeux qui blessent tant de cœurs, qui jettent tant de flammes, & qui sont capables de guérir les maux qu'ils font quand ils le veulent, je trouverai que les cheveux y ont ôté de l'envie, & diront que si les yeux gagnent les cœurs, ce sont eux qui les enchaînent & les retiennent. Là-dessus la bouche se plaind a encore comme si je lui faisois un grand tort ; elle dira que je lui préfère des choses qui, à son avis, lui sont fort inférieures en dignité. Elle se vantera qu'elle est la porte de l'ame ; que non seulement elle exhale les soupirs, témoins d'une langueur amoureuse, & sert à former le ris, au milieu de la joie ? mais qu'elle prononce les paroles qui sont les vives images des pensées. Les yeux ont ceci pour leur gloire, leur support & leur défense, qu'ils parlent aussi d'un muet langage, assez intelligible aux amans, tellement que le débat est continuel entr'eux & la bouche. Ce beau sein qui représente le monde, se tient glorieux de son excellence ; mais la main droite dit que c'est elle qui empêche que tant d'autres mains profanes n'y touchent, & la gauche prétend qu'elle lui aide aussi à cela ; les pieds disent qu'ils méritent de l'honneur, de supporter tous les jours ce beau chef-d'œuvre de la nature. Ainsi les cheveux, les yeux, la bouche, le sein, les mains & les pieds se vantent diversement ; mais la bouche leur dit : Si vous faites des plaintes, c'est par mon organe ; si vous parlez, c'est moi qui vous fais parler, & je suis votre truchement ; mais voici les cheveux qui nous font entendre qu'ils peuvent servir de bracelets aux bras de leur maîtresse ; qu'ils apportent même beaucoup d'ornement à toute sa beauté. Les yeux disent que sans la lumière il n'y a point de beauté, & que c'est elle qui est véritablement la beauté, qui donne de la beauté à toutes les autres, & que c'est en eux que réside cette lumière. La bouche dit que rien ne plaît à la vue que les belles couleurs, & que la plus belle de toutes les couleurs est en elle. Le sein dit que sa blancheur est plus excellente que la rougeur de la bouche, & les pieds & les mains prétendent aussi que la blancheur n'est pas moins naturelle en eux & moins exquise. »

Ainsi le maître du jeu trouvera sujet de parler tantôt d'une partie & tantôt d'une autre, avec des distances qui donneront le loisir de remarquer si chacun s'acquitte de sa révérence, & disant quelquefois tous les noms l'un après l'autre, il tâchera de surprendre quelqu'un, en les embrouillant, & reprenant presqu'aussitôt ceux qu'il vient de quitter. Il ne faut point dire qu'il est besoin d'avoir un esprit fort excellent pour réussir à cela ; car un homme de médiocre suffisance qui aura la parole un peu libre, fera assez bien cette charge, d'autant qu'il n'est pas toujours nécessaire que les pensées soient fort ajustées & fort raisonnables ; il n'importe qu'il y ait quelquefois du galimathias ; cela en fera rire davantage, & puis tout discours ne se t que pour enchaîner ces noms, afin de faire souvent lever ceux de la compagnie & tâcher de les faire faillir. C'en est là tout le secret. Ceci a été inventé pour faire quelque chose de plus mignard parmi les dames.

CORYCUS. Jeu d'exercice des anciens, recommandé par Galien, comme utile pour la santé.

Le *coricus* consistoit à suspendre par une corde à une poutre ou solive du plancher, un sac rempli de son ou de farine, & à se le jetter de l'un à l'autre dans un corridor étroit, ou entre deux lignes dont il n'étoit pas permis de s'écarter : il falloit donc attendre de pied ferme le sac, le renvoyer avec force contre son adversaire & tâcher de le renverser.

Ce jeu ne paroît pas du premier abord bien agréable ; mais apparemment qu'il y avoit des circonstances qui, en multipliant les difficultés, en rendoient l'exercice amusant.

COTON EN L'AIR. (*jeu du*)

Voyez à l'article RÉPONSES EN UNE PHRASE.

COULEURS. (*jeu des trois*)

Le nombre des joueurs est fixé à quatre, y compris le banquier.

Il faut, pour que la balance du jeu soit égale, que chacun soit banquier à son tour.

Ce jeu est composé d'un plateau & de trois dez, chacun de trois couleurs différentes. On place de l'argent ou des jettons sur une, deux ou trois cases du plateau ; ensuite on fait rouler les trois dez dans un cornet, & on les jette sur la table ou sur le plateau. Si on amène un dé de chaque couleur, on gagne, & le banquier paye autant qu'on a mis au jeu ; si on en amène deux d'une même couleur, c'est le banquier qui gagne.

Si on met sur trois cases de la même couleur, & que les trois dez viennent de la couleur des cases où on a placé, le banquier paye autant qu'on a mis au jeu ; mais si les trois dez viennent tous trois d'une autre couleur, le banquier ne paye que la moitié de la mise.

On ne peut point tirer lorsque l'on est banquier.

Ce jeu se trouve rue des Arcis, magasin de tabletterie, au Singe vert.

COURIERS, &c. (*jeu des*)

Pour trouver toute sorte de manières de discourir, il y a le jeu des couriers, qui apportent chacun quelque plaisante nouvelle. Il y a le jeu des lettres ouvertes, où chacun découvre les secrets qu'un autre mande à son voisin & à sa voisine, ou amante. Il y a le jeu des nouvelles du four, & de la rivière, & des nouvelles de la place du change, à quoi l'on peut ajouter les nouvelles de la basse cour, c'est-à-dire, celles qui sont basses & ridicules ; En toutes ces occasions chacun invente tout ce qui lui semble le plus divertissant pour la compagnie. Il y a encore le jeu des mensonges où chacun dit la plus grande menterie qu'il peut trouver. Une dame disoit à un jeune galant qui faisoit le jeu, qu'elle ne savoit point d'autre plus grande menterie, sinon qu'il étoit fort sage.

CRIS DE PARIS.

Voici l'annonce de ce nouveau jeu qui eſt tracé avec figures ſur un carton, à l'imitation du jeu de l'*oie*.

Avant, eſt il dit, & depuis le renouvellement du plus noble des jeux inventés par les Grecs, de l'*Oie*, ce jeu galant où l'eſprit ſe déploie, on n'en a point encore imaginé d'auſſi jovial & récréatif que celui-ci, dont on ſe flatte que les amateurs des belles choſes accepteront d'autant plus volontiers la dédicace, qu'ils auront le plaiſir d'y trouver, ſous un ſeul coup d'œil, les quarante-quatre cris qui font le plus ſouvent retentir les rues, les places, & juſqu'aux culs-de-ſac de la ville & banlieue de Paris.

Règles du jeu.

En commençant, chacun ayant pris ſa marque, mettra deux jettons au jeu, & après on tirera à la plus haute chance des deux dez, à qui jouera le premier.

Les quatre principaux cris de Paris étant ceux du *d'écrotteur*, du *revendeur*, du marchand de *loterie*, & du *colporteur*, on ne pourra s'arrêter ſur aucun de leurs numéros qui ſont diſpoſés d'onze en onze; mais lorſqu'on ſe trouvera juſte à l'un d'entr'eux, on recevra deux jettons, & l'on ira au delà d'autant de points qu'on en aura amenés, à l'exception du dernier, auquel il faut être préciſément pour gagner la partie, car ſi l'on a des points au-delà, l'on retrogradera d'autant.

Si du premier coup on amène onze, on ira à 21 trouver la crieuſe de chapeaux, & l'on recevra deux jettons ainſi qu'il vient d'être dit.

De 6 où eſt la marchande de balais, on ira à 12 où eſt le marchand de cruches, & l'on recevra un jetton.

De 13 où eſt la marchande d'œufs, jadis frais, on rétrogradera à 3 où eſt le marchand d'eau-de-vie, & l'on paiera deux jettons.

De 18 où eſt le ramoneur, on ira à 28 où eſt la laitière, afin de blanchir le dedans ſi le dehors eſt toujours noir, & l'on payera deux jettons.

De 24 où eſt la marchande de noiſettes, ſouvent un peu véreuſes, on rétrogradera à 14

où eſt le gagne-petit, & l'on payera un jetton.

De 30 où eſt la marchande de merlans, on ira à 42 trouver le falot pour s'éclairer à voir s'ils ſont frais.

Enfin de 38 où eſt la lanterne magique, on rétrogradera à 32 où eſt la marchande de chanſons.

Quiconque ſe trouvera malheureuſement à 36 avec *ſac-à-vin*, payera quatre jettons, & recommencera le jeu.

Celui qui ſera rencontré par un autre, ira prendre ſa place.

Ces cris de Paris avec les figures à chaque caſe, ſont :

Nº. 1. La cliquette, ou le facteur de la petite poſte.

2. Poires cuites au four.

3. Voilà des petits pains de ſeigle.

4. Mottes à brûler.

5. A l'eau, eau.

6. Balais, balais.

7. Au cureur de puits.

8. Des allumettes & de l'amadou.

9. Falourdes d'Orléans, falourdes.

10. De la paille d'avoine, de la paille d'avoine.

11. Décrotez là, ma pratique. Jeannot.

12. Achetez des cruches.

13. Œufs frais.

14. Gagne-petit.

15. A l'anguille qui frétille.

16. Chaudronnier chaudronnier.

17. Saumon nouveau, ſaumon nouveau.

18. Ramonez la cheminée du haut en bas.

19. Carpe laitée, carpe œuvée.

20. Petits pâtés tout chauds.

21. Chapeaux à vendre, de vieux chapeaux.

22. Vieux habits, vieux galons. Luron.

23. Bon vinaigre.

24. Noiſettes au litron.

25. Sablon d'étampes.

26. Laitue-romaine, à la ſalade.

27. Voilà des petits pains de ſeigle.

28. La laitière, allons vîte.

29. A la fraîche, qui veut boire.

30. Merlans à frire.

31. A la petite loterie.

32. Chanfons nouvelles.

33. La lifte des gagnans. Richard.

34. De l'onguent pour les cors des pieds. L'empirique.

35. Achetez des rubans, du fil.

36. Excellent vin de Bourgogne. Me. fac-à-vin.

37. Grofeille à confire.

38. La lanterne magique. *

39. Des radis, des raves.

40. Raccommodez de la fayence.

41. Champignons, champignons.

42. Falot, falot.

43. Des bouquets pour Toinette.

44. L'heureux événement.

On voit aux quatre angles du même carton du jeu des *Cris de Paris* ;

1°. Le jeu de la Bague ;

2°. Les *Parades* ;

3°. Les *Battus payent l'amende*, autre parade ;

4°. La *Balance*, pour connoître fa pefanteur.

Ce jeu fe trouve rue des Arcis, au Singe vert.

CROIX DE JÉRUSALEM. Ce font des croix compofées de plufieurs morseaux de bois rapportés, qu'il faut avoir l'adreffe de rapprocher, pour faire un enfemble, ce qui devient difficile lorfqu'on ne fait pas la manche qu'on doit tenir ; parce que toutes 'es parties de ces croix ont des coupes différentes & bizarres, & qu'il n'y a qu'un ordre auquel elles puiffent convenir.

On fait auffi de petits *coffres*, dont l'affemblage des parties a les mêmes difficultés. Ces joujoux font propres à exercer l'adreffe & la patience.

On trouve de ces croix & de ces coffres, rue des Arcis, magafin de tabletterie, au Singe vert.

CROIX ou PILE. Ce jeu eft bien fimple. On a une pièce de monnoie dont un côté s'appelle *croix*, & l'autre *pile*. Celui qui a retenu *croix*, par exemple, gagne fi la pièce de monnoie qu'on jette en l'air, préfente étant à terre le côté qui fe nomme *croix* ; il perd, fi c'eft le contraire.

CURÉ et la TOILETTE. (*le*)

Jeu de Société en dialogue.

M. DE LA RIVIÈRE.

Nous voilà tous réunis aujourd'hui ; allons, l'Abbé, il faut jouer un jeu qui occupe tout le monde.

L'Abbé DES AGNEAUX.

Nous pouvons jouer à M. le Curé ; chacun prendra une qualité à fon choix ; & nous commencerons. Moi, je ferai le facriftain. Allons, chacun a-t-il choifi ? Je vais écrire les rôles, & j'en ferai la lecture. Retenez bien chacun vos noms.

INTERLOCUTEURS.

Madame de la Rivière.	la Nourrice.
Mademoifelle Rofe,	la Boulangère.
Mademoifelle du Gazon,	la Blanchiffeufe.
Madame de la Haute-Futaie,	la Maîtreffe d'école.
Mademoifelle du Ruiffeau,	la Gouvernante.
Mademoifelle du Bocage,	la femme du Chantre.
M. de la Rivière,	le Sonneur.
M. des Jardins,	le Carillonneur.
M. de la Forêt,	le Bedeau.
L'Abbé Printems,	l'Enterreur.
L'Abbé des Agneaux,	le Sacriftain.
Le Chevalier Zéphir,	l'Enfant de chœur.
Mlle. de la Haute-Futaie,	M. le Curé.

Madame DE LA RIVIÈRE.

Vous avez bien fait de finir votre lifte par

M. le curé; c'est lui qui va le dernier à la procession. Mais pourquoi Mademoiselle de la Haute-Futaie fait-elle ce rôle ?

Mademoiselle DE LA HAUTE-FUTAIE.

C'est M. l'abbé qui l'a voulu.

L'Abbé PRINTEMS.

Oui : il convient que ce soit la personne la plus respectable qui joue ce rôle.

Madame DE LA HAUTE-FUTAIE.

Mais je ne pourrai jamais ne pas tutoyer ma fille.

L'Abbé DES AGNEAUX.

Eh bien ! Madame, vous payerez des gages. Mais je commence. Vous m'avez envoyé chercher, M. le curé, je n'étois pas chez moi,

Mademoiselle DE LA HAUTE-FUTAIE.

Où étiez-vous donc, M. le sacristain ?

L'Abbé DES AGNEAUX.

Un gage, Mademoiselle. Vous devez tutoyer tout le monde, & personne ne doit vous tutoyer.

Mademoiselle DE LA HAUTE-FUTAIE.

Eh bien ! où étois-tu donc, sacristain ?

L'Abbé DES AGNEAUX,

J'étois chez la nourrice, M. le curé.

Madame DE LA RIVIÈRE.

Tu en as menti, car je n'étois pas chez moi.

L'Abbé DES AGNEAUX.

Où étois-tu donc, Madame la nourrice ?

Madame DE LA RIVIÈRE.

J'étois chez M. le curé.

Mademoiselle DE LA HAUTE FUTAIE.

Tu en as menti, car je n'étois pas chez moi.

Madame DE LA RIVIÈRE.

Où étois tu donc, M. le curé ?

L'Abbé PRINTEMS.

Un gage, Madame ; vous ne devez pas tutoyer M. le curé.

Mademoiselle DE LA HAUTE-FUTAIE.

J'étois chez l'enterreur.

L'Abbé PRINTEMS.

Vous en avez menti, M. le curé, je n'étois pas chez moi.

Mademoiselle DE LA HAUTE-FUTAIE.

Où étois tu donc, l'enterreur ?

L'Abbé PRINTEMS.

J'étois chez l'enfant de chœur !

Le Chevalier ZÉPHIR.

Tu en as menti, l'enterreur ; je n'étois pas chez moi.

L'Abbé PRINTEMS.

Où étois tu donc, l'enfant de chœur ?

Le Chevalier ZÉPHIR.

J'étois chez la femme du chantre.

Mademoiselle DU BOCAGE.

Vous.... Tu en as menti, l'enfant de chœur.

L'Abbé DES AGNEAUX.

Un gage ; Mademoiselle du Bocage a dit vous à l'enfant de chœur.

Mademoiselle DU BOCAGE,

Mais je me suis reprise.

CURÉ.

Le Chevalier ZÉPHIR.

Oh! c'est un vilain jeu que celui-là : il faut toujours tutoyer & donner des démentis. Jouons-en un autre.

Mademoiselle DU RUISSEAU.

Jouons à la *Toilette* ; prenons chacun le nom de quelque meuble de toilette. Ecrivez les noms, M. des Jardins, & vous en ferez lecture, pour que personne n'en prétende cause d'ignorance.

M. DES JARDINS *lit.*

Madame de la Rivière,	le miroir.
Mademoiselle Rose,	la boîte à rouge.
Mademoiselle du Ga-	la boîte à poudre.
zon,	
Madame de la Haute-	
Futaie,	la boîte à mouche.
Mademoiselle du Ruif-	
feau,	le peignoir.
Mademoiselle du Bo-	
cage,	le peigne.
M. de la Rivière,	le fer à frifer.
M. de la Forêt,	les ciseaux.
L'Abbé Printems,	le pot-de-chambre.
L'Abbé des Agneaux,	la cuvette.
Le Chevalier Zéphir,	le faux-chignon.
Mlle. de la Haute-Fu-	
taie,	le gratte langue.
Et moi, Mesdames,	le flacon.

Tout le monde est assis en rond ; M. des Jardins est debout dans le milieu, & dit : Madame demande son peigne.

Mademoiselle DU BOCAGE.

Se lève, M. des Jardins prend sa place, & elle dit : Madame demande son miroir.

Madame DE LA RIVIÈRE.

Se lève, Mademoiselle du Bocage prend sa place, & Madame de la Rivière debout dans le milieu, dit : Madame demande son faux-chignon.

L'Abbé DES AGNEAUX.

Un gage, Chevalier ; il falloit vous lever

CURÉ. 55

tout de suite, & prendre la place de Madame de la Rivière. Vous êtes occupé à causer avec votre voisine, vous la ferez prendre aussi.

Madame DE LA RIVIÈRE.

Madame demande son gratte-langue.

Mademoiselle DE LA HAUTE-FUTAIE.

C'est bien fait, Chevalier Zéphir ; on se moque de vous ; vous parlez toujours, voyez comme on rit.

Le Chevalier ZÉPHIR.

On rit un peu de vous aussi. On vous a demandé, & vous n'avez pas entendu. Allons, un gage, ma chère compagne en étourderie.

Madame DE LA RIVIÈRE.

Madame demande toute la toilette.

Tout le monde se lève & doit changer de place ; le dernier qui reste paye un gage, & appelle un des meubles de la toilette, qui en appelle un autre ; ainsi de suite.

Mademoiselle DU GAZON.

C'est fort commode ; Mademoiselle de la Haute-Futaie fait semblant de se lever ; elle se remue, & garde sa première place.

Madame DE LA RIVIÈRE.

En ce cas-là, Mademoiselle, payera un gage ; il faut absolument quand on dit, Madame demande toute sa toilette, que tout le monde se lève & change de place.

Madame DE LA HAUTE-FUTAIE.

Allons, ma fille, donnez un gage de bonne grace. On ne gagne jamais rien à se fâcher.

L'Abbé PRINTEMS.

Ce jeu est fort bon pour donner de l'exercice ; il ne faut pas un grand effort de génie pour y être bientôt savant ; il ressemble un peu aux quatre coins, au tiers, à l'anguille, & à d'autres petits jeux d'exercice.

L'Abbé DES AGNEAUX.

Excepté cependant qu'à celui-ci on donne des gages, & qu'il faut être assis. Quelque jour après dîner nous pourrons jouer au tiers & à l'anguille.

(*Extrait des Soirées amusantes.*)

CYTHÈRE. (*Voyage de l'île de*)

C'est encore une imitation du jeu de l'Oie.

Règles du jeu.

Ce jeu se joue avec deux dez. On commence par élire une trésorière pour déposer les fonds du jeu & les amendes. On suit la route que le nombre des dez indique. Il y a soixante numéros ou cases jusqu'à l'arrivée dans l'île de Cythère, qui est le numéro 60 & dernier.

Endroits remarquables.

N°. 1. *Embarquement*, chacun paye six jettons.

13. *Le temple de la Jalousie* paye trois jettons, & recommence.

21. *La fontaine de Jouvence* paye 2, & va au n°. 13.

26. *Premier temple de Venus*, attend un tour.

32. *Le temple de la Constance* va au n°. 33.

37. *Deuxième temple de Venus* paye 1, & attend un tour.

42. *L'île de l'Espérance* attend sa délivrance; & 43, *la fin de l'île*, attend deux tours.

57. *Le naufrage* paye 4, & va au n°. 9.

60. *L'île de Cythère* gagne.

Qui trois fois de suite arrive à ce nombre, sans avoir été aux numéros 13, 42 & 57 est exempt des amendes pour la partie suivante. Du reste, observez les autres règles, ou bien payez trois jettons à chaque numéro d'attente ou de péage, & pour lors continuez votre route sans attendre; le tout à votre choix.

Quand quelqu'un en chasse un autre de son numéro; le délivré, si c'est aux endroits d'attente, va au premier vaisseau qu'il rencontre sur sa route, & l'autre attend; mais si c'est à un numéro ordinaire, pour lors il retourne au numéro que son rival quitte.

Celui qui rencontrera un vaisseau sur sa route, double son point.

D

DEZ.

DEZ; petit os quarré qui a six faces, marquées de points depuis un jusqu'à six. On s'en sert dans différens jeux, & l'on joue avec un ou plusieurs dez, selon la nature du jeu.

Flatter le dez; c'est le pousser doucement.

Rompre les dez; c'est arrêter les dez qui pirouettent, ou interrompre le coup de dez pour le rendre nul.

DENTELLE. (*jeu de la*)

Voyez à l'article MÉTAMORPHOSES.

DEVISES. (*les*)

Jeu de Société en dialogue.

Madame DE LA RIVIÈRE.

Je veux vous apprendre le jeu des devises.

L'Abbé DES AGNEAUX.

Est-ce comme on le jouoit à la cour du tems de Louis XIV.

Madame DE LA RIVIÈRE.

Je n'en sais rien. J'ai cherché la manière dont

dont on le jouoit, & je n'ai pu la trouver dans aucun livre. L'Abbé, je vous charge de cette recherche.

L'Abbé DES AGNEAUX.

Avec plaifir, Madame ; mais voyons votre manière.

Madame DE LA RIVIÈRE.

Chacun choifit une fleur. On la lie avec un lien analogue à l'idée que l'on veut exprimer par cet emblême. On place cette fleur dans un vafe toujours analogue à l'idée primitive, & on grave fur le vafe des vers, ou une phrafe, qui achevent la comparaifon, & forment la devife. Or donc je commence, & je prends des foucis.

Mademoifelle DU GAZON.

Je prends des violettes.

Mademoifelle ROSE.

Je prends des immortelles.

Le Chevalier ZÉPHIR.

Je prends une rofe en bouton.

L'Abbé PRINTEMS.

Je prends des piffenlits.

Madame DE LA HAUTE-FUTAIE.

L'Abbé a toujours des idées baroques. Moi, je prends un pavot des plus vives couleurs.

M. DE LA FORÊT.

Je prends un bouquet de houx.

M. DES JARDINS.

Je prends trois rofes à peine éclofes.

Mademoifelle DU RUISSEAU.

Je fais un bouquet de lignot.

L'Abbé DES AGNEAUX.

Je prends une groffe rofe à cent feuilles.
Jeux familiers.

Madame DE LA RIVIÈRE.

Je lie mes foucis avec une des cordes de ma guitare.

Mademoifelle DU GAZON.

Je lie mon bouquet de violettes avec un brin d'herbe.

Mademoifelle ROSE.

Je lie mes immortelles avec un cordon de foie verte.

Le Chevalier ZÉPHIR.

J'attache à ma rofe en bouton une bouffette de ruban gris de lin.

L'Abbé PRINTEMS.

J'unis mes piffenlits avec un vieux bout de ficelle.

Madame DE LA HAUTE-FUTAIE.

J'attache à mon pavot fuperbe un nœud de ruban ponceau, brodé en paillettes d'or.

M. DE LA FORÊT,

Je lie mon bouquet de houx avec une chaîne d'acier.

M. DES JARDINS.

J'unis mes trois rofes à peine éclofes avec un beau ruban blanc.

Mademoifelle DU RUISSEAU.

Pour moi, mon bouquet de lignot, je ne le lie pas ; il fe lie de lui-même.

L'Abbé DES AGNEAUX.

Je lie ma groffe rofe à cent feuilles avec une hart d'ofier.

Madame DE LA RIVIÈRE.

Je mets mon fimple bouquet dans un vafe de marbre noir.

Mademoifelle DU GAZON.

Je mets mon fimple bouquet dans le vafe le plus fimple.

H

Mademoiselle ROSE.

Je place mon précieux bouquet d'immortelles dans un vafe de porphire.

Le Chevalier ZÉPHIR.

Je place ma rofe en bouton dans une taffe de porcelaine.

L'Abbé PRINTEMS.

Je mets mon grotefque bouquet de piffenlits dans un vieux pot-de-chambre fêlé.

Madame DE LA HAUTE-FUTAIE.

Oh! fi donc. Je mets mon pavot orné de fon ruban ponceau brodé en paillettes d'or dans un vafe de bois bien-verniffé.

M. DE LA FORÊT.

Je mets mon bouquet de houx dans un vafe de fer.

M. DES JARDINS.

Je place mes trois rofes dans un vafe de fayence.

Mademoiselle DU RUISSEAU.

C'eft affez pour mon bouquet de lignot d'un vafe de terre.

L'Abbé DES AGNEAUX.

Comme ma groffe rofe à cent feuilles cache dans mon jardin beaucoup d'autres petites fleurs de prix, je la relègue dans un coin, & je la mets dans un tonneau défoncé.

Mademoiselle ROSE.

Il y a quelque méchanceté là-deffous.

Madame DE LA RIVIÈRE.

Mes foucis ainfi liés & ainfi placés, je grave fur mon vafe de marbre noir ces deux vers :

Gnia du plaifir avec l'amour,
Mais auffi la peine a fon tour.

Mademoiselle DU GAZON.

Sur le fimple vafe où j'ai mis mes fimples violettes, je grave ces vers :

Un bouquet qu'uniroit un brin d'herbe,
Donné par toi, flatteroit plus mon cœur.

Mademoiselle ROSE.

Mes immortelles liées d'un cordon de foie verte, fymbole de la force & de l'efpérance, placées dans un vafe de porphire, le plus dur des marbres, je grave deffus ce vers :

Mais hélas! il n'eft point d'éternelles amours!

Le Chevalier ZÉPHIR.

Sur la taffe de porcelaine où eft mon précieux bouton de rofe, j'attache cette devife :

Hâte-toi de t'épanouir.

Mademoiselle ROSE.

Vous êtes donc bien preffé, Chevalier.

Madame DE LA HAUTE-FUTAIE.

Vous avez plus befoin d'un hochet que d'un bouquet.

Le Chevalier ZÉPHIR.

Nous déciderons cela, s'il vous plaît, Madame, dans un autre moment.

L'Abbé PRINTEMS.

Mes piffenlits liés d'un vieux bout de ficelle, & placés dans un vieux pot-de-chambre fêlé, je grave deffus ces mots :

Nous ne fommes pas tous faits pour plaire.

Madame DE LA HAUTE-FUTAIE.

J'ai placé mon magnifique pavot décoré d'un nœud de ruban ponceau brodé en paillettes d'or dans un vafe de bois bien verniffé, & je grave deffus ces deux vers :

Point d'odeur, mais beaucoup d'éclat,
N'eft-ce pas le portrait d'un fat?

M. DE LA FORÊT.

Je grave sur le vase de fer où est mon bouquet de houx lié d'une chaîne d'acier, ces mots :

Nul ne s'y frotte.

M. DES JARDINS.

Sur le vase de fayence où j'ai mis mes trois roses liées d'un ruban blanc, je grave ce vers :

Ces trois roses sont sœurs, & les Graces aussi.

M. DE LA FORÊT.

On reconnoît bien là le galant M. des Jardins. En un vers, il a peint l'aimable demoiselle du Ruisseau & ses charmantes sœurs. Allons, voyons votre devise, Mademoiselle.

Mademoiselle DU RUISSEAU.

Sur le vase de terre où est mon bouquet de lignot, je grave ces mots :

Cadédis ! si je ne suis pas bien dans mon vase, je ramperai jusqu'à un autre vase plus précieux.

L'Abbé PRINTEMS.

On reconnoît bien là le gascon.

L'Abbé DES AGNEAUX.

Ma grosse rose à cent feuilles, attachée avec une hart d'osier, est dans son tonneau, j'attache dessus un grand écriteau portant ces mots :

« Mes couleurs sont plus que vives, car elles sont dures. Je tiens bien de la place, mais on ne daigne pas me regarder. Il n'est point de berger assez hardi pour oser me cueillir & m'offrir à sa bergère ; j'écraserois son sein. »

Madame DE LA RIVIÈRE.

Vous êtes méchant, l'Abbé, avec votre

grosse rose à cent feuilles. On voit bien que vous voulez faire allusion à cette grosse Madame Dubois, que nous appellons entre nous la princesse Citrouillon.

L'Abbé DES AGNEAUX.

Je ne dis pas mon secret.

Mademoiselle DU GAZON.

C'est le secret de la comédie.

Madame DE LA HAUTE-FUTAIE.

Il est vrai que Madame Dubois est insupportable. Je ne puis pas souffrir d'être à table à côté d'elle ; elle m'écrase.

L'Abbé PRINTEMS.

Elle a bien raison de ne pas aimer la campagne, car elle y fait une bien triste figure. Elle ne sauroit se promener ; elle ne peut que jouer ; & on ne vient pas à la campagne pour tenir toujours des cartes. C'est bien à la ville, dans l'hiver, ou par la pluie.

Madame DE LA RIVIÈRE.

Est-ce que M. de la Rivière n'est pas encore revenu de la promenade ?

Mademoiselle ROSE.

Il y a long-tems, Madame, je l'ai vu dans le salon ; il joue aux dames avec Mademoiselle du Bocage. Mademoiselle de la Haute-Futaie qui a bonne envie d'apprendre, les regarde jouer.

Madame DE LA HAUTE-FUTAIE.

Elle est à une bonne école.

L'Abbé DES AGNEAUX,

Mais on sonne, allons souper ?

(Extrait des Soirées amusantes.)

E

ÉGUILLETTES.

EGUILLETTES. (jeu des)

IL y a un autre jeu à baifer qui pourroit en-core fervir à faire des mariages, lequel fe pratique affez aifément : l'on prend la moitié autant d'éguillettes que l'on eft de perfonnes, & quelqu'un les tenant par le milieu, chacun met la main à quelque ferret, & ceux qui tiennent une même éguillette, fe marient ou fe baifent ; quelquefois il arrive que ce font par-tout deux filles ou deux garçons, telle-ment que les defirs de plufieurs amans font ainfi fruftrés, & l'on fait des rifées de deux hommes qui fe baifent fans aucun goût.

ÉLÉMENS. (jeu des)

Chacun prend un animal terreftre, un poiffon & un oifeau pour avoir des animaux de chaque élément, & le maître difant à quelqu'un, *cheval, terre*, il faut qu'auffitôt il nomme l'animal & l'élément de quelqu'autre, foit terre, eau, ou air, à fa fantaifie ; & s'il y fonge tant foit peu, ne fe fouvenant point des noms de ceux qu'il voudroit attaquer, il faut qu'il donne un gage pour marque de fa faute. Quelquefois l'on a une pelotte que l'on jette à celui de qui l'on nomme l'animal & l'élément, & il faut que la rejettant incontinent à un autre, il nomme de même ce qui lui appartient. Cela peut être proprement appellé, *renvoyer à l'efteuf*.

ÉMIGRETTE. (jeu de l')

L'*émigrette* eft un jeu qui a été en vogue quelque tems ? C'eft un rond de bois, ou d'ivoire, ou d'écaille, ou de métal, creufé dans fon pourtour, à une certaine profondeur, comme une poutre.

Un bon cordonnet eft attaché au centre de l'émigrette, & par une légère fecouffe on fait enrouler ce cordon qui entre dans la rainure. L'habileté du joueur confifte à entretenir cet enroulement du cordonnet, & à le tenir tou-jours en activité, malgré les tours qu'on fait faire à l'émigrette.

ÉNIGMES. (jeu des)

Un homme propofe une énigme à une dame, & fi elle ne la peut expliquer, il a la permiffion de l'embraffer, ou de lui donner une petite pénitence. La dame de fon côté peut auffi propofer une énigme, & fi l'homme ne peut la deviner, elle le condamne à ce qu'elle imagine. Ou bien fi l'on veut, l'un ou l'autre fait fa propofition, & fi l'explication eft bien donnée, celui qui la donne a droit fur l'autre comme étant le vainqueur.

ÉPINGLE à chercher au fon du violon.

Jeu de fociété.

Voyez à l'article ATTRAPE. (jeux d')

ÉPOUX ET DE L'ÉPOUSE. (jeu de l')

Au jeu de l'époux & de l'époufe, Himenée étant le maître du jeu, élira au plus de voix, ou choifira lui-même celui & celle qui doi-vent être mariés enfemble, & leur fera jurer la foi l'un à l'autre ; puis ayant donné à chacun de la compagnie, le nom des atours de la mariée, & de toutes les mignardifes que le marié lui peut dire ; le jeu commencera par les difcours du marié qui appellera fa chère compagne, & alors s'entendant nommer, elle lui demandera ce qu'il defire; il répondra qu'il demande fon amour, fon defir, fon plaifir, fa félicité, & autres belles chofes, & elle lui en dira de même, lorfqu'il l'interrogera; Hymenée leur parlant auffi, employera le nom de tous les atours à leur rang; mais cela eft fort fade, fi ce n'eft que l'on y ajoute quelque invention pour y donner de la pointe, comme on le pourroit faire facilement.

ESCARPOLETTE; efpèce de fiége fufpendu par des cordes, fur lequel on eft pouffé & repouffé en l'air. *Voyez* BALANÇOIRE.

E S C H E T S ;   *jeu des)*

Repréfenté par des perfonnes humaines, comme au fonge de Polyphile.

On le peut faire jouer par-pe fonnes humaines au lieu de pièces de bois. Nous avons lu le fonge de Polyphile, où des nymphes pratiquent ceci devant leur reine, étant vêtues de livrées différentes. Rhinghier veut au lieu de cela que les hommes foient d'un côté & les femmes de l'autre, vêtus chacun felon leur perfonnage, parce qu'il prétend que cela fe fait dans une compagnie telle que celle des autres jeux où il y a d'ordinaire de tous les deux fexes; & il fait faire cela dans une falle: mais il n'y en a guère d'affez quarrées & affez fpacieufes pour ceci: il feroit fort à propos que cela fe fît plutôt dans une grande cour dont l'on auroit noirci le pavé en quelques endroits, en forme d'échiquier, ou bien l'on auroit étendu deffus une grande toile peinte de cette forte. Il faudroit que tout autour il y eût des terraffes ou des échaufauds pour les fpectateurs, & deux tribunes aux deux côtés de l'échiquier pour monter les deux joueurs, afin que de-là ils viffent leurs perfonnages & leur commandâffent de marcher. Ils feroient vêtus de blanc d'un côté, & de rouge de l'autre; il y auroit un homme vêtu en roi; il y auroit une reine, deux chevaliers & deux fous à marotte, puifque les premiers inventeurs de ce jeu n'ont pas voulu que les

fous s'éloignaffent de la principauté), & ceux qui feroient les tours, auroient des tours en leur coiffure, ou b'en leur habit repréfenteroit cela comme aux perfonnages de balet, & quant aux points ce feroient de petits garçons, afin qu'ils offufquaffent moins le jeu. Les perfonnages marcheroient ici, au commandement de leur maître: & quand ils feroient pris, ils baiferoient les mains à leur vainqueur & fe retireroient du jeu, & celui des maîtres qui auroit perdu, feroit condamné, fi l'on vouloit, à quelque groffe amende. Or, prenant ainfi des perfonnes propres à chaque fujet, & les plaçant dans une cour, ce n'eft pas pour être le feul divertiffement d'une compagnie qui feroit toute employée à cela comme Rhinghier l'entend; mais de quantité de gens qui les pourront regarder. Je ne trouve point pourtant à redire que l'on le faffe ailleurs, fi l'on s'en veut donner la patience, & que de même l'on joue auffi aux Dames pouffées, ayant placé diverfes perfonnes dans une grande falle dont l'on aura rayé le plancher par grands quarreaux: quand les dames feront damées, pour fe faire mieux remarquer, on leur donnera quelques hauts bonnets.

ESCLAVE DÉPOUILLÉ. (l')

Jeu de fociété.

Voyez à l'article ATTRAPE. *(jeux d')*

EUROPE. *(jeu de l') ou la recréation européenne. — Jeu d'inftruction.*

C'eft le titre de ce jeu dont toutes les parties qui le compofent, repréfentent chacune un Etat, un pays, une province, ou une île de l'Europe. Les figures ou petites cartes qui l'accompagnent obfervent entre elles une divifion politique naturelle & phyfique de tous les objets qu'elles renferment, tels que les villes, fleuves, rivières, lacs, montagnes, &c. enfin les cartes offrent en petit, le terreftre de chacune des contrées qu'elles repréfentent.

Ce jeu eft une imitation de celui de l'oie. On joue avec deux déz, & 5 ou 6 perfonnes peuvent s'y amufer, prenant le cornet l'un après l'autre.

Il y a 61 une cafes, dont chaque numéro indique au joueur ce qu'il y a à payer, & fuivant le nombre de points qu'il amène, il voit s'il faut avancer ou rétrograder, ou s'il doit s'arrêter jufqu'à ce qu'un autre vienne le déplacer. On obfervera de nommer le nom des pays que l'on amenera, ainfi que les villes capitales qui font marquées fur les cartes d'une couleur ou d'un figne différens des autres pofitions : faute de les nommer, le joueur doit payer une amende.

Si les points des dez conduifent jufte au n° 61 qui renferme la defcription de la France, le joueur gagne & enlève tout ce qui eft fur le jeu. Au refte, la marche & les règles de ce jeu font, comme l'on vient de le dire, les mêmes que celles du jeu de l'oie. (*Voyez* la planche XIIIe du dictionnaire des Jeux.)

Voici comme le grand carton explicatif de ce jeu décrit les différens Etats de l'Europe. Nous rapportons cette explication, parce qu'elle peut amufer & inftruire en même tems les jeunes perfonnes qui veulent rendre leur recréation utile & profitable.

N°. 1. ESPAGNE, royaume confidérable d'Europe, fut habité d'abord par les Phéniciens, enfuite par les Carthaginois. Les Romains commencèrent à y porter la guerre, environ 260 ans avant J. C., & y demeurèrent 700 ans. Les Goths, les Vandales, les Sueves, les Vifigots, les Alains s'en rendirent maîtres au commencement du cinquième fiècle. Ils y dominèrent jufqu'au huitième fiècle que les Maures ou Mahométans s'y introduifirent & chaffèrent Roderic, dernier roi des Goths. Il fe forma plufieurs Etats fur les débris du royaume des Maures, tels que ceux de Léon, Navarre, Arragon, Valence & Caftille. Enfin, les forces divifées de ces différens royaumes fe réunirent fous l'empire des rois Ferdinand & Ifabelle qui domptèrent entièrement les Maures. La maifon d'Autriche fut appellée au trône. Philippe II triompha des infidèles, & Philippe III les chaffa de fes Etats, mais en 1700 une révolution nouvelle a tranfporté la couronne à un prince du fang de France & d'Autriche.

L'Efpagne eft bornée au nord par les monts Pyrénées, au fud & à l'eft par la mer Méditerranée, & à l'oueft par le Portugal. Sa longueur du nord au fud eft d'environ 240 lieues

fur 200 de large. Ce royaume eft arrofé par fix fleuves confidérables, l'Ebre, le Guadalquivir, la Guadiana, le Tage, le Douro & le Minho. Le roi a le furnom de Catholique. Il y a 8 archevêchés, 44 évêchés, 5 univerfités. Madrid en eft la capitale.

2. L'ANCIENNE CASTILLE, province d'Efpagne, avec titre de royaume de Burgos, qui fut érigée en archevêché en 1571 par le pape Grégoire XIII, fous le règne de Philippe II.

Cette ville eft fituée fur la pente d'une montagne & fur la petite rivière d'Arlançon. Il ne faut pas confondre l'ancienne Caftille avec la Caftille neuve ou le royaume de Tolède. Madrid en eft la capitale.

3. L'ARRAGON eft un royaume enclavé dans celui d'Efpagne. Saragoffe, fituée fur la rive gauche de l'Ebre, avec un archevêché & une univerfité en eft la capitale; les Efpagnols & les François furent défaits auprès de cette ville en 1710.

4 NAVARRE, royaume d'Europe entre la France & l'Efpagne. On le divife en haute & baffe Navarre. La haute appartient à l'Efpagne; elle eft bornée par les Pyrénées. Pampelune, évêché, en eft la capitale.

5. PORTUGAL, le plus occidental des royaumes d'Europe, eft fitué entre la Galice au nord, le Léon, les deux Caftilles & l'Andaloufie à l'eft, & l'Océan Atlantique à l'oueft. Sa longueur du nord au fud eft d'environ 110 lieues; fa largeur eft de 25 à 30, & en quelques endroits 50. Ce royaume fut d'abord habité par divers peuples inconnus, puis par les Carthaginois & les Phéniciens, fur qui les Romains le conquirent au cinquième fiècle. Il fut le partage des Sueves & des Vandales, qui furent enfuite chaffés par les rois Goths d'Efpagne l'an 589. Mais les Maures d'Afrique s'étant rendus maîtres de la plus grande partie de l'Efpagne au commencement du huitième fiècle, ils pénétrèrent jufques dans la Lufitanie faifant partie du royaume. Ils y établirent des gouverneurs qui fe firent rois. Enfuite Alphonfe VI, roi de Caftille, y porta fes armes & s'en affura la conquête en le donnant en 1069 en titre de comté à Henri, prince du fang de Bourgogne, & par conféquent du fang des rois de France, & le mariant avec Thérèfe fa fille naturelle. Il gagna fur les Maures dix fept batailles. Alphonfe, fils de

EUROPE. EUROPE. 63

Henri de Bourgogne leur fuccéda dans le même comté. Ses conquêtes fur les Maures l'engagèrent à prendre en 1139, le titre de roi de Portugal, dignité que le pape Alexandre III reconnut. Ses fucceffeurs en ont joui jufqu'en 1580, que le cardinal Henri étant mort, Philippe II, roi d'Efpagne, fit valoir fes prétentions à la couronne, & s'en rendit maître après une guerre de trois années : mais en 1640 il fe fit une révolution générale en faveur de Jean, duc de Bragance, tige des anciens rois, & qui, recevant la couronne, prit le nom de Jean IV; fa poftérité y règne heureufement aujourd'hui. La feule religion catholique eft foufferte. Il y a trois archevêchés & dix évêchés. Lifbonne en eft la capitale. Elle eft fituée fur fept montagnes & fur les bords du Tage. Il y a un port d'environ 5 lieues de long, eftimé le meilleur & le plus célèbre de l'Europe. En 1757 un tremblement de terre a renverfé une partie de la ville; mais elle eft réparée, excepté les grands édifices. Lisbonne eft diftante de Paris de 350 lieues.

6 & 7. HOLLANDE ou *Provinces-Unies*, continent d'Europe, compofé de dix-fept provinces, entre l'Allemagne, la France & la mer du Nord. Huit de ces provinces ayant fecoué la domination efpagnole formèrent une république puiffante. On appelle les autres provinces Pays-Bas Catholiques. Amfterdam, très-célèbre ville & l'une des plus floriffantes de l'univers, fituée au confluent des rivières d'Amftel & de l'Y, avec un port des plus grands & des meilleurs de l'Europe, en eft la capitale. Elle étoit autrefois impériale, à préfent fujette aux Etats. La tolérance publique de toutes fortes de religions y eft foufferte; cependant il n'y a que la religion dominante, qui eft la proteftante, qui puiffe avoir l'ufage des cloches. Elle eft diftante de Paris de 95 lieues.

Ajoutons qu'en 1795, ou l'an 3 de la république françoife, le ftathouder de la maifon d'Orange qui étoit le dominateur de la Hollande, en a été dépoffédé par les François qui ont rendu aux Etats leur liberté, & leur gouvernement républicain.

On peut regarder ce pays comme la clef du commerce de l'Europe.

N. B. Le joueur arrivé au point 6 doit

donner à Amfterdam un jetton pour prix de fon commerce, & fe placer au n°. 7.

8. SUISSE, grand pays d'Europe, borné par le Tyrol, la Franche Comté, le Sundgaw, la Forêt Noire, une partie de la Souabe, la Savoye, le Milanais, les provinces de Bergame & de Breffe. Il a environ 90 lieues de long fur 33 dans fa plus grande largeur.

La Suiffe eft divifée en treize cantons, fans compter leurs alliés. Sept de ces cantons font catholiques; favoir, Lucerne, Uti, Schwitz, Underwald, Zug, Fribourg & Soleure. Les fix autres, Zurich, Berne, Bâle, Schaffhoufe, proteftans; Glaris & Appenzel où la religion eft mêlée. Tous ces cantons font autant de républiques. Ils fecouèrent le joug de la maifon d'Autriche le premier de janvier 1308. C'eft dans ce grand pays où les fleuves du Rhône & du Rhin & du Danube prennent leurs fources.

9. SAVOYE, duché fouverain d'Europe entre la France & l'Italie, borné au nord par le lac de Genève qui le fépare de la Suiffe, à l'eft par les Alpes qui le féparent du Piémont & du Valais, à l'oueft par le Rhône qui le fépare du Bugey & de la Breffe, au fud par le Dauphiné & une partie du Piémont. Il a environ 33 lieues de long fur 27 de large. Chambéry où eft le parlement de Savoye en eft la capitale. Sa diftance de Paris eft de 90 lieues.

La Savoye a été conquife par les François qui l'ont réunie à leur république, fous le nom du département du Mont Blanc.

10. ITALIE, grande prefqu'île d'Europe, bornée au feptentrion par la Suiffe & l'Allemagne, à l'eft par la Turquie en Europe, dont elle eft féparée par le golphe de Venife, au midi par la mer Méditerranée, à l'oueft par les Alpes qui la féparent de la France & de la Savoye. Ses principales rivières font le Pô, l'Adde, l'Adige, l'Arno & le Tibre. Ses montagnes font les Alpes & l'Appennin. Les Alpes la féparent de la France, de la Suiffe & de l'Allemagne; l'Appennin la traverfe d'occident en orient : il y a auffi deux fameux volcans, le Gibel ou Etna dans la Sicile, & le Véfuve, ou Soma près de Naples.

L'Italie eft poffédée par plufieurs fouverains dont les principaux font le pape, le roi des deux Siciles, la maiſon d'Autriche, la république de Veniſe, & le roi de Sardaigne. Le grand-duc de Toſcane & la république de Gênes viennent enſuite. C'eſt le pays de l'Europe qui a été ſujet à plus de révolutions. Sans parler ici des Œnotriens, Auſoniens, Troyens & Romains, on ſait que dans la décadence de l'empire Romain, les Hérules, les Goths ou Oſtrogoths, & les Lombards s'en rendirent maîtres ſucceſſivement. Les Sariaſins en occupèrent une partie; les ducs de Spolete & de Benevent y firent beaucoup de ravages, auſſi bien que les marquis de Toſcane. Charlemagne détruiſit le royaume des Lombards, & forma un nouveau royaume d'Italie dont ſa maiſon a joui: les empereurs d'Allemagne le poſſédèrent long-tems; mais ce ne fut pas ſans troubles. Enfin, il s'y forma un grand nombre d'Etats particuliers dont quelques-uns ſubſiſtent encore à préſent. La religion catholique y eſt exactement obſervée. L'Italie eſt le pays d'Europe où il y a le plus d'évéchés, on y en compte environ 285 & 40 archevéchés. Rome, le ſiége du ſouverain pontiſe en eſt la capitale. Elle eſt ſituée ſur le Tibre. On y voit une infinité de précieux reſtes de ſon ancienne ſplendeur; tels ſont les bains, les obéliſques, les amphithéâtres, les cirques, les colonnes, les mauſolées, les arcs de triomphe, & un grand nombre d'égliſes & de palais magnifiques; entr'autres la ſuperbe égliſe de S. Pierre; le Vatican où logent les papes, & la ſameuſe bibliothèque, & quantité de beaux édifices. Elle eſt diſtante de Paris de 277 lieues.

N. B. Le joueur reſtera un tour ſans jouer en Italie, pour examiner ſes merveilles.

11. PIÉMONT, contrée d'Italie avec titre de principauté. Ce pays appartient au roi de Sardaigne. Turin, archevéché, en eſt la capitale. Elle eſt ſituée au confluent de la Dorine-Riparia avec le Pô. Sa diſtance de Paris eſt de 160 lieues.

12. ÉTAT DE GÊNES. République d'Italie qui comprend la côte de Gênes; & l'île de Capraja, eſt gouvernée par un corps de ſénateurs qui ont titre d'excellences. Ils ont à leur tête un doge, élu d'un corps des ſénateurs, & qui gouverne deux ans. Gênes, archevéché, avec un bon port ſur la mer Méditerranée, en eſt

la capitale. Sa diſtance de Paris eſt de 182 lieues.

13. DUCHÉ DE PARME, province d'Italie. Il appartient à un prince de la maiſon d'Eſpagne. Parme, évéché ſuffragant de Bologne, en eſt la capitale. Elle eſt ſituée ſur la rivière de Parme.

14. DUCHÉ DE MODÈNE ou le MODENOIS, petit Etat d'Italie. Modéne, évéché, en eſt la capitale. Les François la prirent & l'évacuèrent en 1707. Le roi de Sardaigne la prit en 1742. Ce duché relève de l'empereur, & appartient à un duc d'une branche particulière de la maiſon d'Eſt, l'une des plus anciennes de l'Italie. Il en paye 4000 écus d'hommage.

N. B. Le joueur, arrivé à ce nombre, doit payer 4 jettons pour hommage.

15. DUCHÉ DE MANTOUE, pays d'Italie le long du fleuve du Pô. Mantoue, évéché ſuffragant du pape, en eſt la capitale. Ce duché relève de l'empereur.

N. B. Le joueur ira de ce n°. à 23 où eſt l'ALLEMAGNE.

16. Domaine de Veniſe, ou RÉPUBLIQUE DE VENISE, comprend quatorze provinces. Toute l'autorité de la république eſt partagée entre le ſénat, compoſé de 120 ſénateurs qui ſont tous des nobles de la première claſſe, & le grand conſeil où aſſiſtent tous les nobles qui ont pris la veſte & qui ont 25 ans. Le doge quoique regardé comme prince de la république, a peu d'autorité. Veniſe, patriarchat, une des plus belles villes d'Italie ſur le golphe du même nom, en eſt la capitale, & eſt diſtante de Rome de 90 lieues.

17. ÉTAT DE L'ÉGLISE, pays d'Italie que le pape poſſède en ſouverain, qui en eſt ſeigneur tempore!; il eſt un des plus puiſſans monarques de l'Univers, puiſqu'il jouit de plus de vingt millions de revenu, & que ſon autorité s'étend conformément aux anciens canons ſur le ſpirituel de l'égliſe dont il eſt le chef. Ce pays comprend cinq archevéchés qui ont ſous eux un grand nombre d'évéchés. Rome en eſt la capitale, ainſi que de toute l'Italie, & de l'empire de toute la chrétienté.

Le pape a perdu dans ces dernier tems beaucoup de ſa double autorité temporelle & ſpirituelle;

spirituelle; & ses revenus sont prodigieusement diminués depuis que la plupart des Etats de l'Europe se sont affranchis des préjugés de la superstition.

18. TOSCANE, État souverain d'Italie avec titre de grand duché. Ce duché fut cédé au duc de Lorraine en échange de la Lorraine en 1736. Son second fils a été fait grand duc de Toscane le 24 août 1765. Florence, archevéché, avec une célèbre académie, en est la capitale. Elle est située sur l'Arno qui la partage en deux à l'est & au nord; elle est distante de Rome de 50 lieues.

19. NAPLES, (le royaume de) grand pays d'Italie. Il eut plusieurs maîtres. Charles, de S. Louis, en fit la conquête. Il passa aux Arragonois. Les François y rentrèrent en 1501; ensuite il passa aux rois d'Espagne; mais l'archiduc Charles, depuis Charles VI, empereur, s'en saisit en 1706. Il fut donné par le traité de Vienne en 1736 à l'infant dom Carlos. Ce royaume est tributaire du pape, & lui rend tous les ans, la veille de S. Pierre, le tribut d'une bourse de sept mille écus d'or & d'une haquenée blanche. Naples, archevéché avec une université, en est la capitale.

N. B. Le joueur arrivé à Naples payera sept jettons pour tribut.

20. SICILE, la plus grande île de la Méditerranée avec titre de royaume, est un des pays le plus fort par sa situation & le plus propre au commerce. Après bien des révolutions, Charles, frère de S. Louis en fit la conquête; mais en 1282, Pierre III, roi d'Arragon, s'en empara en faisant massacrer tous les François le jour de Pâques, au premier coup de vêpres; ce qui fit donner à ce massacre le nom de Vêpres Siciliennes. Elle passa à l'infant dom Carlos en 1736; elle est gouvernée par un vice-roi. Messine & Palerme, archevéchés, se disputent le rang de capitale. C'est dans cette île où est le fameux volcan, connu sous le nom de mont Gibel ou Etna.

N. B. Ici le joueur doit payer deux jettons, & aller se placer au n° 3 où est le royaume d'Arragon.

21. SARDAIGNE, île de la mer Méditerranée au sud de l'île de Corse. Elle a environ 80 lieues de long sur 45 de large. Le duc de

Savoie, à qui elle appartient à titre de royaume, en tire très-peu de choses; elle lui fut cédée en 1710 par l'empereur en échange de la Sicile. Cagliari, archevéché, & où le vice roi fait sa résidence, en est la capitale.

22. CORSE, île considérable d'Italie dans la mer Méditerranée, éloignée d'environ 15 lieues de Gênes. L'air y est mauvais & le terrain peu pierreux & fertile. On en tire du fer & de l'huile. Adimar, amiral des Génois, la prit sur les Sarrasins, & la soumit à la république de Gênes en 1730. Les habitans se révoltèrent; & cette révolte dureroit encore aujourd'hui, si les François n'en eussent fait la conquête en 1769. Depuis, cette île a été livrée par trahison aux Anglois qui l'ont évacuée. Bastia, avec une citadelle & un assez bon port, en est la capitale.

N. B. Le joueur ayant abordé la Corse recevra un jetton par droit de conquête.

23. ALLEMAGNE, autrefois Germanie, est un grand pays, situé au milieu de l'Europe avec titre d'empire; il a environ 240 lieues de la mer Baltique aux Alpes, & 200 depuis le Rhin jusqu'à la Hongrie; il est arrosé par le Danube, le plus grand fleuve de l'Europe, le Volga, le Rhin, l'Elbe, le Weser, la Save, la Drave, le Mein, le Necker, la Moselle & même la Meuse; à l'égard de son gouvernement, on peut dire qu'il est monarchique & aristo-démocratique tout ensemble. Le monarchique paroît en la personne de l'empereur qui est le chef de ce grand corps. Son aristocratie se voit dans les princes de l'empire, & sa démocratie est marquée par les villes impériales ou immédiates. L'empereur Maximilien I, l'an 1500 le divisa en dix cercles, qui sont la Franconie, la Bavière, la Souabe, le Haut-Rhin, la Westphalie & la Basse Saxe; en 1512, il y ajouta ceux d'Autriche, de Bourgogne, du Bas-Rhin & de Haute-Saxe. Charles Quint, son petit-fils, confirma cette division dans la diète de Nuremberg en 1522, & depuis ce tems elle a été en usage. Voici comme on a coutume de les compter aujourd'hui, Autriche, Bavière, Souabe, Franconie, Haute-Saxe, Basse-Saxe, Westphalie, Bas-Rhin, Haut-Rhin & Bourgogne. Ce dernier est demeuré membre de l'empire, quoique par le traité de Munster en 1648, les Etats qu'il contient soient indépendans de

l'empire & ne foient pas fujets à fes charges.
Tout fe fait au nom de l'empereur ; mais fon
pouvoir eft bien limité par celui des électeurs , celui des princes & celui des villes
libres. Il y a en Allemagne deux religions
autorifées par la diète d'Augsbourg en 1555,
la catholique & la proteftante. Cette dernière
comprend la luthérienne & la prétendue
réformée. Vienne , archevéché avec une univerfité, en eft la capitale.

N. B. Le joueur arrivé à ce n° 23 , lira aux
autres joueurs cet article de l'Allemagne.

24. PALATINAT DU RHIN *ou* L'ÉLEC-
TORAT, comprend le Chraichgow, les bail-
liages de Boxberg , Lentzberg , Neuftad ,
Germersheim, Lautern, Altzey, Oppenheim,
Creutznach , Simmern & Kirchberg. Le Rhin
& le Necker en rendent la fituation avantageufe. Heidelberg en eft la capitale.

25. FRANCONIE , cercle ou contrée d'Allemagne, borné par la Bohême , le Haut &
Bas-Palatinat, l'archevéché de Mayence, la
Bavière, la Souabe , la Mifnie & la Turinge.
Elle eft fituée au centre de l'Allemagne , &
forme à-peu près un cercle dont le diamètre
a environ 60 lieues. Dans les premiers tems
il fut habité par les Francs ou premiers François , tant fous la première que fous la fé-
conde race des rois de France ; il faifoit partie
de ce qu'on appelle France orientale , *Francia
orientalis.* Nuremberg, ville impériale, en eft
la capitale.

Cette ville eft la dépofitaire des ornemens
qui fervent au facre des empereurs, qui con
fiftent en la couronne, le fceptre, le globe,
l'épée & la dalmatique de Charlemagne.

26. SOUABE , grand pays & cercle d'Allemagne de 72 lieues de long fur 66 de large ;
il comprend le duché de Wirtemberg , le
margraviat de Baden, la principauté de Ho-
henzollern , la principauté d'Ettingen , la principauté de Mindelheim , l'évêché d'Augsbourg , l'évêché de Conftance & de Coire ,
plufieurs comtés , abbayes & villes libres
d'Augsbourg , évêché fuffragant de Mayence,
qui en eft la capitale. Elle eft fituée entre
la Werdach & la Lech.

27. TIROL , pays ou contrée d'Allemagne
qui fait partie des États héréditaires de la

maifon d'Autriche ; c'eft un démembrement
de la Bavière qui a paffé à la maifon d'Autriche en 1366. Il a environ 60 lieues de long
fur 46 de large. Infpruck-fur-l'Inn en eft la
capitale.

28. BAVIÈRE , État confidérable d'Allemagne avec titre de duché. Ce duché a la
dignité électorale depuis le 5 mars 1623.
L'électeur de Bavière jouit de 13 millions de
revenu. Munich, fituée fur l'Ifer , en eft la
capitale & la réfidence ordinaire des électeurs.
Elle eft diftante de Paris de 165 lieues.

29. BOHÊME, royaume d'Europe, comprenant non-feulement le royaume de Bohême,
mais auffi le duché de Siléfie ; le marquifat de
Moravie & celui de Luface qui lui ont été
unis , & qui en font les dépendances ; les trois
premières parties appartiennent prefqu'entiérement à l'empereur comme roi de Bohême ;
la quatrième partie lui rend feulement hommage depuis l'an 1620 , que l'empereur Ferdinand II l'engagea à Jean Georges I, électeur de Saxe , à condition de la tenir en fief
perpétuel de la couronne de Bohême ; cependant depuis peu de tems le roi de Pruffe s'eft
emparé de prefque toute la Siléfie. La Bohême
contient 92 lieues de l'oueft à l'eft , & 75 du
nord au fud. Ses rivières les plus confidérables
font l'Elbe, l'Oder , la Viftule & la Morave,
qui y prennent leurs fources. Le royaume de
Bohême étoit autrefois électif, mais aujour-
d'hui il eft héréditaire en la maifon d'Autriche depuis la paix de Weftphalie en 1648.
Prague, archevéché avec une fameufe univerfité & deux bons châteaux , en eft la capitale.

30. AUTRICHE , cercle & pays d'Allemagne, comprenant l'archiduché d'Autriche,
les duchés de Stirie , de Carinthie & de Car-
niole ; on y joint le comté de Tirol & la
Souabe autrichienne , quoique féparée de ces
premières provinces. L'archiduché d'Autriche
fut érigé par l'empereur Maximilien I en 1495.
La rivière d'Ens qui tombe dans le Danube la
divife en haute & baffe. Vienne eft la capitale
de la baffe , & Lintz la capitale de la haute.

31. BAS RHIN , cercle d'Allemagne , comprenant les électorats & archevéchés de
Mayence , de Trèves & de Cologne , & la
partie du Palatinat qui eft à l'électeur Palatin,

dont Heidelberg fur le Necker eft la capitale. (*Voyez* le n° 24.)

32. WESTPHALIE, l'un des cercles de l'empire d'environ 140 lieues de long fur 100 de large. On la divife en province de Weftphalie & en duché de Weftphalie. Le duché appartient à l'électeur de Cologne. La province comprend plufieurs principautés & comtés; l'évêque de Munfter & les ducs de Juliers & de Clèves font directeurs du cercle.

33. LA HESSE, pays d'Allemagne avec titre de landgraviat dans le cercle du Haut-Rhin. Il fe divife en haute & baffe Heffe. La maifon fouveraine de ce pays eft partagée en quatre branches dont chacune prend la qualité de landgrave; deux principautés, Heffe-Caffel, calvinifte, & Heffe-Darmftad, luthérienne; & deux autres qui font des branches de la feconde Heffe Rinfels, catholique, & Heffe-Hombourg, calvinifte. Ces quatre landgrave prennent leurs noms des quatre villes principales qui s'y trouvent. La haute Heffe a pour capitale Marourg, & la baffe à Caffel.

34. HAUTE SAXE, faifant partie d'un grand pays d'Allemagne qu'on appelle *Saxe*; on le divife en trois branches : le duché de Saxe, & les cercles de la haute & baffe Saxe. Le cercle de la haute Saxe comprend un grand nombre de fouverainetés. Il eft borné par la Pruffe, une partie de la Pologne & la Siléfie; par la Bavière, la Bohême, la Franconie, le haut Rhin, la baffe Saxe, par la mer Baltique & une partie de la baffe Saxe; l'électeur de Saxe en eft le directeur.

35. BASSE SAXE. Le cercle de la baffe Saxe contient auffi un grand nombre de fouverainetés. Il eft borné par la mer Baltique & le duché de Slefwick, par la mer d'Allemagne, le cercle de Weftphalie, le cercle du haut Rhin, & le cercle de la haute Saxe. Les ducs de Magdebourg, de Brême & de Brunfwich Lunebourg en font les directeurs. Magdebourg, autrefois archevêché, fondé par l'empereur Othon I, mais qui a été fécularifé par le traité de Weftphalie, & cédé au roi de Pruffe, en eft la capitale; elle eft fituée fur la rive gauche de l'Elbe, & eft diftante de Vienne de 122 lieues.

36. BRANDEBOURG, électorat ou Marche de Brandebourg, grand pays d'Allemagne. On le divife en cinq parties principales, qui font la vieille Marche, la Preignitz, la moyenne Marche, l'Okermark & la nouvelle Marche. Berlin en eft la capitale, & la réfidence du roi de Pruffe. Les Autrichiens la mirent à contribution en 1757, & les Ruffes en 1760.

N. B. Le joueur tombé fur ce nombre doit payer une contribution de deux jettons.

37. POMÉRANIE, province d'Allemagne avec titre de duché, au cercle de la haute Saxe. L'Oder la divife en deux parties dont l'une qui eft à l'eft de ce fleuve eft appellée ultérieure, & l'autre qui eft à l'oueft eft appellée citérieure. Stetin en eft la capitale.

38. DANEMARCK, royaume d'Europe, borné par la mer Baltique & l'Océan. Il fe divife en Etat de terre ferme & en Etat de mer. Comme il eft le plus ancien des royaumes du nord, le roi a la préféance fur celui de Suéde; le pays eft riche, peuplé, commerçant & fertile. Les habitans font braves, & proffeffent la religion luthérienne; le roi eft héréditaire & abfolu. Un de fes plus forts revenus eft le péage du fund qui communique aux deux mers Océane & Baltique. Copenhague grande, belle & forte ville avec une célèbre univerfité, fondée en 1479 par Chriftian I, en eft la capitale; elle eft diftante de Paris de 225 lieues. Le roi de Dannemarck poffède encore la Norwège & l'Iflande.

N. B. Le joueur payera fous ce numéro deux jettons pour le paffage du Sund.

39. HOLSTEIN, pays d'Allemagne avec titre de duché par la mer Baltique & la mer du Nord à l'eft de Slefwick au nord, le Lavenbourg, le Meckelbourg & l'Elbe au fud; il eft poffédé principalement par le roi de Danemarck & par le duc de Holftein; il a 32 lieues de large fur 48 de long, & fait partie de l'empire d'Allemagne. Kiel avec un château & une univerfité, fondée en 1665, en eft la capitale.

40. NORWÈGE, royaume d'Europe dans la Scandinavie entre la Suède & la mer du Nord; il a environ 400 lieues de côtes, & 75 de large. Il a eu fes rois particuliers jufqu'en 1387 qu'il fut incorporé au Danemarck; il y a un vice-roi qui a un pouvoir

I 2

abſolu, & qui réſide à Berghen. La Norwège propre comprend quatre gouvernemens généraux d'Aggerhus, Berghenus, Drontheimus & Wardhus, Berghen, évêché luthérien avec un château très-fort & un port très profond, en eſt la capitale.

41. ISLANDE, grande île du nord de l'Europe d'environ 160 lieues de long ſur 60 de large. Le mont Heckla eſt le plus célèbre des volcans qui jette des flammes & quelquefois des torrens qui brûlent & conſument tout ce qu'ils touchent. Les rois de Danemarck font gouverner cette île par un vice-roi. On dit que beaucoup d'Iſlandois vivent au-delà de cent ans ſans ſe ſervir de médecins ni de médicamens. Il n'y a dans l'Iſlande aucun grand chemin, ni d'autres villes ou villages que Holle & Schallolt, évêché luthérien.

42. SUÉDE, grand royaume au nord de l'Europe; il eſt borné par la Laponie Danoiſe, l'Océan, la mer Baltique, le golphe de Finlande, la Moſcovie, la Norwège, le Sund & le Categat. Il a environ 350 lieues du ſud au nord, & 140 de l'eſt à l'oueſt. Le pouvoir du roi de Suéde eſt borné par un ſénat & par les Etats qu'on aſſemble ſouvent. Stockholm, capitale de ce royaume, eſt diſtante de Paris de 305 lieues.

43. POLOGNE, grand royaume d'Europe; on le diviſe en trois grandes parties, qui ſont la grande Pologne, la petite Pologne, & le grand duché de Lithuanie. Chaque partie ſe diviſe en pluſieurs palatinats ou provinces. Le gouvernement de Pologne eſt monarchique & ariſtocatique; c'eſt la nobleſſe qui élit le roi dont elle limite fort le pouvoir; elle a tant d'autorité qu'il n'y a pas de ſeigneur qui n'ait droit de vie ou de mort ſur ſes payſans. Cracovie, grande & célèbre ville avec un évêché, en eſt la capitale. Elle eſt diſtante de Paris de 300 lieues.

La Pologne a bien changé de face & de gouvernement dans ces derniers tems, & depuis la conquête & le partage que la Pruſſe, la Ruſſie & l'empire ont fait entre eux de ſes plus belles provinces.

44. LITHUANIE, grand pays d'Europe avec titre de grand duché. Il fait partie de la Pologne; il a environ 150 lieues de long ſur 100 de large. On le diviſe en huit palatinats de Troki, de Minski, de Novogrodeck, de Beeſcie, de Wilna, de Mitciſlaw, de Witepsk, de Poloczk. La Lithuanie eſt à préſent une des conquêtes de l'impératrice de Ruſſie.

45. PRUSSE, grand Etat d'Europe. On diviſe ce pays en Pruſſe royale ou Polonoiſe, & en Pruſſe ducale, ou royaume de Pruſſe. Cette partie fut érigée en royaume héréditaire par l'empereur Léopold en 1701 en faveur de Frédéric III, margrave de Brandebourg. La Pruſſe Polonoiſe comprend le terrain de Marienbourg, celui de Culm, le Wermland & la Pomérelie.

46. CURLANDE, petit pays avec titre de duché dans la Livonie, dont les ducs ſont indépendans & vaſſaux de la Pologne. Les Czars de Moſcovie, comme maîtres de la Livonie dont la Curlande fait partie, influent beaucoup ſur la confirmation des ducs. Mittaw en eſt la capitale. La domination de la Ruſſie dans le nord s'eſt étendue auſſi ſur ce duché.

47. UKRAINE, grande contrée d'Europe. Les Polonois l'appelloient autrefois une terre de lait & de miel; preſque tout y vient ſans culture; mais les guerres l'ont entiérement ruinée & l'ont rendue preſque déſerte. Les peuples qui l'habitent ſont appellés Coſaques. Ce beau pays a été comme abſorbé par la Ruſſie.

48. MOSCOVIE ou RUSSIE, grand empire, partie en Europe, & partie en Aſie. Celle d'Europe ſe diviſe en dix grands gouvernemens dont chaque renferme pluſieurs provinces & principautés. Moſcow grande, riche & très-conſidérable ville, avec un patriarche, étoit autrefois la capitale; mais depuis que Pierre-le-Grand, Czar de Moſcovie, fit bâtir Saint-Péterſbourg, il en fit la capitale de ſon empire: elle eſt la réſidence ordinaire des Czars. Sa diſtance de Paris eſt de 500 lieues.

49. TURQUIE, grand empire qui s'étend en Europe, en Aſie & en Afrique. La Turquie d'Europe ſeptentrionale, la Valachie, la Moldavie, la Beſſarabie, la Croatie, la Boſnie, la Dalmatie, la Servie, la Bulgarie & la Romanie; la Méridionale qui comprend l'an-

cienne Grece contient sept grandes parties, qui sont l'Albanie, l'Epire, la Macédoine, la Janna, la Livadie, la Morée, & les îles de l'Archipel. Constantinople, l'une des plus grandes & des plus célèbres villes de l'Europe, en est la capitale. Elle est distante de Paris de 500 lieues.

50. HONGRIE, royaume d'Europe d'environ 140 lieues de long, & 100 de large. Il se divise en deux parties, haute & basse. Presbourg sur la rive gauche du Danube est la capitale de la haute, & Bude sur le Danube est la capitale de la basse. C'est la maison d'Autriche ou l'empereur qui est en possession du royaume de Hongrie.

51. GRECE, pays célèbre & considérable d'Europe, à présent sujet aux Turcs. Il fait partie de la Turquie d'Europe. La Grece n'est plus si peuplée qu'elle étoit autrefois. Elle est habitée par des Mahométans & des Chrétiens.

52. TRANSILVANIE, province d'Europe annexée à la Hongrie. Elle a eu long-tems les princes particuliers, mais à présent elle est réunie à la Hongrie, & gouvernée par un vice-roi. Hermanstad, évêché, en est la capitale.

53. VALACHIE, province d'Europe d'environ 90 lieues de long sur 50 de large. La plus grande partie de cette province appartient aux Turcs, & est gouvernée par un hospodar qui lui paye tribut; le reste appartient à la maison d'Autriche.

N. B. Le joueur, en Valachie, doit payer un jetton pour tribut.

54. MOLDAVIE, contrée d'Europe, arrosée par le Pruth, la Molda & la Bardalach. C'est une principauté tributaire du Turc. Jaffy sur le Pruth en est la capitale & la résidence du hospodar.

N. B. On doit payer ici deux jettons.

55. PETITE TARTARIE ou la TARTARIE PRÉCOPITE est une province d'Europe, tributaire du Turc. La Crimée en fait partie.

56. GOLPHE DE VENISE, nommé par les Grecs mer Adriatique. La province de Dalmatie qu'il borde se divise en trois parties dont la première appartient aux Vénitiens, la seconde aux Raguliens, & la troisième aux Turcs. Spalatro est la capitale de la première; Raguse de la seconde; Herze-Cowina de la troisième.

57. ISLE DE CANDIE, île considérable d'Europe dans la mer Méditerranée, autrefois nommée île de Crete; elle est sujette aux Turcs qui la prirent aux Vénitiens le 16 septembre 1669. Candie, ville forte avec un archevéché, en est la capitale.

58. ANGLETERRE, royaume considérable de l'Europe d'environ 100 lieues dans sa plus grande étendue, & 110 dans sa plus grande largeur, borné au nord par l'Écosse dont les rivières de Solvay & de Tiewed la séparent, entouré de mer de tous les autres côtés. Le gouvernement est en partie monarchique & en partie républicain; le pouvoir du roi est tempéré par celui du parlement. Londres, l'une des plus grandes, des plus riches, & des plus florissantes du Monde, avec un évêché suffragant de Cantorbery, en est la capitale.

59. ÉCOSSE, royaume d'Europe qui occupe la partie septentrionale de la Grande-Bretagne. Il a environ 80 lieues de long sur 55 de large. On le divise en 35 petites provinces, que l'on distingue en méridionales & septentrionales par rapport au fleuve du Tay qui les sépare. Édimbourg en est la capitale. Ce royaume fait partie de la Grande Bretagne.

60. IRLANDE, l'une des îles Britanniques, bornée par la mer d'Irlande qui la sépare de l'Angleterre. Elle a environ 95 lieues de long sur 53 de large. Le gouvernement civil ressemble assez à celui d'Angleterre. Il y a un vice-roi appellé le lord lieutenant ou député d'Irlande, dont l'autorité est d'une grande étendue; il y a eu souvent des révolutions pour empêcher la religion catholique, que professe le plus grand nombre des Irlandois. Dublin, grande, riche & belle ville avec un archevéché & un parlement, en est la capitale.

N. B. Le joueur ira au n° 10 où est l'Italie, & restera un tour sans jouer, à cause des révolutions pour la religion catholique.

F

FERME.

FERME.
Jeu de société.

*V*OYEZ à l'article POULES. (*Jeux de*)

FRANCE. (*Tableau chronologique et historique des principaux événemens arrivés en*)

Jeu instructif.

Ce jeu est double; le carton présentent à la fois le tableau chronologique des rois, & celui des événemens.

On joue avec deux dez ou un cochonnet, comme à l'oie.

Règles, 1°. Tous mettent chacun six jettons au jeu qu'on fait valoir ce qu'on veut.

2°. Celui qui arrive le premier aux dernières cases, gagne ce qui est sur le jeu.

3°. Celui qui amène du premier coup 9, va à 1559 du jeu des rois, ou à 93 du jeu des événemens.

4°. Celui qui trouve en allant des jettons sur une case où il passe les prend, & non en revenant.

5°. Celui qui est rencontré par un autre laisse un jetton sur la case, & va à la place de l'autre.

6°. Les autres règles sont marquées autour des cases. On met au jeu ou sous le chandelier, ou sur le jeu, ou sur les cases.

Voici présentement les deux tableaux chronologiques & historiques.

1°. Des événemens;

2°. De la succession des rois de France.

PREMIER TABLEAU.
Evénemens.

1. Les premiers François sortis de Franconie s'établissent le long du Haut-Rhin, & élisent Pharamond pour leur roi en 420.

2. Les François passèrent le Rhin sous Clodion, mais furent ensuite obligés de repasser ce fleuve en 440.

3. Les François hors de la sujétion des Romains, remportent des victoires sur les Allemands, & quittent le nom de Gaulois en 450.

4. Christianisme ou baptême du roi Clovis. La Sainte-Ampoule envoyée du ciel pour le sacre des rois en 502.

5. Deux victoires remportées par les François sur les Visigoths. Alaric leur roi fut tué à la première. La France étend ses limites au-delà de la Loire en 520.

6. La France est partagée en quatre royaumes par les fils de Clovis. Cruelle guerre qu'ils se font entre eux.

7. Ils s'accordent pour Amalaric, roi des Visigoths, mari de leur sœur. Ensuite ils le tuèrent & pillèrent ses trésors en 550.

8. Guerre des deux frères Chilpéric & Sigebert. Leurs femmes malignes & sanguinaires suscitent cette guerre. Frédégonde fait tuer Chilpéric en 584.

9. Victoire sur les Saxons par Clotaire. Lois écrites pour la police en 613. Il fait mourir la reine Brunehaut.

10. Dagobert chasse les Juifs. Il fait bâtir S. Denis, & le fait couvrir d'argent en 636; il y est inhumé.

11. Autorité des maires du palais. Cruauté d'Ebroin pour soutenir son crédit en 674.

12. Victoires des François par la valeur de Pepin, dit le Gros, ou Frisel, maire du palais de France en 687.

13. Les factions des deux maires Charles Martel & Rainfroy se font la guerre avec différens succès en 706.

14. Les François défont trois cents mille Sarrasins & tuent Abderame leur roi près de Poitiers. Ils étaient commandés par Charles Martel en 730.

15. Autre défaite des Sarrasins devant la ville de Sens, par le courage de l'évêque d'Eblis en 731.

16. Victoires des François en Lombardie, Guienne, Espagne, &c. sous les rois Pepin & Charlemagne en 770.

17. Institution des pairs de France. Origine des histoires fabuleuses. Université établie à Paris en 780.

18. Conquêtes des Gascons en Espagne contre les Sarrasins, où ils établirent Inigo dans le royaume de Navarre en 830.

19. Les François remettent plusieurs fois Louis le Débonnaire sur le trône d'où ils l'avoient fait descendre en 839.

20. Ravages des peuples venus du nord en Flandres, Bretagne & Neustrie en 850.

21. Établissement du royaume d'Arles en Provence, Dauphiné par Bozon en 876.

22. Établissement de la foire du Landi ou S. Denis, par l'empereur Charles le Chauve en 878.

23. Établissement de plusieurs souverains sur les provinces de France, par l'empereur Louis le Begue en 879.

24. Les Normands sont chassés de devant Paris par les rois Louis & Carloman en 884.

25. Le royaume de Bourgogne établi pour la seconde fois par Rodolphe en 890.

26. Robert s'étant fait déclarer roi fut vaincu & tué dans une bataille par Charles le Simple en 925.

27. La Neustrie cédée aux Normands qui se font chrétiens. Robert leur duc en 935.

28. Guerres de Louis d'Outremer contre Hugues-le-Grand & les Normands en 950.

29. La France ravagée par l'empereur Othon II, qui assiége Paris inutilement en 980.

30. Guerre de Hugues Capet contre Charles, duc de Lorraine, qui fut vaincu, & mourut en prison en 986.

31. Seconde suppression des maires du palais, princes ou ducs de France par Hugues Capet en 887.

32. Conquête de la Bourgogne par le roi Robert en 1001.

33. Guerre en Normandie pour faire reconnoître le duc Guillaume en 1047.

34. Hérésies de Berenger, archidiacre d'Angers, contre la présence réelle de J. C. en l'eucharistie en 1062.

35. Concile de Clermont pour la conquête de la Terre Sainte en 1099.

36. Guerres civiles de plusieurs seigneurs de France contre Louis le Gros. Première guerre contre les Anglois en 1100.

37. Différend du roi Louis VII avec le pape Innocent II, pour la nomination aux bénéfices en 1140.

38. Concile à Sens, où les erreurs d'Abelard furent condamnées en 1140.

39. Croisade des François pour la conquête de la Terre Sainte sous Louis le Jeune en 1147.

40. Progrès de l'université de Paris, par l'établissement des professeurs en 1170.

41. Les Juifs chassés de France pour leurs crimes & leur usure en 1182.

42. Guerre contre les Anglois. Conquête des villes de Tours, du Mans, & autres en 1185.

43. Conquêtes en Normandie sous Philippe Auguste en 1200.

44. Croisade des François qui font la conquête de Constantinople, & font mourir l'empereur Mursufle en 1210.

45. Les pauvres de Lyon hérétiques? Guerre contre eux, où les Albigeois sont vaincus par Simon, comte de Montfort, à Muret, en 1211.

46. Bataille gagnée sur les Allemands & les Anglois qui avoient à leur tête Othon IV, par Philippe-Auguste, à Bouvines, en 1214.

47. Les provinces de Normandie , Poitou, Angers , le Maine réunies à la couronne par Philippe-Auguſte en 1215.

48. Les Anglois chaſſés de France par Louis VIII. Victoire gagnée ſur eux à Taille-bourg par S. Louis en 1242.

49. Première expédition contre les Sarraſins , où le roi S. Louis fut pris à Maſſora en 1249.

50. Les François aſſiégent Tunis. A la ſeconde expédition, la peſte ſe mit dans le camp où S. Louis mourut en 1270.

51. Perte de l'empire d'Orient par les François en 1250.

52. Défaite des Sarraſins près de Tunis par le roi Philippe-le-Hardi en 1270.

Vêpres Siciliennes en 1280.

53. D'fférends du pape Boniface VIII avec le roi Philippe-le-Bel en 1302.

54. Perte de la bataille de Courtray en 1302.

Gain de la bataille de Montcaſſel en 1304.

55. Abolition de l'ordre des Templiers, dont on fit mourir le grand maître par ſentence des juges en 1312.

56. Le comté de Lyon cédé au roi Philippe-le-Bel , & réuni à la couronne en 1312.

57. Première levée des décimes ſur le clergé de France, par le pape Jean XXII en 1324.

58. Victoire des François à Montcaſſel ſous Philippe de Valois en 1328.

59. Perte d'un combat naval à l'Écluſe contre les Anglois & les Flamands. Faction d'Artevel en 1340.

60. Donation du Dauphiné pour le fils aîné de France en 1349.

61. Priſe du roi Jean devant Poitiers en 1356.

62. Factions du roi de Navarre, qui attire les Anglois pour troubler la France en 1360.

63. Les factions des Chaperons & celles de la Jacquerie. Perte de la bataille de Crecy en 1363.

64. Victoire ſur les Anglois & les Navarrois , gagnée à Cocherel en 1366.

65. Henri de Caſtille mis deux fois ſur le trône par les François en 1366.

66. Avantages des François ſur les Anglois & les Bretons unis enſemble en 1370.

67. Charles VI défait les Flamands à Rosbec. Ligue des Chaperons blancs en 1382.

68. Factions d'Orléans & de Bourgogne. Les Maillotins. Uſage des duels en 1400.

69. Perte de la bataille d'Azincourt contre les Anglois par Henri V, leur roi , en 1415.

70. Liaiſons de la reine avec les Anglois & le duc de Bourgogne contre le dauphin ſon fils unique en 1418.

71. Le duc de Bourgogne tué à Montereau en préſence du dauphin de France en 1419.

72. Henri V , roi d'Angleterre , eſt proclamé roi de France à Paris , & occupe les meilleures villes du royaume en 1420.

73. La ville d'Orléans délivrée du ſiége par la valeur des François , guidés par la Pucelle d'Orléans en 1429.

74. Faction de la Praguerie. Les Anglois vaincus & chaſſés de France par le roi Charles VII en 1451.

75. La pragmatique ſanction ou réglement pour le clergé , ſuivant le concile de Bâle en 1452.

76. Guerre des princes , dite du bien public ; inſtitution de l'ordre de S. Michel par le roi Louis XI en 1460.

77. Victoire à Saint - Aubin. Conquête de la Bretagne. Conquêtes en Italie par Charles VIII en 1490.

78. Conquête du royaume de Naples. Victoire à Fornoue ſur les troupes du pape , de celles de l'empire & des Vénitiens en 1495.

79. Conquêtes en Italie. Les Vénitiens battus à Agnadel. Victoire devant Ravenne en 1512.

80. Journée des Éperons & priſe de Thérouenne par les Anglois en 1514.

81. La ſuppreſſion de la pragmatique ſanction & concordat du roi avec le pape pour la nomination des bénéfices en 1515.

82. Bataille de Marignan gagnée ſur les Suiſſes. Priſe du Milanais en 1515.

83. Tous les princes de l'Europe ligués contre la France , ſont combattus par le courage du roi , François I , vers 1522.

84. Défaite

84. Défaite des François devant la ville de Pavie, & prife de François I en 1525.

85. Gain d'une bataille contre l'empereur Charles-Quint, à Cérifoles en Piémont, 1544.

86. Les François défendent la ville de Metz contre l'empereur Charles-Quint, qui eft obligé de lever le fiége en 1552.

87. Progrès des armes des François fur les Espagnols & les Anglois. Prife de Calais en 1558.

88. La France inondée par les Proteftans qui fe firent donner plufieurs villes en ôtage en 1560.

89. Conjuration d'Amboife par les Proteftans. Affemblée des notables à Fontainebeau en 1560.

90. Colloque de Poiffy en 1561. Bataille de Saint Denis contre les Proteftans, où le connétable de Montmorency fut tué en 1564.

91. Bataille de Jarnac, & mort du prince de Condé en 1566. Bataille de Moncontour en 1569.

92. Journée de la Saint Barthelemi, où l'on fit main-baffe fur les Proteftans en 1572.

93. Ligue appellée Sainte, ou ligue des Politiques. Grands mouvemens dans le royaume en 1573.

94. Henri III, affaffiné à Saint-Cloud. Henri IV fait la conquête de fon royaume en 1589.

95. Édit de Nantes. Henri IV eft affaffiné à Paris en 1610. Guerre civile pour le gouvernement. Guerre contre les Proteftans en 1622.

96. Prife de la Rochelle & de plufieurs autres villes fur les Proteftans, par le roi Louis XIII en 1628.

97. Les François aident Jean IV, roi de Portugal, à fe maintenir fur le trône en 1640.

98. Traité de paix à Munfter avec l'empereur & l'Allemagne en 1648.

99. Paix des Pyrénées. Mariage de Louis XIV ; fon fafte & fa gloire en 1660.

100. Le roi d'Efpagne établi & foutenu fur le trône contre les efforts de toute l'Europe en 1700.

101. Avénement du roi Louis XV à la *Jeux familiers.*

couronne, & différens traités pour l'affermiffement de la paix en 1715.

102. Naiffance du dauphin, fils de Louis XV en 1729.

IIe TABLEAU.

Rois de France.

1. *Pharamond*, premier roi des François, fortis de la Franconie. Il eft auteur de la loi falique ; a régné huit ans, 420.

2. *Clodion*, fecond roi, dit le Chevelu, étendit fes Etats au-delà du Rhin, où il ne put fe maintenir en 426.

3. *Mérouée*, troifième roi, chef de la première race, défit Attila en 451, & mit les François hors de la fujétion des Romains ; il a régné dix ans, 449.

4. *Childéric*, quatrième roi, fut dépofé en 450 pour fes vices. Gilon fut mis en fa place ; mais Childéric fut rappellé à la couronne, & règne avec fageffe vingt fix ans.

5. *Clovis*, roi, prince ambitieux & cruel. Premier roi chrétien, a fait de grandes conquêtes fur les Romains qu'il défit ; a régné trente-deux ans en 485.

6. *Childebert I*, fils aîné de Clovis, eut pour partage le royaume de Paris. Il étoit avare & cruel ; il tua fon beau-frère Amalaric, roi des Vifigots ; a régné vingt-fept ans, 515.

7. *Clotaire I* ; il fe vit feul poffeffeur des Etats de Clovis par la mort de fes frères ; il étoit vaillant, mais cruel ; il fit brûler fon fils Chramne dans une chaumière. Il eut trois femmes, & il mourut pénitent ; a régné trois ans, 560.

8. *Caribert* n'eft remarquable que par fa vie licencieufe. Il répudia fa femme Incoberge, & prit Méroftide, fille d'un ouvrier en laine ; a régné fix ans, 565.

9. *Chilpéric*. Son règne fut troublé par des guerres civiles, caufées par la cruauté de Frédégonde. Il fit tuer Mérouée fon fils, répudia Adouer, fa première femme, & fe défit de Galfuinde, fa feconde femme, pour époufer Frédégonde, qui le fit tuer en 574.

10. *Clotaire II* préfenté au camp par fa mère Frédégonde, âgé de quatre mois, eft

K

falué, comme roi, par les foldats. Il fut vaillant, mais cruel envers fes femmes. Il vécut quarante-quatre ans; mort en 632. —588.

11. *Dagobert I*; il répudia fa femme pour épouser Nautilde, religieufe; puis il fit bâtir le monaftère de Saint-Denis qu'il enrichit des dépouilles des autres églifes. Il mourut en 638, régna dix ans; laiffa Sigebert & Clovis en 639.

12. *Clovis II* époufa Batilde, efclave d'Erchinoald, maire du palais; fon règne fut tranquille; il fit découvrir l'églife de Saint-Denis pour faire l'aumône aux pauvres en 668.

13. *Clotaire III*, fous la conduite de Sainte-Batilde fa mère & d'Erchinoald. En 665 Ebroin, maire, oblige Sainte-Batilde de fe retirer à Chelles qu'elle avoit fondée. Clotaire meurt en 668. — 670.

14. *Childeric II*. Ce prince fit rafer Ebroin & Thierry, fon frère cadet, qu'il mit à Saint-Denis; ce qui donna de grandes efpérances de fon courage; mais fa cruauté le fit tuer & la reine fa femme Bilihilde en 673.

15. *Thierry I* fort du couvent de Saint-Denis pour fuccéder à Childeric fon frère; fon indolence donna lieu à Ebroin de prendre les armes pour fe maintenir en la qualité de maire. Ce prince n'eut rien de grand; mort en 691.

16. *Clovis III*, fils aîné de Thierry I, fut couronné par Pepin-le-Gros, maire du palais; il n'y eut rien de remarquable fous fon règne, qui finit au bout de cinq ans. Il meurt en 696.

17. *Childebert III*, fecond fils de Thierry, aima fort fon peuple & la juftice, mais il ne foutint pas la dignité de roi; toute l'autorité réfidoit dans Pepin. Il mourut en 711.

18. *Dagobert III* fuccéda à Childebert fon père. Ce prince ayant feulement fait la figure de roi pendant cinq années, meurt en 718. Il laiffa un fils, nommé Thierry de Chelles, —718.

19. *Chilpéric II*. La charge de maire du palais fe vit partagée en deux fous le règne de ce prince, qui ne fut que de cinq années. Il fut inftallé fur le trône par Charles Martel, & mourut fans enfans en 721.

20. *Thierry II*, dit de Chelles, parce qu'il y fut élevé, fils de Dagobert, fut inftallé par Charles Martel qui, en 732, défait les Sarrafins, & tue Abderame leur général. Il meurt en 738.

21. *Childeric III*, dit le Stupide, fut dégradé, fut tondu & mis dans un couvent. Le pape Zacharie abfout les François du ferment de fidélité. Fin de la première race des rois Mérovingiens en 754.

Deuxième race.

22. *Pepin-le-Bref* fe fait élire & couronner par Boniface. Il fupprima les maires, tua un lion, battit les Saxons, défit Aftolphe, roi des Lombards, & fubjugua l'Aquitaine. Il mourut d'hydropifie après avoir régné 17 ans en 752.

23. *Charlemagne*. Ce prince fut orné de toutes fortes de vertus; il fut le défenfeur de l'églife, la gloire des armes & des fciences. Il créa les pairs de France; il établit l'univerfité de Paris, 768.

24. *Louis I*, dit le Débonnaire. Le naturel facile de ce prince rendit fon autorité méprifable. Il fut dépofé, puis rétabli par les François; il partagea l'autorité royale avec fes enfans en 814.

25. *Charles II*, dit le Chauve, roi & empereur par la mort de fes frères, fit accord avec les Normands, & réprima les Bretons. Il fut empoifonné par Sedecias, juif, fon médecin, en 841.

26. *Louis II*, dit le Begue, fut doué d'une prudence & d'un courage fi relevé qu'il fut l'admiration de fon fiècle. Il ne régna que deux ans en 877.

27. *Louis III* & *Carloman*, fils illégitimes de Louis-le-Begue, fuccédèrent en qualité de régens du royaume, qu'ils partagèrent entre eux. Ces deux princes ne font comptés que pour un en 879.

28. *Charles-le-Gros*, empereur, fils de Louis-le-Germanique. Ce prince après s'être vu empereur des Romains, roi, régent de France, & roi de Lombardie, fut abandonné de tous, & fut mourir dans un village en 886.

29. *Eudes*. Après la mort de Charles-le-Gros, Eudes, fils de Robert, monta fur le

trône qu'il usurpa, & fut dix ans après forcé de le remettre à Charles-le-Simple en 901.

30. *Charles III*, dit le Simple. Ce prince fut malheureux. Il tua Robert qui s'étoit fait sacrer roi, mais perdit le combat. Il fut trahi, fait prisonnier, & mené à Péronne, où il mourut, 902.

31. *Raoul*, roi de Bourgogne, qui avoit usurpé la couronne à Charles-le-Simple par l'infidélité de Hugues. Le grand-duc des François eut un règne de 12 ans, plein de traverses. Il mourut à Auxerre le 15 janvier 936. — 923.

32. *Louis IV*, dit d'Outremer, emmené en Angleterre par sa mère, est rappellé par les Etats de France après la mort de Raoul : mais il fut si malheureux, qu'on le fit trois fois prisonnier. Il mourut d'une chûte de cheval, l'an 954. — 936.

33. *Lothaire*, fils de Louis d'Outremer, fit la guerre en Lorraine contre l'empereur Othon II qu'il repoussa vaillamment, & le chassa de devant Paris ; il régna 31 ans, 955.

34. *Louis V*, dit le Fainéant, le dernier de sa race ; mourut âgé de 20 ans. Il ne régna qu'un an sans enfans, sans amis, & sans avoir rien fait digne de mémoire. — Il finit la race de Charlemagne en 987.

Troisième race.

35. *Hugues Capet*, maire du palais, chef de la troisième race, élu roi de France par les Etats du royaume, à l'exclusion de Charles de Lorraine, oncle paternel de Louis V. Ce prince supprima la qualité de maire du palais, établit les maréchaux, ordonna que le titre de roi ne seroit donné qu'à l'aîné, que les frères auroient un apanage. Il mourut l'an 997; a régné 10 ans. — 987.

36. *Robert I*, fils de Hugues Capet, prince sage, pieux, résolu, savant, contint les grands dans leurs devoirs. Il régna 34 ans ; mourut en 1031. — 1997.

37. *Henri I*, fils de Robert, vainquit trois fois Baudoin, comte de Flandres, & Eudes, comte de Champagne, que sa mère animoit contre lui. Il mourut en paix en 1060. — 1031.

38. *Philippe I du nom*, sous la tutelle de Baudoin, comte de Flandres, devint avare, voluptueux & sans foi. Il fut deux fois excommunié, puis absous. Il mourut en 1108. — 1060.

39. *Louis VI*, dit le Gros, prince pieux, généreux & vaillant, réprima les grands qui vouloient troubler son royaume, battit les Anglois. Louis vécut 60 ans & en régna 29. Il mourut en 1137, regretté de tous. Il laissa cinq fils & une fille, 1108.

40. *Louis VII*, dit le Jeune. Il brûla 1300 personnes dans l'église de Vitry le Brûlé; & pour pénitence fit la croisade en 1148. Il répudia sa femme Eléonore, qui se maria à Henri II, roi d'Angleterre. Il mourut en 1180; a régné 43 ans. — 1137.

41. *Philippe II*, Auguste, chassa les comédiens, les juifs & les cabaretiers. Il établit le prévôt des marchands; acheva l'église de Notre-Dame, ferma Paris & Vincennes de murs. Il meurt en 1223. — 1180.

42. *Louis VIII*, dit le Lion, prend plusieurs places aux Anglois en 1226; bat les Albigeois, & réunit le Languedoc à la couronne. Il mourut après trois ans de règne en 1226. — 1223.

43. *Louis IX*. Il soumit plusieurs seigneurs rebelles en 1248; va en croisade en Egypte. Il est rançonné & revient. Il fonde les Quinze-Vingts en 1270; il retourne en croisade, & meurt de la peste à Tunis, âgé de 56 ans; régna 44 ans. — 1227.

44. *Philippe III*, dit le Hardi, proclamé roi au camp devant Tunis. Vêpres Siciliennes. Il mourut à Perpignan, âgé de 40 ans. C'est de lui que sort la race des Valois, 1270.

45. *Philippe IV*, dit le Bel, grand prince; fit brûler la bulle d'excommunication de Boniface, fit brûler les templiers, & rendit le parlement sédentaire. Il mourut en 1314 à 46 ans; il régna 28 ans. — 1285.

46. *Louis X*, dit le Hutin *ou* Mutin, ne fut pas aimé. Il fit pendre Enguerrand de Marigni, & fit étrangler Marguerite de Bourgogne sa première femme; rappella les juifs. Il mourut de poison en 1316; il régna 2 ans. — 1314.

47. *Philippe V*, dit le Long, à cause de

sa haute stature, deuxième fils de Philippe-le-Bel, & frère de Louis Hutin auquel il succéda, eut autant de bonté que son frère eut de violence. Il mourut aimé en 1322, âgé de 28 ans. --- 1316.

48. *Charles IV*, dit le Bel, troisième fils de Philippe-le-Bel, succéda à Philippe-le-Long, son frère. Ce prince eut peu de défauts & beaucoup de rares qualités pour la justice. Il décéda âgé de 34 ans en 1328; il régna 7 ans. --- 1322.

49. *Philippe VI de Valois*. Ce prince fut reconnu roi par les Etats du royaume, & sacré le 28 mai l'an 1328, comme cousin germain des trois derniers rois. Le Dauphiné donné à la France par Imbert. Philippe décéda en 1350, âgé de 57 ans; régna 23 ans. --- 1328.

50. *Jean I*, dit le Bon. Ce prince fit décapiter Raoul, connétable de France; quoique vaillant fut pris en la journée de Poitiers par les Anglois; délivré au traité de Bretagne, & décéda en l'an 1364; régna 14 ans. -- 1350.

51. *Charles V*, surnommé le Sage. Ce prince fut beaucoup aimé, honoré & redouté des siens & des étrangers pour ses vertus singulières. Il rétablit Henri sur le trône de Castille, & fit décapiter Pierre-le-Cruel, roi de Castille; il réduisit les armes de France à trois fleurs de lys. Meurt en 1380; a régné 16 ans. --- 1365.

52. *Charles VI* monta sur le trône sous la tutelle des ducs de Berri, d'Orléans & de Bourgogne, ses oncles, qui chargèrent les peuples d'impôts. Il tomba en phrénésie; mort en 1422, âgé de 54 ans. - - 1380.

53. *Charles VII*, fils de Charles VI, qui fut si dénaturé qu'il voulut ôter la couronne à ce prince pour la donner à Henri V, roi d'Angleterre, son gendre; mais Dieu ayant suscité la Pucelle d'Orléans qui chassa les Anglois, il monta sur le trône. Craignant le poison, il se laissa mourir de faim en 1461, âgé de 58 ans. --- 1422.

54. *Louis XI* fut un prince vindicatif, méfiant & dissimulé. Il traita avec mépris les grands qui avoient fidèlement servi son père, & n'éleva que des gens de néant; il fit décapiter le connétable Saint-Pol; il institua l'ordre de Saint-Michel. Il mourut en 1483, âgé de 60 ans. --- 1461.

55. *Charles VIII* épousa Anne de Bretagne. Cette province fut unie à la couronne par ce mariage. Il conquit le royaume de Naples en quatre mois; vint à Rome, où, à son arrivée la muraille tomba. Il y reçut d'Alexandre VI le titre d'empereur d'Orient, fut investi du royaume de Naples, & couronné roi de Sicile; a régné 15 ans; meurt en 1498, âgé de 27 ans. -- 1483.

56. *Louis XII*, dit le Père du Peuple. La France ne fut jamais si puissante en armées, en nobles, en marchands, en peuple & en richesses. Il soumit le duché de Milan, la Lombardie, la république de Gênes; il fit suspendre Jules II de la papauté. Il mourut sans enfans mâles l'an 1515, âgé de 53 ans. -- 1498.

57. *François I du nom* succéda à Louis XII. Ce prince fut très-vaillant, quoique peu assisté de la fortune. Il combattit la puissance de Charles-Quint, son beau-frère, qui vouloit envahir la France; & résista contre toute l'Europe liguée contre lui. Il fut pris par les Espagnols à Pavie, ensuite délivré. Il mourut à Rambouillet en 1547, âgé de 52 ans. --- 1515.

58. *Henri II*; il fit plusieurs ordonnances contre les blasphémateurs; pour la réforme des habits & le soulagement des campagnes. Il fut le protecteur de la religion contre les protestans, & fit avorter les desseins de Charles-Quint; il régna treize ans, & mourut de la blessure que lui fit le comte de Montgommeri, âgé 41 ans. --- 1547.

59. *François II*, roi de France & d'Ecosse par Marie Stuard sa femme. Il ne régna que dix huit mois sous la régence de Catherine de Médecis & le gouvernement du cardinal de Lorraine & du duc de Guise, qui causa l'éloignement des princes du sang qui voulurent tuer le cardinal & le duc; & se saisir du roi. Louis, prince de Condé, fut condamné à mort; ce qui n'eut pas d'effet par celle du roi, 1559.

60. *Charles IX* ordonna à ceux qui ne voudroient pas reconnoître l'autorité de l'église de sortir de France; ce qui causa une guerre cruelle avec les protestans & le mas-

facre des huguenots, le jour de Saint-Bar-
thelemy. Il mourut âgé de 24 ans en 1574. —
1560.

61. *Henri III* renonça à la couronne de
Pologne pour être roi de France. Son règne
fut troublé par les guerres civiles excitées par
le duc de Guife, qui, fous prétexte de la
religion, fappoit l'autorité royale. Il fut tué
à Saint-Cloud par un jacobin, 1589. — 1374.

62. *Henri IV*, déclaré roi malgré les
efforts de la ligue. Après plufieurs victoires,
il fe fit catholique, & par ce moyen reconnu
pour roi de France & fils aîné de l'églife;
il conquit la Savoye en quarante jours. Ce
bon prince fut affaffiné par Ravaillac la 20e
année de fon règne en 1610. — 1589.

63. *Louis XIII*, roi de France & de Navarre, fut un prince pieux, bon, & qui aima
la juftice. Il fuccéda à Henri IV à l'âge de 9
ans fous la régence de Marie de Médecis fa
mère. Il époufa en 1615 Anne d'Autriche,
fille de Philippe III, roi d'Efpagne; enfin,
après avoir rendu la France triomphante de
toutes parts, abattu l'héréfie & humilié la
maifon d'Autriche, il mourut en 1643, laiffant pour enfans Louis XIV & Philippe d'Orléans. --- 1610.

64. *Louis XIV*, roi de France & de Navarre,
né le 5 feptembre 1638. La fameufe bataille
de Rocroi, donnée le 5e jour de fon règne,
fut un préfage de fa grandeur future, fes
victoires continuelles, les grandes armées,
fes bâtimens fomptueux, la magnificence,
fes académies, 250 églifes bâties, des manu-
factures pour le commerce, & enfin tant
d'autres belles chofes qu'il a faites lui ont
donné le titre de *Grand*. Mort en 1715. -- 1643

65. *Louis XV*, né le 15 février 1710,
fuccéda à Louis XIV fon bifayeul en 1715;
mort au mois de mai 1774.

FURET DU BOIS JOLI.

Jéu de fociété.

Voyez à l'article ATTRAPE. (*jeûx d'*)

G

GAGES.

GAGES *des jeux de société.* Les perfonnes qui s'amufent à certains jeux de fociété font dans le cas de laiffer des gages en faifant des fautes ; elles font enfuite obligées de fubir une pénitence pour retirer leurs gages. Cette pénitence eft arbitraire, au jugement de la dame ou reine du jeu, dépofitaire des gages, & l'exécution peut s'en remettre au lendemain, ou même à un autre jour plus éloigné.

On impofe de petites peines légères ou plaifantes aux perfonnes que l'on veut ménager, & on tire parti des talens de toutes celles qui en ont ; ainfi on peut demander pour le lendemain un joli air à une demoifelle qui fait chanter ; un deffin à celle qui fauroit deffiner ; quelques morceaux de poéfie ou d'imagination à ceux auxquels on peut fuppofer le talent de produire de pareils ouvrages ; mais comme s'ils étoient faits à l'impromptu & tout-à-fait fur le champ, difficilement feroient-ils bons. Il eft à propos de donner aux auteurs au moins vingt-quatre heures pour fe préparer à acquitter leurs dettes ; & le moment de cet acquittement étant venu, c'eft un nouveau plaifir qu'on procure à la compagnie. Il peut être très-varié fi les payeurs font en grand nombre, & fi l'on permet à ceux qui ne font pas en état d'acquitter leur tâche, de la faire remplir par d'autres à leur acquit. Si la dame, arbitre du jeu, n'eft pas contente de la manière dont la tâche eft remplie, elle peut en impofer une plus forte, & fufpendre la reddition du gage.

Entre les pénitences que l'on peut impofer aux gens d'efprit d'une fociété, les fuivantes font les plus ordinaires.

1°. On peut leur commander, pour amufer la compagnie, d'apporter le lendemain ou un jour indiqué, quelques petites facéties ; telles que des *rébus*, des difcours en *équivoques*, (honnêtes cependant), des charades ou petites énigmes, ou logogriphes en profe ; des ana-grammes, & quelques contes en profe qui foient courts & plaifans fans être fcandaleux.

2°. On peut encore demander au même ou à quelqu'autre homme de la compagnie des petits vers galans ou amufans ; *ftances, fonnet, madrigal, épigramme, chanfon,* ou *triolet.* Si l'on veut augmenter la difficulté de fon travail, il faut lui ordonner de faire une énigme ou un logogriphe fur un mot donné, mais en fecret ; des vers *acroftiches* fur un nom indiqué ; des *vers par écho* ; des *bouts-rimés* en lui prefcrivant les rimes ; une chanfon fur un air noté ; & qu'il eft obligé de parodier, &c.

3°. Il étoit fort en ufage autrefois de propofer des queftions galantes & de les donner à décider aux gens d'efprit des fociétés auxquelles les dames préfidoient ; nous en avons la preuve dans nos anciens livres manufcrits & imprimés en françois & en italien, un peu avant & depuis la renaiffance des lettres dans ces deux pays. La plupart des poéfies, des troubadours ne roulent que fur des queftions propofées & décidées aux cours d'amour de Provence, de Forcalquier, de Montpellier & de Narbonne. Les ouvrages de Pétrarque & de Bocace font remplis de pareils jeux d'efprit. Tous les beaux efprits & nouveliftes Italiens ont imité leurs maîtres à cet égard, & jufqu'au milieu du fiècle de nier les François ont auffi fuivi leur exemple. Mademoifelle de Scuderi a fait des volumes entiers en ce genre, & fes romans en font pour ainfi dire farcis.

C'étoit en traitant ces belles queftions que fe faifoit admirer, il y a plus de cent ans, ce ftyle affecté qui s'appelloit le langage des ruelles & le jargon des précieufes ; mais je fuis perfuadé qu'une dame qui voudroit aujourd'hui renouveller ce bel ufage dans fa fociété, foit à la ville, foit à la campagne, fe donneroit un ridicule, & ennuyeroit fort fa compagnie. Le fiècle de la fade galanterie eft paffé, &

heureusement ne reviendra plus; mais on peut donner à un jeune homme d'esprit de la société l'ordre d'agiter & de décider quelques questions, moitié galantes, moitié plaisantes, qui lui donnent occasion de faire briller ses talens & même de manifester du sentiment. S'il a du goût, il sentira qu'il doit être court dans ses décisions, & qu'il sera mieux d'appuyer son avis par des exemples, que par de longs raisonnemens.

On peut aussi charger la même personne de faire un petit roman ou conte de fées, dans le genre que la reine du jeu voudra lui prescrire, en lui donnant même le titre, le lieu de la scène & le nom des acteurs. Deux ou trois jours & quelquefois moins, pourroient suffire à un homme d'esprit pour exécuter un pareil ordre, & il ne faut pas croire qu'en fixant le sujet & désignant les acteurs, la besogne devienne plus difficile ; au contraire, plus les idées sont fixées, plus il est aisé à un homme d'esprit de les remplir.

4°. Enfin, l'on peut donner pour pénitence d'arranger des proverbes du soir au lendemain en en donnant le mot, mais tout bas, à celui que l'on chargera de les faire exécuter. Ces proverbes joués ainsi, pour ainsi à l'impromptu, sont quelquefois infiniment plus piquans & plus plaisans que ceux préparés de longue main dont les canevas sont imprimés : on a le plaisir de deviner le mot, & celle qui l'a donné, juge si l'on a bien saisi son idée. J'ai vu remplir de pareilles tâches avec un grand succès, quoique les proverbes donnés fussent très difficiles & fort singuliers. On en peut juger par ceux que je vais indiquer.

Tems pommelé, femme fardée, ne sont pas de longue durée.

Il est fort libéral, il ne mange point le diable qu'il n'en donne les cornes.

Les gens que vous tuez se portent assez bien.

Entre deux vertes une mûre. Il ne faut point se moquer des chiens qu'on ne soit hors du village.

Il faut mourir petit cochon, il n'y a plus d'orge.

(*Extrait du Manuel des Châteaux.*)

GALLET. (*jeu de*)

C'est une espèce de jeu de disque que l'on joue en chambre, sur une table à rebords, longue & bien unie. On pousse des pallets d'ivoire, de marbre ou de cuivre vers un but placé à l'extrémité de la table, & fort proche d'un endroit où les pallets tombent & se perdent. L'adresse consiste à approcher le plus près du but qu'il est possible sans tomber dans le fossé ; on tâche d'éloigner ou de précipiter le pallet de son adversaire qui s'y seroit placé le premier, & de rester à sa place. Le gallet qui se trouve le plus près du but gagne la partie.

GLOBE. (*nouveau jeu du*)

On a marqué sur le plateau de ce jeu les noms de huit endroits. 1°. Gonesse. 2°. Saint-Aury. 3°. La Butte aux Cailles. 4°. La prairie de Nesle. 5°. Meudon. 6°. Champlâtre. 7°. Luxembourg. 8°. Béthune.

Manière de jouer à ce jeu.

L'on a une pirouette formant un globe à huit faces numérotées, que l'on fait tourner sur un plateau où est le plan de ce jeu.

L'on convient de la mise entre les joueurs avant de commencer, & l'on tire au plus haut point à qui commencera le premier, ensuite, lorsque la partie est finie, la droite recommence à son tour.

Celui qui ira à Gonesse, retirera sa mise.

Celui qui ira à Saint-Aury, restera pour recommencer après le nombre des joueurs, en cas que la partie ne soit point finie.

Celui qui ira à la Butte aux Cailles remettra une seconde mise, & se retirera pour recommencer après Meudon.

Celui qui ira à la prairie de Nesle, retirera deux mises.

Celui qui ira à Meudon payera deux mises, pour l'empêcher de tomber dans l'eau.

Celui qui ira à Champlâtre, restera jusqu'à ce que l'on vienne le relever au second tour.

Celui qui ira au Luxembourg, remettra les mises à tous ses compagnons restans.

Celui qui ira à Béthune, prendra ce qu'il y aura fur le jeu, & il finit.

L'on peut auffi jouer à ce jeu, au choix des perfonnes, à qui amenera l'endroit que l'on defire.

Chacun marque fon choix, l'on tire, & celui qui amène le premier fon chiffre, gagne la partie.

Ce jeu fe trouve au magafin de tabletterie, rue des Arcis, au Singe vert.

GOBILLES. (jeu des)

C'eft un jeu d'écolier. Les gobilles font de petites boules de pierre ou de marbre qu'on lance avec force avec le pouce, en les ajuftant contre une autre bille qui fert de but. L'adreffe confifte à la frapper de loin. On joue auffi avec des gobilles à la foffette.

GRAMMAIRIEN. (le)

Jeu utile aux enfans & à ceux qui veulent apprendre à lire.

Un enfant qui commence à exprimer fes penfées par la parole, parviendra facilement avec ce jeu à reconnoître fes lettres, & à les nommer. Le jeu fixant prefque toujours l'attention des enfans, paroît le moyen le plus convenable pour leur éviter les peines qu'ils ont ordinairement pour apprendre à lire. Lorfqu'ils auront la connoiffance de leurs lettres, à quoi on les appliquera d'abord, en les amufant, on les occupera utilement à la formation de quantité de mots que les coups de dez peuvent donner. Ceux qui enfeigneront ce jeu prendront le foin d'expliquer aux jeunes gens la fignification de chaque mot, & de les inftruire fuivant la portée de leur âge & de leur pénétration. Ils leur feront remarquer quand un mot fera complet par le fon, & ne le fera point par les lettres amenées. L'intérêt attaché à la compofition de chacun des mots amenés, aidera à en faciliter l'impreffion dans la mémoire de l'enfant, à qui, après s'en être rendu un grand nombre familier, il coûtera peu de fe perfectionner à la lecture dans les livres. Les jeunes perfonnes

étant fuffifamment avancées, on pourra auffi leur faire connoître les chiffres, & même leur apprendre à compter. On peut mettre un prix aux jettons, payer les élèves, & les avantager en proportion de leurs progrès.

Règles du jeu.

Chaque joueur aura au moins 12 jettons.

On jouera avec huit dez, fur lefquels feront gravés fix de chacune des figures défignées à la fin de cet article, & dans l'ordre où elles s'y trouvent, en commençant pour le premier dé, par une croix, jufqu'à la lettre E comprife, & de fuite pour les fept autres dez.

Celui qui amenera le premier la lettre A, commencera le jeu.

Celui qui amenera enfuite la lettre B jouera le fecond, ainfi des autres en fuivant l'ordre des lettres de l'alphabet.

Celui qui ne pourra former un mot quelconque des huit lettres qu'il aura amenées, en jouant, foit noms perfonnels, comme *Jacob, Sara;* foit tous autres noms, comme *cheval, vache, bled, Paris,* ou noms adjectifs, comme *bel, riche, rouge;* foit tems des verbes, comme *avoir, être, parle, buvoit, dira;* foit adverbes, comme *tard, trop;* foit enfin pronoms, comme *qui, quel, celui, cela,* ou articles, comme *le, du, les, des, aux.* Celui donc qui n'aura pu former aucun mot paffera fon tour, & mettra un jetton fur le jeu, qui fera enlevé par celui des joueurs qui, le premier, amenera enfuite un mot complet, & ce dernier prendra tous les jettons qui pourroient être fur le jeu pour pareille perte. Indépendamment de ce gain, il fe fera encore donner un jetton par chacun des joueurs, comme il le feroit s'il n'y avoit rien fur le jeu.

Lorfque le joueur n'aura pu former de fes huit lettres un mot pour gagner, on obfervera, s'il eft poffible d'en affembler un pour le faire perdre d'après la table ci-jointe; mais la formation du mot le plus avantageux fera toujours au choix du joueur.

Celui qui amenera quatre lettres de l'alphabet de fuite, comme A B C D ou N O P Q, fe fera donner un jetton par chaque joueur; s'il en amène cinq, il s'en fera donner deux, & s'il en amène fix, il lui fera payé trois jettons.

Celui

Celui qui amenera un des mots contenus dans la table alphabétique, se fera donner par chaque joueur, ou leur donnera à chacun ce qui eſt marqué en perte ou gain. S'il amène le mot *Dieu*, tous les jettons des joueurs de miſe ou de gain, seront à lui; mais s'il amène le mot *Démon*, il mettra ſur le jeu tout ce qu'il a, qui ne pourra être enlevé que par celui qui amenera enſuite le mot *Dieu*; le joueur qui aura ainſi tout perdu d'un coup empruntera, & ſera à la merci de ſes compagnons.

Pour les chiffres, en les tranſpoſant, ſoit de côté, ou de haut en bas l'un ſur l'autre, on formera des nombres & des additions, & qui prépareront les jeunes gens à de plus grandes opérations d'arithmétique.

Table alphabétique des mots qui concourent au gain & à la perte.

A

Adam perd	3.
Ame gagne	3.
Ange gagne	3.
Amitié gagne	3.
Arche gagne	2.

B

Beau gagne	2.
Bête perd	2.
Bien gagne	2.
Bon gagne	2.
Bonheur gagne	2.
Bouche gagne	2.
Bras gagne	2.
Bourg gagne	2.

C

Ciel gagne	3.
Colère perd	3.
Corps gagne	2.
Cœur gagne	2.
Canal gagne	2.
Cruel perd	4.
Curieux perd	3.

D

Doigt donne	2.

Jeux familiers.

Don gagne	2.
Deſir gagne	2.
Divin gagne	3.
Divinité gagne	3.
Dez gagne	2.
Dieu gagne	tout.
Démon perd	tout.
Doux gagne	2.
Dur perd	2.

E

Etang gagne	2.
Envie perd	3.
Enfant gagne	2.
Echo perd	2.
Egliſe gagne	4.
Eſaü perd	2.
Évêque gagne	3.

F

Figure gagne	2.
Feinte perd	3.
Fidele gagne	2.
Furieux perd	3.
Front gagne	2.
Faux perd	2.
Foi gagne	2.
Folle perd	4.
France gagne	4.

G

Gentil gagne	2.
Gain gagne	2.
Gîte gagne	2.
Grand gagne	2.
Gueux perd	2.

H

Honneur gagne	3.
Habile gagne	2.
Haîne perd	2.
Héros gagne	2.
Hiver perd	2.

J

Idiot perd	2.
Idole perd	2.
Jaloux perd	2.
Juge gagne	2.
Jurement perd	3.
Joue gagne	2.
Jambe gagne	2.
Jetton gagne	2.

K

Kalende gagne	2.

L

Larcin perd	2.
Loix gagne	2.
Luxe perd	3.

M

Mal perd	2.
Malheur perd	2.
Marie gagne	6.
Mère gagne	4.
Monde perd	2.
Mort perd	4.

N

Noble gagne	2.
Noël gagne	2.
Noir perd	2.
Nuit perd	2.

O

Oreille gagne	2.
Orange gagne	2.
Odeur gagne	2.
Ombre perd	2.
Or gagne	2.
Orage perd	2.

P

Prière gagne	3.
Poiſſon gagne	2.
Pieux gagne	2.
Peſte perd	4.
Poiſon perd	4.
Parent gagne	2.
Paſcal gagne	2.
Père gagne	4.

Q

Quai gagne	2.
Quart gagne	2.
Quarré gagne	2.
Quille gagne	2.

R

Raiſon gagne	2.
Rome gagne	2.
Ruine perd	2.
Ruſe perd	2.
Rivière gagne	2.

S

Sage gagne	2.
Saint gagne	2.
Sale perd	2.
Soupir perd	2.
Son gagne	2.
Songe perd	2.

T

Tems gagne	1.
Tigre perd	2.
Trafic gagne	2
Tyran perd	2
Tête gagne	2

L

V			X	Yvre perd	2.
	Voix gagne	2.	Xaintes gagne	2.	
	Vie gagne	3.	**Y**	**Z**	
Vérité gagne	3. Ville gagne	2.			
Vertu gagne	2. Village gagne	1.			
Vice perd.	3. Vente gagne	1.	Yeux gagne	2. Zèle gagne	2.

Nota. On fera connoître aux enfans les noms de la table qu'ils auront amenés, comme ville, bourg, village, & tous ceux dont ils n'auront aucune connoissance.

	a	b	c	d	e	f	g	h	ij	k	l	m	n	o	p
	A	B	C	D	E	F	G	H	IJ	K	L	M	N	O	P
	1	2	3	4	5	6	7	8	9	10	11	12	13	14	15

q	r	fs	t	u	v	x	y	z
Q	R	S	T	U	V	X	Y	Z
16	17	18	19	20		21	22	23

é	œ	ct	fl	&	a	e	i	o	u	fté	b	c	d	f	g
É	Œ	CT	FL	ET	A	E	IJ	O	U		B	C	D	F	G
31	42	53	64	75	80	90	100	105	112	120	2	3	4	6	7

l	m	n	p	r	f	t
L	M	N	P	R	S	T
11	12	13	15	17	18	19

On trouve le carton & les dez de ce jeu au magasin de tabletterie, rue des Arcis, au Singe vert.

GRECQUE (*jeu de*)

Voyez à l'article (*j'aime mon amant par* B.)

GUERRE. (*jeu de la*)

Ce jeu est composé de quarante cartes ; savoir, neuf de canonniers, neuf d'épées, neuf de piquiers & neuf d'escadrons, qui sont représentés par le pique, le trefle, le carreau & le cœur. Les quatre autres cartes qui achevent les quarante, sont nommées la force, la mort, le général d'armée, & le prisonnier de guerre. Cela présupposé, voici comme on procède à ce jeu.

1°. L'on peut jouer depuis deux personnes jusqu'à douze, donnant à chacun autant de cartes qu'il sera accordé par la compagnie, après avoir convenu du prix du jeu.

2°. Les rois ne valent pas plus les uns que les autres, les reines se jouent après les rois ; le général d'armée qui est la carte représentée par un général d'armée suit après la reine ; ensuite vient le prisonnier de guerre, qui est la carte représentée par un chef du parti ennemi ; après le prisonnier de guerre les valets, & après ceux-ci les as, qui sont quatre figures représentées en quatre différentes postures ; savoir, le premier, un canonnier, le second, un soldat tenant une épée nue à la main, le troifième repréfentant un bataillon, & le quatrième un efcadron de cavaliers. Après les as les dix, les neuf, les huit, les fept, les fix, tous l'un après l'autre ; & quand on aura donné à chacun fes cartes, l'on ne retournera point la carte qui fuivra. On conviendra avant de donner les cartes de ce qu'on veut jouer & mettre chacun au jeu. L'on mettra ce qui fera fixé par la compagnie.

3°. Ayant vos cartes en votre main, s'il fe rencontre que vous ayez la carte de la mort, votre coup eft perdu, & vous ne tirerez rien du jeu pour cette partie, vous mettrez vos cartes deffous celles qui reftent du jeu.

4°. S'il vous arrive la carte appellée la force, vous tirerez deux marques ; & s'il fe trouve que la force foit avec la mort, vous la mettrez auffi deffous ; mais quand la force ne fe trouvera point dans la main avec la mort, vous ne laifferez pas que de la mettre deffous, & celui qui aura donné les cartes vous donnera la carte de deffus, vous combattrez avec les autres, & vous tirerez les deux marques, comme il vient d'être dit.

5°. S'il arrive que vous ayez le général

d'armée, & que vous vous laiffiez prendre, vous payerez votre rançon à celui qui vous prendra ; mais s'il arrive que vous faffiez votre levée de la même carte avec votre général, vous gagnerez tout ce qui fera au jeu de refte.

6°. S'il vous arrive dans la main le prifonnier de guerre, vous doublerez votre jeu ; fi mieux vous n'aimez mettre vos cartes fous le jeu, & ne prétendrez rien pour ce coup-là. Les autres qui refteront combattront les uns contre les autres pour avoir ce qui demeurera de refte du jeu.

7°. Ce jeu fe joue toujours ; il n'y a point de paffe. Le premier en carte joue, & le fecond après, le troifième enfuite, ainfi du refte. La plus haute carte emporte la plus baffe ; la primauté l'emporte, & celui qui a le plus de levées prifes, gagne tout ce qu'il y a fur le jeu.

8°. Vous obferverez qu'ôtant les quatre cartes ci-deffus nommées, qui font la mort, la force, le général & le prifonnier de guerre, il en reftera encore trente-fix, avec lefquelles vous pourrez jouer à d'autres jeux de cartes.

H

HISTOIRE.

HISTOIRE, ou *Defcription hiftoriographique du royaume de France, ou l'émulation françoife ; jeu auffi utile que curieux, par Moithey, ingénieur géographe.*

Règles du jeu.

On joue à ce jeu comme à l'oie avec deux dez. Chacun doit avoir une marque & nombre de jettons pour mettre au jeu & fur les cafes.

1°. Etant d'abord parti de Paris, première cafe, on va à l'Orléanois ; & après avoir parcouru toutes les provinces de France, on revient à Paris, dernière cafe, où le premier arrivé gagne ce qui eft fur le jeu, & fur les cafes dont il donne le tiers au guide.

2°. On choifit un guide de voyage, lequel eft obligé de nommer, à celui qui a le dé, les villes ou pays de la cafe où il lève fa marque, & le gouvernement où ces lieux font fitués. S'il y manque il met un jetton au jeu, & celui qui a le dé doit répéter après lui, fous même peine.

3°. A tous les noms de gouvernement on double, excepté à Limofin, Béarn & Bourgogne ; & quand on a amené deux dez de même nombre, on double auffi.

4°. Quand il y a une marque fur une ville capitale, tous ceux qui pofent leurs marques fur les cafes du gouvernement lui donnent un jetton.

5°. Celui qui lève fa marque d'une cafe

L 2

où il y a villes & ports de mer, y laisse autant de jettons.

6°. Celui qui en avançant rencontre des jettons sur les cases les enlève pour lui, mais en retournant, non, il passe par dessus.

7°. Celui qui sera à Béarn y demeurera deux tours, à moins qu'un autre n'y vienne.

8°. Celui qui est rencontré paye à l'autre; mais sur les villes capitales il met au jeu autant de jettons qu'il y a de joueurs.

9°. Quand le lieu où on retourne est occupé d'une marque ou de jettons, on se met à la première case vacante d'ensuite.

10°. Avant que de commencer, on met chacun six jettons au jeu; mais celui qui a le dé le premier n'en met que trois.

Autre manière de jouer à ce jeu.

1°. Chacun des joueurs donnera à sa marque le nom d'une des grandes provinces, au sort ou au choix.

2°. On ne suivra des règles ci-dessus que la 1re & la 2e sans guide, la 4e, la 7e, 8e, 9e & 11e.

3°. Celui qui posera sa marque sur la capitale de la province de son nom, gagnera la partie.

4°. Toutes les fois qu'on posera sur les cases de la province d'un autre, on lui donnera un jetton, & on en mettra un au jeu; mais si c'est sur la capitale, on le fera sortir du jeu.

Chaque case porte les noms de plusieurs villes & provinces, & marque quelques particularités du canton.

HISTOIRES ou *Fables racontées sur chaque proverbe.* (jeu des)

L'on peut faire choisir à chacun son proverbe, & là-dessus l'on vous obligera de conter quelque histoire ou quelque fable sur ce sujet, comme si l'on a dit, *qui trop embrasse mal étreint;* l'on doit conter là-dessus l'histoire de quelque homme qui a eu plusieurs desseins, & n'en a pu faire réussir aucun; soit de quelque avaricieux, qui a voulu avoir trop de richesses

& est devenu gueux, ou de quelque ambitieux qui ne pouvant se rassasier d'honneurs, est tombé dans l'infamie.

On peut aussi alléguer la fable du chien qui passant sur un pont avec une pièce de chair à la gueule, en voyant une autre représentée dans l'eau la voulut encore avoir, & ayant laissé tomber celle qu'il tenoit pour prendre l'autre qui n'étoit qu'un fantôme, il trouva qu'il n'avoit plus rien; c'est-là une vraie fable d'Esope; & je n'entends pas que l'on use seulement de celles là, mais de celles des poëtes, telles qu'il y en a dans l'Iliade ou l'Odyssée d'Homère, ou dans les Métamorphoses d'Ovide.

Sur le proverbe, *on revient sage des plaids;* l'on racontera l'histoire de quelque homme mal conseillé qui a consumé toute sa vie & ses moyens à plaider, ou plutôt qui n'ayant eu qu'une affaire ou civile ou criminelle, a été si malheureux, qu'après avoir été infiniment rebuté de ses longues poursuites & des chicaneries que l'on lui a faites, il a trouvé enfin tant d'injustice parmi les hommes, qu'il a protesté de ne plus retomber en ce péril; ainsi il est revenu plus sage des plaids, qui, en notre vieux langage, sont les lieux de la plaidoyerie ou la plaidoyerie même. Un homme qui avoit passé par-là disoit aussi qu'il aimoit mieux céder à son adverse partie, la moitié de ce qui étoit en contestation, parce que si le procès continuoit, ni l'un ni l'autre n'en jouiroient, de quelque côté qu'il pût y avoir gain de cause, & que les frais de justice en consumeroient encore davantage.

Sur le proverbe, *qui bien aime, bien châtie;* on peut raconter l'histoire de quelques anciens Grecs ou Romains qui aimoient bien leurs fils, & n'ont pas laissé de les punir sévèrement de leurs fautes. Au cas que l'on trouve cela trop sérieux, si l'on veut, l'on racontera l'histoire de quelque mari, passionnément amoureux de sa femme; mais qui ne laissera pas de la châtier, quand elle aura fait quelque faute, lorsqu'elle l'aura traité avec mépris, qu'elle aura couché quelque nuit hors de la maison, sans demander congé, ou qu'elle lui aura dérobé de l'argent pour fournir à des dépenses inutiles; un homme de condition de Paris fouettoit sa femme sur le genouil en de telles occasions, pour montrer qu'il la traitoit encore comme un jeune enfant qui ne péchoit que par innocence ; un autre la battoit avec une aulne pour la battre de mesure , & afin que l'on ne dît point qu'il usoit d'une punition démesurée.

Si l'on vous propose le proverbe, *il vaut mieux tard que jamais*, vous avez un très-grand champ pour discourir ; car vous pouvez raconter l'histoire des voleurs , des usuriers , des joueurs, des blasphémateurs & de quelques femmes débauchées, qui, après avoir demeuré long-tems dans le vice, se sont tous convertis : ce qui fait conclure qu'encore qu'ils n'aient reconnu leurs fautes qu'à la fin de leurs jours, il vaut mieux que cela soit arrivé ainsi, que s'ils étoient morts sans repentance. Voilà comme il se faut acquitter des exemples que l'on donne sur les proverbes, ce qui n'est pas si mal aisé que l'on croit d'abord ; car il est permis de dire tout ce que l'on voudra, soit que l'on l'ait lu quelque part, ou que l'on l'ait inventé.

HISTOIRE UNIVERSELLE.
(*Tableau chronologique de l'*)

Jeu d'instruction.

Règles du jeu. 1°. On joue à ce jeu avec deux dez comme à l'*oie*, ou avec un cochonnet à deux faces.

2°. On choisit d'abord un banquier au hasard du dé, ou au plus offrant.

3°. Le banquier doit lire ce qui est écrit dans la case où chaque joueur arrive, & où il pose sa marque ; s'il y manque , il met un jetton au jeu.

4°. Tous mettent chacun trois jettons au jeu d'abord.

Chaque joueur doit avoir sa marque particulière avec dix jettons & deux fiches, valant chacune dix jettons.

On commence le jeu par la case chiffre 1, qui est celle d'Adam.

5°. Celui qui arrive le premier à la case de Louis XV, année 1715, gagne tout ce qui est sur le jeu, & en donne le tiers au banquier.

Si l'on amène plus de points qu'il ne faut,

cela n'empêche point de gagner, à moins qu'on ne fût convenu du contraire.

6°. Celui qui trouve des jettons sur une case où il passe les prend pour lui.

7°. Celui qui est rencontré par un autre met au jeu, & recule sa marque à la place quittée par l'autre.

8°. Les autres règles sont gravées autour des cases, & exposées sur le carton ou la feuille imprimée.

9°. Quand la règle porte ces mots : *donne , paye , distribue , prend , reçoit* , 1 , 2 , 3 , c'est-à-dire un jetton, deux jettons , trois jettons.

Voici les notices qu'on trouve dans les différentes cases de ce jeu.

Adam , déluge 1656.

Royaumes d'Assyrie , Egypte & Chine 1960.

Abraham né en 2039.

Royaumes de Crète & d'Argos 2100.

Royaumes d'Athènes 2496.

Royaume de Sparte ou Lacédémone 2556.

Royaume de Troye 2574.

Josué fait la conquête de la terre promise 2584.

Jason enlève la toison d'or 2828.

Troie prise 2870.

Les Héraclides 2950.

Saül , premier roi des Juifs , 2962.

Archontes d'Athènes à la mort de Codrus 2984.

Royaume d'Israël par Jéroboam 3060.

Carthage bâtie par Didon 3141.

Sardanapale , dernier roi d'Assyrie 3178.

Royaume des Medes & de Babylone 3180.

Royaume de Macédoine 3240.

Première Olympiade 3278.

Rome fondée 3300.

Captivité de Babylone 3446.

Crésus vaincu 3510.

Empire de Perse conquis par Cyrus 3516.

Rois chassés de Rome. Consuls 3545.

Bataille de Marathon 3564.

Guerre du Péloponèse 3623.

Empire des Grecs par Alexandre 3723.

Empire des Grecs divisé en trois 3730.

Première guerre punique 3789.

Empire des Parthes 3808.

Macédoine prise 3883.

Machabées contre Antiochus 3887.

Carthage détruite 3908.

Jules César, année Julienne, 4009.

Hérode l'Ascalonite, roi de Judée, 4014.

Auguste conquérant, puis empereur 4027.

Naissance du Sauveur 4053.

AN Iᵉʳ DE L'ÈRE CHRÉTIENNE.

Tibère succéde à Auguste 13.

Nouvel empire de Perse 227.

Ère des martyrs 284.

Induction & conquête de Constantin 312.

Empire divisé entre Arcadius & Honorius 395.

Irruption des Bourguignons, Vandales & Suèves 406.

Rois Goths, d'Espagne 415.

Fergus, roi d'Ecosse, 418.

Rois de France, dont le 5ᵉ fut Clovis, conquérant, 420.

Rois d'Angleterre, Saxons 450.

Attila, fléau de Dieu, 452.

Empire Romain détruit en Occident 476.

Royaume des Goths en Italie par Théodoric 493.

Royaume des Lombards 568.

Egire ou année de Mahomet 622.

République de Venise 700.

Sarrasins ou Maures en Egypte 713.

Pélage rétablit le règne des Chrétiens en Espagne 717.

Exarcat fini en Italie 752.

Empire d'Occident sous Charlemagne 800.

Royaume de Navarre sous Eneu 820.

Monarchie Angloise sous Egbert 867.

Othon, empereur de Germanie, 936.

Marquisat de Brandebourg & duché de Saxe 939.

Rois de Dannemarck connus 940.

Royaume de Hongrie 971.

Hugues Capet, premier roi de la troisième race, 987.

Royaume de Pologne 999.

Comté de Savoye 1000.

Monarchie d'Espagne divisée en trois 1034.

Conquête de Sicile & de Naples par les Normands 1040.

Ducs de Lorraine 1048.

Guillaume le Conquérant en Angleterre 1066.

Bohême en royaume 1086.

Jérusalem conquise par les Croisés 1099.

Ordres militaires de S. Jean & des Templiers 1120.

Comté de Portugal fait royaume 1139.

Ducs de Bavière 1180.

Jérusalem reprise par les Sarrasins 1187.

Rois de Suéde connus...

Royaume de Chypre; Gui de Lusignan 1191.

Empire des Grecs aux François 1204.

Charles d'Anjou; conquête de Naples & de Sicile 1266.

Rodolphe de Hapsbourg, premier empereur de la maison d'Autriche 1273.

Vêpres Siciliennes 1281.

République des Suisses 1308.

Ottoman, premier empereur Turc 1314.

Bulle d'or 1346.

Tamerlan, conquérant de l'Asie 1347.

Lithuanie réunie à la Pologne 1370.

Milan fait duché 1378.

Comté de Savoye fait duché 1416.

Electeurs de Brandebourg & de Saxe 1420.

Modène & Ferrare 1451.

Constantinople pris par les Turcs 1452.

Amérique découverte 1492.

Ismaël Sophi en Perse 1493.

Castille & Arragon réunis sous Charles-Quint, empereur, 1519.

Chevaliers de Rhodes à Malte 1522.

Florence, Mantoue & Parme faits duchés 1530.

République de Hollande 1579.

Henri IV fait la conquête de son royaume 1589.

Ecosse réunie à l'Angleterre 1601.

Gustave tué dans la victoire 1632.

Portugal à la maison de Bragance 1640.

Louis XIV succède à Louis XIII 1643.

Mort funeste de Charles Iᵉʳ, roi d'Angleterre 1649.

Gloire de Louis XIV depuis 1660.

Philippe de France, roi d'Espagne 1700.

Naissance de Louis XV 1710.

Le roi de Suède à Bender en sort 1714.

Louis XV succède à Louis XIV le 1ᵉʳ septembre 1715.

Ans du monde. — Personnages célèbres.

1656. Matusalem.

2500. Moïse.

2800. Hercule.

3000. Homère, Hésiode, David, Salomon.

3200. Licurgue, Sémiramis.

3285. Les trois Horaces.

3450. Les sages de la Grece.

3500. Pythagore, Ésope, Anacréon.

3550. Coriolan, Miltiade, Thémistocle.

3600. Eschyle, Euripide, Sophocle, Hérodote, Thucydide, Aristophane, Pindare, Zeuxis, Phidias.

3650. Socrate, Platon, Démocrite, Héraclite, Hypocrate, Isocrate.

3760. Mausole, Arthémise, Aristote, Diogène, Epicure, Démosthènes, Apelles.

3800. Regulus, les Scipions, Annibal.

3900. Archimède, Plaute, Terence, Mithridate, Catulle, Lucrèce, les Catons, Cicéron.

4000. Virgile, Horace, Ovide, Tite-Live, Sallufte.

4053. *Année première du Sauveur.*

50. Sénèque, Tacite.

---

100. Juvenal, Martial, Plutarque, Lucien, Trajan.

200. Tertullien, Origène.

300. Novat, Manès, Zénobie, Ausone, Claudien.

400. Théodose, Donat, Arius, S. Ambroise, S. Augustin, S. Hiérofme, S. Chrysostome, Macedonius, Nestorius, Pelage, Pulchérie, Amalazonte.

440. S. Léon, Eutiche, Monothélites, Boëce, Cassiodore.

500. Justinien, Belisaire.

600. S. Grégoire le Grand.

700. Iconoclastes, Charles-Martel, Pepin-le-Bref.

800. Alphonse-le-Chaste, Photius.

1000. Ferdinand, roi de Castille, Rodrigue, le Cid.

1100. Godefroy de Bouillon, S. Bernard, Simon, comte de Montfort.

1200. Vaudois, Albigeois, S. Louis, Robert-Sorbon.

1300. S. Thomas, S. Bonaventure, le Dante, Pétrarque, Boccace.

1400. Édouard, roi d'Angleterre, comte de Dunois, Pucelle d'Orléans.

1450. Jean-Hus, Viclef, Huniade, Scanderberg, les inventeurs de l'artillerie & de l'imprimerie, Thomas Akempis, Gerson, Pic la Mirandole, Bessarion, Ximenès.

1500. Les Scaliger, Bellarmin, Baronius, Duperron, Elisabeth, reine d'Angleterre, Ronsard, le Tasse, Cujas, Erasme, Luther, Calvin, Michel Ange, Raphaël.

1600. Rubens, le Poussin, Malherbe, Socin & autres hérétiques de ces derniers tems, Richelieu, Mazarin, Pétau, Sirmond, Cromwel, Descartes, Gassendi, Condé, Turenne, Corneille, Molière, Arnauld, Fénélon, Lafontaine, Racine, Girardon, Lepuget, Mansard, Lebrun, Lesueur, Mignard.

1715. Philippe, duc d'Orléans, régent du royaume, Voltaire, Fontenelle, &c.

HISTOIRES INTERROMPUES. (*jeu des*)

Ce jeu est un des plus agréables amusement de la société, pourvu que l'on fasse tomber

la dernière place à une perfonne qui ait affez
d'efprit pour pouvoir y former un dénoûment agréab'e & fingulier.

Dans ce jeu, il faut que celui ou celle qui
commence une hiftoire de cette efpèce, établiffe bien clairement l'état du héros ou de
l'héroïne de fon roman ; qu'il leur faffe faire
connoiffance & les rende amoureux l'un de
l'autre avec quelque forte de vraifemblance,
& enfuite qu'il les laiffe dans tel embarras
qu'il voudra : ce fera à fes continuateurs à
les en tirer ou à les y rejetter de plus en plus,
jufqu'à ce qu'enfin le dernier qui aura prêté
la plus grande attention à ce qu'auront dit
les autres, pendant le petit efpace de tems qu'on
leur aura prefcrit de ne point paffer, termine
l'hiftoire par un dénoûment tel que fon efprit
le lui fuggérera. Quand on fait bien arranger
ce petit jeu, & que la plupart des acteurs font
gens d'efprit, il eft charmant.

H O C C A.　(*le*)

Ce jeu qui eft paffé de mode, étoit, dit-on,
originaire de Catalogne, & déjà très-connu
en Efpagne & en Italie, lorfqu'il s'en établit
une académie publique à Paris, fous le miniftère & la protection du cardinal de Mazarin. Comme il s'y fit des pertes immenfes,
on cria beaucoup contre cet établiffement,
furtout lorfqu'on apprit que les mêmes banquiers qui le tenoient, avoient été chaffés de
Rome.

Le *hocca* s'exécutoit au moyen d'un grand
tableau, divifé par raies en trente numéros,
qui étoient gravés dans les quarrés : ceux qui
jouoient contre le banquier, mettoient la
fomme qu'ils vouloient hafarder fur un ou
plufieurs numéros ; & pour décider leur gain
ou leur perte, on avoit un fac contenant
trente boules, marquées intérieurement des
mêmes numéros que ceux gravés dans les
quarrés du tableau : on mêloit & fecouoit
les boules dans le fac autant qu'il étoit poffible ; enfuite un des joueurs tiroit une de
ces boules du fac, l'ouvroit, annonçoit tout
haut & montroit même le numéro. Si celui
qui fe trouvoit pareil fur le quarré du tableau
étoit couvert de quelque fomme en plein,
le banquier étoit obligé de payer vingt-huit
fois cette fomme ; de forte, par exemple, que
s'il y avoit un louis d'or fur ce numéro, il
en payoit vingt-huit ; mais tout ce qui fe
rencontroit fur les autres numéros étoit perdu
pour les joueurs & appartenoit au banquier.
Il avoit de plus pour lui, & c'étoit l'objet
important, deux numéros de profit, puifqu'il
y en avoit trente fur lefquels on mettoit indifféremment, & qu'il ne payoit que vingt-
huit fois leur mife à ceux que le hafard favorifoit en plein. On pouvoit d'ailleurs mettre
en moitié fur deux numéros voifins : alors
on plaçoit fa mife fur la ligne qui les féparoit ; & fi l'un des deux gagnoit, on recevoit
treize fois la mife ; ou en quart fur quatre
numéros, en plaçant fa mife à l'angle qu'ils
formoient, & alors on retiroit feulement fept
fois & demie la valeur : enfin, on pouvoit
jouer fur toute une dixaine, & alors fi un des
dix numéros venoit en gain, on tiroit deux
fois & demie feulement fa mife.

J

J E U.

J E U sur le choix des serviteurs ; jeux du naufrage, de la chasse, du chatouillement & autres.

On demande à une demoiselle si elle étoit dans un précipice ou dans une rivière avec deux de ses serviteurs, qui sont deux hommes de la compagnie ou du dehors, & qu'il fallût noyer l'un pour sauver l'autre, lequel elle noyeroit. Elle le doit déclarer, & puis on lui ordonne d'embrasser celui qu'elle a voulu sauver.

L'on dit à une fille qu'elle s'imagine qu'elle va à la chasse avec trois de ses serviteurs ; que premièrement il se présente un fossé qu'elle ne peut traverser s'il n'est comblé, & qu'il faudroit que l'un de ses serviteurs se jettât dedans pour servir à ce passage. Là-dessus on lui demande lequel elle y veut jetter, à quoi elle ne rêve pas tant, parce qu'elle en a trois à choisir, & qu'il y en a toujours quelqu'un qu'elle ne se soucie pas de désobliger, peut-être aussi parce qu'il est absent ; mais on lui dit qu'après être passée, voilà une bête effroyable qui se présente dont il faut appaiser la faim, & qu'elle ne sera point contente jusqu'à ce qu'elle ait dévoré l'un de ses deux serviteurs. Alors on la met davantage en peine, & quand elle en a abandonné un à la fureur du monstre, on lui déclare qu'elle doit épouser celui qui lui reste, & lui donner le baiser de mariage. Tout ceci fournit des sujets de risée sur le mépris ou l'estime que les filles font des uns ou des autres : mais il ne se faut pas beaucoup fonder là-dessus pour discerner leurs intentions ; car celles qui sont discrettes, les savent bien cacher, & adressent leurs paroles tout au plus loin de leurs pensées.

Ces choix se font par hasard, lorsque les filles ne savent point de quelles personnes on leur parle. Cela s'observe aussi au jeu de la chasse ou au jeu à noyer, parce que celui qui

Jeux familiers.

fait le jeu, nomme deux ou trois hommes à quelqu'un en secret, & pour les distinguer, dit que l'un a une écharpe d'une couleur, & l'autre d'une autre : ce qu'il déclare à une fille, afin qu'elle fasse choix de celui qu'elle veut perdre : en quoi l'on prend du plaisir, sur ce que l'on voit qu'elle abandonne ceux que l'on se figure qu'elle ne voudroit pas, ou qu'elle ne devroit pas abandonner. Si, les ayant nommés hautement, elle les choisit elle même, il y a aussi quelque plaisir dans son choix, & je ne pense pas qu'aucun se sente désobligé de ceci, puisque les lois des jeux veulent que tout ce qui en dépend, ne soit pris qu'en jeu. Il y a une autre manière de faire qu'une fille choisisse un serviteur par hasard. On la chatouille trois fois au-dessus de la lèvre avec un brin de paille, ou un bout de plume, & puis on lui demande de quel coup elle a été le plus chatouillée ; elle dira si c'est du premier, du second, ou du troisième, & alors on lui déclare au nom de qui elle a été chatouillée à ce coup-là ; & pour éviter la tromperie, on a dit les noms de trois hommes en secret à quelqu'un ; entre ces trois, si l'on veut, il n'y en aura qu'un qui soit de la compagnie, à cause que l'ordonnance du jeu étant que la fille embrasse celui qu'elle a choisi ; s'il se trouve là, il ne faut pas mécontenter ce beau sexe.

Cela se fait de la même sorte quand l'on dit à une fille : je vous éveille, & lorsqu'elle demande de la part de qui, on lui dit de la part de plusieurs qui ne sont point de la compagnie, de manière qu'elle répond plus assurément qu'elle dort. Quelquefois elle dit aussi qu'elle veille, soit pour ceux qui sont présens, & quand on en a trouvé trois pour qui elle veille, cela peut servir à les lui nommer dans le jeu de la chasse ou du naufage, ou dans quelque autre particulier que l'on fait de ceci, lui ordonnant de choisir celui qu'elle aime le mieux pour amant.

M

JUIFS. (jeu des)

Règles.

Pour le jeu des juifs, il faut deux dez & un carton divifé en onze cafes, depuis deux jufqu'à douze.

Dans la cafe du milieu, marqué 7, fe trouve un juif à table jouant & amenant un fonnet.

Le nombre des joueurs n'eft pas fixé : celui qui amène le plus haut point commence à jetter le dé, & les autres enfuite.

Tout joueur qui amène 7, met au juif fept jettons.

Celui qui amène 12 fait rafle, & gagne les jettons qui fe trouvent fur toutes les cafes.

Tout autre numéro fait gagner à celui qui l'amène les jettons de la cafe où fe trouve le numéro, s'il y en a. Si la cafe eft vide, le joueur la garnit du nombre qui convient à la cafe.

Le jeu une fois commencé, perfonne ne peut y entrer qu'après la rafle, & alors le joueur en entrant prend le cornet.

L

LARRON.

LARRON. (jeu du)

Le jeu du larron eft fort plaifant, en ce que chacun a divers noms, du dérobé, du coupeur de bourfe, de l'accufateur, du fergent, du geolier, du juge, du bourreau & autres noms, avec de certains mots, comme, l'on m'a dérobé ma bourfe, au larron; qu'il ne nous échappe; & autres que chacun dit diverfement, étant provoqué; & cela fait une contrebatterie qui peut durer quelque tems.

LOGEMENT. (jeu du)

Je me fuis trouvé une fois en une compagnie où l'on difoit que chacun prît une lettre, & que là-deffus l'on formât tous les mots néceffaires au récit d'un voyage, & quand cela étoit fait, le maître du jeu demandoit, par exemple, à celui qui avoit choifi l'A, comment vous appellez-vous; il falloit qu'il répondît : André ou Antoine, & en fon furnom quelqu'autre mot qui commençât par la même lettre, & puis on lui demandoit : D'où venez-vous ? il difoit d'Alençon, ou d'Arras; fi on lui demandoit l'enfeigne de fon hôtellerie, il difoit, qu'il avoit été logé à l'Ancre; & pour le nom de l'hôte & de l'hôteffe & de leurs ferviteurs & fervantes, il falloit encore trouver des noms pareils, & pour la viande qu'il avoit mangée. Ainfi l'on interrogeoit les autres fur leurs lettres en diverfes manières, mais de telle forte qu'il ne falloit pas plus demander à l'un qu'à l'autre, craignant que quelqu'un ne foit mécontent.

Ce jeu eft fort divertiffant, car on y peut joindre tout ce qu'on veut, puifqu'en faifant raconter à un homme ce qu'il a fait & vu dans un voyage ou dans une compagnie, on l'obligera à dire tout, felon la lecture qu'il aura prife, comme de nommer les arbres qu'il a vus dans un jardin, les drogues dont l'on a panfé un malade, les armes dont quelqu'un s'eft fervi en une querelle foudaine. Quel plaifir à voir l'embarras que l'on aura à trouver de tels mots !

LOTERIE. (petite) ou Roue de fortune.

Ce jeu eft bien fimple. On fait tourner une aiguille fur un plateau, ou fur un carton où l'on a tracé, dans un cercle, des chiffres, depuis 1 jufqu'à 12.

On gagne ce qui eft convenu, fuivant le nombre ou le chiffre fur lequel l'aiguille s'arrête.

On peut encore jouer à la *roue de fortune* un contre un, à qui amenera le plus haut point, ou plusieurs ensemble, en plaçant sur différens numéros : celui des numéros sur lequel l'aiguille s'arrête, gagne ce qui est sur le jeu, quoique ce ne soit point lui qui ait tourné l'aiguille ; il suffit que ce soit son numéro. Si c'est le numéro de celui qui a tourné l'aiguille sur lequel elle s'arrête, chaque joueur le paye double, c'est-à-dire qu'il lui paye autant qu'il avoit mis au jeu.

On convient, avant de jouer, lequel des deux bouts de l'aiguille doit marquer.

LOTERIE DE SOCIÉTÉ.

Ce jeu est imité de la loterie de France, & simplifié par les chances.

Il est composé de quatre-vingt-dix numéros distribués en dix tableaux, contenant chacun 9 chiffres, dont on a pris un par chaque dizaine, en sorte qu'il ne se trouve aucun des chiffres répétés dans l'emploi fait des quatre-vingt-dix nombres.

Lorsque l'on veut jouer, on prend les dix cartons ou tableaux au hasard, un pour chaque ponte, si l'on est neuf personnes, ou plusieurs tableaux, si l'on étoit moins. Mais dans tous les cas, le dixième tableau appartient toujours au banquier, auquel il devient nécessaire pour balancer les risques entre lui & les pontes ; & dans le cas où la compagnie seroit nombreuse, ce qui exigeroit davantage de tableaux, le banquier pourroit les augmenter de dix, & pour lors prendroit deux tableaux au lieu d'un, en observant de prendre son second tableau pareil au premier.

Avant de commencer le tirage, comme à la loterie de France, de cinq numéros seulement, il faut payer au banquier la valeur des neuf tableaux pris par les pontes, à raison de 3 livres pour chaque tableau. Après le tirage fait, le banquier paye aux pontes pour les cinq numéros sortis, savoir pour un extrait ou numéro seul, la même somme de 3 liv. ; pour deux numéros sur un même tableau, faisant un ambe, 12 liv. ; pour trois numéros, *idem*, formant un terne, 27 liv. ; pour quatre numéros ou le quaterne, 48 liv. ; & pour les cinq numéros ou le quine, 75 liv.

On voit aisément que ce calcul a pour base la quantité d'extraits, multipliés par leur nombre.

Il est essentiel d'avertir que, pour gagner un ambe, terne, quaterne ou quine, il faut que la sortie des deux, trois, quatre ou cinq chiffres se rencontre sur les neuf d'un même tableau ; car il ne seroit payé que des extraits, si les numéros sortis se trouvoient portés en nombre seul sur les différens tableaux qu'auroit pris un même ponte.

On conçoit aisément que le tableau du banquier sert à le dispenser du paiement des numéros sortans qui s'y trouvent compris.

Quant au nombre de tirages, il convient que le banquier en fasse trois de suite, après quoi ce sera un autre ponte dans l'ordre agréé par les joueurs avant de commencer.

Ces tirages peuvent s'exécuter avec le sac, la palette & les demi-boules du loto, dont la royale est un abrégé préférable à plusieurs égards :

1°. En ce qu'il se joue à l'argent, & ne peut être sujet à aucun mécompte.

2°. En ce que n'ayant que cinq chiffres à tirer au lieu de dix, il devient bien plus vif, puisqu'en outre il est débarrassé de la répétition quadruple des mêmes numéros, laquelle est toujours pénible.

3°. En ce qu'il s'exécute & finit sans donner lieu à des méprises irréparables des décomptes faits avec des contrats, des jettons & des fiches.

4°. En ce qu'il présente de l'égalité, par le droit de chaque ponte d'être banquier à son tour.

C'est pour soutenir cette égalité que l'on a fixé les paiemens aux taux ci-devant énoncés.

On y voit que l'avantage est combiné entre les pontes & le banquier, puisque les premiers peuvent être remboursés de leur mise par un seul extrait, & que d'autre part il reste à celui qui tient la banque un profit de près de moitié s'il n'a que cinq extraits à payer, & de plus de moitié si quelques-uns des numéros sortis se trouvent sur son tableau : mais aussi le banquier a contre lui l'événement des ambes, ternes & autres chances que l'on estime avoir calculé équitablement dans les évaluations ci-devant établies.

M 2

D'après ce détail, il est clair qu'à quelque prix que l'on veuille fixer celui des tableaux, c'est toujours sur le même principe de la valeur de la première mise, qu'il faut doubler, tripler, &c. le paiement des chances. En conséquence, il est indispensable, pour conserver la balance entre les pontes & le banquier, que l'on paye à celui ci, après chaque tirage; la valeur convenue pour les tableaux; sans cela les risques excéderoient pour lui l'avantage qu'il doit trouver par le paiement renouvellé de chaque tableau après la sortie des cinq numéros. Ainsi, soit que l'on change ou que l'on garde ses tableaux d'un tirage à l'autre, ce qui doit dépendre de la décision des joueurs avant de commencer, la règle de payer de nouveau après chaque tirage, doit être observée.

Enfin, il est bien entendu qu'aucune espèce de convention, même volontaire entre les joueurs, ne pourra varier qu'après trois tirages révolus; mais jamais sous la main du banquier, avant que ces trois tirages soient finis.

Autre loterie.

Il y a une loterie où l'on fait deux ou trois fois autant de billets qu'il y a de personnes en la compagnie; les trois parts tout au moins sont écrites; à l'un il y a une chanson, à l'autre une courante; à l'autre un baiser de qui on le désirera, & beaucoup d'autres choses, dont les unes sont agréables & les autres sont à charge; car celui qui a le billet de la danse, doit danser quelque courante, & celui qui en a un de la chanson, doit chanter, bien que ce soit quelquefois des personnes qui n'y entendent rien. Voilà comme on cherche diverses inventions, parmi lesquelles l'on tâche toujours d'introduire le baiser.

LOUP.

LOTERIE.

Autre jeu de société.

Voyez au mot POULES. (jeux de)

___

LOUP. (jeu du)

Règles du jeu.

Ce jeu est composé d'un plateau ou d'un carton, sur lequel sont trente une cases, où l'on pose vingt brebis & deux loups.

Les vingt brebis se placent au haut du carton sur les vingt cases opposées à la bergerie qui est en bas du carton, c'est-à-dire dans la prairie, laquelle est figurée en haut du carton ou plateau.

Il reste trois cases vides, savoir les deux coins & la case du milieu; les deux autres cases sont occupées par les deux loups qui gardent l'entrée de la bergerie.

L'on ne peut jouer à ce jeu que deux personnes. Celui qui a les brebis joue le premier, & va toujours en avant comme au jeu de dames; il ne peut reculer, mais il peut aller de côté.

Les loups vont au contraire en avant & en arrière, & cherchent à se placer de façon qu'ils puissent passer par-dessus la brebis, s'il trouve une case vide derrière elle, & la prend.

Si celui qui a les loups manque à prendre quand il en trouve l'occasion, celui qui a les brebis prend le loup; cela s'appelle *souffler*, & joue. Il est bien rare alors que n'ayant qu'un loup on puisse gagner.

Celui qui a les brebis peut gagner la partie sans prendre les loups, pourvu qu'il parvienne à remplir les neuf cases de la bergerie.

Ce jeu se trouve rue des Arcis, magasin de tabletterie, au Singe vert.

M

MACÉDOINE.

MACÉDOINE.

Jeu de société.

VOYEZ POULES. (*jeux des*)

MAIN-CHAUDE. (*jeu de la*)

C'eſt une eſpèce de Colin-Maillard très-connu, où celui qui fait le Colin-Maillard a la tête appuyée ſur les genoux de quelqu'un de la compagnie, & une main derrière le dos, ſur laquelle il reçoit d'aſſez fortes tapes, juſqu'à ce qu'il ait deviné celui ou celle qui les lui a données.

La perſonne qu'il a nommée le délivre, & prend ſa place. Alors le jeu recommence.

MARAUDE. (*jeu de la*)

Règles du jeu.

La maraude ſe joue avec un jeu de trente-deux cartes.

Chaque joueur doit avoir deux jettons pareils, mais différens de ceux des autres. L'on met au jeu, l'on convient du prix des amendes, & après avoir battu les cartes, chaque joueur en reçoit une. Alors chacun poſera l'un de ſes deux jettons ſur l'endroit où eſt annoncée cette carte, & l'autre jetton un peu au-deſſus. Ce dernier doit reſter-là juſqu'à la fin de la partie, qui ſera finie lorſque le jetton courant ſera venu rejoindre le jetton fixe, & le joueur gagnera tout ce qui ſera alors ſur le jeu.

Tous les jettons ainſi placés, celui qui a eu la plus forte carte donne à chacun cinq cartes, & la dernière ſert d'atout.

Celui qui, dans ſes cinq cartes trouvera celle où eſt ſon jetton fixe, gagne le prix convenu.

Chacun ayant joué à ſon tour, cinq levées gagnent le prix convenu, double. Quatre levées, le prix ſimple. Trois & deux levées ne perdent ni ne gagnent. Une levée paye le prix ſimple ; & celui qui n'en a fait aucune, paye double.

Notez qu'on peut ne pas forcer en jouant, mais on ne peut renoncer que pour prendre ; qui renonce autrement, paye triple amende.

Enfin l'on va en maraude, c'eſt-à-dire, le premier en carte compte le premier ſes cartes, & ſuivant leur valeur place ſon jetton courant, & chacun de même à ſon tour.

A la rencontre de deux jettons ſur un même point, le dernier joué payera l'amende, & doublera ſon point ; mais ſi c'eſt ſur ſa carte première où eſt reſté ſon jetton fixe, il ne laiſſera pas de gagner tout.

L'on peut encore gagner la partie, lorſque dans les cinq cartes qu'on a reçues, ſe trouvent les quatre cartes de même valeur que celle du jetton fixe : par exemple, qu'il ſoit poſé ſur un dix de cœur, les quatre dix font gagner, & ainſi des autres cartes.

Valeur des cartes. — Le roi vaut 4, la dame 3, le valet 2, l'as 1. Les autres cartes ne comptent pas.

MARELLE. (*jeu de*)

Règles du jeu.

Il faut pour ce jeu un plateau quarré, qui a vingt-quatre caſes rondes, avec un filet qui conduit de l'un à l'autre.

Il faut dix-huit pions de deux couleurs

différentes, & faits à-peu-près comme les pions d'échecs.

L'on ne peut jouer que deux à ce jeu.

Le premier qui joue, pose un de ses pions sur telle case qu'il veut, & l'autre de même.

C'est un point essentiel de tâcher de gagner trois cases de front, & d'empêcher son adverse partie de les prendre.

Quand vous avez trois cases, vous prenez un des pions de votre adverse partie, celui qui vous paroît lui porter plus de préjudice, & le plus près de prendre trois cases.

Les pions ne peuvent aller qu'en droite ligne, & ne peuvent sauter par-dessus les autres, que lorsque celui qui joue n'en a plus que trois.

Quand l'un des deux n'a plus que trois pions, il a la liberté de sauter, c'est-à-dire, de poser un de ses pions où bon lui semble, & toujours le plus avantageusement qu'il lui est possible pour pouvoir faire ses trois cases de front; de façon qu'avec ses trois pions il peut gagner son adversaire, quand bien même il auroit encore ses neuf pions.

Quand on n'a plus que deux pions on a perdu la partie.

Ce jeu se trouve rue des Arcis, au Singe vert.

M A R I A G E. (jeu du)

Chacun de la compagnie nomme à une demoiselle celui qu'il veut lui donner pour mari, & parce que cela est dit à l'oreille, elle déclare après, assurément, ceux qu'elle rejette, & même en dit les causes, comme par exemple ; *ce premier est de trop grand lieu, il me mépriseroit; celui-là ne m'aimeroit guère lorsqu'il m'auroit, parce qu'il est d'humeur inconstante ; cet autre ne se doit point marier, d'autant qu'il est si fort adonné aux affaires qu'il ne songe qu'à cela, & je n'aurois jamais une bonne parole de lui ; cet autre aime mieux les livres que les femmes ; celui d'après est trop pâle pour se bien porter,* & ainsi des autres. Et lorsque cette fille a dit ceux qu'elle refuse, elle nomme celui qu'elle accepte, & en dit le sujet, & puis on lui ordonne de le baiser en nom de mariage. L'on se donne après la cu-

riosité de chercher qui sont les autres, afin qu'ils aient leur quolibet. Quelquefois elle les nomme, & l'on peut faire aussi qu'un autre qu'elle ayant recueilli les voix, lui dise seulement ; *que dites-vous du serviteur qu'un tel vous a donné pour mari ?* sans le nommer, & néanmoins si elle le veut refuser, il faut qu'elle lui en dise le sujet à l'aventure. Or, parce que dans ces mariages-là, toutes les filles de l'assemblée trouvent parti l'une après l'autre, il n'y a plus rien à faire après pour les hommes, & l'on ne doit plus s'amuser à leur faire chercher une femme. Si l'on veut une autre fois que le divertissement dépende d'eux, lorsque les filles n'en voudront point prendre la peine, on leur nommera des femmes par le même ordre que l'on donne des maris aux filles, & ils rejetteront celles dont ils ne voudront pas, pour des raisons qui leur sembleront les meilleures qu'ils se pourront imaginer, & qui néanmoins ne désobligeront pas celles qui seront présentes, & qui en pourront avoir connoissance. Ceux qui auront le génie de la raillerie, en diront les plus plaisants sujets, comme si l'on disoit : *Celle là est trop grande, elle me coûteroit trop à vêtir ; ou bien, je craindrois que s'il y avoit querelle entre nous deux, elle ne voulût paroître la plus forte ; celle d'après est fort belle ; mais ce n'est pas la beauté que je cherche ; elle est de trop difficile garde ; sa voisine fait trop la savante, elle voudroit être la maîtresse partout.* Ainsi, on les rejette toutes pour quelque sujet, & l'on dit que celle que l'on choisit pour femme, est accomplie en toute sorte de bonnes qualités. On va donc à elle, & l'on vous permet de l'embrasser, & votre mariage continue toute l'après-dînée ou la soirée ; mais cela ne se passe guère, sans que les autres dames prennent occasion de railler les hommes sur les prétextes qu'ils ont pris pour ne point épouser quelques-unes d'elles. Or, si le nombre des filles & des femmes d'une compagnie est moindre que celui des hommes, puisque d'une façon ou d'autre, elles doivent toutes avoir leur mari, il faut que ce soit elles qui fassent le jeu, & non point les hommes ; au contraire, l'on fera accomplir cela aux hommes lorsqu'ils seront en moindre nombre.

Ce jeu ci a plus de discours que les autres jeux ; mais il n'a pourtant rien de fort difficile, car l'on dit telle raison que l'on veut

pour refuser les partis que l'on vous présente.

MARIAGES. (jeu des)

L'on marie la pierre d'aimant avec le fer,
le bœuf salé avec la moutarde, la pelle & le
fourgon, la poire & le fromage, le bouchon
& la taverne, le manche & la coignée, la
voix & le luth, un falot & une lanterne, la
nuit & le jour, le Pont-Neuf & la Samari-
taine, la vertu & l'honneur, & ainsi du reste,
où l'on voit quelques raisons des mariages
entremêlés, lesquelles augmentent le divertissement. Or, réduisant cela en jeu, chacun
est obligé de dire son mariage, & si l'on veut,
on observera de ne point mettre les noms
masculins avec les masculins, ni les féminins
avec ceux de leur même genre, non-seulement pour rendre le jeu plus mal-aisé; mais
afin que les mariages semblent très-conve-
nables. On peut y ajouter la noblesse avec la
richesse, l'estropié avec l'aveugle, & le glorieux avec le flatteur. La noblesse vient bien
avec la richesse, parce que l'une fait éclater
l'autre: l'estropié s'accorde bien avec l'aveugle, puisque c'est un mutuel secours, suivant
l'ancien emblême, d'autant que l'aveugle porte
l'estropié sur son dos, & l'estropié lui montre
le chemin: mais il faut présuposer que comme
l'aveugle a de bonnes épaules, l'estropié ait
de bons yeux: & pour la compagnie du
glorieux & du flatteur elle est fort sortable,
à cause que le glorieux se plaira aux flatteries,
& le flatteur sera fort aise d'avoir trouvé un
homme qui l'écoute librement, & dont il
espère de tirer du profit. On peut au contraire
se figurer des choses qui ne s'accordent point
ensemble, & les nommer par manière de jeu:
sur quoi l'on obligera aussi chacun à dire la
raison de la haine & disconvenance.

MARS; (les délassemens des élèves de,
ou nouveau jeu militaire pour apprendre les
principaux termes de la guerre.

Jeu instructif.

Ce jeu a été fait pour apprendre les principaux termes de la guerre. Il est composé,

à l'imitation de celui de l'oie, afin de proposer une manière de jouer déjà connue de
tout le monde.

On joue avec deux dez ordinaires. On convient de ce qu'on veut jouer, & l'on fixe le
nombre & le prix des jettons. Le nombre des
joueurs n'est point limité. Chacun prend une
marque particulière pour marquer son jeu.

En commençant, chaque joueur jette un
dé, & celui qui amène le plus haut point
joue le premier, ainsi des autres en suivant
la droite.

Chacun joue donc à son tour une fois seulement. On compte les points qu'on amène,
chacun les marque sur le jeu avec sa marque
particulière. Celui qui sera rencontré par un
autre payera, & ira en la place de son compagnon, & celui qui arrivera précisément à
la fin du jeu, chiffre 63, gagnera la partie
& le jeu; & s'il fait des points de plus, il
retournera d'autant en arrière.

Il faut remarquer qu'on ne peut arrêter à
tous les couriers, & l'on comptera toujours
le nombre des points du dé que l'on aura
amené jusqu'à ce qu'on n'en trouve plus,
soit en avançant, soit en reculant. D'autant
que les couriers sont de neuf en neuf, en
multipliant le nombre, on arriveroit au chiffre
63, qui est la fin du jeu; on a réglé pour
cet effet, que celui qui, du premier coup
amenera neuf, qui se fait en deux manières,
savoir VI & III, ira au camp volant, chiffre 26;
ou celui qui amenera V & IV, ira à l'assaut,
chiffre 53.

Mais pour un ordre plus exact, on expose
ici les règles du jeu militaire dans les XIII
articles suivans.

Règles du jeu.

Avant de commencer le jeu, il faut régler
le prix des jettons & de ce que l'on doit payer
aux rencontres & accidens qui se trouvent en
jouant.

1°. Qui amenera du premier coup, qui se
fait en deux manières, 6 & 3, ira au camp
volant, chiffre 26.

2°. Qui sera rencontré payera un jetton,
& prendra la place de son camarade.

3°. Qui ira à 7 où il y a un pont de bateaux, ira à la sentinelle, chiffre 13.

4°. Qui ira au piquet 12 paye un jetton, pendant que ſes camarades joueront une fois.

5°. Qui ira à l'étape, chiffre 14, ſe repoſera pendant que ſes camarades joueront deux fois.

6°. Qui ira au priſonnier de guerre, 31, payera deux jettons pour ſa rançon.

7°. Qui ira à 34, où eſt la *contribution*, payera à chacun des joueurs un jetton.

8°. Qui ira à 40, au décampement, retournera au chiffre 29.

9°. Qui ira à la juſtice militaire, 51, payera un jetton, & reſtera juſqu'à ce qu'un autre reprenne ſa place.

10°. Qui du premier coup amenera 5 & 4, ira à l'aſſaut, chiffre 53.

11°. Qui ira à l'embuſcade, 59, payera un jetton, & recommencera le jeu.

12°. Qui ira aux Invalides, 60, reprendra un jetton dans le jeu, & continuera le jeu à ſon tour.

13°. Qui ira au déſerteur, à 61, payera un jetton, & reſtera en arrêt juſqu'à ce qu'un autre prenne ſa place.

Dénominations des 63 caſes.

1. Engagement.

2. Soldats conduits à la garniſon, qui eſt un endroit où l'on met les troupes dans une place.

3. L'exercice. C'eſt une aſſemblée de ſoldats pour apprendre le maniement des armes & leurs devoirs, pour bien remplir leurs ſervices.

4. Campement.

5. Détachement pour ſervir d'eſcorte. Ce ſont des gens de guerre choiſis pour faire une attaque ou une expédition.

6. Marche à l'armée. C'eſt la ſortie des garniſons pour former une armée.

7. Pont de bateaux ou paſſage des rivières pour paſſer l'armée.

8. Aſſemblée de l'armée. C'eſt donner le ſignal pour faire ranger les troupes ſous les enſeignes de l'armée.

9. Le courier de l'armée.

10. La ci-devant maiſon du roi, compoſée des gardes-du-corps, gendarmes, chevaux-légers, mouſquetaires, gendarmerie, Gardes Françoiſes, Suiſſes, &c.

11. La grande-garde. C'eſt une troupe de ſoldats d'infanterie & de cavalerie, poſtés hors du camp, du côté des ennemis.

12. Cavalerie au piquet.

13. Sentinelle; eſt un ſoldat piéton poſté dans un endroit pour empêcher les ſurpriſes.

14. L'étape; eſt une maiſon où les ſoldats logent dans les marches, & ſont nourris aux dépens de l'Etat.

15. Revue.

16. Camp. C'eſt un vaſte terrain où une armée ſe loge, lequel eſt entouré de foſſés qu'on creuſe dans la terre.

17. Vedette; eſt une ſentinelle à cheval qui eſt poſtée loin du camp, du côté des ennemis.

18. Le courier de l'armée.

19. Le bivac; eſt l'armée qui a paſſé la nuit ſous les armes, pour n'être pas ſurpriſe par l'ennemi.

20. Munition de guerre; eſt la proviſion de poudre, plombs, boulets, pontons & autres.

21. Convois.

22. Munition de bouche; eſt la proviſion de pain, vin, viande, eau-de-vie, bled, avoine, foins & autres.

23. L'artillerie. Ce ſont les canons montés ſur leurs affûts, les mortiers, les bombes, & les uſtenſiles néceſſaires pour les ſervir.

24. Sauvegarde pour la garde des châteaux & égliſes.

25. Secours; eſt un renfort de troupes qui vient à une place ou à une armée pour la fortifier.

26. Camp volant; eſt une petite armée compoſée d'infanterie & de cavalerie, qui fait pluſieurs mouvemens.

27. Le courier de l'armée.

28. L'avant-garde. Une armée ſe met ordinairement ſur trois lignes. La première, l'avant-garde; la deuxième, le corps de bataille; la troiſième, l'arrière-garde.

29. Conſeil

29. Conseil de guerre ; est une assemblée des chefs d'une armée pour délibérer sur les affaires qui se présentent.

30. Bataille.

31. Prisonniers de guerre faits après la bataille, sont échangés contre d'autres prisonniers, ou se rachettent par argent.

32. La trève ou suspension d'armes, se fait ordinairement après la bataille, pour retirer les blessés & enterrer les morts.

33. Incendie ; dégats.

34. Contribution ; est une taxe que payent les places frontières pour se racheter du pillage.

35. Parti ; est un corps d'infanterie & de cavalerie qui va à la découverte.

36. Courier de l'armée.

37. Retraite ; est un mouvement que fait une armée pour se mettre à couvert.

38. Prévôt de l'armée ; est un officier qui a l'œil sur la conduite des soldats, & qui les punit quand ils manquent à leur devoir.

39. Fourrage.

40. Décampement ; c'est la levée d'un camp qui change de lieu.

41. Place investie ; est celle dont les avenues sont occupées par des troupes.

42. Siége.

43. Ligne de circonvallation ; est un grand fossé qu'on fait à l'entour d'un camp.

44. Ligne de contrevallation ; c'est une tranchée entre la ville & le camp.

45. Courier de l'armée.

46. Tranchée ; est un fossé qu'on creuse dans la terre pour couvrir les assiégeans du feu de la place.

47. Pionnier ; est celui qui applanit les chemins pour faciliter la marche des équipages.

48. Batterie de canons & de mortiers.

49. Quartier de réserve, où loge le général.

50. Parc d'artillerie ; est le magasin des armes où sont les provisions du siège, du camp & de l'armée.

Jeux familiers.

51. La justice militaire.

52. Le mineur ; est celui qui travaille sous terre à une mine, pour faire sauter l'ouvrage avec la poudre.

53. L'assaut ; c'est une attaque qui se fait à découvert pour se rendre maître d'un poste.

54. Courier de l'armée.

55. Sortie ; est un effort que font les assiégés pour ruiner les travaux des assiégeans.

56. La chamade ; est un signal que fait l'ennemi par le tambour ou la trompette, pour proposer quelque chose.

57. L'espion.

58. Capitulation ; est un traité fait avec les assiégés, par lequel ils se rendent, moyennant certaines conditions.

59. Embuscade ; est une troupe de gens de guerre cachés, pour surprendre l'ennemi.

60. Les Invalides ; est la retraite des officiers & soldats estropiés.

61. Déserteur ; est un soldat qui quitte son régiment pour aller prendre parti ailleurs.

62. Amnistie ; est un pardon général accordé aux déserteurs, à la charge de rentrer dans le service.

63. Les dignités & récompenses données aux gens de guerre, qui se sont signalés. Fin du jeu.

MÉDECIN. *(jeu du)*

Le jeu du médecin est encore assez gentil. Chacun fait le malade, & le médecin vient qui vous ayant tâté le poulx, & sachant votre mal, vous ordonne un remède convenable, qui peut être, selon l'axiôme qui dit, *que les contraires sont guéris par les contraires ;* car si l'on se plaint de froideur, il ordonne des remèdes chauds ; si de trop de travail, il ordonne le repos, réglant cela néanmoins à sa fantaisie : après il dit à qui lui plaît, un tel ou une telle sont malades d'un tel mal, que leur ordonneriez-vous là-dessus ? Il faut se ressouvenir de ce qu'il a dit, ou bien l'on donne un gage.

N

MÉTAMORPHOSES. (*les*)

Jeu de Société en dialogue.

Mademoiselle DU BOCAGE.

Que vous avez un charmant coufin, ma chère amie! Il eft unique, fa gaîté eft amufante. Oh! nous avons bien paffé notre après-midi.

Mademoiselle ROSE.

Il eft vrai que mon coufin a l'heureux talent de plaire à tout le monde, mais je fuis perfuadée qu'il mettroit quelque différence entre votre fuffrage & celui des autres.

Mademoiselle DU BOCAGE.

Le voilà qui vient. Mon Dieu! qu'il fait chaud aujourd'hui; la chaleur me porte au vifage.

Mademoiselle ROSE.

Que vous êtes donc rouge, ma bonne amie?

M. DU FRÊNE.

C'eft que Mademoiselle a beaucoup joué au tiers & à l'anguille. N'auriez-vous pas befoin de prendre quelque chofe avant le fouper. Nous avons apporté de Paris d'ex cellens firops de grofeille & de vinaigre; fi vous en defirez, j'irai vous en chercher.

Mademoiselle DU BOCAGE.

Vous êtes bien bon, Monfieur; je vous fuis infiniment obligée; nous allons nous repofer. Vous ne connoiffez pas nos petits jeux qui nous occupent tous les foirs avant fouper.

M. DU FRÊNE.

Quand on y met autant d'efprit que je fuis fûr que vous en mettez, je penfe bien que ces jeux-là doivent être charmans. Eh bien! Mefdames, nous voilà au rendez vous des premiers; nous vous attendons auprès de la roue d'étourderie.

Madame DU RUISSEAU.

C'eft donc pour mettre les gages?

Mademoiselle ROSE.

Oui, maman.

Madame DU FRÊNE.

L'invention eft fort bonne; mais il nous manque quelqu'un.

Madame DE LA HAUTE-FUTAIE.

Il ne manque que M. de la Forêt, qui eft allé dîner ici près chez un de fes amis; mais il ne tardera pas à revenir, car il eft prefque nuit. Où eft donc Mademoiselle du Ruiffeau.

Madame DU RUISSEAU.

Elle eft dans ma chambre qui achève de défaire nos paquets, car vous favez bien, Mefdames, que des femmes ne peuvent pas voyager, ne fût ce que pour huit jours, fans avoir des paquets.

L'Abbé DES AGNEAUX.

Oui: en arrivant, on paffe deux jours à les défaire; avant de partir, on eft encore deux jours à les refaire, & on n'a pas le tems de s'ennuyer à la campagne.

Madame DU FRÊNE.

Vous l'avez dit; il ne faut pas vous dédire.

Madame DU RUISSEAU.

Mais apprenez-nous quelques jeux, vous qui favez fi bien paffer le tems à la campagne, fans vous ennuyer.

M. DU FRÊNE.

Et qui empêchez les autres de s'ennuyer.

L'Abbé DES AGNEAUX.

Moi! point du tout, Madame; je ne fais pas plus de jeux que les autres; chacun ici y met du fien. Ceux qui favent des jeux les font jouer: nous jouiffons en commun de nos connoiffances réciproques.

Madame DU RUISSEAU.

Savez-vous qu'on nous a beaucoup parlé de vous dans les lettres qu'on nous a écrites?

L'Abbé DES AGNEAUX.

Ces demoiselles sont trop indulgentes.

Madame DU FRÊNE.

Qu'avez-vous donc fait, Mesmoiselles, en revenant de la promenade ? J'ai entendu beaucoup rire dans la cour.

Madame DE LA RIVIÈRE.

Le tems avoit l'air à l'orage, & nous sommes revenues plutôt qu'à l'ordinaire.

Mademoiselle ROSE.

Quand nous avons vu que le tems se soutenoit, nous n'avons pas voulu rentrer, & nous avons joué, en plein air, à des petits jeux d'exercice.

Mademoiselle DE LA HAUTE-FUTAIE.

C'est nous qui avons mis tout le monde en train, en commençant par jouer aux quatre coins.

Madame DE LA HAUTE-FUTAIE.

Oui : l'abbé des Agneaux a dit : tout le monde ne peut pas jouer aux quatre coins ; ce jeu n'occupe pas assez d'acteurs, jouons au tiers ; & nous avons joué au *tiers*.

Madame DU FRÊNE.

C'est fort bien fait ; si je n'avois pas été occupée, je vous aurois prié de me mettre aussi de la partie : je ne cours pas bien fort, mais j'aurois tenu ma place comme une autre.

Mademoiselle DU GAZON.

Eh! voilà M. de la Forêt! Qu'est-ce qui vous avoit donc vu rentrer?

M. DE LA FORÊT.

Ne faites pas attention à moi, s'il vous

plait ; on parle du *tiers* ; & comme je ne le connois pas, j'attends qu'on en fasse la description.

Madame DE LA RIVIÈRE.

Dites-nous si vous avez fait un bon voyage, & on vous apprendra à jouer au tiers.

M. DE LA FORÊT.

Vous êtes bien bonne, Madame. Mon ami m'a beaucoup grondé de ne lui avoir pas amené quelques personnes de la compagnie. C'est votre faute, vous n'avez pas voulu venir.

M. DE LA RIVIÈRE.

Ah! je n'aurois pas voulu quitter vilainement ces Dames qui sont arrivées hier au soir.

Madame DU RUISSEAU.

Pourquoi donc, ma belle Dame ; il ne falloit pas vous gêner ; par exemple, cette cérémonie-là est déplacée.

M. DU FRÊNE.

Pour moi, je ne m'en plains pas du tout ; je vous conseille, Madame, de faire toujours de la cérémonie, quand il s'agira de nous quitter, à condition que vous n'en ferez pas quand on vous priera de chanter.

M. DE LA FORÊT.

Ces complimens-là sont fort bons, mais ils ne m'apprennent pas à jouer au *tiers*.

M. DU FRÊNE.

On se place en rond, debout, par paquets de deux, ce qui fait qu'en certains pays, on appelle ce jeu, le jeu des *paquets*. Il y a deux joueurs en dehors qui courent l'un après l'autre ; celui après qui le premier court, se place devant un autre paquet ; alors, celui du paquet qui se trouve le troisième, court se placer devant un autre paquet, sans se laisser prendre ; s'il étoit pris, il seroit alors obligé de courir après le premier, qui pour lors se placeroit.

N 2

Mademoiselle DE LA HAUTE-FUTAIE.

Toutes les fois qu'il y a trois personnes à un paquet, la troisième est de bonne prise.

Mademoiselle ROSE.

Quand les joueurs sont bien attentifs à leur jeu, on fait rester quelquefois bien long-tems celui qui court après les autres, en se plaçant promptement, avant qu'il ait le tems de prendre.

Le Chevalier ZÉPHIR.

Les personnes qui sont petites & qui se trouvent devant des grandes, ont bien du désavantage, parce qu'elles ne voient pas si on se place devant l'autre, & si elles sont en troisième ; & alors, on les prend aisément.

L'Abbé DES AGNEAUX.

Ce jeu ressemble beaucoup à *l'anguille*.

M. DE LA FORÊT.

Je ne connois pas *l'anguille* non plus.

Madame DE LA RIVIÈRE.

On se place en rond également ; mais c'est un rond simple ; on ne se met pas deux à deux : chacun met une main derrière soi ; un des joueurs fait le tour tenant une *anguille*, c'est à dire, un mouchoir roulé qu'il met dans la main de qui il lui plaît. Celui qui a *l'anguille* en frappe son voisin à droite, & le poursuit en le frappant jusqu'à ce qu'il soit revenu à sa première place. Ensuite, celui qui est en possession de *l'anguille*, la donne à qui il veut.

M. DU FRÊNE.

Il faut toujours avoir l'œil au guet, pour prendre la fuite dès qu'on voit *l'anguille* dans la main de son voisin, en courant à sa place, sans avoir reçu aucun coup *d'anguille*.

Le Chevalier ZÉPHIR.

Je trouve que le *tiers* a beaucoup de rapport avec un jeu que nous avons bien joué

au collége, & que nous appellions la *dentelle*. Tout le monde se tenoit par les mains, en s'éloignant l'un de l'autre, autant qu'on le pouvoit. Deux joueurs couroient, & il falloit que le second passât partout où avoit passé le premier. Quand on va un peu vîte, il est difficile de ne pas se tromper.

Mademoiselle ROSE.

Mais ce jeu doit fatiguer les bras.

Le Chevalier ZÉPHIR.

On ne les lève que quand les joueurs veulent passer. D'ailleurs, ce jeu ne se joue qu'au collége.

Madame DE LA RIVIÈRE.

M. du Frêne, vous nous aviez promis de nous faire jouer au jeu des *Métamorphoses*.

M. DU FRÊNE.

Volontiers, Madame ; mais tout le monde doit connoître ce jeu. L'abbé des Agneaux voudroit-il sortir un instant.

L'Abbé DES AGNEAUX.

Avec plaisir ; mais je reviendrai bientôt.

M. DU FRÊNE.

Quelles sont les fleurs du goût de l'abbé ?

Mademoiselle ROSE.

Il aime le réséda & le jasmin.

M. DU FRÊNE.

Eh bien ! je métamorphose M. Dubois en réséda, & Madame Dubois en jasmin.

Le Chevalier ZÉPHIR.

Quel jasmin, bon Dieu !

M. DU FRÊNE.

Et vous, Madame, en quoi vous métamorphosez-vous ?

Madame DE LA RIVIÈRE.

En immortelle.

Mademoiselle ROSE.

Et moi, en souci.

Mademoiselle DE LA HAUTE-FUTAIE.

Et moi, en tubéreuse.

M. DU FRÊNE.

C'est assez de quatre fleurs; mais puisqu'en voilà cinq, il faudra bien les prendre, le bouquet en sera plus gros. Appelez l'abbé, s'il vous plaît.

Madame DU RUISSEAU.

Le voilà. Entrez, M. l'abbé; on vous a fait un beau bouquet; vous êtes heureux.

M. DU FRÊNE.

Cinq personnes se sont métamorphosées en tubéreuse, souci, immortelle, jasmin & réséda, pour former un bouquet digne de vous. Que faites-vous de ces fleurs?

L'Abbé DES AGNEAUX.

L'immortelle est une belle fleur, mais elle n'a pas d'odeur; je n'en fais pas grand cas; je la réléguerai dans un coin de ma chambre, où elle fera une triste figure.

M. DU FRÊNE.

C'est Madame de la Rivière qui est métamorphosée en immortelle.

L'Abbé DES AGNEAUX.

Pourquoi donc, Madame, prendre une fleur si triste? Pour le souci, je le foulerai aux pieds.

Mademoiselle ROSE.

Ah! mon Dieu, quel triste sort! C'est moi.

L'Abbé DES AGNEAUX.

J'en suis fâché, Mademoiselle; pourquoi

choisissez-vous la fleur la plus sinistre? Il y en a tant d'autres à choisir. Pour la tubéreuse, n'importe qui, je l'aime assez, mais comme l'odeur est trop forte, je la placerai dans un pot sur ma fenêtre en dehors.

Mademoiselle DE LA HAUTE-FUTAIE.

Et vous ouvrirez quelquefois votre fenêtre pour la voir & respirer son parfum.

L'Abbé DES AGNEAUX.

Certainement.

Mademoiselle DE LA HAUTE FUTAIE.

J'en suis très-flattée; je suis la tubéreuse.

L'Abbé DES AGNEAUX.

Pour le jasmin & le réséda, j'en suis fou; je les unis, parce que leur odeur se marie bien.

L'Abbé PRINTEMS.

Oh! tu as bien raison; ils sont faits l'un pour l'autre.

L'Abbé DES AGNEAUX.

Je les mets à mon côté.

M. DU FRÊNE.

Le jasmin, c'est Madame Dubois, & le réséda, M. son fils. Eh bien! qu'avez-vous donc?

L'Abbé DES AGNEAUX.

Quel énorme bouquet! Je n'aurai jamais la force de le porter. Mais on ne doit pas métamorphoser des personnes qui ne sont pas du jeu; c'est ce qui m'a trompé.

M. DU FRÊNE.

Oh! point du tout: au contraire, sous les noms des plus jolies fleurs, on se plaît à mettre des personnes que l'on ne peut souffrir.

Madame DU RUISSEAU.

Quelquefois, on se change en baromètre ou en papillon, &c. on demande: que faites-vous du papillon ? L'un dit : je lui coupe une patte ; l'autre, je lui arrache une aile ; enfin, tout ce qui vient dans l'esprit.

Madame DU FRÊNE.

L'Abbé, je vous fais ma confession. J'ai trouvé la porte de votre chambre ouverte, & je n'ai pas pu m'empêcher d'y entrer.

L'Abbé PRINTEMS.

Vous n'avez pas dû la trouver bien rangée.

Madame DU FRÊNE.

Elle étoit à-peu-près comme la vôtre.

M. DE LA FORÊT.

C'est que ces Messieurs ont trop de choses à faire pour bien ranger leur appartement. De grands génies ne s'amusent pas à de pareilles bagatelles.

M. DE LA RIVIÈRE.

Il n'y a que manière d'interpréter les choses, j'ai entendu dire qu'un prieur de religieux alloit de tems en tems visiter les cellules de ses novices. Quand il en voyoit une bien propre & bien rangée, que j'aime, disoit-il, l'ordre qui règne ici ! On voit bien, mon cher confrère, que vous avez soin de l'intérieur comme de l'extérieur. S'il en rencontroit une où tout étoit pêle-mêle, je vous reconnois bien-là, mon cher confrère, s'écrioit-il ; vous négligez l'extérieur pour ne vous occuper que de l'intérieur.

Mademoiselle DE LA HAUTE-FUTAIE.

Il étoit donc toujours content.

M. DE LA RIVIÈRE.

Oui, Mademoiselle ; parce qu'il avoit l'esprit bien fait. Mais, Madame du Frêne, quelle découverte avez-vous faite dans la chambre de l'abbé des Agneaux ? Avez vous trouvé quelque chanson nouvelle ?

Madame DU FRÊNE.

Je me suis bien donné de garde d'examiner les papiers ; j'ai seulement remarqué, avec beaucoup de soin, un oiseau de bois peint en

bleu. Mais, l'abbé, il a un furieux bec, bien pointu ; qu'en voulez vous donc faire ?

Mademoiselle ROSE.

Ma tante, c'est un secret ; vous avez éventé la mêche.

L'Abbé DES AGNEAUX.

Madame, c'est un secret que tout le monde sait ; mon intention est seulement de surprendre M. B.... J'ai attendu que toute la compagnie fût arrivée pour placer cet oiseau. On attache une perche entre deux arbres ; au milieu est une corde qui suspend l'oiseau environ à un pied & demi de la terre. A une distance proportionnée, on place une carte avec un noir, & les joueurs prenant l'oiseau par la queue, lui donnent un certain mouvement qui le renvoie dans la carte. Alors, la tête & le cou de l'oiseau se détachent par le moyen du bec qui s'enfonce dans la carte, & l'oiseau vient retrouver les joueurs.

Madame DE LA RIVIÈRE.

On joue à ce jeu-là comme si on tiroit un prix. Il ne faut ni poudre ni plomb.

L'Abbé DES AGNEAUX.

J'ai mis au haut de la carte ces deux vers, tirés du Conte des Fées, intitulé l'Oiseau bleu :

Oiseau bleu, couleur du tems,
Vole à moi promptement.

Mademoiselle DE LA HAUTE-FUTAIE.

Quand cet oiseau sera-t-il donc placé ?

L'Abbé DES AGNEAUX.

Je le placerai demain matin, & nous pourrons y jouer après le déjeuner.

L'Abbé PRINTEMS.

Mesdames, entendez-vous sonner ?

Madame DE LA RIVIÈRE.

Allons souper.

Madame DU RUISSEAU.

Il ne faut pas nous faire attendre.

(Extrait des Soirées amusantes.)

MÉTIERS à deviner.   (jeu des)

Il y a des jeux où il faut deviner ce que l'on vous veut faire entendre par fignes. Je penfe que l'on ne fe trompera point, fi l'on place le jeu des *métiers* à deviner par fignes entre les jeux d'efprit, encore que les enfans & les perfonnes de baffe condition le pratiquent quelquefois : car on le rend plus beau felon que l'on eft ingénieux à trouver des métiers peu communs, & à en bien former les actions. Il faut auffi beaucoup de vivacité & de connoiffance de tous les artifices mécaniques pour les déchiffrer par une vraie explication.

MOTS difficiles à prononcer.   (jeu des)

Voyez à l'article CLEF DU JARDIN.

MOURRE.   (la)

Eft un jeu d'exercice & même très-vif, car en Italie où il eft fort commun, on y met beaucoup de chaleur & d'activité : il eft fort fimple & ne confifte qu'à ouvrir la main & puis la fermer, en montrant un nombre de doigts levés ; & il faut deviner fi ce nombre eft pair ou impair. Il n'eft queftion que de deviner vîte & jufte. Les dames le jouent encore quelquefois en Italie, mais il eft aujourd'hui prefqu'inconnu en France & ailleurs.

On attribue l'invention de ce jeu à la belle Hélene. Il a été connu des Troyens, des Perfes, des Grecs & des Romains. Cicéron en fait mention ; mais un trait d'hiftoire plus moderne concernant la *mourre*, c'eft qu'un duc de Nevers, de la maifon de Gozangue,

ayant voulu en 1601 établir un ordre dont il fe déclara le grand maître, & dont le grand cordon étoit jaune, il recommanda à fes chevaliers de jouer à la *mourre*, comme à un jeu noble, & qui étoit à la mode alors parmi la nobleffe françoife. Sur la fin du fiècle dernier, ce jeu étoit renvoyé dans l'anti-chambre ; & nous voyons dans une pièce du comédien Baron, des pages & des laquais y jouer.

MUET.   (jeu du)

Un homme de la compagnie fort adroit à parler par fignes repréfentera quelque chofe à chacun, & punira & récompenfera felon qu'on aura bien ou mal expliqué. Dans ce jeu chacun s'adreffe à fon voifin ; le premier dit fa penfée à l'oreille de celui qui eft le plus proche, & après, comme le muet, il s'exprime par fignes à celui qui eft de l'autre côté, fur quoi il faut qu'il dife ce qu'il penfe que c'eft, & qu'il y réponde ; & enfuite de cela celui qui a parlé par fignes, lui dit une autre penfée à l'oreille, qu'il repréfente encore de même à fon voifin ou à fa voifine. Cela fe fait de cette forte confécutivement, & ceux qui manquent à bien expliquer & à bien répondre, font jugés dignes de punition. Ceci femble plus raifonnable que de s'informer d'un homme fur quelque chofe que l'on vous a dite en fecret, en lui demandant feulement, *pourquoi*, comme en ce jeu des queftions qui eft celui de *pourquoi*, & de *parce*, d'autant qu'il y a de trop grands coqs-à-l'âne : néanmoins fi l'on fait des fignes fort fubtils, on ne les expliquera que difficilement, & l'on dira des chofes fort extravagantes ; mais de quelque façon que ce foit, l'on ne s'en doit pas plaindre, puifque c'eft le deffein que l'on a pour trouver des fujets qui ne manquent point de réjouir les plus mélancoliques.

N

NAIN JAUNE.

Jeu de société.

Voyez à l'article POULES. *(jeux des)*

O

OISEAU BLEU.

OISEAU BLEU. *(jeu de l')*

Voyez à l'article MÉTAMORPHOSES.

ONCHETS. *(jeu des)*

Les *onchets* sont des fiches longues & menues de bois ou d'ivoire, parmi lesquelles on distingue des figures qui sont différentes des pions, ou des simples fiches. On fait tomber ce faisceau de fiches pêle-mêle sur une table, & avec de petits crochets d'ivoire il faut tirer adroitement le plus de fiches qu'on peut sans les faire remuer, car autrement il faut céder à un autre joueur le droit de tirer ces fiches. Chaque pion compte pour un point, mais les figures, dites le *roi*, la *reine*, le *valet*, & autres comptent chacune un plus grand nombre de points. Celui qui a tiré le plus de fiches ou de points a gagné. C'est un petit jeu pour exercer l'adresse & la patience des enfans.

On trouve des *onchets*, rue des Arcis, au magasin du Singe vert.

ORGE. *(combien vaut l')*

Jeu de société en dialogue.

Madame DE LA HAUTE-FUTAIE.

Où sont donc vos sœurs, ma bonne amie? Il est bien tard; je suis surprise qu'elles ne reviennent pas.

Mademoiselle DU RUISSEAU.

Madame, elles ont dû aller promener à Lagny.

Madame DE LA HAUTE-FUTAIE.

Et pourquoi n'y avez-vous pas été? Vous ne deviez pas les quitter. Je sais qu'elles sont fort bien avec Madame de la Rivière: mais elle n'a pas sur elles l'autorité que doit avoir une sœur aînée. Sans ce vilain cor au pied qui me fait souffrir, j'aurois été aussi à Lagny; mais je ne puis pas aller si loin. D'ailleurs, j'ai cru que vous étiez de la partie.

Mademoiselle DU RUISSEAU.

Je suis restée dans ma chambre; je me sentois un peu de migraine.

Madame

Madame DE LA HAUTE-FUTAIE.

Tenez, ma bonne amie, je n'ai point foi du tout à ces migraines-là. Vous aviez peut être un peu d'humeur : avouez le fait. Je ne fuis point sévère, & je ne cherche point à vous gronder.

Mademoifelle DU RUISSEAU.

C'eft que ce petit chevalier fait toujours la cour à ma fœur Rofe, il lui dit toutes fortes de jolies chofes, & il ne me dit prefque jamais rien.

Madame DE LA HAUTE-FUTAIE.

Eh bien! ma chère enfant, il ne faut pas avoir comme ça de la jaloufie contre fa fœur; c'eft vilain! Mais nous raifonnerons un peu fur cet article un autre jour, car j'entends du bruit dans l'efcalier; c'eft fûrement notre monde qui revient de la promenade. Soyez perfuadée que tout ce que je vous dis eft pour votre bien. Vous n'êtes point ma fille; & fi je vous reprends quelquefois; c'eft que je voudrois que vous fuffiez auffi aimable que vous êtes vertueufe.

Mademoifelle ROSE.

Embraffez moi, ma bonne amie. Comment va votre cor au pied ? Et la migraine, ma fœur ?

Madame DE LA HAUTE-FUTAIE.

Elle va beaucoup mieux, votre fœur.

L'Abbé PRINTEMS.

Comment va cette vilaine tête ? vous fait-elle fouffrir toujours ?

Mademoifelle DU RUISSEAU.

Ça va beaucoup mieux.

Le Chevalier ZÉPHIR.

Ah! vous avez bien perdu, Mademoifelle, à ne pas venir avec nous. Nous avons d'abord vifité la maifon qu'occupoit à Saint-Denis du Port, M. le Prince. Nous avons vu fon tom-

Jeux familiers.

beau, qui confifte en un beau médaillon qui repréfente ce fameux peintre qu'a fait revivre la main du célèbre Pajou. Il étoit jufte que la fculpture fît reparoître à nos yeux les traits de fa fœur, la peinture.

L'Abbé PRINTEMS.

Avez-vous remarqué les peintures à frefque du fallon ? M. le Prince s'étoit plu à embellir fon habitation. La mort l'a empêché d'achever.

Mademoifelle ROSE.

Il y a encore des panneaux de vides. Comme ce nid de fauvette eft joli, & ce coq qui chante à côté de la poule qui couve; c'eft charmant.

M. DE LA FORÊT.

C'eft petit, mais c'eft bien joli. J'aimerois bien un pareil hermitage.

M. DES JARDINS.

Nous n'avons pas vu aujourd'hui le jardin des Bénédictins; c'eft dommage, car il eft bien beau. J'aime beaucoup les quatre grandes caiffes qui font fur le pont.

L'Abbé PRINTEMS.

Je n'ai pas engagé ces Dames à y aller; car je crois que les Dames n'y entrent pas aifément.

Mademoifelle DU GAZON.

Tu aurois vu auffi, ma fœur; cette belle fontaine où on baigne ceux qui demandent : *Combien vaut l'orge?* Je tremblois toujours que quelqu'un de nous ne lâchât cette malheureufe phrafe.

Le Chevalier ZÉPHIR.

C'eft affreux; ces vilaines gens-là font à vous regarder; il femble qu'ils épient le mouvement de vos lèvres. La police devroit mettre ordre à de pareilles miféres.

L'Abbé PRINTEMS.

Mais pourquoi? quand vous faites une pareille

O

queſtion, vous avez envie de les fâcher, de les humilier, & cette ſeule envie mérite bien d'être punie.

Le Chevalier ZÉPHIR.

Mais c'eſt indécent.

L'Abbé PRINTEMS.

Oh ! point du tout. Ils obſervent toute la décence poſſible en vous plongeant dans la fontaine.

Le Chevalier ZÉPHIR.

Mais c'eſt au moins dangereux.

L'Abbé PRINTEMS.

Preſque point. Ils attendent que vous n'ayez pas trop chaud ; & en ſortant du bain, vous trouvez, dans une auberge, un bon lit bien baſſiné qu'ils ont fait préparer à vos frais.

Mademoiſelle DU GAZON.

Mais d'où cette coutume-là tire-t-elle ſon origine ?

L'Abbé PRINTEMS.

Le fameux duc de Lorges, en je ne ſais quelle année, faiſant le ſiége de cette ville, dit ; ils me réſiſtent, mais je leur ferai voir combien vaut l'orge ; & depuis ce tems, les habitans de cette ville ſe croient inſultés quand on leur fait cette queſtion.

M. DE LA FORÊT.

J'ai entendu dire qu'il y avoit une ville, dont j'ai oublié le nom, où il étoit défendu de parler d'ânon. Trois jeunes étourdis firent le pari d'en parler en pleine rue, ſans craindre aucune punition. Le premier crioit : ma grand-mère eſt morte ; le ſecond diſoit : nous ne la verrons plus ; & le troiſième ajoutoit en ſoupirant : hélas ! non ; comme s'il eût dit : & l'ânon. Ils répétoient ainſi cette farce au milieu des habitans, qui enrageoient, & ne pouvoient ſe plaindre.

Mademoiſelle ROSE.

Mais, à propos de combien vaut l'orge, l'abbé des Agneaux avoit dit dernièrement, en parlant de Lagny, qu'il nous feroit jouer un jeu où l'on dit : *combien vaut l'orge.*

Madame DE LA HAUTE-FUTAIE.

Où eſt il donc, l'abbé des Agneaux ? Eſt-ce qu'il n'étoit pas de la promenade ? Vous ne l'avez pas vu, Mademoiſelle du Ruiſſeau ?

Mademoiſelle DU RUISSEAU.

Non, ma bonne amie ; quand vous m'avez vue, je ſortois de ma chambre.

M. DE LA FORÊT.

L'abbé m'a dit qu'il alloit ſe promener ſeul, pour remplir les bouts-rimés que nous lui avons donnés hier à ſouper. Il les trouvoit plus difficiles qu'à l'ordinaire.

L'Abbé PRINTEMS.

Mais je crois l'entendre. C'eſt lui qui paſſe ; appellez-le donc. L'abbé.....

M. DES JARDINS.

Eh bien ! vos bouts-rimés ſont ils faits ?

L'Abbé DES AGNEAUX.

Je viens de les finir. Et vous, avez vous fait les vôtres ?

M. DES JARDINS.

Ma foi ; ce n'eſt que pour demain dîner ; je les ferai ce ſoir en me couchant.

L'Abbé PRINTEMS.

Ou cette nuit en rêvant, n'eſt-ce pas ?

L'Abbé DES AGNEAUX.

Et les tiens, toi qui parles ſi bien ?

L'Abbé PRINTEMS.

Je les ai faits en chemin ; Mademoiselle du Gazon m'a aidé, & Madame de la Rivière a aidé M. de la Forêt.

L'Abbé DES AGNEAUX.

Je vous en fais mon compliment, Messieurs ; vous avez des Muses qui sont plus propres à inspirer que les Driades & les Hamadriades des bois, où je me suis enfoncé pour travailler. M. de la Rivière est dans sa chambre qui y travaille ; il se donne au diable ; il dit qu'on n'a jamais donné des bouts-rimés si baroques ; il ne sait comment faire revenir le mot calebasse.

Mademoiselle DU BOCAGE.

Messieurs, je viens du sallon. Madame Dubois est de fort mauvaise humeur : elle n'a pas voulu être du piquet, & il n'y a plus de quoi faire sa partie. M. B... voudroit que quelqu'un se détachât.

Madame DE LA RIVIÈRE.

M. de la Forêt & M. des Jardins pourroient y aller. Vous feriez un wisk ou un reversi. Si on a besoin de moi, vous me le ferez dire.

M. DE LA FORÊT & M. DES JARDINS.

Oui, Madame ; mais si on peut se passer de nous, nous reviendrons bien vîte.

Mademoiselle ROSE.

L'abbé, faites-nous donc jouer à *combien vaut l'orge ?*

L'Abbé DES AGNEAUX.

Volontiers. Je vais d'abord vous expliquer le jeu. Il y en a un qui est le maître, & qui fait des questions ; & c'est moi, s'il vous plaît, qui ferai le rôle. Les autres ont différens noms bien singuliers ; l'un s'appelle Pierrot...

L'Abbé PRINTEMS.

Moi, je ferai le rôle de Pierrot.

L'Abbé DES AGNEAUX.

Les autres s'appellent Combien, Comment, Diable, Peste, Vingt sous, Trente sous, Quarante sous, &c. On invente tous les noms qu'on veut : dès qu'on s'entend appeler, il faut répondre : *plaît-il, Maître ?* & alors le Maître vous demande combien vaut l'orge, & on répond le prix qu'on veut, vingt sous ou cinquante sous.

Mademoiselle ROSE.

Je ferai bien le rôle de diable.

Mademoiselle DU RUISSEAU.

Je vous regarderai jouer.

L'Abbé DES AGNEAUX.

Retenez bien vos rôles. Les voici.

L'Abbé Printems,	Pierrot.
Madame de la Rivière,	Combien.
Madame de la Haute-Futaie,	Comment.
Le Chevalier Zéphir,	Peste.
Mademoiselle Rose,	Diable.
Mademoiselle de la Haute-Futaie,	Vingt sous.
Mademoiselle du Gazon,	Quarante sous.
Mademoiselle du Bocage,	Cinquante sous.
Et moi, Mesdames,	le Maître.

Allons ; attention, s'il vous plaît, je commence. Pierrot ?

L'Abbé PRINTEMS.

Plaît-il, Maître ?

L'Abbé DES AGNEAUX.

Combien vaut l'orge ?

L'Abbé PRINTEMS.

Cinquante sous.

L'Abbé DES AGNEAUX.

Diable.... c'est bien cher. Un gage, Mademoiselle Rose, j'ai fait une petite pause après le mot Diable. Dès que je le prononce, vous devez dire à l'inftant : plaît-il, Maître ?

Mademoifelle R O S E.

Eh bien ! plaît-il , Maître ?

L'Abbé D E S A G N E A U X.

Combien vaut l'orge ?

Mademoifelle R O S E.

Vingt fous.

L'Abbé D E S A G N E A U X.

Ça n'eft pas trop cher, vingt fous.

Mademoifelle DE LA HAUTE-FUTAIE.

Plaît-il, Maître ?

L'Abbé D E S A G N E A U X.

Bon ! vous y êtes. Combien vaut l'orge ?

Mademoifelle DE LA HAUTE-FUTAIE.

Cinquante fous.

L'Abbé D E S A G N E A U X.

Pefte !.... Combien ?.... Comment ?.... Mais c'eft fingulier, perfonne ne répond : en voilà trois d'attrapés. A quoi penfez-vous donc, Mefdames ?

Le Chevalier Z É P H I R.

Madame de la Rivière & Madame de la Haute-Futaie paieront chacune un gage.

Madame D E L A R I V I È R E.

Et vous aufli, petit *pefte*. C'eft vous qui en êtes la caufe : je ne penfois qu'à votre tranquillité, & je riois de ce que vous ne répondiez pas.

L'Abbé D E S A G N E A U X.

Les diftractions viennent fouvent à ce jeu-

là de l'attention avec laquelle on fuit les diftractions des autres ; on eft pris dans le moment qu'on fe moque des autres. Quand on va vîte & que le Maître fait bien fon rôle, c'eft prodigieux combien on donne de gages. Le ton interrogatif du Maître fait aufli beau- coup ; car on ne doit répondre qu'au Maître. Quand Mademoifelle de la Haute-Futaie a dit : cinquante fous, Mademoifelle du Bo- cage n'avoit rien à dire : mais fi j'avois ré- pondu : c'eft horriblement cher., cinquante fous ! alors, il auroit fallu que Mademoifelle du Bocage dît : plaît-il, Maître.

Madame D E L A R I V I È R E.

Il eft certain que le rôle du Maître eft difficile.

L'Abbé D E S A G N E A U X.

Toutes les fois qu'à un jeu il y a quelqu'un qui fait les queftions, il lui faut beaucoup d'ufage du jeu, beaucoup de connoiffance des joueurs, une parole aifée, & furtout des yeux toujours aux aguets, fans que les joueurs s'en apperçoivent. Je ne me pique pas de vous faire jouer fupérieurement les jeux que je vous apprends ; mais je fais de mon mieux. D'ail- leurs, je me mets à votre portée, & quand vous faurez les jeux, & que nous les joue- rons, alors je ferai l'impoffible pour vous préfenter toutes fortes de difficultés ; on ne fera de grace à perfonne. Dans ce moment-ci, je me borne à vous les apprendre : demain, je vous ferai part de mes réflexions fur les commandemens que l'on donne aux gages touchés.

(*Extrait des Soirées amufantes.*)

OSSELETS ; ce font de petits os ou de petits morceaux d'ivoire façonnés en forme d'os , que l'on effaie de faire tenir fur le revers de la main, que l'on jette en l'air, & que l'on retient fubtilement fans les laiffer tomber à terre ; avec lefquels enfin les écoliers font divers tours d'adreffe.

P

PAIR OU NON PAIR.

PAIR OU NON PAIR; c'est un jeu fort simple. Un des joueurs tient des jettons ou des pièces de monnoie dans la main; si celui qui devine dit *pair*, & que le nombre soit pair, il a gagné ; mais s'il est *impair*, il a perdu. Les pertes & les gains sont quelquefois très-considérables à ce jeu, surtout lorsqu'on joue ce qu'on tient caché.

PAIX. (*jeu de la*)

Dans ce jeu l'on donne des noms de paix divine, & de paix humaine, d'amitié, de concorde, de fidélité, de charité, de repos, de grace, de salut, & autres semblables. La paix divine étant la supérieure, nomme qui il lui plaît d'entre les hommes ou les femmes pour les joindre ensemble, & leur ordonner de se donner le baiser de paix.

PALET. (*le petit*)

On jette une petite pièce de monnoie, comme un petit écu, qui sert de but. On lance ensuite de plus grosses pièces, comme des écus de six francs, le plus près du but qu'il est possible. Celui qui en approche le plus, gagne un point.

On joue deux contre deux, ou plusieurs, les uns contre les autres. Le joueur habile fait écarter son adversaire en pointant & dégotant son palet qui est près du but, & souvent il a l'adresse de prendre sa place. On convient d'un certain nombre de points qui donne gain à celui ou ceux qui y parviennent les premiers.

PAQUETS. (*jeu des*)

Voyez à l'article MÉTAMORPHOSES

PARQUET. (*jeu du*)

Le *parquet* est une boîte plate, remplie de petits quarrés de bois, qui sont peints des deux côtés, & souvent par moitié de diverses couleurs, sur les deux faces, qui représentent différentes figures. On arrange ces petits quarrés par compartimens les uns à côté des autres, & l'on peut en varier les desseins selon la disposition qu'on veut leur donner. On imite ainsi des parquets d'appartemens ou des pavés de galerie, dont les carreaux sont en marbre de couleur. Il y a des *parquets* qui donnent les moyens de composer des fleurs & des bouquets, & de varier ces desseins à l'infini.

On a aussi imaginé de faire de ces *parquets* composés de lettres mobiles, de chiffres, de notes de musique, &c. avec lesquels on peut écrire, chiffrer ou composer des airs, ce qui peut exercer un élève, & lui donner la facilité de s'instruire en s'amusant.

On trouve beaucoup de ces parquets, rue des Arcis, au Singe vert.

PELERIN. (*jeu du*)

Au jeu du pelerin, l'on raconte tous les dangers qu'il peut courir, & les conseils ou l'aide que l'on lui peut donner, & il demande tantôt du conseil, tantôt de l'aide sur un danger ou sur l'autre. Les dangers sont : *Pays déserts, bêtes cruelles, larrons, précipices, orages.* Les conseils : *N'y allez pas; changez d'amis; espérez jusqu'à la mort.* Les aides : *Prenez les armes; recommandez-vous à Dieu; je m'en vais vous secourir,* & ainsi des autres. L'on est obligé de répondre aux plaintes du pelerin, selon qu'il les fera, & selon le nom que l'on a pris, en quoi l'on peut faire quelque chose de divertissant.

PETIT BON HOMME VIT ENCORE.
(jeu du)

Voyez à l'article RÉPONSES EN UNE
PHRASE.

PEUR.   (jeu de la)

Voyez à l'article POULES. (jeux des)

PIED DE BŒUF.   (jeu du)

Voyez à l'article RÉPONSE EN UNE
PHRASE.

PINCER SANS RIRE.

Jeu de société.

Voyez à l'article ATTRAPE.   (jeux d')

PLAIDEURS..   (l'école des)

Ce jeu, à l'imitation du jeu de l'oie,
est pareillement composé de soixante-trois
cases marquées sur un carton.

Pendant, est-il dit, que les plaideurs attendent leur procureur, leur avocat ou leur rappor-
teur dans un anti-chambre, pour ne point perdre patience, ni se décourager en parlant mal
de leurs parties, ils pourront se divertir à ce
jeu-ci, où ils apprendront bien mieux l'événement de leurs causes, que de la bouche
du plus fameux praticien.

Régles du jeu.

Ceux donc qui se trouveront-là après être
convenus des droits du jeu, jetteront les dez
pour voir à qui jouera le premier, & celui-
là ira au nombre 2, où est l'assignation.

Le 2 ira au nombre 3, où est la présen-
tation.

Le 3, s'il se trouve, ira au nombre 4, où
est l'intervention en cause.

Et le 4 ira au nombre 5, où est la som=
mation pour prendre fait & cause.

Le premier payera quatre droits, savoir :
pour le papier timbré, pour la peine du procureur qui a dressé l'assignation, pour le
sergent & pour le contrôle.

Les trois autres ne payeront qu'un droit,
puis chacun à son tour.

On payera à toutes les rencontres du jeu,
mais seulement un droit, à moins qu'il ne
soit marqué autrement pour les raisons que
nous dirons ci-après.

Le plaideur en jouant apprendra, pour son
argent, que toutes les rencontres qui sont
marquées de la même écriture que l'HOPITAL
y conduisent fort directement & sans s'égarer ;
& que celles qui sont marquées en autres
lettres sont des curiosités assez belles à voir
sur le chemin, ou des faux-frais qu'il convient de faire pour y arriver plus vîte, &
qui n'entrent pas en ligne de compte.

On paye dix droits pour la sentence, parce
qu'il y a sept conseillers, le greffier, le par-
chemin & le sceau.

Pour l'amende, on paye douze droits, parce
qu'elle est de 12 livres.

Pour les petits commissaires, il faut vingt
droits, parce qu'il y a ordinairement 20 liv.
pour leurs vacations.

Et pour les épices il faut cinquante droits,
à bon marché faire, il ne faut qu'un droit
à l'arrêt.

Quand on arrive au nombre 58, où est la
requête civile, on recommence tout son jeu,
parce que par-là on rentre tout de nouveau
en procès, comme au premier jour.

Quand on arrive au nombre 35 où est la
fête au palais, on y demeure pendant que
les autres jouent chacun une fois ; mais quand
on arrive au nombre 53 & 61, où sont les
vacances & la prison, on y demeure jusqu'à
ce qu'on en soit délivré par un autre.

Si vous vous étonnez qu'il faille avoir bien
de l'argent, quand ce ne seroit que des doubles
pour jouer à ce jeu, songez qu'il en faut
encore davantage pour plaider, & d'une autre
couleur que celle des doubles. Ainsi, pour
bien faire, il faudra prendre chacun beaucoup
de jettons qui vaudront en argent, ce qu'on

voudra les faire valoir, & que l'on donnera à la fin du jeu; & quoique l'hôpital en foit le terme, cependant je prévois que plufieurs n'auront pas les reins affez forts pour aller jufques-là, & qu'ils fe ruineront auparavant; & ceux-là fortiront du jeu n'ayant plus de quoi fournir à l'apointement; & ceux qui iront jufqu'à l'hôpital perdront ce qu'ils auront dépenfé fur les chemins, fortiront auffi du jeu, & garderont ce qui leur reftera pour avoir quelque douceur en ce lieu de mifère. En forte, que celui qui aura vu ruiner tous fes camarades ou aller à l'hôpital, gagnera tout ce qui fera fur le jeu, quoiqu'il fût demeuré aux vacances ou à la prifon, d'où il fortiroit glorieux pour profiter de la perte de fes parties.

Les 4 P, qui compofent l'enfeigne du Plaideur, fignifient Prend Patience, Pauvre Plaideur.

Les dénominations des cafes font affez curieufes pour être ici rapportées.

1. Entrée.

2. Affignation, 4 *droits*.

3. Préfentation.

4. Intervention en caufe.

5. Sommation pour prendre fait & caufe.

6. *Vacation*.

7. Enregiftrement de la caufe.

8. *Bureau du papier timbré*.

9. La barrière des fergens.

10. Appel de la caufe par l'huiffier-audiencier.

11. *Bureau du contrôle*.

12. Sentence par défaut.

13. Sentence interlocutoire.

14. *Plaideur en colère qui dit qu'il y mangera jufqu'à fa chemife.*

15. *Arrêt par défaut.*

16. Avenir.

17. *Auberge du plaideur à un écu par jour.*

18. Le plaideur & le procureur.

19. Appointé à mettre.

20. *Emprunt d'argent à intérêt par le plaideur.*

21. Arrêt contradictoire.

22. Production.

23. *Régal fait aux clercs du procureur par le plaideur.*

24. Oppofition, intervention, compulfion.

25. *Sentence*, 10 droits.

26. Sollicitation.

27. Interrogatoire, enquête, procès-verbal.

28. Signification de la fentence.

29. Appointement en droit.

30. Appointement à l'ordinaire.

31. Appel de la fentence en parlement.

32. Griefs.

33. Réponfe de griefs.

34. Relief d'appel.

35. *Fête au palais.*

36. Défenfes, répliques.

37. Amende avant de plaider.

38. Belle maifon de procureur, bâtie des fottifes des fous.

39. Le plaideur vend fon bien à vil prix pour plaider.

40. *Commiffaires pour examiner le procès*, 20 droits.

41. *Le plaideur gueux qui a mangé jufqu'à fa chemife.*

42. Contredits, falvations.

43. Arrêt équivoque.

44. *Gargotte du plaideur à 5 fous par jour.*

45. Production nouvelle.

46. *Epices.*

47. Enfeigne des quatre P P P P.

48. Droit de confeil.

49. Exécution de l'arrêt.

50. Pour l'étiquette.

51. Pour l'audience.

52. Oppofition à l'exécution de l'arrêt.

53. *Les vacances du palais.*

54. Commandement.

55. Interprétation d'arrêt.

56. *La femme & les enfans du procureur en prière pour les obftinés.*

P O U L E S. (les jeux de)

Jeu de Société en dialogue.

Madame DE LA RIVIÈRE.

Eh bien! l'abbé, l'orage eft-il paffé?

L'Abbé PRINTEMS.

Ça ne tardera pas. Il commence à tomber quelques gouttes, & la pluie eft ordinairement la fin de l'orage.

Mademoifelle ROSE.

Mais l'abbé des Agneaux fera mouillé. Pourquoi donc ne revient-il pas?

M. DES JARDINS.

Il eft fur le petit belveder, au bout du quinconce, au milieu des éclairs, à contempler l'orage. Il prétend qu'on court moins de danger en plein air. Il ne reviendra que quand la pluie deviendra férieufe; mais la voilà qui augmente.

Mademoifelle DU BOCAGE.

Auffi le vois-je courir de toutes fes forces.

Mademoifelle DU GAZON.

En voilà pour toute la foirée; nous ne pourrons pas fortir.

M. DE LA RIVIÈRE.

Il faut renoncer pour ce foir à la promenade.

Le Chevalier ZÉPHIR.

C'eft dommage, car il eft encore de bien

bonne heure; à peine fortons nous de table. Eh bien! M. l'obfervateur, qu'avez-vous vu? De quel côté l'orage eft-il tourné?

L'Abbé DES AGNEAUX.

Vous avez entendu ce grand coup de tonnerre? Je crois l'avoir vu alors tomber fur le coteau, èntre la tour de Montgé & Carnelin.

Madame DE LA HAUTE-FUTAIE.

A quoi allons-nous employer notre après-midi?

L'Abbé DES AGNEAUX.

Nous pourrions jouer quelques poules.

Mademoifelle DE LA HAUTE-FUTAIE.

Qu'eft-ce que c'eft que des poules?

Madame DE LA HAUTE-FUTAIE.

Comment, vous ne favez pas ça, ma fille? Vous en avez pourtant fait bien des fois. On donne à chaque joueur un certain nombre de jettons; on eft obligé d'en payer à de certains coups, fuivant les règles des différens jeux, & le dernier qui a des jettons gagne la poule, c'eft-à-dire, l'argent que chacun a mis au jeu en commençant.

Mademoifelle DE LA HAUTE-FUTAIE.

Oh! je m'en fouviens, c'eft comme le chat qui dort.

L'Abbé DES AGNEAUX.

Précifément; mais il y en a bien d'autres; l'As qui court, la Peur, la Loterie, le Chnif-Chnof-Chnorum, le Trottin, le Domino, le Loto.

Mademoifelle DU GAZON.

Je ne connois pas la poule au loto.

L'Abbé DES AGNEAUX.

On ne pourroit pas y jouer avec des livrets, ni avec les cartons du Loto Dauphin. Il faut de ces anciens cartons à 15 numéros; à mefure qu'on tire les boules, ceux qui ont les numéros,

méros les couvrent avec des jettons ; & celui qui a rempli le premier ses quinze numéros, gagne la poule. Il peut arriver qu'un même numéro fasse finir deux joueurs ; alors, on partage la poule.

M. DES JARDINS.

Pour moi, je ne puis pas souffrir le loto.

Mademoiselle DU GAZON.

Et vous le jouez tous les soirs à Paris ?

M. DES JARDINS.

Oui, j'ai une vieille tante qui ne connoît pas d'autres jeux. Elle joueroit au loto depuis le matin jusqu'au soir. Pour moi, j'y joue par complaisance ; ça m'a donné une répugnance pour la loterie : les numéros me sortent par les yeux. Quand par malheur, je passe devant un bureau de loterie, & que je vois les cinq numéros sortis de la roue de misère, je suis prêt à me trouver mal.

L'Abbé PRINTEMS.

Vous êtes bien différent de la plupart des joueurs de loto ; car ce malheureux jeu ne leur a inspiré que trop de goût pour la loterie.

M. DES JARDINS.

Mais je voudrois qu'on m'expliquât pourquoi tout le monde joue au loto, & que presque tout le monde le déteste, excepté ceux qui ne peuvent pas jouer d'autres jeux.

L'Abbé DES AGNEAUX.

Ah ! je vais vous dire le pourquoi. J'ai fait depuis long-tems une comparaison que je crois juste. Il en est du loto, en fait de jeux, comme des ouvrages de littérature, en fait de livres ; je m'explique : qu'on fasse un livre sur la chimie, sur l'astronomie, sur la peinture, la sculpture, &c. Il n'y aura que les connoisseurs, les amateurs & les artistes qui le liront, qui en décideront, qui le critiqueront. Que l'on joue au reversi, au wisk, au treset, au piquet, &c. Il n'y aura que ceux qui connoissent ces jeux qui y joueront, ou qui les regarderont jouer, pour décider des coups

bien ou mal joués. Si on fait un ouvrage de littérature, comme on croit qu'il ne faut que de l'esprit pour en juger, tout le monde voudra être juge, parce que tout le monde a des prétentions à l'esprit, & tout le monde jugera impitoyablement bien ou mal le malheureux auteur qui aura joué à l'esprit. Par une raison qui me paroît semblable, tout le monde joue au loto, parce qu'il ne faut à ce jeu que du bonheur, & que tout le monde a des prétentions au bonheur. Tout le monde joue au loto, les uns perdent, les autres gagnent, parce que les uns ont du bonheur, & que les autres n'en ont pas : & tout le monde juge des ouvrages de littérature, les uns bien, les autres mal, parce que les uns ont de l'esprit, & que les autres n'en ont pas.

Madame DE LA RIVIÈRE.

Je n'aime pas qu'on fasse le procès au loto ; il est d'une grande ressource ; il réunit beaucoup de monde ; il est à la portée de tous les joueurs ; il n'est pas, d'ailleurs, sans intérêt ; il ne demande pas de contention d'esprit ; & on est bien aise de le jouer quand on s'ennuie des autres jeux.

L'Abbé DES AGNEAUX.

Et on lit quelquefois de petits ouvrages de littérature pour se désennuyer.

Madame DE LA RIVIÈRE.

Très-souvent, on s'ennuie en les lisant.

L'Abbé DES AGNEAUX.

Très-souvent, on s'ennuie aussi en jouant au loto. Au reste, Madame, ce n'est pas que je haïsse le loto, car je trouve que tous les jeux ont leur mérite, comme je l'ai déjà dit. On peut cependant réunir aussi beaucoup de monde au chat-qui-dort, au trottin, & à tous ces jeux que je vous ai indiqués, & dont je vous apprendrai les règles, si vous ne les connoissez pas. Ce qui fait que le loto durera plus long-tems que les autres, c'est qu'on s'en souvient quand on voit les cartons de ce jeu, au lieu que les autres jeux s'échappent de la mémoire, & on ignore non-seulement leurs règles, mais encore même leurs noms. Je voudrois donc, dans un salon de jeu, avoir un petit tableau où feroient tous les noms de ces jeux, & j'attacherois, à côté, un petit cahier où je ferois copier toutes les règles de ces jeux.

Madame DE LA RIVIÈRE.

Vous avez raifon : au moins , on s'en fou-viendroit, & on les joueroit quand on le voudroit.

M. DE LA RIVIÈRE.

Pour la poule au domino, c'eft comme fi on y jouoit à la partie, excepté qu'on eft beau-coup, au lieu d'être deux. Il n'y a pas de combinaifon, par exemple, l'abbé.

L'Abbé DES AGNEAUX.

Non, fûrement.

M. DE LA RIVIÈRE.

C'eft le premier qui n'a plus de dez qui gagne ; ou fi le jeu eft fermé, c'eft celui qui a le moins de points.

Le Chevalier ZÉPHIR.

Et le *chat qui dort* ? Je ne l'ai jamais joué.

L'Abbé DES AGNEAUX.

On prend une carte de plus qu'il n'y a de joueurs ; celui qui diftribue les cartes, en donne une à chaque joueur ; il prend pour lui l'avant dernière, & met la dernière dans le milieu de la table : c'eft cette carte qui eft le chat ; celui qui eft à la droite du joueur qui a donné les cartes, dit : qu'une telle carte parle. Je fuppofe que Madame de la Rivière dife : que le valet parle ; fi Mademoife Rofe a le valet , alors, elle le montre, & elle nomme la carte qu'elle veut faire payer ; le roi, par exemple : alors, fi le chevalier a le roi, il paye un jetton à la poule. Madame de la Rivière ayant dit que le valet parle, fi le valet eft la dernière carte, alors, elle a réveillé le chat, & elle paye un jetton ; de même que Made-moifelle Rofe en paieroit un, s'il arrivoit que le roi qu'elle a défigné pour payer fût le chat. Soit qu'on dife de parler ou de payer, il ne faut jamais réveiller le chat qui dort, parce qu'il en coûte toujours.

Le Chevalier ZÉPHIR.

C'eft apparemment ce jeu là qui a donné naiflance au proverbe : ne réveillez pas le chat qui dort.

L'Abbé DES AGNEAUX.

Ou le proverbe qui a donné naiflance au jeu. A mefure qu'il meurt un joueur, on ôte une carte ; & quand on n'eft plus que deux, il n'y a plus que trois cartes ; alors, celui qui donne a l'avantage, parce que l'autre, en nommant une carte pour parler, peut nommer le chat, ou bien il peut être nommé pour payer : celui qui donne ne court qu'un rifque, & l'autre en court deux.

Le Chevalier ZÉPHIR.

Et l'*as qui court*, comment le joue-t-on ?

L'Abbé DES AGNEAUX.

On prend un jeu de carte entier ; on donne une carte à chacun : le premier, qui eft à côté de celui qui a donné, s'il n'eft pas content de fa carte, la change avec fon voifin ; le voifin avec le fuivant, ainfi de fuite, jufqu'à celui qui a donné ; après quoi on retourne les cartes, & la plus baffe paye un jetton ; l'as eft la plus baffe. Si j'ai un as , que je le donne à mon voifin , & qu'il m'en rende un , alors, je paye , parce que c'eft la première des plus baffes cartes qui paye. Quelquefois, on change un deux pour un as, un trois pour un deux. Alors, celui qui a donné une carte inférieure à celle qu'il a reçue , doit s'y tenir ; s'il a donné un deux pour un trois, il rifqueroit en changeant fon trois avec fon voifin, de trouver un as ; au lieu qu'en difant : je m'y tiens , & en ne changeant point, il eft fûr de ne pas payer. On ne peut pas obliger ceux qui ont des rois de changer ; ceux qui en ont peuvent même, s'ils le veulent, les découvrir tout de fuite. L'as revient fouvent à celui qui a donné les cartes, à moins qu'il ne foit arrêté dans fa courfe par un roi ; alors, celui-ci peut, quand il n'eft pas content de fa carte, en tirer une autre du jeu. Dans plufieurs pays, le roi renvoie à l'as ou à la plus baffe ; c'eft à dire, qu'en tirant un roi, on revient à la carte qu'on avoit, le tout dépend des conventions qu'on fait en fe mettant au jeu.

Mademoiselle DE LA HAUTE-FUTAIE.

Pour le jeu de la *peur*, tout le monde le connoît.

Le Chevalier ZÉPHIR.

Il est bien simple, & assez amusant.

Mademoiselle DU BOCAGE.

On prend un jeu de cartes ; on le met sur la table, en l'é alant bien ; quelqu'un nomme la *peur* le valet de cœur, par exemple : chacun prend une carte à son tour ; la première ou la dernière du bas, n'importe ; celui qui prend le valet de cœur paye un jetton à la poule, & nomme la carte qu'il veut pour la *peur* du coup suivant.

L'Abbé PRINTEMS.

J'ai vu quelquefois la première personne prendre la carte nommée.

L'Abbé DES AGNEAUX.

Et moi, j'ai vu la *peur* être la dernière carte ; & une fois j'avois escamoté la carte que j'avois nommée pour être la *peur*, de façon qu'on eut peur jusqu'à la fin, mais c'est défendu, car ça allonge bien le jeu.

Madame DE LA RIVIÈRE.

J'ai beaucoup entendu parler de *chnif-chnof chnorum* ; mais je ne l'ai jamais joué.

Mademoiselle DE LA HAUTE-FUTAIE.

Ce nom est bien dur & bien difficile.

L'Abbé PRINTEMS.

On ne le prononce jamais en entier ; le premier dit *chnif*, le second *chnof*, le troisième *chnorum*.

Mademoiselle DE LA HAUTE-FUTAIE.

Mais ça n'apprend pas le jeu.

L'Abbé DES AGNEAUX.

Patience, je vais vous l'expliquer. On a un jeu de cartes entier ; on distribue les cartes à tous les joueurs, de manière qu'il en reste le moins possible. Le premier joue une carte : si le second en a une pareille, il la joue, & dit *chnif* ; alors, le premier paye un jetton à la poule. Si le troisième en a aussi une pareille, il la joue toujours devant lui, & dit *chnof* : alors, le second qui est *chnof*, paye deux jettons à la poule. Enfin, si par hasard, ce qui est fort rare, le quatrième avoit dans son jeu la quatrième carte pareille, il la joueroit, & le troisième, qui seroit *chnorum*, payeroit deux jettons à la poule, & deux jettons à celui qui l'auroit fait *chnorum*.

Mademoiselle DE LA HAUTE-FUTAIE.

Mais si je n'ai pas une carte pareille à celle qu'on a jouée avant moi.

L'Abbé DES AGNEAUX.

Alors, vous jouez celle que vous voulez.

L'Abbé PRINTEMS.

Et il est de votre intérêt de jouer celles que vous pourriez avoir doubles ou triples, parce qu'alors vous ne craignez pas d'être *chnif*.

Le Chevalier ZÉPHIR.

Mais si je voyois dans la main de ma voisine une dame, & que j'en aie une, je me garderois bien de la jouer.

L'Abbé DES AGNEAUX.

Aussi est il bien essentiel de ne pas laisser voir son jeu, & de ne pas montrer les cartes en les donnant.

Madame DE LA RIVIÈRE.

C'est à-peu près la règle de tous les jeux.

L'Abbé DES AGNEAUX.

Il est encore fort intéressant de remarquer bien les cartes qui sont passées, & de jouer de préférence celle dont les pareilles sont déjà tombées.

L'Abbé PRINTEMS.

De tous les jeux de poules, celui que j'aime

le mieux, c'est le *trottin*, parce que quand on est mort, on a espérance de revivre.

M. DE LA RIVIÈRE.

M. l'abbé aime les jeux où l'on meurt pour revivre.

L'Abbé PRINTEMS.

Je ne m'en dédis pas.

Mademoiselle DU BOCAGE.

Allons, expliquez-nous donc comment on joue le *trottin*.

L'Abbé PRINTEMS.

On a un dé de trictrac avec un cornet; après l'avoir bien remué, on jette le dé sur la table; si on amène un, on paye un jetton à son voisin; si on amène deux, on donne deux jettons à son second voisin; & trois à son troisième voisin, si on amène trois; quatre & cinq font les bons points, on n'a rien à payer : au point de six, on paye un jetton à la poule; c'est ce point qui avance le jeu, s'il arrive souvent. Dans le cas où le jeu paroîtroit trop long, on peut convenir qu'au point de cinq, on payera aussi un jetton à la poule.

L'Abbé DES AGNEAUX.

Il est aussi simple de prendre moins de jettons pour chaque mise en se mettant au jeu; car c'est la mise qui décide la longueur de ces jeux-là. Il faut cependant remarquer qu'à l'as qui court & au chat qui dort, on ne paye un jetton qu'en un tour, au lieu qu'on en peut payer davantage au trottin & au chnif-chnof-chnorum. La longueur de ces jeux dépend des événemens.

M. DE LA RIVIÈRE.

Et comment est-on ressuscité, à ce jeu-là ?

L'Abbé PRINTEMS.

C'est tout simple; je suppose que vous soyez le troisième après moi, & que vous n'ayez plus rien, j'amène trois; je vous donne trois jettons, & vous revivez alors. Si je n'en

ai que deux, je vous fais banqueroute d'un jetton.

M. DE LA RIVIÈRE.

Ah! oui, j'entends; c'est fort clair; on meurt quand on n'a plus rien, & on revit quand on a quelque chose; c'est tout simple.

L'Abbé PRINTEMS.

Mais sûrement, c'est tout simple; vous avez beau rire.

Mademoiselle DE LA HAUTE FUTAIE.

Ce jeu doit être fort amusant à la fin, où il y a beaucoup de morts.

Mademoiselle DU GAZON.

Et beaucoup de mourans.

L'Abbé DES AGNEAUX.

Aussi, quand on fait une macédoine, on fait bien de finir par celui-là.

Mademoiselle DE LA HAUTE-FUTAIE, & le Chevalier ZÉPHIR.

Qu'est-ce que c'est qu'une *macédoine* ?

L'Abbé DES AGNEAUX.

C'est quand on fait une poule composée de plusieurs jeux; par exemple, on fera deux tours de chat qui dort, deux d'as qui court, deux de peur, deux de chnif, & on finira par un trottin. C'est-là ce qu'on appelle une macédoine. J'ai vu ce nom-là, pour la première fois, dans ce fameux livre des liaisons dangereuses.

Madame DE LA RIVIÈRE.

Vous nous avez parlé, l'Abbé, de la *loterie*; expliquez-nous donc un peu ce jeu ?

L'Abbé DES AGNEAUX.

Ce n'est pas positivement un jeu de poule, mais il est fort amusant. On prend chacun un certain nombre de fiches & de jettons; & quand on se retire, on paye ce qu'on a de moins que fa mife, comme quand on a joué au tre..te & quarante & au vingt-un fans argent.

L'Abbé PRINTEMS.

J'aime mieux jouer à ces fort.s de jeux-là, fans argent, parce que les fiches & les jettons ont la valeur qu'on veut leur donner, & on n'a pas befoin d'avoir toujours de la monncie fur foi ; c'eft bien plus commode.

L'Abbé DES AGNEAUX.

On prend deux jeux de cartes entiers ; on bat, on fait couper ; enfuite, on fait tirer trois cartes par trois perfonnes qui ne les re gardent pas, ne les font voir à perfonne, & les placent dans le milieu de la table : fur la première, chaque joueur met trois jettons, deux fur la feconde, & un fur la troifième. Ces cartes font autant de lots, on laiffe de côté ce jeu dont on a tiré les trois cartes, on prend le fecond jeu, & on le diftribue carte par carte à chaque joueur. Celles qui reftent fe vendent aux joueurs qui les defirent, & le produit de cette enchère fe divife fur les lots. Toutes les cartes du fecond jeu ainfi diftribuées, celui qui a donné les cartes prend le premier jeu dont on a extrait les trois lots, & il les découvre l'un après l'autre, en les nommant. A mefure qu'elles font nommées, ceux qui ont les pareilles dans leurs jeux les rendent, & on les met en tas, à côté de l'autre jeu ; fur la fin, les dernières cartes ont plus d'efpérance aux lots, & fouvent on les achete. Une carte dont on n'auroit donné que trois ou quatre jettons vers le milieu du coup, vaut trois ou quatre fiches lorfqu'il n'y a plus que cinq ou fix cartes & que les lots font forts. Si les cartes qui font reftées en donnant n'ont point eu de débit, alors, on les met à part ; fi elles contenoient quelque lot, ce lot deviendroit double pour le coup fuivant. Quand toutes les cartes ont été ap-pe'lées, il n'en doit plus refter que trois dans les mains des joueurs ; on les découvre, & chacun s'empare du lot qui eft fur la carte pareille à cel e qui lui refte dans la main, à moins, comme je l'ai déjà dit, que les cartes pareilles à celles des lots ne foient reftées à l'écart, & que perfonne n'ait voulu les acheter. Communément, on ne doit pas les vendre moins que les autres cartes, n'ont coûté

aux joueurs ; fi les joueurs ont trois cartes, par exemple, comme ils ont mis fix jettons fur les lots, on ne doit pas vendre les cartes de l'écart moins de deux jettons. S'il y a con-currence, on les vend le plus qu'on peut.

M. DE LA FORÊT.

Sur la fin du coup, quand les joueurs fe vendent leurs cartes, c'eft fans doute à leur profit.

L'Abbé DES AGNEAUX.

Très-certainement ; ils les ont achetées, elles leur appartiennent bien légitimement. D'ailleurs ils courent une chance ; ils peuvent vendre une fiche, une carte qui gagnera un lot de cinq ou fix fiches.

M. DES JARDINS.

Dans ce commerce-là, les actions vont toujours en augmentant jufqu'à la fin. Mais je voudrois favoir à quoi fervent ces dez que je vous ai vu hier au foir, & qu'on vous a envoyés de Paris.

L'Abbé DES AGNEAUX.

Ce font des dez de ferme. Tenez, les voilà, juftement ; je les ai fur moi ; nous pourrions jouer à la *ferme*.

Madame DE LA RIVIÈRE.

L'abbé eft un vrai philofophe ; il porte tout avec lui. Mais comment joue-t-on à la *ferme* ?

L'Abbé DES AGNEAUX.

On commence d'abord par mettre la ferme à prix, c'eft-à-dire, que l'on offre trente, quarante, cinquante ou foixante jettons, pour avoir le droit d'être fermier. Alors, on met au jeu le prix de la ferme ; le fermier joue le premier, & il retire autant de jettons qu'il a amené de points ; les autres joueurs de même.

Mademoifelle DE LA HAUTE-FUTAIE.

Mais comme il n'y a qu'une des fix faces des dez qui foit marquée, il doit arriver fouvent que tous les dez jettés fur la table foient du côté blanc, & ne marquent aucuns points.

L'Abbé DES AGNEAUX.

C'eft ce qu'on appelle chou-blanc; ce qui arrive très fréquemment. Alors, on donne un jetton à la ferme & un au fermier; quelquefois, on donne deux jettons au fermier, & rien à la ferme. Le tout dépend des conventions. Quand le fermier amène chou-blanc, il ne lui en coûte rien.

Mademoiselle DE LA HAUTE-FUTAIE.

Mais c'eft avantageux d'être fermier.

L'Abbé DES AGNEAUX.

Oui; mais il en coûte le prix de la ferme, que le fermier paye feul; quelquefois, on convient que chacun aura la ferme à fon tour, moyennant un certain prix que l'on fixe; finon, c'eft le dernier enchériffeur qui eft fermier. S'il arrive beaucoup de chou-blanc, & que la ferme dure long-tems, le fermier retire fes fonds, & y gagne même encore.

Mademoifelle DE LA HAUTE-FUTAIE.

Qu'eft-ce qui fixe la durée de la ferme?

L'Abbé DES AGNEAUX.

La ferme dure tant qu'il y a de jettons au jeu; s'il n'en refte plus que cinq, & que vous ameniez douze, vous payez fept jettons à la ferme, & toujours un au fermier. Pour finir la ferme, il faut amener jufte autant de points qu'il y a de jettons : c'eft pourquoi, fur la fin, le fermier peut ne pas jouer, parce qu'il pourroit finir la ferme, & qu'il eft de fon intérêt qu'elle dure long tems. Les fix dez marqués feulement fur une face des numéros 1, 2, 3, 4, 5 & 6 forment vingt-un points. Il y a des endroits où on convient que quand on amenera vingt-un, on emportera tout ce qui eft au jeu, & on peut aifément faire cette convention, car il eft bien rare que ce coup arrive.

L'Abbé PRINTEMS.

Je l'ai vu arriver quelquefois.

L'Abbé DES AGNEAUX.

C'eft vrai, mais c'eft bien rare; tu as amené deux fois vingt un à la campagne de Madame ***; t'en fouviens-tu, l'abbé? Il faifoit un tems affreux; nous avons paffé l'après-midi à jouer à la ferme & au nain jaune.

Madame DE LA RIVIÈRE.

N'y joue-t on pas avec des cartes, au *nain jaune* ?

L'Abbé PRINTEMS.

Oui, Madame; ce jeu reffemble beaucoup à la comète. Tout le monde connoît la comète; il faut un tableau particulier pour jouer au nain-jaune.

L'Abbé DES AGNEAUX.

Je crois qu'il y en a un ici; j'ai fureté dans tous les coins, & j'en ai trouvé un vieux. D'ailleurs, fi on ne le retrouvoit pas, il eft bien aifé d'en faire un.

Madame DE LA RIVIÈRE.

N'auriez vous pas trouvé auffi un jeu d'oie. Je fuis comme Hector, j'aime les jeux où l'efprit fe déploie.

L'Abbé DES AGNEAUX.

Juftement, Madame; j'en ai trouvé un vieux qui eft relégué dans la cuifine; les domeftiques ne veulent plus y jouer; il n'y a plus que la relaveufe de vaiffelle, qui, dans les beaux jours de fêtes, invite quelques unes de fes amies du village à venir la voir : elle tient falon dans la cuifine; on fait une partie d'oie, & on s'en va fort content de lui avoir fait paffer la foirée agréablement; elles ne connoiffent pas le loto-dauphin. Mais, de bonne foi, croyez-vous qu'il n'y ait pas autant de combinaifon & d'effort d'efprit dans le jeu d'oie que dans le loto-dauphin? Allez, Madame, tout eft de mode. Si on jouoit l'oie à la cour, il n'y a pas de petit-maître qui voulût paffer fa journée fans faire au moins une partie d'oie.

Madame DE LA RIVIÈRE.

Ah! voilà le chevalier qui apporte le tableau du nain-jaune.

L'Abbé DES AGNEAUX.

Vous voyez que fur ce tableau on a mis le roi de cœur, la dame de pique, le valet de treffle, le dix de carreau, & dans le milieu, la *Folie*, repréfentant *Lindor*, tenant dans fa main le fept de carreau. Ce jeu s'appelle *Lindor*, ou *Nain-Jaune*; chaque joueur met, à chaque coup, fur le dix de carreau, un jetton; fur le valet de treffle, deux; fur la dame de pique, trois; fur le roi de cœur, quatre; & fur Lindor, qui eft le fept de carreau, cinq. On convient, en commençant, de la valeur des jettons. Pour ce jeu, on fe fert d'un jeu de cartes entier; c'eft le premier roi qui fait; l'as eft la plus baffe carte; elle ne vaut qu'un point, & les figures dix. A ce jeu, on ne peut être moins de trois, ni plus de huit joueurs. Les cartes fe diftribuent fuivant le nombre des joueurs.

Nombre de joueurs.	Nombre de cartes.	Il en refte au talon,
à 3	15	7
à 4	12	4
à 5	9	7
à 6	8	4
à 7	7	3
à 8	6	4

Si je fuis le premier, je joue un, deux, trois, plus ou moins, fuivant le nombre des cartes que j'ai de fuite, fans qu'elles foient de la même couleur, car, à ce jeu-là, l'on peut mettre le deux de cœur fur l'as de treffle, ainfi des autres, fans diftinction. Si je joue un, deux, trois, & que je n'aie point de quatre, je dis, en jouant, trois fans quatre; celui qui eft après moi met un quatre s'il en a un, & continue à mettre ce qui fuit dans fon jeu; s'il ne peut mettre plus haut que quatre, il dit de même, quatre fans cinq ou cinq fans fix, ainfi du refte, tant que l'on peut fuivre, & ainfi de main en main; celui qui a mis un roi, recommence par où bon lui femble.

M. DU FRÊNE.

Il eft bon de remarquer qu'il faut fe défaire toujours des plus baffes cartes, fur tout quand on n'a pas de rois, parce qu'on n'a pas d'occafions de pouvoir, dans le courant du jeu, fe défaire des baffes cartes.

L'Abbé DES AGNEAUX.

On le peut cependant quelquefois. Si je dis fept fans huit, & que perfonne n'ait de huit, alors, je recommence par où je veux, & je puis jouer un, deux, trois, quatre & cinq, & me débarraffer ainfi de toutes mes cartes.

M. DU FRÊNE.

Mais c'eft fort rare, & il ne faut pas s'attendre à cet événement; il eft vrai qu'il peut y avoir deux ou trois huit au talon, & s'il en eft paffé un, alors votre fept vaut un roi; car il y a dans ce jeu un peu de combinaifon.

Madame DE LA RIVIÈRE.

Mais qu'eft-ce qui fait que l'on gagne?

L'Abbé DES AGNEAUX.

Celui qui, en jouant, fe débarraffe de toutes fes cartes, eft celui qui gagne. Alors, chaque joueur lui donne autant de jettons qu'il lui refte de points dans la main. L'as, comme je vous ai déjà dit, ne compte qu'un point; le fept, fept points, le neuf, neuf points, &c. & les figures dix.

Mademoifelle DE LA HAUTE FUTAIE.

Mais fi on finiffoit de bonne heure, on gagneroit bien des jettons.

L'Abbé DES AGNEAUX.

Quand toutes les cartes qui font dans les mains du premier joueur fe fuivent, cela s'appelle *grand opéra*, il ramaffe tout ce qui eft fur le tableau, & chaque joueur lui donne autant de jettons qu'il a de points dans la main.

M. DU FRÈNE.

Si en jouant je mets la dame de pique, je prends ce qui est dessus.

Le Chevalier ZÉPHIR.

Et si on l'oublioit?

M. DU FRÈNE.

Ce seroit autant de perdu ; c'est comme au reversi ; quand on place le quinola , & qu'on oublie la bête, alors elle reste.

Mademoiselle DE LA HAUTE-FUTAIE.

Mais s'il me reste dans la main le roi de cœur ?

M. DU FRÈNE.

Vous payez au tableau la bête de ce qui étoit sur le roi de cœur & sur les autres cartes qui vous restent. Aussi est-il fort intéressant de se défaire d'abord des cartes pareilles à celles qui sont sur le tableau.

L'Abbé DES AGNEAUX.

Oui ; si l'on dit six sans sept , & que ce soit à vous à jouer , & que vous ayez dans la main le sept de carreau & un autre, il faut de préférence mettre le sept de carreau. Si vous avez un roi, après l'avoir jetté, comme il vous est libre de commencer par où vous voulez , vous pouvez jouer sept de carreau sans huit , surtout si le sept de carreau est bien chargé ; car il vaut mieux qu'il vous reste dans la main deux grosses cartes dont vous auriez pu vous défaire , & qui ne vous feront payer que dix-neuf ou vingt points, que le sept de carreau qui vous en fera d'abord payer sept , & ensuite tous des jettons qui sont dessus.

Madame DE LA RIVIÈRE.

Ah ! je comprends bien à présent le jeu du nain jaune ; je pourrois le jouer.

Madame DU RUISSEAU.

Eh bien ! Madame, nous pourrons le jouer demain. Comme il ne faut pas être beaucoup, les autres joueront aux échecs, aux dames françoises & polonoises, & nous nous

arrangerons de façon que personne ne soit oisif.

Madame DU FRÈNE.

Puisque vous aimez le jeu du nain-jaune , je vous en apprendrai un , Madame, qui lui ressemble beaucoup , & qui peut avoir été calqué dessus ; on l'appelle le jeu du *triolet*, ou *des trois valets.*

L'Abbé DES AGNEAUX.

J'aime autant les petits jeux de poules qui peuvent réunir beaucoup de monde, que le vingt-un , le trente & quarante.

Madame DU FRÈNE.

Au moins , leur diversité est amusante ; & on peut jouer long tems à ces jeux-là sans s'ennuyer.

Le Chevalier ZÉPHIR.

Surtout quand le tems est tourné tout-à-fait au mauvais, comme aujourd'hui ; car je crois que si nous restions encore demain ici, nous ne pourrions pas nous promener , & nous serions trop heureux d'avoir recours à tous ces petits jeux là.

L'Abbé PRINTEMS.

C'est donc demain qu'il faudra nous séparer ! J'ai envie de pleurer comme Mademoiselle de la Haute-Futaie.

Madame DE LA HAUTE-FUTAIE.

Mais vous pleurez tout de bon , je crois, ma fille ? Elle est insupportable ; elle ne peut aller nulle part qu'elle ne pleure quand il faut partir.

L'Abbé PRINTEMS.

C'est que Mademoiselle a le cœur sensible.

Madame DE LA HAUTE-FUTAIE.

On peut avoir le cœur sensible sans pleurer comme un enfant.

L'Abbé DES AGNEAUX.

Pour moi, je pleurerois volontiers en quittant une compagnie aussi aimable.

(*Extrait des Soirées amusantes.*)

POURQUOI

PROPOS INTERROMPUS.

POURQUOI ET DE PARCE. (*jeu des*)

Le jeu des *pourquoi & de parce* fait tenir des discours fort éloignés de ceux que l'on a proposés ; & certainement je crois qu'il surpasse en cela celui des propos interrompus; car deux ou trois mots que votre voisin vous dit, vous font souvent inventer des paroles convenables, selon le bon esprit de la personne; mais ici le hasard domine entièrement, puisque l'un ayant fait une demande secrette à son voisin, celui-là demande simplement à l'autre, *pourquoi*, & il faut qu'il réponde à sa fantaisie, sans avoir rien ouï : ce qui fait d'ordinaire une réponse la plus bizarre & la moins attendue que l'on se puisse imaginer. Chacun fait sa demande à son tour, de telle manière que ce soit toujours celui qui est au troisième rang d'après qui répond ; celui du milieu ne servant qu'à demander le *pourquoi* & à retenir ce que le premier lui a demandé à l'oreille, afin qu'il n'y puisse rien changer. Voilà comme on peut jouer à ce jeu, qui est encore diversifié d'autre sorte ; mais tout cela revient au même.

PROPOS INTERROMPUS, (*les*) ou *Coqs à l'Ane.*

Jeu de Société en dialogue.

L'Abbé DES AGNEAUX.

Al'ons, Mesdames, puisque vous le voulez, je vais vous apprendre le jeu des *propos interrompus* ; plusieurs de vous le connoissent. D'ailleurs, il suffit de dire à celles qui ne l'ont pas encore joué, qu'il faut d'abord faire à sa voisine à droite une question ; elle y répond, & fait une question à la suivante ; & cela, s'il vous plaît, tout bas, après quoi Mademoiselle Rose, par exemple, dira tout haut : Madame de la Rivière m'a demandé à quoi servoit telle chose, & Mademoiselle du Ruisseau m'a répondu qu'elle servoit à tel usage, & ainsi des autres.

Madame DE LA RIVIÈRE, *haut.*

Je vais commencer. *A Mademoiselle Rose tout bas* : à quoi sert un soufflet ?
Jeux familiers.

PROPOS INTERROMPUS. 121

Mademoiselle ROSE, *toujours tout bas.*

A souffler le feu. *A Mademoiselle du Ruisseau* : à quoi servent les pompes des pompiers de Paris.

Mademoiselle DU RUISSEAU.

A éteindre le feu. *A Mademoiselle du Gazon* : à quoi sert une charrue ?

Mademoiselle DU GAZON.

A labourer la terre. *A Madame de la Haute-Futaie* : à quoi sert un bonnet ?

Madame DE LA HAUTE-FUTAIE.

A mettre sur sa tête. *A l'Abbé Printems* : à quoi sert un chausson ?

L'Abbé PRINTEMS.

A mettre dans ses pieds. *A Mademoiselle de la Haute-Futaie* : à quoi servent les chansons de l'abbé des Agneaux, votre voisin ?

Mademoiselle DE LA HAUTE FUTAIE.

A amuser en les chantant. *A l'Abbé des Agneaux* : à quoi sert une allumette ?

L'Abbé DES AGNEAUX.

A allumer le feu. *Au Chevalier Zéphir* : à quoi sert une épingle noire ?

Le Chevalier ZÉPHIR.

A attacher les cheveux. *A M. de la Rivière* : à quoi sert un baromètre ?

M. DE LA RIVIÈRE.

A marquer la pesanteur de l'air. *A M. de la Forêt* : à quoi sert un thermomètre ?

M. DE LA FORÊT.

A marquer le froid & le chaud. *A M. des Jardins* : à quoi sert un bateau ?

M. DES JARDINS.

A aller sur l'eau. *A Mademoiselle du Bocage* : à quoi sert un scaphandre ?

Q

Mademoiselle DU BOCAGE.

A aller fur l'eau. *A Madame de la Rivière :* à quoi fert un paravent ?

Madame DE LA RIVIÈRE.

A garantir du vent ; *tout haut* : Meffieurs, je vous en fais juges ; Mademoifelle du Bocage m'a demandé à quoi fervoit un paravent ; Mademoifelle Rofe m'a répondu : à fouffler le feu.

Mademoifelle ROSE.

Madame de la Rivière m'a demandé à quoi fervoit un foufflet ; ma fœur m'a répondu : à éteindre le feu.

Mademoifelle DU RUISSEAU.

Ma fœur Rofe m'a demandé à quoi fervoient les pompes des pompiers de Paris, & ma fœur du Gazon m'a répondu : à labourer la terre.

Mademoifelle DU GAZON.

Ma fœur m'a demandé à quoi fervoit une charrue, & Madame de la Haute Futaie m'a répondu : à mettre fur fa tête.

Madame DE LA HAUTE-FUTAIE.

Mademoifelle du Gazon m'a demandé à quoi fervoit un bonnet, & M. l'abbé Printems, e i homme qui connoît bien les modes) m'a répondu, avec un air de vérité, à mettre dans fes pieds, Madame.

L'Abbé PRINTEMS.

Madame de la Haute Futaie m'a demandé à quoi fervoient des chauffons, & Mademoifelle fa fille m'a répondu : à amufer en les chantant.

Mademoifelle DE LA HAUTE FUTAIE.

L'abbé Printems m'a demandé à quoi fervoient les chanfons de fon ami M. l'abbé des Agneaux, & M. l'auteur m'a répondu modeftement, à allumer le feu.

L'Abbé DES AGNEAUX.

Mademoifelle de la Haute Futaie m'a demandé à quoi fervoit une allumette, & M. le chevalier m'a répondu : à attacher les cheveux.

Le Chevalier ZÉPHIR.

L'abbé des Agneaux m'a demandé à quoi fervoit une épingle noire, & M. de la Rivière qui eft un grand phyficien, m'a répondu doctement : à marquer la pefanteur de l'air. Je crois cependant, que ces épingles fervent plutôt à empêcher la légéreté de l'air de défrifer les cheveux & à affujettir les rubans, les fleurs & les gazes fur les têtes des jolies femmes.

Madame DE LA RIVIÈRE.

Oui : nous craignons plus la légéreté de l'air que fa pefanteur.

L'Abbé PRINTEMS.

Ah ! Madame, la pefanteur de l'air n'influe-t-elle pas fur les nerfs ?

L'Abbé DES AGNEAUX.

Mais vous jouez tout de bon aux propos interrompus, laiffez donc finir ; on oubliera les queftions & les réponfes. C'eft votre tour, M. le phyficien.

M. DE LA RIVIÈRE.

Le chevalier m'a demandé à quoi fervoit un baromètre....

Le Chevalier ZÉPHIR.

Oui : ce baromètre qui eft dans le fallon, & que l'abbé des Agneaux regarde tous les matins, quand il doit aller promener, & ça ne l'empêche pas d'y être attrapé. Vous fouvenez-vous, l'Abbé, comme vous avez été mouillé l'autre jour, en revenant de la loge du bois.

M. DE LA RIVIÈRE.

Patience, donc ; ne m'interrompez pas. M. de la Forêt m'a répondu, à marquer le froid & le chaud.

PROPOS INTERROMPUS.

M. DU RUISSEAU.

Bon! mais c'est un thermomètre.

M. DE LA FORÊT.

Vous avez raison; aussi M. de la Rivière a t il fait exprès de me demander : à quoi servoit un thermomètre, & M. des Jardins m'a répondu : à aller sur l'eau.

M. DES JARDINS.

M. de la Forêt m'a demandé à quoi servoit un bateau, & Mademoiselle du Bocage m'a répondu : à aller sur l'eau.

Mademoiselle ROSE.

Mais, ça ne se peut pas; ce ne seroit plus un propos interrompu.

Mademoiselle DU BOCAGE.

Mais, pardonnez-moi, Mademoiselle, M. m'a demandé à quoi servoit un scaphandre, & je lui ai répondu : à aller sur l'eau.

L'Abbé DES AGNEAUX.

Oh! ce n'est plus ça. Il ne faut pas dire ce que vous avez répondu, mais ce qu'on vous a répondu. On dit la question d'au-dessus, & la réponse d'au-dessous; ce qui fait la justesse de la réponse de Mademoiselle du Bocage à M. des Jardins, c'est que M. des Jardins lui a fait une question analogue à celle qu'on lui avoit faite : alors, il n'y a plus de propos interrompus. Un bateau & un scaphandre servent également à aller sur l'eau. Il faut toujours faire une question opposée à celle qu'on vous a faite. Allons, M. des Jardins, payez un gage. Si on vous demande à quoi sert un soulier, il ne faut pas demander à quoi sert une pantoufle. Allons, Mademoiselle du Bocage, que vous a répondu Madame de la Rivière; vous payerez aussi un gage, pour avoir dit votre réponse & non la sienne.

Mademoiselle DU BOCAGE.

Mais je le disois pour m'amuser; je sais le jeu. Madame de la Rivière m'a répondu

PROVERBES. 113

à garantir du vent; & M. des Jardins m'avoit demandé un scaphandre : ainsi, je ne payerai pas de gage.

L'Abbé DES AGNEAUX.

Non : c'est trop juste, je sais bien que vous êtes une bonne écolière. Il ne faut vous montrer un jeu qu'une fois, vous le retenez tout de suite.

Le Chevalier ZÉPHIR.

Et moi, donc?

Madame DE LA RIVIÈRE.

Oh! bon, vous en montrez aux autres.

Mademoiselle DU RUISSEAU.

Mais, on vient de sonner. Il faudroit tirer les gages, car nous en avons déjà beaucoup depuis six heures que nous avons joué à plusieurs jeux. Demain il faudra jouer au *Capucin*, car c'est un fort joli jeu, où on donne bien des gages, à ce qu'on m'a dit.

(*Extrait des Soirées amusantes.*)

PROVERBES, (jeu des)
par personnages.

Ce jeu est agréable & même intéressant; si le proverbe est grave & sérieux, vous en pouvez représenter une histoire par personnages que l'on choisit dans sa compagnie, chacun selon son esprit & capacité. Et si le proverbe est gaillard, on en peut sur le champ composer une farce ou comédie, qui doit, par les paroles & actions des personnages ou acteurs, exprimer le proverbe qu'il représente, mais qui doit être deviné par ceux de la compagnie qui ne sont pas choisis pour le proverbe; & ceux qui le devinent entrent à la place des autres, & en font un que l'on doit aussi deviner.

Par exemple, le proverbe sera *terre a, guerre a*; or, pour le jouer entre 4 ou 5 de la compagnie, sans déclarer le proverbe à personne, les acteurs éliront un roi ou une reine qui assemblera son conseil; montera

Q 2

lur le trône, & se plaindra à ses sujets que la couronne & le sceptre des rois, quoiqu'extrêmement pesans, ont toujours des envieux; qu'un roi, son voisin, pour envahir son royaume, a déjà fait des levées, qu'il est important d'y donner ordre pour mettre ses villes en sûreté; alors ses conseillers & capitaines lui donnent des moyens pour empêcher ses voisins d'empiéter sur lui. L'auteur lui témoignera par ses paroles & ses actions, qu'un roi n'est pas estimé grand prince, s'il n'aggrandit ses limites, & fait préparer ses gens à la guerre. Par exemple, on voit que des proverbes, on peut inventer & tirer des amusemens ingénieux, & des actions sérieuses ou comiques.

Voici les titres de quelques-uns de ces proverbes dont on peut tirer avantage pour le divertissement d'une société.

Bonne renommée vaut mieux que ceinture dorée.

A petits merciers, petits paniers.

Jamais amoureux honteux n'eut belle amie.

Un fou en amuse bien d'autres.

Tout ce qui reluit n'est pas or.

Tel menace qui a grand peur.

Entre deux vertes une mûre.

A gens de village, trompette de bois.

Femme couchée, & bois debout,

Homme n'en vit jamais le bout.

L'occasion fait le larron.

Il vaut mieux être seul qu'en mauvaise compagnie.

On se traite de Turc à Maure.

Ce qui vient de la flûte s'en retourne au tambour.

A bon vin, bon cheval.

A vaillant homme, courte épée.

A beau parler, qui n'a cœur de bien faire.

Il ne faut pas se moquer des chiens qu'on ne soit hors du village.

Quand les enfans dorment, les nourrices ont bon tems.

Le jeu ne vaut pas la chandelle.

Il n'est pas si diable qu'il est noir.

Chacun escorte son semblable.

Il n'est point de pires sourds que ceux qui ne veulent point entendre.

Après la panse vient la danse.

Quand les gueux dansent, les guenilles vont au vent.

Pour un point, Martin perdit son âne.

Il faut plumer la poule sans la faire crier.

Les chevaux courent les bénéfices, & les ânes les attrapent.

Qui ne sait dissimuler, ne sait régner.

Qui parle du loup, en voit la queue.

De trois choses, Dieu nous garde :

De bœuf salé sans moutarde,

D'un valet qui se regarde,

D'une femme qui se farde.

Tems pommelé, femme fardée, ne sont point de longue durée.

Vous avez assez prêché pour boire un coup.

Si les femmes étoient d'argent, elles ne vaudroient rien à faire monnoie.

C'est un bon bâton pour défaire un lit.

Il fait comme les anguilles de Melun, il crie devant qu'on l'écorche.

Andouilles de Troyes, saucisson de Bologne, marons de Lyon, vin muscat de Frontignan, figues de Marseille, cabats d'Avignon, sont des mets pour les bons compagnons.

Tant va la cruche à l'eau, qu'enfin elle se casse.

Il faut mourir, petit cochon, il n'y a plus d'orge.

Qui frappera du couteau, mourra de la gaine.

Il crie comme un aveugle qui a perdu son bâton.

Fille qui écoute, & ville qui parlemente, est à demi rendue.

Qui garde sa femme & sa maison a assez d'affaires.

Qui croit sa femme & son curé, est en danger d'être damné.

A bien servir & loyal être, de serviteur on devient maître.

Qui bien fera, bien trouvera, ou l'écriture mentira.

Un bienfait n'eſt jamais perdu.

Tout vient à point à qui peut attendre.

Il vit aſſez qui vit le dernier.

Plus effronté qu'un page de cour, plus fantaſque qu'une mule, méchant comme un âne rouge, plus poltron qu'une poule; et menteur comme un arracheur de dents.

A tous ſeigneurs, tous honneurs.

Servez Godard, ſa femme eſt en couche.

Il n'eſt feſtin que de gueux, quand toutes leurs brebis ſont raſſaſiées.

Qui trop embraſſe mal étreint.

Il eſt fils de bon père et de bonne mère, mais l'enfant ne vaut guère.

Il ne ment jamais s'il ne parle.

Il a la conſcience auſſi étroite, comme la manche d'un Cordelier.

Il eſt fort libéral, il ne mange point le diable qu'il n'en donne les cornes.

Il eſt capitaine d'une grande réputation; on lui donne le hauſſe-col en grace.

Il eſt auſſi prudent que valeureux; quand il a été battu, il n'en dit mot à perſonne.

Il fait des merveilles en ſes combats, ceux qu'il a tués ſe portent bien.

Il ſera plus battu pour rien, qu'un autre pour de l'argent.

PROVERBES, SENTENCES ou DEVISES
trouvées ſelon chaque lettre. (jeu des)

Ayant choiſi chacun ſa lettre ou ſa rime que l'on a dite à l'oreille du maître du jeu, l'on peut faire que chacun dira un proverbe, une ſentence, ou une deviſe, qui commencera par une telle lettre, ou qui finira par une telle rime, comme les proverbes commençans en A; *A bon apetit il ne faut point de ſauſſe; A la queue gît le venin; A bon chat bon rat; A l'œuvre on connoît l'ouvrier.*

En B. *Beau jeu bon argent; Bonne chère, grand feu; Belles paroles n'écorchent point la gorge; Bon ſang ne peut mentir; Bon droit a bon métier d'aide; Bon pied bon œil.*

En C. *Charité bien ordonnée commence par ſoi-même; Chacun eſt roi en ſa maiſon.*

L'on peut de même jouer aux ſentences, mais, comme tout le monde n'a pas eu la lecture des bons auteurs, chacun n'en peut pas ſavoir aſſez pour en dire au beſoin. Si l'on prend auſſi des ſentences, que chacun ſache, ce ſeront de celles que l'uſage a rendu ſi communes qu'elles ſont miſes entre les proverbes; & ſi, au contraire, il n'eſt point permis d'en dire que celles qui ſont fort ſérieuſes & peu uſitées, il ſe trouvera que pluſieurs en feront eux-mêmes, car auſſi bien ſeroit il difficile de ſe ſouvenir des premières lettres de toutes celles qui ſont dans les auteurs. En ce cas-là les inventant, c'eſt toujours faire un beau jeu où il y a occaſion de dire de belles paroles, ſelon l'invention de ceux qui s'en mêleront.

L'on peut auſſi jouer aux chanſons, obligeant chacun d'en trouver une ſur quelque lettre qui a été priſe pour toute la compagnie, & ſi l'on veut exercer moins de rigueur, l'on fera qu'il ſoit auſſi bon d'en dire le ſecond ou le troiſième couplet comme le premier, pourvu qu'il commence par cette lettre.

PROVERBES RIMÉS, (jeu des)
& de ceux qui s'accordent ou qui ſont contraires; & auſſi de ceux qu'on dit tour à tour avec la bougie allumée.

On peut jouer aux proverbes, ſentences ou deviſes qui ſe terminent par une même rime.

Il y a un autre jeu de proverbes où l'on n'obſerve point les premières lettres ni les dernières; ce ſeroit trop d'affaires; l'on demande ſeulement à chacun quelque proverbe qui s'accorde à quelque ſujet que l'on propoſe, ou bien qui y ſoit contraire, & même l'on fait que chacun ſe dit l'un à l'autre deux proverbes qui ſe contrarient; le même ſe fera pour les ſentences & les deviſes: mais il eſt difficile que cela ſoit bien pratiqué que par des gens fort ſubtils & de grande mémoire.

Tous ces jeux-là peuvent être changés d'autre ſorte, lorſque chacun ſera obligé de parler en proverbe ou par ſentences, n'y obſervant autre choſe que l'enchaînement du ſens. Toute autre contrainte miſe à part, l'on peut encore obliger chacun de dire un

36.

B. Une des deux tours prend le pion.

N. La tour prend la tour.

37.

B. La tour reprend la tour.

N. La tour donne échec à la seconde case du fou du roi blanc.

38.

B. Le roi, à la troisième case du fou de sa dame.

N. La tour prend le pion.

39.

B. Le pion de la tour, deux pas (1).

N. Le pion du chevalier du roi, un pas.

40.

B. Le pion de la tour, un pas.

N. Le pion du chevalier, un pas.

41.

B. La tour, à la case de son roi.

N. Le pion du chevalier, un pas.

42.

B. La tour, à la case du chevalier de son roi.

N. La tour donne échec.

43.

B. Le roi, à la quatrième case du fou de sa dame.

N. La tour, à la troisième case du chevalier du roi blanc.

44.

B. Le pion de la tour, un pas.

N. La tour, à sa seconde case de son chevalier.

45.

B. Le roi prend le pion.

N. Le pion de la tour, un pas.

46.

B. Le roi, à la troisième case du chevalier de la dame noire.

N. Le pion de la tour, un pas.

47.

B. Le pion de la tour, un pas.

N. La tour prend le pion (1).

48.

B. La tour prend le pion (2).

N. La tour, à la seconde case de la tour du roi.

49.

B. Le pion, deux pas.

N. Le pion, un pas.

50.

B. La tour, à la seconde case de la tour de son roi.

N. Le roi, à la seconde case de son chevalier.

51.

B. Le pion, un pas.

N. Le roi, à la troisième case de son chevalier.

---

(1) Si au lieu de pousser ce pion vous eussiez pris le sien avec votre tour, vous auriez perdu la partie, parce que votre roi auroit empêché votre tour de venir à temps pour barrer le passage au pion de son chevalier. C'est ce qu'on peut voir en jouant les mêmes coups.

(1) S'il ne prenoit pas votre pion, il perdroit la partie, en prenant immédiatement le sien.

(2) Si au lieu de prendre son pion vous eussiez pris sa tour, vous auriez perdu.

52.

B. Le roi, à la troisième case du fou de la dame noire.

N. Le roi, à la quatrième case de son chevalier.

53.

B. Le pion, un pas.

N. Le roi, à la quatrième case du chevalier du roi blanc.

54.

B. Le pion avance.

N. La tour prend le pion, & jouant ensuite son roi sur la tour, il est visible que c'est un refait, parce que son pion vous coûtera la tour.

Il n'est pas nécessaire de renvois sur ces derniers coups, puisqu'il est facile à les trouver du moment qu'on se donne la peine de les chercher.

Premier renvoi du gambit de la dame, au troisième coup.

3.

B. Le pion du roi, un pas.

N. Le pion du fou du roi, deux pas (1).

4.

B. Le fou du roi prend le pion.

N. Le pion du roi, un pas.

5.

B. Le pion du fou du roi, un pas.

N. Le chevalier du roi, à la troisième case de son fou (2).

6.

B. Le chevalier de la dame, à la troisième case de son fou.

N. Le pion du fou de la dame, deux pas (1).

7.

B. Le chevalier du roi, à la seconde case de son roi.

N. La chevalier de la dame, à la troisième case de son fou.

8.

B. Le roi roque.

N. Le pion du chevalier du roi, deux pas (2).

9.

B. Le pion de la dame prend le pion (3).

N. La dame prend la dame.

10.

B. La tour reprend la dame.

B. Le fou du roi prend le pion.

11.

B. Le chevalier du roi, à la quatrième case de sa dame.

N. Le roi, à sa seconde case.

(1) Ce pion est encore poussé avec le même dessein d'empêcher les pions du centre à se réunir de front.

(2) Il joue ce pion pour pousser, en cas de besoin, celui du fou de son roi sur votre pion royal; ce qui causeroit infailliblement la séparation de vos meilleurs pions.

(3) Si au lieu de prendre ce pion vous l'eussiez poussé en avant, votre adversaire auroit attaqué le fou de votre roi avec le chevalier de sa dame, pour vous obliger à lui donner échec; & en tel cas, jouant son roi à la seconde case de son fou, il gagnoit le coup sur vous & une bonne situation de jeu.

(1) Le jeu de ce pion doit vous convaincre que vous auriez mieux fait d'avancer celui de votre roi deux pas, puisque son pion vous empêche à présent de mettre celui de votre roi de front avec celui de votre dame.

(2) C'est encore par le même principe qu'il joue ce chevalier, qui est d'empêcher l'union du pion de votre roi avec celui de votre dame.

jeune garçon affez niais, & le mirent au milieu de la place qui leur fervoit de théâtre,
lui paffèrent une jarretière dedans la bouche,
lui commandèrent de s'accroupir comme un
finge, & lui donnèrent un chandelier à tenir
avec la chandelle, comme pour éclairer à leur
jeu, quoiqu'il y eût des flambeaux de tous
côtés. Après cela ils repréfentèrent une farce
de l'hôtel de Bourgogne des plus communes,
où il n'y avoit que des cocuages & des tromperies de valet. Celui qui la devoit expliquer,
fe figura bien que le jeune garçon ne fe tenoit
pas au milieu d'eux, en fa pofture ridicule,
avec fa chandelle, fans quelque occafion, &
fans fervir à la fignification principale. Lorfque la farce fut jouée, & que l'on lui demanda
ce qu'il en penfoit, il dit : *Le jeu ne vaut pas
la chandelle.* Alors celui qui avoit inventé la
comédie foutint qu'il n'avoit pas bien deviné,
& qu'ils avoient voulu repréfenter ce proverbe : *La farce vaut mieux que l'oifon,* d'autant que ce qu'ils avoient joué, étoit une farce
affez connue, & que le garçon qui étoit au
milieu d'eux & à qui l'on alloit fouvent donner
des nafardes, étoit un vrai oifon bridé. L'autre
répartit, au contraire, qu'il ne lui falloit
donc pas donner de chandelle à tenir, cela
étant inutile & ayant été fait fans y penfer,
& que par ce moyen, comme leur farce étoit
mal jouée, cela pouvoit fignifier infailliblement, *que le jeu ne valoit pas la chandelle.*
Chacun trouva fon explication fi à propos,
que les acteurs mêmes, tous d'une voix, con-
feffèrent enfin qu'il avoit raifon, & qu'il
méritoit d'être délivré de fa peine : ce qui
fut fait auffitôt, & l'inventeur de la farce,
tint alors fon lieu pour en expliquer une
autre fuivante.

Q

QUATRE JEUX.

QUATRE JEUX. *(les)* Gé, Point,
Flux, & Séquence.

Après avoir convenu entre les joueurs
quelle fomme ils jouent, l'on met quatre
taffes, ou bourfes fur la table, en chacune
defquelles chacun met un jetton ; la première
eft pour le *gé,* la feconde pour le *point,* la
troifième pour le *flux,* la quatrième pour la
féquence.

L'on donne à chaque perfonne trois cartes
couvertes dans lefquelles fe rencontrent deux
rois, deux as, ou deux dix, ou d'autres, ces
deux femblables s'appellent le *gé* ; & fi dans la
compagnie il s'en rencontre plufieurs, comme
il eft ordinaire, qui aient auffi le *gé,* ils
peuvent envier l'un fur l'autre, la fomme qui
eft dans la première bourfe, & le plus haut
l'emporte.

Les deux as emportent les dix, & valent
vingt & demi pour le *point.*

Le *point* qui eft de deux cartes d'une même
couleur, fe peut auffi envier par les joueurs,
& le plus haut l'emporte.

Et fenfiblement le *flux* qui eft, quand les
trois cartes font de trefle, pique, carreau
ou cœur, s'envie l'un fur l'autre, & le plus
haut le gagne.

Quant à la *féquence,* c'eft lorfque les trois
cartes fe fuivent, comme, un, deux & trois,
valet, reine, & rois, & ainfi des autres ; la
plus haute *féquence* emporte la plus foible,
& les joueurs peuvent enchérir les uns fur les
autres, comme au *gé, point & flux* ; mais s'il
arrive que dans ce jeu il n'y ait point de *gé,
point, flux & féquence,* ce qui arrive rarement, l'argent des bourfes double autant de
fois qu'on bat les cartes fans rien gagner ;
ce qui fait quelquefois monter le *flux* & la
féquence à de fortes fommes.

La *féquence flattée,* qui eft celle de trois
cartes d'une même couleur, emporte toutes
les autres.

QUESTIONS.

QUESTIONS. *(jeu des.)*

On demanda à quelqu'un pourquoi l'Amour étoit peint avec un poisson en une main & une fleur en l'autre. Il étoit facile de répondre que c'étoit pour montrer qu'il étoit le seigneur de la terre & de la mer. Ils demandèrent à un autre, qu'est-ce que vouloit dire, *je suis sans vous, & sans moi;* celui-là répondit que c'étoit la parole d'un amant qui est sans lui, parce qu'il est possédé de sa maîtresse : & qui est sans elle, parce qu'il ne la possède pas. Après ils demandèrent comment l'on pouvoit voir & ne voir point une même chose tout ensemble? L'on répondit que c'étoit en fermant l'un des yeux. Ils s'enquirent quel chien, quel coq, & quel serviteur étoient le mieux nourris; l'on dit que c'étoit le chien d'un boucher, le coq d'un meûnier, & le valet d'un hôtelier. Comment le corps pouvoit recevoir en un instant plaisir & déplaisir? Que c'étoit en se grattant. S'il y avoit plus de vivans que de morts? Qu'on trouvoit plus de vivans, parce que les morts n'étoient plus, & même que plusieurs de ceux qui étoient sortis de ce monde étoient réputés vivans, étant passés à la vie éternelle.

Les juges étant satisfaits des réponses, il n'y eut point d'autre peine.

Autre jeu de questions.

L'on demanda au cavalier disgracié quel acquêt apporte dommage, il répondit : celui que je viens de faire en mon jeu infortuné, dont j'ai acquis l'artifice pour encourir votre disgrace. L'on lui demanda après à qui l'on pouvoit révéler plus librement un secret? il répondit à un menteur, parce qu'en le rapportant, on ne le croira pas. Quelle chose étoit la plus légère? il dit que c'étoit la pensée, parce qu'en un moment elle se porte de la considération d'une chose à une autre. Quelle chose ressembloit mieux à l'envie? il répartit que c'étoit le ver qui ronge le bois où il s'engendre, avant qu'il puisse ronger les autres, de même que l'envieux se fait du mal à lui-même avant que d'en pouvoir faire à autrui. L'on lui demanda après de quelle couleur se devoit vêtir un amant? Quelle chose ressembloit mieux à la mort? A quoi ressembloient mieux les femmes? Quelles étoient les choses

Jeux familiers.

les plus dommageables, & quels étoient les sujets les plus infortunés? Pour la couleur des habits d'un amant, il dit que ce devoit être le gris, d'autant que cette couleur ressembloit à la cendre, qui couvre plus secretement & plus vivement le feu. Pour la ressemblance de la mort, il dit que c'étoit la femme, qui fuit quiconque la suit, & suit quiconque la fuit. Et quant à la chose à qui la femme ressemble le mieux, il dit que c'étoit la balance, parce qu'elle plie du côté qu'elle reçoit le plus. Pour les plus dommageables choses, il nomma le feu, la mer & la femme ; & pour les plus infortunés sujets, ceux qui étoient sous la domination de plusieurs seigneurs, d'autant que plusieurs sacs se remplissoient plus mal aisément qu'un seul.

Bien qu'il eût parlé au désavantage des Dames, sur ce qu'l déclara que les interrogations l'y avoient obligé, l'on ne laissa pas de lui faire grace.

QUESTIONS. *(les douze)*

Jeu de Société en dialogue.

L'Abbé DES AGNEAUX.

Je suis charmé, Mesdames, de vous trouver toutes à déjeûner. Comment va l'appétit? Messieurs du concert, songez à bien déjeûner; il faudra dîner légérement, afin de pouvoir mieux chanter, car le concert sera aujourd'hui un peu après le dîner. Nous attendons des auditeurs des environs, & nous commencerons de bonne heure, afin qu'ils puissent s'en retourner de jour.

Madame DE LA RIVIERE.

L'abbé, je vous serai obligée de porter ma harpe dans le sallon. Mais dites-nous donc un peu en quoi consistera le concert.

L'Abbé DES AGNEAUX.

Voici l'annonce que j'en ai faite ; je prierai M. B... de permettre de l'afficher sous le vestibule. Je vais vous en faire la lecture.

Le concert commencera par plusieurs sonates. M. le chevalier Zéphir, le premier violon; l'abbé Printems, le second ; M. des

R

Jardins l'alto, & M. de la Rivière la baffe. Mademoifelle Rofe & M. le chevalier Zéphir chanteront un duo fur l'air : *Vous fouvient-il de cette fête.* L'abbé des Agneaux, auteur des paroles de ce duo, fera l'accompagnement avec fa guitare. Enfuite, il chantera feul plufieurs ariettes de fa compofition : en s'accompagnant également de fa guitare. Le chevalier Zéphir exécutera quelques airs ; entr'autres, un menuet de fa compofition. Madame de la Rivière chantera plufieurs morceaux des plus nouveaux opéras, en s'accompagnant de fa harpe. Avant le concert, Mademoifelle de la Haute Futaie, touchera un peu du claveffin. Elle réclame toute l'indulgence des auditeurs, attendu qu'elle eft peu familiarifée avec cet inftrument. Le concert finira par un quatuor fur l'air : *Où peut-on être mieux qu'au fein de fa famille ?* Tous les inftrumens accompagneront ce quatuor, dont les paroles font de la compofition de M. l'abbé des Agneaux, & forment un remerciment pour l'auditoire.

Madame DE LA HAUTE-FUTAIE.

Je préfume que ce concert fera fort joli. C'eft très-bien d'employer ainfi fon tems.

L'Abbé PRINTEMS.

Savez-vous, Madame, qu'il y a long-tems que nous nous exerçons ; nous avons déjà fait plufieurs répétitions.

Mademoifelle DU RUISSEAU.

Je vous plains, vous êtes bien fatigués.

L'Abbé PRINTEMS.

Nous avons fait de la mufique hier, & encore ce matin. Nous comptions aller promener, pour nous délaffer, & ne voila-t-il pas qu'il brouillaffe ?

Mademoifelle ROSE.

C'eft défolant. Cette pluie-là empêchera peut-être bien des auditeurs de venir.

Le Chevalier ZÉPHIR.

Oh ! ce ne fera rien ; le tems s'élevera vers midi. Mais qu'eft-ce qui nous empêche de

jouer à quelques petits jeux, en attendant le beau tems.

Mademoifelle DU GAZON.

Apprenez-nous quelques jeux où nous n'ayons rien à faire. J'ai apporté mon ouvrage, & je voudrois travailler tout en jouant.

L'Abbé DES AGNEAUX.

Je vais vous apprendre le jeu des *douze queftions* ; il ne vous empêchera pas de travailler, & il vous amufera. Je vais fortir un inftant ; vous choifirez un mot, & il faudra en rentrant, que je le devine avant de vous avoir fait douze queftions. Cherchez un mot, je fors ; & en jouant, je vous expliquerai le jeu.

Madame DE LA HAUTE-FUTAIE.

Ma fille, allez me chercher mon ouvrage ?

L'Abbé PRINTEMS.

Non, Mademoifelle, reftez, j'y vais. Un fac vert bordé en rofe, n'eft-ce pas, Madame ?

Madame DE LA HAUTE-FUTAIE.

Oui ; il eft dans le fallon, fur le fauteuil qui eft à gauche de la cheminée.

Mademoifelle DU GAZON.

Mefdames, quel mot choififfez-vous.

Madame DE LA RIVIÈRE.

Un chat.

Mademoifelle DU GAZON.

Soit. Appellez l'abbé. L'abbé ? L'abbé ?

M. DES JARDINS.

Le voilà qui vient.

Mademoifelle DE LA HAUTE-FUTAIE.

Je ne conçois pas comment il pourra le deviner.

L'Abbé PRINTEMS.

Madame, voilà votre ouvrage. Mademoiselle, pour la peine, dites-moi le mot qu'on a choisi?

Madame DE LA HAUTE-FUTAIE.

Non, ma fille, l'abbé des Agneaux l'entendroit.

L'Abbé DES AGNEAUX.

On demande d'abord de quel règne est la chose pensée ou le mot choisi. Or, vous savez que tout ce qui existe est classé en trois règnes; le règne animal, le règne végétal & le règne minéral. Le règne animal comprend tout ce qui a vie & mouvement, & même tout ce qui provient d'un être animé. La peau de mon soulier est du règne animal; la laine, la soie sont aussi de ce règne, parce que c'est le produit d'êtres animés. Le règne végétal comprend tout ce qui a la vie sans mouvement; & le règne minéral comprend ce qui n'a ni vie ni mouvement, & que la nature a formé dans le sein de la terre, comme les métaux & les pierres. Or donc, je vous demanderai, 1°. de quel règne est l'objet que vous avez pensé?

Madame DE LA RIVIÈRE.

Du règne animal.

2°. Est-il du règne animal purement, ou est-il composé de quelqu'autre règne?

Mademoiselle DU GAZON.

Non, du règne animal pur.

L'Abbé DES AGNEAUX.

Dans le fond, cette seconde question ne doit pas compter, parce qu'en répondant de quel règne, on doit dire si c'est composé ou non. Je m'explique; mon soulier, par exemple, est de deux règnes; la peau est du règne animal, le fil qui le coud est du règne végétal, & s'il avoit des clous comme les souliers de certains paysans, il seroit encore du règne minéral. Une allumette est de deux règnes; le soufre est du règne minéral, & le

bois du règne végétal. Ainsi, l'objet que vous avez pensé est purement & simplement du règne animal, 2°. Est il animé, ou inanimé?

Mademoiselle DU RUISSEAU.

Il est animé.

L'Abbé DES AGNEAUX.

C'est donc un animal vivant? 3°. Est ce un animal domestique ou sauvage?

Mademoiselle ROSE.

Sauvage.

Mademoiselle DU GAZON.

Non, ma sœur, c'est un animal domestique.

L'Abbé DES AGNEAUX.

Cette seule circonstance-là me fait voir que c'est un chat, parce qu'il est le plus sauvage de tous les animaux domestiques.

Mademoiselle ROSE.

Oui.

L'Abbé DES AGNEAUX.

Ainsi, vous voyez que j'ai deviné après trois questions.

L'Abbé PRINTEMS.

J'en veux deviner une aussi. Je sors, Mesdames, choisissez un mot.

L'Abbé DES AGNEAUX.

Il faut lui en donner un difficile; prenons le mot parasol. Il ne le devinera pas en trois questions.

M. DES JARDINS.

Il y a beaucoup d'art à ne pas faire des questions trop vagues. Appellez donc l'Abbé.

M. DE LA FORÊT.

Je vais le chercher; mais le voilà. Ah! vous aurez de la peine. Voyons un peu comment vous vous en tirerez.

L'Abbé PRINTEMS.

1°. De quel règne est l'objet pensé ?

L'Abbé DES AGNEAUX.

Il est composé de trois règnes.

L'Abbé PRINTEMS.

2°. Est-il animé ?

Mademoiselle DU RUISSEAU.

Oh ! mon Dieu, non.

L'Abbé DES AGNEAUX.

Tu vois bien que tu fais-là une question inutile. Un objet composé de trois règnes ne sauroit être animé.

L'Abbé PRINTEMS.

3°. Sert-il plus aux hommes qu'aux femmes ?

Mademoiselle ROSE.

Egalement.

L'Abbé PRINTEMS.

4°. Sert-il plus à la ville qu'à la campagne ?

Mademoiselle DU GAZON.

On peut s'en servir à la campagne ; mais il sert plus communément à la ville.

L'Abbé PRINTEMS.

5°. Est ce un meuble ?

L'Abbé DES AGNEAUX.

Oui : mais te voilà à la cinquième question, & il me semble que tu en fais de bien générales.

L'Abbé PRINTEMS.

C'est donc un meuble ?

L'Abbé DES AGNEAUX.

Inanimé.

L'Abbé PRINTEMS.

Qui sert plus communément à la ville qu'à la campagne, & autant aux hommes qu'aux

femmes.. 6°. Y a-t-il de ces sortes de meubles dans cet appartement-ci ?

Mademoiselle DE LA HAUTE-FUTAIE.

Non, Monsieur.

Madame DE LA HAUTE-FUTAIE.

Pardonnez-moi, Monsieur, il y en a. Ma fille, vous ne voyez pas bien ; il ne faut pas induire l'abbé en erreur.

L'Abbé PRINTEMS.

C'est un fauteuil qui a des clous, du bois & de la soie.

Mademoiselle DU RUISSEAU.

Est-ce une question que vous faites ?

L'Abbé PRINTEMS,

Oui, Mademoiselle ; c'est ma septième question.

Madame DE LA RIVIÈRE.

Eh bien ! ce n'est point un fauteuil ; vous avez dit fauteuil parce qu'il y en a peu des trois règnes, & que les autres sont en cannes & en pailles, mais vous vous trompez.

L'Abbé PRINTEMS.

Voyons, que je fasse un peu l'inventaire des meubles qui sont ici. Ah ! je vois à présent ; c'est ce parasol qui est caché dans ce petit coin, n'est-ce pas ?

Mademoiselle ROSE.

Oui, justement ; vous l'avez deviné après sept questions.

M. DES JARDINS.

Ce jeu est fort amusant pour les dames qui peuvent travailler & causer tout en jouant. J'ai connu des personnes qui devinoient toujours le mot avant la quatrième ou la cinquième question. Quand on fait douze questions sans deviner, on peut payer un gage si les joueurs en conviennent.

L'Abbé DES AGNEAUX.

C'est la seule chose qui fasse de ceci un jeu ; car c'est plutôt un exercice d'esprit qu'un jeu. Quand une fois on est en train de le jouer, on s'y attache, & on le joue quelquefois fort long-tems. Tu vois bien, l'Abbé, que le parasol est des trois règnes ; la soie du règne animal, les ferremens du règne minéral, & le bâton du règne végétal.

Mademoiselle ROSE.

Mais s'il étoit en toile ?

L'Abbé DES AGNEAUX.

Il y a toujours la baleine qui est du règne animal. Il n'y auroit que le cas où le bâton seroit en fer qu'il n'y auroit pas de végétal : mais ça n'est pas commun, & si encore il faut du fil pour le coudre, & c'est du végétal.

Le Chevalier ZÉPHIR.

Madame, voilà le brouillard qui cesse : Ayons bon courage, notre auditoire sera nombreux.

Mademoiselle ROSE.

Nous aurons encore le tems de faire une petite promenade avant dîner.

(*Extrait des Soirées amusantes.*)

QUILLES, (*jeu de*) *les yeux bandés*.

Voyez à l'article B. (*j'aime mon amant par*)

QUILLES. (*jeu de*)

C'est un jeu d'exercice qui consiste à abattre le plus qu'il est possible des neuf quilles qui sont rangées, debout dans un quarré à une certaine distance l'une de l'autre. On tâche de les abattre avec une grosse boule qu'on lance d'un but assez éloigné. Si l'on n'abat rien, c'est ce qu'on appelle faire *chou-blanc*, si l'on en abat au-delà du nombre convenu, on *creve*, suivant l'expression du joueur, et l'on revient à moitié des points.

QUILLES des Indes. (*jeu de*)

Règles de ce jeu.

On joue à ce jeu avec une toupie qu'on lance avec force au milieu des quilles, qui

sont posées sur un plateau, disposé pour ce jeu.

Les quilles de la première case comptent chacune 1 point.

Les quilles de la deuxième case comptent chacune 2 points.

Les quilles de la troisième case comptent chacune 3 points.

Lorsque l'on fait tomber toutes les quilles de chaque case, les quilles ont double valeur, c'est-à-dire que les quilles de la première case au lieu de compter 9 points, c'est 18 points.

Ceux de la deuxième, au lieu de 18, c'est 36 points.

Ceux de la troisième, au lieu de 27, c'est 54 points.

Quand vous passez dans la quatrième ou dernière case, vous comptez 10 points.

Quand la toupie remonte de la deuxième case à la première, vous comptez 10 points.

Quand elle remonte de la troisième à la deuxième, vous comptez 20 points.

Si elle remonte de la troisième à la première, vous comptez 30 points.

Si elle remonte de la quatrième case à la troisième, vous comptez 50 points, y compris les 10 points d'entrée.

Si elle remonte de la quatrième à la deuxième, vous comptez 70 points.

Si elle remonte à la première, 80 points.

Il faut observer, que si la toupie rentre dans les cases en roulant de côté, les quilles qu'elle fait tomber se comptent ; mais elles ne comptent point les points de passage.

L'on met la partie en autant de points que l'on veut, l'on en convient avant de jouer le premier coup.

Ce jeu se trouve rue des Arcis, magasin de tabletterie, au Singe vert.

QUILLES SUR TABLE.

Neuf petites quilles sont rangées trois par trois sur un plateau. Ces quilles se dressent au moyen de neuf cordons qui correspondent à un nœud que l'on tire au-dessus du plateau.

Pour jouer on fait tourner la boule autour

d'une flèche à laquelle cette boule est attachée, & suspendue par un cordonnet. La boule étant ainsi lancée se déroule de la flèche, & venant s'agiter au milieu du jeu, elle abat plus ou moins de quilles. Chaque joueur compte le nombre des quilles qu'il abat de cette manière. Celui qui parvient le premier

au nombre juste, de cent, gagne; mais s'il fait plus de cent, il *creve* en se retirant du jeu, & revient à cinquante.

La règle est, comme celle du grand jeu de quilles, qu'on joue à terre, en lançant une grosse boule, que l'on fait partir d'un but dont on convient.

R

RAFLE.

RAFLE. (la)

Jeu de trois dez.

CHAQUE joueur, après avoir mis son enjeu, continue de grossir la masse générale, toutes les fois qu'il jette les dez, jusqu'à ce que quelqu'un amène une rafle ou trois dez pareils, qui emportent tout.

RAQUETTE. (jeu de)

La *raquette* est un petit cerceau courbé en ovale, qui se termine par un manche. Cet ovale est garni de petites mailles bien tendues, & faites avec des cordes de boyau. On se sert de la *raquette* pour chasser, soit un volant, soit une balle de paume, que deux joueurs se renvoient de l'un à l'autre.

RENARD.

(*Le plaisant & recréatif jeu du*)

Voici comme s'exprime l'indicateur de ce jeu.

Les Lydiens, peuple d'Asie, entre plusieurs jeux qu'ils inventèrent, donnèrent l'origine & l'usage à celui du *renard*, non tant pour le désir qu'ils eussent de le jouer, que pour se façonner aux ruses, & se garder des surprises que Cyrus, leur ennemi capital, leur dressoit tous les jours; & qui les appelloit *poules*,

à cause qu'ils aimoient les délices & le repos: Les Lydiens le nommoient *renard*, à cause qu'il étoit sans cesse aux aguets, & qu'il cherchoit tous les jours des finesses pour les surprendre.

Règles du jeu.

Ce jeu est recréatif, ingénieux & facile à pratiquer. On le joue sur une table, sur une étoffe, ou mieux sur un carton disposé à cet effet.

On y joue avec des dames ou jettons, faute de poules de bois ou d'ivoire, au nombre de treize, posées sur treize rosettes ou espaces tracés sur la table ou le carton.

Les poules sont en la partie d'en bas, & le renard est en la partie d'en haut, qui consiste en vingt autres rosettes ou espaces. On place en l'un de ces espaces le renard à discrétion, qui peut monter & descendre, aller & venir haut & bas, à droite & à travers. Les poules ne peuvent monter que de bas en haut, à droite & à gauche, & ne doivent point redescendre.

Le joueur ne doit laisser les poules découvertes ou seules, non plus qu'au jeu de dames.

La finesse de ce jeu est de bien poursuivre le renard & l'enfermer en telle sorte qu'il ne puisse aller deçà ni delà; & il est à noter que le renard prend toutes les poules qui sont seules & découvertes.

Enfin, il faut se donner de garde de laisser venir le renard dedans la partie d'en bas parmi les poules, parce qu'il pourroit les prendre plus facilement.

L'exercice peut beaucoup en ce jeu, & à force de jouer on s'y rend bon maître.

Le joueur qui a le renard doit tâcher de démarer les poules en premier. D'autre part, le joueur qui a les poules doit faire en sorte de démarer le renard le premier ; car cela lui est avantageux pour gagner la partie.

Ce jeu, soit sur carton ou sur table, se trouve, rue des Arcis, au Singe vert.

RÉPONSES EN UNE PHRASE. les

Jeu de société en dialogue.

Madame DE LA RIVIÈRE.

Ah ! l'abbé, je ne jouerai plus à votre vilain jeu du *coton en l'air*. Je n'en puis plus je suis encore toute essoufflée d'hier au soir.

Madame DE LA HAUTE-FUTAIE.

Savez-vous que ce jeu-là est très-fatiguant, & qu'il pourroit devenir dangereux, si on y jouoit souvent.

Mademoiselle DE LA HAUTE-FUTAIE.

Vous avez donc bien joué hier au soir. Oh ! Je suis fâchée d'avoir été me coucher après souper. C'est vous qui l'avez voulu, maman.

Madame DE LA HAUTE-FUTAIE.

J'en suis fort aise, ma fille ; vous avez la poitrine trop délicate, & le jeu du coton en l'air vous auroit trop fatiguée.

Mademoiselle DE LA HAUTE-FUTAIE.

Comment le joue-t-on ?

Mademoiselle ROSE.

Ma bonne amie, nous avons fait un loto ; Madame Dubois a bien voulu s'humaniser ; elle a joué avec nous : elle a eu un quine & deux quaternes, avec plusieurs ternes, de façon qu'en très-peu de tems, le loto a été fini. Elle n'a pas osé demander un second loto, & elle a bien fait, car on ne s'en soucioit pas. L'abbé des Agneaux m'a dit tout bas : elle en aura le démenti ; je m'en vais lui faire jouer un jeu à gages, sans qu'elle s'en doute. Alors, il a pris un petit flocon de coton qu'il a jetté en l'air au milieu de la table, il a soufflé, & chacun qui le voyoit approcher, le renvoyoit à son voisin, en soufflant : celui sur qui il tomboit, payoit un gage ; & nous y avons joué fort long-tems.

L'Abbé PRINTEMS.

C'étoit un plaisir de voir souffler cette grosse Madame Dubois : elle n'en pouvoit plus, parce qu'elle rioit beaucoup.

L'Abbé DES AGNEAUX.

Il ne faut pas rire à ce jeu-là, car, quand on rit, on ne peut pas souffler ; c'est comme au spectacle, on ne peut pas bâiller & siffler.

Mademoiselle DU RUISSEAU.

Madame Dubois étoit bien en train, car elle a voulu nous faire jouer à *petit-bonhomme vit encore*. On passe de main en main une allumette ou un petit morceau de papier allumé ; & celui dans les mains duquel le petit bonhomme meurt, paye un gage.

Madame DE LA HAUTE-FUTAIE.

Savez-vous, Messieurs, qu'il n'étoit pas loin de deux heures, quand nous nous sommes couchés.

L'Abbé DES AGNEAUX.

C'est qu'il y avoit beaucoup de gages à tirer : je ne voulois pas, moi, qu'on les tirât ; Madame Dubois auroit été obligée de revenir encore jouer avec nous.

Mademoiselle DU GAZON.

Voilà l'avantage des petits étuis ; c'est qu'on peut les laisser dans la roue jusqu'au lendemain ; & on ne voudroit pas laisser de même des couteaux, des ciseaux, & autres petits bijoux dont on pourroit avoir besoin.

Madame DE LA RIVIÈRE.

Vous nous avez dit hier, l'abbé, que vous aviez des observations à nous faire sur les *commandemens* : je suis fort curieuse de vous entendre. Cet article manque au cours complet que vous nous faites sur les jeux.

L'Abbé DES AGNEAUX.

Autrefois, on donnoit trois *commandemens*.

Madame DE LA RIVIÈRE.

Ce fut l'an 1530, du tems de François Ier, peut-être que l'on en donnoit trois ; car, actuellement, on n'en donne plus qu'un.

L'Abbé DES AGNEAUX.

Je ne sais si on jouoit aux jeux à gages du tems de François Ier. Peut-être jouoit-on au *pied-de-bœuf* où l'on compte jusqu'à neuf ; car il est bien ancien ce jeu-là. Ce qui est certain, c'est qu'on donnoit anciennement trois commandemens ; & à ce sujet, je vais vous chanter une chanson de Pannard, sur le pied-de-bœuf ; elle vous apprendra le jeu du pied-de-bœuf. La voilà :

Je revois l'autre jour,
Qu'avec vous, & l'amour,
Je jouois sur l'herbette,
A certain jeu, Nanette,
Où l'on va jusqu'à neuf,
En comptant tour-à-tour.

Je te tiens, dit ce Dieu, suivant la loi commune,
De trois choses tu dois, pour le moins en faire une.
Aime Nanette tendrement,
Aime-la sans partage,
Aime-la constamment.

Tout autre soumis à l'usage,
N'eût rempli qu'une de ces loix ;
Pour moi, volontiers je m'engage,
A les accomplir toutes trois.

Madame DE LA HAUTE-FUTAIE.

J'avois oublié cette chanson ; mais elle est fort jolie.

L'Abbé DES AGNEAUX.

Or donc, je dis qu'il est bon de donner plusieurs *commandemens*, & au moins deux aisés & différens, afin qu'on puisse choisir. Par exemple, quand on donne pour *commandement* de chanter, ça tombe presque toujours à de jeunes personnes qui ne s'en soucient pas. On a de la timidité ou de la répugnance ; on chante mal, après s'être fait bien prier ; la maman gronde...... Et pourquoi se faire une peine d'une chose qui ne doit qu'amuser ? La coutume de donner au moins un *commandement* impossible est assez singulière. On vous ordonnera de prendre la lune avec les dents, d'aller embrasser une personne éloignée de vous de plusieurs lieues, &c. quelquefois le *commandement* sera d'embrasser une personne que l'on déteste, ou une autre que l'on aime bien : alors, le choix est piquant. Assez souvent, quand on ordonne d'embrasser la personne que l'on aime le mieux, on embrasse tout le monde. Comme ces enfans à qui on demande : qu'aimez vous le mieux de votre papa ou de votre maman ? Sotte question, à laquelle ceux qui ont de l'esprit répondent ordinairement : je les aime mieux tous les deux.

Mademoiselle DE LA HAUTE-FUTAIE.

Vous avez bien raison de ne pas vouloir qu'on donne pour *commandement* unique de chanter ; c'est assez qu'on vous ordonne de chanter ; pour qu'il ne vienne aucune chanson jolie dans la mémoire.

Mademoiselle ROSE.

Tout cela est fort bien dit ; mais avec toutes vos belles dissertations, nous ne jouons pas. Eh bien ! Chevalier, est-ce que vous ne nous apprendrez aucun jeu ?

Le Chevalier ZÉPHIR.

Ma foi, je n'en sais point ; l'abbé m'a volé : je vous aurois appris *le pied-de-bœuf* : une, deux, trois, quatre, cinq, six, sept, huit, neuf, je tiens mon *pied-de-bœuf* ; & puis on baise la main, sans quoi elle ne seroit pas de bonne prise.

Mademoiselle

Mademoiselle ROSE.

Finiffez donc, Chevalier ; vous me tordez les doigts ; allons donc.

L'Abbé DES AGNEAUX.

Jouons aux *réponfes en une phrafe* ; je vais fortir un inftant; chacun donnera un mot à fon voifin; en revenant, je ferai une queftion à chacun. Il faudra, dans fa réponfe, qu'il mette fon mot, & que je tâche de le deviner ; celui dont le mot aura été deviné, prendra ma place.

Madame DE LA RIVIÈRE.

Voyez s'il n'écoute pas.

Le Chevalier ZÉPHIR.

Oh! il eft bien loin.

Madame DE LA RIVIÈRE.

Chevalier, je vous donne pour mot pantoufle.

Le Chevalier ZÉPHIR.

Mademoifelle, je vous donne pour mot diable.

Mademoifelle ROSE à Mlle DU GAZON.

Moi, je vous donne crocodile.

Mademoifelle DU GAZON.

Oh ! c'eft trop difficile, ma fœur. Eh bien! tiens, ma fœur, je te donne Antipodes.

Mademoifelle DU RUISSEAU.

M. l'abbé, je vous donne fricaffée de poulets.

Madame DE LA HAUTE-FUTAIE.

Il faut que je forte ; je ne jouerai pas ce tour-ci.

L'Abbé PRINTEMS.

N'allez pas dire les mots à l'abbé ; il n'auroit pas de peine à les deviner.
Jeux familiers.

Madame DE LA HAUTE-FUTAIE.

Oh ! mon Dieu, non. Je vous en réponds.

L'Abbé PRINTEMS.

Mademoifelle, je vous donne pour mot baromètre.

Mademoifelle DE LA HAUTE-FUTAIE.

Eh bien ! Madame de la Rivière, je vous donne auffi pour mot baromètre. Appellez l'abbé. Le voilà qui vient.

L'Abbé DES AGNEAUX.

Vous avez été bien long-tems, Mefdames. Voyons un peu, Madame de la Rivière ; irez-vous promener ce foir ?

Madame DE LA RIVIÈRE.

Si le *baromètre* nous annonce du beau tems, je pourrai bien y aller ; mais je crains bien les crapauds & les couleuvres.

L'Abbé DES AGNEAUX.

Bon ! ces crapauds qu'on vous a donné.

Madame DE LA RIVIÈRE.

Point du tout, c'eft *baromètre*.

L'Abbé DES AGNEAUX.

Chevalier, raifonnez-vous quelquefois ?

Le Chevalier ZÉPHIR.

Quelquefois, je raifonne *pantoufle*.

Mademoifelle ROSE.

C'eft bien vrai, par exemple......

Le Chevalier ZÉPHIR.

Laiffez-moi donc finir ma phrafe ; quelquefois je raifonne férieufement, furtout fi on parle de chimie. Mon mot eft dit.

L'Abbé DES AGNEAUX.

Ah ! voyez que c'eft bien difficile à deviner ! C'eft chimie, n'eft ce pas ?

S

Le Chevalier ZÉPHIR.

Point du tout ; car c'eſt *pantoufle.*

L'Abbé DES AGNEAUX à Mlle ROSE.

N'eſt-il pas vrai, Mademoiſelle, que le Chevalier ſait bien jouer ce jeu-là ?

Mademoiſelle ROSE.

C'eſt un diable pour tous les jeux ; mais je n'aime pas quand il fait la culbute, car j'ai toujours peur qu'il ne ſe caſſe l'épine du dos.

L'Abbé DES AGNEAUX.

Diable ! c'eſt difficile à deviner.

Mademoiſelle DE LA HAUTE-FUTAIE.

Vous l'avez dit.

Le Chevalier ZÉPHIR.

Paix-là ! point d'indiſcrétion ſur-tout.

L'Abbé DES AGNEAUX.

Allons, ſoit ; je vois bien que je n'en devinerai pas aujourd'hui. C'eſt..... c'eſt...... en:bute.

Mademoiſelle ROSE.

Point du tout ; c'eſt *diable.*

L'Abbé DES AGNEAUX.

Il faut pourtant que j'en devine ; car ſi je fais le tour ſans en deviner, je payerai un gage ; je vais faire à Mademoiſelle du Gazon une queſtion bien difficile. Mademoiſelle, vous leverez-vous de main de bon matin ?

Mademoiſelle DE LA HAUTE FUTAIE.

Ah ! ma bonne amie, ſi vous n'y êtes pas priſe, il y aura bien du mérite de votre part.

Mademoiſelle DU GAZON.

Monſieur, je me leverai le plus matin que je pourrai ; car, quand je dors trop, je fais des rêves affreux. & je vois en rêvant des loups, des ſerpens, des crocodiles, des tigres, des rhinoceros, des léopards & des ours. Mon mot eſt dit.

L'Abbé DES AGNEAUX.

Oui, il eſt dit ; mais accompagné de pluſieurs autres ; je vois bien qu'il eſt dans votre énumération ; ces chiennes d'énumérations ſont déſolantes, & on devroit les proſcrire à notre jeu.

Mademoiſelle DU GAZON.

Mais vous ne dites pas le mot ; avec tous vos beaux raiſonnemens.

L'Abbé DES AGNEAUX.

Eh bien ! c'eſt cro.... non ; c'eſt rhinoceros.

Le Chevalier ZÉPHIR.

Non : vous aviez bien commencé ; c'eſt *crocodile.*

L'Abbé DES AGNEAUX.

Je voulois le dire ; au diable ſoit le jeu. Je n'en devinerai pas un. Tiens, l'abbé, je te défie de me répondre. Comment fait-on une fricaſſée de poulets ?

L'Abbé PRINTEMS.

Si j'étois cuiſinier, ou même marmiton, je pourrois te dire comment on fait une *fricaſſée de poulets.*

L'Abbé DES AGNEAUX.

La queſtion que je t'ai faite eſt heureuſe pour toi, c'eſt ſûrement ; *marmiton* qu'on t'a donné.

L'abbé PRINTEMS.

Point du tout. Elle eſt encore plus heureuſe, car c'eſt *fricaſſée de poulets.*

Madame DE LA RIVIÈRE.

Le jeu eſt fort piquant, ſurtout quand les queſtions ſont dans le ſens du mot donné.

L'Abbé PRINTEMS.

Madame, une fois on m'avoit donné *dentiſte* ; on me dit par haſard : j'ai bien mal aux dents ; pourriez-vous m'enſeigner un remède ? Et je répondis : je ne ſuis point *dentiſte.*

Mademoifelle DU RUISSEAU.

Allons, M. l'abbé, vous avez paffé mon tour ; faites-moi donc une queftion ?

L'Abbé DES AGNEAUX.

Seriez-vous bien aife, Mademoifelle, de retourner à Paris, pour voir votre aimable maman ?

Mademoifelle DU RUISSEAU.

Oh ! mon Dieu, oui ; car j'irois, pour la voir, jufqu'aux Antipodes, & même jufques fur les bords de la cataraête de Niagara.

L'Abbé DES AGNEAUX.

C'eft ou Cataraête, ou Niagara.

Mademoifelle DU RUISSEAU.

C'eft *Antipodes.*

Le Chevalier ZÉPHIR.

L'abbé, votre unique reffource, c'eft Mademoifelle de la Haute-Futaie.

L'Abbé DES AGNEAUX.

Mademoifelle, aimez-vous les fraifes ?

Mademoifelle DE LA HAUTE-FUTAIE.

Me voilà bien embarraffée. Quand le baromètre....... non. J'aime bien les fraifes ; mais j'aime mieux à m'aller promener quand le baromètre annonce du beau tems.

L'Abbé DES AGNEAUX.

Ce mot-là n'eft pas difficile à deviner. C'eft baromètre.

Mademoifelle ROSE.

Eh bien ! ma bonne amie ; allez-vous promener dans le jardin, tandis que nous allons prendre de nouveaux mots.

Mademoifelle DE LA HAUTE-FUTAIE.

Je n'en devinerai aucun, moi, bien fûrement.

L'Abbé DES AGNEAUX.

Eft-ce que vous vous êtes donné les mots tout haut ?

Madame DE LA RIVIÈRE.

Oui : eft-ce qu'il ne le faut pas ?

L'Abbé DES AGNEAUX.

Pardonnez-moi ; mais on peut auffi les donner tout bas. Alors, les autres joueurs ont le plaifir de chercher auffi le mot avec celui qui fait les queftions. C'eft comme les falles, par exemple. La morale eft quelquefois au commencement, & quelquefois à la fin. Quand elle eft au commencement, on a le plaifir de voir & de juger fi la fable prouve bien la morale ; & quand elle eft à la fin, on la cherche, & on a la fatisfaction de fe rencontrer quelquefois avec l'auteur. Au refte, vous fentez qu'il eft indifférent que le mot fe donne tout haut ou tout bas. L'effentiel eft de ne pas varier fa voix dans la réponfe, quand on prononce le mot donné, parce qu'alors cette inflexion de voix le fait aifément deviner.

L'Abbé PRINTEMS.

Ce jeu-là eft fort amufant ; j'ai vu paffer des foirées entières à le jouer. C'eft celui dont on devine d'abord le mot qui prend la place du chercheur de mots ; car fi on devinoit un mot à la première queftion, on ne continueroit pas moins à faire des queftions aux autres, furtout quand les mots ont été donnés tout haut.

Mademoifelle DU RUISSEAU.

Voilà Madame de la Haute-Futaie qui revient, elle fera du jeu.

Madame DE LA HAUTE-FUTAIE.

Mefdemoifelles, defcendez, s'il vous plaît, car on va fouper ; tenez, on fonne.

Mademoifelle ROSE.

Ah ! ma bonne amie, nous continuerons notre jeu après fouper. Vous en ferez, car il eft fort joli.

Madame DE LA HAUTE-FUTAIE.

Volontiers, mais à condition que nous n'irons pas coucher si tard qu'hier.

(*Extrait des Soirées amusantes.*)

R E T I R E - T O I D E - L A.

Petit jeu.

Voyez à l'article JEU DE LA SELLETTE.

R E I N E S.   (*jeu des*)

Il faut que chacun de la compagnie choisisse sa reine & la vienne dire à l'oreille de celui qui fait le jeu ; puis l'on sera obligé de dire plusieurs perfections de sa maîtresse en une telle rime. Ainsi, en choisissant la rime de *té*, on dira qu'elle a de la beauté, de la clarté, de la netteté, de la subtilité, de la propreté, &c. ainsi du reste. Ceux qui auront choisi des rimes qui ne seront pas fort abondantes, se trouveront fort empêchés si d'autres les ont prises devant eux.

R O I D É P O U I L L É.   (*le*)

Jeu de société.

Voyez à l'article ATTRAPE.   (-*jeux d'*)

R O M E S T E C Q.   (*jeu du*)

L'origine de ce jeu vient de Hollande, & c'est pour ce sujet qu'il est appellé *romestecq.*

Règles du jeu.

1º. Vous prendrez un jeu entier de cartes ordinaires & en ôterez toutes les petites, vous réservant les trente-six qui restent, & vous conviendrez du prix du jeu.

2º. On peut jouer depuis deux personnes jusqu'à six, à raison de cinq cartes chacune.

3º. Jouant six personnes, il est à observer que pour voir comme la partie sera assortie,

on donne à chaque personne une carte, & les trois plus hautes sont ensemble, & les plus basses pareillement. C'est la même marche à observer quand on est quatre joueurs ou même deux.

4º. Jouant à six personnes, celui qui sera au milieu donnera à couper à celui qui sera au milieu de l'autre côté de la table, & qui jouera contre lui.

5º. Celui qui aura la plus haute carte choisira de faire ou non, attendu qu'étant six personnes, il y en a qui trouvent de l'avantage de faire, & d'autres non ; cela étant à la discrétion de celui qui aura coupé la plus haute. Celui qui ne donne pas, est celui qui doit marquer le jeu.

6º. Celui qui ne fait pas, prendra la craie pour marquer sur la table le nombre des marques qui sera accordé par la compagnie. Ordinairement à six l'on marque trente-cinq marques ; & à quatre & à deux, l'ordinaire est de vingt-un. Néanmoins, le tout dépend de la volonté des joueurs.

7º. Celui du milieu qui fait, étant six joueurs, donnera cinq cartes à sa volonté, savoir : par une, deux, trois, quatre, ou cinq ; mais il est à remarquer qu'il faut qu'il donne toujours durant la partie, de la manière qu'il a commencé ; & ainsi chacun des autres donnera à son rang, ainsi qu'il est dit ci-dessus.

8º. Jouant quatre personnes, celui qui a les plus basses cartes est obligé de faire, & l'on coupe de travers, afin qu'il n'y ait pas une primauté d'un côté ou d'autre, laquelle primauté est fort avantageuse.

9º. Si celui qui donne les cartes par inadvertance en retourne une du côté de son adversaire, il lui sera marqué trois marques par sa partie ; mais si d'aventure la carte venoit à se retourner de son côté, il n'y a point de marque ; & s'il se trouve des cartes retournées dans le jeu, reconnues par la compagnie, il lui sera encore marqué trois marques.

10º. Qui manque à donner, de la même façon qu'il a déjà donné, il lui sera marqué trois marques par sa partie ; & s'il arrivoit, par le hasard, qu'il en donnât six pour cinq, il lui sera encore marqué trois marques, & en ôtera jusqu'au nombre de dix cartes, qu'il mettra dans l'écart, & continuera à donner ainsi qu'il avoit donné par ci-devant.

11°. Qui joue devant son rang relevera sa carte, & lui sera marqué trois marques.

12°. Qui renonce à la couleur que l'on lui jette, perd la partie.

13°. Qui compte Rome, village, double ningre, & qu'il ne l'ait pas ; quand il est reconnu, perd la partie.

14°. Qui joue avec six cartes, perd la partie.

15°. Qui efface une marque de plus qu'il ne lui appartient, perd la partie.

16°. Qui accuse de trois marques à faux, perd la partie.

17°. Pour parfaitement vous donner à entendre ce jeu, il est nécessaire d'expliquer ce que c'est que *virlicque*, *double ningre*, *triche*, *village*, *double Rome*, & *Rome* : la valeur des cartes, lorsqu'elles sont jointes ensemble, savoir : l'as vaut onze & emporte le roi, & ainsi le roi emporte les autres plus basses.

Virlicque, est quatre cartes arrivées en une même main de même façon, comme quatre as, quatre rois, ainsi du reste, & on a gagné alors la partie.

Triche, sont trois cartes de même sorte arrivées dans une même main, comme trois as, trois rois, ou autres cartes au-dessous.

Double ningre, sont deux as, deux rois, arrivés en une même main, ou bien deux as, deux dix ou deux rois en la place de deux as.

Village, sont deux dames & deux valets de même valeur, ou deux dix & deux neufs, à commencer depuis la dame jusqu'à la plus basse suivante ; & *double Rome*, sont deux as ou deux rois arrivés en une même main.

Rome, est deux cartes semblables au-dessous des rois & des as, arrivés dans une même main.

18°. La valeur du jeu est que, qui a *virlicque* gagne la partie, & on efface tous les acquis.

19°. *Triche* vaut trois dans la main s'il est d'as ou de rois ; quand tout passe, qu'il ne soit pas grugé, il vaut six, d'autant que les as & les rois valent chacun une marque.

20°. *Double ningre* vaut trois dans la main, quand tout passe, & qu'ils ne soient point

grugés ; savoir le roi & l'as. Il est à remarquer que quand vous jouerez une des quatre cartes qui composent le *ningre*, qu'il faut dire en la jettant, pièce de ningre, & en jouant une autre carte, dire autre pièce ; car s'il arrivoit que vous eussiez effacé votre marque sans avoir dit pièce & autre pièce, on vous accuseroit de la partie, & auriez perdu.

21°. *Village* vaut deux en disant pièce & autre pièce en les jettant, ainsi que ci-dessus.

22°. *Double Rome* valent deux dans la main, & quand tout passe qu'ils ne soient point grugés, valent quatre en disant en le jettant, pièce de Rome.

23°. *Rome* vaut un dans la main en disant en le jettant, pièce de Rome.

24°. Le *stecque* est une marque à effacer pour celui qui fait la dernière levée.

25°. Le mot de *gruger* est quand on jette, une carte d'une sorte de laquelle on n'a pas, & que l'on soit contraint de jetter quelques as ou rois, cela s'appelle *gruger*, d'autant que celui qui les gruge en efface autant qu'il en a marqués.

Les as & rois valent chacun un, ainsi qu'il a été dit ci-dessus.

ROUE DE FORTUNE.

Voyez à l'article LOTERIE. (*petite*)

ROULETTE ; espèce de jeu d'exercice que l'on joue debout autour d'une machine faite exprès, disposée en forme de galerie. C'est un jeu de hasard, du reste très-égal, & qui ne paroît susceptible de tromper.

On jette une boule blanche ou noire dans une galerie, d'où, après plusieurs circuits, & étant renvoyée de différens côtés, cette boule s'arrête enfin sur une case de sa couleur, ou de celle opposée ; ce qui décide du gain ou de la perte.

ROULETTE *aux dez*. (*jeu de la*)

Voyez à l'article COULEURS. (*jeu des trois*)

RUBAN. (*jeu du*)

Voyez à l'article JEU DE LA SELLETTE.

S

S A B O T.

S A B O T. (jeu d'écolier.)

CEST un morceau de bois rond, qui se termine en pointe, & qu'on fait tourner en le fouettant dans le même sens avec une lanière. L'adresse du joueur consiste à entretenir long-tems l'activité du sabot.

S A G E. (jeu du)

Dans le jeu du sage, l'on trouve les principaux effets de la sagesse, comme de craindre & d'aimer Dieu, de surmonter l'influence des astres, d'être ferme contre la fortune, d'être libre & ne s'assujettir à rien, & ainsi des autres; puis chacun ayant appris quelqu'une de ces belles maximes par cœur, le maître s'adressant à celui qui sera à sa main droite, & lui demandant, que fait le sage, il faut qu'il dise sa sentence, comme par exemple, le sage craint & aime Dieu; & après ayant interrogé un autre suivant, celui-là doit dire la sienne.

Plusieurs s'interrogent aussi l'un l'autre avec pareille obligation, & à la fin, lorsque chacun peut bien avoir appris les sentences de tous ses compagnons, on les doit redire d'ordre jusqu'au dernier qui en dit plus que tous les autres. Ceci a la vraie apparence d'un jeu, & s'il semble trop sérieux, l'on en peut faire de plus gais à son imitation, en changeant les paroles & le sujet.

S A V A T E. (jeu de la)

Pour jouer ce jeu, la compagnie s'assied à terre en rond, excepté une personne qui reste debout au milieu, & dont la tâche est d'attraper un soulier que la compagnie se passe de main en main par dessous les jarrets, à peu près comme une navette de tisserand.

Comme il est impossible à celui qui est debout, de voir en face tout le cercle, le beau du jeu est de lui donner des coups de talon du soulier, du côté qui est hors de défense.

S A U T S. (jeu des trois)

C'est une espèce de jeu de force, où celui qui, en deux enjambées & un saut parcourt le plus grand espace, gagne.

SCHNIF-SCNOF-SCNORUM.

Jeu de société.

Voyez à l'article POULES. (Jeu de)

SCIENCES ET ARTS. (jeu des)

Au jeu des sciences & des arts chacun prend un nom, & quand on a appelé la théologie, la philosophie, l'astronomie, la géométrie, &c. il faut que ceux qui en portent les noms disent les définitions d'une telle science ou d'un tel art, ou quelque chose qui leur appartient, & soit à leur gloire & avantage.

Pour épuiser les esprits & les mettre beaucoup en peine, il faut appeler chacun plusieurs fois, rendant le jeu un peu long, mais cela ne peut être pratiqué que par des personnes qui aient beaucoup d'étude.

SECRÉTAIRE. (le)

Jeu de Société en dialogue.

Mademoiselle DU GAZON.

Eh bien! il est arrivé! L'avez-vous vu?

Comme il a l'air niais, pour un jeune homme de seize ans! Qu'il est gauche! Le pauvre garçon, il a bien fait d'être riche!

Mademoiselle DE LA HAUTE FUTAIE.

Qui donc! ma bonne amie, M. Dubois, ce digne fils de sa digne mère?

Mademoiselle DU GAZON.

Justement. Madame Dubois, en nous en parlant, faisoit comme le hibou de la fable de la Fontaine.

Mademoiselle DU BOCAGE.

Je m'attendois à voir un jeune lutin plein d'esprit; je crois qu'il a de la difficulté à parler.

Mademoiselle DU GAZON.

Non; point du tout : c'est qu'il veut grasseyer. Avez-vous vu son doigt, comme il est emmaillotté! Je l'ai déjà vu à Paris. Le pauvre garçon, il a bien fait d'être riche.

Mademoiselle DU BOCAGE.

Est-ce qu'il est borgne, donc?

Mademoiselle DU GAZON.

Non; c'est qu'il louche un peu de l'œil gauche; mais ça ne paroit pas quand on le voit du côté droit. Le pauvre garçon; il a bien fait d'être riche.

L'abbé PRINTEMS.

Il sera comme sa mère; il n'aimera pas nos jeux.

Mademoiselle DU BOCAGE.

Je l'ai entendu dire deux mots, il ne m'a pas paru bien spirituel. Il est comme une boule, il sera comme sa mère.

Madame DE LA RIVIÈRE.

Allons, silence, s'il vous plaît, Mesdemoiselles, je l'entends qui vient avec son violon.

L'abbé PRINTEMS.

Il est donc musicien; ce sera un acteur de plus pour notre concert de demain.

L'abbé DES AGNEAUX.

Bon! Il y a, dit on, huit ans qu'il apprend à jouer du violon, il n'en fait guères plus que le premier jour. Le violon est un instrument si commun, que je le trouve détestable, quand il n'est que médiocre. Il faut un peu exceller dans cet instrument, sans quoi ce n'est pas la peine de s'en mêler, à moins qu'on ne veuille, par complaisance, racler quelques contredanses dans le besoin, pour faire danser. Je ne sais si c'est ma guitare qui m'a rendu ennemi déclaré du violon; mais je trouve cet instrument d'une aigreur insupportable, quand toutefois il n'est pas adouci par une main habile. Le pauvre M. Dubois n'y fera rien; son doigt le gêne beaucoup pour tenir son archet, & c'est un grand défaut.

Madame DE LA HAUTE-FUTAIE.

Eh bien! M. Dubois, vous voilà donc venu voir nos jeux enfantins? Je croyois que vous restiez toujours à côté de votre maman, à la voir jouer.

M. DUBOIS.

Oui, Madame; mais c'est qu'elle perd; elle est de mauvaise humeur. On lui a fait un schlem; & quand son jeu va mal, elle me gronde toujours; elle dit que je me tiens mal, & j'ai mieux aimé encore venir ici.

Mademoiselle DU GAZON.

Nous sommes bien flattées de la préférence.

M. DUBOIS.

Ah! oui : & puis encore c'est que je ne peux jouer là-haut du violon, ça les étourdiroit.

L'abbé DES AGNEAUX.

C'est que les joueurs de gros jeu n'aiment que la cadence du pouce.

Mademoiselle DE LA HAUTE-FUTAIE.

Quel air jouez-vous-là?

Mademoiselle DU BOCAGE.

C'eſt un air de Péronne ſauvée. *Sitôt que Lubin m'aima d'amour extrême.*

L'abbé DES AGNEAUX.

Vous ne devriez pas, mon cher ami, jouer cet air là, il eſt trop difficile; vous l'avez pris un peu haut; vous devriez le tranſpoſer pour votre violon, & vous voyez bien que vous le défigurez; vous paſſez toutes ces petites notes d'agrément. D'ailleurs, vous vous trompez-là : tenez; *il faut pourtant, diſoit ma ſœur, laiſſer un peu languir ſon ſerviteur ;* vous voyez bien que vous êtes en *ſi bémol ; laiſſer un peu,* il faut un *ſi* naturel & un *ut diéze ;* & vous tronquez tout-à-fait ce paſſage-là.

M. DUBOIS.

Oh! que non.

L'abbé DES AGNEAUX.

Oh! que ſi. Parbleu! liſez votre muſique. Mais nous allons jouer un jeu qui ne vous amuſeroit peut-être pas. Vous avez bien vu cette grande allée de tilleuls qui partage le verger; il y a au bout une grande grotte qui eſt charmante pour faire de la muſique. Il y a un écho merveilleux; quand vous ſerez-là avec votre violon, vous croirez entendre une douzaine d'inſtrumens.

Mademoiselle ROSE.

Comme c'eſt couvert, la roſée ne gâtera pas vos cordes.

L'abbé PRINTEMS.

Enfin le-voilà parti, le pauvre nigaud.

L'abbé DES AGNEAUX.

Meſdames, voulez-vous jouer au *ſecrétaire?*

Madame DU RUISSEAU.

Oh! il faut trop d'eſprit pour ce jeu-là; moi, je n'y jouerai pas.

L'abbé DES AGNEAUX.

Eh bien! ne le jouons pas.

Mademoiselle ROSE.

Mais, ma ſœur, on écrit ce qu'on veut. En défigurant ſon écriture, on ne ſait ce qu'on a écrit.

L'abbé DES AGNEAUX.

Eh bien! jouons-y donc.

Madame DU RUISSEAU.

Mais c'eſt qu'on peut mettre des méchancetés.

L'abbé DES AGNEAUX.

Eh bien! ne jouons pas.

Mademoiselle ROSE.

Mais, ma ſœur, nous ſommes trop honnêtes pour y mettre des méchancetés. D'ailleurs, on n'y met rien qu'on ne diſe en converſation; & puis, ces petites méchancetés-là, quand il y en auroit, ne portent pas beaucoup.

L'abbé PRINTEMS.

Eh bien! jouons-y donc.

Le Chevalier ZÉPHIR.

Allons, que tous ceux qui veulent jouer au *ſecrétaire* levent le doigt.

Madame DU RUISSÉAU.

Allons, je leverai le doigt comme tous les autres. Bon! voilà M. Dubois.

Mademoiselle DE LA HAUTE-FUTAIE.

Eſt-ce que vous n'avez pas fait de la muſique dans le jardin? ?

M. DUBOIS.

Oh! mon Dieu, non. Il fait trop froid; j'ai été un peu là-haut; le jeu va un peu mieux, je vais y retourner.

L'abbé PRINTEMS.

Allons, ainſi ſoit-il.

M. DUBOIS.

M. DUBOIS.

Et qu'eft-ce que vous voulez donc faire de tous ces cornets avec toutes ces plumes-là.

L'abbé DES AGNEAUX.

Nous vous le dirons à fouper.

L'abbé PRINTEMS.

Enfin, le voilà parti, le pauvre nigaud. Pour bien-jouer au fecrétaire, il faudroit des cartes blanches des deux côtés; car un côté ne fuffit pas pour écrire tout ce qu'on veut.

L'abbé DES AGNEAUX.

En voilà; j'en ai toujours une douzaine au moins fur moi dans un petit étui fait exprès. Il s'agit d'écrire en tête le nom de chaque joueur fur une carte. On les met dans un chapeau que l'on couvre; chacun tire une carte, il écrit deffus une penfée. On les remet dans le chapeau; on les tire une feconde fois, & fur celle que l'on a prife, on met encore une autre penfée; ainfi de fuite, jufqu'à ce que les cartes foient pleines. Allons, Mefdames, prenez vos cartes.

Mademoifelle ROSE.

Ah! l'abbé Printems a la carte de Madame de la Rivière.

L'abbé DES AGNEAUX.

Il ne faut pas dire ça, Mademoifelle; vous voyez bien qu'on faura que c'eft l'abbé qui aura écrit la première penfée qui fe trouvera fur la carte de Madame de la Rivière; & s'il alloit y mettre une méchanceté?

L'abbé PRINTEMS.

Ah! Madame ne prête à aucune méchanceté?

Madame DE LA RIVIÈRE.

Vous êtes bien honnête; vous briguez mon fuffrage pour que je vous faffe des complimens, quand votre carte me viendra.

L'abbé PRINTEMS.

Moi! point du tout; vous vous trompez; je ferai bien aife d'apprendre mes vérités.

Mademoifelle ROSE.

Eh bien! on vous les dira.

L'abbé PRINTEMS.

Vous riez, je parie que vous avez ma carte; fi la vôtre me paffe, je m'en fouviendrai.

L'abbé DES AGNEAUX.

Surtout, Mefdames, ne montrez pas vos cartes en les prenant, ni en les remettant. La première fois que nous y jouerons, j'aurai des grands étuis pour mettre les cartes, comme dans la roue d'étourderie.

Madame DE LA HAUTE-FUTAIE.

Vous êtes un fameux faifeur de cartons; je veux vous donner de l'occupation: il faudra que vous me faffiez une toilette entière en carton.

Madame DE LA RIVIÈRE.

Et moi, je vous demanderai une petite commode en carton auffi.

Mademoifelle DU RUISSEAU.

Moi, je me contenterai d'une chiffonnière.

Mademoifelle ROSE.

Je voudrois une petite boîte par cafe pour mettre toutes les bobines de mes foies de différentes couleurs; vous ne me refuferez pas ça, l'abbé?

L'Abbé DES AGNEAUX.

Oh! mon Dieu, non.

L'Abbé PRINTEMS.

Moi, je te demanderai un porte-feuille & un petit étui pour porter toujours fur moi au moins une douzaine de cartes, ça n'eft pas trop.

T

Mais comme je vois que tu as beaucoup de pratiques, je te conseille de prendre un ou deux garçons cartonniers pour t'aider ; sinon, tu n'auras plus le tems de faire des charades, des bouts-rimés, des chanfons & des comédies ; mais continuons notre jeu.

Mademoiselle DU RUISSEAU.

Allons, Mademoiselle ; je ne veux pas qu'on regarde ce que j'écris ; non, vous ne le verrez pas.

Madame DE LA HAUTE-FUTAIE.

Finiffez donc, ma fille, c'est malhonnête ce que vous faites-là.

Mademoiselle DE LA HAUTE-FUTAIE.

Mais, maman, vous avez bien fait voir votre carte à l'abbé des Agneaux.

Madame DE LA HAUTE-FUTAIE.

Eh bien ! j'ai eu tort, ma fille. Tout le monde a-t-il écrit ? Qu'on raffemble les cartes, & qu'on paffe le chapeau.

Mademoiselle DU GAZON.

Mais Mademoiselle du Bocage a fraudé, elle n'a rien écrit.

Le Chevalier ZÉPHIR.

Les cartes ne fe rempliront pas vîte comme ça.

Mademoiselle DU BOCAGE.

C'est ma carte que j'avais ; qu'est-ce que vous voulez que je mette deffus.

Le Chevalier ZÉPHIR.

C'est égal ; on écrit ce qu'on veut. Bon ! voilà-t-il pas encore M. Dubois. Eh ! mais, mon Dieu, je crois qu'il a du vif argent dans les pieds ! Il n'est pourtant pas bien vif. Il ne fait que monter & defcendre.

L'abbé DES AGNEAUX.

Ah ! faites nous grace de votre violon, s'il

vous plaît. Qu'il est complaifant, il redouble ! Bon ! voilà le chevalet caffé ; c'est bien fait.

M. DUBOIS.

C'est bien vilain de vous réjouir du malheur d'autrui. Oh ! j'en ai encore un autre là-haut dans ma boîte, & puis fi je le caffois encore, j'en trouverois peut-être à acheter dans le village.

L'abbé DES AGNEAUX.

Oui, croyez-moi, allez-en acheter tout de fuite une douzaine.

L'abbé PRINTEMS.

Enfin ! le voilà parti, le pauvre nigaud ?

Mademoiselle DU RUISSEAU.

Mais nous n'allons pas trop vîte, au moins, Mefdames ; favez-vous qu'il est bientôt huit heures ? Nous n'avons plus guères qu'une heure & demie avant de fouper, & fi M. Dubois vient toujours nous interrompre comme ça, nous n'aurons pas fini.

L'abbé DES AGNEAUX.

Ayez foin, s'il vous plaît, Mefdames, de mettre trois points après ce que vous écrirez, afin qu'on diftingue les différentes phrafes, qui quelquefois fe fuivent, & qui fouvent fe contredifent.

Madame DE LA RIVIERE.

Mais les cartes doivent être bientôt remplies.

Mademoiselle DU GAZON.

Je crois qu'elles peuvent faire encore un tour.

Mademoiselle DE LA HAUTE-FUTAIE.

J'ai eu, tout-à-l'heure, bien de la peine à lire la carte qui m'étoit tombée ; il y avoit une phrafe écrite en points.

Mademoiselle DU RUISSEAU.

On ne reconnoîtra pas cette écriture-là.

SECRÉTAIRE.

Le Chevalier ZÉPHIR.

Voilà-t-il pas encore notre ami M. Dubois? mais c'est inconcevable?

L'abbé PRINTEMS.

Et d'où diable venez-vous donc? Vous n'avez donc pas été acheter un chevalet?

M. DUBOIS.

Il fait trop noir; j'irai demain matin.

Madame DE LA RIVIÈRE.

Qu'est-ce que vous avez? Est-ce qu'il vous est arrivé quelque chose dans le sallon?

M. DUBOIS.

Dame! voyez donc, ce n'est pas ma faute.

L'abbé PRINTEMS.

Vous avez fait quelques sottises?

M. DUBOIS.

M. de la Rivière & M. de la Forêt faisoient une partie d'échecs; j'ai passé à côté d'eux, &...

L'abbé PRINTEMS.

Et vous avez renversé tout leur jeu par terre, n'est-ce pas? Vous ne regardez pas à ce que vous faites.

Madame DE LA RIVIÈRE.

Votre maman vous a sûrement grondé?

M. DUBOIS.

Oh! mon Dieu, non. Elle a ri comme une folle, & ça faisoit endêver M. de la Rivière; ils se sont un peu querellés; ces messieurs ramassoient les pièces de leur jeu.

L'abbé PRINTEMS.

Et vous avez marché dessus, vous en avez cassé quelques-unes.

M. DUBOIS.

Non, point du tout, j'ai voulu les éclairer...

L'abbé PRINTEMS.

Et vous avez éteint la lumière.

M. DUBOIS.

Non. J'ai brûlé un peu les cheveux de M. de la Forêt; mais ce n'est rien que ça, ils repousseront.

Mademoiselle DU RUISSEAU.

Ah! oui: ils repousseront. Il porte perruque.

M. DUBOIS.

Dame! Est-ce que je savois qu'il portoit perruque, moi?

Madame DE LA RIVIÈRE.

Tenez, vous devriez aller vous réconcilier tout de suite avec eux, car vous nous empêchez de jouer.

M. DUBOIS.

Mais ils me gronderont, car ils disent que je ne fais qu'aller & venir.

Mademoiselle ROSE.

Ils n'ont pas tort, mais c'est égal; allez toujours, il ne faut pas laisser vieillir la rancune.

L'abbé PRINTEMS.

Enfin, le voilà parti, le pauvre nigaud?

Madame DE LA HAUTE-FUTAIE.

L'abbé, tirez la clef en dedans, il ne pourra plus rentrer; car, sans cela, nous ne finirons pas.

L'abbé PRINTEMS.

Qu'il y revienne, à présent, il trouvera à qui parler.

Mademoiselle DE LA HAUTE FUTAIE.

Attendez donc, je n'ai pas encore fini

T 2

d'écrire ; je ne fongeois qu'à la perruque de
ce pauvre M. de la Forêt : c'est bien défa-
gréable, au moins ; fi ç'avoit été un bonnet
de gaze !....

L'abbé DES AGNEAUX.

Allons, quand toutes les cartes feront ra-
maffées, il faudra les lire, Chevalier, il faudra
vous charger de ce foin, parce que vous ne
connoiffez pas nos écritures. Paix-là ! voilà
encore M. Dubois que j'entends ; ne difons
rien.

M. DUBOIS, *frappant en dehors.*

Mais c'eft fingulier ; ils ont retiré auffi la
clef du fallon. Y a-t il quelqu'un là ? Où font-
ils donc allés ? Je le dirai à maman, qu'on ôte
les clefs partout.

L'abbé DES AGNEAUX, *bas.*

Taifez vous donc, Mademoifelle Rofe, il
vous entendra rire.

M. DUBOIS.

Oh ! vous croyez m'attraper : j'entends
bien rire Mademoifelle Rofe ; je fais bien ce
que je ferai ; je m'en vais retourner au fallon
par l'autre efcalier, la clef de l'autre porte y
fera peut-être.

L'abbé DES AGNEAUX.

Allons, lifez les cartes, Chevalier, car il eft
tard. Je vous ai engagé, Mefdames, à vous
mettre dans la falle à manger, parce que, pour
jouer au fecrétaire, il faut une grande table
où tout le monde puiffe écrire à fon aife.

Le Chevalier ZÉPHIR.

Voici la carte de *Madame de la Rivière* :
écoutez bien, s'il vous plaît.

Beaucoup de bien & point de mal........
Trois points. C'eft le fentiment général........
Trois points.

Mademoifelle ROSE.

Pefte ! ce font des vers. L'abbé des Agneaux
en aura fait quelques-uns.

L'abbé DES AGNEAUX.

J'ai trouvé le premier fait, j'ai fait le fecond.
Mais il ne faut pas dire ce qu'on a mis, ni
faire des réflexions. Continuez, Chevalier ; ce
n'eft pas la peine de dire : trois points ; il fuffit
de faire une petite paufe, pour qu'on voie le
changement de phrafe.

Le Chevalier ZÉPHIR *continue.*

Toutes les vertus de l'âge mûr.... Tous les
talens & les agrémens de la jeuneffe.... De
l'efprit fans prétention.... Du jugement fans
oftentation..... Heureux fon mari !... Heureux
fes amis !

Madame DE LA RIVIÈRE.

Je fuis confufe de tous vos complimens ; je
les prendrois volontiers pour des leçons, fi je
ne connoiffois votre indulgence. On voit bien
que ma carte n'eft pas venue jufqu'à moi.

Le Chevalier ZÉPHIR.

Madame de la Haute - Futaie. Aimable
maman... Ah ! je reconnois l'écriture de Mademoifelle de la Haute-Futaie.

Mademoifelle DE LA HAUTE-FUTAIE.

Point de réflexions, on l'a dit ; continuez.

Le Chevalier ZÉPHIR.

Aimable maman... D'une charmante fille...
Heureux cent fois l'amant qu'hymen feroit
entrer dans fa chère famille...

Mademoifelle ROSE.

Ce font encore des vers.

Le Chevalier ZÉPHIR.

C'eft bien dit... Pas trop bien écrit...

Mademoifelle DU RUISSEAU.

Effectivement, je ne pouvois pas lire.

Le Chevalier ZÉPHIR.

Ces Meffieurs fe font rire... Je reconnois

l'écriture du modeste auteur que je ne croyois pas en état de faire des vers. *Il continue.* Qui peut les contredire ?... Messieurs, en vérité, vous avez bien de la bonté. Oh! c'est sûrement la maman! Mais je ne connois pas son écriture. Passons à la carte suivante.

Mademoiselle du Ruisseau. Modeste en son cours... Timide en ses amours... Elle est charmante... Quand elle n'a pas la migraine... Heureux qui n'est point sujet à cette vilaine maladie... Prudent qui ne la feint pas quand il ne l'a pas.

Mademoiselle DE LA HAUTE-FUTAIE.

Ma bonne amie, voilà des coups de patte sur votre migraine.

Mademoiselle DU RUISSEAU.

Quand je vous ai dit que ce jeu étoit méchant !

Le Chevalier ZÉPHIR.

Il pourroit bien vous donner la migraine, ce jeu-là. *Il continue.* Malade ou non, elle est charmante... Surtout quand elle danse ou bien quand elle chante.

L'abbé Printems. Ah! voyons un peu. Grotesque en ses idées... C'est un bon enfant... On dit qu'il aime les dames.... C'est de son âge... Il aime le badinage... C'est de son âge... Il chante un peu faux... Ça lui est égal, pourvu qu'il chante.

Mademoiselle Rose. Charmante Rose... Qui n'est éclose que pour Lubin... Ah! ah! qu'est-ce que ça veut donc dire? *Il continue.* Le zéphir caresse la rose... Le papillon aussi... Zéphir & papillon ont des goûts semblables... Leurs goûts sont bons... Ils sont quelquefois volages... Toutes les fleurs ambitionnent les caresses du zéphir, & elles rendent jalouse la rose... Cette carte prêteroit à faire des réflexions.

Mademoiselle ROSE.

Mais elles sont défendues. Vous savez qu'il est ordonné de déchirer les cartes, quand elles sont lues ; ainsi ne gardez pas la mienne, s'il vous plaît.

Le Chevalier ZÉPHIR.

Mademoiselle de la Haute-Futaie. Elle est bien jeune... C'est un bon défaut... On s'en corrige tous les jours... Elle est un peu causeuse... Elle est un peu indiscrette... C'est qu'elle est la franchise même... Elle s'en corrigera... Ainsi soit il.

Mademoiselle du Gazon. La raison même... La complaisance même... Sérieuse avec les personnes âgées... Enjouée avec les jeunes gens... Elle joue, par honnêteté, aux jeux de Madame Dubois... On connoît bien là son bon caractère... Elle voudroit que vous eussiez dit vrai.

M. des Jardins. Il joue bien aux quilles... Sans vanité, il joue mieux que le chevalier... Ah! c'est bien vrai. *Il continue.* Il n'a pas grand mérite à le surpasser... Ah! c'est bien vrai. *Il continue.* Quand se mariera-t-il donc?... Quand il voudra... Quand l'amour voudra... Attrape qui peut... Malheureux qui est pris.

Mademoiselle du Bocage. Rime avec sage... C'est la rime avec la raison... Elle devroit bien épouser M. des Jardins... Que ne sont-ils unis ensemble !... Patience donc... Le tems est un grand maître... Les mariages sont écrits au ciel !... Sur des nuages que le moindre vent dissipe.

Mademoiselle ROSE.

Et la carte de l'abbé des Agneaux, où est-elle ?

Le Chevalier ZÉPHIR.

Il ne reste plus que celle-là & la mienne.

M. l'abbé des Agneaux fait bien les charades... Encore mieux les vers... C'est un garçon d'esprit... Il n'est pas si bête qu'il le paroît... Le compliment est court. *Il continue.* Aime-t-il les dames?... Je n'en sais rien... Il s'accompagne bien avec sa guitare... C'est dommage qu'il n'aime pas le violon, ni la danse.

Enfin, Mesdames, voilà mon arrêt.

Le Chevalier Zéphir. C'est un petit lutin... Il est comme Chérubin... Vous me faites bien de l'honneur, Mesdames. *Il continue.* Il est bien inconstant... Vous vous trompez... Il aime bien Mademoiselle Rose... Il a bien raison... Qu'en voulez-vous dire?... C'est son âge.

L'Abbé DES AGNEAUX.

Voilà qui eſt enfin fini. Otons tous ces cornets et toutes ces plumes, car il eſt tard, & on va bientôt mettre le couvert.

Mademoiſelle ROSE.

Meſdames, il fait un beau clair de lune.

Madame DE LA HAUTE-FUTAIE.

Allons faire un tour dans le jardin, pendant qu'on mettra le couvert.

(Extrait des Soirées amuſantes.)

SELLETTE. (la)

Jeu de Société en dialogue.

M. DU FRÊNE.

Ah! je ſuis fâché, mon cher abbé des Agneaux, que vous n'ayez pas pu venir promener avec nous; nous nous ſommes bien amuſés.

L'Abbé DES AGNEAUX.

Je n'ai pas pu. Vous ſavez bien que je prépare cette petite illumination pour la fête de M. B.... La fête ſera fort bien dans ſon eſpece. Vous connoiſſez bien ce théâtre en gazon, que M. B.... a fait ſur ſa terraſſe, au bout du boſquet? C'eſt-là que commencera la fête: j'ai tracé le canevas d'un petit drame relatif à une fête, où chacun de nous improviſera. Nous comptons ſur vous.

M. DU FRÊNE.

Volontiers; je ferai ce que je pourrai.

L'Abbé DES AGNEAUX.

Après le drame, on fera le tour du jardin, qui ſera bien illuminé. Croiriez-vous que je n'a fait aujourd'hui que couler des lampions? Il eſt vrai que les domeſtiques m'aidaient.

M. DU FRÊNE.

Vous vous contentiez de préſider.

L'Abbé DES AGNEAUX.

Point du tout; je travaillois auſſi. Quand on aura fait le tour du jardin, du verger & du bois, on reviendra devant la maiſon tirer un petit feu d'artifice; et enſuite on retournera au boſquet. La ſalle qui eſt au milieu, ſera bien illuminée avec des arcades et des colonnes en lampions, et on danſera là tant qu'on voudra.

M. DU FRÊNE.

Cette fête eſt fort bien ordonnée, & les vers vont couler, Dieu ſait comme.

L'Abbé DES AGNEAUX.

J'en ai fait quelques-uns, mais je compte principalement ſur ceux que Madame de la Riviere a bien voulu ſe charger de chanter.

M. DU FRÊNE.

Il eſt vrai qu'elle donne une grace infinie à tout ce qu'elle chante, et ſurtout quand elle veut bien s'accompagner avec ſa harpe.

L'Abbé DES AGNEAUX.

Ah! voilà ces demoiſelles. Vous avez donc bien joué à la promenade?

Mademoiſelle ROSE.

Nous avons paſſé en revue toutes ſortes de petits jeux enfantins.

Mademoiſelle DU RUISSEAU.

Nous avons joué au petit palet dans les allées du bois.

Mademoiſelle DU GAZON.

Nous avons joué à la main-chaude; mais l'abbé Printems frappe un peu trop fort. Et vous auſſi, mon couſin.

M. DU FRÊNE.

C'eſt le beau du jeu. Mais je ne frappois fort que quand c'étoit des Meſſieurs, bien entendu.

Mademoiselle DU BOCAGE.

J'aime beaucoup le jeu que M. du Frêne nous a appris. Il est tout drôle.

L'Abbé DES AGNEAUX.

Quel jeu donc, s'il vous plaît ?

Mademoiselle DU BOCAGE.

Chacun prend une jarretiere ou un *ruban* & en tient un bout. Tous les autres bouts sont réunis dans la main de celui qui fait jouer le jeu. Quand il dit : tirez, il faut lâcher ; & quand il dit : lâchez, il faut tirer. On est souvent attrapé, & on donne bien des gages.

L'Abbé DES AGNEAUX.

Ce jeu ressemble assez à ces petits jeux qu'on fait jouer aux enfans, où l'on dit : berlingue, chiquette, ou bien pigeon vole, mouton vole, &c.

Mademoiselle DU RUISSEAU.

Nous avons joué tant de jeux nigauds que nous avons joué à *retire-toi de-là*. Pourquoi ça ? Parce que tu as telle chose et que je n'en ai pas ; parce que tu as un chapeau, & que je n'en ai pas ; parce que tu as des boucles d'oreilles, & que je n'en ai pas.

Mademoiselle ROSE.

Mon Dieu ! que nous avons ri avec toutes ces petites misères-là.

L'Abbé DES AGNEAUX.

Les plus petits jeux peuvent souvent amuser plus que les grands ; c'est suivant comme on est disposé. J'ai entendu dire que des personnes de la plus grande distinction, et du plus grand génie, avoient joué à la poussette, où les enfans disent : digue, dogue, savatte ; il est vrai qu'ils y jouoient avec des louis.

Mademoiselle DU RUISSEAU.

Nous avons joué aussi au Colin-Mail-

lard ordinaire, & au *Colin-Maillard avec une canne.*

Mademoiselle DE LA HAUTE-FUTAIE.

Le Colin-Maillard avec une canne est fort drôle ; mais je ne peux pas y jouer, parce que je ris trop. Quand on est en rond & qu'on s'arrête, le malheur m'en veut, le Colin-Maillard, qui est au milieu, me présente toujours la canne : il fait trois cris différens ; il faut les répéter, & je ne saurois contrefaire ma voix.

Madame DE LA HAUTE-FUTAIE.

C'est que vous riez toujours.

Mademoiselle DE LA HAUTE-FUTAIE.

Mais, maman, pourquoi me présente-t on toujours la canne ? Je crois que ces Messieurs n'attachoient bien le bandeau que quand j'étois Colin-Maillard.

Mademoiselle ROSE.

L'abbé des Agneaux nous avoit promis de nous apprendre tous les jeux de Colin-Maillard, & il l'a oublié, il n'a pas tenu sa parole.

L'Abbé DES AGNEAUX.

La faute est aisée à réparer. Il n'y a plus que le *Colin-Maillard à la silhouette*, que vous ne connoissez pas ; nous pourrons y jouer ce soir ; on ne peut y jouer qu'à la lumière. On place quelqu'un dans l'enfoncement d'une fenêtre ; on tire bien le rideau devant lui ; on le tend bien, comme si on vouloit faire voir la lanterne magique. A une certaine distance du rideau, on met une table, & toutes les lumières dessus. Chacun passe à son tour entre le rideau & la table, en faisant des grimaces & des contorsions risibles, pour se défigurer ; & il faut que celui qui est derrière le rideau devine qu'est-ce qui passe.

L'Abbé PRINTEMS.

Les hommes mettent quelquefois des bonnets de femmes & des mantelets, pour n'être pas reconnus.

Le Chevalier ZÉPHIR.

J'ai vu quelquefois aussi des jeunes gens monter à califourchon l'un sur l'autre, pour passer devant le rideau. J'ai passé bien des soirées à ne pas jouer d'autres jeux, tant il est amusant quand on est une fois en train.

Madame DE LA RIVIÈRE.

Sait-on où est M. de la Rivière ? Pourquoi donc n'est-il pas venu à la promenade ?

Mademoiselle ROSE.

Croiriez-vous, Madame, qu'ils n'ont pas quitté le billard depuis le dîner. Ils ont voulu faire une partie ce matin, ils n'ont pas pu. Ils ont passé tout leur tems à chercher la bille rouge que M. Dubois avoit perdue : ils l'ont enfin trouvée sur le grand sopha qui est dans la grotte au bout de l'allée de tilleuls.

Madame DE LA RIVIÈRE.

Ils ont bien réparé le tems perdu, s'ils ont joué au billard depuis le dîner.

L'Abbé PRINTEMS.

Ils y jouent encore à la lumière.

Mademoiselle DU RUISSEAU.

C'est singulier, comme ce jeu attache. Mais est-ce que les femmes ne pourroient pas y jouer ?

L'Abbé DES AGNEAUX.

Pardonnez-moi ; j'ai vu plusieurs femmes à la campagne qui y jouoient fort bien. Nous voilà tous réunis ; il ne viendra plus personne.

L'Abbé PRINTEMS.

On cherche partout M. Dubois ; on ne sait ce qu'il est devenu.

Madame DE LA HAUTE-FUTAIE.

Madame du Ruisseau, Madame du Frêne & M. des Jardins, font un brelan avec M. B.... & Madame Dubois.

Madame DE LA RIVIÈRE.

Ce pauvre M. B.... s'amuseroit peut-être bien de nos petits jeux, car il est gai ; mais il faut qu'il tienne compagnie à son monde. Voilà ce que c'est que d'être maître de maison ; on ne fait pas tout ce qu'on aimeroit le mieux.

L'Abbé DES AGNEAUX.

Mesdames, si vous voulez, nous allons jouer à la *sellette*.

Madame DE LA HAUTE-FUTAIE.

Volontiers.

L'Abbé DES AGNEAUX.

Mais il faut un petit tabouret pour asseoir le coupable dans le milieu de l'appartement.

L'Abbé PRINTEMS.

En voilà un.

L'Abbé DES AGNEAUX.

Eh bien ! commence par t'en servir. Je vais faire le tour, & je demanderai à chacun de quoi on t'accuse ; chacun me dira bas à l'oreille de quoi on te croit coupable.

Mademoiselle ROSE.

Mais l'abbé, vous n'y pensez pas ; vous n'avez point un air pénétré de vos fautes ; on ne vous prendroit jamais pour un criminel qui est sur la sellette.

Le Chevalier ZÉPHIR.

Vous allez l'intimider, Mademoiselle ; j'ai peur qu'il ne pleure, il attendriroit ses juges.

L'Abbé PRINTEMS.

Qu'il est glorieux pour moi d'être aux pieds d'un pareil tribunal ! Le plaisir de voir mes juges efface en moi le chagrin d'avoir commis toutes les fautes qu'on pourroit m'imputer. Je ne suis point couvert de chaînes ; mais je n'ai point envie d'échapper à mes juges ; s'ils me chassoient de leur présence, pourroient - ils m'infliger m'infliger un châtiment plus fensible à mon cœur !

L'abbé DES AGNEAUX.

M. l'abbé plaifante, je crois.

Mademoifelle ROSE.

Mon Dieu! quelle voix formidable ! Ah ! l'abbé, j'ai peur pour vous. Voyez comme il fait femblant de trembler. Oh ! le malin criminel.

L'abbé DES AGNEAUX.

Vous voyez vos juges & vos accufateurs.

L'abbé PRINTEMS.

Et peut-être mes complices.

L'abbé DÈS AGNEAUX.

On ne peut pas l'empêcher de railler; qu'en penfe la cour ?

Mademoifelle ROSE.

La cour lui fait grace.

L'abbé DES AGNEAUX.

Vous êtes fur la fellette, parce qu'on vous accufe de chanter faux. Qu'eft-ce qui vous a accufé de ce que je vous reproche-là ?

L'abbé PRINTEMS.

Vous favez que je chante faux
Sans mefure ni cadence;
Mais fi vous blâmez mes défauts,
Louez ma complaifance.

C'eft Madame de la Rivière qui me fait un reproche fi fenfible; parce que Madame chante à ravir, elle croit que tout le monde doit lui reffembler.

L'abbé DES AGNEAUX.

Non: c'eft Madame de la Haute-Futaie. La cour exige que vous payiez un gage. On vous accufe d'être pareffeux.

Jeux familiers.

L'abbé PRINTEMS.

C'eft peut-être vous, mon maître, parce que je n'ai pas voulu refter aujourd'hui avec vous, pour faire des lampions, & que j'ai mieux aimé aller me promener avec ces demoifelles.

L'abbé DÈS AGNEAUX.

Non : un gage; c'eft M. du Frêne. On vous accufe de n'avoir point un air pénétré de vos fautes, & c'eft une preuve que vous n'avez pas envie de vous corriger.

L'abbé PRINTEMS.

Oh! ceci n'eft point difficile à deviner; c'eft Mademoifelle Rofe.

L'abbé DES AGNEAUX.

Juftement. Allons, Mademoifelle Rofe, mettez-vous fur la fellette; je vais faire le tour, & recevoir les accufations contre vous.

L'abbé PRINTEMS.

Me voilà devenu juge à mon tour. Mademoifelle, vous riez bien fort; profitez des leçons que vous me donniez il y a un inftant.

Le Chevalier ZÉPHIR.

Oh! nous vous tenons. On en va dire de belles fur votre compte.

L'abbé DES AGNEAUX.

Mademoifelle, on vous accufe d'être gourmande.

Mademoifelle ROSE.

Ah! par exemple, voilà une vraie calomnie ! Je fuis la fobriété même, je fais mon Vadé par cœur, & je n'ai pas oublié que fille qui eft fur fa bouche manque à fon devoir. Or, je n'ai point envie de manquer à mon devoir. C'eft le chevalier qui a fait cette calomnie, parce que je lui ai volé ce foir une groffe pêche qu'il vouloit manger tout feul comme un vilain gourmand.

L'abbé DÈS AGNEAUX.

Non ; ce n'eft pas lui.

V

Mademoiselle ROSE.

Qui donc ?

L'abbé DES AGNEAUX.

On n'est pas obligé de nommer toujours qui ; car , alors , il faudroit bien deviner la dernière personne : il suffit de vous assurer que ce n'est pas le chevalier qui vous accuse d'être gourmande.

Le Chevalier ZÉPHIR.

Donnez un gage, ma belle demoiselle ; on vous apprendra à me soupçonner de faire des calomnies.

L'abbé DES AGNEAUX.

On vous accuse de n'aimer personne. C'est un grand crime que l'indifférence.

Mademoiselle ROSE.

Oh ! pour celui-là , c'est le chevalier.

L'abbé DES AGNEAUX.

Pourquoi ferait-ce le chevalier ?

Le Chevalier ZÉPHIR.

C'est vrai ; c'est moi. Vous voyez bien que je ne fais que des médisances, & non des calomnies. Je vais me mettre sur la sellette.

Mademoiselle DU RUISSEAU.

Je crois entendre une voiture dans la cour. Que venez-vous nous apprendre , M. des Jardins ?

M. DES JARDINS.

Une histoire affreuse qui vient d'arriver. Madame Dubois part à l'instant pour Lagny ; c'est sa voiture que vous avez entendue. Vous savez bien qu'on cherchoit partout son fils, & qu'on ne savait ce qu'il étoit devenu. Il a voulu aller à Lagny, personne n'a voulu l'accompagner.

L'Abbé PRINTEMS.

Je n'ai pas voulu y aller. Comme il est très-

gâté ; & qu'il dit ce qu'il veut, j'ai eu peur qu'il ne dise : combien vaut l'orge ?

M. DES JARDINS.

Il y est allé tout seul en secret, & il a lâché cette malheureuse phrase. Tout le monde s'est attroupé pour le plonger dans la fontaine : il s'est sauvé chez un aubergiste , qui a fermé ses portes. Cet homme , voyant qu'il étoit de la connoissance de M. B..... lui a envoyé un exprès pour lui apprendre cette nouvelle. La populace est , dit-on , encore à la porte de l'auberge ; ils feront sentinelle toute la nuit , & l'attendent quand il sortira. Madame Dubois est allée le rejoindre : je lui ai conseillé de le faire sortir de nuit , habillé en fille , & de l'aller attendre avec sa voiture , sur le chemin.

L'Abbé PRINTEMS.

Cette histoire est affreuse. Nous en saurons les suites demain. Mais on sonne , allons souper.

(*Extrait des Soirées amusantes.*)

SENTENCES.   (*jeu des*)

Au jeu des sentences on joint des marques de quelque animal ou d'autres choses corporelles qui s'y rapportent, tellement que c'est une espece d'emblème, comme si l'on disoit : Une charrue conduite par un laboureur montre, *que le travail est un trésor à l'homme* ; ou bien, un loup dévorant une brebis peut signifier *qu'il y en a qui pour leur profit ne regardent point au dommage d'autrui.* L'on en peut de même inventer beaucoup d'autres ; or , il est besoin de retenir tout cela , & quand le maître vous interrogera sur la marque d'un autre , il faut que vous en disiez aussitôt la sentence : mais ce jeu est de ceux qui ressemblent à des leçons.

SIAM.   (*jeu des quilles de*)

On a, comme au jeu de quilles ordinaire, neuf quilles qu'il faut tâcher d'abattre ; la différence de ce jeu de Siam, c'est que la boule n'est pas ronde, mais qu'elle est presque

plate & à pan coupé, en sorte qu'elle roule
sur son côté, & qu'elle fait des détours, &
des lignes courbes, qu'il est de l'habileté du
joueur de savoir diriger. On ne la jette point
directement contre les quilles, mais sur le
côté, & hors des quilles, parmi lesquelles,
dans un mouvement oblique, elle entre &
fait des abattis en décrivant des lignes courbes.
On peut fixer l'époque du jeu de Siam à l'arrivée en France des ambassadeurs de ce royaume
de l'Asie dans les beaux jours du siècle de
Louis XIV.

SIFLET. (*le jeu du siflet ou de la Clef*)

A ce jeu, la société s'assid en rond. La
personne qui doit chercher le siflet est debout
au milieu. Ordinairement on se passe le siflet
de main en main en chantant : *il court, il
court le furet du bois, Mesdames. Il court, il
court le furet du bois joli* ; mais lorsqu'on veut
bien s'amuser, on prend, pour chercher,
quelqu'un qui ne sache pas le jeu ; on lui
attache le siflet derrière l'habit ou la robe ;
& lorsqu'il cherche d'un côté, on prend vite
le siflet & on sifle : la personne se retourne
alors précipitamment, & croit l'avoir trouvé
lorsqu'un autre sifle derrière lui. On peut se
divertir ainsi quelquefois fort long-tems aux
dépens de celui qui cherche. Au défaut d'un
siflet on se sert d'une clef.

**SIMILITUDE ET DE LA MÉTA-
MORPHOSE.** (*jeu de la*)

Au jeu de la similitude où chacun compare
sa maîtresse à quelque chose, & en dit la
raison ; sur quoi l'on peut repartir agréablement ; l'on en trouve un exemple dans ce
livre, d'un espagnol, qui comparoit sa maîtresse à une louve, & on lui dit promptement
qu'il se devoit réjouir de ce qu'elle étoit de
ce naturel, parce qu'étant le pire de tous ses
amans, elle ne manqueroit point de le choisir
pour son premier favori. Il y a aussi le jeu de
la métamorphose où chacun dit en quel animal, ou arbre, ou autre corps, il voudroit
être transformé ; & quelle transformation il
souhaiteroit pour sa maîtresse, de quoi il faut
donner raison, & il est permis à tous les autres

d'y contredire, ou seulement au maître du
jeu.

SINGE. (*jeu du*)

Voyez à l'article ATTRAPE. (*jeux d'*)

SOLITAIRE. (*jeu du*)

Ce jeu est ainsi nommé *solitaire*, parce qu'il
se joue seul. Il est composé d'un plateau sur
lequel il y a 37 fiches, savoir : trois au premier rang, cinq au second rang, sept au
troisième rang, pareillement sept au quatrième
rang, sept au cinquième rang, cinq au sixième
rang, trois au septième rang.

Avant de jouer, on commence par ôter
telle fiche qu'on veut, afin de laisser un vide.

L'ordre du jeu est qu'une fiche en prend
une autre, lorsqu'elle peut passer par-dessus
en droite ligne à un trou vide, comme un
pion prend un pion au jeu de dames, on
prend ainsi au *solitaire* toutes les fiches jusqu'à la dernière. La difficulté de ce jeu est de
choisir juste les fiches qu'il faut ôter, pour
finir le jeu par une fiche seule, ou, pour parvenir à celles qu'on se propose d'ôter pour
gagner le jeu.

Si par aventure on étoit plusieurs à jouer
d'autres jeux, & que l'on soit trop de monde
pour pouvoir jouer tous le même, ou que ceux
que l'on joue ne plaisent pas, pour lors on
peut s'occuper à celui-ci, en attendant qu'un
autre reprenne sa place ; & si, supposé que
celui qui vient de quitter le *solitaire*, n'a pu
parvenir à ne laisser qu'une fiche sur le jeu,
& qu'il en reste plusieurs, c'est à celui qui reprend de tâcher d'en laisser moins sur le jeu
pour gagner son camarade ; mais le vrai but
du jeu est de n'en laisser qu'une.

Ce jeu se trouve au magasin de tabletterie,
rue des Arcis, au Singe vert.

SOUPIRS. (*jeu des*)

L'on dit à tous ceux de la compagnie ; qu'il
*ne faut plus cacher sa tristesse ; qu'elle se
rendroit plus violente par la contrainte ; qu'il*

eſt permis de ſoupirer. Chacun ſoupire donc à grandes repriſes & en divers tons, & c'eſt en cette occaſion-là que l'on joint plutôt les riſées aux ſoupirs que les larmes. Alors l'on demande à chacun pourquoi il a ſoupiré; l'on répond ſelon ſa fantaiſie; l'un dit, parce que j'ai perdu un procès, l'autre parce qu'il a perdu ſon père, ſon frère, ſa ſœur ou ſa femme;

l'autre parce qu'il ne peut vaincre la cruauté de ſa maîtreſſe. Ainſi chacun ayant dit l'occaſion de ſes ſoupirs, il y en a un qui commence à ſoupirer & qui dit pourquoi il ſoupire, & y joint la cauſe des ſoupirs d'un autre, lequel doit reprendre cela auſſitôt & y ajouter encore la cauſe des ſoupirs de quelqu'un.

T

TABLETTE.

TABLETTE. (*règle du jeu de la*)

ON peut jouer, deux, trois ou quatre perſonnes à ce jeu.

Chaque joueur a deux fichets.

Il faut deux cochonnets marqués depuis 1 juſqu'à 12, que l'on roule ſur un tableau.

On multiplie les deux faces qui ſe préſentent l'une, à l'autre, & l'on met un des fichets ſur le produit.

Chaque joueur en fait autant, & celui qui a amené le plus grand produit gagne un point, qu'il marque avec ſon ſecond fichet, ſur le bord de la tablette qui eſt numérotée, & les autres relèvent leurs fichets, & l'on recommence.

Celui qui gagne le premier ſes douze trous, prend la moitié de ce qui eſt au jeu, qui doit être de 3 jettons par joueur auxquels l'on donne la valeur que l'on veut. Celui qui gagne le ſecond prend les deux tiers de ce qui reſte; le troiſième prend le troiſième tiers, & le dernier ne gagne rien.

On appelle un quarré le produit d'un nombre multiplié par lui-même, & telles ſont toutes les caſes rouges.

Celui qui amène un quarré marque ſeul deux trous au lieu d'un, quoiqu'un autre ait amené un plus grand nombre, mais non quarré.

Dans la concurrence de pluſieurs quarrés, celui qui a amené le plus grand, marque deux

trous, & les autres n'en marquent qu'un ſeul.

Pour trouver facilement le produit des deux faces viſibles, par exemple 5, 7, mettez un doigt ſur le 5 jaune, & un autre ſur le 7 bleu, puis deſcendez depuis 7 ſur la même colonne, juſques, & vis-à-vis le 5 jaune, vous trouverez ſur cette caſe 35, qui eſt le produit de 5 multiplié par 7, ou de 7 multiplié par 5.

Si les 2 cochonnets amènent 9 & 11, mettez le doigt ſur le 9 jaune & l'autre ſur le 11 bleu, & deſcendez ſur la même colonne juſques & vis-à-vis le 9 jaune, vous trouverez 99 qui eſt le produit de 9 par 11, ou de 11 par 9.

Si les deux faces qui ſe préſentent amenoient le même nombre, par exemple, 8--8, le produit eſt 64, ce ſeroit un quarré qui vaudroit deux trous.

Ce jeu ſe trouve au magaſin de tabletterie, rue des Arcis, au Singe vert.

TAROTS. (*jeu des*) C'eſt un jeu de cartes.

1°. Vous obſerverez que les jeux de cartes ordinaires qui ſe jouent en France ſont compoſés de cinquante deux cartes, & ceux des tarots ſont compoſés de ſoixante-dix-huit; néanmoins il y en a qui vont juſqu'à quatre-vingts & davantage. Le plus ou le moins eſt indifférent, d'autant que chaque triomphe porte chacune le nombre, celles de France en portent treize chacune, & celles des Tarots quatorze. Celles de France font diftinguées par quatre qui font pique, treffle, cœur & carreau; & celles des Tarots font auffi divi-fées en quatre différentes, favoir : le roi, la reine, le chevalier, le valet, le dix, le neuf, le huit, le fept & le fix avec l'as d'épée, au-tant de bâtons, autant de coupes & autant de deniers. Le tout fait cinquante fix cartes; & le furplus des cartes, on le nomme triomphe, qui font au nomb e de vingt une cartes depuis le bateleur jufqu'à la carte que l'on appelle le monde. Et vous remarquerez en paffant que le fou fert d'excufe, & pour donner à en-tendre ce mot d'excufe, c'eft quand une per-fonne vous jouant une haute carte de triomphe, foit rois, reines, ou quelqu'autre carte que vous ne puiffiez pas prendre, vous montrerez votre fou, vous donnerez une carte de vos levées, & vous mettrez la carte du fou en la place de vos levées. Après qu'on a joué toutes les cartes, celui qui a le plus de levées gagne la partie.

2°. Le premier jeu fe joue à tant & fi peu de cartes que l'on voudra, après avoir con-venu ce qu'on veut rifquer, peu ou beau-coup, à la difcrétion de la compagnie.

3°. Ce jeu fe joue comme à la triomphe forcée; le fou vaut cinq & fert d'excufe, comme il vient d'être dit; le monde vaut quatre, le bateleur auffi quatre, le roi quatre, les reines trois, les chevaliers deux, le valet un, & l'on met au jeu chacun ce qui eft con-venu par la compagnie; enfuite vous donne-rez les cartes, vous jouerez comme à la triomphe, c'eft-à-dire, que celui qui a le plus pris de rois, de reines, chevaliers, valets, le monde, le bateleur & le fou gagne. Il faut compter les points, comme il a été dit ci-deffus, de la valeur des cartes; celui qui comptera le plus gagnera ce qui eft mis au jeu.

4°. Il fe joue entre peu & beaucoup de perfonnes, en cinquante points plus ou moins, & on donne à chacun douze cartes; le fou vaut cinq & fert d'excufe; les rois valent quatre, & l'on compte autant de cartes que l'on gagne plus que ces douze, contre autant de points comme il perd de cartes, & s'ils n'en ont pas pris, il les donne; & quand ils en ont pris, on les démarque, & celui qui a le premier cinquante, gagne.

5°. Ce jeu fe joue encore d'une autre ma-nière, c'eft à favoir que les quatorze cartes, rois, reines, chevaliers, valets, & le refte d'épée; on les appelle la rigueur, & emporte les autres triomphes de bâtons, coupes & deniers, & fe joue comme à la triomphe forcée, c'eft-à-dire, que n'ayant pas de la carte que l'on vous joue de deniers, bâtons ou coupes, vous jetterez de la rigueur & em-porterez; mais fi on vous jette d'une autre triomphe & que vous en ayez, vous êtes obligé d'en jetter, & alors la plus haute l'em-porte. Le fou marque cinq & fert d'excufe.

6°. Il vous fera loifible de jouer à tant & fi peu de points que vous voudrez; & à tous ces trois jeux, qui renonce perd la partie.

7°. Otant les triomphes & le fou, on peut jouer avec ces cartes à toutes fortes d'autres jeux qui fe jouent en France, comme au pi-quet, à la triomphe, au brelan, &c.

Autre jeu de cartes des Tarots.

Ce jeu fe nomme la triomphe forcée, & fe joue comme il a été ci-devant dit, en tant & fi peu de perfonnes que l'on veut; après avoir convenu de ce que l'on veut jouer, vous obferverez les règles qui fuivent:

1°. On donne à chacun de la compagnie cinq cartes, & l'on ne retourne point les cartes.

2°. Celui à qui il arrive dans cinq cartes le fou, retire ce qu'il a mis au jeu, de même celui à qui il arrive dans fes cartes le bate-leur, retirera fon enjeu; celui à qui il arri-vera la force, retirera deux enjeux, & celui à qui arrivera la carte appellée la *mort*, empor-tera tout ce qui eft au jeu, fans que perfonne en puiffe rien prétendre.

3°. S'il arrive que vous ayez en votre main les deux ou trois cartes ci-deffus nommées, vous retirez, comme il eft dit, fans que vous difcontinuiez à jouer ce qui eft fur le tapis.

4°. S'il refte quelque chofe fur le tapis chacun pourfuivra fon jeu, & celui qui aura plus de levées gagnera ce qui reftera au jeu.

5°. La primauté l'emporte, c'eft-à-dire, que celui qui aura les premières levées gagnera.

6°. Qui renonce perd la partie.

Autre jeu des Tarots des Suisses.

Avec ces mêmes cartes de tarots les Suisses jouent à trois personnes, & donnent toutes les cartes à la réserve de trois, que celui qui donne les cartes prend ; & rencarte trois autres cartes telles qu'il lui plaît. Ils jouent ce jeu en trois parties. Celui qui gagne le plutôt ces trois parties emporte ce qui est convenu de jouer. Ils font valoir le monde cinq, le bateleur cinq, les rois cinq, & de toutes les quatre façons, les reines quatre, autant l'une que l'autre ; les chevaliers autant les uns comme les autres, & l'on y joue comme à la triomphe. Ces triomphes font vingt-une cartes.

SAVOIR.

1. Le Bateleur.	11. Le Pendu.
2. La Papesse.	13. La Mort.
3. L'Empereur.	14. La Tempérance.
4. L'Impératrice.	15. Le Diable.
5. Le Pape.	16. La maison de
6. L'Amoureux.	Dieu.
7. Le Chariot.	17. L'Étoile.
8. La Justice.	18. La Lune.
9. L'Hermite.	19. Le Soleil.
10. La Roue de fortune.	20. Le Jugement.
11. La Force.	21. Le Monde.

Le fou vaut trois & sert d'excuse, comme il a été dit ci-dessus.

TIERS. *(jeu du)*

Voyez à l'article MÉTAMORPHOSES.

TOILETTE. *(jeu de la)*

Voyez à l'article CURÉ. *(le)*

TOTON. *(jeu du)*

Le *toton* est un petit morceau de bois, d'os ou d'ivoire a quatre coins, marqués chacun d'une lettre, d'un chiffre ou d'une figure, au travers duquel passe un petit bâton, & qu'on

fait tourner ; on gagne ou l'on perd suivant la lettre ou le chiffre que présente le *toton*.

Il y a des *totons* avec plus grand nombre de faces, & qui varient les jeux & les chances.

On trouve toutes sortes de *totons* en bois, en ivoire blanche & de couleur, au magasin du Singe vert, rue des Arcis.

TOTON en dez. *(jeu du)*

On place de l'argent ou des jettons auxquels on donne la valeur qu'on veut, sur un des six dez qui sont marqués sur le plateau.

On tourne le *toton*, & si on amène le point sur lequel on a placé de l'argent ou des jettons, celui contre lequel on joue, paye autant qu'on a mis au jeu, & il gagne si on ne l'amène point.

Autre manière d'y jouer, dans une compagnie plus nombreuse.

On tire à qui jouera le premier, & chacun place ce qu'il veut sur un des six dez qui sont marqués sur le plateau ; & lorsqu'il a tourné le *toton*, s'il amène le point sur lequel il a placé, il gagne tout ce qui est sur le jeu, & s'il ne l'amène point, le *toton* passe au second, & ainsi des autres : mais pour le jouer de cette façon, il faut que le *toton* change de main à chaque mise, c'est-à-dire que chaque joueur soit premier à son tour ; sans cela la balance du jeu ne seroit pas égale : l'on joue autant de fois qu'il y a de joueurs.

Il faut, avant de commencer, convenir de la valeur des jettons.

Ce jeu se trouve au magasin de tabletterie, rue des Arcis, au Singe vert.

TOUPIE. *(jeu d'écolier.)*

C'est un morceau de bois rond traversé par une cheville de fer, dont la pointe d'en bas sert de pivot à la toupie ; & le bout d'en haut est pour retenir la corde qu'on enroule autour, & qu'on lance avec force contre terre. La toupie prend alors un mouvement rapide de rotation, pendant lequel on peut

0# TROU-MADAME.

la prendre toujours tournante fur la paume de la main. On lance auffi quelquefois contre un but, contre une autre toupie, ou une pièce d'argent qu'il eft difficile d'attraper, mais qui fait gagner quand on réuffit.

TRENTE-QUATRE. (jeu de)

Manière de jouer au jeu de 34.

Il faut, pour cet amufement, feize jettons numérotés depuis 1 ju'qu'à 16, que vous arrangez dans la figure fuivante :

1.	2.	3.	4.
5.	6.	7.	8.
9.	10.	11.	12.
13.	14.	15.	16.

Et pour parvenir à faire 34 fur tous fens, il ne s'agit que de tranfpofer les chiffres, en plaçant le 1 en place du 16, le 4 en place du 13, le 6 en place du 11, & le 7 en place du 10 dans la figure fuivante :

16.	2.	3.	13.
5.	11.	10.	8.
9.	7.	6.	12.
4.	14.	15.	1.

TROTTIN.

Jeu de fociété.

Voyez à l'article POULES. (jeux des)

TROU-MADAME. (jeu du)

On peut s'amufer à ce jeu dans l'allée d'un jardin ou fur une table.

Dans une allée il faut avoir à une certaine diftance, ordinairement contre un mur, une efpèce de petite galerie faite en planches, & compofée de treize arcades ou portiques dans lefquelles on effaie de faire entrer les boules.

Sur les treize cafes ou entrées de cette galerie font marqués les chiffres dans l'ordre fuivant :

XII. III, VII, IX, V, I, XIII, II, VI, X, VIII, XI.

On trouve au magafin du Singe vert, rue des Arcis, de ces petites galeries en bois d'ébene, qu'on place fur une table longue pour jouer avec treize petites gobilles, tâchant d'adreffer dans les cafes convenables.

Règles du jeu. — Première manière.

Il faut avec les treize boules ou treize gobilles faire 31 points. Si l'on creve, c'eft-à-dire fi l'on fait plus de points, on pérd la partie; celui qui a crevé, recommence la partie en jouant à fon tour.

Si le prémier qui a joué fait 31 points du premier coup avec fes treize boules, cela n'empêche pas les autres de jouer; & fi chacun des joueurs faifoit également 31, ce coup feroit nul, & l'on recommenceroit la partie.

Seconde manière.

La partie fe joue en cent points. Si l'on creve, on ne gagne pas, mais les points que l'on a faits de plus que le cent fe comptent fur la partie que l'on recommence.

Troifième manière.

Il y a des joueurs qui veulent que celui qui creve ou qui fait des points au-delà de cent, revienne à 50; mais cela dépend de la convention avant de commencer le jeu.

TROU-MADAME A RESSORT. (jeu du)

Ce jeu eft comme celui ci-deffus, compofé d'une petite galerie avec treize arcades ou portiques, dans lefquelles on effaie de faire entrer une gobille. Cette petite galerie eft au bas d'un plan incliné. Le milieu du jeu eft hériffé de beaucoup de pointes qui fervent à faire dévier les boules. Il y a dans le bas, à chaque côté, un trou dans lequel on met la gobille, & par un reffort qui eft au-deffous & que l'on tire affis, on fait partir la gobille qui s'élance avec rapidité dans une galerie couverte qui correfpond au trou; elle va juf-qu'au haut du jeu où elle paffe par un des trous, foit de celui du milieu, foit de ceux qui font à chaque côté; de-là elle retombe en faifant beaucoup de détours parmi les pointes, & fe précipite en bas dans une des cafes de la galerie qui font marquées par des chiffres, dans l'ordre rapporté ci-devant.

Règles du jeu du Trou-Madame à reffort.

L'on peut jouer deux perfonnes à ce jeu, ou deux contre deux.

La partie ordinaire eft en foixante un points. Il y a des perfonnes qui le jouent en cent; cela dépend de la convention des joueurs. L'on joue avec deux billes, l'une blanche & l'autre rouge, nommée la carambole.

Quand on fait partir la bille avec le reffort, il faut qu'elle refforte par le portique du milieu qui eft le plus grand & en face de la

bafcule; fi elle paffe par-deffous la bafcule, qui porte une petite carambole, la bille blanche compte cinq points.

Si la carambole en tombant paffe par-deffous la bafcule, elle compte cinq points comme la blanche, & compte les points de la cafe où elle va tomber, ainfi que la blanche.

Quand la bille blanche, ainfi que la rouge, paffe par-deffous le moulinet, elle compte dix points.

Quand la bille blanche paffe par le petit portique qui fe trouve dans le cintre par où la bille paffe pour fortir à l'ordinaire, elle compte quinze points; mais fi pour tâcher d'y paffer la bille retombe fur le reffort, le coup eft paffé & s'appelle chou-blanc; & quoique ne tâchant point d'y paffer, fi la boule retombe, le coup eft également réputé être joué.

Si par hafard la bille blanche ou rouge refte arrêtée fur une des pointes ou ailleurs, le coup eft joué & ne compte rien, quand même il auroit paffé fous la bafcule & le moulinet.

On trouve ce jeu en très-beau bois des Indes, rue des Arcis, au Singe vert.

V

VÉRITÉS ET CONTRE-VÉRITÉS.

VÉRITÉS ET CONTRE-VÉRITÉS.
(*jeu des*)

*V*OYEZ à l'article B. (*j'aime mon amant par*)

VERTUS. (*jeu des*)

Dans ce jeu, on prend les noms des vertus intellectuelles ou théologales, & des vertus morales, lefquelles on divife en deux claffes, & quand quelqu'un de ceux qui ont le nom des vertus intellectuelles, appelle une des morales par fon nom, comme *tempérance*, il

faut que celui qui la repréfente dife promptement *vertu morale*, & en nomme quelqu'autre après, foit des morales, foit des divines, & chacun y répondra de même. L'on peut faire une claffe à part des vices contraires aux vertus, lefquels répondront encore y étant fufcités.

VOLANT. (*jeu du*)

Le *volant* eft un petit peloton de liège, rond en deffous & plat en deffus. Il y a fur le plat de petits trous dans lefquels on fiche des bouts de plumes, difpofés en pointe par
le

le haut ; on joue au volant avec une raquette. Deux joueurs, à une certaine distance l'un de l'autre, se renvoient le volant avec leur raquette.

L'habileté consiste à le soutenir long-tems en l'air sans le laisser tomber.

Ce jeu peut aussi se jouer en partie à quatre.

Le jeu de volant n'a pas plus de deux siècles d'ancienneté, car on sait que le volant & les raquettes n'ont été inventés qu'à la fin du 15e siècle.

Les règles de ce jeu ne sont pas faites, & les joueurs en commençant une partie en établissent à leur choix.

***

VOLIÈRE. (jeu de la)

Jeu de société en dialogue.

Madame DE LA HAUTE-FUTAIE.

Eh bien ! ma fille, on m'a dit que vous vous étiez trouvée mal.

Mademoiselle DE LA HAUTE-FUTAIE.

Oui, maman ; nous étions dans la grande allée du bosquet, à jouer au volant, avec Mademoiselle du Ruisseau, M. le chevalier Zéphir & M. du Frêne, en face de la volière, M. Dubois est venu spirituellement....

L'Abbé PRINTEMS.

Car il ne sait de quoi s'aviser.

Mademoiselle DE LA HAUTE-FUTAIE.

Ouvrir la porte de la volière, & ce vilain hibou qui est dedans, s'est échappé, & est venu se reposer sur mon col avec ses griffes. J'ai eu une frayeur terrible ; j'ai fait un cri affreux ; & je suis tombée évanouie. –

Mademoiselle ROSE.

J'en tremble encore ; M. Dubois rioit comme un véritable imbécille. Ces Messieurs ont vîte couru chercher un verre d'eau ; ma sœur a fait respirer l'eau qui étoit dans son flacon ; & quand Mademoiselle a eu bu un verre d'eau fraîche, il n'y a plus paru.

Jeux familiers.

L'Abbé DES AGNEAUX.

J'ai accouru au bruit ; j'ai rencontré M. Dubois qui se sauvoit, je me suis bien douté qu'il avoit fait un tour de sa façon. Tout le monde est venu, & nous avons tué le hibou à coups de bâton, pour nous venger. Il ne voyoit pas clair à cause du grand jour, il ne pouvoit presque pas voler.

Mademoiselle ROSE.

Nous nous sommes bien mieux vengés de M. Dubois ; car l'abbé Printems a été porter le hibou dans le bout de son lit, à ses pieds ; Madame Dubois ferme toujours sa porte ; & on ne peut pas aisément aller dans le petit cabinet où couche son fils ; mais l'abbé a pris une échelle, & est entré par la fenêtre. Je voudrois bien savoir ce qu'il dira en se couchant.

L'Abbé PRINTEMS.

Il se fâchera, car il a l'esprit mal fait.

Madame DE LA HAUTE-FUTAIE.

Voilà pourquoi je n'aime pas toutes ces petites attrapes-là, dont quelques personnes s'amusent à la campagne.

M. DU FRÊNE.

Il est vrai que pour une personne qui prendra bien la chose, il y en a vingt qui la prendront mal. Il n'y a pas de tours qu'on ne m'ait joué.

L'Abbé DES AGNEAUX.

Et vous en avez ri ?

M. DU FRÊNE.

J'y suis accoutumé. Je vais quelquefois à la campagne chez des vieilles tantes de mon père, qui sont dévotes au-delà de tout ce qu'on peut s'imaginer, & elles n'ont pas d'autres plaisirs. On m'avoit prévenu de leurs goûts ; & j'ai dû bien les contenter, car tous les jours je me laissois attraper.

Mademoiselle ROSE.

N'est-ce pas à la campagne de Mesdemoiselles de Franc-Aleu ?

X

M. DU FRÈNE.

Juftement, ma chère coufine; vous avez dîné une fois avec elles, chez nous, à Paris.

Mademoifelle ROSE.

Ah! oui : je me les rappelle; c'étoit un famedi; elles ont été fort courroucées de ce qu'on avoit fervi gras & maigre.

M. DU FRÈNE.

A leur campagne, le foir, après avoir fait la prière en commun, elles vont fureter à toutes les portes où elles ont fait des attrapes, & elles rient comme des bien-heureufes, quand on donne dans le panneau. Comme elles font un peu éloignées de la paroiffe, le vicaire vient toutes les veilles de fêtes pour leur dire la meffe dans leur chapelle; & quand la paroiffe change de vicaire, elles s'en confolent de leur mieux par l'efpérance de faire paffer en revue tous leurs tours, & d'attraper le nouveau venu.

L'Abbé DES AGNEAUX.

Nous verrons comment M. Dubois s'en tirera.

Madame DE LA RIVIÈRE.

Je n'oublierai jamais *un tour affreux qu'on m'a fait une fois.* C'étoit dans l'été, & il faifoit une chaleur exceffive, ce qui me fâchoit bien, car j'ai très-peur du tonnerre, & prefque tous les jours il tonnoit. Une nuit, je crus entendre un orage affreux; je n'ofois pas réveiller M. de la Rivière, qui dormoit profondément. A la fin, je pris mon parti, & je l'éveillai : il découvrit bientôt la rufe. Ces Meffieurs, pour me faire peur, avoient mis fur mes fenêtres des amorces de poudre à canon; ils y mettoient le feu de tems en tems; & d'autres, qui étoient dans les greniers, rouloient fur ma tête de groffes boules qui faifoient trembler le plancher. M. de la Rivière s'eft levé, & l'orage a ceffé.

L'Abbé PRINTEMS.

Il leur aura peut-être jetté quelque bonne potée d'eau, & la pluie aura fait ceffer l'orage.

Madame DE LA RIVIÈRE.

Juftement. Nous pourrions jouer à quelques petits jeux nouveaux, quoique nous ne foyons pas beaucoup de monde; c'eft égal.

L'Abbé DES AGNEAUX.

J'ai précifément un jeu à vous apprendre qui n'exige pas grand monde. Si on étoit trop, il deviendroit difficile, il fatigueroit trop la mémoire de celui qui le fait jouer. Ce jeu s'appelle : *la Volière ;* chacun prend le nom d'un oifeau. Celui qui fait jouer le jeu, après avoir reçu tout bas les noms d'oifeaux, les dit tout haut; mais en brouillant l'ordre, pour qu'on ne fache pas quel eft l'oifeau que chacun a choifi. La première perfonne dit enfuite tout haut, je donne mon cœur à tel oifeau; je confie mon fecret à tel oifeau, & j'arrache une plume à tel autre oifeau. Allons, Mefdames, je vais faire le tour, & chacun me dira à l'oreille le nom d'un oifeau.

Le Chevalier ZÉPHIR.

Moi, je prends le hibou.

L'Abbé PRINTEMS.

Il ne faut pas le dire tout haut; tout le monde vous arracheroit une plume, & ce feroit autant de gages que vous payeriez.

Mademoifelle DE LA HAUTE-FUTAIE.

Allons, Chevalier, à votre tour. Dites donc tout bas le nom d'un oifeau.

Mademoifelle ROSE.

Oui; mais vous écoutez; c'eft fort mal.

Madame DE LA HAUTE-FUTAIE.

Ma fille, vous entendez ce qu'on dit.

L'Abbé DES AGNEAUX.

Mefdames, j'ai une charmante volière dans laquelle font plufieurs oifeaux bien différens les uns des autres. D'abord, un oifeau bleu.

VOLIERE.

L'Abbé PRINTEMS.

Il ne doit pas être difficile à nourrir, celui-là.

L'Abbé DES AGNEAUX.

Un colibri, un oiseau-mouche, un hibou, un ferin, un roffignol, une tourterelle, un corbeau & un coucou. Parlez, Madame de la Rivière.

Madame DE LA RIVIÈRE.

Je donne mon cœur au ferin, mon fecret, à l'oifeau bleu, & j'arrache une plume au hibou.

Mademoifelle DE LA HAUTE-FUTAIE.

Je donne mon cœur au ferin, mon fecret au roffignol, & j'arrache une plume au hibou.

Le Chevalier ZÉPHIR.

Ah! le pauvre hibou!

L'Abbé PRINTEMS.

Je donne mon cœur au coucou.....

Mademoifelle DU GAZON.

Voilà un goût bien fingulier.

L'Abbé PRINTEMS.

Mon fecret au perroquet....

L'Abbé DES AGNEAUX.

Encore mieux; il n'y a pas de perroquet dans ma volière.

L'Abbé PRINTEMS.

Eh bien! au colibri, & j'arrache une plume au malheureux hibou.

Mademoifelle ROSE.

Je comptois arracher une plume au hibou, parce que je croyois que c'étoit l'abbé; mais je vois bien que ce n'eft pas lui. J'arracherai, en conféquence, une plume au corbeau; je

---

VOLIERE. 163

donnerai mon cœur au ferin, et mon fecret à l'oifeau-mouche.

Mademoifelle DE LA HAUTE-FUTAIE.

Je donne mon cœur au roffignol, mon fecret au colibri, & j'arrache une plume au coucou.

Le Chevalier ZÉPHIR.

Je donne mon trifte cœur à la plaintive tourterelle, mon fecret au corbeau, & j'arrache une plume à l'oifeau bleu.

M. DU FRÊNE.

Je donne mon cœur à l'oifeau-mouche, je fifle mon fecret au ferin, & j'arrache une plume au corbeau.

Mademoifelle DU RUISSEAU.

Je donne mon cœur à l'oifeau-bleu, mon fecret au roffignol, & j'arrache une plume au hibou.

Mademoifelle DU GAZON.

Je donne mon cœur au hibou....

L'Abbé PRINTEMS.

Voilà le premier cœur qui fe donne à moi.

Mademoifelle DU GAZON.

Mon fecret au colibri, & j'arrache une plume au roffignol.

L'Abbé DES AGNEAUX.

Madame de la Rivière, vous avez donné votre cœur au ferin; c'eft Mademoifelle de la Haute-Futaie, allez l'embraffer. Vous avez donné votre fecret à l'oifeau bleu, il eft bien difcret, c'eft Mademoifelle du Ruiffeau; allez lui faire une confidence. Vous avez arraché une plume au hibou, c'eft l'abbé Printems; allez le prier de vous donner un gage. Mais j'ai écrit fur une carte les noms que chacun a pris; je vais vous en faire lecture, afin qu'on puiffe embraffer ceux à qui on a donné fon cœur, faire une confidence à ceux à qui on a donné fon fecret, & demander un gage au hibou,

X 2

& autres oiseaux à qui on a arraché des plumes.

Madame de la Rivière,	l'oiseau-mouche.
Madame de la Haute-Futaie,	le colibri.
Mademoiselle Rose,	la tourterelle.
Mademoiselle de la Haute-Futaie,	le serin.
Mademoiselle du Ruisseau,	l'oiseau bleu.
Mademoiselle du Gazon,	le coucou.
L'Abbé Printems,	le hibou.
Le Chevalier Zéphir,	le corbeau.
Et M. du Frêne,	le rossignol.

Vous remarquerez, s'il vous plaît, que l'abbé s'est arraché une plume.

L'Abbé PRINTEMS.

Je l'ai bien fait exprès ; j'ai vu que tout le monde m'arrachoit des plumes, j'ai voulu faire croire que ce n'étoit pas moi, & j'ai réussi.

L'Abbé DES AGNEAUX.

Le chevalier gardera son secret pour lui ; & Mademoiselle du Ruisseau, qui s'est donné son cœur, baisera son pouce.

Madame DU RUISSEAU.

J'ai oublié que j'avois choisi l'oiseau bleu. Au reste, j'aime mieux avoir gardé mon cœur que de l'avoir donné au hibou, comme ma sœur.

L'Abbé PRINTEMS.

C'est bien vilain de garder comme ça son cœur, tandis qu'il y a tant d'honnêtes personnes qui s'en contenteroient bien ; mais on sonne, allons souper.

(*Extrait des Soirées amusantes.*)

VOYELLES. (*les cinq*)
Jeu de société en dialogue.

Madame de la Rivière, l'abbé des Agneaux.

L'Abbé DES AGNEAUX.

Puisque nous voilà arrivés les premiers, je vais vous donner la clef d'un jeu que nous allons jouer, & auquel beaucoup de monde donnera sûrement des gages. On dit : telle personne n'aime point les os ; avec quoi la nourrirez-vous ? Il faut indiquer des mets dans le nom desquels la lettre O ne se trouve point. Comme ceux qui ne savent pas le jeu croient qu'il suffit qu'il n'y ait pas d'os, pas d'ossemens, ils y sont très-souvent pris, à moins que le hasard ne les serve. Si, par exemple, on dit : je la nourris avec du poisson, on paye deux gages ; parce que quoiqu'il n'y ait point d'os, mais bien des arrêtes dans le poisson ; cependant il y a deux fois la lettre O dans le mot poisson.

Madame DE LA RIVIÈRE.

J'y aurois été attrapée la première. Mais voilà tout notre monde qui arrive. Allons, Mesdemoiselles, nous allons jouer un joli jeu ce soir. L'abbé, faites les questions, s'il vous plaît.

L'Abbé DES AGNEAUX.

Tu connois bien la grosse Madame Dubois. Eh bien ! mon cher abbé, elle est malade ; elle ne veut plus rien manger qui ait des os ; avec quoi la nourriras-tu ?

L'Abbé PRINTEMS.

Je la nourrirai avec des œufs pochés au beurre noir.

L'Abbé DES AGNEAUX.

Bon ! Tu paieras seulement trois gages, à cause de tes œufs pochés au beurre noir.

L'Abbé PRINTEMS.

Allons, je les paierai ; mais je ne sais pas pourquoi : j'avois envie de la nourrir avec de la bouillie.

Mademoiselle ROSE.

Eh bien ! je la nourrirai avec de la bouillie.

Madame DE LA RIVIÈRE.

Et vous en serez quitte pour un gage. A

votre tour, Chevalier, avec quoi nourrirez-vous cette pauvre Madame Dubois ?

Le Chevalier ZÉPHIR.

Je la nourrirai avec de bonnes compotes de grosses pommes de rambourg.

Madame DE LA RIVIÈRE.

Bon ! Chevalier ; vous avez bien trouvé ça, vous ne payerez que six gages seulement. C'est bien dommage que vous ne les ayez pas fait cuire au four.

Mademoiselle DE LA HAUTE-FUTAIE.

Moi, je la nourrirai avec des épinards.

L'Abbé DES AGNEAUX.

C'est bon ; il n'y a point de gages à payer.

Mademoiselle DU RUISSEAU.

Je la nourrirai avec des asperges.

Madame DE LA RIVIÈRE.

Il n'y point de gage non plus à payer.

Mademoiselle DU GAZON.

Je crois à présent deviner le jeu ; je la nourrirai de pâtisserie bien légère.

L'Abbé DES AGNEAUX.

C'est bon. Et vous, M. des Jardins ?

M. DES JARDINS.

Moi ? Ma foi, je la nourrirai comme je pourrai.

Mademoiselle DE LA HAUTE-FUTAIE.

Mais encore, avec quoi ?

M. DES JARDINS.

Avec quoi ? Avec du poisson, un bon brochet rôti, du saumon frais, de l'alose ; & pour dessert, je lui donnerai des confitures de coin, de la marmelade d'abricots, & de la gelée de pommes de Rouen.

L'Abbé DES AGNEAUX.

Ah ! pour celui-là, en voilà. Chevalier, ça

---

vous efface. Il n'y a seulement que douze gages à payer.

M. DES JARDINS.

Au diable soit Madame Dubois avec sa difficulté pour la nourriture ! Que ne mange-t-elle des os ? Je lui aurois donné des perdrix, des lapins, des bécasses, des ortolans.

L'Abbé DES AGNEAUX.

Vous aviez fort bien dit : mais les ortolans sont de trop. Et vous, M. de la Forêt ?

M. DE LA FORÊT.

Je dirai bien peu de chose, crainte de payer des gages. Ma foi tans pis pour elle, pourquoi est-elle si difficile ? Je la nourrirai au pain & à l'eau.

Madame DE LA RIVIÈRE.

C'est fort bien ; vous ne payerez point de gages. Et vous, Madame, vous êtes-là dans un coin, vous ne dites rien ; avec quoi nourrirez-vous notre bonne amie Madame Dubois.

Madame DE LA HAUTE-FUTAIE.

Je connois ce jeu-là ; je la nourrirai avec des biscuits.

L'Abbé DES AGNEAUX.

Ah ! vous voilà, M. de la Rivière ; vous arrivez bien tard. Cette pauvre Demoiselle Rose est malade : vous vous mêlez un peu de médecine, guérissez-la. Elle ne veut rien manger qui ait des os : avec quoi la nourrirez-vous : Prescrivez lui un régime.

M. DE LA RIVIÈRE.

Vous devriez écrire ma consultation ; elle en vaut la peine. Mademoiselle, tous les matins, prendra les bains avec de l'eau de rivière ou de l'eau de puits, mais point d'eau de fontaine sur-tout. La malade ne mange a ni potage au riz, elle ne prendra ni consommés, ni bouillons, ni sirops. En sortant du bain, elle prendra une petite panade ; elle s'abstiendra de l'usage du fromage. De tous les farineux, Mademoiselle ne mangera que des fèves & des lentilles,

& furtout point de pois ni d'haricots, ni même de fécule de pomme de terre.

Madame DE LA HAUTE-FUTAIE.

Il fait le jeu fûrement. Allons, continuez.

M. DE LA RIVIÈRE.

Les fruits feront permis à la malade; elle pourra manger des prunes, des pêches, des cerifes, du raifin; mais elle ne mangera ni poires, ni pommes, ni abricots, ni grofeilles. Le foir, on donnera à manger à Mademoifelle des légumes toujours chauds, mais jamais froids. Par exemple, des afperges, des artichauds, des épinards, des navets, mais ni carottes, ni choux-fleurs : néanmoins, la malade pourra manger une petite falade de petite laitue feulement; point de laitue pommée, point de chicon, ni de creffon, ni de chicorée. On affaifonnera cette falade avec du cerfeuil & de la pimprenelle; on évitera d'y mettre de l'eftragon. Les plantes favonneufes ne valent rien; & furtout point de creffon à la noix dans la fourniture. Avec l'huile, on mettra du vinaigre naturel; point de vinaigre à l'eftragon, ni de vinaigre rofat. Pour fon deffert, la malade trempera un petit bifcuit dans du vin de Malaga; le vin de Rota ne lui vaudroit rien.

Le Chevalier ZÉPHIR.

Ah! je vois à préfent; je n'ai pas voulu interrompre votre confultation, M, le docteur; mais je vois bien qu'il ne faut rien donner où la lettre O fe trouve.

M. DES JARDINS.

J'aurois donc bien fait de donner des lapins, des perdrix & des bécaffes à Madame Dubois.

Madame DE LA RIVIÈRE.

Sûrement. Mais quand on fait le jeu, on évite de donner ces fortes de mets-là, parce que ça découvre trop vîte le jeu. On prend des chofes qui n'aient ni O ni os.

Mademoifelle DE LA HAUTE-FUTAIE.

Ce jeu-là eft affez plaifant.

L'Abbé DES AGNEAUX.

Nous ne fommes pas au bout. Le jeu que nous jouons s'appelle le jeu des *cinq voyelles*; nous venons de faire l'O, voyons fes quatre fœurs. Je voudrois bien favoir, Madame de la Rivière, fi vous aimez les ânes? Répondez-moi fans A.

M. DE LA FORÊT.

Oh! ceci eft difficile.

Madame DE LA RIVIÈRE.

Point du tout. Or donc je réponds. C'eft tout fimple; cette bête ne m'eft point odieufe: elle eft fort utile, & fobre furtout; point de difficultés qui puiffent rebuter fon zele. Qu'en penfez-vous? Répondez-moi fans E, vous qui voulez fi bien me furprendre.

L'Abbé DES AGNEAUX.

On a raifon quand on craint vos difcours...

L'Abbé PRINTEMS.

C'eft bien dit; car on ne fait comment y répondre fans E, n'eft ce pas, l'abbé?

L'Abbé DES AGNEAUX.

Que diable! tu m'as interrompu; j'allois parler pendant un quart d'heure fans E.

M. DE LA RIVIÈRE.

Je crois que ce feroit un peu difficile, pour ne pas dire impoffible. L'E eft trop répété dans la langue françoife, pour pouvoir vaincre une telle difficulté, fans déraifonner, & en difant des chofes fpirituelles, ou au moins qui fe fuivent; car on ne peut pas dire oui & non.

Madame DE LA RIVIÈRE.

M. de la Rivière, aimes-tu les artichaux? Réponds-moi fans A.

M. DE LA RIVIÈRE.

De tous les légumes, c'eft le meilleur, felon moi.

L'abbé PRINTEMS.

C'est fort bien répondu. Madame de la Haute Futaie, aimez-vous à jouer. Répondez-moi, s'il vous plaît, sans O.

Madame DE LA HAUTE-FUTAIE.

S'il me plaît? C'est bien dit. Si je puis, passe. Le jeu me plaît assez, principalement les petits jeux à gages.

L'abbé PRINTEMS.

Chevalier, qu'est ce que l'amour? Répondez-moi sans O.

Le Chevalier ZÉPHIR.

C'est un dieu très-capricieux & très-aimable. Il est jeune, existe cependant depuis bien des années. Mais, l'abbé, dites sans U à ces Dames quelle est l'étendue de l'empire de ce dieu.

L'abbé PRINTEMS.

Il règne sur l'homme & sur tout ce qui respire en ce vaste Univers.

Mademoiselle DU RUISSEAU.

Vous ne payerez que quatre gages.

L'abbé PRINTEMS.

C'est bien malheureux d'être puni pour avoir dit la vérité.

Mademoiselle ROSE.

Il falloit la dire sans U. Pour faire oublier votre faute, dites sans I si vous aimez la compagnie.

L'abbé PRINTEMS.

L'abbé, réponds pour moi; c'est égal.

L'Abbé DES-AGNEAUX.

Aimer sans I, ce seroit bien amer.

Madame DE LA RIVIÈRE.

Mais vous ne répondez pas, avec vos calembours en vers. Ne savez-vous pas que nous sommes convenus qu'on payeroit l'amende quand on feroit des calembours.

Madame DE LA HAUTE-FUTAIE.

Ce maudit talent amuse un peu, mais il ennuie bien. Pour faire un bon calembour, on en fait cent mauvais. Tout le monde n'a pas l'esprit de M. de Bievre, & c'est fort insipide.

L'Abbé DES AGNEAUX.

On sonne, Mesdames, allons souper. Nous mangerons tout ce que nous pourrons. Vous êtes charmantes; chacun est enchanté de vous: tout le monde le pense, & vous adore. Mais dire sans I qu'on vous aime, c'est impossible.

(*Extrait des Soirées amusantes.*)

Fin des Jeux.

TABLE DES JEUX,

Traités par ordre alphabétique dans ce volume.

A

A. (*j'aime mon amant par*) Jeu de société en dialogue.

ACROBATES ; danseurs de cordes.

ACROCHIRISME ; espèce de lutte avec les mains seulement.

AGRICULTURE. (*jeu de l'*) Jeu de société dans lequel on se sert principalement des mots tirés de l'agriculture.

AMBASSADEURS. (*jeu des*) C'est un jeu d'attrape.

AMOUR. (*le petit jeu d'*) ou les *Étrennes de la Jeunesse.* C'est un jeu de dez.

AMOUR. (*jeu de l'*) Jeu de société.

AMOUR. (*jeu de la chasse d'*) Autre jeu de société.

ANGUILLE. (*jeu de l'*) Jeu de société.

ANIMAUX. (*jeu des*) Jeu de société.

ARBALÈTRE. (*jeu de l'*) Jeu d'adresse.

ARCHIMIMES ; acteurs, dont le talent consistoit à contrefaire.

ARMAOUTE. Jeu d'exercice.

AS QUI COURT. Jeu de société.

ASCOLIE. Jeu d'adresse qui consistoit à se tenir ferme sur une outre huilée.

ASTRONOMIQUE ; danse, dans laquelle on représentait l'ordre des astres.

ATTRAPÉ. (*jeux d'*) Jeux de société en dialogue.

AVEUGLÉS. (*jeu des*) Sorte de jeu mystique, qu'on joue à l'imitation du jeu de l'oie.

AVOCAT. (*jeu de l'*) Jeu de société en dialogue.

B

B. (*j'aime mon amant par*) Jeu de société en dialogue.

BAGUENAUDIER. (*jeu du*) Jeu d'adresse.

BAGUÉS. (*jeu de*) Jeu d'exercice & d'adresse.

BALANÇOIRE. Jeu d'exercice.

BALLE. (*jeu de la*) Jeu d'exercice & d'adresse.

BARRES. (*jeu des*) Jeu d'exercice.

BATIMENT ou DU JARDINAGE. (*jeu du*) Jeu de société.

BATONNET. (*jeu du*) Jeu d'exercice.

BATTOIR. (*jeu du*) Jeu d'exercice.

BERLURETTE. Jeu d'attrape.

BÊTES ou SIGNES. (*jeu des*) Jeu de société.

BILBOQUET. (*jeu du*) Jeu d'adresse.

BLASON. (*jeu du*) Jeu à l'imitation de celui de l'oie.

BONS

BONS ENFANS. (*jeu des*). A l'imitation du jeu de l'oie.

BOULES. (*jeu de*). Jeu d'adresse & d'exercice.

C

CABRIOLET. (*jeu du*) Jeu de société qui se joue soit avec des cartes, soit avec des dez.

CAPUCIN. (*le*) Jeu de société en dialogue.

CARTES. (*jeux subtils de*) Jeux d'adresse & d'amusemens.

CARTES. (*divination par les*) ou *les oracles du cartier*. Jeu d'amusement & de curiosité.

CASSETTE. (*jeu de la*) Jeu de société.

CÉRÉMONIES DE VENUS ET DE CUPIDON. (*jeu des*) Jeu de société.

CHAT QUI DORT. (*jeu du*) Jeu de société.

CHATEAU. (*jeu du*) Jeu de société.

CHIROMANCIEN. (*jeu du*) Jeu d'amusement & de curiosité.

CHOUETTE. (*jeu de la*) A l'imitation du jeu de l'oie.

CHRONOLOGIQUE. (*jeu*) Jeu d'instruction.

CISEAUX CROISÉS. (*jeu des*) Jeu de société.

CLEF DU JARDIN. (*jeu de la*) Jeu de société en dialogue.

CLIGNEMUSETTE. Jeu d'exercice.

CLOCHE-PIED. Jeu d'exercice.

COCHONNET. Jeu de dez.

CŒUR. (*jeu de la porte du*) Jeu de société.

COINS. (*jeu des quatre*) Jeu d'exercice.

COLIN-MAILLARD ASSIS. Jeu de société. *Jeux familiers.*

COLIN-MAILLARD AVEC UNE CANNE.

COLIN-MAILLARD A LA SILHOUETTE. Autres jeux de société.

COLIN-MAILLARD. Jeu d'exercice.

COMMANDEMENS *à faire pour des gages.* Jeu de société.

COMPARAISONS. (*les*) Jeu de société en dialogue.

COMPLIMENS *ou* FLATTERIES. Jeu de société.

CORBILLON. (*jeu du*) Jeu de société en dialogue.

CORNET; instrument pour jouer aux dez.

CORPS ET DE L'ESPRIT. (*jeu du*) Jeu de société.

CORYCUS. Jeu d'exercice.

COTON EN L'AIR. Jeu de société.

COULEURS. (*jeu des trois*) ou *Roulette aux dez*. Jeu de hasard.

COURIERS. (*jeu des*) Jeu de société.

CRIS DE PARIS. Jeu à l'imitation de celui de l'oie.

CYTHÈRE. (*voyage de l'île de*) Autre imitation du jeu de l'oie.

D

DÉ; petit instrument pour différens jeux de hasard.

DENTELLE. (*jeu de la*) Jeu de société.

DEVISES. (*jeu des*) Jeu de société en dialogue.

E

EGUILLETTES. (*jeu des*) Jeu de société.

ÉLÉMENS. (*jeu des*) Jeu de société.

ÉMIGRETTE. (*jeu de l'*) Petit jeu d'adresse.

Y

ÉNIGMES. (*jeu des*) Jeu de fociété.

ÉPINGLE *à chercher au violon*. Jeu de fociété.

ÉPOUX. (*jeu de l'*) Jeu de fociété.

ESCARPOLETTE. (*jeu de l'*) Jeu d'exercice.

ESCHETS , *repréfentés par perfonnages*. (*jeu des*) Jeu de fociété.

ESCLAVE DÉPOUILLÉ. Jeu de fociété.

EUROPE. (*jeu de l'*) *ou la* RECRÉATION EUROPÉENNE. Jeu d'inftruction.

F

FERME. (*jeu de la*) Jeu de fociété.

FRANCE. (*jeu de l'hiftoire de*) Jeu d'inftruction.

FURET DU BOIS-JOLI. Jeu d'attrape.

G

GAGES. (*des*) Jeu de fociété.

GALLET. (*jeu de*) C'eft une efpèce de jeu de difque.

GLOBE. (*jeu du*) Jeu de fociété.

GOBILLES. (*jeu des*) Petit jeu d'adreffe & d'exercice.

GRAMMAIRIEN. (*jeu du*) Jeu d'inftruction.

GRECQUE. (*jeu de*) Jeu de fociété.

GUERRE. (*jeu de la*) Jeu de fociété. On le joue avec des cartes.

H

HISTOIRE DE FRANCE. Jeu d'inftruction.

HISTOIRES INTERROMPUES. Jeu de fociété.

HOUA. (*le*) Jeu de hafard.

J

Jeux des *Serviteurs* , du *Naufrage* , de la *Chaffe* , du *Chatouillement* , &c. &c. Jeux de fociété.

JUIFS. (*jeu des*) Jeu de dez & de hafard.

L

LARRON. (*jeu de*) Jeu de fociété.

LOGEMENT. (*jeu du*) Jeu de fociété.

LOTERIE , (*petite*) *ou Roue de fortune*. Jeu de fociété.

LOTERIE *de fociété*. Autre jeu qui fe joue avec dix tableaux , contenant chacun neuf chiffres.

LOTERIES. Autres Jeux de fociété.

LOUP. (*jeu de*) Jeu de fociété.

M

MACÉDOINE. Jeu de fociété.

MAIN-CHAUDE. (*jeu de la*) Jeu de fociété ; efpèce de Colin-Maillard.

MARAUDE. (*jeu de la*) Jeu de fociété qui fe joue avec des cartes.

MARELLE. (*jeu de la*) Il fe joue avec des pions comme aux échecs.

MARIAGE. (*jeu du*) Jeu de fociété.

MARIAGES. (*jeu des*) Autre jeu de fociété.

MARS. (*les délaffemens de*) Jeu d'inftruction.

MÉDECIN. (*jeu du*) Jeu de fociété.

MÉTIERS. (*jeu des*) Jeu de fociété.

MÉTAMORPHOSES. (*jeu des*) Jeu de fociété en dialogue.

MOTS. (*jeu des*) Jeu de fociété.

MOURRE. (*jeu de la*) Jeu d'exercice.

MUET. (*jeu du*) Jeu de société.

N

NAIN-JAUNE. (*jeu du*) Jeu de société.

O

OISEAU-BLEU. (*jeu de l'*)

ONCHETS. (*jeu des*) Jeu de patience.

ORGE. (*combien vaut l'*) Jeu de société en dialogue.

OSSELETS. (*jeu des*) Petit jeu d'adresse.

P

PAIR OU NON PAIR. Jeu de hasard.

PAIX. (*jeu de la*) Jeu mystique.

PALLET. (*jeu du petit*) Jeu d'adresse.

PAQUETS. (*jeu des*) Jeu de société.

PARQUET. (*jeu du*) Jeu d'adresse.

PELLERIN. (*jeu du*) Jeu de société.

PETIT BON HOMME VIT ENCORE. Jeu de société.

PEUR, (*jeu de la*) Jeu de société.

PIED DE BŒUF. (*jeu du*) Petit jeu de société.

PINCER SANS RIRE. Jeu d'attrape.

PLAIDEURS. (*l'école des*) Jeu à l'imitation de celui de l'oie.

POULES. (*jeux des*) Jeu de société en dialogue.

POURQUOI ET POURCE. Jeu de société.

PROPOS INTERROMPUS, ou *coqs-à-l'âne*. Jeu de société en dialogue.

PROVERBES, (*jeu des*) par *personnages*. Espèce de jeu dramatique.

PROVERBES, *Sentences*, ou *Devises*, *selon chaque lettre*. Jeu de société.

PROVERBES RIMÉS. Autre jeu de société.

PROVERBES *représentés en Comédies*. Autre explication de ce jeu.

Q

QUATRE JEUX (*les*) *Gé*, *Point*, *Flux* & *Séquence*. Jeu de société qui se joue avec des cartes.

QUESTIONS. (*jeu des*) Jeu de société. Autre jeu de *Questions*.

QUESTIONS. (*les douze*) Autre jeu de société en dialogue.

QUILLES. (*jeu des*) Jeu d'exercice.

Jeu de Quilles les yeux bandés. Jeu d'exercice.

QUILLES DES INDES. Jeu d'exercice.

QUILLES SUR TABLE. Petit jeu de société.

R

RAFLE. (*la*) Jeu de dez.

RAQUETTE. (*jeu de*) Jeu d'exercice.

RENARD. (*jeu du*) Jeu de société.

RÉPONSES *en une Phrase*. (*les*) Jeu de société en dialogue.

RETIRE TOI DE-LA. Petit jeu de société.

RIMES. (*jeu des*) Jeu de société.

ROI DÉPOUILLÉ. (*le*) Jeu d'attrape.

ROMESTECQ. (*jeu du*) On joue le romestecq avec des cartes.

ROUE DE FORTUNE; espèce de petite loterie.

ROULETTE; espèce de jeu de hasard & d'exercice.

ROULETTE AUX DEZ. Jeu de hasard.

RUBAN. (*jeu du*) Jeu de société.

S

SABOT. Petit jeu d'exercice.

SAGE. (*jeu du*) Jeu de société.

SAVATTE. (*la*) Petit jeu d'exercice.

SAUTS. (*jeu des trois*) Jeu d'exercice.

SCHNIF-SCHNOF-SCHNORUM. Jeu de société.

SCIENCES ET ARTS. (*jeu des*) Jeu de société.

SECRÉTAIRE. (*jeu du*) Jeu de société en dialogue.

SELLETTE. (*la*) Jeu de société en dialogue.

SENTENCES. (*jeu des*) Jeu de société.

SIAM. (*jeu de quilles de*) Jeu d'exercice & d'adresse.

SIFLET. (*jeu du*) Jeu de société.

SIMILITUDE. (*jeu de la*) Jeu de société.

SINGE. (*jeu du*) Jeu d'attrape.

SOLITAIRE. (*jeu du*) On y joue seul.

T

TABLETTE. (*jeu de la*) Jeu de société.

TAROTS. (*jeu des*) Jeu de cartes particulières.

TIERS. (*jeu du*) Jeu de société.

TOILETTE. Jeu de société.

TOTON. (*jeu du*) Petit jeu de hasard.

TOTON EN DEZ. (*jeu du*) Ce jeu se joue sur un plateau où il y a six dez marqués.

TOUPIE. (*jeu de la*) Petit jeu d'écolier.

TRENTE-QUATRE. (*jeu de*) Petit jeu de société.

TROTTIN. Jeu de société.

TROU-MADAME. (*jeu du*) Jeu d'exercice & d'adresse.

TROU-MADAME A RESSORT. Autre jeu de société.

V

VÉRITÉS ET CONTRE-VÉRITÉS. (*jeu des*) Jeu de société.

VERTUS. (*jeu des*) Jeu de société.

VOLANT. (*jeu du*) Jeu d'exercice & d'adresse.

VOLIÈRE. (*jeu de la*) Jeu de société en dialogue.

VOYELLES. (*jeu des cinq*) Jeu de société en dialogue.

Fin de la Table alphabétique.

www.ingramcontent.com/pod-product-compliance
Lightning Source LLC
Chambersburg PA
CBHW061002220326
41599CB00023B/3804